TRAITÉ
D'OPTIQUE

PAR

M. E. MASCART,

MEMBRE DE L'INSTITUT,
PROFESSEUR AU COLLÈGE DE FRANCE,
DIRECTEUR DU BUREAU CENTRAL MÉTÉOROLOGIQUE.

TOME TROISIÈME.

PARIS,

GAUTHIER-VILLARS ET FILS, IMPRIMEURS-LIBRAIRES
DU BUREAU DES LONGITUDES, DE L'ÉCOLE POLYTECHNIQUE,
Quai des Grands-Augustins, 55.

1893

TRAITÉ

D'OPTIQUE.

PARIS. — IMPRIMERIE GAUTHIER-VILLARS ET FILS,
17855   Quai des Grands-Augustins, 55.

TRAITÉ
D'OPTIQUE

PAR

M. E. MASCART,

MEMBRE DE L'INSTITUT,
PROFESSEUR AU COLLÉGE DE FRANCE,
DIRECTEUR DU BUREAU CENTRAL MÉTÉOROLOGIQUE.

TOME TROISIÈME.

PARIS,

GAUTHIER-VILLARS ET FILS, IMPRIMEURS-LIBRAIRES

DU BUREAU DES LONGITUDES, DE L'ÉCOLE POLYTECHNIQUE,

Quai des Grands-Augustins, 55.

1893

TRAITÉ D'OPTIQUE.

TOME TROISIÈME.

CHAPITRE XIV.

POLARISATION PAR DIFFRACTION.

643. *Remarques générales.* — Nous n'avons considéré jusqu'ici la diffraction qu'au point de vue de l'intensité relative des phénomènes, en fonction de la déviation, soit pour des ouvertures ou des écrans isolés de formes et de dimensions différentes, soit pour un ensemble d'ouvertures ou d'écrans distribués suivant une loi quelconque.

En appliquant le principe d'Huygens, on a bien représenté par un certain facteur f (184) l'affaiblissement qu'éprouve la vibration diffractée par un élément de l'onde primitive, en vertu de l'inclinaison du rayon diffracté sur la normale à l'onde; mais l'expression approchée (185) de ce facteur n'est acceptable que pour des déviations très faibles.

Dans la diffraction des ondes planes (205), cet affaiblissement graduel n'influe pas sur la direction des minima d'intensité nulle, puisqu'il est le même pour toutes les vibrations que l'on combine entre elles; les directions des maxima pourraient bien se trouver modifiées, mais dans des limites très restreintes. Pour le cas des *réseaux* en particulier (238), la position des maxima principaux est indépendante de toute loi d'affaiblissement, car la lumière diffractée est sensiblement nulle pour toute autre direction.

On a admis aussi, d'une manière implicite, que la lumière diffractée par un élément de surface est indépendante de l'azimut du plan de diffraction. Cette hypothèse revient à supposer que la vibration de l'onde primitive se présente de la même manière par rapport à toutes les droites également inclinées sur la normale, condition qui ne peut être réalisée que si la vibration est circulaire. Si la vibration primitive est elliptique, il est clair, par raison de symétrie, que la lumière diffractée présente un maximum et un minimum dans les deux plans qui passent par les axes de l'ellipse, et la vibration n'est pas, en général, de même forme que la vibration primitive.

En particulier, lorsque la vibration primitive est rectiligne, on peut la remplacer par ses projections, l'une parallèle et l'autre perpendiculaire au plan de diffraction; ces deux composantes ne se diffractent évidemment pas dans la même proportion, de sorte que l'azimut apparent de polarisation de la lumière diffractée diffère de l'azimut primitif.

Par la même raison, la lumière naturelle, qui équivaut à deux faisceaux d'égale intensité polarisés à angle droit, doit fournir par diffraction de la lumière partiellement polarisée.

Cette question importante est l'objet principal du Mémoire de Sir G. Stokes ([1]) sur la théorie dynamique de la diffraction.

Pour expliquer la propagation des vibrations transversales, il est nécessaire de supposer qu'il existe, sur chaque élément du milieu ébranlé, une composante tangentielle de la pression; cette force est mise en jeu par le glissement des couches voisines et proportionnelle à leur déplacement relatif.

On est donc conduit à traiter l'éther comme un corps solide élastique, au moins tant qu'il s'agit des vibrations de l'ordre de grandeur nécessaire pour constituer la lumière. Il est important d'ajouter que la même assimilation ne pourrait être étendue aux grands déplacements tels que ceux qui sont produits par la Terre, les planètes et, en général, les corps solides ordinaires qui se meuvent dans l'éther.

En appliquant à l'éther lumineux, dans le vide, les équations différentielles qui représentent le mouvement d'un solide élastique

---

([1]) G. STOKES, *Transactions of the Cambridge Philosophical Society*, Vol. IX, p. 1; 1851. — *Voir* les Notes de VERDET, *Annales de Chimie et de Physique* [3], t. LV, p. 491; 1859.

isotrope, Sir G. Stokes démontre que, si la vibration primitive est rectiligne, la vibration diffractée par un élément de surface est normale au rayon diffracté et située dans le plan de ce rayon avec la vibration primitive. En d'autres termes, la vibration diffractée est dirigée suivant la projection de la vibration primitive sur le plan tangent aux ondes diffractées.

Si les rayons incidents sont sensiblement parallèles, ce qui correspond à la plupart des expériences, et que la vibration sur une onde plane déterminée soit représentée par

$$u = a \sin \omega t,$$

la vibration produite à la distance r, supposée très grande par rapport à la longueur d'onde, par un élément dS de surface a pour expression

$$u' = \frac{dS}{2\lambda r}(1 + \cos D)\sin\varphi \cos\left(\omega t - 2\pi \frac{r}{\lambda}\right),$$

dans laquelle D est la déviation et φ l'angle de la vibration primitive avec la direction du rayon diffracté.

On retrouve ainsi, conformément aux propriétés générales établies précédemment (185), que la vibration diffractée est en raison inverse de la longueur d'onde λ, de la distance r, et que, pour l'application du principe d'Huygens, on doit ajouter $\frac{\pi}{2}$ à la phase de la vibration des éléments de l'onde primitive.

Il en est de même quand le milieu est troublé par des particules étrangères, avec cette différence que la vibration diffractée par un élément de volume est en raison inverse du carré de la longueur d'onde (224).

Quand on fait varier l'azimut de la vibration primitive, toutes choses égales, l'angle φ varie de $90° - D$ à $90° + D$, et les valeurs extrêmes de $\sin\varphi$ sont $\pm \cos D$, en passant par l'unité quand le plan de diffraction est perpendiculaire à la vibration primitive; l'intensité de la lumière diffractée varie donc dans le rapport de 1 à $\cos^2 D$.

Si la lumière incidente est naturelle, on la remplacera par deux composantes d'égale intensité et indépendantes, polarisées dans le plan de diffraction et dans le plan perpendiculaire; pour une même intensité initiale, l'intensité de la lumière diffractée est proportionnelle à

$$(1 + \cos D)^2 \frac{1 + \cos^2 D}{2}.$$

Le rapport des intensités des faisceaux polarisées dans les deux azimuts principaux est égal à $\cos^2 D$, de sorte que la fraction de lumière polarisée par diffraction serait

$$\frac{1 - \cos^2 D}{1 + \cos^2 D} = \frac{1}{1 + 2 \cot^2 D}.$$

Soient ON (*fig.* 313) la normale au plan de diffraction AOB, OP

Fig. 313.

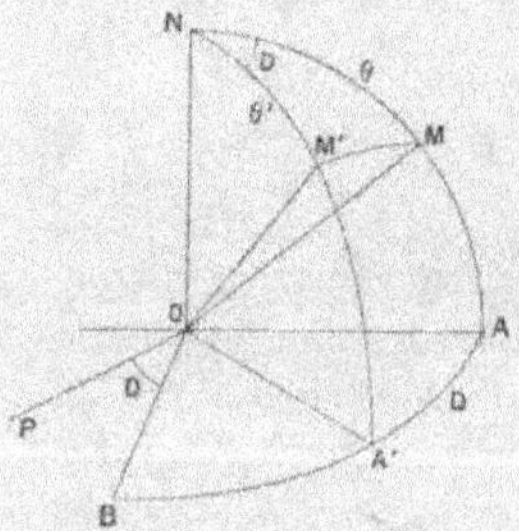

le rayon diffracté, θ l'angle de la vibration primitive OM avec ON, θ' l'angle de la vibration diffractée suivant OM′ avec la même droite. Le triangle sphérique MNM′, qui est rectangle en M′, donne la relation

$$(1) \qquad \tan\theta' = \tan\theta \cos D.$$

L'angle θ' étant plus petit en valeur absolue que l'angle θ, il en résulte que la vibration diffractée se rapproche de la normale au plan de diffraction.

Holtzmann ([1]) a montré que l'équation (1) peut s'écrire immédiatement, quand on admet que les vibrations longitudinales n'ont aucune influence sur le phénomène optique. En effet, si l'on remplace la vibration primitive OM par deux projections rectangu-

---

([1]) C.-H.-A. Holtzmann, *Pogg. Ann.*, t. XCIX, p. 446; 1856.

laires dans le plan MOP, l'une $u \sin\varphi$ normale au rayon diffracté OP, l'autre $u \cos\varphi$ parallèle à cette droite, et que l'on considère cette dernière comme étant sans effet, la seule vibration efficace $u \sin\varphi$ doit donner, par raison de symétrie, une vibration diffractée qui lui reste parallèle.

Une autre manière de considérer le phénomène consiste à remplacer d'abord la vibration OM par ses projections $x = u \sin\theta$ et $y = u \cos\theta$, respectivement parallèles à OA et ON; on remplacera ensuite la première par deux autres, l'une $u \sin\theta \sin D$ parallèle à OP et, par suite, longitudinale, que l'on néglige, l'autre $u \sin\theta \cos D$ parallèle à OA'.

Si l'on désigne par x' et y' les projections rectangulaires de la vibration diffractée, dont la première est dans le plan de diffraction, ces projections seront dues séparément, par raison de symétrie, aux composantes $u \sin\theta \cos D$ et $u \cos\theta$; en appelant α et β deux facteurs convenables, on peut écrire

$$x' = \alpha\, u \sin\theta \cos D,$$
$$y' = \beta\, u \cos\theta.$$

L'angle θ' de la vibration diffractée avec la normale au plan de diffraction est alors

$$\tan\theta' = \frac{x'}{y'} = \frac{\alpha}{\beta} \tan\theta \cos D.$$

Comme il n'existe aucune raison pour que les facteurs α et β soient différents, on retrouve ainsi l'équation (1).

L'azimut de vibration, rapporté à la normale au plan de diffraction, a donc tourné de l'angle $\theta - \theta'$, qui a pour expression

$$\tan(\theta - \theta') = (1 - \cos D) \frac{\tan\theta}{1 + \tan^2\theta \cos D}.$$

Pour une même déviation, cette rotation est maximum quand l'azimut primitif satisfait à la condition

$$\tan^2\theta \cos D = 1.$$

L'azimut de vibration qui correspond à la rotation maximum est donc, en général, plus grand que $45°$, mais il en diffère très peu quand la déviation est très petite. La valeur de cette rotation $(\theta - \theta')_m$ est

$$\tan(\theta - \theta')_m = \frac{1 - \cos D}{2\sqrt{\cos D}};$$

elle croît avec la déviation.

Si l'on fait $D = 45°$, on en déduit

$$\theta_m = 49°57', \qquad \theta'_m = 40°4', \qquad \theta_m - \theta'_m = 9°53'.$$

Si la déviation D est de $90°$, l'angle θ' est toujours nul quel que soit l'angle θ. Le plan de vibration de la lumière diffractée à $90°$ est toujours perpendiculaire au plan de diffraction, même quand la lumière incidente est naturelle ou polarisée d'une manière quelconque.

Il résulte de là que la polarisation de la lumière par diffraction permettrait de déterminer sans ambiguïté la direction des vibrations. En effet, si l'expérience montre que la lumière diffractée reste polarisée et que son plan de polarisation se rapproche du plan de diffraction, c'est que la vibration est perpendiculaire au plan de polarisation, conformément aux vues de Fresnel. Les angles θ et θ' représenteraient alors les azimuts de polarisation par rapport au plan de diffraction. Au contraire, si le plan de polarisation s'éloigne du plan de diffraction, l'expérience serait favorable à l'opinion de Mac Cullagh et Neumann.

Le raisonnement suppose toutefois que l'on ne tient aucun compte des vibrations longitudinales. En appliquant la théorie de Cauchy, Eisenlohr [1] trouve que, si l'expérience est faite dans l'air et qu'on appelle $\frac{\lambda}{l}$ le coefficient d'absorption des vibrations longitudinales, l'équation (1) doit être remplacée par la suivante

$$(2) \qquad \tan\theta' = \tan\theta\left(1 + \frac{2\,l^3}{\lambda^2}\sin^2\frac{D}{2}\right).$$

L'angle θ' est alors plus grand que θ, et la différence $\theta - \theta'$ augmente encore avec la déviation. Dans cet ordre d'idées, on doit envisager la question de la direction de la vibration comme résolue par d'autres considérations, et les expériences de diffraction

---

[1] F. Eisenlohr, *Pogg. Ann.*, t. CIV, p. 337; 1858.

fourniraient le meilleur moyen d'étudier les propriétés des vibrations longitudinales de l'éther.

644. *Diffraction par les réseaux.* — L'emploi des réseaux à traits rectilignes est le moyen le plus correct d'obtenir des effets de diffraction suivant une loi bien connue et avec une déviation considérable. Le problème serait très simple s'il était possible de constituer un réseau suffisamment serré avec des fils noirs identiques, dénués de pouvoir réflecteur, et séparés par des vides égaux entre eux; mais l'exiguïté nécessaire des intervalles oblige de recourir aux réseaux tracés à la machine sur une surface parfaitement polie (*verre* ou *métal* gravé au diamant, couches de différentes natures déposées sur verre et enlevées par un outil suivant des bandes parallèles, etc.). La forme des traits et la nature de la surface qui les porte n'ont aucune influence sur les directions suivant lesquelles ont lieu les maxima et les minima de diffraction; mais ces différentes circonstances peuvent modifier beaucoup la polarisation de la lumière.

Arago ([1]) signale déjà, sans explication suffisante, la polarisation de la lumière diffractée par les réseaux. Les observations de Sir G. Stokes, avec un réseau tracé au diamant sur une lame de *verre* et renfermant environ 50 traits par millimètre, ont montré que le phénomène est complexe. L'écartement des traits ne permettait pas d'observer, à une grande distance, les maxima principaux, ou de seconde classe (**231**), puisque la déviation relative au dixième spectre n'est alors que de 15°; comme les traits étaient extrêmement fins, la dix-huitième partie environ de leur intervalle, les effets de diffraction relatifs à chacun d'eux, qui correspondent aux phénomènes de première classe, s'étendaient beaucoup plus loin.

Lorsque la lumière incidente est polarisée dans un des azimuts principaux, c'est-à-dire dans une direction parallèle ou perpendiculaire aux traits, la polarisation reste complète sur la lumière diffractée, par raison de symétrie. Quand la polarisation primitive est dans un azimut intermédiaire, la lumière diffractée sous une faible déviation paraît encore polarisée; pour de grandes dévia-

---

([1]) ARAGO, *Œuvres complètes*, t. VII, p. 431; 1813.

tions, on ne peut plus l'éteindre complètement par un analyseur, mais seulement obtenir une intensité minimum plus ou moins nette. La lumière diffractée présente alors une teinte particulière, indiquant ainsi que les différentes couleurs ne sont plus polarisées dans le même plan, si toutefois elles restent polarisées.

Le faisceau reçu dans une direction déterminée est la superposition de plusieurs effets différents. Si le réseau est normal à la lumière incidente, par exemple, et les stries sur la première surface, et qu'on observe la lumière diffractée par réflexion, le faisceau qui est reçu par l'analyseur comprend : la lumière diffractée directement sur la première surface ; la lumière transmise au travers de cette surface, réfléchie sur la seconde et diffractée par réfraction à son retour sur la première ; enfin d'autres rayons encore, moins importants, dus aux réflexions multiples entre les deux surfaces. A l'aide d'une fente placée en avant du réseau et en inclinant cet appareil sur la lumière incidente, Sir G. Stokes a pu séparer les images qui correspondent aux trois parties principales du faisceau diffracté ; il a reconnu alors qu'elles sont sensiblement polarisées, mais dans des azimuts différents, tous rapprochés d'ailleurs du plan de diffraction.

Le réseau étant normal à la lumière incidente et les stries sur la première surface, la lumière diffractée par transmission sous un écart d'environ 60° est à peu près blanche, mais paraît incomplètement polarisée ; quand on tourne l'analyseur dans un certain sens au voisinage de l'azimut qui correspond au minimum d'intensité, la lumière passe par une série de teintes différentes, indiquant que la polarisation du bleu se rapproche davantage du plan de diffraction que celle du rouge. En dispersant cette lumière par une fente et un prisme, on constate que l'extinction par l'analyseur est complète pour le rouge et le bleu, peut-être à cause de leur faible éclat, et que les couleurs les plus intenses ont une polarisation elliptique manifeste.

Enfin, si l'on tourne le réseau de 180° de façon que les stries se trouvent sur la seconde surface, la polarisation est sensiblement plus complète pour toutes les couleurs.

Les expériences de Sir G. Stokes ont été faites en particulier sur la lumière diffractée par transmission, et l'on doit tenir compte de la réfraction qui accompagne ce phénomène. Si la vibration est située dans le plan de polarisation, les deux causes ont pour résultat de diminuer l'angle θ, de sorte que la polarisation de la lumière doit se rapprocher de la normale au plan de diffraction.

Si la vibration est perpendiculaire au plan de polarisation, la diffraction et la réfraction agissent en sens opposés. Comme le résultat final est de diminuer l'azimut de polarisation, il en résulte une grande présomption en faveur des vues de Fresnel.

On peut essayer d'évaluer l'influence de la réfraction et de fixer les limites dans lesquelles doit être compris l'azimut final, en supposant que la diffraction a lieu avant ou après la réfraction.

Le réseau étant toujours normal aux rayons primitifs, désignons par D_1 l'angle de réfraction qui correspond à l'incidence D sur la lame de verre.

En raisonnant dans les idées de Fresnel, les angles θ et θ' sont les azimuts de polarisation par rapport au plan d'incidence, et l'on appliquera les formules relatives à la rotation du plan de polarisation par réfraction (578).

Lorsque la face striée est dirigée vers la source de lumière, si la diffraction a lieu dans l'air avant que la lumière atteigne le verre, on a

$$(3) \qquad \tang\theta' = \frac{\tang\theta \cos D}{\cos^2(D - D_1)}.$$

Si la diffraction a lieu dans le verre, après que la lumière est entrée par la première surface, l'azimut θ' est donné par

$$(4) \qquad \tang\theta' = \frac{\tang\theta \cos D_1}{\cos(D - D_1)}.$$

Cette même expression convient encore au phénomène quand la face striée est tournée vers l'observateur, si la diffraction a lieu dans le verre avant la réfraction.

Enfin, si la diffraction a lieu dans l'air après une réfraction normale, on doit avoir la relation simple

$$(1) \qquad \tang\theta' = \tang\theta \cos D.$$

Ces trois expressions ayant la même forme générale

$$(5) \qquad \tang\theta' = m \tang\theta,$$

si l'on répète une série d'expériences pour une même déviation, avec des azimuts θ différents de polarisation primitive, on peut en déduire une valeur moyenne du coefficient m et la comparer ensuite aux valeurs calculées pour les différentes formules (3), (4) et (1), en déterminant D_1 par l'indice de réfraction du verre.

L'équation (5) représente bien la marche générale du phénomène, quoique les divergences isolées soient assez grandes, car il arrive même parfois que la rotation observée est de sens contraire à la rotation calculée.

Sir G. Stokes a construit les courbes graphiques des valeurs des coefficients m calculés par les différentes formules et marqué par des points les valeurs qui résultent des observations.

Dans six séries de mesures, la lumière incidente tombait normalement sur la face striée : trois d'entre elles s'accordent sensiblement avec la formule (3), une avec la formule (4), et les deux autres sont intermédiaires. Trois séries correspondent au cas où la face striée est du côté opposé : une d'elles s'accorde avec la formule (4) et les deux autres indiqueraient des rotations beaucoup trop faibles.

Sir G. Stokes considère ces observations comme entièrement favorables à l'hypothèse de Fresnel et comme démontrant que la diffraction précède la réfraction.

Il ne semble pas que l'accord des mesures puisse autoriser des conclusions aussi formelles, surtout pour la dernière. Sir G. Stokes fait remarquer, d'ailleurs, que le phénomène se complique par la forme même des traits du réseau. Les modifications que la lumière peut éprouver dans chacune des ouvertures n'influent en rien sur la direction des maxima ou des minima, mais elles peuvent altérer l'intensité et la forme des vibrations diffractées.

Si l'on suppose, par exemple, que le diamant ait enlevé un copeau de section triangulaire, dissymétrique par rapport à la normale, on conçoit aisément que l'intensité de la lumière diffractée ne soit pas la même, à droite ou à gauche ; c'est un effet que l'on observe fréquemment dans les réseaux.

Holtzmann a répété les mêmes expériences en employant de la lumière incidente polarisée dans un azimut voisin de 45° ; il déterminait l'azimut de polarisation de la lumière diffractée en comparant les intensités des deux images fournies par un analyseur biréfringent dont la section principale était perpendiculaire au plan de diffraction. Dans ce dernier cas, les intensités des deux images doivent être dans le rapport de 1 à $\cos^2 D$ et l'image ordinaire doit être la plus faible ou la plus intense suivant que la vibration est parallèle ou perpendiculaire au plan de polarisation.

L'épreuve faite avec un réseau tracé au diamant sur *verre* a été très douteuse. Les résultats obtenus avec un réseau au *noir de fumée* ont été plus réguliers, mais contraires à l'hypothèse de Fresnel. Les azimuts de polarisation θ et θ' étant rapportés à la normale au plan de polarisation, on a obtenu :

			$\theta - \theta'$	
D.	θ.	θ'.	observé.	calculé.
10 36	45 36	44 27	1 9	0 27
20 17	44 5	40 32	3 33	1 50
20 35	45 36	40 52	4 44	1 53
31 5	45 0	38 6	6 54	4 25
32 15	45 36	38 4	7 32	4 47

La rotation du plan de polarisation se fait bien dans un sens opposé à celui qu'avait observé Sir G. Stokes, mais les différences que présentent les valeurs de $\theta - \theta'$ avec celles que l'on déduit de l'équation (1) paraissent trop grandes pour que l'on puisse accepter les conclusions de Holtzmann et considérer les vibrations comme situées dans le plan de polarisation.

D'autre part, si n est l'indice de réfraction de la lame et l' la valeur de l relative à l'absorption des vibrations longitudinales dans ce milieu, Eisenlohr a trouvé, par la méthode indiquée précédemment, que les azimuts de polarisation rapportés au plan de diffraction seraient liés par la relation

$$\tan \theta' = \tan \theta \, \frac{1 + \dfrac{2\,ll'}{n^2 \lambda^2} \sin^2 \dfrac{D}{2}}{\cos(D - D')}.$$

En choisissant d'une manière convenable le facteur $\dfrac{2\,ll'}{n^2 \lambda^2}$, on peut ainsi représenter avec une grande exactitude les expériences de Holtzmann, sans modifier la conception de Fresnel sur la direction des vibrations.

Enfin M. Lorenz (¹) rejette l'hypothèse des vibrations longitudinales; mais il fait intervenir la diffraction qui a lieu de part et d'autre des écrans et en déduit des équations de continuité analogues à celles de Cauchy pour la réflexion (586). Cette manière de considérer le problème le ramène à l'équation (1) de M. Stokes, qu'il a essayé de vérifier également par l'observation.

La méthode consistait à polariser la lumière incidente dans l'azimut de 45°; on la reçoit directement, au travers du réseau placé normalement, par une lunette de Rochon réglée de manière à donner deux images égales. On déplace ensuite la lunette d'un angle D et on rétablit l'égalité des images par une rotation du prisme de Rochon. Ramenant alors la lunette dans la direction primitive, les images sont différentes et l'on rétablit de nouveau leur égalité en tournant le nicol polariseur; ce dernier angle donne le sens et la grandeur de la rotation du plan de polarisation que produit la diffraction.

Les premières expériences avec un réseau obtenu en traçant des traits sur une lame de *verre doré* n'ont pas donné de résultat satisfaisant; l'intensité de la lumière réfléchie sur les bords des traits excédait beaucoup celle de la lumière réfractée et elle avait une polarisation elliptique très marquée.

M. Lorenz s'est servi ensuite de réseaux au *noir de fumée* obtenus en fixant le dépôt de fumée par quelques gouttes de térébenthine, ce qui permet d'obtenir des traits très réguliers. La polarisation de la lumière diffractée est alors complète et les résultats assez concordants se sont trouvés cette fois conformes à la théorie. Pour une déviation de 65°, la valeur moyenne de la rotation a été de 12° 30′ quand la face noircie était tournée vers la lumière incidente, de 1° 52′ seulement quand elle était tournée vers l'observateur, et elle diminue alors pour de plus grandes déviations.

En admettant encore que la diffraction précède la réfraction, ces rotations sont de même ordre que celles qui résulteraient des équations (3) et (4), car on en déduirait respectivement les valeurs 16° 2′,5 et 2° 11′.

Pour éliminer cette interprétation au moins douteuse, la couche

---

(¹) Lorenz, *Pogg. Ann.*, t. CXI, p. 315; 1860.

striée a été recouverte d'une couche de baume sur laquelle on a appliqué une seconde lame de verre semblable à la première, auquel cas la diffraction se fait dans un milieu sensiblement homogène. Le réseau fut alors dirigé dans le plan bissecteur de l'angle des rayons incidents et des rayons diffractés, c'est-à-dire placé au minimum de déviation. Les angles des rayons avec la normale à l'entrée et à la sortie sont alors égaux à $\dfrac{D}{2}$ et nous désignerons par $\dfrac{D_1}{2}$ l'angle de réfraction correspondant.

En tenant compte des deux réfractions, on voit aisément que l'azimut final est

$$\tan\theta' = \tan\theta \, \frac{\cos D_1}{\cos^2 \dfrac{D - D_1}{2}}.$$

Pour un azimut primitif de 45°, on a ainsi obtenu

D.	40°.	50°.	60°.	70°.	80°.	90°.	100°.
$\theta - \theta'$ { obs.....	2°24'	3°0'	4°54'	6°36'	7°42'	9°6'	12°3'
{ calc. ..	2°30'	3°54'	5°37'	7°37'	9°53'	12°22'	15°0'

L'accord des observations avec le calcul laisse encore à désirer, mais les effets sont de même ordre et dans un sens favorable à l'hypothèse de Fresnel.

J'ai étudié de même, par une méthode photométrique, plusieurs réseaux tracés au diamant sur *verre* ([1]).

Les deux moitiés d'une fente sont éclairées par des faisceaux d'égale intensité provenant d'une même source et polarisés à angle droit dans des directions parallèle et perpendiculaire à la fente.

On obtient ce résultat, soit par deux morceaux d'une même tourmaline, soit plutôt par les deux rayons réfractés dans une lame épaisse de spath à faces parallèles. Les spectres de diffraction observés dans une lunette sont formés de deux parties superposées d'intensités inégales. Quand le réseau est normal à la lumière incidente et la face striée vers l'observateur, les spectres les plus faibles proviennent du faisceau polarisé parallèlement aux traits;

([1]) E. MASCART, *Comptes rendus des séances de l'Académie des Sciences*, t. LXIII, p. 1005; 1866.

le même résultat s'observe dans la lumière diffractée par réflexion si l'on a soin que les traits soient sur la première surface. Toutefois, l'inégalité des images n'est pas la même pour les différents réseaux. L'un d'eux, en particulier, donnant des résultats très réguliers, on a déterminé, pour la lumière transmise, le rapport des intensités des deux spectres superposés en les observant par un analyseur orienté de manière à leur donner le même éclat apparent. Ce rapport est la racine carrée de la tangente de l'angle du plan de polarisation de l'analyseur avec le plan de diffraction.

En appelant α l'angle que fait alors le plan de polarisation de l'analyseur avec la normale au plan de diffraction, a et b les amplitudes des vibrations polarisées dans le plan de diffraction et dans le plan perpendiculaire, on a

$$\frac{b}{a} = \tan\alpha.$$

Ce rapport doit être égal à $\cos D$, d'après l'équation (1), si l'on admet que la réfraction précède la diffraction, ou à $\dfrac{\cos D_1}{\cos(D - D_1)}$, d'après l'équation (4), dans le cas contraire.

L'expérience a donné :

D.	tang α.	cos D.	$\dfrac{\cos D_1}{\cos(D - D_1)}$
7 45	1,01	0,99	0,99
9 05	0,90	0,99	0,99
16 25	0,84	0,96	0,98
23 45	0,82	0,91	0,95
35 50	0,85	0,81	0,94
42 27	0,79	0,74	0,93
46 37	0,69	0,69	0,92
49 28	0,75	0,65	0,92
50 52	0,69	0,63	0,92
63 07	0,49	0,45	0,91
64 02	0,52	0,44	0,91
69 55	0,48	0,34	0,91

C'est encore la lumière polarisée dans le plan de diffraction qui s'affaiblit le moins et, quoique l'accord ne soit pas rigoureux, l'observation est cette fois nettement favorable à l'hypothèse que la diffraction s'opère, à partir de la face striée, comme si la lame de verre n'existait pas, c'est-à-dire, après la réfraction.

En observant une série de réseaux préparée de manières différentes, soit par un ensemble de *fils opaques* parallèles, soit par des traits sur une couche de *noir de fumée*, soit par des traits gravés au diamant, M. Quincke ([1]) a constaté que les résultats sont variables avec toutes les circonstances qui modifient la forme des ouvertures et l'état de la surface qui les contient. Le maximum d'intensité a lieu tantôt pour la lumière polarisée dans le plan de diffraction, tantôt pour celle qui est polarisée dans un plan perpendiculaire. Il arrive aussi que l'azimut θ' ne varie pas continuellement dans le même sens, à mesure qu'on s'écarte de la lumière incidente et que, sous une même déviation, les résultats sont de caractères différents pour les couleurs extrêmes, rouge et violet; enfin la lumière diffractée est, le plus souvent, polarisée elliptiquement.

Les réseaux pratiques ne réalisent donc pas des conditions communes bien définies; c'est, sans doute, dans la nature et la forme des intervalles inégalement transparents que l'on doit chercher la cause la plus importante des effets de polarisation.

645. *Propriétés des fentes et des stries*. — Dans un travail important sur les propriétés des fentes et des stries, M. Fizeau ([2]) a mis en évidence les différentes causes qui sont de nature à troubler le phénomène.

Lorsqu'on fait réfléchir la lumière sur un miroir qui porte des rayures ou des stries, on observe encore un maximum dans la direction de la réflexion régulière; mais, en même temps, une portion de lumière plus ou moins considérable, suivant l'étendue relative des stries et des parties non altérées, se dissémine dans différentes directions, surtout celles qui sont perpendiculaires aux stries. Ces effets sont dus, soit à la réflexion sur les bords des sillons, soit à la diffraction produite par chacun d'eux ou par leur ensemble. Tels sont, par exemple, les reflets remarquables que l'on obtient dans les arts en frottant les métaux polis par un corps recouvert d'émeri.

([1]) QUINCKE, *Pogg. Ann.*, t. CXLVI, p. 65; 1873, et t. CXLIX, p. 273; 1874. — *Journal de Physique*, t. III, p. 33; 1874.

([2]) H. FIZEAU, *Comptes rendus des séances de l'Académie des Sciences*, t. LII, p. 267 et 1221; 1861. — *Ann. de Chim. et de Phys.* [3], t. LXIII, p. 385; 1861.

Ces reflets ne sont pas colorés, en général, mais ils présentent des phénomènes remarquables de polarisation.

Pour en faire une étude méthodique, M. Fizeau trace sur une surface métallique, avec une pointe d'acier ou de diamant, un trait rectiligne en graduant la pression de manière que la ligne tracée devienne de plus en plus ténue et finisse par être imperceptible. On observe ensuite ce trait avec un microscope dont l'oculaire est muni d'un analyseur à double image. On peut disposer le microscope normalement à la surface en éclairant celle-ci à la lumière solaire, dans une direction rasante, perpendiculaire au trait (A), ou, inversement, placer le microscope dans une direction rasante avec un éclairage normal (B), ou enfin faire l'éclairage et l'observation suivant des directions obliques (C).

Pour le premier cas (A), le trait ne montre aucune polarisation sensible dans les parties où il est le plus large ; les régions moyennes paraissent polarisées perpendiculairement à sa direction, et les parties très déliées présentent une polarisation parallèle au trait.

Le second mode d'observation (B) donne lieu aux mêmes apparences, et l'on conçoit, en effet, que les phénomènes soient réciproques des précédents.

Pour réaliser le troisième cas (C), il suffit de maintenir le microscope et la surface dans des positions invariables et de relever peu à peu la source de lumière vers l'oculaire. La polarisation parallèle au trait s'étend aux parties plus larges, même à celles qui n'en présentaient aucune trace, et l'on finit par n'avoir plus qu'une seule espèce de polarisation dans toute l'étendue du trait.

Avec un morceau de liège chargé d'émeri, guidé dans son mouvement par une règle, on a tracé sur l'argent une bande striée de deux centimètres de largeur. L'observation normale au microscope, avec un éclairage oblique, montre encore que les stries ont des éclats et des colorations très variés, qu'elles sont presque toutes polarisées, à des degrés divers, dans le sens de leur longueur, quelques-unes, généralement plus fortes, présentant la polarisation opposée.

Il est facile alors d'observer l'ensemble du phénomène avec une lumière plus faible. On trace, par exemple, la bande striée suivant un arc de cercle d'environ cinquante centimètres de rayon.

On éclaire les stries avec la flamme d'une bougie située au-dessus du centre du cercle et à une distance telle que l'angle d'incidence soit de 60° à 80°. Si l'on place l'œil derrière la bougie et un peu à côté, en l'abritant par un écran, on aperçoit la bande striée illuminée dans toute son étendue, et un analyseur peut l'éteindre ou le faire briller tour à tour.

Ces effets s'observent, sauf quelques changements de coloration, sur tous les *métaux*, sur le *fer spéculaire* et l'*obsidienne*, et même sur le *verre* commun. On les retrouve également sur les empreintes des stries obtenues avec la *cire noire*, la *gomme laque* ou le *cuivre galvanique*.

Une couche de vernis supprime habituellement la polarisation, parce que la réfraction de la lumière dans le vernis empêche d'obtenir des incidences assez grandes; car, si l'on colle des verres diversement taillés sur les faces striées avec une couche de vernis, de térébenthine ou de baume, on voit reparaître les effets de polarisation quand les incidences sont les mêmes que dans l'air.

L'observation est plus difficile dans la direction de réflexion régulière, à cause de la lumière fournie par les portions non altérées de la surface, et l'on doit alors recourir au microscope qui permet d'isoler les différentes stries. On constate encore une polarisation manifeste, qui ne varie pas beaucoup avec l'incidence, mais qui est, cette fois, opposée à celle des reflets, c'est-à-dire perpendiculaire aux traits.

On peut rendre le phénomène plus sensible en traçant sur une plaque *d'argent* deux bandes striées rectangulaires et observant dans la direction de la lumière réfléchie. Le contraste de l'éclat des bandes, quand on tourne l'analyseur, permet de mieux apprécier leur polarisation sous différentes incidences. De même, si l'on raye au tour un espace de quelques centimètres sur une surface polie, l'emploi d'un analyseur y fait apparaître des houppes sombres analogues à celles qui ont été découvertes par Haidinger dans l'observation à l'œil de la lumière polarisée.

C'est pour se rendre compte de la dimension des traits que M. Fizeau a imaginé d'évaluer l'épaisseur des couches d'argent déposées sur verre en les transformant en iodure (620); et il a pu mesurer ainsi des épaisseurs qui ne dépassaient pas $\frac{1}{5}$ et même $\frac{1}{50}$ de micron μ (millième de millimètre).

M. — III.

Les stries tracées sur ces surfaces présentent toujours, par reflet, une polarisation parallèle aux traits, quand elles ne traversent pas la couche; leur profondeur était donc inférieure à $0^\mu,1$, c'est-à-dire $\frac{1}{5}$ de longueur d'onde.

Il était intéressant d'examiner, au même point de vue, les *fentes* étroites, dont on fait un si fréquent usage en Optique. Quand on produit ces fentes par deux lames rapprochées, la polarisation apparaît à partir d'un certain degré de finesse et elle est toujours perpendiculaire à la fente, quelles que soient la nature et la forme des bords, pourvu qu'ils conservent un pouvoir réflecteur. La polarisation disparaît, en effet, si les deux bords sont couverts de noir de fumée, et se montre de nouveau si l'un d'eux seulement est noirci.

La réflexion de la lumière sur les bords intervient ainsi dans le phénomène; mais ce n'est pas cette réflexion qui polarise puisque les métaux et les substances vitreuses ne présentent pas sous ce rapport de différences bien marquées. Si même on prend comme fente la tranche d'une *bulle de savon* dans un tube de verre, auquel cas la réflexion sur les bords est totale, on reconnaît encore une polarisation partielle, perpendiculaire aux bords, quand la nappe liquide est assez mince.

Il faut, en outre, que les bords aient une certaine épaisseur, car les fentes dans les couches d'*argent* très minces n'ont montré aucune polarisation sensible tandis que cette polarisation est très manifeste pour les fentes étroites dans une couche de $0^\mu,3$.

Les feuilles d'*or battu,* vertes par transmission, ont une épaisseur d'environ $0^\mu,1$. Les déchirures présentent souvent des fentes très fines d'un diamètre inférieur à $0^\mu,5$ et qui paraissent nettement polarisées dans les parties les plus épaisses où la couche est voisine de $0^\mu,2$. Dans les couches plus minces, aucune polarisation des fentes n'est appréciable.

Enfin l'étude au microscope des fentes tracées sur une couche d'argent a montré que la polarisation perpendiculaire aux bords apparaît sur celles dont le diamètre est voisin de 1^μ et que la polarisation devient au contraire parallèle aux bords pour des fentes beaucoup plus fines, dont le diamètre était estimé, par leur éclat relatif, à $0^\mu,1$. Cette dernière circonstance ne se présente donc que pour les fentes dont la largeur est notablement inférieure à une longueur d'onde.

Pour trouver l'explication du phénomène, M. Fizeau a observé au microscope les franges de diffraction que l'on obtient en visant un point lumineux au travers d'une fente. Il a réussi, dans certains cas, à obtenir des franges qu'un analyseur biréfringent dédoublait en deux systèmes dissemblables polarisés dans des plans rectangulaires, l'un parallèle et l'autre perpendiculaire à la fente; l'écart des deux systèmes était très faible en certain points; en d'autres points, au contraire, il allait jusqu'à un quart de frange et même une demi-frange.

Ces apparences singulières paraissent devoir être rapportées à l'intervention des rayons réfléchis sur les bords où ils éprouvent une perte de phase; en se combinant ensuite avec la lumière directe, ils donnent une résultante différente pour les deux composantes principales.

M. Fizeau a imité ce phénomène par une expérience ingénieuse. Sur le trajet des faisceaux qui émanent des deux fentes d'Young (123) on intercale séparément deux rhombes de Fresnel (602). Si les plans de réflexion sont parallèles, rien n'est modifié dans les apparences des franges; si les plans de réflexion sont rectangulaires, ce qu'on obtient en collant les rhombes sur les deux faces d'un prisme à angle droit, toute interférence disparaît.

En effet, chacun des rhombes établit un retard d'un quart de longueur d'onde sur la lumière polarisée dans un azimut perpendiculaire au plan de réflexion. Les systèmes d'interférences relatifs aux deux composantes principales sont ainsi déplacés, l'un à droite et l'autre à gauche, d'un quart de frange; ils sont donc en chaque point complémentaires. Pour les séparer, il suffit de les observer avec un prisme biréfringent.

On obtiendrait le même phénomène d'une manière plus simple, mais moins parfaite, en produisant les franges d'interférence par un quelconque des appareils qui donnent lieu à deux images réelles voisines (136 et suiv.); on intercepte ces images séparément par les deux moitiés d'une lame d'un quart d'onde coupée dans une direction à 45° sur la section principale et dont l'une des parties a été retournée face pour face (324).

Cette expérience permet de comprendre par quel mécanisme la

polarisation peut prendre naissance lorsque la lumière traverse de petites ouvertures ou se réfléchit sur des miroirs striés.

Il est à remarquer d'abord que, dans tous les cas où la polarisation est appréciable, il existe des rayons réfléchis par des surfaces polies et dans des espaces parfois bien inférieurs à la longueur d'onde. Les lois géométriques de la réflexion ne sont plus alors applicables, et l'inflexion de la lumière se fait dans des directions très éloignées de leur direction primitive; en outre, la réflexion est accompagnée d'un changement de phase variable avec l'azimut de la vibration.

Dans ces conditions, on conçoit aisément que la lumière doit toujours se polariser, par interférence, à des degrés divers, mais il est moins facile de donner une explication précise des cas particuliers; on doit se borner à quelques hypothèses plus simples. On appellera, pour abréger, première composante d'un rayon de lumière réfléchie celle qui est polarisée parallèlement au plan de réflexion et deuxième composante celle qui est polarisée dans l'azimut perpendiculaire.

1° La polarisation des stries par reflet pourra s'expliquer par les interférences de deux systèmes de rayons qui ont subi, soit une seule réflexion, soit deux réflexions sur les deux bords.

Si les sillons sont très petits, de $0^p,02$, par exemple, le retard produit par la différence des chemins entre les deux systèmes de rayons est négligeable. Le changement de signe que la réflexion imprime aux vibrations se porte une fois sur les premiers, deux fois sur les seconds; leur différence de marche apparente est ainsi d'une demi-longueur d'onde pour la première composante et l'interférence est complète. Pour la seconde composante, on doit ajouter au changement de signe une perte de phase variable avec l'incidence, quand il s'agit de réflexion métallique, et qui peut atteindre une demi-longueur d'onde; l'extinction n'est pas complète, et la lumière de reflet paraîtra polarisée dans un azimut perpendiculaire au plan de réflexion, ou parallèle aux traits.

Si les sillons sont plus profonds, la réflexion supplémentaire peut apporter une différence de chemin équivalant à une demi-longueur d'onde. L'interférence doit alors se produire sur la seconde composante, et la lumière est polarisée dans un azimut perpendiculaire aux traits.

Cette explication rend compte des phénomènes observés quand l'éclairage est rasant et l'observation suivant la normale (A) ou inversement (B).

Avec le troisième mode d'observation (C), la lumière de retour se propage dans une direction très voisine de la lumière incidente, mais en sens contraire, et la différence des chemins des deux systèmes de rayons n'est pas appréciable. On rentre ainsi dans le premier cas, et la polarisation parallèle aux stries doit être prédominante, ce qui est conforme aux observations.

2° Dans la direction de réflexion régulière, la polarisation est perpendiculaire aux traits, c'est-à-dire, dans le plan d'incidence, et s'observe sur les sillons les plus fins; on doit alors combiner les rayons qui ont subi le même nombre de réflexions.

La manière la plus simple de concevoir le phénomène est de considérer la forme du sillon comme une source dont les vibrations, partagées en deux groupes, arrivent à l'observateur après avoir été réfléchies sous des angles très inégaux. La différence des chemins étant négligeable, la perte de phase par réflexion est la même dans les deux cas pour la première composante; elle est variable, au contraire, pour la seconde composante. La polarisation perpendiculaire aux traits doit donc être prédominante.

3° Pour les fentes très étroites, on considérera l'interférence des rayons directs avec ceux qui ont été réfléchis sur l'un des bords. En négligeant l'inégalité des chemins, l'interférence est à peu près complète pour la première composante, puisque la vibration réfléchie change de signe; la différence de phase est encore variable pour la seconde composante, de sorte que la polarisation finale doit être parallèle à la fente.

Lorsque la fente est moins étroite, l'inégalité des chemins doit intervenir; si elle est d'une demi-longueur d'onde, on voit apparaître la polarisation perpendiculaire aux bords.

Il est clair que tous les cas intermédiaires aux précédents peuvent se présenter, que le phénomène est variable avec la longueur d'onde et que l'on peut avoir aussi à tenir compte des vibrations qui ont subi plusieurs réflexions successives, soit sur un même bord, soit sur les deux bords opposés; il suffit de montrer comment l'explication est possible par les propriétés connues de la réflexion et sans faire intervenir aucune hypothèse nouvelle.

On voit par là combien la forme des traits doit influer sur la polarisation de la lumière diffractée par les réseaux et quelles réserves il convient d'apporter dans les conclusions théoriques que l'on pourrait en déduire.

La même explication s'applique sans doute aux phénomènes observés par Brewster ([1]) avec un réseau tracé au diamant sur *acier* et portant six séries de 12,5 à 400 traits par millimètre.

Sur la série des traits les plus serrés, et quel que soit l'azimut du plan de réflexion, la lumière réfléchie régulièrement est blanche pour l'incidence rasante, d'un bleu verdâtre dans la direction normale et pourpre sous l'incidence de 30°.

Dans ce dernier cas, lorsque le plan de réflexion est perpendiculaire aux traits, le faisceau réfléchi se compose de deux parties : l'une rouge polarisée dans le plan de réflexion et l'autre bleue polarisée dans un plan perpendiculaire. La polarisation est moins marquée pour d'autres incidences.

Quand le plan de réflexion est oblique aux traits, la polarisation des faisceaux rouge et bleu est partielle et différemment orientée. Enfin, quand le plan d'incidence est parallèle aux traits, les faisceaux rouge et bleu sont encore polarisés dans des azimuts perpendiculaire et parallèle aux traits, mais en faible proportion, surtout pour le dernier.

Les autres réseaux à traits plus écartés n'ayant pas donné les mêmes résultats, il est difficile de savoir si les effets de polarisation étaient dus à l'interférence des vibrations émises par les différents traits ou au changement de la forme des sillons. Cette dernière hypothèse est la plus probable, car la surface primitive du miroir doit être entièrement enlevée par le diamant quand il existe 400 traits par millimètre; l'expérience montre, en effet, que ses propriétés optiques sont entièrement modifiées ([2]).

646. *Diffraction par un bord rectiligne.* — La méthode d'observation imaginée par M. Gouy (201) pour étudier la diffraction éloignée par un bord rectiligne correspond à un phénomène

---

([1]) D. BREWSTER, *Comptes rendus des séances de l'Académie des Sciences,* t. XXX, p. 496; 1850.

([2]) J. FROHLICH, *Wied. Ann.,* t. XIII, p. 133; 1881. — *Journal de Physique,* [2], t. I, p. 50; 1882.

plus simple qui paraît se rapprocher davantage des conditions théoriques; on y a rencontré cependant les mêmes difficultés.

En éclairant le bord d'un écran rectiligne avec de la lumière naturelle, M. Gouy détermine le rapport des intensités A et B des faisceaux diffractés dont la polarisation est parallèle ou perpendiculaire au bord. Il suffit, pour cela, de placer dans le microscope un prisme biréfringent orienté d'une manière convenable et d'égaler les deux images par un analyseur.

Avec un bord d'*acier* tranchant, par exemple, on a obtenu

Déviation.	0°.	20°.	40°.	60°.	80°.	100°.
$\dfrac{B}{A}$	1	0,22	0,049	0,0076	0,0027	0,0015

La polarisation est d'abord nulle, elle croît ensuite avec la déviation et finit par être presque complète; mais elle se trouve parallèle au bord de l'écran, c'est-à-dire, de sens contraire à celle qui résulterait de la théorie de M. Stokes, et aucune particularité ne distingue le cas où la lumière diffractée est perpendiculaire aux rayons incidents.

En outre, l'image la plus faible B est toujours blanche, tandis que l'autre est plus ou moins colorée.

Les mêmes résultats s'observent quand on emploie des bords métalliques de nature quelconque, des fragments de *minéraux* obtenus par rupture, des *cristaux* opaques à arêtes naturelles, des lames métalliques modifiées superficiellement, telles que du *cuivre oxydé, sulfuré* ou *noirci* au chlorure de platine, etc. Le *noir de fumée* fait cependant exception, car il ne donne plus de polarisation sensible, la lumière diffractée est faible et un peu jaunâtre.

La polarisation est plus grande quand les bords sont un peu arrondis; elle est très inégale pour les différents corps et varie avec la déviation suivant une loi particulière à chacun d'eux.

Quand on polarise la lumière primitive, les rayons diffractés restent sensiblement polarisés avec les bords tranchants, et le plan de polarisation éprouve une rotation qui le rapproche de la direction parallèle au bord. Si le bord est arrondi, la lumière diffractée prend une polarisation elliptique; la composante polarisée parallèlement au bord éprouve un retard qui croît rapidement avec la déviation et reste inférieur à une demi-longueur d'onde.

Si l'on observe un même écran à bord aigu, alternativement

dans l'air et dans un milieu liquide, sous la même déviation, on constate que la présence du liquide modifie les couleurs et augmente la fraction de lumière polarisée. L'accroissement d'indice du milieu ambiant agit ainsi comme le ferait un accroissement d'épaisseur du bord de l'écran.

Enfin, M. Gouy a étudié la lumière diffractée en dehors de l'ombre géométrique. L'expérience n'est alors démonstrative que si les bords sont très aigus, afin d'éliminer, autant que possible, la lumière réfléchie. En plaçant dans un champ lumineux uniforme deux bords tranchants d'*acier*, en regard l'un de l'autre et à la distance d'un demi-millimètre, on peut les voir en même temps dans le microscope, et comparer les intensités de la lumière diffractée à l'intérieur et à l'extérieur; ces deux intensités sont égales pour toutes les déviations, ou du moins cette loi paraît d'autant plus exacte que les bords sont plus aigus.

La polarisation a changé de sens, car elle est, cette fois, dans le plan de diffraction, c'est-à-dire, perpendiculaire au bord; la fraction de lumière polarisée croît d'abord avec la déviation, atteint un maximum vers 30° ou 40° et diminue ensuite lentement.

Avec une lumière primitive polarisée, on observe encore une polarisation elliptique; la différence de marche des composantes principales est de même sens, mais plus faible, que pour la réflexion ordinaire.

La diffraction observée dans le cas actuel se produit à une distance de l'ordre des longueurs d'onde, puisqu'on vise le bord même de l'écran. Les causes signalées par M. Fizeau peuvent intervenir pour une part, mais la différence des effets observés suivant la nature des écrans montre que la substance même qui constitue le bord opaque joue un rôle, encore inconnu, dans la transformation des vibrations diffractées.

647. *Diffusion dans les gaz.* — Dès l'année 1811, Arago avait reconnu (**370**) que la lumière *bleue du ciel* est partiellement polarisée dans un plan qui passe par le Soleil, exception faite pour les régions très voisines de cet astre ou du point diamétralement opposé, et que le maximum de polarisation se trouve à 90° du Soleil. Toutefois le phénomène est troublé par plusieurs autres circonstances.

Dans le plan vertical du Soleil il existe, en effet, plusieurs points *neutres*, ou de polarisation nulle, séparant des régions où la lumière est polarisée dans des plans rectangulaires.

Le point neutre d'Arago se trouve à une distance de 10° à 25°, variable avec les conditions de l'expérience, au-dessus du point antisolaire. Babinet ([1]) a reconnu qu'il existe encore un point neutre, séparant deux régions de polarisations contraires, à 15° ou 20° au-dessus du Soleil; on doit enfin à Brewster ([2]) l'observation d'un troisième point neutre plus difficile à constater, qui se trouve à peu près à la même distance au-dessous du Soleil, et même d'autres points secondaires.

Le renversement de la polarisation au delà des points neutres est dû, sans doute, à la diffraction multiple des lumières qui proviennent des différentes régions du ciel.

A part ces perturbations, le phénomène paraît conforme à la théorie de M. Stokes, si l'on admet que la couleur bleue du ciel tient à la diffraction de la lumière solaire par les corpuscules disséminés dans l'atmosphère (225).

M. Govi ([3]) a répété l'expérience sur l'air troublé artificiellement par d'abondantes fumées d'*encens* produites sur le trajet d'un faisceau de lumière solaire.

Si l'on examine cette traînée lumineuse sous des angles croissants, à partir de la source, elle paraît d'abord faiblement polarisée dans un azimut perpendiculaire au plan de diffusion. La polarisation croît ensuite rapidement pour devenir presque complète, puis diminue et disparaît dans le voisinage de la normale. Elle reparaît plus loin, mais dans un azimut rectangulaire, passe de nouveau par un maximum beaucoup plus faible, et finalement reste inappréciable dans le voisinage de la propagation directe. La *fumée de tabac* donne les mêmes effets, si ce n'est que la direction du point neutre correspond à un angle plus faible.

Ces résultats sont en désaccord avec ceux que donne le bleu du ciel, mais il est facile de s'assurer qu'ils varient beaucoup avec les

([1]) Babinet, *Comptes rendus des séances de l'Académie des Sciences*, t. XI, p. 618; 1840.

([2]) Brewster, *Brit. Ass. Rep.* pour 1842, Part 2, p. 13.

([3]) G. Govi, *Comptes rendus des séances de l'Académie des Sciences*, t. LI, p. 360 et 669; 1860.

dimensions des particules étrangères. Comme les nuages ainsi formés paraissent à peu près blancs, les particules en suspension sont de dimensions notables par rapport à la longueur d'onde, et l'on doit y retrouver les causes complexes d'interférences signalées par M. Fizeau.

M. Tyndall ([1]) s'est placé dans des conditions qui se rapprochent beaucoup plus de la théorie. L'expérience est faite dans un tube formé par des lames de verre. Si ce tube renferme de l'air absolument dépourvu de poussières, soit à la suite d'un long repos, soit par filtration sur des bourres de coton, un rayon de lumière qui le traverse suivant l'axe reste absolument invisible dans une direction latérale. On y introduit une quantité d'air variable, suivant les cas, contenant des traces de corps très volatils, tels que l'*acide chlorhydrique*, l'*acide iodhydrique*, le *sulfure de carbone*, ou des vapeurs de liquides organiques altérables à la lumière, comme les *iodures de méthyle*, d'*éthyle* ou de *butyle*, etc.

Si l'on fait de nouveau passer le rayon de lumière, il est d'abord invisible; on voit ensuite se former, plus ou moins lentement, suivant la nature et les proportions des corps étrangers, un nuage bleu dont la teinte augmente progressivement jusqu'à devenir comparable au bleu du ciel, puis la couleur s'altère et le nuage finit par paraître blanc.

Suivant une direction normale au tube, le bleu ainsi produit est absolument polarisé dans le plan de diffusion.

En observant, de même, le faisceau de lumière dans l'air d'une salle, M. Tyndall a retrouvé encore la polarisation dans la lumière diffusée suivant la normale au faisceau, avec deux points neutres à droite et à gauche, puis une polarisation contraire au delà de ces deux directions.

Avec la fumée d'*encens*, M. Tyndall a constaté d'abord un maximum de polarisation, dans le plan de diffusion, sous un angle de 12° avec la source et un point neutre à 66° de la direction opposée. En renouvelant d'une manière progressive l'air de la salle, le point neutre s'est rapproché peu à peu du rayon de lumière jusqu'à 33°, et la polarisation maximum finit par être normale au faisceau.

([1]) J. TYNDALL, *Proceedings of the Roy. Soc.*, t. XVII, p. 92; 1868.

Le phénomène n'est donc bien défini que pour les particules extrêmement ténues et il est alors entièrement comparable à la polarisation atmosphérique.

648. *Diffusion dans les liquides et les solides.* — Les impuretés qui troublent la transparence des solides ou des liquides doivent produire des effets analogues. La couleur bleue de certaines eaux naturelles, par exemple, qui se rapproche beaucoup de la couleur du ciel, doit s'expliquer de la même manière et produire la même polarisation. M. Soret [1] a étudié le bleu du *lac de Genève* en introduisant dans l'eau un tube de lunette fermé à sa partie inférieure par une lame de verre et muni à l'autre bout d'un analyseur.

En disposant cet appareil de façon qu'il fût perpendiculaire à la direction des rayons solaires réfractés à la surface, et dans un endroit où la profondeur du lac était suffisante pour que le fond ne fût pas visible, il a reconnu une polarisation bien marquée dans le plan de diffusion. Cette polarisation s'affaiblit beaucoup quand on s'écarte de la normale aux rayons réfractés; elle est d'autant plus nette que l'eau est plus calme et paraît plus transparente.

On obtient d'ailleurs le même résultat en observant la trace lumineuse d'un rayon qui traverse de l'eau renfermée dans un tube. La polarisation est d'autant moindre que l'eau est plus pure, mais on ne parvient jamais à la supprimer complètement.

M. Lallemand [2] a réalisé une longue série d'expériences sur l'illumination des substances transparentes, liquides ou solides. A ce point de vue, il convient de partager les corps en deux catégories principales, suivant qu'ils sont privés ou doués du pouvoir rotatoire, et il est nécessaire, dans chaque cas, de tenir compte de la fluorescence qui se superpose au phénomène.

Si l'on place dans un tube un liquide transparent inactif et non fluorescent, aussi pur que possible, et que l'on fasse traverser le tube, suivant l'axe, par un rayon polarisé, le liquide s'illumine sur le trajet du faisceau; la lumière émise dans une direction nor-

---

[1] L. Soret, *Archives de Genève*, t. XXXIV, p. 156; 1869.
[2] A. Lallemand, *Comptes rendus des séances de l'Académie des Sciences*, t. LXIX, passim; 1869. — *Ann. de Chim. et de Phys.*, [4], t. XVII, p. 200; 1871.

male reste polarisée dans le plan de diffusion et son intensité est nulle suivant la normale au plan primitif. Lorsque le liquide est fluorescent, ce qui est presque le cas général, cette illumination latérale est augmentée d'une certaine quantité de lumière fluorescente, de teinte particulière, entièrement dépolarisée et qui apparaît à peu près également dans tous les azimuts. La fluorescence est surtout abondante à l'origine du tube et diminue ensuite rapidement; il est souvent facile de l'éliminer en faisant passer d'abord la lumière au travers d'une cuve renfermant une dissolution plus concentrée de liquide sur lequel on opère; la polarisation est alors plus nette dans le tube qui vient à la suite.

Cette expérience réussit avec la plupart des liquides, l'*eau*, le *sulfure de carbone*, les *alcools*, les dissolutions, en particulier avec les *hydrocarbures* extraits des huiles de pétrole.

Pour observer la lumière émise en dehors de la normale, on place le liquide dans un ballon sphérique percé de deux ouvertures opposées que l'on ferme par des glaces, pour le passage d'un faisceau éclairant à section circulaire, et l'on vise le centre du ballon à l'aide d'un tube noirci.

La projection de la vibration primitive normale à la ligne de visée est proportionnelle au cosinus de l'angle α que fait cette ligne avec le plan primitif. D'autre part, la longueur de la région observée dans le cylindre d'éclairement, est en raison inverse du sinus de la déviation D. Si l'on admet que l'intensité de la lumière diffusée est proportionnelle, pour les directions assez écartées de la propagation directe, au carré de la vibration efficace et à la longueur du faisceau utilisé, elle sera représentée par une expression de la forme $k\dfrac{\cos^2\alpha}{\sin D}$.

Des mesures photométriques ont montré que cette loi se vérifie très exactement, au moins pour la lumière polarisée qui se superpose à la lumière neutre produite par fluorescence.

La même traînée lumineuse s'observe dans les *verres*, crowns ou flints, avec un maximum d'intensité dans le plan de polarisation primitive et une fluorescence de teinte variable plus importante. L'illumination est à peine sensible pour certaines substances cristallines, telles que le *sel gemme*, le *spath* et le *quartz*.

L'emploi du pouvoir rotatoire donne à ces expériences beaucoup d'éclat. Un faisceau de lumière blanche polarisée, après avoir traversé une lame de quartz perpendiculaire à l'axe, est composé de rayons polarisés dans des azimuts différents, variables avec leur couleur. Si l'on éclaire, par le faisceau ainsi modifié, un tube renfermant du *collodion* bien transparent, l'illumination paraît plus grande pour les couleurs polarisées dans le plan de diffusion ; le liquide prend donc une teinte spéciale pour chaque azimut.

Enfin, lorsque le milieu éclairé est lui-même actif, la rotation du plan de polarisation varie avec le chemin parcouru par le rayon. Si la source était homogène, la diffusion normale dans un même plan présenterait une série de maxima et de minima, analogues aux ventres et aux nœuds d'une corde vibrante, et correspondant aux cas où le plan de polarisation devient parallèle ou perpendiculaire au plan de diffusion.

Si le faisceau primitif est formé de lumière blanche, la distance apparente de deux maxima est en raison inverse du pouvoir rotatoire relatif à chaque couleur. En effet, les premières portions du tube restent blanches, puis la lumière diffusée se colore très vivement et, si le tube est assez long pour que la rotation finale soit de plusieurs circonférences, l'illumination redevient blanche. L'expérience est très brillante avec un tube de 1^m de longueur renfermant une dissolution de *sucre*. Il suffit alors de tourner le polariseur d'une manière continue, pour faire cheminer les teintes colorées le long du tube, dans un sens ou dans l'autre, suivant le sens de la rotation.

M. Lallemand était porté à croire que cette illumination peut se produire dans un milieu homogène et qu'elle apporte un argument décisif pour déterminer la direction des vibrations ; mais la propagation latérale de la lumière n'est possible que s'il existe dans le milieu des différences de marches localisées et, par suite, une constitution non homogène.

C'est donc un cas particulier de diffraction, analogue à celle que donnent les gaz troublés par des particules étrangères et qui comporte les mêmes difficultés d'interprétation.

649. *Émission par les corps incandescents.* — Arago ([1]) avait constaté que la lumière émise par un corps solide incandescent, tel

---

[1] F. ARAGO, *Ann. de Chim. et de Phys.*, t. XXVII, p. 89; 1844.

qu'une lame d'*argent*, est partiellement polarisée dans un azimut perpendiculaire au plan d'émission quand on observe dans une direction peu éloignée de la surface; il attribue ce phénomène à la réfraction des rayons émis par les couches profondes. Les *gaz* enflammés, au contraire, ne présentent, sous aucune inclinaison, de traces sensibles de polarisation.

Comme la surface du Soleil ne paraît pas polarisée sur les bords, Arago en tire cette conclusion importante que l'enveloppe solaire lumineuse est constituée par une couche de gaz incandescente. Cette vue est confirmée aujourd'hui par toutes les observations spectroscopiques.

MM. de la Provostaye et Desains ([1]) ont complété l'expérience d'Arago en déterminant la fraction de polarisation dans le faisceau de chaleur ou de lumière émis, sous différentes incidences, par une lame de *platine* maintenue au rouge.

Les radiations étaient reçues d'abord par une pile de lames de mica dont le plan de réfraction était placé alternativement dans les deux azimuts principaux.

Une graduation préalable de la pile de mica permettait, pour la chaleur, de calculer le rapport des composantes principales par le rapport des intensités du faisceau émergent dans ces deux azimuts; pour la lumière, la polarisation était compensée par une inclinaison convenable de la pile. On a ainsi obtenu :

Platine au rouge.

Angle d'émission.	Fraction de polarisation.	
	Chaleur.	Lumière.
3o°	0,06	»
4o	0,26	»
5o	»	0,265
6o	0,51	0,32
7o	0,70	0,45

La polarisation est manifestement moindre pour la lumière.

Le *platine platiné* n'a donné que 0,13 de chaleur polarisée, pour un angle d'émission de 70°, et on n'en observe aucune trace avec le *noir de fumée*.

([1]) F. DE LA PROVOSTAYE et DESAINS, *Ann. de Chim. et de Phys.*, [3], t. XXVIII, p. 252; 1850, et t. XXXII, p. 112; 1851.

Les quantités de chaleur ou de lumière polarisées par réflexion et par émission doivent être, en effet, complémentaires, si l'on admet l'égalité des pouvoirs émissif et absorbant. En appelant r_1 et r_2 les pouvoirs réflecteurs, sous une incidence déterminée, pour les rayons polarisés dans les deux azimuts principaux, la fraction de polarisation f_r dans la radiation réfléchie qui provient d'un faisceau primitivement naturel est

$$f_r = \frac{r_1 - r_2}{r_1 + r_2}.$$

Les pouvoirs émissifs correspondants étant

$$e_1 = 1 - r_1 \qquad \text{et} \qquad e_2 = 1 - r_2,$$

la radiation émise est polarisée, dans un azimut rectangulaire, pour une fraction f_e dont la valeur est

$$f_e = \frac{e_2 - e_1}{e_1 + e_1} = \frac{r_1 - r_2}{2 - (r_1 + r_2)}.$$

Il suffit de connaître les pouvoirs réflecteurs principaux pour en déduire la fraction f_e; les résultats de ce calcul sont entièrement conformes aux observations.

On peut écrire encore, en appelant r le pouvoir réflecteur relatif à un faisceau naturel et e le pouvoir émissif total,

$$\frac{r_1 + r_2}{2} \frac{r_1 - r_2}{r_1 + r_2} = \frac{e_1 + e_2}{2} \frac{e_2 - e_1}{e_1 + e_1},$$

$$(1) \qquad r f_r = e f_e = (1 - r) f_e.$$

Cette équation signifie que, dans une enceinte fermée, le faisceau qui chemine suivant une direction quelconque est neutre, la polarisation des rayons émis par un élément de surface étant complémentaire de celle du rayon réfléchi.

M. Violle ([1]) a étudié de même, sous différentes directions, la lumière émise par un bain d'*argent* à la température de fusion. On reçoit la lumière sur un prisme biréfringent dont la section principale est parallèle au plan d'émission et on détermine le rapport

---

([1]) J. VIOLLE, *Comptes rendus des séances de l'Académie des Sciences*, t. CV, p. 111; 1887.

des intensités des deux images en les égalant par un analyseur. La
fraction de lumière polarisée croît avec l'angle i d'émission, comme
on le voit par le Tableau suivant :

i	f_e	r	i	f_e	r
15°	0,065	»	65°	0,630	0,926
30	168	0,944	70	708	927
45	330	936	75	770	929
50	383	»	80	826	937
60	0,546	0,929	85	0,839	0,961

Ces résultats se représentent très exactement par la formule
empirique

$$f_e = (1 - \cos i)\left[1 - \cos\left(75° + \frac{i}{5} \right)\right].$$

D'autre part, on déduit de l'équation (1)

$$r = \frac{f_e}{f_r + f_e}.$$

Si l'on prend pour la fraction f_r les nombres qui résultent des
observations de M. Quincke sur l'argent, aux températures ordinaires, on en déduit pour le pouvoir réflecteur r les nombres in-
scrits dans le Tableau. Ces valeurs varient très peu avec l'incidence ; elles sont parfaitement conformes à la marche connue des
phénomènes de réflexion métallique et au grand pouvoir réflecteur de l'argent.

650. *Diffusion par réflexion ou réfraction.* — Lorsqu'un
faisceau de chaleur tombe normalement sur une surface dépolie,
il est ensuite diffusé dans toutes les directions ([1]). Pour certaines substances, comme le *blanc de céruse* et la *poudre d'argent*, la chaleur diffusée est à peu près indépendante de l'angle
que fait le plan de diffusion avec l'azimut de polarisation primitive, au moins jusqu'à 75°. La quantité de chaleur diffusée suivant
la normale elle-même s'évalue facilement pour la céruse, puisqu'elle ne varie pas quand l'angle d'incidence de faisceau primitif

---

([1]) F. DE LA PROVOSTAYE et DESAINS, *Ann. de Chim. et de Phys.*, [3],
t. XXXIV, p. 192; 1852.

reste inférieur à 30°. Pour l'argent en poudre, il y a toujours un maximum dans la direction de réflexion régulière, mais le coefficient de réflexion reste le même jusqu'à l'incidence de 25°. En prenant pour unité de chaleur, dans chaque cas, celle qui est diffusée suivant la normale, on a ainsi, pour l'incidence *normale* :

Angle de diffusion θ.	Chaleur diffusée.		Cos θ.
	Céruse.	Argent.	
0	1,00	1,00	1,000
20	95	»	0,940
25	92	67	906
35	81	46	819
45	68	32	707
50	60	»	643
60	48	15	500
70	31	»	342
75	0,24	0,067	0,259

La chaleur diffusée par la *céruse* est proportionnelle au cosinus de l'obliquité, conformément à la loi de Lambert (¹) ; dans les deux cas, elle est indépendante de l'azimut de polarisation primitive.

Pour déterminer la fraction totale de chaleur diffusée, on compare la chaleur diffusée dans une direction avec celle qui se réfléchit régulièrement sur une surface de verre noir et que l'on peut calculer par la formule de Fresnel.

Si l'on désigne par φ la fraction de chaleur diffusée dans une ouverture angulaire égale à l'unité sous l'angle θ, celle qui correspond à la zone $d\theta$ est égale à $\varphi \, 2\pi \sin\theta \, d\theta$ et la diffusion totale a pour expression

$$\Phi = 2\pi \int_0^{\frac{\pi}{2}} \varphi \sin\theta \, d\theta.$$

On évaluera l'intégrale par une méthode de quadratures, dans le cas général ; le calcul est très simple quand le facteur φ est proportionnel à $\cos\theta$, comme pour la céruse, puisque

$$\int_0^{\frac{\pi}{2}} \cos\theta \sin\theta \, d\theta = \frac{1}{2} \int_0^{\frac{\pi}{2}} \sin 2\theta \, d\theta = \frac{1}{2}.$$

(¹) I.-H. LAMBERT, *Photometria*, Augustæ Vindelicorum (Augsbourg) ; 1760.

On trouve ainsi que la fraction totale de chaleur diffusée, pour un faisceau incident normal, est :

$$
\begin{aligned}
&\text{Céruse} \dots\dots\dots\dots\dots\dots\ 0,82\\
&\text{Argent en poudre} \dots\dots\dots\ 0,76\\
&\text{Chromate de plomb} \dots\dots\ 0,66\\
&\text{Cinabre} \dots\dots\dots\dots\dots\dots\ 0,48
\end{aligned}
$$

Lorsque le faisceau incident est incliné sur la normale, il y a toujours un maximum plus ou moins marqué de chaleur suivant la réflexion régulière, et la diffusion diminue de part et d'autre à partir de cette direction. Le phénomène varie alors avec l'azimut de polarisation primitive.

Dans le Tableau qui suit, les deux azimuts principaux sont désignés par I et II et les nombres sont rapportés à la diffusion normale.

Réflexion régulière. — Chaleur diffusée.

Incidence i.	Céruse.		Cinabre.		Argent en poudre.	
	I.	II.	I.	II.	I.	II.
12.5	0,98	0,98	0,98	0,98	1,00	1,00
25	91	91	»	»	»	»
45	85	74	72	»	1,28	1,26
60	82	55	»	48	1,49	1,41
70	»	63	»	»	»	»
75	1,72	0,98	0,99	0,59	2,22	1,57

Le pouvoir réflecteur des substances mates, telles que le *cinabre* et la *céruse,* passe par un minimum bien marqué; il croît, au contraire, d'une manière continue jusqu'à l'incidence rasante pour l'*argent en poudre* et le *platine platiné.* Dans tous les cas, la réflexion est plus grande quand le faisceau primitif est polarisé dans le premier azimut.

Ces expériences permettent de prévoir l'effet de la diffusion sur un faisceau naturel. Pour l'incidence normale, la chaleur diffusée latéralement par une plaque couverte de *céruse* ne doit présenter aucune trace de polarisation et la substance détruit entièrement la polarisation primitive; c'est ce que confirme l'observation.

Quand l'incidence est oblique, la chaleur diffusée normalement paraît encore naturelle. Pour une incidence de 70°, la diffusion normale ne varie pas de 0,1 avec la polarisation primitive.

Dans la direction de réflexion régulière sur la *céruse,* et sous l'incidence de 70°, la fraction de chaleur polarisée reste 0,87 ou 0,58, suivant que le faisceau primitif est polarisé dans le premier ou le second azimut; un faisceau naturel donne alors 0,46 de chaleur polarisée.

Le *soufre* lavé donne à peu près les mêmes résultats. Pour le *platine platiné,* la fraction de polarisation s'élève à 0,76.

Les mêmes expériences ont été répétées avec la lumière. La substance étant éclairée normalement par un faisceau naturel, la fraction de lumière polarisée par diffusion a été :

Éclairage normal. — Fraction de polarisation.

Angle de diffusion.	Noir de fumée.	Platine platiné.	Verre noir dépoli.
20	0,11	»	»
30	»	0,00	0,06
40	29	»	»
50	35	»	»
60	47		»
70	60	0,21	0,45
85	0,76	0,22	0,47

Les expériences sur la *céruse,* le *cinabre* et le *soufre* n'ont pas fourni de polarisation sensible.

On a obtenu, de même, en polarisant la lumière dans les azimuts principaux :

Éclairage normal. — Lumière diffusée.

Angle de diffusion.	Noir de fumée.		Platine platiné.		Verre noir dépoli.	
	I.	II.	I.	II.	I.	II.
30	0,85	0,82	0,81	0,80	0,87	0,84
70	85	45	75	58	83	58
85	0,87	0,19	0,56	0,37	0,77	0,40

Éclairage rasant. — Diffusion normale.
Fraction de polarisation.

	I.	II.
Soufre...............	0,10	insensible
Céruse..............	»	insensible
Cinabre	0,28	0,15
Noir de fumée......	0,85	0,20
Platine platiné......	0,57	0,34

Dans la direction de réflexion régulière et sous une même incidence de 70°, on a déterminé la fraction de polarisation suivant que la lumière primitive est naturelle ou polarisée dans l'un des azimuts principaux :

Éclairage à 70°. — Réflexion régulière.
Fraction de polarisation.

Substances.	Lumière naturelle.	Lumière polarisée.	
		I.	II.
Noir de fumée............	0,25	0,99	0,96
Chromate de plomb.....	44	»	»
Céruse.................	45	80	54
Soufre lavé.............	50	75	40
Cinabre................	52	86	54
Platine platiné..........	61	98	96
Verre noir dépoli........	0,64	0,98	0,90

On peut déduire de ces résultats le rapport des pouvoirs réflecteurs R_1 et R_2 relatifs aux deux azimuts principaux pour une circonstance déterminée. En effet, si f_1 et f_2 sont les fractions correspondantes de polarisation pour la lumière réfléchie et f la fraction de lumière polarisée dans le premier azimut pour un faisceau primitif naturel, on a

$$f = \frac{f_1 R_1 - f_2 R_2}{R_1 + R_2}, \qquad \frac{R_1}{R_2} = \frac{f + f_2}{f_1 - f}.$$

Les auteurs ont constaté aussi que, si l'on éclaire normalement une couche transparente de *noir de fumée,* les rayons diffusés dans une direction rasante, soit par réflexion, soit par transmission, sont partiellement polarisés dans le premier azimut.

Avec une mince *feuille d'or,* au contraire, la lumière diffusée par réflexion est encore en partie polarisée dans le premier azimut, tandis que la couleur verte transmise présente une polarisation dans un plan perpendiculaire.

Il résulte de toutes ces expériences que l'émission et la diffusion ont une tendance manifeste à polariser les radiations dans le plan qui passe par la normale à la surface et la direction de propagation; mais les résultats ne sont pas assez réguliers, ni les circon-

stances du phénomène assez simples, pour qu'il soit possible d'en
déduire aucune conséquence théorique.

651. *Houppes de polarisation.* — Nous ajouterons ici la description d'un phénomène découvert par Haidinger [1], dont on a
donné plusieurs explications contradictoires. Quand on observe au
travers d'un prisme de Nicol un champ de lumière blanche, on
aperçoit deux houppes perpendiculaires qui se coupent sur la direction de vision; elles présentent ainsi quelque analogie avec les
houppes des cristaux colorés (481).

L'une d'elles, plus sombre et teintée en jaune, est située dans
le plan de polarisation : elle est formée de deux branches élargies
en éventail à partir du centre; l'autre, plus claire et bleuâtre, traverse le champ dans une direction perpendiculaire et paraît à peu
près limitée par des branches d'hyperboles.

Cette croix tourne avec le nicol, en conservant toujours la même
direction par rapport au plan de polarisation. Dès qu'on a pris
l'habitude de la reconnaître dans un prisme de Nicol, on la retrouve facilement dans un faisceau quelconque de lumière même
partiellement polarisée et l'on peut ainsi reconnaître à l'œil nu la
polarisation dans le bleu du ciel.

Sir G. Stokes [2] a constaté que les houppes ne sont visibles
que dans le bleu du spectre : sur un champ bleu, les deux branches
situées dans l'azimut de polarisation paraissent obscures et les
autres plus claires que le fond.

On a cherché l'explication des houppes dans la constitution
lamellaire de la cornée et surtout du cristallin, qui agirait comme
une pile de glaces. L'éclairement de la rétine serait alors moindre
dans le plan de polarisation, puisque l'intensité de la lumière réfractée est plus faible, ce qui est conforme à l'existence des houppes
sombres. Mais la différence d'éclat pour les deux azimuts principaux serait inappréciable dans le voisinage de l'axe géométrique
des surfaces réfringentes et devrait s'exagérer à mesure qu'on s'en
écarte, tandis que les houppes n'apparaissent en réalité que dans
une ouverture angulaire très limitée. En outre, l'effet devrait être

---

[1] W. Haidinger, *Pogg. Ann.*, t. LXIII, p. 29; 1844.
[2] G. Stokes, *Sillim. Journal.*, [2], t. X, p. 394; 1850.

indépendant de la couleur, ce qui est contraire à l'observation, et le centre des houppes serait situé sur l'axe géométrique de l'œil, tandis qu'il se trouve sur l'axe optique.

Les mêmes objections se présentent si l'on attribue les houppes à la diffusion qui proviendrait d'une transparence incomplète des milieux de l'œil; on comprendrait ainsi l'existence d'un minimum de lumière bleue dans le plan de polarisation, mais on n'expliquerait pas la position du centre sur l'axe optique et l'étendue limitée du phénomène.

Les houppes occupent un champ d'environ 3° ou 4°, qui paraît correspondre très sensiblement à l'étendue de la *tache jaune* de la rétine (104); il semble ainsi qu'on doit en chercher l'explication dans la structure de cet organe. Il existe, en effet, dans la tache jaune, au-dessous d'une couche nerveuse assez complexe qui provient de l'épanouissement du nerf optique, une couche de fibres colorées en jaune qui rayonnent à partir de la *fovea centralis* et dont l'épaisseur diminue rapidement.

La lumière doit traverser cette couche fibreuse avant d'atteindre les bâtonnets et les cônes, situés à la surface postérieure de la rétine, et qui sont les appareils de perception des impressions lumineuses.

D'après M. von Helmholtz ([1]), les fibres colorées de la tache jaune absorberaient, comme la tourmaline (319) et plusieurs cristaux colorés, la lumière bleue polarisée parallèlement à leur direction; l'absorption variable dans les autres azimuts rendrait compte également du maximum d'éclat de la houppe bleue perpendiculaire au plan de polarisation.

([1]) Helmholtz, *Optique physiologique*, § 25.

CHAPITRE XV.

MESURE DE LA VITESSE.

652. *Historique.* — Les observations courantes montrent déjà que la lumière doit se propager avec une très grande vitesse : l'éclairement produit par une source se manifeste à toute distance appréciable dès que les écrans qui la cachent sont supprimés; la traînée lumineuse que projette un phare tournant, par exemple, paraît rectiligne, tandis qu'elle devrait avoir une forme courbe, si la durée de propagation jusqu'à la limite des points visibles n'était pas extrêmement petite. D'autre part, on perçoit la chaleur du Soleil en même temps que la lumière, quand cet astre apparaît derrière un nuage ou même derrière le bord de la Lune, dans le cas d'éclipse totale. Les radiations de toute longueur d'onde semblent ainsi se propager en même temps.

La théorie de l'émission comporte l'idée d'une transmission progressive; il en est de même pour les ondulations comprises à la manière d'Huygens, et l'on peut s'étonner que Descartes, qui concevait la propagation de la lumière par un milieu intermédiaire, ait supposé à ce milieu une rigidité absolue, capable de répercuter instantanément les impulsions qu'il reçoit jusqu'aux limites des espaces célestes.

C'est Galilée ([1]) qui a posé le problème au point de vue expérimental et indiqué une méthode ingénieuse dont on trouve le reflet dans les expériences ultérieures. Deux observateurs, séparés par une grande distance et munis tous deux d'une lanterne, conviennent que chacun couvre sa lumière par un écran ou la démasque, chaque fois que la lumière de l'autre lui paraîtra cachée

---

([1]) GALILÉE, *Le opere di Galileo Galilei;* Firenza, t. XIII, p. 45; 1855.

ou découverte. Si les observateurs sont assez exercés pour qu'il n'y ait pas d'intervalle de temps apppéciable entre la vue du phénomène et la manœuvre correspondante, le temps qui doit s'écouler entre le moment où l'un d'eux découvre sa lanterne et voit apparaître celle qui lui est opposée représente la durée de propagation pour l'aller et le retour d'une station à l'autre.

L'expérience réalisée par Galilée sur une distance d'environ 200^m, et par les académiciens del Cimento sur une distance de 2^{km}, n'a donné que des résultats négatifs. La lumière est, en effet, capable de parcourir sept fois et demie la circonférence de la Terre en une seconde, et cette énorme vitesse doit échapper à une expérience aussi grossière.

Cependant la méthode est excellente en principe ; il n'est pas inutile de remarquer que le second observateur peut être remplacé par un miroir réflecteur dans lequel le premier verrait l'image de sa propre lumière, au moyen d'une lunette convenable. Il suffit alors de produire assez rapidement les éclipses de la source et de régler la vision de l'image, par les mêmes écrans, pour rendre la durée de propagation appréciable ; on est ainsi conduit à la mémorable expérience réalisée par M. Fizeau.

Une autre modification consiste à utiliser les espaces planétaires comme base d'opération. Les satellites de Jupiter, que Galilée avait découverts en 1610, éprouvent des éclipses quand ils rencontrent le cône d'ombre projeté par la planète, et ces éclipses se produisent à chaque révolution pour les trois premiers satellites, à cause du peu d'inclinaison de leurs orbites sur celle de Jupiter. En discutant les observations des éclipses du premier satellite, dont le mouvement est sensiblement circulaire, Rœmer [1] a constaté que l'intervalle des immersions augmente de plus en plus à mesure que la planète s'éloigne de la Terre, c'est-à-dire depuis l'opposition jusqu'à la conjonction, et diminue depuis la conjonction jusqu'à l'opposition. En admettant que ces différences sont dues au temps que met la lumière à se propager jusqu'à nous, Rœmer en a conclu que la lumière doit mettre 22 minutes pour parcourir le grand axe de l'orbite terrestre. La vitesse de la lu-

---

[1] Rœmer, *Histoire de l'Académie des Sciences*, t. I, p. 213 ; 1676.

mière dans les espaces planétaires se trouve ainsi déterminée,
si l'on connaît la distance de la Terre au Soleil.

Cinquante ans plus tard, Bradley [1] découvrit que les coordonnées d'une étoile dans le ciel changent périodiquement dans le
cours d'une année, et que ces variations doivent être attribuées
au mouvement de translation de la Terre, la position apparente de
l'étoile étant déterminée par la direction de la vitesse relative de
la lumière par rapport à l'observateur en mouvement : c'est le
phénomène de l'aberration.

Le déplacement des étoiles varie avec leur distance au pôle de
l'écliptique, suivant la loi indiquée par cette interprétation. La
discussion des observations conduisit Bradley à conclure que la
moitié du déplacement maximum, ou l'*aberration* proprement
dite, est de $20'',25$; c'est le rapport de la vitesse de translation de
la Terre à la vitesse de propagation de la lumière.

La belle expérience par laquelle Wheatstone [2] parvint à constater la durée de transmission des phénomènes électriques fut
aussitôt mise à profit par Arago [3] pour établir un projet d'expériences analogues relatives à la lumière. Arago se préoccupait
d'abord de vérifier si la vitesse de propagation de la lumière est
plus grande ou plus faible dans les milieux réfringents que dans
l'air, épreuve décisive entre les deux théories de l'émission et des
ondulations (5). Supposons qu'une fente soit éclairée instantanément, par une étincelle électrique, par exemple, dont la durée
peut être inférieure à un millionième de seconde, et que la lumière qui en émane chemine en partie dans l'air et en partie dans
un tube de 10^m de longueur rempli d'eau ; si l'on prend 300000^{km}
ou 3×10^8 mètres pour la vitesse de propagation dans l'air, la
différence des époques d'arrivée à la même distance sera

$$\left(\frac{4}{3} - 1\right) \frac{10}{3 \cdot 10^8} = \frac{1^s}{9 \times 10^7}.$$

En recevant les deux faisceaux sur un miroir qui fait 1000 tours

---

[1] Bradley, *Phil. Trans. L. R. S.*, t. XXXV, p. 637 1728.

[2] Wheatstone, *Phil. Trans. L. R. S.*, p. 583 ; 1834.

[3] Arago, *Comptes rendus des séances de l'Académie des Sciences*, t. VII,
p. 954 ; 1838.

par seconde, l'angle parcouru pendant cet intervalle de temps est

$$\frac{360 \times 60 \times 1000}{9 \times 10^7} = 0',24.$$

Si l'observateur est placé sur le trajet des rayons réfléchis, l'image de la fente lumineuse lui paraîtra brisée en deux parties; suivant que celle qui correspond au liquide se montre en retard ou en avance, l'expérience sera favorable à la théorie des ondulations ou à celle de l'émission. L'expérience est donc possible, puisqu'une lunette de puissance médiocre permet aisément d'observer un angle d'un quart de minute.

Arago indique aussi qu'on peut utiliser la même méthode pour rendre sensible et mesurer, jusqu'à un certain degré, la vitesse absolue de la lumière, sans recourir aux phénomènes célestes.

Il reste toutefois une difficulté considérable, qui est de savoir dans quelle direction doit être le rayon réflecté, s'il n'existe pas un lien physique entre la production de l'étincelle éclairante et la position correspondante du miroir tournant.

Quelques années plus tard, Arago (¹) déclare que l'état de sa vue ne lui permet pas de conserver l'espoir de réaliser lui-même l'expérience et qu'il en laisse le soin à d'autres physiciens. Il ajoute une remarque importante, suggérée par Bessel, c'est qu'on peut recevoir le rayon réfléchi sur un miroir fixe qui le renvoie au miroir mobile, d'où la lumière retourne ensuite dans le voisinage de la source, sauf un déplacement qui correspond à l'angle dont le miroir mobile a tourné pendant que les rayons parcourent deux fois la distance qui le sépare du miroir fixe. Dans ce cas, l'éclairage peut être continu, la lumière n'étant utilisée qu'au moment même où le rayon réfléchi rencontre le miroir fixe.

Dans l'intervalle, M. Fizeau (²) avait imaginé et mis à exécution la belle méthode de la roue dentée. Deux lunettes astronomiques, séparées par une certaine distance, sont réglées de manière à viser l'une sur l'autre. Au foyer de la première, on produit par

---

(¹) ARAGO, *Comptes rendus des séances de l'Académie des Sciences,* t. XXX, p. 489; 1850.

(²) H. FIZEAU, *Comptes rendus des séances de l'Académie des Sciences,* t. XXIX, p. 90 et 132; 1849.

réflexion, sur une lame de verre, l'image très réduite d'une source très intense. La lumière émise par chacun des points de cette image forme, à la sortie de l'objectif, un faisceau de rayons parallèles qui tombent sur l'objectif de la seconde, agissant comme un collimateur, et forment une nouvelle image à son foyer. Là se trouve un miroir qui renvoie les rayons sur leur chemin primitif, en sens contraire, et une image de retour se forme sur la première; on l'observe au travers de la lame réfléchissante.

Supposons maintenant qu'une roue dentée, en rotation rapide, occupe le plan focal de la lunette et que la première image se produise dans la région parcourue par les dents. Supposons, pour un instant, que les pleins sont égaux aux vides et limités par des rayons de la roue. L'image de retour n'est pas visible si la roue a marché d'une demi-dent, ou d'une dent et demie, ou, en général, d'un nombre impair de demi-dents pendant le temps que la lumière met à parcourir deux fois la distance des lunettes, puisque la lumière est interceptée par la partie pleine des dents, à l'un ou l'autre des passages. Si la vitesse de la roue croît d'une manière continue, on apercevra d'abord l'image de retour par le vide même qui a servi au premier passage; puis elle est éclipsée, elle reparaît ensuite, subit une nouvelle éclipse, etc. Les images visibles sont formées par un faisceau de lumière fréquemment interrompu, mais la persistance des impressions les fait paraître stables.

Soit m le nombre des dents de la roue, N le nombre des tours qu'elle effectue par seconde et p l'ordre de l'éclipse; il passe alors $2Nm$ demi-dents par seconde et le retard éprouvé par la lumière de retour est une fraction de seconde représentée par $\dfrac{2p-1}{2Nm}$.

La distance des foyers des deux lunettes étant D, la vitesse V de propagation de la lumière a pour expression

$$V = 2D\,\frac{2Nm}{2p-1} = \frac{4m}{2p-1}\,ND.$$

Avec une roue qui porte 250 dents et une distance de 5^{km} entre les deux stations, la première éclipse aurait lieu pour une rotation très modérée de 60 tours par seconde.

L'expérience réalisée par M. Fizeau, entre Montmartre et Suresnes, en vue de vérifier la méthode, a donné $315\,000^{km}$. Elle montre ainsi, par une épreuve éclatante, que la vitesse de la lumière peut être déterminée à la surface de la Terre et à des distances relativement faibles. La mesure exacte de la vitesse de la lumière par cette méthode exige que la rotation de la roue dentée soit évaluée avec plus de rigueur; l'expérience a été reprise par M. Cornu, puis par MM. Young et Forbes.

Quelques semaines seulement après la dernière Communication d'Arago à l'Académie des Sciences sur ce sujet, Foucault ([1]) réalisait, par la méthode du miroir tournant, la célèbre épreuve sur la comparaison des vitesses de la lumière dans l'air et dans l'eau; le résultat fut entièrement conforme à la théorie des ondulations et incompatible avec l'hypothèse de l'émission.

En même temps, MM. Fizeau et Breguet ([2]) faisaient l'expérience de leur côté, avec le même succès, en utilisant le miroir qui avait été destiné aux projets d'Arago.

Enfin Foucault ([3]) a mesuré la vitesse de la lumière par le miroir tournant, avec plusieurs réflexions sur des miroirs fixes, dans une expérience où la distance des miroirs ne dépassait pas 4^m; il donna alors, comme résultat de ses mesures, le nombre de $298\,000^{km}$, avec une erreur qu'il estimait inférieure à 500^{km}. La même expérience a été répétée depuis avec plusieurs perfectionnements, par M. Michelson et par M. Newcomb.

Il nous reste à examiner de plus près ces différentes méthodes.

653. *Des parallaxes.* — Les observations astronomiques donnent finalement, par différence, le temps que met la lumière à parcourir le diamètre de l'orbite terrestre et ne permettent de calculer la vitesse de propagation que si l'on connaît la distance de la Terre au Soleil. Cette distance se déduit de la mesure des *parallaxes*, c'est-à-dire de l'angle sous lequel le rayon équatorial de la Terre apparaît sur les planètes ou sur le Soleil.

La parallaxe des astres les plus rapprochés pourrait être évaluée

([1]) L. Foucault, *Comptes rendus des séances de l'Académie des Sciences*, t. XXX, p. 551; 1850. — *Ann. de Chim. et de Phys.*, [3], t. XLI, p. 129; 1854.

([2]) H. Fizeau et Breguet, *Comptes rendus des séances de l'Académie des Sciences*, t. XXX, p. 562 et 771; 1850.

([3]) Foucault, *Comptes rendus des séances de l'Académie des Sciences*, t. LV, p. 501 et 792; 1862.

en choisissant sur la Terre une base AB (*fig.* 314) des extrémités
de laquelle on observe l'astre M en mesurant ses distances angu-
laires α et β par rapport à deux directions AA' et BB' dont l'angle δ
est connu. Si les angles α et β sont dans le même plan, l'angle apparent x de la distance AB vue de l'astre a évidemment pour expression

$$x = (\alpha - \beta) - \delta,$$

et on en déduit facilement la parallaxe.

Fig. 314.

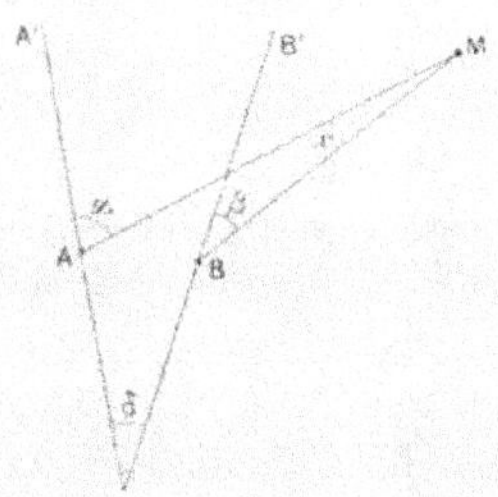

On peut alors utiliser des observations faites au même instant
en deux stations différentes, ou profiter du mouvement de rotation
de la Terre en comparant les observations faites au même lieu à
des époques différentes.

Dans le premier cas, supposons que les stations soient sur le
même méridien. Les observateurs détermineront, par exemple, les
distances zénithales α et β de l'astre au moment de son passage au
méridien et δ représente l'angle des verticales des deux stations.

Comme les distances zénithales α et β sont très inégales, elles
doivent être corrigées de la réfraction atmosphérique et les erreurs
qui en résultent sont souvent comparables, exception faite pour
la Lune, à la valeur même de l'angle qu'il s'agit d'évaluer.

Il est plus correct de rapporter l'astre à une étoile voisine, auquel cas la différence des réfractions est nulle ou facilement appréciable sans erreur. L'angle δ est alors nul à cause de la distance
énorme des étoiles, et la valeur de x, donnée par la différence de
deux angles très petits, s'évalue avec plus d'exactitude.

Il n'est pas nécessaire d'ailleurs que les deux stations soient sur le même méridien et, par suite, que l'observation soit faite au même instant; la connaissance du mouvement apparent de l'astre permet de ramener les mesures aux valeurs qu'elles auraient pour les conditions primitives.

Supposons, dans le second cas, que la station ait été choisie sur l'équateur et que l'astre passe au zénith. Si l'on compare l'astre avec une étoile voisine également située dans le plan de l'équateur, en mesurant leur distance au lever, au zénith et au coucher, la parallaxe sera donnée par la différence des observations successives, corrigées du mouvement apparent de l'astre, ou par la moitié de la différence des lectures extrêmes. Ici encore les observations pourront être faites en dehors de l'équateur et pour un astre qui décrit un autre parallèle, en les ramenant par le calcul aux conditions théoriques.

Ces méthodes peuvent être appliquées à la Lune, à Vénus, au moment des conjonctions inférieures, et à Mars à l'époque de l'opposition; mais elles ne conviennent pas pour les autres planètes dont la parallaxe est trop faible, ni pour le Soleil qui est dans le même cas et dont l'éclat empêche d'ailleurs de distinguer les étoiles voisines auxquelles on pourrait rapporter sa position.

Les méthodes anciennes proposées par Aristarque ou Hipparque, qui consistent à déterminer la distance angulaire du Soleil et de la Lune au premier quartier ou la durée des éclipses de Lune, permettraient, au moins en théorie, de calculer le rapport des distances de la Terre à ces deux astres, mais elles ne comportent aucune précision. En effet, on ne peut fixer avec exactitude le moment du premier quartier; d'autre part, la lumière réfractée par l'atmosphère, au moment des éclipses de Lune, pénètre dans le cône d'ombre projeté par la Terre et ne permet pas d'en définir exactement les limites.

La troisième loi de Kepler fournit heureusement une autre solution du problème. Les durées des révolutions des planètes autour du Soleil sont, en effet, connues avec une grande exactitude. Les carrés des temps des révolutions étant proportionnels aux cubes des grands axes de leurs trajectoires elliptiques, abstraction faite des perturbations, on en déduit que les distances moyennes des premières planètes au Soleil, c'est-à-dire les demi grands axes de leurs orbites, sont approximativement proportionnelles aux nombres suivants, qui sont très rapprochés de la loi de Bode $3.2^{m-1} + 4$, où l'on doit remplacer le premier terme par zéro, quand $m = 1$:

Mercure.	Vénus.	Terre.	Mars.	Jupiter.
4	7	10	15	52

Si l'on appelle φ la parallaxe de Vénus en conjonction inférieure, μ celle de Mars en opposition et σ celle du Soleil, ces parallaxes étant, à cause de leur petitesse, en raison inverse de la distance des astres, on aura d'une manière approchée

$$\sigma = \frac{3}{10}\varphi = \frac{5}{10}\mu.$$

Les parallaxes de Vénus et de Mars ont ainsi une importance exceptionnelle qui justifie les nombreuses expéditions scientifiques dont elles ont été l'objet. Dans la première séance de l'Académie des Sciences, le 22 décembre 1666, il fut décidé que l'on profiterait de la prochaine opposition de Mars pour en observer la parallaxe. Richer se rendit à Cayenne en 1672; la comparaison de ses observations avec celles qui furent faites en même temps à Paris par Cassini donna $25''\frac{1}{8}$ pour la parallaxe de Mars et $9''\!,5$ pour celle du Soleil « par le choix des observations les plus exactes et les plus conformes entre elles ».

Toutefois les observations laissaient beaucoup de doutes sur la parallaxe du Soleil. Le voyage de La Caille au Cap en 1751, par exemple, conduisit à des valeurs notablement plus élevées, $10''\!,2$ par les observations de Mars et $10''\!,38$ par celles de Vénus.

Pendant que les méthodes directes étaient ainsi l'objet de nombreuses controverses, Halley observait en 1678, à Sainte-Hélène, le passage de Mercure sur le Soleil et signalait aux astronomes la précision avec laquelle on pourrait calculer la parallaxe de Vénus par les passages de cette planète sur le Soleil, qui devaient avoir lieu en 1761 et 1769.

Le mouvement apparent de Vénus sur le Soleil est sensiblement uniforme et rectiligne. Supposons, pour simplifier le problème, que le phénomène ait lieu à l'époque du solstice et soit observé par deux stations A et B (*fig*. 315) situées sur le méridien qui correspond au milieu du passage.

Les trajectoires apparentes A′ et B′ de Vénus sur le Soleil sont deux cordes parallèles dont on peut mesurer les distances angulaires α et β au centre O du Soleil; on en déduit leur distance apparente $\beta - \alpha$.

Les angles γ et $\beta - \alpha$ sous lesquels on voit, de Vénus ou de la Terre, la même longueur A′B′ sur le Soleil, sont en raison inverse des distances R′ et R de ces astres au Soleil, ce qui donne

$$\gamma = (\beta - \alpha)\frac{R}{R'}.$$

Le rapport $\dfrac{R}{R'}$ est connu par les lois de Kepler et la position des deux stations A et B à la surface du globe permettra de calculer par l'angle γ la parallaxe de Vénus.

Fig. 315.

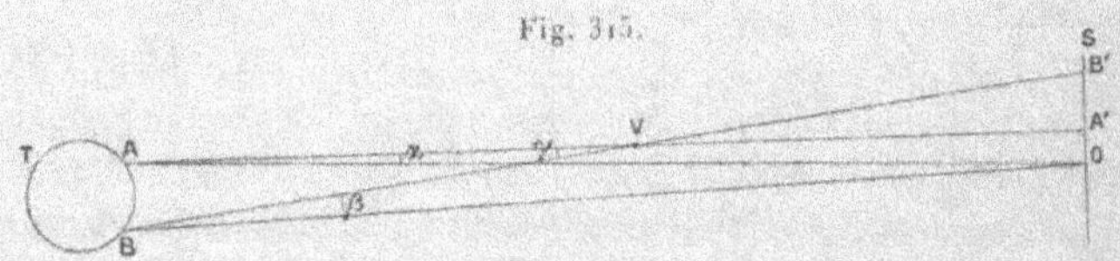

Les angles α et β peuvent être calculés aussi par les longueurs des cordes que décrit la planète sur le Soleil. Si les observateurs n'étaient pas entraînés par le mouvement de rotation de la Terre, ces longueurs seraient proportionnelles aux durées de passage; elles seraient données également par la différence des époques d'entrée ou de sortie de la planète.

Lorsque le passage est observé à midi, les mouvements de l'observateur et de la planète sont de sens contraires; la vitesse apparente de Vénus est plus grande, et l'intervalle de l'entrée et de la sortie est diminué. La vitesse apparente serait moindre et la durée du passage augmentée, si l'observateur était situé de manière à voir le passage à minuit.

Ce sont des corrections dont il est facile de tenir compte et qui ne sont pas négligeables. En effet, les angles θ et θ' (*fig.* 316) décrits en un temps très court par la Terre et Vénus, en prenant des nombres approchés, sont en raison inverse des racines carrées des cubes des grands axes, ou dans le rapport de o,585. Le rapport du déplacement apparent δ' de Vénus sur le Soleil au déplacement δ que l'on observerait, si la Terre était immobile, est égal au rapport des distances $V_1 V'$ et VV', ce qui donne

$$\frac{\delta'}{\delta} = \frac{\theta' - \theta}{\theta'} = 0,415.$$

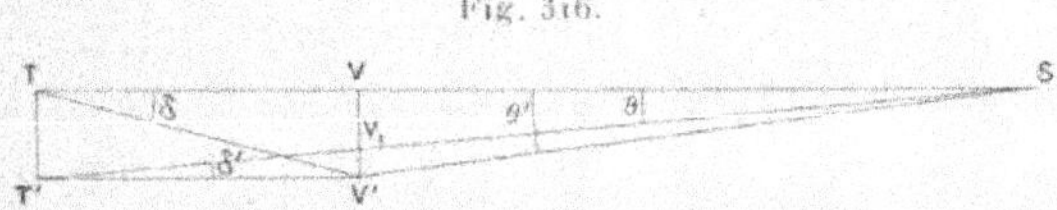

Fig. 316.

D'autre part, la distance moyenne du Soleil à la Terre est de 15×10^7 kilomètres; la vitesse de translation de la Terre par jour est $2\pi \frac{15.10^7}{365,26}$, ou $29^{km},87$ par seconde. La vitesse d'un point de l'équateur, en vertu de la rotation, est de 4×10^4 kilomètres par jour, ou 463^m par seconde; leur rapport est donc

$$\frac{463}{29870} = 0,0155 = \frac{1}{64,5}.$$

Pour un point situé à l'équateur, la vitesse de l'observateur étant diminuée de $0,0155$, le rapport des angles θ et θ' devient $0,576$, ce qui donne pour le déplacement apparent δ''

$$\frac{\delta''}{\delta} = 0,424, \qquad \frac{\delta''}{\delta'} = \frac{0,424}{0,415} = 1,022.$$

La vitesse apparente peut ainsi varier de 2 pour 100, suivant que l'observateur est placé au pôle ou à l'équateur.

Remarquons encore que la durée du passage et la longueur de la trajectoire déterminées par une seule station suffiraient en théorie pour résoudre le problème. Si v et v' sont les vitesses de translation de la Terre et de Vénus, u la vitesse de l'observateur due à la rotation, le mouvement apparent sur le Soleil est le même que si l'on donnait à la planète une vitesse de sens contraire égale à $\frac{R'}{R}(v - u)$ et la vitesse angulaire ω de ce mouvement est

$$\omega = \frac{v' - \dfrac{R'}{R}(v - u)}{R - R'} = \frac{v'}{R'} \frac{R'}{R - R'} \left[1 - \frac{v}{R} \frac{R'}{v'} \left(1 - \frac{u}{v} \right) \right].$$

M. — III.

Les rapports $\dfrac{v}{R}$ et $\dfrac{v'}{R'}$ sont connus, puisqu'ils représentent les vitesses angulaires de la Terre et de Vénus sur leurs trajectoires. Le rapport $\dfrac{R'}{R - R'}$ est donné également par les lois de Kepler, de sorte que, si l'on connaît la vitesse apparente ω de Vénus par la durée de son passage sur une corde déterminée au Soleil, on en déduira le rapport $\dfrac{u}{v}$ et, par suite, la vitesse absolue de translation de la Terre; on déterminera ainsi le diamètre de sa trajectoire et la parallaxe du Soleil.

En réalité, le phénomène s'observe dans des conditions beaucoup plus complexes. Le passage a lieu à une époque quelconque de l'année et le choix des stations n'est pas entièrement arbitraire; la longueur de la corde parcourue par la planète sur le Soleil, l'époque d'entrée et la durée du passage dépendent de toutes ces circonstances, et l'on réduit les observations à ce qu'elles seraient dans un cas plus simple.

Finalement on doit chercher à déterminer les époques d'entrée et de sortie de la planète sur le disque du Soleil ([1]) ou la longueur de la corde parcourue; les premières données résulteront d'observations astronomiques, la dernière pourra être déduite de l'étude des épreuves photographiques.

L'entrée et la sortie de la planète ne peuvent pas être déterminées par son contact extérieur parce qu'elle est alors invisible; le contact intérieur s'apprécie plus nettement par la formation ou la rupture du filet continu de lumière qui sépare la planète du bord du Soleil. Toutefois l'observation a présenté des difficultés imprévues, car on a vu quelquefois se former un *pont* ou *goutte noire* entre la planète et le bord du Soleil, alors qu'en prolongeant les bords des deux astres la planète paraissait manifestement sur le disque solaire; de là, entre les observateurs d'une même station, des divergences qui pouvaient s'élever quelquefois à 20^s ou 25^s sur l'époque estimée du contact intérieur. Ce trouble des images peut tenir aux imperfections de la lunette, ou à un dé-

---

([1]) La différence des durées de passages, dans les conditions les plus favorables, peut dépasser vingt-trois minutes.

faut de mise au point, ou simplement à des effets de diffraction ;
il a pour résultat de diminuer la durée apparente du passage. La
mesure de la trajectoire sur les épreuves photographiques ne paraît pas comporter les mêmes causes d'erreur.

C'est sans doute à cause de ces phénomènes optiques particuliers que les passages de Vénus, en 1761 et 1769, n'ont pas donné
tout ce que faisait espérer la méthode de Halley. La discussion
des observations conduisait à des résultats dont le désaccord pouvait
atteindre $0'',4$ sur un angle d'environ $9''$, ce qui faisait une erreur
de $\frac{1}{22}$ sur la distance du Soleil à la Terre. Ce n'est pas sans amer-
tume que Pingré écrivait : « De deux chose l'une, ou il faut re-
noncer à tirer aucune induction du passage de Vénus, arrivé le
3 juin 1769, ou il faut convenir que la parallaxe du Soleil est à
très peu près de $8'',8$. »

Lalande arrivait, au contraire, à $8'',5$, mais Laplace et tous les
astronomes français de son temps ont admis le nombre $8'',81$ qui
concordait avec les valeurs trouvées par d'autres méthodes indirectes. Les incertitudes reparurent quand Encke, reprenant en
1822 la discussion des observations de 1769, conclut à la valeur
$8'',57$ longtemps adoptée.

Cependant les résultats des méthodes indirectes ne tardèrent pas
à ébranler la confiance des astronomes dans la parallaxe d'Encke.
La comparaison des observations de la Lune avec la théorie mon-
trait à Hansen [1] la nécessité d'augmenter le coefficient de l'inégalité parallactique et, par suite, la parallaxe solaire. Le Verrier [2]
arrivait de son côté à $8'',95$ par la théorie du Soleil. D'autre part,
les théories de Vénus et de Mars le conduisirent également à augmenter de $\frac{1}{10}$ la masse de la Terre ou de plus de $\frac{1}{30}$ la parallaxe
d'Encke. De même, les latitudes de Vénus aux passages de 1761
et 1769, les observations méridiennes de cette planète pendant
une période de 106 ans et l'occultation de Mars par l'étoile ψ^2 du
Verseau, observée en 1762, lui donnèrent un nombre très voisin
de $8'',86$. Enfin l'observation de Mars pendant son opposition, en

---

[1] HANSEN, *Monthly Notices of the R. Astr. Soc.*, t. XV, p. 143; 1855.

[2] LE VERRIER, *Annales de l'Observatoire de Paris*, t. IV, p. 101; 1858. —
Ibid., t. VI, p. 93 et 287; 1861. — *Comptes rendus des séances de l'Académie
des Sciences*, t. LXXV, p. 165; 1872.

1862, conduisait à $8'',84$ d'après Le Verrier, ou même à une valeur bien plus élevée $8'',93$ d'après Sir G. Airy.

Nous renverrons sur ce point au Mémoire dans lequel M. Tisserand ([1]) a résumé, en les discutant, les nombreuses tentatives faites à différentes époques pour déterminer la parallaxe du Soleil par les méthodes les plus variées : observations de Mars en opposition et variations en ascension droite de part et d'autre du méridien ; mêmes observations pour les petites planètes ; inégalité du mouvement de la Lune, équation parallactique et équation lunaire ; influence de la masse de la Terre dans les théories du Soleil, de Vénus et de Mars ; enfin les passages de Vénus.

Le désaccord des résultats, qui oscillent entre la valeur moyenne de $9''$ que donneraient les observations de Mars, et $8'',376$, d'après la comparaison de certaines observations de la même planète à Washington et Santiago du Chili en 1862, justifie l'impatience avec laquelle on attendait les passages de Vénus qui devaient avoir lieu le 9 décembre 1874 et le 6 décembre 1882.

La plupart des nations organisèrent des expéditions scientifiques préparées pour appliquer des méthodes différentes : époques d'entrée et de sortie par les contacts, distance de la trajectoire apparente au centre du Soleil ou épreuves photographiques.

Le passage de 1874 fut observé par des missions françaises à l'île Saint-Paul, Nouméa, Nagazaki et Pékin. La mesure ultérieure des épreuves daguerriennes rapportée par ces différentes missions conduirait ([2]) pour la parallaxe du Soleil à $8'',80 \pm 0'',06$, c'est-à-dire, avec une erreur probable d'environ $\frac{1}{100}$. On connaît encore imparfaitement les résultats généraux obtenus pour ce passage et, à plus forte raison, pour le passage de 1882.

Avec la parallaxe solaire de $8'',80$, la distance moyenne R du Soleil à la Terre serait égale à 23438 rayons de l'équateur terrestre. Si l'on prend, pour ce rayon, la valeur $6378^{km},253$ donnée par M. Clarke, on trouve

$$R = 14,95 \times 10^7 \text{ kilomètres.}$$

([1]) F. Tisserand, *Annales de l'Observatoire de Paris*. Mémoires, t. XVI, p. D.1 ; 1882.

([2]) Obrecht, *Recueil de Mémoires, Rapports et documents relatifs à l'observation du passage de Vénus sur le Soleil*. Annexe, Paris ; 1890.

Au degré d'approximation des résultats, on peut dire simplement que la distance moyenne du Soleil à la Terre est de 150 millions de kilomètres, avec une incertitude qui dépasse, sans doute, un million de kilomètres.

654. *Éclipses des satellites de Jupiter.* — Les éclipses du premier satellite de Jupiter se produisent à chaque révolution à des intervalles d'environ $42^{\mathrm{h}}\frac{1}{2}$. Supposons encore, pour simplifier, que le mouvement du satellite soit rigoureusement circulaire, ce qui est au moins très voisin de la vérité, qu'il se meuve dans le plan de l'orbite de Jupiter et que les orbites de Jupiter et de la Terre soient également circulaires et dans le même plan.

Désignons par τ l'intervalle des éclipses déduit d'un très grand nombre d'observations dans lesquelles les erreurs dues aux variations de la distance à la Terre soient éliminées.

Si une éclipse a lieu à l'époque t, pendant que Jupiter J_1 est en opposition (*fig.* 317), on l'apercevra de la Terre T_1 à l'époque

Fig. 317.

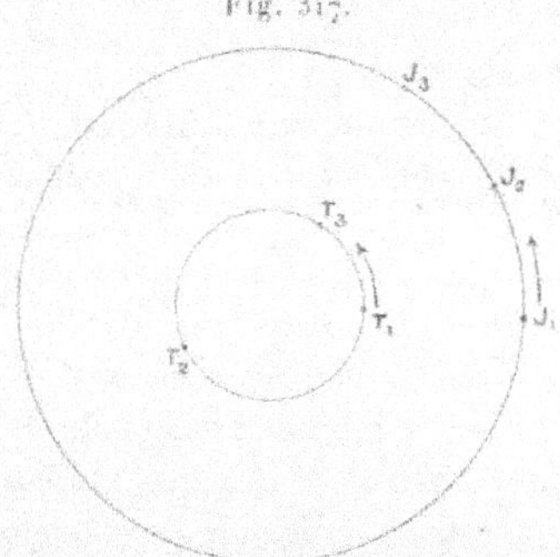

$t_1 = t + t'$, t' désignant le temps que met la lumière à parcourir la distance JT, qui sépare le phénomène de l'observateur.

Pour l'éclipse suivante, qui a lieu à l'époque $t + \tau$, le phénomène sera vu après l'époque $t + \tau + t'$, puisque le mouvement angulaire de la Terre est plus rapide et que sa distance à Jupiter est augmentée; l'intervalle apparent des deux éclipses est donc supérieur à l'intervalle réel τ. Toutefois la différence varie très lentement d'une éclipse à l'autre et serait difficilement observable; mais il suffit de compter le nombre n_1 des éclipses qui se produisent jusqu'au moment où Jupiter se trouve au point J_2 en conjonction avec le Soleil, la Terre se trouvant alors en T_2. En désignant par 2θ le temps que met la lumière à parcourir le diamètre de l'orbite terrestre, le phénomène a lieu à l'époque $t + n_1\tau$ et il est vu à l'époque $t_2 = t + n_1\tau + t' + 2\theta$.

S'il se produit n_2 éclipses nouvelles jusqu'au moment où Jupiter se retrouve en opposition au point J_3, la Terre étant en T_3, l'époque d'apparition t_3 de la dernière éclipse sera

$$t_3 = t + (n_1 + n_2)\tau + t'.$$

La première et la dernière observation donnent l'intervalle réel τ des éclipses par l'équation

$$t_3 - t_1 = (n_1 + n_2)\tau.$$

La valeur de 2θ est déterminée en comparant la seconde avec les deux extrèmes

$$t_2 - t_1 = n_1\tau + 2\theta,$$
$$t_3 - t_2 = n_2\tau - 2\theta;$$

ce qui donne finalement

$$2\theta = t_2 - t_1 - \frac{n_1}{n_1 + n_2}(t_3 - t_1) = \frac{n_2}{n_1 + n_2}(t_3 - t_2) - (t_3 - t_2).$$

Ici encore il faut tenir compte du mouvement inégal de Jupiter et de la Terre, de l'inclinaison de leurs orbites et des perturbations que peut éprouver le satellite observé.

D'autre part, à cause de la grande distance de Jupiter, le cône d'ombre projeté par le Soleil est presque toujours derrière la planète; les éclipses sont donc invisibles aux époques de conjonction ou d'opposition, l'entrée du satellite dans le cône d'ombre est seule visible quand Jupiter est à l'ouest du Soleil, c'est-à-dire, pendant que l'intervalle apparent des immersions diminue, et l'on ne peut observer que la sortie lorsque Jupiter est à l'est du Soleil et que les intervalles vont en croissant.

En outre, le phénomène n'a pas une netteté comparable au passage d'une planète sur le Soleil, à cause de la pénombre; l'éclat du satellite se modifie ainsi d'une manière continue et l'époque apparente d'immersion ou d'émersion peut varier beaucoup avec la puissance ou les qualités de la lunette d'observation.

Ces difficultés de toute nature suffisent pour expliquer l'incertitude qui existe encore sur la valeur exacte du temps θ que met la lumière à parcourir le rayon moyen de l'orbite terrestre, quantité que l'on appelle quelquefois *équation de la lumière*.

C'est à Rœmer, astronome danois amené en France par Picard en 1672, que l'on doit la découverte du phénomène, communiquée à l'Académie le 22 novembre 1675. La valeur de 11^m ou 660^s, à laquelle il était parvenu, est manifestement trop élevée. La discussion de plus de 1000 éclipses du premier satellite de Jupiter, observées au voisinage des conjonctions et des oppositions, pendant une période de cent quarante années, conduit, d'après Delambre([1]), à $493^s,2$ ou $8^m 13^s,2$.

Il y aurait lieu sans doute de reprendre cette étude en mettant à profit les progrès accomplis dans la construction des instruments d'Optique, dans les méthodes d'observation, ainsi que dans la théorie des planètes et de leurs satellites.

655. *Aberration.* — Le mouvement qui emporte l'observateur modifie la direction apparente des étoiles dans le ciel.

Supposons, en effet, que l'on détermine la direction d'une étoile en la visant au travers de deux trous C et O (*fig.* 318) séparés

Fig. 318.

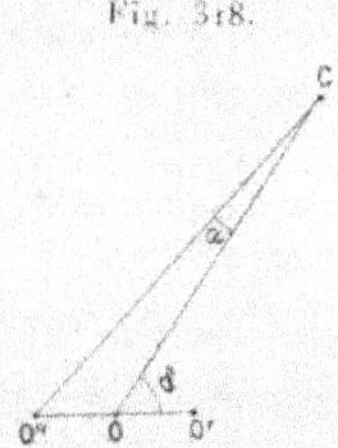

par une certaine distance, ou, ce qui revient au même, par un objectif dont le centre optique est C et dans le plan focal duquel on a placé un réticule O. Si la droite OC est dirigée exactement vers l'étoile, l'orifice O s'est déplacé d'une quantité OO′ pendant que la lumière a parcouru la distance CO et l'étoile ne sera pas visible; il faut que cet orifice soit placé en O″ à une distance OO″ = OO′.

([1]) DELAMBRE, *Histoire de l'Astronomie moderne*, t. II, p. 653. Paris, 1821.

pour qu'il se trouve au point O au moment où arrive la lumière entrée par l'ouverture C. L'instrument est donc placé dans la direction $O''C$ différente de la direction réelle OC de l'étoile. Les distances CO et $O''O$ sont parcourues en même temps par la lumière et par l'observateur et, par suite, proportionnelles aux vitesses correspondantes V et v.

L'angle $O''CO = \alpha$ étant extrêmement petit, si l'on désigne par δ l'angle COO' de la direction réelle de l'étoile avec celle du mouvement de l'observateur, on aura

$$\frac{\alpha}{v} = \frac{\sin\delta}{V}, \qquad \alpha = \frac{v}{V}\sin\delta = a\sin\delta.$$

Si l'on ne tient compte que du mouvement de translation de la Terre, en réduisant les observations au centre, la direction apparente de l'étoile décrit, dans le cours de l'année, un cône dont la section parallèle au plan de l'écliptique est une courbe semblable à la courbe des vitesses de la Terre.

À part l'ellipticité de l'orbite terrestre, le déplacement $O''O$ décrit, d'un mouvement circulaire uniforme, un cercle parallèle au plan de l'écliptique et la droite apparente $O''C$ un cône oblique à base circulaire; l'étoile paraît donc se mouvoir sur une ellipse. Si D est la distance angulaire de l'étoile au plan de l'écliptique, l'angle δ varie de D à $\pi - D$; les demi-axes de l'ellipse sont l'un a parallèle au plan de l'écliptique, c'est la *constante d'aberration*, et l'autre $b = a\sin D$ dans une direction perpendiculaire.

Pour une étoile dont le plan horaire comprend la normale à l'écliptique, l'aberration, dans le cours de l'année, se traduit en ascension droite par une variation périodique de $41''$, ou moins de trois secondes de temps, et en déclinaison par $41''\sin D$.

D'une manière générale, si θ est l'angle que fait le plan horaire de l'étoile avec le plan normal à l'écliptique, on projettera l'ellipse d'aberration sur le plan horaire et sur une perpendiculaire; la première projection correspond aux variations de déclinaison Δ ou de distance zénithale; la seconde appartient à un parallèle dont le rayon est $\cos\Delta$. Les variations totales de déclinaison et d'ascension droite Æ dans le cours de l'année sont donc

$$\partial\Delta = 2a\sqrt{1 - \cos^2\theta\cos^2 D}, \qquad \partial Æ = \frac{2a}{\cos\Delta}\sqrt{1 - \sin^2\theta\cos^2 D}.$$

Les déplacements des étoiles en latitude ont été constatés, pour la première fois, par Picard, qui les a signalés à l'occasion de son voyage à Uranibourg, en 1671.

« Bien que l'étoile polaire, dit-il (¹), se rapproche constamment du pôle (en vertu de la précession des équinoxes), il arrive néanmoins que, vers le mois d'avril, la hauteur méridienne de cette étoile devient moindre de quelques secondes, au lieu qu'elle devrait être plus grande de 5″ et qu'ensuite, aux mois d'août et de septembre, sa hauteur méridienne supérieure se trouve à peu près telle qu'elle avait été observée en hiver et quelquefois plus grande, quoiqu'elle dût être diminuée de 10″ à 15″, mais qu'enfin vers la fin de l'année tout se trouve compensé en sorte que la polaire se trouve plus rapprochée du pôle de 20″..., et pour dire la vérité, je n'ai encore rien pu imaginer qui me satisfît là-dessus. »

L'obliquité 23°27′,5 de l'écliptique donne, en effet, pour la distance zénithale du pôle, une variation de

$$41'' \times \cos 23°27',5 = 37'',$$

qui explique parfaitement les écarts de la polaire.

Les premières observations de Bradley ont été faites à l'aide d'un instrument installé à Kew par Molyneux en vue de déterminer la parallaxe annuelle des étoiles, c'est-à-dire l'angle sous lequel elles verraient le demi-grand axe de l'orbite terrestre. La lunette ne pouvait viser que les étoiles voisines du zénith. Les observations de l'étoile γ du Dragon dans le cours d'une année, à partir du mois de décembre 1725, montrèrent que l'astre s'était déplacé d'environ 20″ vers le Sud au mois de mars, puis de 20″ vers le Nord en septembre, pour reprendre ensuite sa position primitive. Le changement était moitié moindre pour une petite étoile opposée à γ du Dragon, qui passait aussi dans le champ d'observation.

Par un heureux hasard, la première étoile se trouve très voisine du pôle de l'écliptique. Bradley en conclut que ces déplacements périodiques et leurs variations avec la position des étoiles sont dus au mouvement de translation de la Terre.

Pour vérifier cette conjecture, il fait installer un autre instru-

---

(¹) Delambre, *Histoire de l'Astronomie moderne*, t. II, p. 616. Paris, 1821.

ment dont le champ de vision s'étendait à $6°,5$ de chaque côté du zénith, afin d'observer α de la Chèvre, et le résultat fut encore conforme aux prévisions. Le calcul de ces observations a donné $20'',25$ pour l'aberration.

Il est ici nécessaire de préciser le phénomène. Soit ρ le rayon vecteur de la Terre sur son orbite, ω l'angle polaire correspondant rapporté à la direction du périhélie, e l'excentricité de la trajectoire elliptique et R le demi grand axe. L'équation de cette trajectoire est

$$\rho = R \frac{1 - e^2}{1 + e \cos \omega},$$

d'où l'on déduit

$$\frac{d\rho}{\rho} = \frac{e \sin \omega}{1 + e \cos \omega} d\omega.$$

Comme les aires décrites sont proportionnelles au temps, il en résulte, en désignant par C une constante et par T la durée de l'année sidérale,

$$\frac{1}{2} \rho^2 \frac{d\omega}{dt} = C = \frac{\pi R^2 \sqrt{1 - e^2}}{T}.$$

La vitesse v et son azimut φ sont donnés par les relations

$$\tan(\varphi - \omega) = \rho \frac{d\omega}{d\rho} = \frac{1 + e \cos \omega}{e \sin \omega},$$

$$v \sin(\varphi - \omega) = \rho \frac{d\omega}{d\rho} = \frac{2C}{\rho} = \frac{2C}{R} \frac{1 + e \cos \omega}{1 - e^2}.$$

L'élimination de l'angle $\varphi - \omega$ entre ces deux équations détermine la courbe des vitesses

$$v = \frac{2C}{R(1 - e^2)} \sqrt{1 + e^2 + 2e \cos \omega}.$$

Les vitesses maximum et minimum, v_1 et v_2, qui correspondent à $\omega = 0$ et $\omega = \pi$, auxquels cas l'angle $\varphi - \omega$ est égal à $90°$, sont

$$v_1 = \frac{2C}{R(1 - e)}, \qquad v_2 = \frac{2C}{R(1 + e)},$$

$$v_1 + v_2 = \frac{4C}{R} \frac{1}{1 - e^2},$$

$$v_1 - v_2 = \frac{4C}{R} \frac{e}{1 - e^2} = e(v_1 + v_2).$$

L'excentricité e de l'orbite terrestre étant $0,017$, les vitesses extrêmes v_1 et v_2 ne diffèrent pas de $\frac{1}{30}$ de leur valeur moyenne. La courbe d'aberration pour une étoile située au pôle de l'écliptique est donc sensiblement circulaire et la valeur angulaire moyenne du demi-rayon, c'est-à-dire la constante d'aberration a, est

$$a = \frac{2C}{VR(1-e^2)} = \frac{2\pi R}{VT\sqrt{1-e^2}} = \frac{2\pi R}{VT}\left(1 + \frac{e^2}{2}\right).$$

Remplaçant T par $365,26 \times 86400$ ou $2\pi.5,623.10^6$ secondes, il en résulte

$$aV = \frac{R}{5,022} 10^{-6},$$

ce qui donne, pour l'équation de la lumière,

$$\theta = \frac{R}{V} = 5,022.10^6.a.$$

Avec la valeur de Bradley

$$a = 20'',25 = \frac{1}{10185},$$

l'équation de la lumière serait

$$\theta = \frac{5,022}{1,0185} = 493^s,1 = 8^m 13^s,1.$$

Jusqu'en 1828, l'opinion des astronomes sur la constante d'aberration oscillait entre les valeurs $20'',255$ et $20'',708$ proposées respectivement par Delambre et Bessel. En joignant aux documents antérieurs 4000 observations d'étoiles faites aux cercles muraux de l'Observatoire de Greenwich, Richardson trouve comme résultat d'ensemble $20'',456$.

Le grand travail de W. Struve sur l'observation plus précise de 7 étoiles dans le premier vertical, de 1840 à 1842, aboutit à une valeur presque identique, $20'',445$, qui fut considérée comme un des éléments les plus certains de l'Astronomie.

Toutefois, en soumettant à une discussion minutieuse les observations méridiennes d'étoiles circompolaires faites à Dorpat et à Pulkowa, Peters, Lundhal et Lindhagen arrivaient peu de temps après aux valeurs moyennes de $20'',45$ et $20'',46$.

W. Struve lui-même proposait en 1853 de porter son nombre primitif à 20″,463. L'observation des circompolaires faite plus tard à Pulkowa conduit MM. Gyldén, Wagner et Nyren à 20″,49. M. Nyren était arrivé de son côté à 20″,43 par une série d'observations dans le premier vertical, puis à des valeurs sensiblement plus élevées, 20″,54 ou 20″,517, et il ajoute cette remarque importante qu'il se manifeste dans le phénomène une erreur systématique variable avec la saison. Enfin M. Küstner obtenait 20″,313 à l'Observatoire de Berlin en 1885.

La confiance avec laquelle on acceptait la constante de Struve se trouve ainsi singulièrement ébranlée, et le chiffre même des dixièmes de seconde peut paraître douteux. La réfraction atmosphérique apporte, en effet, dans les observations une cause d'erreur grave, sur laquelle nous reviendrons plus loin, et les astronomes semblent disposés à admettre que la direction de la verticale en un même lieu, jusqu'alors supposée invariable, peut éprouver une oscillation périodique.

M. Lœwy (¹) a indiqué récemment une méthode directe qui élimine toutes les corrections instrumentales. Un prisme de verre, d'ouverture angulaire convenable, disposé devant l'objectif de la lunette, produit en un même point du plan focal, par réflexion sur ses deux faces, les images de deux étoiles dont l'écart angulaire est double de l'angle du prisme quand elles sont situées dans un plan perpendiculaire à l'arête. Si l'écart des étoiles ne satisfait pas rigoureusement à cette condition, les images sont séparées, mais leur distance est minimum lorsque les étoiles sont dans le plan de symétrie et ne varie que d'une quantité du second ordre quand elles s'en écartent. On a ainsi une sorte de compas optique, d'ouverture angulaire constante, si la température du prisme est uniforme, à l'aide duquel les variations de distance d'étoiles séparées par un arc étendu peuvent être évaluées avec la même précision que les petits arcs compris dans le champ d'une lunette et accessibles aux mesures micrométriques ordinaires.

Considérons deux étoiles zodiacales E et E′ à la distance D. Si δ est l'angle du mouvement de la Terre avec la direction de la pre-

---

(¹) M. Lœwy, *Comptes rendus des séances de l'Académie des Sciences*, t. CIV et t. CV, *passim*; 1887.

mière, les aberrations sont respectivement

$$\alpha = a\sin\delta, \qquad \alpha' = a\sin(\delta - D),$$

et la distance apparente D_1 des étoiles

$$D_1 = D - (\alpha - \alpha').$$

Un prisme de 45° permettrait ainsi d'observer en même temps deux étoiles écartées de 90°; leur distance apparente serait, en faisant $D = 90°$,

$$D_1 = D - a(\sin\delta + \cos\delta).$$

Pendant un intervalle de trois mois, l'angle δ diminue de 90° et la nouvelle distance apparente D_2 donne

$$D_2 = D + a(\cos\delta - \sin\delta),$$
$$D_2 - D_1 = 2a\cos\delta.$$

Le déplacement angulaire des images est ainsi le double de la constante d'aberration, si l'angle δ est nul, c'est-à-dire si la première étoile est dans la direction du mouvement de la Terre.

Au bout de six mois, la distance apparente est

$$D_3 = D + a(\sin\delta + \cos\delta).$$

La différence

$$D_3 - D_1 = 2a(\sin\delta + \cos\delta)$$

devient alors $2a\sqrt{2}$, ou sensiblement le triple de la constante d'aberration, si l'angle primitif δ est de 45°.

La même méthode peut être appliquée à un couple d'étoiles quelconques. Soient, en effet, xy (*fig.* 319) le plan de l'écliptique, ON sa normale, et supposons que le mouvement de la Terre a lieu suivant l'axe des y.

Désignons par u et u' les déclinaisons des étoiles E et E' rapportées à l'écliptique, v et v' leurs longitudes à partir du grand cercle NP qui passe par le pôle P, ε l'angle de ce grand cercle avec le plan NOx, δ et δ' les distances des étoiles à l'axe des y, φ l'angle des plans correspondants et D la distance vraie des étoiles. Si l'aberration n'existait pas, on aurait

$$\cos D = \sin u \sin u' + \cos u \cos u' \cos(v - v')$$
$$= \cos\delta \cos\delta' + \sin\delta \sin\delta' \cos\varphi.$$

Par suite de l'aberration, les valeurs apparentes des angles δ et δ' sont modifiées de quantités très petites que l'on peut considérer comme des différentielles

$$d\delta = -a\sin\delta, \qquad d\delta' = -a\sin\delta'.$$

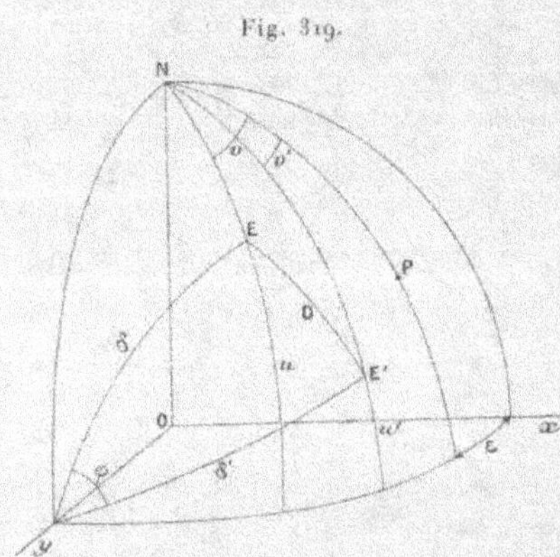

Fig. 319.

La variation correspondante de la distance apparente est alors

$$\frac{d(\cos D)}{a} = \cos\delta'\sin^2\delta + \cos\delta\sin^2\delta' - (\cos\delta + \cos\delta')\sin\delta\sin\delta'\cos\varphi.$$

En remplaçant $\cos\varphi$ par sa valeur tirée de la première équation, il reste finalement

$$d(\cos D) = a(\cos\delta + \cos\delta')(1 - \cos D)$$

ou, en tenant compte des relations

$$\cos\delta = \cos u \sin(v + \varepsilon), \qquad \cos\delta' = \cos u' \sin(v' + \varepsilon),$$
$$d(\cos D) = a[\cos u \sin(v + \varepsilon) + \cos u' \sin(v' + \varepsilon)](1 - \cos D).$$

Il est intéressant de chercher comment doivent être placées les étoiles pour que leur distance apparente ne soit pas modifiée par l'aberration. Le dernier facteur de l'équation précédente ne peut s'annuler, puisque la solution $D = 0$ ne convient évidemment pas au problème.

Pour que l'autre facteur s'annule à toute époque, c'est-à-dire quel que soit l'angle ε, il faut qu'on ait séparément

$$\cos u \sin v + \cos u' \sin v' = 0,$$
$$\cos u \cos v + \cos u' \cos v' = 0.$$

Il en résulte deux solutions : $u = u'$ et $v - v' = \pi$, ou $u - u' = \pi$ et $v = v'$. Dans le premier cas, les deux étoiles sont à la même latitude par rapport à l'écliptique et leurs longitudes diffèrent de $180°$; dans le second, les étoiles sont à $180°$ sur un même grand cercle perpendiculaire à l'écliptique.

Pour la première solution, la distance des étoiles reste arbitraire, car on a

$$\cos D = \sin^2 u - \cos^2 u = - \cos 2u.$$

Comme la distance D est double de l'angle du prisme réflecteur, la latitude des étoiles dont la distance paraît invariable, par cette méthode d'observation, est complémentaire de l'angle du prisme; elle serait également de $45°$ dans le cas actuel.

Cette propriété permet de vérifier, par plusieurs couples d'étoiles convenablement situées, si l'angle du prisme ne change pas pendant la série des observations.

Il reste encore à corriger la distance observée des effets de précession, de nutation et de réfraction atmosphérique. Les premiers sont connus. L'erreur de réfraction s'élimine en majeure partie, si l'on a soin de faire l'observation quand les étoiles se trouvent à la même hauteur; les changements de réfraction dus aux variations de l'état atmosphérique sont alors très faibles et peuvent être déterminés avec assez d'exactitude pour n'avoir pas d'influence sur le résultat final.

L'application de cette méthode à quatre couples d'étoiles par MM. Lœwy et Puiseux [1] conduit à penser, sous réserve d'observations ultérieures, que le nombre $20'',445$, proposé d'abord par W. Struve, est très rapproché de la vérité. Il donnerait, pour l'équation de la lumière

$$\theta = 497^s,9 = 8^m 17^s,9.$$

---

[1] Lœwy et Puiseux, *Comptes rendus des séances de l'Académie des Sciences*, t. CXII, p. 549; 1891.

On doit examiner encore si l'aberration observée correspond à la vitesse de propagation de la lumière dans l'air ou dans le vide; nous y reviendrons plus loin.

656. *Méthode de la roue dentée.* — Les appareils de M. Fizeau étaient installés à Suresnes, le collimateur à miroir étant placé à Montmartre, à la distance de 8633ᵐ. On dirige facilement les deux lunettes l'une vers l'autre en vérifiant que l'objectif de chacune d'elles est vu au milieu du champ de la lunette opposée. Le miroir du collimateur était concave avec un rayon de courbure égal à la distance focale; si le milieu de l'objectif coïncide avec le centre de courbure, cet objectif est superposé à son image relative au miroir, de sorte que tous les rayons qui sont entrés dans la lunette en émergent intégralement.

L'expérience étant faite de nuit, on prenait une lampe comme source de lumière.

Lorsque l'appareil est bien réglé, on aperçoit dans la lunette une petite image de retour, dont la mise au point par l'oculaire permet d'achever le réglage. La roue dentée était mue par un mouvement d'horlogerie à poids, dont on modérait la vitesse à volonté, par frottement sur l'un des axes. On pouvait distinguer nettement les éclipses de premier, de second et de troisième ordre, mais le moyen mécanique utilisé pour produire la rotation de la roue ne permettait pas facilement d'en mesurer la vitesse. M. Fizeau a donné comme résultat approché de ses expériences le nombre de 71000 lieues de 25 au degré, c'est-à-dire 315000ᵏᵐ. Un appareil définitif, que devait faire construire une Commission de l'Académie des Sciences pour répéter l'expérience avec plus de précision, n'a pas été terminé.

M. Cornu (¹) a appliqué de nouveau cette méthode en soumettant à une discussion très approfondie toutes les circonstances du phénomène.

Remarquons, d'abord, que l'image qui sert de source au foyer principal de la lunette n'est pas réduite à un point, mais qu'elle occupe nécessairement une certaine surface σ. L'éclat intrinsèque e

---

(¹) A. Cornu, *Journal de l'École Polytechnique*, XLIVᵉ Cahier, p. 133; 1872. — *Annales de l'Observatoire de Paris*, Mémoires, t. XIII, p. A.1; 1876.

de cette image (95) est indépendant des appareils qui la produisent et, à part l'absorption par les lentilles, égal au produit $k\,\mathrm{E}$ de l'éclat intrinsèque E de la lumière primitive par le coefficient k de réflexion sur la lame transparente.

Cette source n'est utilisée que pour une très petite fraction, car les rayons de retour proviennent de l'objectif du collimateur; ils émanaient donc de son image s dans la lunette où ils retournent former une image identique; c'est elle que l'on vise réellement.

La source σ, dont on n'utilise ainsi qu'une fraction $\dfrac{s}{\sigma}$, doit être dans le plan de l'image s, à une distance f de l'objectif correspondant, et son image Σ fournie par la lunette se trouve à la distance D des deux objectifs, ce qui donne

$$\frac{\Sigma}{\mathrm{D}^2} = \frac{\sigma}{f^2}, \qquad \Sigma = \sigma\frac{\mathrm{D}^2}{f^2}.$$

La distance f étant à peu près constante, et égale à la longueur focale de la lunette, les dimensions linéaires de l'image Σ sont proportionnelles à la distance des deux stations; il suffit que le collimateur soit placé dans le champ qu'elle occupe.

D'autre part, si le miroir concave du collimateur est placé au foyer conjugué de l'objectif de la lunette, s'il est en même temps bien réglé et la réflexion complète, tout rayon parti d'un point A (*fig.* 320) du premier objectif et qui touche un point P du second

Fig. 320.

passe, après réflexion sur le miroir, par le point symétrique P' et retourne en A.

Sauf cet échange de rayons, la lumière émise par la surface s sur le premier objectif y revient en totalité, après avoir parcouru deux fois la distance des deux stations, et en conservant les mêmes directions. L'éclat intrinsèque de l'image de retour est donc le même que celui de la source primitive; ce sont évidemment les conditions qui donnent le meilleur éclairage.

Ce résultat est indépendant des surfaces S et S' des objectifs

M. — III.   5

de la lunette et du collimateur, ainsi que de la distance D des deux stations. La lunette a pour effet d'augmenter l'ouverture sphérique $\dfrac{S}{f^2}$ du cône dans lequel on pourra observer l'image, et, par suite, la quantité $e\,\dfrac{S}{f^2}$ de lumière émise par unité de surface $(^1)$; le collimateur augmente l'étendue $s = S'\dfrac{f^2}{D^2}$ de cette image.

Il est facile de voir que la perte de lumière est très faible lorsque le miroir M n'a pas exactement la courbure et la position convenables et même quand on le remplace par un miroir plan à peu près perpendiculaire à l'axe du collimateur.

On examine enfin l'image de retour, au travers de la première glace réfléchissante dont le pouvoir de transmission est $1 - k$, s'il n'y a pas de lumière perdue, de sorte que l'éclat intrinsèque e' de l'image observée est

$$e' = (1 - k)e = k(1 - k)\mathrm{E}.$$

Cet éclat passe par un maximum lorsque le coefficient k est égal à $\frac{1}{2}$ et l'on aurait

$$e' = \frac{\mathrm{E}}{4}.$$

Avec deux glaces de crown, la valeur de k est égale à $0,16$ sous l'incidence de $45°$, ce qui donne

$$k(1 - k) = 0,134;$$

l'intensité de l'image est alors la moitié environ du maximum.

On obtiendrait une fraction plus grande avec plusieurs lames superposées, mais la lumière diffusée augmente en même temps, l'image est moins pure et la visibilité n'est pas améliorée.

Remarquons encore que la quantité totale Q de lumière qui forme l'image de retour est

$$Q = e\,\frac{Ss}{f^2} = e\,\frac{SS'}{D^2},$$

$(^1)$ M. Cornu arrive à un énoncé différent, parce qu'il appelle *éclat intrinsèque* de l'image cette quantité de lumière $e\,\dfrac{S}{f^2}$ émise par l'unité de surface.

c'est-à-dire proportionnelle au produit des surfaces des objectifs et en raison inverse du carré de la distance. Cette image s est en réalité très petite. Dans l'expérience de M. Cornu entre l'Observatoire et la tour de Montlhéry, à la distance de 22910^{m}, l'objectif du collimateur avait un diamètre de $0^{m},15$, de sorte que l'angle apparent de l'image était

$$\frac{0,15}{22910} = 1'',35.$$

L'objectif d'observation avait un diamètre de $0^{m},38$, ce qui correspond à un pouvoir optique (32) d'environ $\frac{1''}{3}$; la lunette pouvait donc à peine distinguer le quart du diamètre de l'image. Dans ces conditions, on peut comparer l'image observée à celle d'une étoile (96) dont l'*éclat* serait égal à

$$es = ef^2 \frac{S'}{D^2}.$$

Cet éclat est proportionnel à la surface de l'objectif du collimateur et en raison inverse du carré de la distance; on retrouverait dans l'observation du phénomène tous les bénéfices des grands objectifs appliqués à la vision des étoiles.

Examinons maintenant l'influence de la roue dentée. Si les pleins des dents étaient rigoureusement égaux aux vides, leur profil étant limité par des rayons de la roue, les éclipses seraient complètes pour un nombre de tours convenable N_1, ou plus généralement $(2p-1)N_1$; tout rayon qui passe par un des vides serait alors intercepté au retour par un plein. L'image aurait un éclat maximum pour les régimes $2pN_1$ et une intensité variable d'une manière continue dans les cas intermédiaires. En réalité, la roue dentée ne remplit pas exactement ces conditions mécaniques et l'image géométrique de retour est agrandie par les effets de diffraction, par les défauts des objectifs et par le trouble dû à la propagation dans l'air; on aperçoit donc une série de maxima et de minima sans que l'extinction soit jamais absolue.

Pour se représenter le phénomène, remarquons que la lumière émise au travers de la roue dentée à un instant donné forme son image renversée très sensiblement sur le miroir du collimateur,

puis cette image revient droite dans le plan primitif; pendant ce
double trajet des rayons, la roue dentée a subi un déplacement,
tandis que son image se produit dans la position qu'elle occupait
d'abord, comme s'il y avait entre ces deux roues, l'une réelle et
l'autre fictive, une différence de phase proportionnelle à la vitesse
de rotation. Si la source est réduite à un point lumineux, ainsi
que son image, les rayons de retour ne seront visibles que si la
source était située dans un intervalle libre entre le plein des dents
et l'image de leur première position, sans quoi les rayons seraient
interceptés au départ ou au retour.

Supposons que le profil des dents A, D, … (*fig.* 321) soit tri-

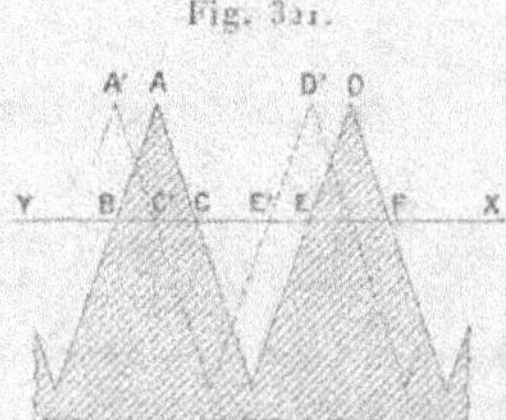

Fig. 321.

angulaire et figurons les circonférences de la roue par des lignes
droites parallèles à YX.

Pour obtenir l'intensité moyenne de la lumière observée, on
peut admettre que le système de la roue et de son image A', D', …
reste immobile, tandis que la source se déplace rapidement d'un
mouvement uniforme sur une des circonférences YX.

Soient ε, $1 - \varepsilon$ et x les rapports respectifs d'un espace plein BC,
de l'espace vide CE et du déplacement relatif CC' à l'intervalle BE
ou AD de deux dents consécutives.

Lorsque la rotation est très faible, x est négligeable, le passage
de la lumière est libre pendant une fraction $1 - \varepsilon$ du temps et l'é-
clat intrinsèque de l'image est $(1 - \varepsilon)e'$. Dans le cas de la figure,
la lumière n'apparaît que par l'intervalle CE' = CE — CC'; l'éclat
intrinsèque de l'image est $(1 - \varepsilon - x)e'$; il diminue proportionnellement à la vitesse.

Pour la vitesse v_1 qui convient à la première éclipse, le point A
est au milieu de l'intervalle A'D'; le déplacement CC' correspond
donc à la vitesse $2xv_1$.

Si le vide est plus large que le plein, $\varepsilon < \frac{1}{2}$, l'intensité diminue jusqu'à ce que les points C' et B coïncident, c'est-à-dire que $x = \varepsilon$, et la vitesse est $2\varepsilon v_1$; l'éclat intrinsèque est alors $(1 - 2\varepsilon)e'$ et il conserve cette valeur constante jusqu'à la vitesse v_1.

Si l'on a, au contraire, $\varepsilon > \frac{1}{2}$, l'intensité devient nulle lorsque les points C et E' coïncident, ou $x = 1 - \varepsilon$, c'est-à-dire pour la vitesse $2(1 - \varepsilon)v_1$, et reste nulle jusqu'à la vitesse v_1.

Les apparences se reproduisent dans le même sens pour toutes les vitesses comprises entre $2p v_1$ et $(2p + 1)v_1$, et en sens contraire pour les vitesses comprises entre $(2p - 1)v_1$ et $2p v_1$.

L'intensité de l'image, pour une vitesse uniformément croissante, serait ainsi représentée par une série de lignes droites également inclinées de part et d'autre d'un minimum qui peut durer quelque temps et qui peut être nul, le maximum ayant lieu pour des vitesses bien déterminées.

En fait, à cause de l'étendue de la source, des défauts de la denture et des imperfections de l'image signalées plus haut, l'intensité varie d'une manière continue, sans devenir nulle, et serait figurée par une sorte de sinusoïde en fonction de la vitesse. On doit donc chercher par expérience quelle valeur il convient de donner au rapport des vides et des pleins, ce qui reviendrait, dans le cas de la *fig.* 321, à choisir la circonférence YX sur laquelle doit se trouver la source, pour que le minimum d'éclat s'observe avec le plus de netteté possible. On diminue encore les chances d'incertitude en prenant la moyenne des vitesses auxquelles l'intensité de la lumière paraît prendre des valeurs égales de part et d'autre du minimum; il est clair que l'erreur relative est d'autant moindre que l'éclipse intermédiaire est d'un ordre plus élevé.

Il reste à mesurer la vitesse de la roue. Dans la dernière expérience de M. Cornu, l'appareil était mis en mouvement par un rouage à poids; la rotation de l'un des axes s'inscrivait par un contact électrique à chaque tour sur un cylindre tournant enduit de noir de fumée. Le même cylindre recevait également le tracé des battements d'un petit pendule à demi-secondes, réglé par une horloge astronomique, et les tracés d'un trembleur qui marquaient les demi-dixièmes de seconde.

Enfin l'observateur a sous la main le bouton d'un frein, qui permet de régler la vitesse du moteur, et un manipulateur par lequel il envoie des signaux au cylindre enregistreur au moment où l'intensité de l'image passe, soit par un minimum, soit par une des intensités égales de part et d'autre. L'étude des tracés permet ensuite d'en déduire tous les éléments de l'expérience.

On peut employer comme source de lumière l'image du Soleil fournie par un système optique et opérer pendant le jour; mais les ondulations de l'atmosphère troublent généralement la marche des rayons, au point de rendre invisible la lumière de retour quand on opère à grande distance.

Les circonstances atmosphériques jouent un rôle d'autant plus important que l'ouverture des instruments est plus grande. Les meilleures conditions de transparence se trouvent pendant les nuits où le ciel est couvert, surtout après une journée pluvieuse; on employa alors, comme source, une lampe Drummond.

La première série d'expériences, exécutée en 1872, entre l'École Polytechnique et le mont Valérien, à la distance de 10310^m, avait conduit M. Cornu au nombre de 298500^{km} pour la vitesse de la lumière, avec une approximation de $\frac{1}{300}$, probablement par défaut. Dans la seconde série, entre l'Observatoire et Montlhéry, à 22910^m, on a utilisé plusieurs espèces de mesures portant sur des éclipses du 3e au 21e ordre, et la valeur définitive a été 300400^{km}, avec une erreur relative de $\pm\frac{1}{1000}$, c'est-à-dire de $\pm 300^{km}$.

Le seul point faible de la méthode est la lenteur des variations d'intensité de l'image de retour. Malgré le soin avec lequel ont été évaluées toutes les erreurs, il peut rester des doutes sur le degré d'approximation du résultat définitif.

La vitesse observée correspond à la propagation dans l'air, mais la réduction au vide tombe au-dessous des limites d'erreur; l'indice de réfraction de l'air sec à la température de 0° et sous la pression de 76^{cm} est, en effet, $1\,000\,293$, ce qui ferait une correction de $\frac{3}{10000}$; la réfraction est, d'ailleurs, diminuée par la vapeur d'eau et par une température généralement plus élevée.

MM. Young et Forbes ([1]) ont utilisé la roue dentée dans des conditions ingénieuses, mais qui ne paraissent pas à l'abri de toute critique. Ils emploient deux collimateurs identiques A_1 et A_2, si-

---

([1]) Young and G. Forbes, *Phil. Trans. L. R. S.*, pour 1882, p. 231.

tués à des distances différentes D_1 et D_2 à peu près dans la même direction, de manière que les deux images de retour soient en même temps visibles dans la lunette. Au lieu d'observer les éclipses ou les minima de lumière, on a recours à une observation photométrique en cherchant quelle vitesse doit avoir la roue dentée pour que les deux images de retour présentent le même éclat.

A mesure que la vitesse augmente, l'image s'affaiblit d'abord jusqu'au premier minimum, c'est la première phase; puis son éclat augmente jusqu'au maximum, c'est la seconde phase, et ainsi de suite. Les phases d'ordre impair correspondent aux diminutions, les phases d'ordre pair aux accroissements d'intensité, et ces variations sont les mêmes à chaque période.

Si les dents sont parfaitement régulières, la source assimilable à un point lumineux, et que e soit l'intensité d'une des images vues directement, son intensité maximum est $e(1-\varepsilon)$ quand la roue est en mouvement et devient $e(1-\varepsilon-x)$, au moins dans le voisinage des maxima, pour un déplacement relatif x des deux systèmes de dents considérés précédemment.

Désignons par N le nombre de tours relatif à la première éclipse. Lorsque le nombre n de tours correspond à la phase impaire d'ordre $2p+1$, la valeur de x est $\dfrac{n-2p\mathrm{N}}{2\mathrm{N}} = \dfrac{n}{2\mathrm{N}} - p$ et l'intensité de l'image devient $e\left(1-\varepsilon+p-\dfrac{n}{2\mathrm{N}}\right)\cdot$

Lorsqu'on est, au contraire, dans une phase paire d'ordre $2q$, on doit remplacer x par $\dfrac{2q\mathrm{N}-n}{2\mathrm{N}} = q - \dfrac{n}{2\mathrm{N}}$ et l'intensité de l'image est $e\left(1-\varepsilon-q+\dfrac{n}{2\mathrm{N}}\right)\cdot$

Choisissons maintenant la vitesse de la roue de telle manière que l'image du collimateur le plus éloigné A_2, dans une phase d'ordre impair $2p+1$, ait la même intensité que l'image du premier A_1 dans la phase précédente d'ordre $2p$; on aura, en admettant que la fraction ε puisse varier d'une image à l'autre et indiquant par les indices 1 et 2 les termes relatifs aux deux collimateurs,

$$e_2\left(1-\varepsilon_2+p-\frac{n}{2\mathrm{N}_2}\right) = e_1\left(1-\varepsilon_1-p+\frac{n}{2\mathrm{N}_1}\right)\cdot$$

Soit n' le nombre de tours qui donne encore l'égalité des images dans la phase paire $2(p+1)$ pour la première et dans la phase impaire précédente $2p+1$ pour la seconde; on aura, de même,

$$e_2\left[1-\varepsilon_2-(p+1)+\frac{n'}{2N_2}\right]=e_1\left(1-\varepsilon_1+p-\frac{n'}{2N_1}\right).$$

Désignant par ρ le rapport $\dfrac{e_1}{e_2}$, on obtient, par soustraction,

$$2p+1+2p\rho=\frac{n+n'}{2}\left(\frac{1}{N_2}+\frac{\rho}{N_1}\right),$$

ou, en posant

$$g=\frac{D_2}{D_1}=\frac{N_1}{N_2},$$

$$2p+1+2p\rho=\frac{n+n'}{2N_1}(g+\rho).$$

Si les distances D_1 et D_2 sont choisies de manière que le rapport g soit rigoureusement égal à celui de deux nombres entiers consécutifs $\dfrac{2p+1}{2p}$ et qu'on observe les images dans les phases correspondantes, il en résulte

$$2p=\frac{n+n'}{2N_1}, \qquad N_1=\frac{n+n'}{4p},$$

$$V=4m\frac{n+n'}{4p}D_1=m\frac{n+n'}{p}D_1.$$

Lorsque la valeur de g diffère très peu du rapport de deux nombres entiers consécutifs, il en résulte, pour la formule finale, une correction que l'on conçoit facile à évaluer.

L'expérience a été réalisée à Wemyss Bay, en plaçant deux collimateurs identiques sur des sommets de collines situées de l'autre côté de l'embouchure de la Clyde, aux distances respectives de 18212,2 pieds et 16835 pieds (environ 5^{km}), qui sont dans le rapport de 13 à 12,017.

La source était fournie par une lampe électrique, le nombre de tours évalué par enregistrement sur un chronographe, et l'égalité des images a été observée dans les phases 12 et 13 pour la première, 13 et 14 pour la seconde.

La différence des mesures isolées dépassait 1 pour 100 et la moyenne d'une série d'observations a donné

$$V = 301\,382^{km}.$$

Si l'on admet que l'égalité des images soit obtenue à $\frac{1}{50}$ près, ce qui donne $\frac{1}{100}$ pour chacune d'elles, l'erreur commise sur la valeur de x serait $\dfrac{\delta x}{1 - \varepsilon - x} = \dfrac{1}{100}$.

En supposant que l'observation soit très rapprochée de l'éclat moyen, où l'on a $x = \frac{1}{4}$, ce qui correspond sensiblement aux observations, et que la fraction ε soit égale à $\frac{1}{2}$, il en résulte $\delta x = \frac{1}{400}$ et la variation correspondante δn du nombre de tours observé est $\delta n = \dfrac{N}{200}$; par suite,

$$\frac{\delta N_1}{N_1} = \frac{1}{400p} = \frac{1}{2400}.$$

A ce point de vue, l'observation photométrique comporte une assez grande exactitude. D'autre part, les distances D_1 et D_2 sont assez peu différentes pour que les images aient à peu près le même diamètre apparent et soient aussi semblables que possible.

Toutefois la méthode suppose que la courbe des intensités en fonction de la vitesse est une ligne droite, tandis qu'en réalité elle devrait être figurée par une sorte de sinusoïde, à cause des inégalités de la denture, du diamètre des images et des imperfections du système optique. Les variations d'éclat sont alors moins rapides et il serait nécessaire de discuter l'ordre d'erreur qui en résulte pour les observations. Le nombre obtenu ainsi, pour la vitesse de la lumière, est d'ailleurs notablement plus élevé que ceux qui résultent de toutes les autres expériences et paraît devoir inspirer beaucoup de réserves.

Une autre difficulté tenait à la coloration différente des images. Lorsque la vitesse de la roue dentée était croissante, les images ont paru colorées en rouge pour celle qui augmente d'éclat, en bleu pour celle qui s'affaiblit. Ces particularités pourraient s'expliquer, d'après les auteurs, en admettant que la vitesse de propagation est moindre pour les rayons rouges, auquel cas le nombre de tours, correspondant aux éclipses, serait plus faible et l'image rouge apparaîtrait plus tôt que l'image bleue.

Des expériences directes avec un verre rouge placé devant l'oculaire, ou une solution de nitrate de cuivre, ont donné une différence de près de 2 pour 100 entre les vitesses de propagation des rayons rouges et des rayons bleus. Cependant quelques observations conduisaient à des résultats contradictoires.

L'importance d'une telle conclusion exigerait qu'elle fût appuyée sur des preuves indiscutables et la lecture attentive du Mémoire de MM. Young et Forbes, où les différences varient de $0,7$ à $4,6$ pour 100, ne paraît pas de nature à entraîner la conviction.

On doit remarquer, en effet, que le glace réfléchissante avait été remplacée par un miroir métallique percé d'un trou, pour avoir plus de lumière. Les rayons de retour ne sont plus identiques aux rayons de départ et la coloration des images est peut-être due simplement à des effets de diffraction sur les bords de l'orifice.

657. *Propagation des troubles de la lumière.* — On ne peut déterminer la vitesse de la lumière qu'en produisant des troubles dans la propagation régulière des ondes, par exemple, une interruption momentanée lorsque l'éclipse est complète, et il y a lieu de se demander si ces troubles se propagent avec la même vitesse que les ondes successives [1].

Les apparences du phénomène peuvent être reproduites par une combinaison de mouvements vibratoires permanents. Lorsque deux systèmes d'ondes planes se propagent suivant la même direction, la vibration du milieu à la distance x d'un point où les mouvements sont concordants est de la forme

$$y = a \cos 2\pi \left(\frac{t}{T} - \frac{x}{\lambda} \right) + a' \cos 2\pi \left(\frac{t}{T'} - \frac{x}{\lambda'} \right).$$

Si les amplitudes a et a' sont égales, on peut écrire

$$y = 2a \cos\pi \left[t\left(\frac{1}{T'} - \frac{1}{T} \right) - x\left(\frac{1}{\lambda'} - \frac{1}{\lambda} \right) \right]$$
$$\times \cos\pi \left[t\left(\frac{1}{T'} + \frac{1}{T} \right) - x\left(\frac{1}{\lambda'} + \frac{1}{\lambda} \right) \right]$$

---

[1] L. Rayleigh, *The theory of sound*, t. I, p. 246; 1877, et t. II, p. 297; 1878. — Gouy, *Comptes rendus des séances de l'Académie des Sciences*, t. XLI, p. 877; 1880.

ou, en posant

$$\frac{1}{2}\left(\frac{1}{\lambda'} + \frac{1}{\lambda}\right) = \frac{1}{l}, \qquad \frac{1}{2}\left(\frac{1}{\lambda'} - \frac{1}{\lambda}\right) = \frac{1}{k},$$

$$\frac{1}{2}\left(\frac{1}{T'} + \frac{1}{T}\right) = \frac{1}{\theta}, \qquad \frac{1}{2}\left(\frac{1}{T'} - \frac{1}{T}\right) = \frac{U}{k},$$

$$y = 2a \cos\frac{2\pi}{k}(Ut - x)\cos 2\pi\left(\frac{t}{\theta} - \frac{x}{l}\right).$$

Cette expression représente une série d'ondes dont la période est θ, la longueur d'onde l et la vitesse de propagation $\frac{l}{\theta}$, mais dont l'amplitude, à un instant donné, varie d'un point à l'autre de la trajectoire depuis o jusqu'à $2a$. Les ondes sont ainsi divisées en plusieurs groupes successifs dont la distance est k et qui se propagent avec une vitesse U différente de la première. Si les mouvements primitifs diffèrent infiniment peu l'un de l'autre, les valeurs de l et de θ sont respectivement égales à λ et T; les ondes conservent sensiblement la vitesse V, tandis que la vitesse des groupes est

$$U = \frac{\dfrac{1}{T'} - \dfrac{1}{T}}{\dfrac{1}{\lambda'} - \dfrac{1}{\lambda}} = \frac{d\dfrac{1}{T}}{d\dfrac{1}{\lambda}} = \frac{d\left(\dfrac{V}{\lambda}\right)}{d\left(\dfrac{1}{\lambda}\right)} = V - \lambda\frac{dV}{d\lambda} = V\left(1 - \frac{\lambda}{V}\frac{dV}{d\lambda}\right).$$

La vitesse U, que l'on déterminerait par le transport des troubles d'amplitude ainsi produits, est donc plus faible ou plus grande que la vitesse réelle V de propagation des ondes, suivant que cette dernière vitesse augmente ou diminue quand la longueur d'onde est croissante.

Cette vitesse U est encore une fonction de la période primitive; elle ne convient donc pas à un trouble de nature quelconque et ne représente pas, en particulier, la vitesse de propagation d'une onde isolée ou d'une interruption, mais elle peut au moins en donner une idée.

En admettant, sous certaines réserves, que ces considérations soient applicables aux maxima et minima de lumière que l'on observe dans la méthode de la roue dentée, il est facile d'évaluer l'importance du terme de correction. Les valeurs de λ se rapportant au milieu considéré, si V_0 désigne la vitesse dans le vide, on peut encore employer la formule simple de dispersion

$$n = \frac{V_0}{V} = A + \frac{B}{\lambda^2}.$$

Il en résulte

$$\frac{dV}{V} + \frac{dn}{n} = 0,$$

$$\frac{\lambda}{V}\frac{dV}{d\lambda} = -\frac{\lambda}{n}\frac{dn}{d\lambda} = 2\frac{n-A}{n},$$

$$U = V\left(1 - 2\frac{n-A}{n}\right).$$

Les vitesses U et V restent égales quand la dispersion est insensible; c'est ce qui a lieu, en particulier, pour l'observation des éclipses des satellites de Jupiter, où la lumière se propage dans les espaces planétaires.

Entre les couleurs extrêmes, dont la longueur d'onde varie de 1 à 2, la différence $n - A$ varie de 1 à 4; si l'on admet que la dispersion de l'air, dans ces limites, soit égale à la valeur même de la réfraction $n - 1$ du rouge, on aurait, pour cette couleur,

$$3(n - A) = n - 1,$$

$$\frac{U}{V} = 1 - \frac{2}{3}\frac{n-1}{n}.$$

Dans cette hypothèse, qui est très exagérée, la correction serait moindre que celle qui convient pour ramener l'expérience au vide. La mesure de la vitesse dans l'air par la roue dentée et par toute méthode analogue ne paraît donc comporter aucune inexactitude théorique supérieure aux erreurs expérimentales.

658. *Méthode du miroir tournant.* — Après avoir vérifié par le miroir tournant la différence des vitesses de la lumière dans deux milieux, Foucault montra, en 1862, que la méthode est capable de fournir avec une grande exactitude la vitesse même de propagation dans l'air. Les rayons émis par la source se réfléchissent d'abord sur le miroir mobile dans une certaine position; ils y reviennent ensuite, suivant le procédé suggéré par Bessel, après avoir parcouru un certain chemin, mais alors le miroir s'est déplacé et la réflexion de retour ne se fait pas exactement en sens contraire du faisceau primitif. Plusieurs dispositions ingénieuses permettent de régler le phénomène.

Les rayons partis de la source S (*fig*. 322) traversent d'abord

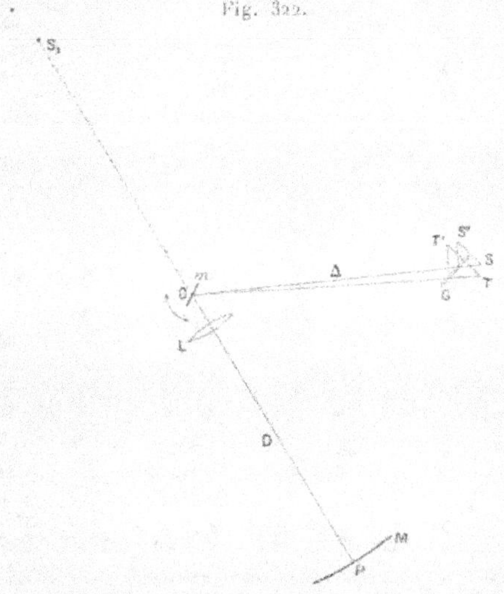

Fig. 322.

une glace transparente G; le miroir mobile *m* les réfléchit utilement dans une direction déterminée OP, où ils rencontrent un miroir concave M, dont le centre de courbure est au point O. En quittant le miroir tournant, les rayons semblent émaner de la source virtuelle S_1 dont l'objectif achromatique L forme une image nette et renversée S_2 sur le miroir fixe M.

Pendant que les rayons font le trajet OP, avec retour, le miroir *m* tourne d'un angle α dans le sens de la flèche; le rayon réfléchi fait avec sa direction primitive l'angle 2α et le même objectif L produit une image redressée en T, que l'on reçoit en T' après réflexion sur la glace transparente.

Si le miroir *m* était laissé au repos dans cette position, ou s'il tournait très lentement, on verrait l'image de la source au point symétrique S', de sorte que le déplacement S'T' correspond à l'angle 2α. Il est important de remarquer que, si l'image produite sur le miroir M est confuse, puisqu'elle est formée par une série de faisceaux réfléchis pendant que le miroir mobile parcourt un certain angle, l'image T est parfaitement nette, quel que soit le point P du miroir fixe sur lequel on considère la réflexion, chacun des rayons au retour ayant tourné du même angle 2α par rapport au rayon primitif correspondant.

Si D est la distance OP, en y comprenant, pour l'objectif d'épaisseur e, l'excès $(n - 1)e$ de chemin optique dû à la réfraction, Δ la distance SO, δ le déplacement S'T' et ω la vitesse angulaire de rotation, le temps θ que mettent les rayons pour le double parcours est égal à $\dfrac{2D}{V}$, et l'on a

$$\alpha = \omega\theta = 2\omega\frac{D}{V},$$

$$\delta = 2\alpha\Delta = 4\omega\frac{D\Delta}{V}.$$

Supposons que la distance Δ soit de 1^m, D de 4^m, et la vitesse de rotation de 1000 tours par seconde; il en résulte, en prenant pour la vitesse de la lumière $300\,000^{km}$ ou 3.10^8 mètres,

$$\omega = 2\pi.10^3,$$

$$\delta = \frac{32\pi.10^3}{3.10^8} = 0^{mm},34;$$

le déplacement à observer serait d'environ $\frac{34}{100}$ de millimètre.

Pour éviter de trop grandes vitesses, Foucault a porté la ligne d'expérience de 4^m à 20^m par des réflexions multiples. En effet, si l'on oblique légèrement l'axe du miroir M sur la droite qui le joint au miroir mobile, on peut diriger les rayons vers un second miroir concave fixe M' qui produira une nouvelle image S_2 sur un troisième miroir concave M''. Si ce dernier est normal aux rayons qu'il reçoit, la lumière réfléchie suivra le même parcours en sens contraire. Avec un nombre impair de miroirs, dont le dernier reçoit les rayons normalement, on augmente le trajet de la lumière avant son retour sur le miroir mobile et, par suite, le déplacement de l'image relatif à une même vitesse.

Pour mesurer la rotation du miroir, on place dans le champ de vision de l'image S'T' la circonférence d'une roue finement dentée que commande un rouage chronométrique. Cette roue est éclairée pendant un temps très court à chaque révolution du miroir m; si elle s'est déplacée d'une dent ou d'un nombre entier de dents, d'un tour à l'autre, son image paraît immobile ; cette image semble, au contraire, avancer lentement ou reculer, lorsque la rotation du miroir est un peu plus faible ou un peu plus grande que l'une de ces valeurs.

Le miroir est mis en mouvement par une turbine à air ; en agissant sur la soufflerie qui l'alimente, on peut régler la vitesse de manière que la roue dentée paraisse immobile, et on observe alors le déplacement $S'T'$ de l'image de retour.

Le miroir m était un disque en verre argenté, de 14^{mm} de diamètre ; la source S était une mire micrométrique divisée en $\frac{1}{10}$ de millimètre sur argent ; on détermine au microscope le déplacement δ de l'image sur un réticule, et la marche du rouage chronométrique fournit la vitesse ω.

Le déplacement observé a été de 7 divisions ou $0^{mm},7$; les variations extrêmes de la vitesse de la lumière n'ont pas dépassé $\frac{1}{100}$; en combinant les résultats par voie de moyennes on obtient des séries qui s'accordent à $\frac{1}{300}$ près ; Foucault en a déduit la valeur de 298000^{km}, qu'il estime exacte à moins de 500^{km}.

Plusieurs remarques sont à faire sur cette méthode. Si l'incidence des rayons utiles est i et d le diamètre du miroir m, la largeur du faisceau utilisé est $d.\cos i$; il y a donc avantage à rendre cet angle i aussi petit que possible. Pour une incidence de 30°, on aurait

$$d.\cos i = 14^{mm} \times 0,866 = 1^{cm},2.$$

La pénétration du système optique serait alors de $10''$, sans tenir compte du double trajet, et les erreurs de pointé ne semblent pas devoir être de beaucoup inférieures à $1''$ (115).

D'autre part, l'angle apparent de $\frac{7}{10}$ de millimètre à 1^m est $\frac{7}{10000}$ ou $140''$; l'erreur relative de chaque pointé doit être voisine de $\frac{1}{150}$, quoiqu'il soit possible d'arriver à une plus grande précision par la répétition des lectures.

M. Wolf ([1]) a proposé de prendre comme mire une fente étroite enlevée sur l'argent du miroir fixe M, en portant la distance D à

---

[1] Wolf, *Comptes rendus des séances de l'Académie des Sciences*, t. C, p. 303 ; 1885.

5^m et le diamètre du miroir mobile, également concave, à 5^{cm}, avec une vitesse de 200 tours.

Dans ces conditions, le déplacement de l'image serait d'environ $\frac{12}{100}$ de millimètre; comme la pénétration du système est alors $2''{,}6$ et la précision possible du pointé d'environ $0''{,}2$ ou $\frac{1}{2}$ centième de millimètre, l'approximation des lectures serait de $\frac{1}{80}$.

Mais on peut alors profiter des réflexions successives qui ont lieu entre les deux miroirs et donnent une série d'images équidistantes; la dixième image, en supposant que leur perfection n'ait rien perdu, donnerait une approximation de $\frac{1}{800}$.

Pour observer ces images, on pratiquerait dans l'argenture du miroir M une seconde fente voisine, en modifiant la vitesse de manière qu'elle laisse passer la lumière de retour ([1]). Cette disposition a été réalisée seulement à titre d'essai.

M. Michelson ([2]) et M. Newcomb ([3]) avaient déjà apporté à la méthode de Foucault cette modification importante que le trajet de la lumière était beaucoup augmenté, ce qui permet de réduire la rotation du miroir et d'augmenter son diamètre. En outre, on prenait comme mire une fente éclairée. L'image est sans doute imparfaite, puisque la largeur du faisceau reste très faible; mais le pointé du milieu de cette image, si elle est bien symétrique, peut se faire avec une erreur beaucoup moindre que le dixième de la pénétration.

Dans l'expérience de M. Michelson, le miroir mobile était plan, d'un diamètre de 32^{mm} et faisait 258 tours par seconde. La distance Δ de la fente et la distance D du miroir réflecteur étaient respectivement de $9^m{,}15$ et $605^m{,}8$. Une lentille non achromatique, située près du miroir tournant, servait à produire les images. Le déplacement est alors d'environ 12^{cm}, c'est-à-dire 200 fois plus grand que dans l'expérience de Foucault. La pénétration du système optique est de $4''$, ce qui correspond à $0^{cm}{,}18$

([1]) En disposant cette fente obliquement à la première, on aurait sans doute plus de latitude pour les variations de vitesse, car il suffirait de déterminer à quelle hauteur elle est coupée par une des images.

([2]) A. MICHELSON, *American Journal of Sciences*, t. XVIII, p. 390; 1879. — *Astronomical papers for the use of American Ephemeris and Nautical Almanac*, t. I, p. 109; 1885.

([3]) S. NEWCOMB, *Astronomical Papers*, t. II, Part III et IV; 1885.

pour la distance de $9^m,15$, c'est-à-dire à $\frac{1}{70}$ du déplacement. On conçoit donc que les erreurs relatives de pointé puissent être facilement inférieures à $\frac{1}{1000}$; l'approximation évaluée par la moyenne des observations fut d'environ $\frac{1}{10000}$.

Le miroir était mis en mouvement par une turbine à air, et sa vitesse déterminée par comparaison avec la période d'un diapason ut_3 entretenu électriquement.

Le résultat moyen de 100 séries de 10 observations, faites à Naval Academy en 1879, a donné, pour la vitesse de la lumière dans le vide, $299\,910^{km}$. Une autre détermination à Cleveland, en 1882, conduit à une valeur un peu plus faible, $299\,853^{km}$.

M. Newcomb a réalisé aussi plusieurs perfectionnements dans la disposition des expériences :

1° Le miroir peut être mis en mouvement par deux turbines différentes, qui agissent l'une au-dessus, l'autre au-dessous; on produit ainsi à volonté la rotation droite ou gauche, et chacune des turbines sert en même temps de modérateur pour régler la vitesse donnée par la seconde. Au lieu de comparer l'image déviée à la position qu'elle doit occuper quand le miroir est immobile, on mesure la distance des images qui correspondent à des rotations de sens contraires, et cette méthode permet de doubler la déviation à mesurer, en même temps qu'elle élimine l'erreur du zéro. La vitesse de rotation s'enregistre d'ailleurs électriquement par un contact avec chaque série de 28 révolutions.

2° Le miroir tournant est un prisme rectangulaire en acier poli et nickelé, dont les faces ont 85^{mm} de hauteur et 6^{mm} de côté. Elles sont utilisées successivement pour la réflexion, et l'on peut observer l'image de retour soit sur la face même d'émission, soit sur une face différente.

3° La partie optique est formée de deux lunettes, l'une servant de collimateur et l'autre de viseur. Si les deux lunettes sont dirigées vers la même face, on les place l'une au-dessous de l'autre, en coudant le collimateur à angle droit, de façon que la lumière émise par la fente éclairée soit réfléchie sur un miroir plan avant de traverser l'objectif.

Le viseur peut tourner autour d'un axe vertical qui coïncide avec l'axe de rotation; il porte un micromètre à plusieurs fils et son déplacement est mesuré par deux microscopes qui pointent sur des arcs divisés.

M. — III.

4° Les appareils furent installés à Fort-Meyer, sur la rive du Potomac opposée à Washington. Une paire de miroirs fixes ont été placés d'abord à l'Observatoire naval, à la distance de 2551^m, puis à Washington-Monument, à la distance de 3721^m. Chacun de ces miroirs avait 40^{cm} de diamètre et un rayon de courbure d'environ 3000^m; une aussi grande largeur du faisceau utilisé permettait de conserver à l'image assez d'éclat.

5° La marche des opérations se conçoit aisément. Le viseur étant fixé dans une direction convenable, on donne au miroir mobile une rotation droite, réglée de manière que l'image réfléchie soit exactement sur le fil central du micromètre; la vitesse correspondante est enregistrée par le compteur de tours. On déplace le viseur d'un certain angle et l'on produit la même coïncidence pour une rotation de sens contraire. La grandeur totale de l'arc à mesurer était d'environ 8° pour une vitesse de 230 tours par seconde. Nous n'insistons pas sur plusieurs difficultés qui se sont présentées dans le cours des expériences, soit pour les contacts électriques, soit pour le prisme d'acier qui se tordait à des vitesses aussi grandes.

La moyenne générale de toutes ces déterminations conduirait à $299\,810^{km}$ pour la vitesse de la lumière dans le vide. En n'utilisant que les résultats qui paraissent à l'abri de toute erreur systématique, M. Newcomb estime que ce nombre doit être porté à $299\,860^{km}$, avec une erreur possible de $\pm\,30^{km}$, c'est-à-dire de $\frac{1}{10000}$ en valeur relative. M. Newcomb signale encore plusieurs améliorations qui permettraient peut-être de porter la vitesse de rotation à 500 tours et la distance à 30^{km}, auquel cas la déviation totale atteindrait 70°.

Quoi qu'il en soit, les expériences de MM. Michelson et Newcomb paraissent démontrer que la vitesse de la lumière est sensiblement inférieure à $300\,000^{km}$ par seconde, mais que l'erreur de ce nombre n'atteint pas 2 unités du quatrième chiffre, c'est-à-dire $\frac{1}{1500}$ en valeur relative.

659. *Discussion de la méthode.* — On peut se demander s'il n'existe pas un retard dans la réflexion métallique et si la rotation du miroir ne modifie pas les propriétés de la lumière réfléchie.

Le retard de la réflexion équivaut à la substitution d'une surface fictive réfléchissante à celle du miroir, mais la distance de ces deux

surfaces ne peut être qu'une fraction de longueur d'onde (606) et
ne paraît pas capable d'apporter une correction appréciable dans
les mesures.

L'influence du mouvement est moins simple. En négligeant
d'abord les variations de longueur d'onde de la lumière réfléchie,
qu'on examinera plus loin (671), supposons qu'un faisceau de
rayons SO (*fig.* 323), perpendiculaires à l'axe de rotation, tombe

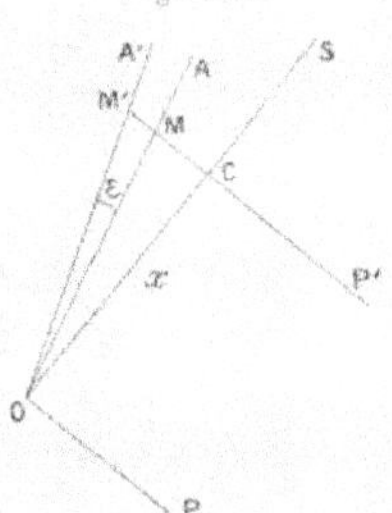

Fig. 323.

sur un miroir mobile et soit P l'onde qui touche ce miroir sur
l'axe à l'époque t, quand il occupe la position OA. A l'époque
antérieure $t - \theta$, cette onde était en P', à la distance $OC = x = V\theta$;
elle aurait touché le miroir actuel au point M, mais elle l'a rencontré en M' dans la position OA' qu'il occupait alors et qui fait
avec la première l'angle

$$\varepsilon = \omega\theta = \omega\frac{x}{V}.$$

La réflexion se fait comme si le miroir était remplacé par une
surface cylindrique fictive dont les arêtes sont parallèles à l'axe de
rotation. La section droite de cette surface est le lieu des points M'.
En appelant i l'angle d'incidence relatif à la position moyenne OA
du miroir, l'ordonnée $y = M'C$ de la courbe est

$$y = x \tan(90° - i + \varepsilon) = x \cot(i - \varepsilon).$$

Comme l'angle ε est très petit, on peut écrire

$$y = x\left(\cot i + \frac{\varepsilon}{\sin^2 i}\right) = x\cot i + \frac{\omega x^2}{V\cos^2 i}.$$

La courbe est une parabole tangente en O à la droite OA, dont
l'axe est perpendiculaire aux rayons incidents et dont le rayon de
courbure R à l'origine est $V = 2\omega R \sin i$. La ligne focale correspon-

dante (61) est la même que si le faisceau réfléchi traversait une lentille divergente de longueur focale $\frac{R}{2}\cos i = \frac{V}{4\omega}\cot i$. Pour une vitesse de 1000 tours par seconde, on aurait

$$\frac{V}{4\omega} = \frac{3.10^5}{8\pi.10^3}\text{kilomètres} = 11^{km},93.$$

La divergence est très faible, sans modification de la direction moyenne, et cet effet est sensiblement compensé quand la lumière revient au miroir mobile sous une incidence peu différente i', parce que la surface fictive est alors concave.

660. *Conséquences des observations astronomiques.* — On peut expliquer les étoiles périodiques à éclat variable en admettant, soit qu'elles ont des parties inégalement brillantes qui se présentent alternativement par la rotation de l'astre, soit qu'elles font partie d'un système double dont l'une des étoiles constituantes n'est pas lumineuse et passe devant l'autre à chaque révolution, soit enfin que l'étoile est animée d'un mouvement de translation assez rapide pour que son éclat apparent se modifie d'une manière appréciable en raison des variations de la distance. Dans la dernière hypothèse, l'étoile devrait paraître colorée, d'après Arago, puisque les rayons à marche moins rapide restent en retard pendant que l'étoile s'éloigne; comme ces étoiles sont toujours blanches, ou du moins conservent la même teinte, il en résulterait que la vitesse de la lumière est la même pour toutes les couleurs dans les espaces stellaires.

Le raisonnement est en défaut, comme on le verra plus loin, parce que le déplacement relatif des sources produit un simple changement de longueur d'onde apparente pour les vibrations d'une période déterminée. Le rayonnement total renfermant des vibrations invisibles qui correspondent aux deux extrémités du spectre, le mouvement de la source ne pourrait avoir d'autre résultat que de changer la teinte relative à chaque période en faisant disparaître, à l'une des extrémités du spectre, des rayons qui seraient remplacés par d'autres, situés à l'extrémité opposée. Le maximum d'intensité pourrait ainsi avoir lieu sur une autre couleur, mais la teinte résultante n'en serait modifiée que si la vitesse des astres était de même ordre que la vitesse de la lumière.

Si l'étoile éprouve, au contraire, une variation d'éclat indépendante de son déplacement, elle doit paraître colorée des teintes qui marchent plus vite quand l'intensité augmente, et des teintes à vitesse moindre quand l'intensité diminue; mais l'observation des étoiles variables ou des étoiles temporaires ne montre aucune apparence de cette nature. Il est tout à fait improbable, par exemple, que la parallaxe annuelle de l'étoile variable β de Persée soit supérieure à $0'',1$. La distance de l'étoile est donc au moins 2.10^6 fois le diamètre de l'orbite terrestre, et sa lumière mettrait plus de soixante ans à parvenir jusqu'à nous. Si la vitesse de propagation de la lumière variait du rouge au bleu, les changements d'éclat devraient apparaître pour l'une des couleurs avec un retard d'une demi-heure; il en résulterait des variations de teintes qui ne pourraient passer inaperçues.

Newton [1] avait fait remarquer déjà que les satellites de Jupiter, à l'époque de leurs éclipses, devraient présenter la teinte des rayons à marche rapide au moment où ils sortent de l'ombre et la teinte complémentaire quand ils disparaissent dans les immersions. Le phénomène est sans doute difficile à distinguer, puisque les éclipses ou les apparitions n'ont pas lieu brusquement et que l'intensité varie d'une manière assez lente, mais la planète reste toujours dans le champ de la lunette, comme terme de comparaison, pour apprécier les changements de teinte que peuvent présenter les satellites. Aucune apparence de cette nature n'a été constatée par les astronomes.

Arago a observé également l'ombre projetée par les satellites sur la planète, où le contraste avec le disque éclairé serait encore plus manifeste. Les points que le cône d'ombre atteint et ceux qu'il vient de quitter devraient être colorés de teintes complémentaires et rien de pareil ne se produit.

Enfin les mêmes colorations devraient se manifester dans les expériences avec la roue dentée ou le miroir tournant.

Toutes les observations concourent ainsi à démontrer qu'il n'y

---

[1] « When you observe the eclipses of Jupiter's satellites, I should be glad to know if in long telescopes the light of the satellite, immediately before it disappears, incline either to red or blue, or become more ruddy or more pale than before » (*Lettre à Flamsteed*, 10 août 1691. — FR. BAILY, *An account of the Rev. John Flamsteed*, p. 129; London, 1835).

a pas de dispersion dans le vide ou dans les espaces stellaires. Les résultats annoncés par MM. Young et Forbes sont les seuls qui paraissent en contradiction avec cette manière de voir; ils doivent donc se rapporter à une cause différente.

D'autre part, la constante d'aberration est indépendante du choix des étoiles et conduit à la même vitesse de la lumière que l'observation des satellites de Jupiter.

Arago en concluait, et cette opinion a été souvent reproduite, que la propagation de la lumière est uniforme dans tout l'espace stellaire et que ce milieu a partout la même constitution.

L'absence de dispersion rend cette hypothèse très vraisemblable, mais on ne peut la considérer comme un résultat direct des observations. L'aberration ne dépend, en effet, que du rapport de la vitesse de l'observateur à celle de la lumière dans la région occupée par l'instrument; il en résulte seulement que la vitesse de la lumière est la même sur toute la trajectoire de la Terre.

Les éclipses des satellites de Jupiter conduisent à la même conclusion, car on élimine, par différence, le temps que met la lumière à parcourir la distance de Jupiter à l'orbite terrestre et on mesure seulement l'intervalle qui correspond à la traversée de cette orbite. L'accord du résultat avec celui que l'on déduirait des dimensions du système solaire, évaluées par d'autres méthodes, prouve ainsi que la propagation de la lumière est uniforme dans l'intérieur de l'orbite terrestre. L'excentricité de l'orbite de Jupiter permettrait peut-être d'étendre cette conclusion un peu plus loin, mais il n'est pas légitime, en toute rigueur, d'aller au delà, même jusqu'aux limites du système solaire, si cette généralisation n'est pas appuyée par des observations analogues sur les satellites des planètes suivantes.

L'uniformité de propagation étant admise, la constante d'aberration a, la parallaxe du Soleil σ et l'équation de la lumière θ sont liées de telle manière qu'il suffit de déterminer deux d'entre elles. En appelant R le rayon moyen de l'orbite terrestre et r le rayon de l'équateur de la Terre, on a, en effet (655),

$$a\mathrm{V} = \frac{\mathrm{R}}{5,023}\,10^{-4}, \qquad \sigma = \frac{r}{\mathrm{R}}, \qquad \theta = \frac{\mathrm{R}}{\mathrm{V}}.$$

Si l'on considère que la valeur $\mathrm{V} = 3.10^8$ mètres soit la plus probable, il en résulte

$$\frac{a}{\theta} = \frac{10^{-6}}{5,022},$$

$$a\pi = \frac{10^{-6}}{5,022}\frac{r}{V} = \frac{1^m,27}{V} = \frac{4,233}{10^7}.$$

La parallaxe du Soleil, calculée par la dernière équation, est en raison inverse des valeurs que l'on adopte pour l'aberration et pour la vitesse de la lumière.

L'observation des satellites de Jupiter ne semble pas avoir donné jusqu'à présent des résultats assez certains pour que l'on puisse faire intervenir cette méthode dans la discussion des valeurs définitives.

L'aberration paraît mieux connue. On doit remarquer cependant que l'observation donne le rapport de la vitesse réelle de la Terre à celle de la lumière et l'on devrait tenir compte de la translation du système solaire (¹) qui semble marcher, d'après W. Herschel, vers la constellation d'Hercule. Le choix des étoiles observées pourrait être déterminé de manière à compenser cette cause d'erreur, mais elle paraît insensible.

Sous cette réserve, on aurait pour la parallaxe du Soleil, en adoptant différentes valeurs de l'aberration :

$$a = 20'',25, \qquad \sigma = 0,004311 = 8'',89,$$
$$a = 20'',445, \qquad \sigma = 0,004271 = 8'',81,$$
$$a = 20'',52, \qquad \sigma = 0,004256 = 8'',66.$$

La valeur la plus probable de l'aberration conduit ainsi à la même parallaxe 8'',80 que l'observation du passage de Vénus en 1874. Au lieu d'y voir la confirmation de l'exactitude des observations de Vénus, il serait peut-être plus logique de trouver, dans cet accord des résultats, la preuve que la méthode de l'aberration est exacte et que le phénomène n'est pas modifié d'une manière appréciable par le mouvement commun du système solaire.

661. *Comparaison des vitesses dans l'air et dans l'eau.* — Cette expérience capitale a été réalisée pour la première fois par

---

(¹) Yvon Villarceau, *Connaissance des Temps pour* 1878, p. 34; 1876.

Foucault, en comparant, à l'aide du miroir tournant, les temps
employés par deux faisceaux de lumière pour parcourir la même
distance dans l'air ou dans l'eau. La lumière émise par une source S
(*fig*. 324) tombe d'abord sur un objectif achromatique L qui pro-

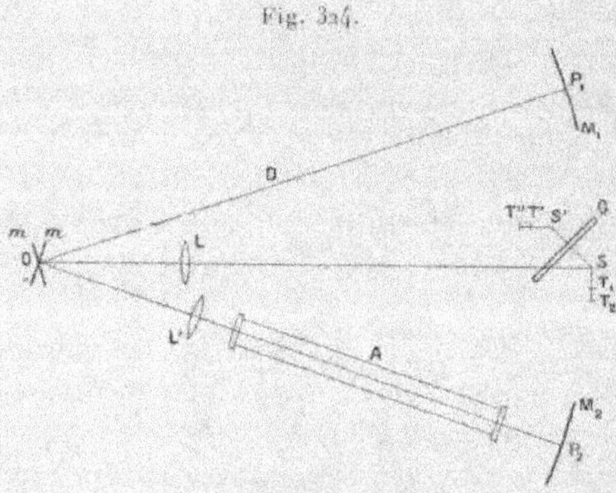

Fig. 324.

duit des images nettes de la source, après réflexion des rayons sur
le miroir mobile m, en P_1 ou en P_2, sur deux miroirs concaves M_1
ou M_2, situés à la même distance du point O, qui est leur centre
commun de courbure. L'un des faisceaux réfléchis OP_1 chemine
dans l'air, l'autre faisceau OP_2 traverse un tube A de 2^m de longueur fermé par des glaces parallèles et rempli d'eau. On doit ici
prendre une précaution particulière, car la réfraction dans la
couche liquide (75) éloigne l'image qui se formait primitivement
au point P_2; on compense cet effet par une lentille L', de longueur
focale convenable, qui ramène l'image sur le miroir M_2.

Si les temps θ_1 et θ_2 que met la lumière à parcourir deux fois la
longueur du tube A dans l'air ou dans l'eau sont différents, les déplacements ST_1 et ST_2 de l'image de retour seront inégaux et
l'image la plus éloignée correspondra au rayon le plus retardé; on
observe d'ailleurs ces images par réflexion sur une glace transparente, en T' et T".

Le miroir était mis en mouvement par une turbine à vapeur qui
pouvait lui donner une vitesse de 800 tours à la seconde. Il n'est
pas nécessaire ici de connaître la vitesse de rotation avec une
grande précision; on l'évaluait par le *son d'axe* dû aux ballotte-
ments inévitables de la monture du miroir.

La source de lumière était une large fente rectangulaire coupée en deux par un fil vertical de platine. Pour distinguer les deux images de retour, le miroir M_1 est caché par un écran muni d'une fente horizontale capable d'intercepter les deux tiers supérieur et inférieur de l'image correspondante.

Au retour de la lumière dans le champ d'observation, l'image de la source fournie par les rayons qui ont traversé le tube à eau est complète ; la bande moyenne du rectangle est recouverte en même temps par l'image due à l'autre faisceau et qui présente beaucoup plus d'éclat.

Si le déplacement n'est pas le même pour les deux systèmes de rayons, l'image T'' du fil de platine relative au miroir libre M_2 s'aperçoit, surtout dans les deux bandes extrêmes moins éclairées, comme deux fragments d'une même droite ; l'image T' relative au miroir M_1 se distingue sur la bande brillante, à droite ou à gauche de la première.

La rupture de cette image d'abord rectiligne rend le phénomène très manifeste, et l'observation montre que le déplacement est plus faible pour les rayons qui ont cheminé dans l'air.

Cette expérience comporte un contrôle numérique. L'indice de réfraction de l'eau étant $\frac{4}{3}$, l'excès de chemin équivalent au passage de la lumière dans le tube à eau est $\frac{2}{3}$ de mètre. Pour une distance de 4^{m} des miroirs fixes au miroir mobile, le rapport des durées de parcours θ_1 et θ_2 relatifs aux deux faisceaux est

$$\frac{\theta_1}{\theta_2} = \frac{4}{4 + \frac{2}{3}} = \frac{6}{7}.$$

La distance des images T' et T'' doit être de $0^{mm},1$ lorsque le déplacement $S'T'$ est $0^{mm},6$; ce sont à peu près les conditions de l'expérience de Foucault.

La disposition adoptée par MM. Fizeau et Breguet offre naturellement beaucoup d'analogies avec la précédente, mais plusieurs détails ingénieux sont intéressants à signaler.

Le miroir mobile était commandé par un rouage manœuvré à la main et pouvait faire jusqu'à 2000 tours par seconde ; on a utilisé des vitesses de 600 et même 1500 tours.

La source de lumière est la surface d'un petit prisme triangu-

laire p (*fig.* 325) éclairée par la réflexion totale sur la face hypo-
ténuse d'un faisceau de rayons solaires concentrés à l'aide d'une
lentille l; le bord tranchant de ce prisme sert de mire.

Les miroirs fixes sont remplacés par des lentilles plan-convexes
argentées sur la surface plane, qui forment un système convergent
et sont plus faciles à construire que les miroirs courbes, en jouis-
sant des mêmes propriétés.

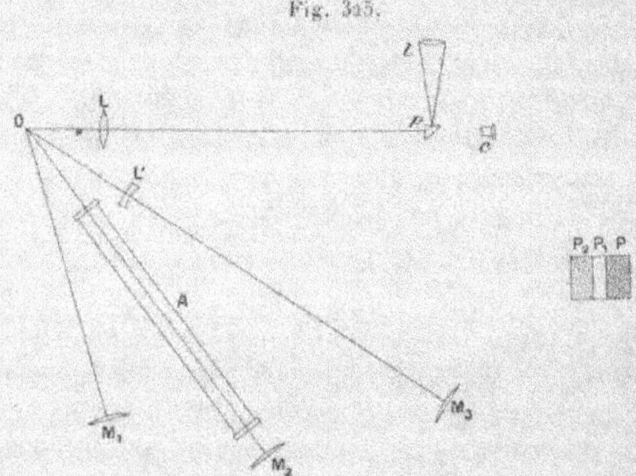

Fig. 325.

L'image fournie par l'objectif L se forme, après réflexion par le
miroir mobile, sur le miroir fixe M_1 ainsi constitué, quand les
rayons cheminent dans l'air, ou à une distance plus grande sur le
miroir M_2, quand ils ont parcouru un tube A de 2^m de longueur
rempli d'eau, à cause du changement de foyer par réfraction.

Si le miroir mobile tourne lentement, les images de retour reviennent toutes deux sur la surface même du prisme P. Lorsque
la vitesse de rotation est assez grande, ces images sont en-
traînées dans le sens du mouvement, mais d'une manière inégale. En visant avec un oculaire C, le prisme P paraît obscur,
mais il est prolongé vers la gauche par une bande blanche P_1 produite par les rayons réfléchis dans l'air sur le miroir M_1 et par
une bande P_2 d'une teinte bleu verdâtre correspondant aux rayons
qui ont parcouru une distance plus grande et traversé deux fois
la colonne d'eau.

En appelant D_1 et D_2 les distances des miroirs M_1 et M_2 au
point O, évaluées en mètres, y compris l'excès qui correspond à

l'épaisseur des lentilles, les retards θ_1 et θ_2 des deux faisceaux et les déplacements δ_1 et δ_2 du bord des images P_1 et P_2 donnent

$$\frac{\delta_1}{\delta_2} = \frac{\theta_1}{\theta_2} = \frac{D_1}{D_2 + \frac{2}{3}} = \frac{3D_1}{3D_2 + 2}.$$

On peut remplacer le miroir M_1 par un miroir M_3 situé à une distance $D_3 = D_2 + \frac{2}{3}$, équivalente à celle du chemin parcouru par la lumière qui traverse le tube à eau, en ayant soin d'intercaler sur le trajet de ce faisceau une lentille divergente L' qui reporte l'image de la distance D_1 à la distance D_3. Dans ce cas, le retard a la même valeur θ_2 pour les rayons réfléchis sur les miroirs M_2 ou M_3 et il suffit de constater que l'image P_1 relative aux rayons qui ont cheminé dans l'air s'est étendue jusqu'au bord de l'image P_2 produite par ceux qui ont traversé la colonne d'eau.

INFLUENCE DU MOUVEMENT DES CORPS.

662. *Longueur d'onde et période apparentes.* — On conçoit aisément que le mouvement d'une source de lumière soit capable de modifier la période apparente de vibration et même l'intensité des rayons qui aboutissent à l'observateur. Döppler[1], à qui l'on doit d'avoir signalé pour la première fois les conséquences de ce phénomène, avait surtout en vue l'explication de la couleur des étoiles. Lorsqu'un astre se rapproche de l'observateur, son éclat doit augmenter, en même temps que la période apparente de vibration diminue, et la teinte devrait passer du blanc au vert ou au bleu; l'inverse aurait lieu pour un astre qui s'éloigne. Nous avons déjà vu que cette interprétation est inexacte et que la vitesse des astres devrait être de même ordre que celle de la lumière pour donner lieu à des changements de teinte appréciables.

M. Fizeau[2] a complété le principe de Döppler en appelant l'attention sur les variations corrélatives de longueur d'onde apparente, qui sont directement observables et se traduisent par un déplacement des raies du spectre.

---

[1] Döppler, *Abhand. der K. Böhm. Gesell. der Wiss.*, 1842, Bd. II, p. 465.
[2] H. Fizeau, *Société philomatique, Procès-verbaux des séances* de 1848, p. 81. — *Ann. de Ch. et de Phys.*, [4], t. XIX, p. 211; 1870.

Le résultat ne dépend que de la vitesse relative de l'astre et de l'observateur, mais le problème mérite alors une attention spéciale à cause du mouvement auquel participent les appareils ([1]).

Supposons d'abord qu'une source de période T et de longueur d'onde $\lambda = VT$ marche dans la direction OO′ (*fig.* 326) avec une

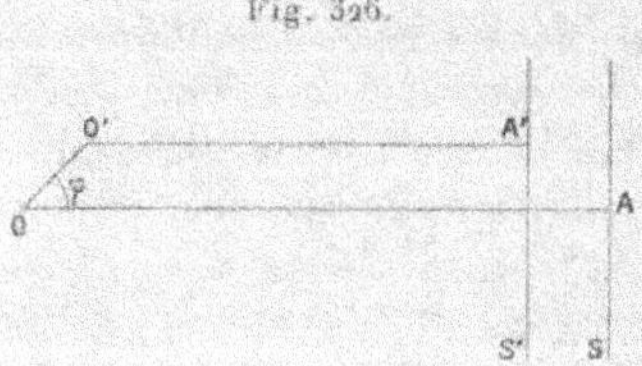

Fig. 326.

vitesse u et qu'on examine la lumière propagée dans une direction OA qui fait l'angle φ avec celle du déplacement.

A une grande distance de la source, les ondes sont sensiblement planes. L'onde S, partie du point O, se trouve au bout du temps t à la distance

$$OA = Vt.$$

A la fin de la période T, la source est parvenue en O′ à la distance $OO' = uT$; si la dispersion du milieu est négligeable, l'onde S′, de même nature que la première et qui la suit immédiatement, se trouve au bout du temps $t - T$ à la distance

$$O'A' = V(t - T).$$

La distance λ' des ondes successives, ou la longueur d'onde de la lumière propagée, est

$$\lambda' = OA - O'A' = uT\cos\varphi = T(V - u\cos\varphi) = \lambda\left(1 - \frac{u}{V}\cos\varphi\right),$$

et la période apparente de vibration T′ devient

$$\frac{T'}{T} = \frac{\lambda'}{\lambda} = \left(1 - \frac{u}{V}\cos\varphi\right).$$

([1]) Mascart, *Ann. de l'École Normale supérieure* [2], t. I, p. 157; 1872, et t. III, p. 363; 1874.

Il en est de même lorsque la source est fixe et l'observateur mobile, de sorte que la vitesse u correspond, d'une manière générale, au mouvement relatif de la source et de l'observateur. En particulier, la longueur d'onde et la période apparente ne sont pas modifiées quand la source et l'observateur participent au même mouvement de translation.

La direction de la lumière est d'ailleurs modifiée par ce mouvement relatif, comme on l'a vu à propos de l'aberration (655), et le déplacement apparent de la source est $\dfrac{u}{V}\sin\varphi$.

Ces considérations s'appliquent évidemment à la propagation des vibrations sonores, qui permettent de contrôler la théorie par une vérification expérimentale.

Chacun a pu remarquer, quand un train rapide traverse une gare en faisant parler le sifflet de la locomotive, que, pour un observateur placé sur le quai, le son du sifflet baisse brusquement au passage de la locomotive et paraît plus grave en arrière qu'en avant du train. Le rapport des périodes apparentes, dans les deux cas, est

$$\frac{1-\dfrac{u}{V}}{1+\dfrac{u}{V}}=\frac{V-u}{V+u}.$$

La vitesse du son étant d'environ 330^{m}, si le train fait 20^{m} à la seconde, ou 72^{km} à l'heure, ce rapport est $\frac{31}{33}$; la hauteur apparente du son qu'émet le sifflet baisse alors de plus d'un ton au passage de la locomotive.

M. Buys-Ballot [1] a soumis cette expérience à un contrôle numérique en utilisant, sur le chemin de fer d'Utrecht à Maarsen, une locomotive dont la vitesse, évaluée par le passage aux bornes kilométriques, variait de 5^{m} à 20^{m} par seconde.

Deux séries d'épreuves ont été réalisées, en faisant parler des instruments de musique sur la locomotive en marche ou à poste fixe le long de la voie. Dans le premier cas, différents observateurs, échelonnés sur la ligne, estimaient la hauteur du son avant

[1] Buys-Ballot, *Pogg. Ann.*, t. LXVI, p. 321; 1845.

et après le passage de la locomotive; dans le second cas, l'observateur en mouvement déterminait le changement de ton des sons produits à l'avant ou à l'arrière. Les résultats ont été entièrement conformes à la théorie, dans les limites de précision que l'on peut atteindre avec des musiciens exercés.

M. Fizeau réalise l'expérience d'une manière plus simple en faisant tourner une roue munie à la circonférence d'une carte dirigée suivant l'un des rayons; cette carte vibre en frottant sur deux fragments d'une même crémaillère montés aux extrémités supérieure et inférieure d'un diamètre vertical. Les deux sons obtenus paraissent identiques pour un observateur situé sur le prolongement de l'axe de rotation; ils paraissent, au contraire, l'un plus aigu et l'autre plus grave, quand l'observateur se place dans le plan du disque.

M. Mach ([1]) installe une anche sur un tour ou au bout d'une longue perche; si l'on fait parler l'anche pendant qu'elle est en mouvement, le son paraît plus élevé ou plus grave suivant qu'elle s'approche ou s'éloigne.

M. Kœnig met l'oreille entre deux diapasons capables de produire trois battements par seconde et dont on tient le plus grave à la main. Il est facile, par un mouvement régulier, d'obtenir deux battements à la seconde pendant qu'on l'approche de l'oreille et quatre battements quand on l'éloigne. Si on laisse les diapasons immobiles, il suffit de déplacer la tête entre eux, ou d'y faire mouvoir un résonateur relié à l'oreille, pour modifier à volonté le nombre des battements.

663. *Réflexion et diffraction apparentes pour un observateur mobile.* — Dans toutes les expériences, l'observateur est entraîné par le mouvement de translation de la Terre, l'effet de la rotation étant négligeable par rapport au premier. Il y a donc lieu de chercher l'influence que ce déplacement de l'observateur peut exercer sur les phénomènes optiques. En remplaçant la vitesse de la Terre par trois composantes convenablement choisies pour rendre les calculs plus faciles, Sir G. Stokes ([2]) a montré que les

---

([1]) Mach, *Pogg. Ann.*, t. CXII, p. 58; 1861.
([2]) G. Stokes, *Phil. Mag.* [3], t. XXVII, p. 9; 1845 et t. XXVIII, p. 76; 1846. — *Math. and Phys. Papers*, t. I, p. 141.

lois restent les mêmes et que les angles apparents d'incidence et de réflexion sont encore égaux entre eux.

Les phénomènes de diffraction conduisent au même résultat, quoique différents physiciens (¹) aient cru y trouver le moyen de mettre en évidence le mouvement de translation de la Terre.

Cette conséquence négative tient à ce que le chemin réel ou apparent suivi par la lumière, pour aller d'un point à un autre, est réglé, dans les deux cas, par la même condition que le temps nécessaire au trajet soit minimum (²).

Si le système est en repos et que la lumière émanant d'une source A (*fig.* 327) touche différentes surfaces M, M', ..., où elle

Fig. 327.

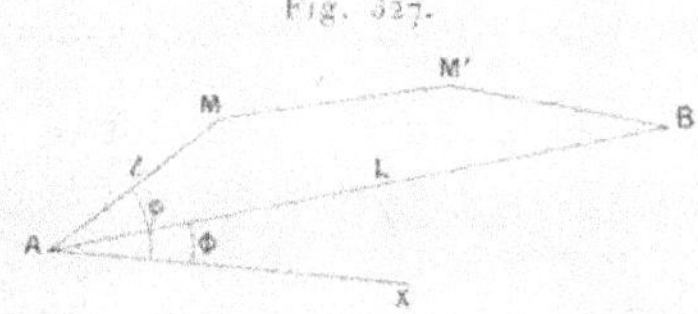

est réfléchie ou diffractée, pour aboutir finalement au point B, on obtiendra le trajet

$$S = AM + MM' + \ldots = l + l' + \ldots,$$

en cherchant quels doivent être les points de contact M, M', ... pour que la communication du mouvement de A en B s'effectue pendant le temps minimum θ.

Supposons maintenant que l'on donne au système tout entier, source et observateur, une vitesse commune u parallèle à la direction AX, la vitesse apparente de la lumière sur le chemin AM est

$$V - u \cos\varphi = V \left(1 - \frac{u \cos\varphi}{V} \right).$$

Si la vitesse u est celle de la Terre et qu'on néglige le carré de

---

(¹) BABINET, *Cosmos*, 13 et 20 octobre 1864. — ANGSTRÖM, *Pogg. Ann.*, t. CXXIII, p. 500; 1864. — VAN DER WILLIGEN, *Archives du Musée Teyler*, t. I, fasc. I, p. 364; 1868.

(²) VELTMANN, *Pogg. Ann.*, t. CL, p. 497; 1873. — A. POTIER, *Journal de Physique*, t. III, p. 201; 1874.

l'aberration $a = \dfrac{u}{V}$, la durée du trajet de A en M est

$$\frac{l}{V\left(1 - \dfrac{u\cos\varphi}{V}\right)} = \frac{l}{V}\left(1 + \frac{u\cos\varphi}{V}\right) = \frac{l}{V} + \frac{a}{V}\,l\cos\varphi.$$

La durée totale apparente θ' du parcours S devient alors

$$\theta' = \Sigma\frac{l}{V} + \frac{a}{V}\,\Sigma\,l\cos\varphi = \theta + \frac{a}{V}\,\mathrm{L}\cos\Phi.$$

Comme le temps θ est un minimum, c'est-à-dire ne varie que d'un infiniment petit du second ordre pour un chemin S′ infiniment voisin de S, le temps θ' est aussi un minimum, puisqu'il ne diffère du premier que par un terme constant. La lumière parcourt donc le même chemin apparent S que si le système était immobile.

La distance réelle des ondes successives étant modifiée par le mouvement de la source A, cette démonstration suppose que la vitesse de propagation absolue V est indépendante de la longueur d'onde; elle ne convient donc provisoirement qu'aux milieux sans dispersion, c'est-à-dire aux phénomènes de réflexion et de diffraction de la lumière dans le vide ou dans l'air.

Enfin le théorème n'est exact qu'au carré près de l'aberration, ou 10^{-8}. Si donc on fait usage d'une source terrestre ou d'une lumière équivalente, l'égalité des angles d'incidence et de réflexion, ainsi que la déviation dans un réseau, ne peuvent être altérées que d'une fraction inférieure à 10^{-8}, ce qui donnerait moins de $0''{,}007$ pour un angle de $180°$.

664. *Réfraction apparente.* — Arago a cherché par une expérience célèbre, communiquée à la 1re Classe de l'Institut en 1810 et publiée seulement beaucoup plus tard [1], si la réfraction dans un prisme de la lumière émise par une étoile n'est pas modifiée, suivant que la Terre s'approche ou s'éloigne de l'étoile en vertu de son mouvement de translation. Il observe l'étoile avec une lunette dont l'objectif est couvert par un prisme *achromatisé*, en

---

[1] ARAGO, *Comptes rendus des séances de l'Académie des Sciences*, t. VIII, p. 326; 1839, et t. XXXVI, p. 38; 1853.

comparant la distance zénithale ainsi déterminée à celle que l'on obtiendrait directement. La différence de ces deux angles donne la déviation du prisme.

Il a employé pour cette recherche deux prismes différents dont les déviations étaient respectivement de 10° 4′ 30″ et 22° 25′. Le premier fut placé sur l'objectif du cercle mural et réglé de manière que la réfraction se fît dans le plan du méridien.

On pouvait ainsi, au moment du passage des étoiles, déterminer leur distance zénithale apparente et la comparer à celle que l'on aurait observée sans l'interposition du prisme.

Pour éviter les erreurs de collimation et la nécessité de connaître la déclinaison des étoiles, le second prisme fut monté sur la lunette d'un cercle répétiteur de manière à couvrir la moitié de l'objectif, et permettre ainsi l'observation directe par la partie découverte de l'objectif ou celle de la lumière réfractée. La différence des hauteurs, corrigée du mouvement de l'étoile dans l'intervalle des deux observations, donnait la déviation.

Si l'on admet que la réfraction change d'une quantité de l'ordre de l'aberration, la différence des déviations, pour deux étoiles situées dans la direction du mouvement de la Terre ou dans le sens opposé, devrait être de $\frac{1}{5000}$, c'est-à-dire respectivement de 7″ et de 16″. Les valeurs extrêmes des nombres obtenus avec le premier prisme dépassaient 6″, mais sans aucune loi qui parût dépendre de la position des étoiles. Avec le second prisme, la plus grande différence fut de 10″. Arago en conclut que la réfraction est indépendante du mouvement relatif de la source et de l'observateur, mais cette interprétation paraît inexacte.

En effet, le changement de réfraction existe réellement, à cause de la modification apparente de longueur d'onde qui résulte du mouvement relatif. La différence des longueurs d'onde des deux raies D du sodium étant de $\frac{1}{983}$ (305), c'est-à-dire à peu près dix fois l'aberration, les raies du spectre devraient être déplacées de $\frac{1}{10}$ de la distance des raies D; mais dans un prisme achromatisé, où toutes les couleurs sont mêlées, cet effet est caché par la substitution d'une radiation à une autre et la déviation finale doit être absolument indépendante de la source de lumière.

L'expérience d'Arago devait donc être de toute façon négative, dans le cas même où le degré d'approximation des mesures eut été

suffisant pour mettre en évidence les changements de réfraction qu'il s'agissait de constater.

665. *Entraînement des ondes par le mouvement des corps.* — Cette expérience conserve cependant un grand intérêt historique parce qu'elle a suggéré à Fresnel (¹) l'hypothèse importante que, dans un milieu réfringent mobile, la totalité de l'éther lié aux molécules pondérables ne participe pas au mouvement.

Dans un milieu d'indice n, où la vitesse de propagation de la lumière est $V' = \dfrac{V}{n}$, la densité de l'éther (575) serait $d' = n^2 d$.

Fresnel admet que le corps n'entraîne que l'excès de cet éther sur celui du vide

$$d' - d = (n^2 - 1)d = \left(\frac{V^2}{V'^2} - 1 \right)d.$$

Pour une vitesse u, la quantité de mouvement relative à l'unité de volume $u(d' - d)$ est la même que si l'éther tout entier se transportait avec une vitesse u' donnée par la relation

$$u'd' = u(d' - d), \qquad u' = u\left(1 - \frac{1}{n^2} \right) = u\left(1 - \frac{V'^2}{V^2} \right).$$

Supposons que des ondes lumineuses de période T, qui chemineraient dans le milieu immobile avec une vitesse V', se propagent suivant une direction qui fait l'angle φ avec celle du mouvement, leur vitesse de propagation est augmentée de $u'\cos\varphi$ et devient

$$W = V' + u'\cos\varphi = V' + u\cos\varphi\left(1 - \frac{V'^2}{V^2} \right).$$

La vitesse de la lumière relative au milieu est

$$W - u\cos\varphi = V' - \frac{V'^2}{V^2}u\cos\varphi = V'\left(1 - \frac{V'u}{V^2}\cos\varphi \right).$$

Si l'on néglige encore le carré du rapport $\dfrac{u}{V}$, le temps τ nécessaire pour parcourir une distance l dans le milieu est

$$\tau = \frac{l}{V'}\left(1 + \frac{V'u}{V^2}\cos\varphi \right) = \frac{l}{V'} + \frac{ul}{V^2}\cos\varphi;$$

(¹) FRESNEL, *Œuvres*, t. II, p. 627.

il ne diffère que par une constante du temps qui conviendrait au parcours de la même distance dans le cas où la source et l'observateur seraient immobiles.

Le chemin de la lumière dans la réfraction étant aussi déterminé par la considération du temps minimum, il en résulte encore (663) que la réfraction apparente d'une source mobile avec l'observateur est la même, au carré de l'aberration près, que si tout le système était en repos. Il est nécessaire toutefois de faire plusieurs remarques sur ce raisonnement de Fresnel.

De même qu'on ne pouvait admettre que le rapport des densités de l'éther dans un milieu pondérable et dans le vide fût égal au carré n^2 de l'indice de réfraction et, par suite, variable avec la longueur d'onde de la lumière (575), de même il n'est pas possible que la fraction de cet éther entraînée par le mouvement soit une fonction de la longueur d'onde. Sans préciser la manière dont l'éther engagé dans les molécules pondérables participe au mouvement vibratoire, on doit donc interpréter les vues de Fresnel en considérant l'expression $u \cos \varphi \left(1 - \dfrac{V'^2}{V^2} \right)$ comme représentant l'*entraînement des ondes* lumineuses, sans attacher une importance littérale au raisonnement qui conduit à cette formule.

D'autre part, dès que le système est en mouvement, la longueur d'onde des vibrations qui l'abordent est modifiée, tandis que la longueur d'onde et la période apparentes ne changent pas. On doit ainsi considérer le terme principal V', qui entre dans l'expression de la vitesse absolue W de propagation des ondes, comme défini par la période *apparente* de la lumière incidente.

Les considérations qui ont guidé Fresnel sont donc insuffisantes; la formule à laquelle il est parvenu par une heureuse intuition n'a qu'un caractère empirique, qui doit être interprété par la théorie [1]; nous en examinerons les conséquences expérimentales.

Si on l'étend aux deux systèmes d'ondes à vibrations rectilignes de double réfraction dans les milieux homoédriques, ainsi qu'aux ondes privilégiées, à vibrations circulaires ou elliptiques, qui caractérisent les milieux actifs, il en résulte immédiatement que les phénomènes d'interférence obtenus par une lame isotrope ou bi-

---

[1] *Voir* A. POTIER, *Journal de Physique*, t. V, p. 105; 1876.

réfringente, quand on emploie une source terrestre, doivent être indépendants de l'angle que fait la propagation de la lumière avec la direction du mouvement de la Terre.

Considérons d'abord les anneaux de Newton, où l'interférence a lieu entre deux systèmes d'ondes dont l'un a parcouru deux fois, en sens contraires, une lame réfringente d'épaisseur e. La réfraction apparente n'étant pas modifiée, le temps que met la lumière à parcourir la normale est (41), en appelant φ l'angle de cette normale avec la direction du mouvement de la Terre,

$$\tau' = \frac{e \cos i'}{V'} + \frac{a}{V} e \cos\varphi.$$

Le temps τ'' que met la lumière réfléchie à parcourir le même chemin en sens contraire est, de même,

$$\tau'' = \frac{e \cos i'}{V'} - \frac{a}{V} e \cos\varphi.$$

Le retard total de ces ondes, sur celles qui se réfléchissent à la première surface, est indépendant du mouvement de la Terre, car il a pour expression

$$\tau' + \tau'' = 2 \frac{e \cos i'}{V'}.$$

Comme la période apparente de vibration ne change pas dans tous les cas, l'ordre d'interférence n'est pas non plus modifié, puisqu'il est donné par le rapport du retard $\tau' + \tau''$ à la durée T de la période apparente.

Il en est de même pour les interférences des lames mixtes (**277**), ainsi que pour les phénomènes de double réfraction ou de pouvoir rotatoire. En effet, si V' et V'' sont les vitesses de propagation relatives au système en repos, pour les deux espèces d'ondes que l'on doit considérer, i' et i'' les angles de réfraction, leurs durées de passage au travers d'une lame d'épaisseur e sont

$$\tau' = \frac{e \cos i'}{V'} + \frac{a}{V} e \cos\varphi,$$

$$\tau'' = \frac{e \cos i''}{V''} + \frac{a}{V} e \cos\varphi.$$

Le retard relatif $\tau'' - \tau'$ a la même valeur que si le système était en repos et l'ordre d'interférence ne change pas.

Ces expressions des durées de passage sont encore exactes au carré de l'aberration près 10^{-8}. Dans une expérience d'interférences où le retard relatif serait de 100000 périodes, l'erreur commise est inférieure à $\frac{1}{1000}$ de période, et le déplacement moindre que $\frac{1}{1000}$ de frange. Avec un milieu actif d'épaisseur suffisante pour produire une rotation du plan de polarisation de 20 circonférences, l'erreur serait inférieure à 10^{-6} ou $\frac{2}{10}$ de seconde. Ce sont des quantités inappréciables.

666. *Expérience de M. Fizeau.* — La formule de Fresnel a été vérifiée directement par M. Fizeau ([1]) dans une expérience justement célèbre, où l'entraînement des ondes est produit par le mouvement de l'eau.

Dans l'intervalle compris entre une lunette L et un collimateur L' à réflexion (*fig.* 328), on dispose deux tubes A_1 et A_2 de lon-

Fig. 328.

gueur l que l'on fait parcourir en sens contraires par un courant d'eau dont la vitesse est u. En avant de l'appareil est un écran E percé de deux fentes parallèles. Parmi les rayons émanés d'une fente S parallèle aux précédentes, éclairée par la lumière solaire, les uns passent d'abord par l'ouverture O_1, traversent le liquide du tube A_1, se réfléchissent sur le miroir m, reviennent par le tube A_2 et la fente O_2, pour aboutir au point S', après réflexion sur la glace transparente G. Un autre système de rayons suit la marche inverse et aboutit également au point S'. Si le liquide est en repos, ces deux systèmes de rayons n'ont pas de différence de marche et l'image S' est constituée par une série de franges d'interférence (128), dont la frange centrale brillante est située dans la direction moyenne du faisceau.

([1]) H. FIZEAU, *Comptes rendus des séances de l'Académie des Sciences,* t. XXXIII, p. 351; 1851. — *Ann. de Chim. et de Phys.* [3], t. LVII, p. 385; 1859. — *Voir* POUILLET, *Éléments de Physique,* 6e édition, t. II, p. 815; 1853.

En appelant F la longueur focale de la lunette et d la distance des milieux des fentes O_1 et O_2, la distance δ de deux franges successives est

$$\delta = F \frac{\lambda}{d}.$$

Lorsque le liquide est en mouvement dans le sens des flèches, les ondes de retour émanant de la fente O_1 se sont propagées dans les tubes en sens contraire du mouvement de l'eau, avec la vitesse $V' - u\left(1 - \frac{1}{n^2}\right)$, si l'on adopte la formule de Fresnel, et la durée du parcours est

$$\tau_1 = \frac{2l}{V' - u\left(1 - \frac{1}{n^2}\right)} = \frac{2l}{V'}\left[1 + \frac{u}{V'}\left(1 - \frac{1}{n^2}\right)\right].$$

Les ondes émanant du point O_2 ont marché dans le sens du mouvement du liquide et la durée du parcours est

$$\tau_2 = \frac{2l}{V'}\left[1 - \frac{u}{V'}\left(1 - \frac{1}{n^2}\right)\right].$$

Le retard du premier système sur le second est

$$\tau_1 - \tau_2 = \frac{4lu}{V'^2}\left(1 - \frac{1}{n^2}\right) = 4l(n^2 - 1)\frac{u}{V'^2}$$

La frange centrale doit donc se déplacer du côté de la fente O_1, c'est-à-dire à droite de l'observateur qui viserait dans le plan de la source S et à sa gauche quand il vise l'image S'. Ce déplacement x est une fraction de frange donnée par la relation

$$\frac{x}{\delta} = \frac{\tau_1 - \tau_2}{T} = \frac{u}{V}\frac{4l(n^2 - 1)}{\lambda}.$$

Pour une longueur l de $1^m,487$ et la vitesse u de $7^m,06$ par seconde atteinte dans les expériences, en prenant $n = 1,333$ et $\lambda = 0^\mu,53$ ou $V\lambda = 1,59.10^2$, il en résulte

$$\frac{x}{\delta} = 0,203.$$

Le déplacement de la frange centrale, quand on fait marcher l'eau alternativement dans les deux sens, doit être d'environ $0,406$ de frange; la moyenne des observations a donné $0,46$.

Il est nécessaire de compléter par quelques détails la description de cette expérience délicate. Les axes des tubes étant écartés de 9^{mm}, la distance des franges pour une lunette de 1^m de longueur focale serait $\frac{1}{18}$ de millimètre et le déplacement à observer ne dépasserait pas $\frac{1}{40}$ de millimètre. C'est pour augmenter la largeur des franges que M. Fizeau a imaginé (301) d'employer une lame épaisse placée obliquement sur le trajet de l'un des faisceaux entre la double fente et la lunette, ou une bilame agissant sur chacun d'eux, de manière à diminuer beaucoup l'intervalle apparent des deux ouvertures. En outre, on place un micromètre divisé sur verre dans le plan focal S' où se produisent les franges et, en visant le phénomène à l'aide d'une loupe, on rapporte dans chaque cas la position des franges aux divisions du micromètre, ce qui permet de mieux apprécier le déplacement.

Pour produire le mouvement de l'eau, les tubes A_1 et A_2 communiquent par leurs extrémités, comme l'indique la *fig.* 329, à

Fig. 329.

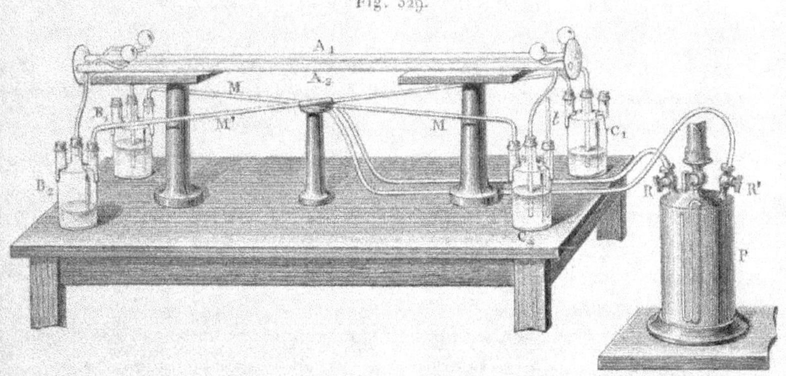

des flacons à deux tubulures B_1, C_1 et B_2, C_2 reliés entre eux par des tubes intermédiaires M et M'. Ces derniers communiquent au réservoir P d'une pompe foulante par des robinets à trois voies avec une ouverture latérale, qui permettent d'établir la communication ou de laisser échapper soit l'air du réservoir, soit l'air de l'un des tubes M et M'. Les flacons opposés C_1 et B_2 étant remplis d'eau et les autres vides, on fait communiquer le tube M' avec le réservoir qui renferme de l'air comprimé et le tube M avec l'atmosphère par le robinet R. Le liquide s'écoule alors du flacon C_1 dans le flacon B_1 et de B_2 en C_2, en traversant les tubes dans le sens indiqué par la *fig.* 328. Les flacons B_1 et C_2 remplis à leur tour, il suffit de tourner convenablement les robinets R et R' pour faire marcher le liquide en sens contraire.

Comme les changements de pression peuvent dégager des bulles de gaz qui troubleraient la transparence du liquide, les extrémités des tubes A_1 et A_2 sont munies d'ampoules en verre destinées à recevoir ces bulles de gaz.

Enfin, on peut déterminer la vitesse du liquide par le volume écoulé ou par le temps qui correspond à un certain changement de niveau dans les flacons. En outre, un tube de sûreté t monté dans la troisième tubulure de l'un des flacons indique la pression effective et les formules pratiques relatives à la vitesse d'écoulement de l'eau dans les tubes de petit diamètre permettent encore de calculer la vitesse à chaque instant.

L'appareil une fois installé, après beaucoup de tâtonnements, on a réalisé dix-neuf expériences aux vitesses de $3^m,7$, $5^m,515$ et $7^m,059$, dont les résultats ont été ramenés à la vitesse maximum. L'erreur des expériences isolées sur la moyenne était de $\pm 0,0256$ de frange pour chacun des déplacements, ou l'erreur relative de $\frac{1}{10}$, de sorte que la formule de Fresnel se trouvait vérifiée avec toute l'approximation que comportait la méthode. L'excès de la moyenne sur le calcul peut d'ailleurs s'expliquer par cette circonstance que la lumière parcourait l'axe du tube, où la vitesse réelle du liquide est d'environ $\frac{1}{10}$ supérieure à la vitesse moyenne pour un diamètre de $5^{mm},3$.

En remplaçant dans un appareil semblable le courant d'eau par un courant d'air sous la pression de 3^{cm} de mercure qui donnait au gaz une vitesse d'écoulement d'environ 25^m, le déplacement des franges a été inappréciable. La réfraction de l'air est, en effet, si faible que le déplacement dans ces conditions, d'après la théorie, n'aurait pas dépassé $0,00023$ de frange.

Nous terminerons par une dernière remarque. L'expérience de M. Fizeau ne semble pas correspondre rigoureusement à la formule de Fresnel, puisque la période apparente de la lumière qui tombe sur le liquide en mouvement est modifiée. Le terme principal V' de cette formule dépend, comme on l'a vu plus haut, de la période apparente de la lumière observée

$$T' = T\left(1 \pm \frac{u}{V}\right).$$

Pour une vitesse de 10^m, le rapport $\dfrac{u}{V}$ serait de $\frac{1}{3}10^{-7}$ et le changement du terme V' correspondrait au $\frac{1}{30000}$ de la distance des deux raies D. C'est une quantité tout à fait inappréciable, à cause de la faible dispersion de l'eau.

Cette épreuve importante a été renouvelée par MM. Michelson et Morley (^{1}) avec un appareil de plus grandes dimensions. Les tubes avaient 28^{mm} de diamètre et une longueur de 3^m ou 6^m, suivant la série des expériences. L'eau était mise en mouvement sous une pression qui pouvait atteindre 23^m de hauteur du liquide et la vitesse a varié de $5^m,67$ à $8^m,72$ par seconde. Le déplacement allait ainsi jusqu'à $\frac{9}{10}$ de frange de part et d'autre.

Une étude préalable avait permis de déterminer le rapport de la vitesse du liquide suivant l'axe des tubes à la vitesse moyenne mesurée par le jaugeage; ce rapport était de $1,165$. En tenant compte de cette correction, la moyenne des observations montra que la vitesse de propagation des ondes était modifiée d'une fraction de celle du liquide égale à $0,434$, au lieu du nombre

$$\frac{n^2-1}{n^2} = 0,437,$$

qui résulterait du calcul. La formule de Fresnel est ainsi vérifiée à moins de $\frac{1}{100}$ près, et l'expérience ne paraît pas comporter une plus grande précision.

667. *Changement de période apparente par réflexion sur un miroir mobile.* — On a vu que le mouvement commun des appareils et de l'observateur ne modifie pas la déviation apparente du rayon dans un phénomène optique quelconque, mais il importe d'examiner le changement qui en résulte dans la période du mouvement propagé.

---

^{1}) A. MICHELSON et W. MORLEY, *American Journal of Science*, t. XXXI, p. 377; 1886.

Lorsqu'une surface réfléchissante S est animée d'une vitesse u dans une direction qui fait l'angle φ avec celle de propagation de la lumière incidente, la période apparente T′ des vibrations qu'elle reçoit a pour expression

$$T' = \frac{T}{1 - \dfrac{u}{V}\cos\varphi} = T\left(1 + \frac{u}{V}\cos\varphi\right).$$

La surface S se comporte donc comme une source mobile de période T′, soit pour la lumière réfléchie régulièrement, soit pour la lumière diffusée ou diffractée dans une direction quelconque.

Cette considération est importante pour le système solaire. Comme le mouvement de la Terre est à peu près circulaire, si l'on fait réfléchir la lumière solaire dans une direction quelconque par un miroir, l'angle φ est sensiblement égal à 90°, et le miroir se comporte comme une source terrestre dont la période absolue de vibration a la même valeur T que celle des points du Soleil dont il réfléchit la lumière. En d'autres termes, *la lumière solaire, réfléchie dans une direction quelconque, se comporte comme une source terrestre de même période*. La lumière émise par une flamme de soude, par exemple, est identique, pour une direction quelconque, avec celle qui correspond aux raies D du spectre solaire, abstraction faite des variations qui sont dues au mouvement de rotation du Soleil.

De même, l'orbite des planètes est sensiblement circulaire et elles ne sont lumineuses que par la lumière solaire diffusée à leur surface. Elles se comportent donc comme des sources identiques à celle du Soleil, et la période de la lumière qu'elles nous envoient est uniquement modifiée par la composante de leur vitesse suivant la ligne de propagation.

668. *Vérifications expérimentales.* — Boscowich ([1]) avait proposé d'observer le phénomène de l'aberration avec une lunette dont le tube serait rempli d'eau ou d'un fluide beaucoup plus réfringent que l'air, afin de vérifier si la direction suivant laquelle on aperçoit une étoile peut varier avec le changement que le li-

---

[1] Boscowich, *De annuis fixarum aberrationibus;* Romæ, 1742.

quide apporte dans la marche de la lumière. Le résultat doit être négatif, puisque la direction apparente de la lumière ne dépend pas de la nature du milieu interposé.

Il n'est pas inutile de démontrer cette propriété directement dans le cas actuel. Si l'on vise une étoile située au pôle de l'écliptique avec un tube plein de liquide et terminé par des faces parallèles, la vitesse de propagation de la lumière suivant l'axe du tube est V'; en même temps, les ondes sont transportées latéralement avec une vitesse $v\left(1 - \dfrac{1}{n^2}\right)$ et la vitesse du liquide relative à ce mouvement latéral est

$$v - v\left(1 - \frac{1}{n^2}\right) = \frac{v}{n^2}.$$

La variation apparente de direction de la lumière dans le liquide, ou l'angle d'incidence sur la face de sortie est donc

$$\frac{v}{n^2\,V'} = \frac{v}{n\,V} = \frac{a}{n}.$$

L'angle de réfraction étant n fois plus grand, l'aberration est exactement la même que dans une lunette ordinaire.

Les nombreuses tentatives qui ont été faites, en particulier par Sir G. Airy à l'Observatoire de Greenwich, pour rechercher si la latitude apparente est modifiée, quand on observe les étoiles avec une lunette dont le tube est rempli d'eau, ont montré, en effet, que la variation est absolument insensible.

Dans une série d'expériences organisées en vue de contrôler la théorie qui précède, j'ai constaté d'abord que la déviation des raies D ou du groupe b dans un réseau ne présente pas de différence appréciable, suivant que l'on emprunte ces raies à la lumière générale du Soleil ou qu'on les obtient par des étincelles entre des électrodes de sodium ou de magnésium. L'expérience est d'autant plus précise que les raies métalliques, à cause du phénomène de renversement bien connu, paraissent en noir sur un fond brillant et sont alors entièrement comparables aux raies obscures du spectre solaire. Si l'on éclaire séparément les deux moitiés d'une fente avec les deux sources différentes, les raies correspondantes dans les deux spectres superposés apparaissent toujours dans le prolongement l'une de l'autre.

En plaçant l'appareil tout entier sur un équipage mobile qui permet de faire marcher la lumière dans le sens ou en sens contraire du mouvement de la Terre, c'est-à-dire vers l'ouest ou vers l'est au voisinage de midi, la direction n'a pas varié de $3''$, tandis que la dispersion était assez grande pour que les raies D fussent écartées de $2'30''$ ou $150''$. S'il existait un changement de l'ordre de l'aberration, la différence des effets observés de part et d'autre serait de $30''$, c'est-à-dire 10 fois plus grand que l'erreur possible des observations.

On peut enfin profiter de la rotation de la Terre et installer un appareil dans une direction fixe, de l'est à l'ouest, en comparant les observations de midi et de minuit.

La réfraction dans un seul prisme permet d'obtenir une dispersion considérable, car le changement di' de déviation qui correspond à une variation dn de l'indice est (76)

$$di' = \frac{\sin A}{\cos r \cos i'} dn;$$

la valeur de di' devient très grande lorsque l'angle de sortie i' est voisin de $90°$. D'autre part, le rapport de la variation di' à l'angle de pénétration du faisceau émergent est proportionnel à $\frac{L \sin A}{\cos r'}$; il est encore maximum pour les mêmes conditions.

On employa un prisme dont la largeur L à l'entrée avait 10^{cm}; ce prisme recevait normalement la lumière d'un collimateur à grand objectif et l'on observait, dans une direction presque rasante à la face de sortie, par une lunette à micromètre. En plaçant un fil de réticule au foyer du collimateur, on peut éclairer l'appareil directement par une flamme de soude; on aperçoit alors dans la lunette deux images noires du réticule, sur fond brillant, comme on verrait deux raies brillantes si le fil était remplacé par une fente. La distance des images était d'environ $65''$, correspondant à 50 divisions du tambour du micromètre, et l'on pouvait pointer à moins de $\frac{1}{2}$ de division, c'est-à-dire à $\frac{1}{250}$ de la distance des deux raies D, ou $\frac{1}{25}$ de l'aberration.

L'appareil a été installé dans une des caves de l'École Normale à température sensiblement constante. Quand il eut acquis une stabilité suffisante, les observations furent faites régulièrement pendant près d'une année, en pointant chaque fois les deux images. La différence des lectures moyennes de midi et de minuit fut d'environ $\frac{1}{10}$ de division du tambour, celles des séries isolées ne dépassant pas $\frac{1}{2}$ division. Dans le cas le plus défavorable, la constance de la déviation est ainsi vérifiée à moins de $\frac{1}{100}$ de la distance des raies D, ou $\frac{1}{10}$ de l'aberration.

Dans un autre ordre d'idées, j'ai observé les franges d'une lame de flint de 10^{mm} d'épaisseur qui produisait, entre les faisceaux réfléchis sur la première et la seconde surface, une différence de marche supérieure à 50000 longueurs d'onde. Le déplacement des franges, quand on dirigeait alternativement l'appareil vers l'est ou vers l'ouest, n'atteignait pas $\frac{1}{10}$ de frange ou $\frac{1}{500000}$ du retard des deux systèmes d'ondes.

L'observation des interférences des lames mixtes (283), avec la disposition indiquée par la *fig.* 129, a donné également un résultat négatif, en employant une lame de flint de $10^{mm},2$ et une lame de crown de 18^{mm}, qui produisaient respectivement des retards de 10000 et 24000 longueurs d'onde.

M. Hoek [1] avait déjà réalisé une expérience analogue, qui revient à répéter celle de M. Fizeau (665), où l'un des tubes seulement serait rempli de liquide en repos, c'est-à-dire à faire interférer deux faisceaux qui ont traversé le même milieu, suivant des directions opposées, l'une dans le sens du mouvement de la Terre et l'autre en sens contraire. J'ai répété également cette expérience avec deux miroirs rectangulaires (287), en interposant sur le trajet de l'un des rayons (*fig.* 137) une plaque en flint de $98^{mm},5$. Les franges étaient très belles et le résultat encore négatif, à moins de $\frac{1}{10}$ de frange.

Enfin j'ai constaté que le pouvoir rotatoire du quartz n'est pas modifié de $\frac{1}{20000}$, et que les franges isochromatiques dues à la double réfraction du spath ne varient pas de $\frac{1}{100000}$, quelle que soit la direction de la lumière par rapport au mouvement de la Terre.

Ces expériences permettent d'apprécier à quel degré d'approxi-

---

[1] HOEK, *Archives néerlandaises*, t. III, p. 180; 1868, et t. IV, p. 443; 1869.

mation la formule de Fresnel se trouve justifiée. Si l'on y remplace, en effet, $\frac{1}{n^2}$ dans le terme de correction par $\frac{\varepsilon}{n^2}$, la quantité ε étant provisoirement indéterminée et variable avec la vitesse de propagation, le retard relatif des ondes d'espèces différentes qui ont traversé une lame de spath sous l'incidence normale a pour expression

$$\tau' - \tau'' = e\left(\frac{1}{V'} - \frac{1}{V''}\right) + \frac{ae}{V}(\varepsilon' - \varepsilon'').$$

Si la variation n'est pas de $\frac{1}{100000}$, il en résulte

$$\frac{a(\varepsilon'' - \varepsilon')}{n' - n''} < \frac{1}{100000}, \qquad \varepsilon'' - \varepsilon' < \frac{n'' - n'}{10} < 0,02.$$

Les quantités ε' et ε'' correspondant aux deux espèces d'ondes ne diffèrent donc pas de $\frac{1}{50}$. Le même raisonnement appliqué aux anneaux de réflexion ou aux interférences des lames mixtes montrerait que la quantité ε ne diffère pas de l'unité de $\frac{1}{50}$. Le terme correctif, qui représente l'entraînement des ondes, est ainsi vérifié avec une approximation relative de

$$\frac{\frac{1}{50\,n^2}}{1 - \frac{1}{n^2}} = \frac{1}{50(n^2 - 1)},$$

ce qui donnerait $\frac{1}{80}$ pour $n = 1,62$.

Considérons, de même, l'expérience de Hoek. Si la propagation a lieu dans le sens du mouvement de la Terre, la vitesse de la lumière relative au milieu est

$$V' - \frac{v\varepsilon}{n^2} = V'\left(1 - \frac{v\varepsilon}{n^2 V'}\right) = V'\left(1 - \frac{a\varepsilon}{n}\right),$$

et le temps nécessaire pour parcourir une épaisseur e,

$$\tau_1 = \frac{e}{V}\left(1 + \frac{a\varepsilon}{n}\right) = \frac{e}{V}(n + a\varepsilon);$$

la différence des temps qui correspondent aux deux marches en sens contraires est donc

$$\tau_1 - \tau_2 = \frac{2e}{V}a\varepsilon.$$

Les vitesses apparentes de propagation pour le même chemin dans l'air étant $V - v$ et $V + v$, la différence des temps est

$$\tau' - \tau'' = \frac{2e}{V}\,a,$$

et le retard relatif θ des deux systèmes de rayons qui ont marché en sens contraires a pour expression

$$\theta = \frac{2\,ea}{V}\,(1 - \varepsilon), \qquad V\theta = 2\,ae(1 - \varepsilon).$$

Si l'expérience permet d'affirmer que le déplacement du phénomène n'est pas de $\frac{1}{10}$ de frange pour une épaisseur de 100^{mm} ou $200\,000$ longueurs d'onde, il en résulte

$$4a(1 - \varepsilon) < 10^{-5},$$

$$1 - \varepsilon < \frac{1}{400}.$$

L'expression de Fresnel, pour l'entraînement des ondes, est donc exacte avec une approximation relative de $\dfrac{1}{400(n^2 - 1)}$ ou $\frac{1}{500}$.

Dans tous les raisonnements qui précèdent, on a négligé le carré de l'aberration (**663**). L'erreur qui résulte de cette simplification ne serait pas négligeable si les chemins parcourus par les deux systèmes de rayons que l'on compare étaient de l'ordre de 10^8 longueurs d'onde ou de 50^m; c'est ce que M. Michelson ([1]) a recherché par expérience.

Deux plaques de verre identiques P et P' (*fig.* 330) sont disposées comme dans l'appareil interférentiel de M. Jamin (**286**).

Parmi les rayons qui émanent d'une source S, les uns traversent les deux plaques, se réfléchissent normalement sur un miroir métallique M et reviennent dans la direction AX après s'être réfléchis sur la face postérieure de la première plaque. Un autre système de rayons se réfléchit d'abord en A, puis sur le miroir M', revient ensuite par le même chemin et se propage finalement suivant la même direction AX. Si les miroirs M et M' sont à la même distance L du point A, ou plus exactement à des distances

---

([1]) A.-A. Michelson, *Amer. Journal of Science* [3], t. XXII, p. 120, 1881.

optiques équivalentes, la différence de marche des systèmes d'ondes qui peuvent interférer sur le faisceau commun tient uniquement à l'inégalité des angles d'incidence sur les plaques P et P'; on observe donc les franges habituelles de cet ensemble de plaques.

Fig. 33o.

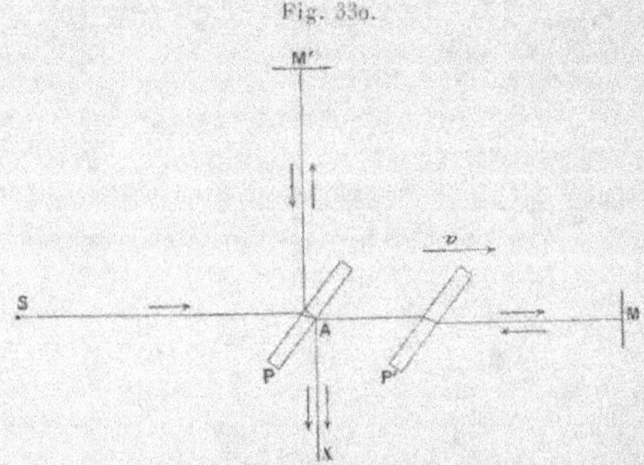

Supposons maintenant que la Terre marche dans la direction AM. La vitesse relative des ondes au premier passage de A en M est $V - v$, tandis qu'elle est au retour $V - v$. Le temps τ' nécessaire à ce double parcours est donc

$$\tau' = \frac{L}{V - v} + \frac{L}{V + v} = 2L\frac{V}{V^2 - v^2} = \frac{2L}{V}(1 + a^2).$$

Pour le chemin AM', la vitesse relative n'est pas modifiée et la durée du parcours est

$$\tau = \frac{2L}{V};$$

on a donc

$$\tau' - \tau = \frac{2L}{V}a^2, \qquad \frac{\tau' - \tau}{\tau} = a^2.$$

L'effet inverse a lieu si l'on tourne l'appareil de 90° de manière à diriger la droite AM' suivant le mouvement de la Terre; le déplacement relatif des interférences d'une expérience à l'autre est donc $2a^2 = 2.10^{-8}$.

Si la distance L est de $1^m,20$, le chemin parcouru correspond à $\frac{2,4}{0,6}.10^6 = 4.10^6$ longueurs d'onde de la raie D et le déplacement

serait o,o8 de frange. M. Michelson réduit le déplacement à
o^f,o48 en raison de cette circonstance que le mouvement de la
Terre n'était pas exactement dans la direction est-ouest au moment des observations. Par contre, il y ajoute l'effet produit par le
mouvement de translation du système solaire, qui avait alors une
direction très favorable, ce qui porterait à o^f,16 l'effet qu'il s'agit
d'observer, mais il semble préférable, pour éviter toute interprétation douteuse, de s'arrêter au premier résultat.

Les observations, qui étaient quelquefois contradictoires, ont
indiqué un déplacement moyen de o^f,o22 pour les directions convenables et o^f,o34 quand l'appareil était orienté dans les directions intermédiaires, auquel cas le déplacement devrait être nul.
M. Michelson en conclut que la formule de Fresnel n'est pas absolument rigoureuse.

Avant d'arriver à cette conséquence, il est nécessaire de discuter l'expérience. Il semble d'abord, d'après M. Lorenz ([1]), que
l'effet devrait être diminué de moitié, parce que la propagation de
la lumière n'est pas normale au miroir M$'$. Pendant le temps t que
met la lumière à se propager du point A au point M$'$, ce miroir a
parcouru l'espace vt; le chemin réel est donc incliné sur la normale de l'angle a et égal à

$$\frac{L}{\cos a} = \frac{L}{1 - \dfrac{a^2}{2}} = L\left(1 + \frac{a^2}{2}\right).$$

Le temps τ du double parcours est augmenté de la fraction $\dfrac{a^2}{2}$,
la différence relative des durées de passage devient donc moitié
moindre que dans le calcul précédent.

Le déplacement à observer n'est plus alors que o^f,o24 et paraît
compris dans les limites des erreurs d'observation. En effet, l'appareil était trop sensible aux vibrations du sol et ne pouvait être
observé que pendant quelques heures de la nuit.

Cette expérience importante a été reprise par MM. Michelson et
Morley ([2]) avec un appareil gigantesque. Pour augmenter le che-

---

[1] H.-A. Lorenz, *Archives néerlandaises*, t. XXI, 2e Livr., p. 1; 1886.
[2] A.-A. Michelson et E.-W. Morley, *Am. Journal of Science* [3], t. XXXIV,
p. 333; 1887.

min parcouru par la lumière, chacun des faisceaux AM ou AM′ ne revient sur lui-même qu'après avoir subi sur des miroirs fixes sept autres réflexions dont la dernière est normale, de sorte que le chemin total est porté à 12^m. Les plaques P et P′ avaient $1^{cm},25$ d'épaisseur, 5^{cm} et $7^{cm},5$ de dimensions transversales et les miroirs, en métal, 5^{cm} de diamètre. Les miroirs étant placés aux distances convenables, on les réglait d'abord de manière à superposer dans la lunette d'observation les deux images d'un point situé sur le trajet de la lumière et formées par les deux faisceaux interférents.

On produisait alors les franges par une flamme de soude et on leur donnait le maximum de netteté en déplaçant l'un des miroirs par une vis micrométrique; après ce réglage, on pouvait substituer à la flamme de soude une lampe à huile au foyer d'une lentille et un petit mouvement de la vis faisait apparaître les franges colorées. La lunette était munie d'un micromètre permettant de pointer le phénomène à $\frac{1}{50}$ de frange.

La partie optique était protégée par un couvercle en bois contre les courants d'air et les variations de température. Enfin, l'ensemble des appareils était installé sur une pierre portée par une monture en bois qui flottait dans un bain circulaire de mercure; il était facile de lui donner une rotation continue assez lente et de faire les observations dans une série de positions différentes.

Le déplacement devait être, dans les conditions les plus favorables, de $0^f,4$. Les observations ont été faites dans le cours du mois de juillet 1887; elles ont bien montré quelques variations, mais moindres que $\frac{1}{20}$ et probablement $\frac{1}{40}$ de frange.

La seule objection possible serait que le mouvement du système solaire fût alors capable de compenser l'effet de la translation de la Terre, mais elle peut être écartée par des observations faites à une autre époque.

Il semble résulter de toutes ces expériences que la formule de Fresnel n'est qu'une première approximation, que les phénomènes optiques sont impuissants à mettre en évidence le mouvement de translation de la Terre, par des observations qui n'empruntent pas la lumière des astres, et que finalement *les mouvements relatifs sont seuls appréciables.*

MM. Michelson et Morley proposent encore d'autres méthodes

ingénieuses et, en particulier, la suivante, qui aurait pour but de mettre en évidence l'inégalité réelle des angles apparents d'incidence et de réflexion, mais le problème ne paraît pas avoir été considéré d'une manière entièrement exacte.

Supposons qu'un système d'ondes planes tombe sur une surface AC (*fig.* 331) entraînée par la Terre dans une direction AA' si-

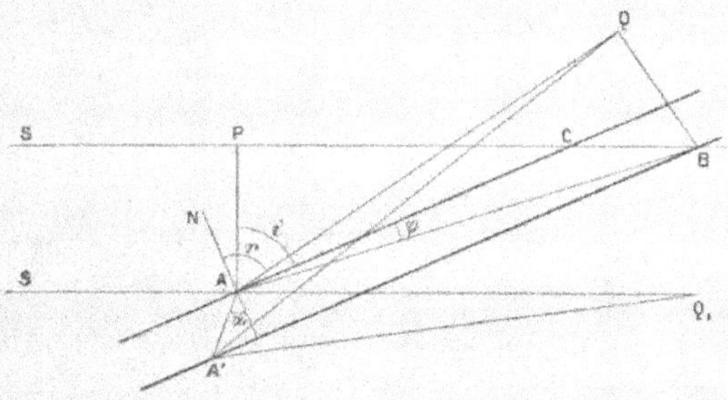

Fig. 331.

tuée dans le plan d'incidence et qui fait l'angle α avec la normale. Pour obtenir la direction des ondes réfléchies, on considérera deux rayons SA et SB qui touchent la surface au bout d'un intervalle de temps égal à l'unité, l'un en A, dans sa position AC, et l'autre en B, quand elle s'est déplacée de AA' $= v$. On décrit, du point A comme centre, une circonférence de rayon AQ $=$ V, à laquelle on mène par le point de contact B une tangente BQ. La droite AQ est le rayon réfléchi et A'Q sa direction apparente. Les triangles rectangles APB et AQB sont égaux puisqu'ils ont le côté commun AB et PB $=$ AQ $=$ V, de sorte que les autres côtés AP et BQ sont aussi égaux.

En appelant i l'angle d'incidence, on a

$$v \cos\alpha = CB \cos i,$$

$$PC = V - CB = V\left(1 - a\frac{\cos\alpha}{\cos i}\right) = V(1 - \rho),$$

$$AP = PC \cot i = V(1 - \rho) \cot i.$$

D'autre part, r étant l'angle de réflexion NAQ et φ l'angle CAB, l'angle PAB est égal à $i + \varphi$ et l'angle complémentaire QAB égal à $90° - r + \varphi$, ce qui donne $i + \varphi = r - \varphi$, $2(i + \varphi) = r + i$.

On a enfin, dans le triangle PAB,

$$\operatorname{tang}(i + \varphi) = \operatorname{tang}\frac{i + r}{2} = \frac{PB}{PA} = \frac{\operatorname{tang} i}{1 - \rho},$$

d'où résulte la première équation

$$(1) \qquad\qquad \operatorname{tang} i = (1 - \rho)\,\operatorname{tang}\frac{i + r}{2},$$

qui permettra de calculer l'angle de réflexion r.

En appelant r' l'angle apparent de réflexion, le triangle $AA'Q$ donne

$$\frac{AA'}{AQ} = a = \frac{\sin(r - r')}{\sin(r' - \alpha)},$$

$$(2) \qquad\qquad \sin(r - r') = a\sin(r' - \alpha),$$

équation qui détermine r'.

De même, si l'on prolonge SA d'une longueur $AQ_1 = V$, la direction apparente du rayon incident est $A'Q_1$. L'angle apparent d'incidence i' s'obtiendra par le triangle $AA'Q_1$,

$$\frac{AA'}{AQ_1} = a = \frac{\sin(i' - i)}{\sin(i' + \alpha)},$$

$$(3) \qquad\qquad \sin(i' - i) = a\sin(i' + \alpha).$$

Les angles i' et r' sont égaux, au carré de l'aberration près. Si l'on tient compte de cet ordre de grandeur, on peut poser

$$r = i + 2\varepsilon,$$

et l'on négligera les cubes des quantités a, ρ et ε qui sont de même ordre. On a alors

$$\operatorname{tang}\frac{i + r}{2} = \operatorname{tang}(i + \varepsilon) = \operatorname{tang} i\left(1 + \frac{\varepsilon}{\sin i \cos i} + \frac{\varepsilon^2}{\cos^2 i}\right),$$

et, en substituant dans l'équation (1),

$$\varepsilon = \rho\sin i\cos i + \rho^2\sin i\cos i - \varepsilon^2\operatorname{tang} i.$$

Remplaçant ε dans le dernier terme par sa valeur approchée $\rho\sin i\cos i$, et $\rho\cos i$ par $a\cos\alpha$, il vient

$$(1)' \qquad\qquad r - i = 2a\cos\alpha\sin i + a^2\sin 2i\cos^2\alpha.$$

Au même degré d'approximation, les équations (2) et (3) peuvent s'écrire

$$(2)' \qquad r - r' = a \sin(i - \alpha) + a(r' - i)\cos(i - \alpha),$$

$$(3)' \qquad \begin{cases} i' - i = a \sin(i + \alpha) + a(i' - i)\cos(i + \alpha) \\ \qquad = a \sin(i + \alpha) + a^2 \sin(i + \alpha)\cos(i + \alpha). \end{cases}$$

On déduit des équations $(1)'$ et $(2)'$

$$(4) \qquad \begin{cases} r' - i = a \sin(i + \alpha) + a^2 \sin 2i \cos^2 \alpha - a(r' - i)\cos(i - \alpha) \\ \qquad = a \sin(i + \alpha) + \dfrac{a^2}{2}(\sin 2i \cos 2\alpha - \sin 2\alpha), \end{cases}$$

et, par soustraction membre à membre avec $(3)'$,

$$i' - r' = \frac{a^2}{2}\left[\sin 2(i + \alpha) - \sin 2i \cos 2\alpha + \sin 2\alpha\right] = a^2 \sin 2\alpha \cos^2 i.$$

L'égalité des angles d'incidence et de réflexion se vérifie encore au second ordre près.

La déviation apparente du rayon est le supplément de $i' + r'$, et l'angle $i + \alpha$ est supplémentaire de l'angle φ que fait la direction du mouvement avec celle de la source; les équations $(3)'$ et (4) donnent

$$i' + r' - 2i = 2a \sin(i + \alpha) + a^2(\cos 2\alpha \sin 2i - \sin 2\alpha \sin^2 i)$$
$$= 2a \sin \varphi + a^2\left[\sin 2\varphi + \sin 2(\varphi + i)\cos^2 i\right].$$

Le terme du premier ordre est indépendant de l'incidence; il correspond à l'aberration et disparaîtrait dans les observations.

Quant au terme du second ordre, il varie avec les angles i et φ. Si l'on emploie la lumière solaire directe, par exemple, l'angle φ est toujours droit et l'on a $\sin 2(\varphi + i) = -\sin 2i$.

Le dernier terme est nul pour les incidences normale et rasante; il est maximum pour $i = 30°$ et devient alors $-0,65.10^{-8}$.

Toutefois, ce calcul ne correspond pas aux expériences réelles, parce que la source est mobile avec l'observateur; nous aurons recours à un autre mode de raisonnement.

Supposons donc qu'une source S (*fig.* 332) soit observée du point S' après que la lumière s'est réfléchie sur la surface plane Σ, le système étant entraîné avec la vitesse v de la Terre, suivant la direction MM′ qui fait l'angle α avec la normale.

Le point M d'incidence s'obtiendra, d'après la construction d'Huygens, par la condition que la communication du mouvement sur le chemin SMS′ ait lieu pendant le temps minimum. Soient i et i' les angles apparents d'incidence et de réflexion, h et h' les distances des points S et S′ à la surface Σ et D la distance PP′. On a d'abord

$$(5) \qquad D = h \tang i + h' \tang i',$$

et, pour un rayon qui suivrait un chemin peu différent,

$$(6) \qquad \frac{h\, di}{\cos^2 i} + \frac{h'\, di'}{\cos^2 i'} = 0.$$

Fig. 332.

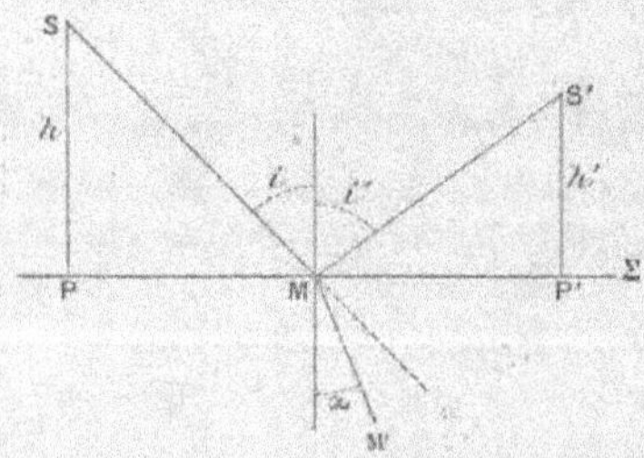

D'autre part, la vitesse apparente de propagation de la lumière sur le rayon incident SM, abstraction faite des variations de longueur d'onde et, par suite, des effets de dispersion, est

$$W = V - v\cos(i - \alpha) = V[1 - a\cos(i - \alpha)],$$

et le temps t nécessaire au parcours de la longueur SM

$$t = \frac{SM}{W} = \frac{h}{V}\,\frac{1}{\cos i\,[1 - a\cos(i - \alpha)]}.$$

Si l'on développe cette expression, en négligeant les termes de l'ordre de a^3, il vient

$$V t = \frac{h}{\cos i}[1 + a\cos(i - \alpha) + a^2\cos^2(i - \alpha)].$$

La vitesse apparente W′ sur le chemin MS′ et la durée correspondante t' sont, de même,

$$W' = V - v \cos(\pi - i - \alpha) = V[1 + a \cos(i' + \alpha)],$$

$$V t' = \frac{h'}{\cos i'} [1 - a \cos(i' + \alpha) + a^2 \cos^2(i' + \alpha)].$$

Le temps total $t + t'$ du trajet est alors, en tenant compte de (5),

$$V(t + t') = \frac{h}{\cos i} + \frac{h'}{\cos i'} + a[(h - h') \cos\alpha + D \sin\alpha]$$

$$+ a^2 \left[\frac{h}{\cos i} \cos^2(i - \alpha) + \frac{h'}{\cos i'} \cos^2(i' + \alpha) \right],$$

et l'on doit égaler à zéro la dérivée de cette expression en tenant compte de (6). Les premiers termes donnent

$$d\left(\frac{h}{\cos i} + \frac{h'}{\cos i'} \right) = \frac{h \sin i \, di}{\cos^2 i} + \frac{h' \sin i' \, di'}{\cos^2 i'} = (\sin i - \sin i') \frac{h \, di}{\cos^3 i},$$

et, en appelant K la quantité comprise entre crochets,

$$dK = \left[\cos(i - \alpha) \sin\alpha - \cos i \, \frac{\sin 2(i - \alpha)}{2} \right.$$

$$\left. + \cos(i' + \alpha) \sin\alpha + \cos i' \, \frac{\sin 2(i' + \alpha)}{2} \right] \frac{h \, di}{\cos^2 i}.$$

Comme la valeur de dK doit être multipliée par a^2, on peut y faire $i' = i$, puisque la différence $i' - i$ est au plus du premier ordre; elle devient

$$dK = \sin 2\alpha \cos i (1 + \cos 2i) \frac{h \, di}{\cos^2 i} = 2 \sin 2\alpha \cos^3 i \, \frac{h \, di}{\cos^2 i}.$$

La condition du temps minimum est donc

$$\sin i' - \sin i = 2 a^2 \sin 2\alpha \cos^3 i.$$

On voit ainsi que la différence $i' - i$ est du second ordre, ce qui était prévu. Il reste finalement, si l'on remplace le premier membre par

$$2 \cos \frac{i + i'}{2} \sin \frac{i' - i}{2} = (i' - i) \cos i,$$

$$(7) \qquad\qquad i' - i = 2 a^2 \sin 2\alpha \cos^2 i.$$

Dans le cas actuel, les angles i et i' ne diffèrent eux-mêmes que d'une quantité du second ordre des angles égaux i_0 que l'on observerait si le système était immobile.

La déviation ne varie aussi que d'une quantité du second ordre, car, en appelant ε^2 le second membre de l'équation (7), on a

$$\operatorname{tang} i' = \operatorname{tang}(i + \varepsilon^2) = \operatorname{tang} i + \frac{\varepsilon^2}{\cos^2 i},$$

et l'équation (5) devient

$$(h + h') \operatorname{tang} i_0 = (h + h') \operatorname{tang} i + h' \frac{\varepsilon^2}{\cos^2 i},$$

$$\operatorname{tang} i_0 - \operatorname{tang} i = \frac{h'}{h + h'} \frac{\varepsilon^2}{\cos^2 i} = \operatorname{tang}(i_0 - i)(1 + \operatorname{tang} i_0 \operatorname{tang} i).$$

La différence $i_0 - i$ étant au plus du premier ordre, on peut écrire

$$i_0 - i = \frac{h'}{h + h'} \varepsilon^2;$$

par suite,

$$i' + i - 2 i_0 = \varepsilon^2 \left(1 - \frac{2 h'}{h + h'} \right) = \frac{h - h'}{h + h'} \, 2 a^2 \sin 2 z \cos^2 i.$$

La déviation est donc invariable, au troisième ordre près, quand les distances h et h' sont égales entre elles.

En admettant même que le changement de direction de la lumière réfléchie soit déterminé par l'équation (7), le maximum de cette expression a lieu pour $z = 45°$ et $i = 0$; il devient alors égal à $2 a^2$ ou 2.10^{-8}. Si l'on fait de nouveau réfléchir le rayon sur une surface parallèle à la première, l'angle z doit être remplacé par $\pi + z$ et la quantité reste la même. Le déplacement du rayon qui a subi m réflexions quand on fait alternativement $z = 0$ et $z = 45°$ est donc $2 m.10^{-8}$, ou un nombre de secondes d'arc représenté par $4 m.10^{-3}$. Cinquante réflexions successives donneraient ainsi un angle de $0'',2$. Avec deux surfaces argentées légèrement inclinées l'une sur l'autre, dont le pouvoir réflecteur serait $0,90$ et la transmission $0,10$, la lumière émanant d'un collimateur traverserait d'abord la couche métallique et la traverserait de nouveau pour aboutir à la lunette après avoir subi toutes les réflexions intermédiaires. L'intensité serait alors $\frac{1}{20000}$ de l'intensité primitive; elle peut encore être observée, mais le trouble des images produit par les imperfections des surfaces permettrait sans doute bien difficilement d'apprécier un angle aussi faible.

669. *Rotation par les piles de glaces.* — Il reste cependant une expérience de M. Fizeau ([1]) dont l'explication ne paraît pas satisfaisante et qui semblerait indiquer que le mouvement de la Terre peut avoir de l'influence sur la rotation du plan de polarisation par une pile de glaces. En dehors du problème à résoudre, cette expérience est particulièrement remarquable par la solution pratique des difficultés qu'elle présentait.

Pour une pile de p lames, la rotation R est (581)

$$\tan R = \frac{1 - \cos^{2p}(i - i')}{\cos^{2p}(i - i') + \tan^2 \theta}\, \tan \theta.$$

Cette rotation variant avec l'indice de réfraction n, la dérivée $\dfrac{dR}{dn}$ pourrait se déduire de la formule précédente, mais il est préférable de la déterminer par expérience, d'autant mieux que les lames sont légèrement prismatiques et inclinées successivement, afin d'isoler le rayon directement transmis.

On a comparé deux piles de quatre lames de même forme et montées dans le même appareil, les unes en verre et les autres en flint. On mesurait la rotation à droite et à gauche du plan de réfraction pour un même azimut θ et l'on retournait chaque pile dans son plan. La moyenne des quatre lectures a donné, pour une incidence de $58° 49'$ et un azimut de $20°$,

$$\text{Verre} \dots \quad n = 1,5134, \qquad R = 18°40',$$
$$\text{Flint} \dots \quad n' = 1,6224, \qquad R' = 24°58'.$$

Il en résulte

$$k = \frac{\delta R}{R} : \frac{\delta n}{n} = \frac{0,3375}{0,0720} = 4,686.$$

La rotation du plan de polarisation est due à la valeur inégale des facteurs principaux de réflexion; c'est le rapport de ces facteurs qui intervient, en réalité, par l'angle de réfraction i', ou finalement par l'indice de réfraction.

([1]) H. Fizeau, *Comptes rendus des séances de l'Académie des Sciences*, t. XLIX, p. 717; 1859. — *Ann. de Chim. et de Phys.* [3], t. LVIII, p. 129; 1860.

Admettons, avec M. Fizeau, que l'indice qui définit l'angle i' est déterminé par la vitesse absolue de propagation des ondes dans le milieu entraîné avec la Terre.

Si la lumière incidente chemine suivant la direction du mouvement, l'angle de la lumière réfractée avec cette direction est égal à $i - i'$; la variation $\delta V'$ de la vitesse est

$$\delta V' = \left(1 - \frac{1}{n^2} \right) v \cos(i - i') = V' \left(n - \frac{1}{n} \right) a \cos(i - i'),$$

et la variation correspondante δn de l'indice, au signe près,

$$\frac{\delta n}{n} = \left(n - \frac{1}{n} \right) a \cos(i - i').$$

Si l'on fait $n = 1,513$ et $i = 70°$, en prenant pour k la valeur obtenue précédemment, il en résulte

$$\frac{\delta R}{R} = \frac{1}{3000}.$$

Sous cette incidence et pour l'azimut primitif de 20°, une lame unique produit une rotation de 6° 40', dont le $\frac{1}{3000}$ est 0',133. Si donc on imagine que quarante lames soient orientées successivement de manière à recevoir la lumière dans les mêmes conditions, le changement de rotation dû au mouvement de la Terre devient 5',33 et la différence des observations dans les deux sens donnerait 10',67. L'expérience est donc réalisable.

L'appareil comprenait une série de piles formées chacune d'un certain nombre de lames de même angle, puis d'une lame unique moins aiguë et tournée en sens inverse, afin d'annuler la déviation (par exemple, trois lames de 15' et une de 40', ou deux lames de 10' et une de 27'). Avec six piles successives de même nature, on obtenait une rotation de 119° 6'.

Dans ces conditions, la lumière d'abord polarisée ne s'éteint plus complètement et change de teinte en passant par le minimum d'éclat. Il existe, en effet, dans le phénomène, une dispersion rotatoire. Pour le verre, la variation $\frac{\partial n}{n}$ du rouge au bleu est de $\frac{1}{75}$, et la dispersion relative

$$\frac{\partial R}{R} = \frac{4,7}{75} = \frac{1}{16}.$$

Si l'ensemble des piles produit une rotation totale de 119°, l'angle de dispersion correspondant est

$$\frac{119°}{16} = 7°24'.$$

Après avoir compensé cette dispersion en faisant passer le faisceau dans un milieu actif, lame de quartz ou mélange d'essences de citron et de térébenthine, les colorations ont disparu, mais le faisceau n'était pas encore éteint par l'analyseur et présentait les propriétés de la lumière elliptique.

La polarisation elliptique n'est pas produite seulement par la compression des lames ou leur collage dans les montures, car elle ne disparaît pas quand on a soin de les laisser libres; elle tient surtout à la trempe du verre. Cette trempe donne lieu à plusieurs effets fâcheux, mais ils varient beaucoup moins vite avec l'incidence que la rotation elle-même et peuvent être compensés par l'action d'une autre pile inverse beaucoup moins inclinée sur le rayon, ou même par une seule lame de trempe convenable.

Finalement, on a obtenu des rotations de 50° avec une compensation très satisfaisante de la dispersion rotatoire et des effets de trempe. Comme le $\frac{1}{1500}$ de cette rotation n'est encore que de $2'$, le phénomène a été amplifié par une méthode ingénieuse que Botzenhart ([1]) avait déjà signalée.

Le rapport

$$\frac{\tang R}{\tang \theta} = \frac{1 - \cos^2 P (i - i')}{\cos^2 P (i - i') + \tang^2 \theta}$$

est d'autant plus grand que l'azimut primitif θ est plus petit; la rotation R croît donc plus rapidement que θ. Pour un angle θ de 5°, par exemple, et une incidence de 70°, on a $\delta R = 3\delta\theta$.

Si donc on fait tomber un rayon polarisé sur une pile dans ces conditions, un changement de rotation à l'incidence sera triplé à la sortie. En plaçant ainsi m piles l'une à la suite de l'autre, de manière que chacune d'elles reçoive la lumière sous l'azimut de 5°, le facteur d'amplification devient 3^m. Comme cette amplification ne dépend pas du signe de θ, les piles peuvent être placées successivement dans les azimuts de $\pm$ 5°. Avec quatre piles sem-

---

([1]) Botzenhart, *W. Haidinger Berichte*, t. II, p. 173; 1847.

blables, l'angle de 2′, qu'il s'agit de mettre en évidence, deviendra finalement $2' \times 81 = 2° 42'$.

Ces remarques préliminaires nous permettent d'indiquer maintenant la disposition définitive des expériences.

La lumière primitive traverse un nicol polariseur N et une ouverture de quelques millimètres située au foyer principal d'un objectif achromatique. Le faisceau rencontre ensuite les piles rotatives, puis les piles inverses et les corps actifs pour la compensation, enfin les piles amplificatrices; il est reçu ensuite sur un objectif semblable au premier et sur un nicol analyseur N′. L'ensemble est monté sur un équipage mobile autour d'un axe vertical et peut être dirigé alternativement vers l'est ou vers l'ouest. Deux miroirs fixes placés dans ces directions sont réglés de manière à renvoyer aux appareils la lumière d'un héliostat.

L'expérience réalisée le 13 mai 1859 a donné, vers l'ouest, un maximum de rotation de 40′, alors que le calcul indiquait de 30′ à 35′. Du 14 au 24 mai, avec différentes modifications, les excès vers l'ouest ont été 70′, 75′, 60′ et 50′, alors que le calcul donnait de 45′ à 50′.

Plusieurs autres séries d'observations ont été répétées dans le cours de l'année, en apportant aux appareils des améliorations successives. Quoique les résultats fussent assez variables, leur moyenne indiquait nettement un excès de rotation quand l'appareil était dirigé vers l'ouest; le maximum avait lieu vers midi, à l'époque du solstice, et les nombres observés furent de même ordre que ceux qui résultaient du calcul.

Malgré certaines causes d'erreur qu'il n'a pas été possible de préciser ni d'éliminer complètement, M. Fizeau croit que l'on peut admettre, comme très probable, que le mouvement qui entraîne la Terre dans l'espace exerce une influence sur la rotation du plan de polarisation par une pile de glaces.

Cette conclusion indiquerait que la rotation est réglée par la vitesse absolue de la lumière dans le milieu mobile et non par l'indice de réfraction apparente, lequel n'est pas modifié, puisque la lumière solaire réfléchie est identique à celle d'une source terrestre de même nature (667); il serait nécessaire de voir si la théorie de la réflexion comporte une telle interprétation.

Dans tous les cas, cette expérience de M. Fizeau est la seule, jusqu'à présent, qui permettrait de penser que l'observation des phénomènes optiques est capable de mettre en évidence autre chose que des mouvements apparents.

670. *Applications astronomiques.* — Le mouvement relatif des astres modifie, en même temps, leur direction et la période apparente de la lumière qu'ils nous envoient. Si u est la vitesse relative d'un astre et φ l'angle qu'elle fait avec la droite qui le joint à l'observateur, la direction apparente est modifiée de l'angle

$$\alpha = \frac{u \sin\varphi}{V};$$

c'est une déviation latérale qui correspond à l'aberration pour les étoiles fixes (**655**).

D'autre part, la période apparente de vibration est (**661**)

$$T' = T\left(1 - \frac{u}{V}\cos\varphi\right).$$

C'est cette période apparente qui intervient dans les observations, puisque l'on doit comparer finalement la lumière des astres avec une lumière de nature identique située sur la Terre, laquelle participe au mouvement de l'observateur et dont la période apparente n'est pas modifiée par ce mouvement commun.

Le principe de Döppler, complété par M. Fizeau, conduit à un grand nombre d'applications astronomiques qui présentent le plus haut intérêt [1].

Prenons d'abord, comme exemple, la lumière émise par les différents points du *Soleil*, qui se déplacent en vertu de son mouvement de rotation. L'angle apparent moyen du Soleil étant d'environ $32'$, son rayon ρ, en prenant 15.10^7 kilomètres pour le rayon de l'orbite terrestre, est

$$\frac{\rho}{R} = \frac{\pi \times 16}{180 \times 60} = 0,004654, \qquad \rho = 698\,000^{km},$$

$$\frac{\rho}{V} = 2,327.$$

Comme la durée de rotation est de $27,3$ jours, ou $2 \times 1,179.10^6$

---

[1] *Voir* la Notice de M. Cornu, *Annuaire du Bureau des Longitudes* pour 1891, p. D.1.

secondes, la vitesse angulaire a pour valeur

$$\omega = \frac{\pi \cdot 10^{-6}}{1,179} = 2,665.10^{-6},$$

ce qui donne $1^{km},86$, ou environ 2^{km}, pour la vitesse absolue $\rho\omega$ d'un point de l'équateur.

Le rapport de cette vitesse à celle de la lumière est

$$\frac{\rho\omega}{V} = 2,665 \times 2,327.10^{-6} = 6,2.10^{-6} = \frac{1}{160\,000}.$$

Telle est la fraction dont varie la longueur d'onde d'une lumière déterminée, correspondant à l'une des raies du spectre, suivant que l'on observe le centre du Soleil ou le bord de l'équateur, ce qui donne $\frac{1}{80\,000}$ pour les deux extrémités de l'équateur.

Le déplacement qu'il s'agit d'observer est environ $\frac{1}{80}$ de la distance des raies D. Quoique l'effet soit très faible, il peut être appréciable quand on a recours à des appareils très dispersifs, tels que les spectroscopes à plusieurs prismes ou les réseaux.

Ce résultat de la théorie pour le Soleil paraît avoir été constaté pour la première fois par M. Vogel ([1]) avec un spectroscope à réversion de Zöllner, composé de deux systèmes superposés de prismes à vision directe dont les dispersions sont de sens contraires. On voit alors deux spectres inverses. Si deux raies sont en coïncidence lorsque la fente est éclairée par le centre du Soleil, l'une d'elles se déplace à droite et l'autre à gauche quand on utilise l'un des bords de l'équateur; le déplacement relatif est de sens contraire pour l'autre bord.

Une disposition plus simple consiste à placer, à la suite de l'oculaire d'un spectroscope ordinaire, un prisme à réflexion totale disposé de manière que les rayons incidents et émergents soient parallèles. En utilisant la moitié de la pupille pour le prisme, on voit alors deux images du spectre, dont l'une est renversée, et l'on peut superposer les images d'une même raie lorsque la fente du collimateur est éclairée par le centre du Soleil. La coïncidence n'existe plus pour les bords de l'équateur, et les images chevauchent en sens contraires quand on passe d'un bord à l'autre.

([1]) H. VOGEL, *Astron. Nachrichten*, Bd LXXXII, p. 291; 1871.

En mesurant l'amplitude de cet écart à l'aide d'un réseau de Rutherfurd, combiné avec un prisme à angle droit, pour détacher les spectres d'ordre élevé, M. Young [1] a trouvé une vitesse de $2^{km},28$ très voisine de la valeur calculée.

M. Thollon [2] est arrivé au même résultat par une méthode très délicate, à l'aide de son appareil à plusieurs couples de prismes (78), en comparant quatre raies formées de deux groupes très rapprochés, dont les extrêmes appartiennent au spectre solaire et correspondent au fer, tandis que les intermédiaires sont telluriques et dues à l'absorption atmosphérique, auquel cas leur position est indépendante du mode d'éclairage.

La distance des raies dans chaque groupe est sensiblement la même, lorsque la lumière provient du centre du Soleil, et correspond à une variation relative de longueur d'onde égale à

$$\frac{0,24}{5975} = \frac{1}{25\,000}.$$

Les intervalles deviennent, au contraire, inégaux et paraissent à très peu près dans le rapport de 3 à 2, dans un sens ou dans l'autre, quand on observe l'un des bords de l'équateur. Le déplacement est donc $\frac{1}{5}$ de la distance primitive et correspond à $\frac{1}{125000}$ de longueur d'onde.

M. Cornu [3] rend cette observation plus facile en donnant un mouvement d'oscillation à la lentille qui produit l'image du Soleil sur la fente du collimateur. Les raies obscures qui appartiennent à la lumière solaire se balancent d'une petite quantité à droite et à gauche, suivant que la fente est éclairée par un bord ou l'autre de l'équateur, tandis que les raies telluriques restent immobiles. L'expérience fournit ainsi le moyen de distinguer nettement les deux systèmes.

La translation des *planètes* produit également une aberration et un changement de période apparente. La direction apparente n'est pas modifiée quand on donne à la planète et à l'observateur

---

[1] Young, *American Journal of Science* [3], t. XII, p. 321; 1876.

[2] L. Thollon, *Comptes rendus des séances de l'Académie des Sciences*, t. XCI, p. 368; 1880.

[3] A. Cornu, *Comptes rendus des séances de l'Académie des Sciences*, t. XCVIII, p. 171; 1884.

une vitesse commune égale et opposée à celle de l'astre (663), que l'on peut alors supposer immobile.

D'autre part, les planètes sont des sources de lumière identiques à celle du Soleil (667), ou du moins à un mélange de lumières dont les longueurs d'onde sont comprises entre celles qu'émettent les deux extrémités de l'équateur.

Considérons deux planètes P et P' (*fig.* 333) dont on supposera les orbites circulaires et dans le même plan. Appelant v et v' leurs vitesses absolues, R et R' leurs distances au Soleil O, δ et δ' les angles de la droite PP' avec les rayons vecteurs R et R', les composantes u et w de la vitesse relative, suivant des directions parallèle et perpendiculaire à cette droite, sont

$$u = v \sin \delta - v' \sin \delta', \qquad w = v' \cos \delta' - v \cos \delta,$$

avec la relation

$$\mathrm{R} \sin \delta = \mathrm{R}' \sin \delta'.$$

En outre, les carrés des temps des révolutions étant proportionnels aux cubes des grands axes, on a aussi

$$\mathrm{R}\, v^2 = \mathrm{R}'\, v'^2.$$

Fig. 333.

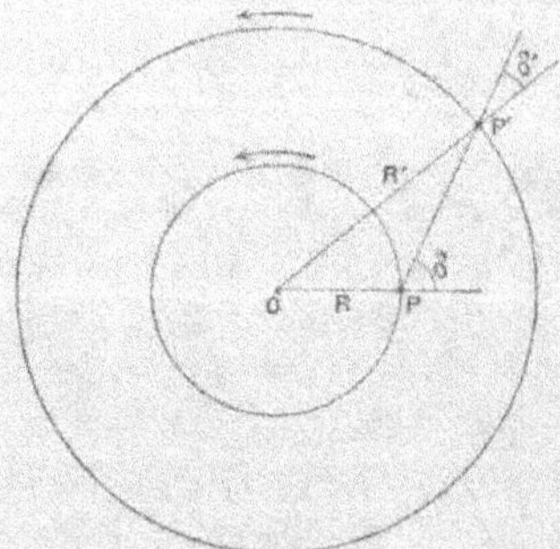

La composante w est égale à $v' - v$ ou $v' + v$, suivant que les planètes, étant situées sur le même rayon vecteur, se trouvent du même côté du Soleil ou de côtés opposés. L'aberration planétaire apparente est alors égale à la différence ou à la somme des aberrations propres aux deux planètes pour un observateur immobile.

D'autre part, la vitesse u peut s'écrire

$$u = \left(v - v' \frac{R}{R'} \right) \sin \delta.$$

Cette vitesse est maximum quand l'angle δ est égal à 90°. Si la Terre est en P', la planète inférieure P se trouve alors à sa plus grande élongation. Si la Terre est en P, la planète supérieure P' est à 90° du Soleil.

Le maximum u_m de la composante u est donc

$$u_m = v \left(1 - \sqrt{\frac{R^3}{R'^3}} \right) = v' \left(\sqrt{\frac{R'}{R}} - \frac{R}{R'} \right).$$

Le rapport $\dfrac{R}{R'}$ étant 0,7 pour Vénus, il en résulte

$$u_m = v' \times 0,495.$$

Pour Jupiter, on aurait

$$\frac{R}{R'} = \frac{10}{52}, \qquad u_m = v' \times 0,93.$$

L'altération maximum des longueurs d'onde équivaut donc à la moitié de l'aberration pour Vénus; elle tend à devenir égale à l'aberration à mesure que la planète est plus éloignée. Le déplacement des raies dans le spectre serait environ $\frac{1}{20}$ de la distance des raies D pour Vénus et Mars, elle atteindrait $\frac{1}{10}$ pour Jupiter et les planètes plus éloignées.

Quoique l'effet soit augmenté, l'expérience présente de plus grandes difficultés que pour le Soleil, car les planètes ont un angle apparent sensible et l'on est obligé de former leur image sur la fente d'un collimateur, ce qui enlève beaucoup de lumière. Dans ces conditions, l'éclat du spectre est insuffisant pour comporter une grande dispersion.

M. Vogel ([1]) a pu constater cependant, sur le spectre photographique de la planète, un déplacement des raies qui correspondrait à un rapprochement vers la Terre avec une vitesse de 14^{km} et 12^{km} par seconde, la vitesse réelle étant de 12^{km} et 13^{km} dans le sens indiqué.

---

[1] H. Vogel, *Astron. Nachrichten*, Bd. CXXI, p. 241; 1889.

Pour la *Lune*, dont la distance est de soixante fois le rayon terrestre r et qui parcourt son orbite en vingt-huit jours, la vitesse de translation v_1 relative est à la vitesse v de translation de la Terre dans le rapport

$$\frac{v_1}{v} = 60\,\frac{r}{R}\,\frac{365}{28} = \frac{1}{30}.$$

L'aberration lunaire est donc $\frac{1}{30}$ de celle des étoiles, ou $0''{,}7$; c'est d'ailleurs une quantité à peu près constante qui disparaît dans les observations.

Les changements de période de la lumière émise par la Lune aux époques du premier ou du dernier quartier sont également très faibles, car la composante de la vitesse dirigée vers le Soleil est $\pm 1^{km}$ et la variation relative de longueur d'onde $\pm\frac{1}{300000}$. D'un quartier à l'autre, le déplacement serait à peine $\frac{1}{150}$ de la distance des raies D.

D'autre part, le rayon de la Lune est environ $0{,}27$ de celui de la Terre; comme elle tourne aussi sur elle-même en vingt-huit jours, la vitesse d'un point de l'équateur, en vertu de sa rotation, est $\frac{1}{100}$ de la vitesse correspondante sur la Terre ou $\frac{1}{6400}$ de la vitesse de translation de la Terre; le déplacement des raies correspondant à la lumière émise par deux points de l'équateur serait absolument inappréciable.

Les mêmes raisonnements s'appliquent aux *comètes*. MM. Thollon et Gouy ([1]) ont reconnu l'existence des raies D dans le spectre de la belle comète Wells, qui parut en 1882, et constaté que ces raies étaient déplacées vers le rouge d'une quantité estimée à $\frac{1}{3}$ ou $\frac{1}{4}$ de leur distance; la comète devait donc s'éloigner de la Terre avec une vitesse de 60^{km} à 75^{km} par seconde. Le calcul du mouvement de la comète par M. Bigourdan indiquait en effet une vitesse moyenne de 73^{km} au moment de cette observation et dans le sens qui convient au déplacement.

Les observations précédentes confirment les résultats que l'on connaissait déjà par les observations astronomiques et fournissent une vérification complète de la théorie.

On est ainsi assuré que l'application de la même méthode aux

([1]) L. Thollon et Gouy, *Comptes rendus des séances de l'Académie des Sciences*, t. XCVI, p. 371; 1883.

étoiles permettra de déterminer la composante de leur vitesse de translation parallèle à la direction du rayon de lumière.

Quand il s'agit des étoiles, l'angle apparent de l'image au foyer des lunettes est toujours insensible, à part les effets de diffraction. L'éclat de l'image est proportionnel au carré du diamètre de l'objectif (105) et le rayon apparent de la tache centrale en raison inverse de ce diamètre (214). Lorsqu'on emploie, pour produire l'image, une lunette de 40^{cm} de diamètre, l'éclat est 40000 fois plus grand qu'il paraîtrait à l'œil nu pour une ouverture de pupille de 2^{mm}, et l'angle apparent de la tache centrale $0'',68$. Si la longueur focale de la lunette est 15 fois son diamètre, la largeur de cette tache serait inférieure à $\frac{2}{100}$ de millimètre.

Dans ce cas, malgré les aberrations des objectifs qui agrandissent encore l'image, il n'est plus nécessaire d'employer une fente auxiliaire et toute la lumière peut être utilisée pour l'appareil spectroscopique. Toutefois, le spectre obtenu, par exemple à l'aide d'un système de prismes à vision directe (79) dont la lunette vise l'image virtuelle de l'étoile, serait alors rectiligne et ne mettrait pas facilement en évidence les raies qui sont perpendiculaires à sa direction. Pour éviter cet inconvénient, il suffit de placer en avant de la première image une lentille cylindrique qui la transforme en une ligne focale parallèle aux arêtes des prismes, ou simplement d'employer à la lunette du spectroscope un oculaire cylindrique qui élargit le spectre dans le sens des raies.

Enfin, si le spectre est produit par réfraction, c'est dans les couleurs très réfrangibles, c'est-à-dire le vert et le bleu, que la déviation varie le plus rapidement avec la longueur d'onde et qu'il sera plus avantageux de chercher le déplacement des raies.

Les spectres des réseaux ont moins d'éclat, en général, puisque la lumière est diffractée dans une série de directions différentes, par réflexion ou par transmission; la déviation est alors croissante avec la longueur d'onde et c'est encore dans les couleurs les plus déviées, c'est-à-dire le rouge, que le déplacement des raies sera mieux appréciable.

Comme l'effet total est dû au mouvement relatif de la source et de l'observateur, les résultats doivent être corrigés du déplacement qui correspond, dans chaque cas, à la composante de la vitesse de la Terre parallèle à la direction de l'étoile.

C'est à M. Huggins ([1]) que l'on doit les premières observations de cette nature. Il a constaté que les raies obscures du spectre des étoiles, comparées aux raies analogues de la lumière solaire ou aux raies brillantes des vapeurs incandescentes, paraissent éprouver un léger déplacement, du côté du rouge pour certaines d'entre elles, comme Sirius, et pour d'autres du côté du violet. Dans le spectre de Sirius, par exemple, le déplacement observé correspondrait à une vitesse d'éloignement de 47^{km} par seconde.

Depuis cette époque, un grand nombre d'observatoires ont organisé l'étude du spectre des étoiles par l'observation directe ou par la photographie, soit pour en déterminer les différents caractères, soit pour évaluer la vitesse de ces astres dans la direction de l'observateur et fournir ainsi l'un des éléments essentiels à la connaissance de leurs mouvements propres.

Une des observations les plus imprévues est due à Miss Maury ([2]). Dans le spectre photographique de ζ de la Grande Ourse, la raie K paraît périodiquement simple ou double. Avec β du Cocher, la raie est toujours doublée, mais l'intervalle des éléments varie d'une manière périodique. Ces étoiles seraient donc formées de deux astres tournant l'un autour de l'autre.

Les résultats importants obtenus déjà ([3]) dans cette voie montrent toute la fécondité de la méthode.

Nous terminerons par une remarque. Le mouvement commun du système solaire est l'un des problèmes qui préoccupent le plus justement les astronomes et dont la solution présente encore beaucoup d'obscurités. On peut espérer que l'analyse spectrale de la lumière des étoiles permettra de l'aborder d'une manière plus sûre, car ce mouvement doit intervenir pour une partie constante dans la vitesse apparente, suivant le rayon, des étoiles situées dans la même direction et pour une partie proportionnelle au cosinus de l'angle d'écart quand il s'agit d'étoiles différentes. On peut admettre, à l'exemple d'Herschel, que la vitesse moyenne de l'ensemble des étoiles est nulle à chaque instant pour une direction quelconque. S'il arrive, au contraire, que les vitesses révélées par

---

([1]) HUGGINS, *Phil. Trans. L. R. S.*, p. 139; 1868.
([2]) E.-C. PICKERING, *Henry Draper Memorial*, 4ᵉ Rapp. annuel, p. 91; 1890.
([3]) J. SCHEINER, *Die spectral Analyse der Gestirne*; Leipzig, 1890.

les observations spectroscopiques aient une projection maximum
dans une direction déterminée, on serait autorisé à en conclure
que cette projection représente, en sens contraire, la vitesse de
translation du système solaire.

671. *Problème du miroir tournant* [1]. — Lorsque la lumière
se réfléchit sur un miroir à rotation très rapide (659), la vitesse
$u = \omega\rho$ d'un point M (*fig.* 323) situé à la distance ρ de l'axe fait
l'angle i avec la direction des rayons incidents ; la période T' de
vibration est donc

$$T' = T\left(1 - \frac{u}{V}\cos i\right).$$

La vitesse de propagation des ondes émises par ce point est
variable avec la direction, si la dispersion du milieu n'est pas
négligeable. Soit V_1 la valeur de cette vitesse dans les directions
voisines du rayon réfléchi. La distance des ondes propagées est diminuée de la projection $u\cos i$. T' du déplacement qui correspond
à la période T', de sorte que la longueur d'onde λ_1 du mouvement
propagé a pour expression

$$\lambda_1 = T'(V_1 - u\cos i) = V_1 T'\left(1 - \frac{u}{V_1}\cos i\right).$$

Comme on peut remplacer V_1 par V dans la parenthèse, la période T_1 correspondante est alors

$$T_1 = \frac{\lambda_1}{V_1} = T'\left(1 - \frac{u}{V}\cos i\right) = T\left(1 - 2\frac{u}{V}\cos i\right).$$

On a aussi, en considérant la vitesse V comme une fonction de
la période.

$$V_1 = V - (T - T_1)\frac{dV}{dT} = V - 2u\cos i\,\frac{T}{V}\frac{dV}{dT}.$$

[1] L. Rayleigh, *Nature*, t. XXIV, p. 382, et t. XXV, p. 52 ; 1881. — Gouy,
Comptes rendus des séances de l'Académie des Sciences, t. CI, p. 502 ; 1885. —
J.-W. Gibbs, *Amer. Journ. of Science*, t. XXXI, p. 64 ; 1886. — A. Schuster,
Nature, t. XXX, p. 439 ; 1886.

On déduit enfin de la relation générale $\lambda = VT$

$$\frac{d\lambda}{\lambda} = \frac{dV}{V} + \frac{dT}{T},$$

ce qui donne

$$\frac{T}{V}\frac{dV}{dT} = \frac{dV}{V\left(\dfrac{d\lambda}{\lambda} - \dfrac{dV}{V}\right)} = \frac{\lambda}{V}\frac{dV}{d\lambda}\frac{1}{1 - \dfrac{\lambda}{V}\dfrac{dV}{d\lambda}}.$$

Le rapport $\beta = \dfrac{\lambda}{V}\dfrac{dV}{d\lambda}$ étant au plus de l'ordre des centièmes, on peut écrire

$$V_1 = V - 2u\beta\cos i = V - 2\omega\beta\rho\cos i.$$

L'onde réfléchie est l'enveloppe des ondes élémentaires qui émanent des différents points du miroir et se propagent avec des vitesses inégales; mais il suffit encore d'étudier le phénomène dans le voisinage du rayon réfléchi régulièrement. En outre, tous les points situés à la même distance ρ de l'axe donnent lieu à une onde cylindrique dont on considère la section droite.

L'onde réfléchie qui passe par l'axe de rotation est sensiblement une surface plane OS (*fig*. 334) inclinée de l'angle i sur le miroir.

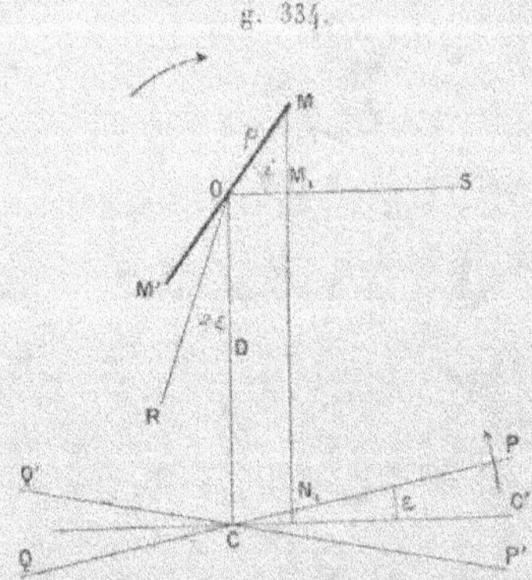

Fig. 334.

Si l'on fait abstraction des quantités du second ordre, l'enveloppe, ou l'onde frontale, à l'époque t passe par le point C situé à la distance $D = Vt$ parcourue par les ondes élémentaires émanant du point O.

Les ondes émises par le point M, ou le point correspondant M_1 de l'onde OS, se propagent avec la vitesse V_1 et ont parcouru seulement la distance $M_1 N_1 = V_1 t$. Le plan QP, qui représente l'onde frontale réfléchie, au même degré d'approximation, tourne donc, pendant qu'elle se propage, en sens inverse du miroir, et la vitesse angulaire de rotation est constante, car on a

$$\varepsilon = \frac{OC - M_1 N_1}{OM_1} = \frac{V - V_1}{\rho \cos i} t = 2\omega\beta t.$$

La vitesse angulaire $\omega' = 2\omega\beta$ de rotation des ondes est indépendante de l'angle d'incidence.

Si l'on reçoit la lumière sur un miroir plan CC', l'onde PQ se transforme en une onde réfléchie P'Q' qui continue de tourner, mais cette fois dans le même sens que le miroir, puisque les portions Q' de l'onde sont à marche plus rapide. Cette lumière revient ainsi au miroir dans une direction RO qui fait l'angle 2ε avec la direction primitive OC.

La déviation de retour sur le miroir mobile, qui devrait être $2\alpha = 4\omega t$, a donc pour expression

$$2\alpha - 2\varepsilon = (4\omega - 2\omega')t = 2\alpha(1 - \beta).$$

Comme la vitesse de propagation de la lumière est en raison inverse de cette déviation, la valeur U' déduite de l'observation serait finalement

$$U' = \frac{V}{1 - \beta} = \frac{V^2}{U} = V(1 + \beta).$$

Avec cette disposition d'ondes planes réfléchies sur un miroir plan, la méthode du miroir tournant conduirait à une valeur trop grande pour la vitesse de la lumière.

Il reste cependant une autre correction, car les portions Q' de l'onde, à marche plus rapide, rencontrent les parties M' du miroir qui fuient devant la lumière, de sorte que la longueur d'onde et la vitesse sont encore augmentées, tandis que l'inverse a lieu pour les portions P' de l'onde, à marche lente, qui rencontrent les autres parties M. La déformation étant ainsi doublée, l'onde réfléchie sur le miroir mobile tourne avec une vitesse angulaire $2\omega'$, de sens contraire à la rotation du miroir, ce qui aurait pour effet de diminuer encore la déviation.

Enfin, si l'on reçoit la lumière réfléchie OC sur une lentille convergente en plaçant un miroir dans le plan focal, l'onde de retour est encore parallèle à P'Q' à la sortie de la lentille, mais, par suite du croisement des rayons, les portions Q' deviennent à marche lente et les autres P' à marche rapide. La rotation se fait de nouveau dans le sens primitif et les ondes reprennent la position OS en revenant au miroir mobile. Une nouvelle réflexion rétablit l'uniformité de période dans toute l'étendue de l'onde et les ondes finales ont une propagation régulière.

Telles sont en réalité les conditions de l'expérience, puisque les ondes réfléchies sont rendues convergentes de manière à former une image de la source sur le miroir fixe, et la déviation observée semblerait correspondre exactement à la vitesse V de propagation des ondes.

Toutefois, la véritable interprétation des phénomènes est encore différente, car on n'utilise qu'un nombre limité d'ondes successives et c'est la vitesse de propagation de groupe qui doit intervenir dans l'observation. M. W. Gibbs fait remarquer que, pour un mobile qui suivrait le rayon réfléchi avec la vitesse de groupe U, la vitesse apparente des ondes est $V - U = V\beta$, de sorte que l'intervalle qui s'écoule entre le passage de deux ondes consécutives est égal à $\dfrac{\lambda}{V\beta} = \dfrac{T}{\beta}$. Pendant ce temps, la deuxième onde a parcouru le chemin $\dfrac{VT}{\beta}$; elle a aussi tourné de l'angle $2\omega\beta\,\dfrac{T}{\beta} = 2\omega T$, égal et de sens contraire à l'inclinaison qu'elle devrait au déplacement corrélatif ωT du miroir tournant.

Les ondes individuelles, qui tournent d'une manière continue, ont ainsi une direction constante pour le mobile considéré et le retard subi par la lumière de retour est uniquement défini par la vitesse de groupe U.

M. Schuster arrive, par d'autres considérations, à une expression un peu différente

$$\frac{V^2}{2V - U} = \frac{V}{1 + \beta} = \frac{U}{1 - \beta^2},$$

mais le résultat numérique est pratiquement le même, au carré près du coefficient β.

Cette manière de voir paraît confirmée par les expériences de

M. Michelson ([1]) relatives à la comparaison des vitesses de la lumière dans deux milieux différents. Les appareils étaient disposés comme celui de Foucault (**661**), avec des colonnes liquides de $3^m,07$ de longueur.

La moyenne de 6 expériences sur l'*eau distillée* a donné, pour le rapport des vitesses dans l'air et dans le liquide, le nombre $1,33 \pm 0,003$, qui ne diffère pas sensiblement de l'indice de réfraction correspondant à la lumière jaune. La dispersion de l'eau étant très faible, la différence qui peut exister entre la vitesse observée et celle des ondes régulières reste alors dans les limites des erreurs d'observation.

Il n'en fut pas de même pour le *sulfure de carbone*. Avec la lumière blanche, le rapport des vitesses trouvé par expérience a été de $1,76 \pm 0,02$, tandis que l'indice de réfraction du liquide relatif au jaune moyen est d'environ $1,64$. D'après la dispersion du sulfure de carbone (**129**), on aurait pour la raie D (à la température de $24°,4$), en rapportant les longueurs d'onde λ au liquide lui-même,

$$\beta = \frac{\lambda}{V}\frac{dV}{d\lambda} = -\frac{\lambda}{n}\frac{dn}{d\lambda} = 0,061.$$

$$\frac{V_0}{U} = \frac{V_0}{V(1-0,061)} = \frac{n}{0,939} = 1,73.$$

On doit d'ailleurs prendre une valeur plus grande, voisine de $1,745$, puisque le maximum d'intensité de la lumière qui a traversé le liquide a lieu pour une longueur d'onde un peu moindre. Le phénomène observé correspondrait donc exactement à la vitesse de groupe U.

M. Michelson a essayé de contrôler cette expérience en éclairant la fente avec des couleurs homogènes, empruntées au spectre, rouge orangé et bleu verdâtre, dont les longueurs d'onde étaient voisines de $0^\mu,62$ et $0^\mu,49$. La différence moyenne du rapport des vitesses pour ces deux couleurs a été de $0,0245$, à peu près égale à la différence des indices correspondants $0,025$. On aurait dû trouver cependant un nombre plus élevé, puisque le coefficient β croît avec la réfrangibilité, mais les valeurs isolées étaient

---

([1]) A. MICHELSON, *Astron. Papers*, t. II, Part III et IV, p. 245; 1885.

comprises entre o,o11 et o,o36, de sorte que l'expérience ne comportait pas une grande exactitude.

672. *Limites d'interférence pour les gaz incandescents.* — La vitesse propre des molécules, dans une source à l'état gazeux, modifie la longueur d'onde apparente de la lumière propagée ([1]). On peut supposer, comme première approximation, que toutes les molécules ont la vitesse moyenne u et qu'elles sont distribuées indifféremment dans toutes les directions.

La longueur d'onde de celles dont le déplacement fait l'angle φ avec la direction de propagation est $\lambda\left(1 - \dfrac{u}{V}\cos\varphi\right)$, et le nombre des molécules qui se meuvent dans la zone limitée aux angles φ et $\varphi + d\varphi$ est proportionnel à $\sin\varphi\, d\varphi$.

Si ces vibrations se partagent entre deux faisceaux d'égale intensité dont l'un a éprouvé un retard optique Δ, la valeur de ce retard n'est pas modifiée d'une manière appréciable, pour les longueurs d'onde que l'on considère, quelle que soit la nature du phénomène. La perte de phase correspondante est alors

$$\delta = 2\pi\frac{\Delta}{\lambda\left(1 - \dfrac{u}{V}\cos\varphi\right)} = 2\pi\frac{\Delta}{\lambda}\left(1 + \frac{u}{V}\cos\varphi\right) = \delta_0\left(1 + \frac{u}{V}\cos\varphi\right);$$

la variation $d\delta$ qu'éprouve cette perte de phase, pour un changement $d\varphi$ dans la direction du mouvement, est

$$d\delta = -\delta_0\frac{u}{V}\sin\varphi\, d\varphi.$$

Le carré de l'amplitude de la vibration résultante des deux faisceaux (155) est proportionnelle à

$$4\cos^2\frac{\delta}{2} = 2(1 + \cos\delta).$$

Les vibrations des différentes molécules étant indépendantes, la quantité totale de lumière relative à l'ensemble de celles qui sont dirigées dans la zone $d\varphi$ est proportionnelle au nombre des molé-

---

([1]) Ebert, *Wied. Ann.*, t. XXXIV, p. 39; 1888 et t. XXXVI, p. 406; 1889. — L. Rayleigh, *Phil. Mag.* [5], p. 298; 1889.

cules, c'est-à-dire à $\sin\varphi\, d\varphi$ ou $-\dfrac{V}{u\,\delta_0}\, d\delta$. L'intensité finale peut donc être représentée par

$$I = -\frac{V}{u\,\delta_0}\int(1+\cos\delta)\,d\delta.$$

Les valeurs extrêmes de la perte de phase sont

$$\delta_1 = \delta_0\left(1+\frac{u}{V}\right), \qquad \delta_2 = \delta_0\left(1-\frac{u}{V}\right);$$

on en déduit

$$\delta_1 + \delta_2 = 2\delta_0, \qquad \delta_1 - \delta_2 = 2\delta_0\frac{u}{V} = 2\alpha.$$

L'expression de l'intensité devient alors

$$(8)\qquad I = \frac{1}{\alpha}\left[\delta + \sin\delta\right]_{\delta_2}^{\delta_1} = 2\left(1+\frac{\sin\alpha}{\alpha}\cos\delta_0\right).$$

La modification due au mouvement des molécules dépend ainsi de l'angle α. Tant que la perte de phase δ_0 est très petite, le rapport $\dfrac{\sin\alpha}{\alpha}$ ne diffère pas sensiblement de l'unité; l'intensité résultante est alors indépendante de l'agitation de la source et les franges ne sont pas troublées.

1° Avec une source homogène, les minima restent donc noirs au voisinage de la frange centrale, mais la différence des maxima et des minima s'affaiblit ensuite par une série d'oscillations. Le champ est uniforme quand l'angle α est un multiple de π; la première valeur de la perte de phase qui satisfait à cette condition est

$$\alpha = \pi, \qquad \delta_0 = \frac{V}{u}\pi.$$

Les franges reparaissent dans les intervalles en permutant leurs intensités et le maximum de netteté dans les périodes successives a lieu quand l'angle α est voisin d'un multiple impair de 90°.

Si l'on admet, par exemple, que la vitesse moyenne u des molécules soit de 5000^{m}, c'est-à-dire celle qui conviendrait à l'hydrogène vers 2000°, il en résulterait, pour $\alpha = \pi$,

$$\delta_0 = 60000\pi. \qquad \Delta = 30000\lambda.$$

Tel serait l'ordre le plus élevé des interférences visibles dans la première période.

Pour une valeur déterminée de l'angle α, le rapport ρ de la différence des maxima et des minima à leur valeur moyenne est

$$\rho = \pm\, 2\, \frac{\sin\alpha}{\alpha}.$$

Au delà de la première période, les conditions de meilleure visibilité correspondent à peu près aux valeurs $2\alpha = (2p+1)\pi$, ou $\rho = \dfrac{4}{(2p+1)\pi}$, ce qui donne $\rho = 0,42$ pour $p = 1$, $\rho = 0,25$ pour $p = 2$, …. La perception des franges devient donc de plus en plus difficile dans les périodes successives.

Cette cause de trouble contribue, sans doute pour une grande part, à limiter l'ordre des interférences visibles (134) avec une source absolument homogène; elle suffit, peut-être, à expliquer le phénomène, observé par MM. Michelson et Morley ([1]), de la disparition des franges obtenues avec la raie rouge des étincelles dans un tube à *hydrogène* raréfié, quand la différence de marche était de 15000 ou 45000 longueurs d'onde.

La même explication s'accorde aussi avec la remarque faite par M. Fizeau que les interférences d'ordre élevé ne peuvent être obtenues avec des flammes de lumière homogène que si elles sont très faibles et peu riches en vapeurs colorantes. La flamme d'alcool salé a donné à M. Fizeau plus de 50000 franges et j'ai pu dépasser 100000. MM. Michelson et Morley ont été au delà de 200000 en faisant passer des étincelles sur du *sodium* métallique dans un tube vide, avec des électrodes en aluminium; la raie verte du *thallium* leur a donné ensuite des interférences correspondant à une différence de marche de 370000 longueurs d'onde et la raie verte du *mercure* à 540000.

2° Lorsque la source fournit une série de vibrations de longueurs d'onde discontinues, on doit appliquer l'équation (8) à chacune des radiations simples.

Pour la lumière jaune de la *soude*, par exemple, qui est composée de deux radiations de longueur d'onde très voisines, on doit faire en chaque point la somme des intensités I' et I'' relatives aux deux valeurs correspondantes δ' et δ'' de la perte de phase. Dans ce

---

([1]) MICHELSON ET MORLEY, *Amer. Journal* [3], t. XXXIV, p. 427 1887.

cas, le rapport $\dfrac{\sin\alpha}{\alpha}$ ne diffère pas sensiblement de la valeur relative à la perte moyenne de phase $\dfrac{\delta' + \delta''}{2}$ et l'intensité résultante a pour expression

$$ I = \frac{1}{4}\left[1 + \frac{\sin\alpha}{\alpha}\cos\frac{\delta' - \delta''}{2}\cos\frac{\delta' + \delta''}{2} \right]. $$

Les variations du dernier facteur $\cos\dfrac{\delta' + \delta''}{2}$ correspondent aux franges successives; mais ces franges disparaissent en partie et le champ est presque uniforme toutes les fois que la différence $\delta' - \delta''$ est un multiple impair de π. On retrouve ainsi les périodes de disparition des franges signalées par M. Fizeau (305).

3° Le mouvement des molécules gazeuses contribue également à élargir l'image des raies brillantes dans le spectre, abstraction faite de la largeur de la fente et des phénomènes de diffraction. Les vibrations relatives à chacune des longueurs d'onde $\lambda\left(1 - \dfrac{u}{V}\cos\varphi\right)$ éprouvent, en effet, des déviations indépendantes. Pour des écarts qui restent très faibles, la distance x du point M considéré à la position que devrait occuper la raie primitive est proportionnelle à la variation relative $-\dfrac{u}{V}\cos\varphi$ de longueur d'onde ; on peut représenter cette distance par $-A\dfrac{u}{V}\cos\varphi$, la valeur du coefficient A dépendant de la loi de dispersion. L'élément dx est proportionnel à $\sin\varphi\,d\varphi$, c'est-à-dire à la quantité de lumière qui correspond à l'angle $d\varphi$; l'intensité i est donc la même en chaque point et l'image doit être une bande d'éclat uniforme, dont la largeur correspond aux valeurs extrêmes $\lambda\left(1 \pm \dfrac{u}{V}\right)$ de la longueur d'onde, comme si la fente était élargie en proportion.

Cette extension de l'image est d'ailleurs extrêmement petite, car la variation totale $2\dfrac{u}{V}$ de longueur d'onde, dans les conditions admises précédemment pour l'hydrogène à 2000°, ne serait que $\dfrac{1}{30000}$, ce qui équivaut à $\dfrac{1}{30}$ de la distance des raies D.

Si le spectre à raies brillantes est formé par deux faisceaux qui interfèrent, on peut encore négliger les variations du retard optique Δ. La différence de phase au point M est

$$\delta = \delta_0 \left(1 + \frac{u}{V} \cos\varphi \right) = \delta_0 \left(1 - \frac{x}{A} \right),$$

et l'intensité correspondante est proportionnelle à

$$1 + \cos\delta = 1 + \cos\delta_0 \cos\frac{\delta_0 x}{A} + \sin\delta_0 \sin\frac{\delta_0 x}{A}.$$

La courbe des intensités n'est symétrique par rapport au milieu que pour $\sin\delta_0 = 0$, c'est-à-dire quand la raie primitive est un maximum ou un minimum.

4° Supposons maintenant que l'on emploie une source de lumière blanche et qu'on analyse les interférences par un appareil de dispersion, prisme ou réseau.

Pour une région du spectre dont l'étendue est de même ordre que celle des images relatives à chaque vibration élémentaire, on peut évidemment admettre que la distribution de lumière est uniforme. Toutes ces images se superposent de proche en proche avec un glissement latéral, comme dans le phénomène des bandes de Talbot (294), et l'intensité résultante en chaque point est la somme de celles qui correspondent à une valeur déterminée de la longueur d'onde, mais qui proviennent de sources élémentaires différentes; elle est encore représentée par l'équation (8).

Les conditions de visibilité et de disparition des bandes d'interférence restent les mêmes. Le champ paraît uniforme quand l'angle α est un multiple de π. Sauf dans la première période, où leur netteté s'affaiblit d'une manière continue à mesure que le retard augmente, les franges apparaîtront encore mieux quand l'angle α sera voisin de l'une des valeurs $(2p + 1)\dfrac{\pi}{2}$.

La première période de trouble, où $\alpha = \pi$, $\delta_0 = \dfrac{V}{u}\pi$, se produit d'abord pour les plus grandes pertes de phase. A part les cas de dispersion anormale, les bandes ont donc une tendance à s'affaiblir plus tôt dans le bleu que dans le rouge.

5° Au lieu de supposer que les molécules ont toutes la même vitesse, on peut tenir compte de la loi de variation de vitesse indiquée par le Calcul des probabilités. En désignant par ξ, η et ζ les composantes d'une vitesse quelconque, si le gaz est à une température d'équilibre approximatif, ce qui exclut le cas des étincelles électriques, le nombre des molécules dont les vitesses composantes sont comprises entre ξ et $\xi + d\xi$, η et $\eta + d\eta$, ζ et $\zeta + d\zeta$ est proportionnel à

$$e^{-\gamma(\xi^2 + \eta^2 + \zeta^2)}\, d\xi\, d\eta\, d\zeta,$$

le coefficient γ étant lié à la vitesse moyenne u par la relation

$$\gamma = \frac{4}{\pi u^2}.$$

La seule composante qui intervienne dans le phénomène est celle qui est parallèle à la direction ξ de propagation; la perte de phase correspondante est

$$\delta = \delta_0\left(1 + \frac{\xi}{V}\right),$$

et l'intensité

$$I = 2\int_{-\infty}^{+\infty}\left(1 + \cos\delta_0\cos\frac{\delta_0'}{V}\xi - \sin\delta_0\sin\frac{\delta_0}{V}\xi\right)e^{-\gamma\xi^2}\, d\xi.$$

Le dernier terme de la parenthèse donne une intégrale nulle, puisqu'il est d'ordre impair en ξ. Les intégrales relatives aux autres termes sont comprises dans la formule générale

$$\int e^{-a^2 x^2}\cos 2rx\, dx = \frac{\sqrt{\pi}}{2a}e^{-\frac{r^2}{a^2}}.$$

On a ainsi, en remplaçant γ par sa valeur,

$$I = \pi\frac{u}{4}\left[1 + \cos\delta_0\, e^{-\pi\left(\frac{u\delta_0}{4V}\right)^2}\right].$$

Le rapport de la différence des minima et des maxima à leur valeur moyenne est alors

$$\rho = 2e^{-\pi\left(\frac{u\delta_0}{4V}\right)^2}.$$

Si l'on considère que les franges deviennent invisibles, dans les meilleures conditions expérimentales, quand ce rapport est égal à $\frac{1}{60}$, il en résulte

$$e^{\pi\left(\frac{u\delta_0}{4V}\right)^2} = 120, \qquad \frac{u\delta_0}{V} = 5,0372 = 1,603\,\pi.$$

Les franges apparaissent donc jusqu'à ce que la perte de phase soit $1,6$ fois celle qui correspond à la fin de la première période définie dans l'hypothèse d'une vitesse uniforme pour toutes les molécules.

Pour les mêmes intensités relatives, l'angle α serait très voisin de π, car on aurait sensiblement

$$\frac{\sin\alpha}{\alpha} = \frac{1}{120}, \qquad \alpha = \pi\left(1 - \frac{1}{120}\right) = 0,992\,\pi.$$

Le rapport des pertes de phase qui déterminent la limite de visibilité, dans les deux hypothèses, est donc

$$\frac{1,603}{0,992} = 1,616.$$

Sauf ce changement et la disparition des périodes successives, toutes les considérations précédentes sont encore applicables.

L. Rayleigh a constaté (^{1}) que les bandes d'interférence produites par double réfraction dans une lame de *gypse* deviennent inappréciables quand le rapport des minima et des maxima atteint $1 - 0,0245$, ou $\rho = 0,049 = \frac{1}{20,4}$. Les pertes de phase auxquelles s'arrête la visibilité des interférences, dans les deux hypothèses, sont alors moindres et leur différence beaucoup plus faible.

(^{1}) L. RAYLEIGH, *Phil. Mag.*, [5], t. XXVII, p. 481; 1889.

CHAPITRE XVI.

PHOTOMÉTRIE.

673. *Principes et définitions.* — Différents problèmes de Photométrie se sont déjà présentés dans le cours de cet Ouvrage et plusieurs méthodes expérimentales ont été indiquées, mais il est utile d'en faire une étude spéciale.

On peut dire que cette partie de la Science a été créée entièrement par Bouguer, qui fit paraître en 1729 un *Traité de la gradation de la lumière*, puis un *Traité des ombres et de la lumière*, en 1740, et dont l'ouvrage posthume, *Traité d'Optique sur la gradation de la lumière*, qui résume l'ensemble de ses travaux, a été publié par La Caille en 1760.

Nous rappellerons d'abord quelques définitions (95 et 96) :

1° L'*éclat e* d'une source *simple*, c'est-à-dire dont les dimensions apparentes sont inappréciables, comme les étoiles, est la quantité de lumière émise, ou le rayonnement, dans l'unité d'angle sphérique.

2° Lorsque les dimensions de la source ne sont pas négligeables, on considérera sa *surface apparente* σ, c'est-à-dire sa projection sur un plan perpendiculaire à la direction moyenne des rayons.

Si cette surface σ est homogène, son *éclat intrinsèque* E est l'éclat de l'unité d'étendue; l'éclat de l'élément $d\sigma$ est $E\,d\sigma$. Pour le rayonnement observé à une distance très grande par rapport aux dimensions de la source, les cônes de même ouverture angulaire ayant pour sommets les différents points de la source ont sensiblement la même section et sont très peu inclinés les uns sur les autres. L'effet est alors assimilable à celui d'une source simple dont l'éclat serait $E\sigma$.

Si la surface σ n'est pas homogène, on peut encore représenter son éclat total par la même expression $E\sigma$, le coefficient E désignant l'éclat intrinsèque moyen.

3° Pour comprendre les deux cas dans les mêmes formules, on appellera *intensité* I d'une source le rayonnement dans l'unité d'angle sphérique; c'est l'éclat e pour une source simple ou l'éclat total $E\sigma$ pour une source de dimensions finies.

Si l'intensité est constante dans toutes les directions, le rayonnement total est $4\pi I$; il en est ainsi pour une source simple ou une sphère de surface homogène.

Si la source n'est pas sphérique, comme une flamme ou un arc électrique, ou si les différents points ne se trouvent pas dans le même état physique, l'intensité est variable avec la direction. En désignant par I la valeur relative à l'ouverture angulaire $d\theta$, le rayonnement total est $\int I\, d\theta$ et l'intensité moyenne $\frac{1}{4\pi}\int I\, d\theta$.

On peut traduire ce résultat géométriquement en traçant une surface dont le rayon vecteur r relatif à chaque direction est égal à la racine cubique de l'intensité I correspondante. Le volume U compris dans cette surface est égal à $\frac{1}{3}\int r^3\, d\theta$ ou $\frac{1}{3}\int I\, d\theta$ et le rayonnement total à $3\,U$. L'intensité moyenne de la source est alors le quotient du volume U par le volume $\frac{4}{3}\pi$ d'une sphère de rayon égal à l'unité.

4° Un élément de surface dS, situé à la distance R d'une source et éclairé sous l'incidence i, reçoit une quantité de lumière égale à $I\dfrac{dS\cos i}{R^2}$, pourvu toutefois que le milieu intermédiaire n'exerce aucune absorption.

L'*éclairement* d'une surface est la quantité de lumière que reçoit une étendue égale à l'unité, c'est-à-dire $\dfrac{I\cos i}{R^2}$. Si l'on remplace I par $E\sigma$, dans le cas d'une source de dimensions finies, le quotient $\dfrac{\sigma}{R^2}$ représente l'ouverture angulaire α de la source; l'éclairement est alors $E\alpha\cos i$.

Si deux surfaces ayant les mêmes propriétés physiques reçoivent des éclairements inégaux et de même qualité, sous la même inclinaison, elles émettent dans une direction déterminée des quantités de lumière proportionnelles à leurs éclairements; leurs éclats intrinsèques sont proportionnels à ces éclairements.

L'œil ne peut estimer que d'une manière très imparfaite le rapport des éclats de deux surfaces, tandis qu'il apprécie avec une assez grande sensibilité si les éclats sont égaux ou inégaux.

On pourrait éclairer un même écran alternativement par deux sources différentes, mais l'œil conserve mal le souvenir des impressions successives, à moins qu'elles ne se renouvellent périodiquement à de courts intervalles.

La plupart des méthodes de Photométrie se ramènent à rendre équivalents pour l'œil les éclairements de deux surfaces par des faisceaux de lumière différents. Les surfaces doivent être aussi identiques que possible et éclairées simultanément de la même manière. Cette partie de l'appareil constitue à proprement parler le *photomètre* ou *écran photométrique*.

Une autre solution consiste à disposer l'expérience de façon que les deux faisceaux à comparer, ramenés dans la même direction, produisent séparément des phénomènes d'interférence complémentaires; les franges disparaissent lorsque les faisceaux sont équivalents. Cette disposition revient encore à la précédente, puisque les maxima des deux systèmes d'interférence sont alternatifs et que l'on apprécie le moment où ils paraissent égaux.

Enfin, si les deux faisceaux sont polarisés à angle droit et d'origines différentes, leur ensemble reproduira de la lumière naturelle lorsqu'ils seront équivalents.

Pour obtenir l'égalité des éclairements de deux sources sur l'écran photométrique, il est nécessaire de pouvoir utiliser une fraction déterminée de chacun d'eux : c'est le problème de la gradation des éclairements ou *gradation de la lumière*.

Si les faisceaux utilisés proviennent d'une même source et que l'un d'eux ait subi des modifications quelconques, par réflexion, réfraction, diffraction, diffusion, absorption, etc., l'autre ayant été affaibli dans un rapport connu, on en déduira la fraction de lumière perdue dans le phénomène correspondant.

D'une manière générale, lorsque les faisceaux proviennent de deux sources différentes, on déterminera le rapport de leurs intensités I et I', soit directement, soit par comparaison avec une source intermédiaire.

674. *Comparaison d'éclairements voisins.* — L'appareil dont Bouguer fit le plus grand usage se composait de deux feuilles de carton opaque E et E' (*fig.* 335), portant deux ouvertures A et A' de même grandeur recouvertes de papier huilé. Ces deux cartons sont inclinés suivant un certain angle de manière à être éclairés norma-

Fig. 335.

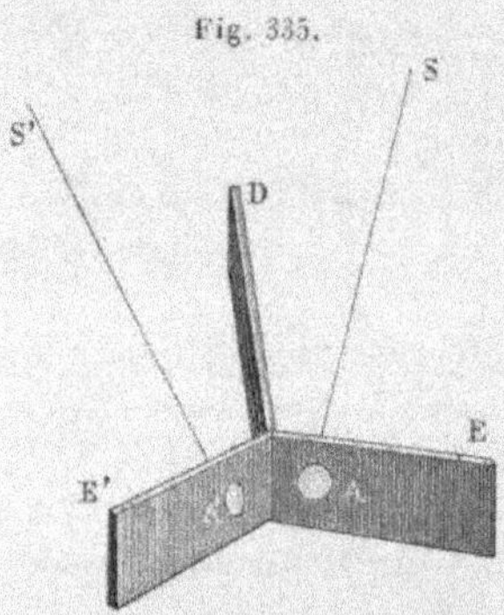

lement par les faisceaux à comparer SA et S'A'; un carton intermédiaire D dirigé suivant le plan bissecteur de l'angle des premiers protège chacune des ouvertures A et A' contre la lumière qui provient des sources S' et S. L'œil placé en arrière, dans le même plan bissecteur et bien abrité de toute lumière directe, reçoit dans des conditions identiques les rayons émis par les deux ouvertures et peut comparer les éclairements.

Bouguer employa également le photomètre à *ombres*, attribué souvent à Rumford (¹).

Deux sources S et S' éclairent un écran blanc E (*fig.* 336), devant lequel se trouve une tige opaque T. Les ombres projetées A et A' ne sont plus éclairées respectivement que par les sources S et S'. On dispose les sources dans le voisinage de la normale à l'écran, de manière que les ombres soient en contact et éclairées sous le même angle.

On apprécie encore avec une assez grande sensibilité l'égalité des ombres, malgré l'éclat plus grand des régions voisines. L'observation doit être faite aussi dans le voisinage de la normale, afin de

---

(¹) Rumford, *Phil. Trans. L. R. S.*, t. LXXXIV, p. 673 1794.

n'avoir pas à tenir compte de l'inégalité des inclinaisons suivant lesquelles la lumière est diffusée.

Cette dernière condition est plus facile à remplir quand on reçoit les ombres sur un écran translucide ([1]), auquel cas la disposition devient identique à celle de Bouguer.

Fig. 336.

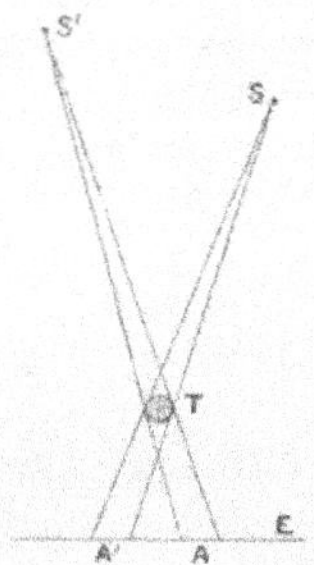

L'éclat apparent d'une surface (95) étant indépendant de la distance, si le milieu intermédiaire ne produit pas d'absorption sensible, on peut également comparer deux surfaces de même nature (écrans de papier blanc) éclairées, sous le même angle, par des faisceaux différents.

Quelle que soit la méthode employée, Bouguer insiste à plusieurs reprises sur la nécessité de donner aux surfaces que l'on compare un éclairement uniforme, de les rapprocher autant que possible et de les observer dans tous les cas sous le même angle apparent. Si les surfaces éclairées sont à des distances différentes, on a soin d'interposer des diaphragmes qui n'en découvrent que des portions de même étendue apparente.

Pour éviter de placer les sources dans des directions très voisines, on peut faire usage de deux miroirs situés sur la droite qui joint les sources et inclinés à 45° de manière à réfléchir séparément deux faisceaux sur l'écran ([2]); il est alors facile de rapprocher jusqu'au contact les surfaces à comparer.

([1]) R. POTTER, *Edinb. Journ. of Science*, new ser., t. III, p. 284; 1830.
([2]) W. RITCHIE, *Edinb. Journ. of Science*, t. V, p. 139; 1826.

D'autre part, l'œil ne peut conserver toute sa sensibilité que s'il est entièrement protégé contre toute lumière étrangère. A ce point de vue, la méthode des ombres n'est pas aussi satisfaisante, à moins qu'on n'élimine par un diaphragme ou une surface noire la région extérieure aux ombres qui reçoit l'éclairement simultané des deux sources.

Enfin le photomètre lui-même doit recevoir uniquement l'éclairage direct des sources, sans être exposé à la lumière diffusée par les parois de la salle ou les différents objets qu'elle renferme. Le seul moyen pratique est de peindre tous les murs en noir et d'éviter qu'aucun objet de teinte claire se trouve en vue des instruments.

La constitution de l'écran exige des précautions spéciales; le papier est trop rugueux et l'éclat de sa surface ne paraît pas uniforme. Foucault a beaucoup amélioré le photomètre de Bouguer en remplaçant le papier huilé par une lame de verre couverte d'une couche très fine d'amidon protégée elle-même par une seconde lame. L'écran ainsi préparé est séparé en deux moitiés égales par une plaque métallique noire placée en avant. C'est le photomètre que l'on emploie généralement pour les épreuves du gaz d'éclairage.

D'après M. Crova (¹), les grains de fécule de blé sont assez irréguliers, et leur diamètre est d'environ 20ᵘ. On obtient un écran plus fin et plus translucide avec la fécule de graine de betterave, dont les grains sont très uniformes et d'un diamètre de 2ᵘ,7.

Le photomètre à *tache d'huile*, imaginé par M. Bunsen, se compose d'un écran de papier blanc E (*fig.* 337), rendu plus trans-

Fig. 337.

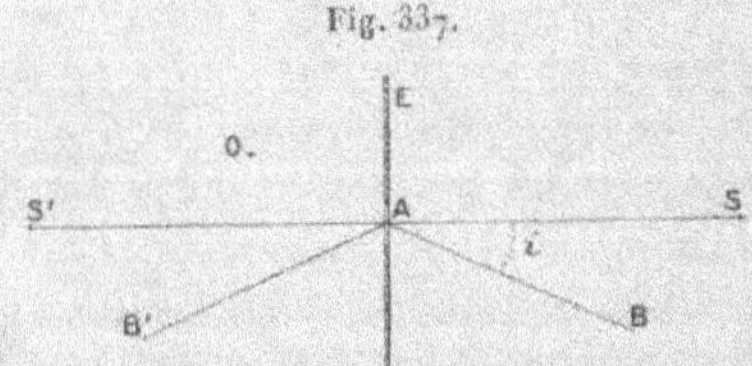

lucide sur une certaine étendue A par une goutte d'huile ou de stéarine fondue.

(¹) A. Crova, *Ann. de Chim. et de Phys.*, [6], t. VI, p. 342; 1885.

Soit Q l'éclairement que l'écran reçoit d'une source S située sur la normale à la tache, r la fraction de lumière diffusée par réflexion suivant une direction AB qui fait l'angle i avec la normale, t la fraction de lumière transmise dans la direction symétrique AB′, ρ et τ les coefficients analogues relatifs à la lumière qui est diffusée par les portions voisines de l'écran. Pour une source S′ située de l'autre côté et qui produit l'éclairement Q′, les fractions de lumière diffusée seront, de même, r' et t', ρ' et τ'.

La lumière émise dans la direction AB est donc, pour la tache. $r\mathrm{Q} + t'\mathrm{Q}'$ et, pour les régions voisines de l'écran, $\rho\mathrm{Q} + \tau'\mathrm{Q}'$. La tache semble disparaître quand ces deux quantités de lumière sont égales, ce qui donne

$$(1) \qquad (\rho - r)\mathrm{Q} = (t' - \tau')\mathrm{Q}'.$$

Il est clair que la tache disparaît encore si l'on remplace la source S′ par une autre source S″ de même nature dans des conditions telles qu'elle produise le même éclairement, ce qui permettra de comparer indirectement les sources S′ et S″.

Mais on admet souvent, à tort, que l'équation (1) est satisfaite lorsque les éclairements Q et Q′ sont égaux. En supposant même que les deux côtés de l'écran soient identiques, auquel cas les coefficients sont les mêmes de part et d'autre, il en résulterait

$$(2) \qquad \rho - r = t - \tau \qquad \text{ou} \qquad \rho + \tau = r + t.$$

La somme des fractions de lumière réfléchie et transmise par diffusion serait la même pour le papier naturel ou huilé; en d'autres termes, la transparence de la tache ne modifierait pas la perte de lumière par absorption.

Si cette condition était réalisée, la tache devrait disparaître également quand on l'observe dans la direction symétrique AB′, ce qui n'a pas toujours lieu. En outre, la tache devrait rester invisible, quel que soit l'angle i sous lequel se fait l'observation; l'expérience prouve nettement le contraire.

Pour éliminer l'erreur, on fera une seconde observation dans la direction symétrique AB′, en ayant soin de retourner l'écran de 180°, afin que l'observateur vise toujours la même face, et l'on modifie les éclairements Q et Q′ dans des rapports connus f et f'.

en déplaçant l'écran sur la ligne des sources, par exemple, de manière que la tache disparaisse de nouveau ([1]). On a alors

$$(1)' \qquad (\rho - r) f' Q' = (t' - z') f Q$$

et, par suite,

$$(3) \qquad f Q^2 = f' Q'^2.$$

L'expérience montre que la méthode est alors applicable avec une tache de nature quelconque (huile, paraffine ou papier translucide), pourvu qu'elle soit bien uniforme, lorsque l'inclinaison i varie de 10° à 80°.

M. Hesehus ([2]) place l'écran dans une direction oblique sur la ligne des sources et l'observe normalement à l'aide d'un tube viseur. L'écran porte trois taches qui se trouvent ainsi inégalement éclairées; quand celle du milieu disparaît, l'une des deux autres est plus claire et la seconde plus sombre que le fond. Le contraste donnerait alors plus de sensibilité à l'observation.

L'emploi de deux miroirs M et M' (*fig*. 338), également inclinés,

Fig. 338.

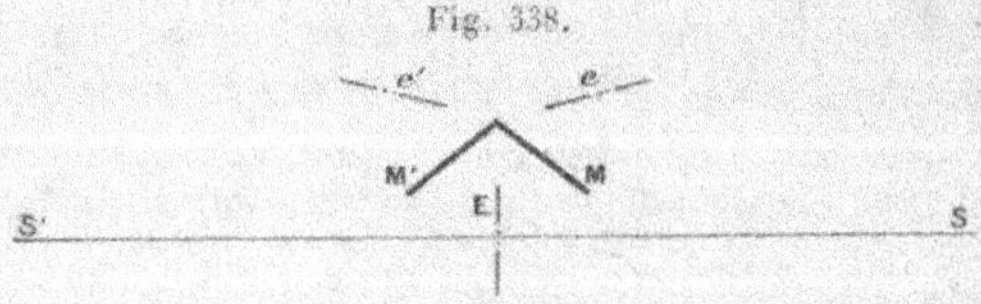

permet d'observer en même temps et dans des conditions identiques les deux faces du photomètre. L'œil placé sur le prolongement de l'écran voit en e la face antérieure dans le miroir M et la face postérieure en e' dans le miroir M'. Ces deux images se trouvent dans le même plan lorsque les miroirs sont rectangulaires. L'observateur peut s'éloigner davantage et voir séparément avec les deux yeux les deux images différentes.

Si les propriétés de l'écran sont les mêmes de part et d'autre et que la condition (2) soit satisfaite, la tache disparaît en même

([1]) H. Kruss, *Journ. de Phys.*, [2], t. I, p. 201; 1882. — R. Boulouch, *Comptes rendus des séances de l'Académie des Sciences*, t. CXI, p. 642; 1890.
([2]) N. Hesehus, *Journal de Physique*, [2], t. VIII, p. 539; 1888.

temps sur les deux images. Dans le cas contraire, on produit la
disparition successivement sur chacune d'elles, et le rapport des
éclairements est donné par l'équation (3). Une rotation de 180°
permet d'ailleurs de vérifier que les propriétés de l'écran sont bien
symétriques.

On peut en rapprocher la méthode de Pouillet ([1]), employée
par Dove, qui consiste à examiner une épreuve photographique
sur verre que l'on éclaire, en avant, par la lumière diffuse en plaçant la source en arrière dans une direction normale. Les détails
de l'image deviennent invisibles quand il existe un rapport convenable entre les deux éclairements.

L'écran photométrique peut être supprimé avec grand avantage,
si l'on vise des surfaces aériennes qui reçoivent les éclairements
des deux sources. Il faut alors que la distance de vision distincte
soit nettement arrêtée sur ces surfaces, et que les deux faisceaux
arrivent à l'œil de la même manière. Ces conditions ne sont guère
réalisables que par l'emploi des lunettes.

L'image d'une surface lumineuse produite dans une lunette conserve toujours le même éclat apparent que la surface elle-même,
au moins tant que l'anneau oculaire (110) reste sensiblement plus
grand que la pupille.

D'autre part, la quantité de lumière dQ qui forme l'image d'un
élément dS de la surface est proportionnelle à son éclat intrinsèque,
à l'ouverture libre de l'appareil optique et au carré du rapport de
la longueur focale de la lunette à la distance de la surface à
l'objectif. L'emploi d'un écran de diffusion donnera des résultats
proportionnels à cette quantité dQ ; il en est de même encore pour
l'éclat apparent dans la vision directe quand l'anneau oculaire est
plus petit que la pupille.

Toutes les fois qu'on limite ainsi l'étendue des faisceaux utilisés, il est nécessaire de prendre des précautions spéciales pour
que les deux sources contribuent de la même manière à la production des images.

Si les surfaces à comparer sont couvertes par un écran de diffusion et éclairées dans une direction à peu près normale, le rapport

---

([1]) Pouillet, *Comptes rendus des séances de l'Académie des Sciences*,
t. XXXV, p. 373; 1852. — Dove, *Pogg. Ann.*, t. CXIV, p. 145; 1861.

des images ne dépend pas des autres circonstances dans lesquelles l'éclairage est produit.

Lorsque les surfaces restent libres, si on les éclaire par une même source, à l'aide de faisceaux qui ont parcouru le même chemin géométrique, en subissant des modifications différentes, les conditions d'éclairage restent encore comparables.

Mais si le parcours est différent pour des faisceaux émanés d'abord de la même source, ou si les sources sont différentes, il faut que l'image de la source correspondant à chacun des points de la surface, considéré comme orifice étroit, soit entièrement comprise dans le faisceau utilisé ; la moindre distance des sources est d'autant plus grande qu'elles sont plus larges.

L'emploi d'une lame à faces parallèles, d'une pile de glaces, ou encore d'un prisme à réflexion totale ou d'un miroir, qui couvrent la moitié de l'objectif, permet ainsi de comparer deux faisceaux éclairants de directions différentes. Dans ce cas, il est souvent préférable d'avoir recours à deux lunettes aussi identiques que possible, et de ramener les images au contact par un appareil réflecteur situé sur l'axe commun des lunettes, de préférence dans le plan focal lui-même. Tels sont les photomètres de Steinheil, Babinet, Ed. Becquerel, Wolf, Cornu ([1]), etc.

Lorsque l'une des sources reste invariable, comme étalon intermédiaire, la comparaison des deux autres se fait par substitution. Si l'on veut connaître, par une expérience directe, le rapport h de deux éclairements Q et Q', produits dans des conditions différentes de trajet, réflexion, transmission, etc., pourvu que ces conditions soient indépendantes des sources elles-mêmes, il suffit de permuter les faisceaux en modifiant les éclairements Q et Q' dans des rapports connus f et f'. L'égalité des images dans les deux cas donne encore

$$hQ = Q', \qquad hf'Q' = fQ,$$

$$f'Q'^2 = fQ^2, \qquad h^2 = \frac{f}{f'}.$$

([1]) STEINHEIL, *Pogg. Ann.*, [2], t. XXXIV, p. 644; 1835. — BABINET, *Comptes rendus des séances de l'Académie des Sciences*, t. XXXVII, p. 744; 1853. — ED. BECQUEREL, *Ann. de Chim. et de Phys.*, [3], t. LXII, p. 14; 1861. — WOLF, *Journal de Phys.*, t. I, p. 81; 1872. — CORNU, *Journal de Phys.*, t. X, p. 189; 1881.

675. *Interférences complémentaires.* — Si l'on superpose deux faisceaux capables de produire séparément des interférences complémentaires, c'est-à-dire telles que dans toute l'étendue du champ la différence des pertes de phase relatives aux deux systèmes soit un multiple impair de π pour chacune des lumières élémentaires, l'éclat paraît uniforme quand la différence des maxima et minima d'intensité est la même pour les deux systèmes. C'est ainsi qu'Arago a démontré que la somme des intensités des rayons réfléchis et transmis est constante dans les anneaux colorés (275) et que les quantités de lumière polarisée par réflexion et par réfraction sont égales entre elles (316).

Lorsque les interférences sont complètes dans les deux systèmes, l'intensité des minima étant nulle pour chacune des couleurs, le champ ne peut paraître uniforme que si l'éclairement moyen est le même pour les faisceaux superposés.

Cette circonstance se présente, en particulier, dans tous les phénomènes produits par les lames biréfringentes, quand la lumière primitive est naturelle et que l'on observe avec un analyseur, car le champ est alors occupé par deux systèmes d'interférences polarisés à angle droit et exactement complémentaires, si l'on fait abstraction de l'inégalité des pouvoirs réflecteurs relatifs aux deux espèces d'ondes.

Il en est de même quand la lumière incidente est formée par la superposition de deux faisceaux différents de même nature et polarisés à angle droit.

Si les faisceaux ont des intensités différentes I et I', ils se comportent comme un mélange de lumière naturelle I' et de lumière polarisée I — I'. En observant le phénomène par l'intermédiaire d'une lame cristalline suivie d'un analyseur, ce qui constitue un *polariscope*, l'intensité moyenne du champ est $\dfrac{I + I'}{2}$, l'intensité des maxima $I - \dfrac{I'}{2}$ et celle des minima $\dfrac{I'}{2}$. La différence relative des éclats extrêmes est donc $2\dfrac{I - I'}{I + I'}$.

Arago employait généralement une lame de quartz perpendiculaire à l'axe, de 5^{mm} à 6^{mm} d'épaisseur, dont les colorations sont dues au pouvoir rotatoire, et qu'il observait avec un analyseur à double image. Si la lumière primitive est blanche, la région commune aux deux images reste toujours blanche, mais les parties latérales présentent des teintes complémentaires quand les deux faisceaux sont d'intensités différentes. Aucune coloration n'est visible, quelle que soit la rotation de l'analyseur, lorsque les deux faisceaux polarisés à angle droit sont équivalents.

Babinet utilisait, de même, la plaque à deux rotations (507) de Soleil; la différence des teintes est plus facile à apprécier.

On peut encore en visant à l'infini, directement ou par l'intermédiaire d'une lunette, mettre à profit les courbes chromatiques relatives à l'interférence des ondes planes de directions différentes, à l'aide d'un cristal quelconque, par exemple une lame de spath perpendiculaire à l'axe ou le polariscope de Savart (440). M. Jamin et M. Wild se sont servis de ce dernier appareil (¹).

Il est important de remarquer que cette méthode devient inapplicable lorsque les faisceaux à comparer n'ont pas exactement la même composition. S'ils émanent d'une même source primitive, après avoir subi des modifications différentes, il est nécessaire encore que ces modifications portent également sur toutes les couleurs principales. L'emploi d'une lumière homogène met à l'abri de cette cause d'erreur.

676. *Superposition des éclairements.* — La sensibilité de l'œil pour apprécier les différences d'éclat peut être utilisée dans certains cas où les autres méthodes ne sont plus applicables, par exemple pour les lumières instantanées.

Sur une plage uniformément éclairée, on ajoute, dans une région limitée, l'éclairement d'une autre source qui produit une tache plus lumineuse. L'excès de lumière est inappréciable quand la fraction qu'il représente de l'éclairage primitif est inférieure à la limite de sensibilité.

Si l'œil est sensible à $\frac{1}{100}$ et que l'on modifie l'éclairement primitif ou celui de la seconde source, de manière que la tache soit alternativement visible ou disparaisse, on déterminera deux limites entre lesquelles doit être compris l'éclairement de la source pour qu'il soit le $\frac{1}{100}$ de l'éclairement primitif.

(¹) JAMIN, *Revue des deux Mondes,* février 1857. — H. WILD, *Pogg. Ann.,* t. XCIV, p. 235; 1858.

Cette méthode délicate, employée par Masson (¹) pour l'étude des étincelles électriques, peut donner d'excellents résultats si l'observateur s'est exercé par une longue expérience.

On ne doit pas cependant la généraliser, car on aperçoit une étoile sur le ciel pendant le jour, à l'œil nu ou dans une lunette, bien avant qu'elle atteigne le $\frac{1}{100}$ de l'éclat du champ qui l'entoure; elle apparaît encore beaucoup plus facilement quand on connaît d'avance sa position.

677. *Acuité de la vision.* — Lorsque les éclairements ne sont pas simultanés, on doit avoir recours à une propriété permanente de l'œil, autre que le souvenir des éclats, et l'acuité de la vision reste le seul moyen applicable.

On fait tomber, par exemple, sur une page imprimée que l'observateur tient à la main un éclairement que l'on affaiblit d'une manière continue jusqu'à ce que le texte devienne illisible. Le phénomène physiologique est alors très complexe. A mesure que la clarté diminue, la pupille s'agrandit, les défauts de la vision s'exagèrent et, si l'œil est presbyte, c'est-à-dire s'il a perdu en partie la faculté d'accommodation, l'observateur a une tendance à éloigner en même temps le papier de l'œil pour chercher la distance de plus grande netteté. Dans ces conditions la méthode est assez précise, au moins tant que les lumières à comparer restent de même qualité.

On peut encore maintenir l'œil à une distance constante du papier, en l'armant au besoin de verres correcteurs. Pour l'éclairage qui limite la visibilité, l'ouverture de la pupille est aussi déterminée et les expériences sont comparables.

Le *lucimètre* de Celsius se composait ainsi d'une feuille de papier blanc couvert d'un certain nombre de petits cercles noirs. On modifiait l'éclairement de manière que les cercles noirs fussent alternativement visibles ou apparents.

Plusieurs expériences ont été faites en utilisant l'acuité visuelle. M. L. Weber (²) emploie cette méthode dans des conditions mieux

(¹) MASSON, *Ann. de Chim. et de Phys.*, [3], t. XIV, p. 137; 1845.
(²) L. WEBER, *Wied. Ann.*, t. XX, p. 326; 1883. — *Journal de Physique*, [2], t. III, p. 143; 1884.

définies pour des éclairements simultanés. Les deux moitiés d'une lame de verre portant une série de cercles concentriques noirs très serrés, obtenus par la Photographie, sont éclairées par deux sources différentes et l'on réduit les éclairements pour atteindre la limite de visibilité sur toute l'étendue de l'écran.

678. *Mesures diverses de l'énergie.* — La comparaison du travail accompli sur une surface déterminée par le rayonnement qu'elle reçoit permet encore de déterminer le rapport de deux éclairements, avec l'avantage particulier que les deux expériences ne doivent plus être simultanées. Les nombres ainsi obtenus s'accordent avec ceux que donne la Photométrie, soit pour des sources homogènes, soit pour des sources de même nature dont les radiations élémentaires ont été modifiées dans le même rapport. Mais si les effets que l'on obtient finalement sont produits par des sources de compositions différentes, les résultats représentent dans chaque cas un phénomène particulier qui n'est plus en relation simple avec les apparences lumineuses.

Si les effets s'accumulent de manière que l'action totale soit proportionnelle au temps, le rayonnement reçu par une surface est proportionnel au quotient du phénomène observé par le temps correspondant.

Telles sont les méthodes calorimétriques, où l'on compare les quantités de chaleur reçues par un thermomètre différentiel ou une pile thermo-électrique. Il faut avoir soin, dans ces expériences, d'éliminer l'erreur qui serait due au rayonnement des appareils échauffés, en faisant une graduation préliminaire à l'aide de faisceaux calorifiques dont on connaît les intensités relatives.

Dans cet ordre d'idées, on a proposé ([1]) d'observer le mouvement des ailettes d'un radiomètre de Crookes dont on peut faire un compteur automatique. La vitesse doit être la même pour deux rayonnements identiques, mais il serait nécessaire de connaître exactement la relation qui existe entre les variations de vitesse de chaque appareil et l'intensité du rayonnement.

Une graduation préalable serait également nécessaire si l'on

([1]) L. OLIVIER, *Comptes rendus des séances de l'Académie des Sciences,* t. CVI, p. 840; 1888.

avait recours aux changements remarquables qu'éprouve la conductibilité du sélénium sous l'influence de la lumière ([1]).

Les actions chimiques de la lumière donnent encore une mesure directe de l'énergie. On a utilisé ainsi la combinaison du chlore avec l'hydrogène ([2]) et même la réduction de l'iodure d'azote.

C'est la Photographie qui a fourni jusqu'à présent les meilleurs résultats. Cette méthode a été employée d'abord par MM. Fizeau et Foucault ([3]) dans une étude sur l'éclat du Soleil comparé avec celui des sources artificielles. La quantité de lumière que reçoit l'unité de surface de l'image produite au foyer d'une lunette est proportionnelle à l'ouverture libre de l'objectif et peut ainsi être modifiée à volonté.

L'image du Soleil était reçue sur une plaque d'argent iodurée et la durée de pose réglée de telle manière que la teinte finale de l'épreuve fût la même dans les expériences successives, correspondant ainsi à la même quantité d'iodure décomposé. Les auteurs ont constaté qu'entre certaines limites de temps, qui variait de 1 à 10, la durée de pose était en raison inverse de l'ouverture de l'objectif et, par suite, proportionnelle à l'énergie totale de la lumière utilisée par l'image.

En outre, en comparant l'image du Soleil à celle d'une étendue de charbon positif de l'arc électrique qu'on avait limitée au même angle apparent par un diaphragme, le rapport des intensités a été représenté par $32,4$ dans les observations au photomètre et par $34,3$ par les épreuves photographiques; dans ce cas, l'effet chimique est donc proportionnel à l'éclairement.

Toutefois on ne pourrait pas étendre beaucoup cette relation, car, si la quantité d'argent réduit est d'abord proportionnelle au temps, elle doit tendre vers une limite A et l'effet total après une longue durée t de pose se représenterait probablement par une expression de la forme $A(1 - e^{-mt})$. Les progrès accomplis par la Photographie ([4]) permettent aujourd'hui d'obtenir des plaques

---

([1]) DESSENDIER, *Lumière électrique*, t. XXXIII, p. 407; 1889.

([2]) GIMÉ, *Lumière électrique*, t. XXII, p. 85; 1886.

([3]) FIZEAU et FOUCAULT, *Comptes rendus des séances de l'Académie des Sciences*, t. XVIII, p. 746 et 860; 1844.

([4]) J. JANSSEN, *Comptes rendus des séances de l'Académie des Sciences*, t. XCII, p. 261 et 821; 1881.

beaucoup plus sensibles, sur lesquelles l'effet total reste proportionnel à la durée de pose entre des limites très étendues.

679. *Gradation de la lumière.* — Lorsque le milieu dans lequel se propage la lumière n'exerce pas d'absorption appréciable, l'éclairement Q produit par une source est évidemment en raison inverse du carré de la distance R (**17**), pourvu que les dimensions transversales de la source soient très petites par rapport à leur distance à l'écran.

Bouguer vérifiait cette loi, au moins d'une manière approximative, par la méthode des ombres. L'éclairement produit par une bougie à une certaine distance fut trouvé égal à l'éclairement produit par quatre bougies à une distance double, par neuf bougies à une distance triple, etc. La loi des distances a été vérifiée depuis par un grand nombre d'observateurs, en la prenant pour contrôle des différents photomètres.

Lorsque les intensités à comparer sont très inégales, on évite la nécessité des grandes distances en substituant à l'action directe de la source O, comme le faisait Bouguer, l'éclairement de son image O' (*fig.* 339) produite par une lentille convergente L. Si S

Fig. 339.

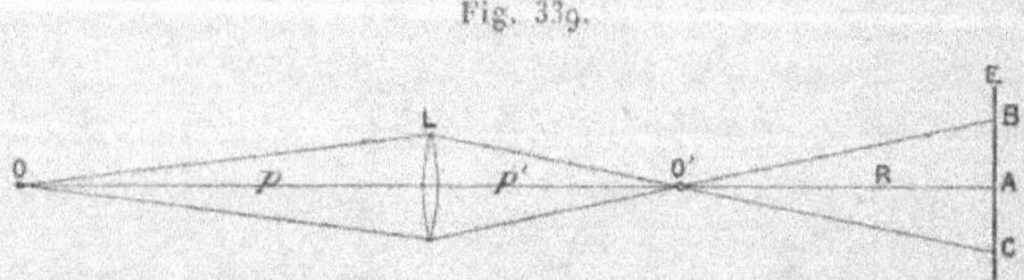

est la surface de la lentille, F sa longueur focale, p et p' les distances de la source et de son image à la lentille, la quantité $\dfrac{\mathrm{IS}}{p^2}$ de lumière utilisée converge sur l'image O' et se distribue ensuite uniformément, sous la réserve que les distances soient assez grandes, dans le cône BO'C.

L'écran E étant à la distance R de l'image O', la surface S' découpée par le cône est

$$S' = S\frac{R^2}{p'^2}.$$

Désignant par t le coefficient de transmission de la lumière dans la lentille, pour tenir compte des réflexions et de l'absorption, l'éclairement de l'écran E a pour expression

$$Q = t\,\frac{I}{p^2}\,\frac{S}{S'} = t\,\frac{I}{R^2}\,\frac{p'^2}{p^2} = t\,\frac{I}{R^2}\left(\frac{F}{p-F}\right)^2.$$

On peut aussi employer une lentille divergente; l'image O' est alors virtuelle et, pour un même éclairement, la distance de l'écran à la lentille est plus faible.

Si l'on prend comme source primitive une surface uniformément brillante, comme un ciel nuageux, et qu'on fasse pénétrer cette lumière dans une chambre noire par deux ouvertures différentes S et S', les éclairements produits aux distances R et R' par ces ouvertures respectives sont dans le rapport de $\dfrac{S}{R^2}$ à $\dfrac{S'}{R'^2}$.

Les deux faisceaux peuvent ensuite être ramenés à la même direction par une ou deux réflexions et comparés au photomètre, en comptant les distances R et R' sur toute la longueur de leur trajet jusqu'au photomètre. Si les faisceaux ont été affaiblis dans des rapports f et f', par réflexion ou absorption, l'action subie par chacun d'eux pourra être déterminée par l'égalité finale des éclairements :

$$f\,\frac{S}{R^2} = f'\,\frac{S'}{R'^2}.$$

Tel est le principe du *lucimètre* de Bouguer destiné à comparer les éclats intrinsèques de deux surfaces différentes, par exemple de deux régions du ciel. L'instrument se compose de deux tuyaux en bois T et T' (*fig.* 340), articulés à l'une de leurs extrémités C et dont on mesure l'écartement par un arc divisé D.

Chacun d'eux est formé d'un tube plus large dans lequel glisse un tube plus étroit, pour modifier à volonté leurs longueurs. Ils sont terminés d'un côté par des ouvertures S et S', de l'autre par des écrans A et A' ayant des parties de papier huilé. Si E et E' sont les éclats intrinsèques des surfaces observées, R et R' les longueurs des tubes qui correspondent au même éclairement, on a

$$\frac{ES}{R^2} = \frac{E'S'}{R'^2}.$$

Bouguer donne le nom d'*héliomètre* (¹) à un instrument semblable où les tubes sont de même longueur et fermés par des lentilles identiques dont les écrans A et A' occupent les plans focaux. Pour régler les éclairements, il couvre les lentilles en partie par des diaphragmes en forme de secteurs, afin que les faisceaux traversent toujours la même fraction du bord et du centre des verres et subissent la même absorption. La quantité de lumière reçue par les écrans est proportionnelle aux surfaces libres S et S' des lentilles et l'égalité des éclairements donne

$$ES = E'S'.$$

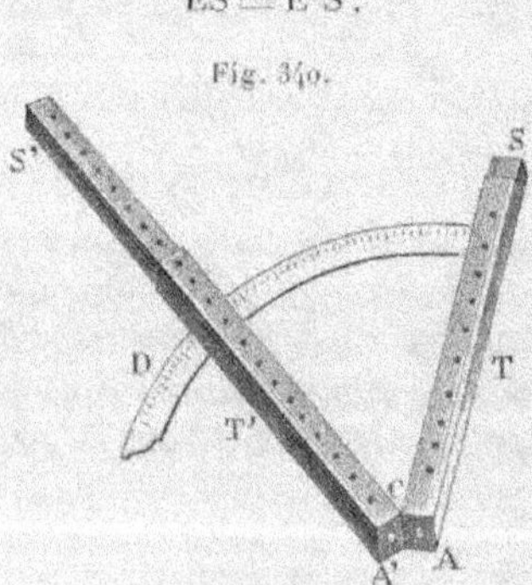

Fig. 340.

On peut ainsi comparer l'éclat d'un astre avec la région voisine du ciel ou même déterminer l'éclat relatif de différentes parties du Soleil ou de la Lune.

La réduction par les diaphragmes de la surface libre des objectifs a été fréquemment utilisée depuis Bouguer, mais les verres qui servent aujourd'hui à la construction des lentilles ont une transparence si parfaite que l'influence de l'épaisseur est à peu près négligeable; il n'est donc plus nécessaire de conserver aux diaphragmes la forme de secteurs (²).

(¹) On désigne plus généralement sous ce nom une lunette dont l'objectif est coupé en deux parties égales. On obtient ainsi deux images d'un objet dont la distance est proportionnelle à l'écartement des demi-lentilles. L'héliomètre à objectif coupé est fréquemment utilisé en Astronomie pour mesurer les petites distances angulaires.

(²) A. DE LA RIVE, *Ann. de Chim. et de Phys.*, [4], t. XII, p. 243; 1867. — A. CORNU, *Journal de Physique*, t. X, p. 189; 1881.

Si l'objectif ne sert que pour une source, on peut en réduire l'ouverture par un diaphragme quelconque, par exemple un rectangle de hauteur constante, dont les bords opposés se rapprochent ou s'éloignent par une vis micrométrique; la surface libre est proportionnelle à la distance des bords. Le diaphragme en *œil de chat* est formé de deux écrans entaillés par un angle droit rentrant sur les bords placés en regard. Quand on fait chevaucher ces écrans, ils laissent toujours entre eux une ouverture carrée de largeur variable; la surface libre est proportionnelle au carré de la distance des angles opposés. En donnant aux écrans des mouvements de sens contraires on utilise toujours, dans les deux cas, une étendue de l'objectif symétrique par rapport au centre.

On a employé aussi des grillages métalliques qui diminuent l'intensité dans le rapport des vides à la surface totale, sans altérer sensiblement la pureté des images, mais la tache centrale d'une étoile serait beaucoup plus affaiblie (¹).

Lorsque l'objectif est partiellement utilisé pour deux sources différentes, à l'aide d'un miroir ou prisme réflecteur, il suffira de faire glisser le miroir devant l'objectif pour réserver aux deux faisceaux des secteurs d'étendues différentes. Si le miroir couvre la moitié de l'objectif, un diaphragme tournant, à ouverture demi-circulaire, modifiera encore le rapport des surfaces.

Dans la lunette photométrique de Steinheil, l'objectif est coupé en deux; chacune des moitiés est éclairée par un prisme à réflexion totale et sa surface est réduite par un diaphragme à coulisse formé de deux lames dont les bords rectangulaires laissent libre une ouverture en forme de triangle rectangle isoscèle.

Les verres absorbants permettent encore d'affaiblir graduellement un faisceau de lumière. On peut utiliser les différentes régions d'un prisme de verre enfumé ou coloré; la déviation du rayon n'est pas un obstacle puisqu'elle est indépendante de l'épaisseur. Il est préférable d'employer deux prismes de même angle disposés en sens inverse, de manière à obtenir l'équivalent d'une lame à faces parallèles d'épaisseur variable (²). La fraction de lu-

---

(¹) J.-P. LANGLEY, *Amer. Journ.*, [3], t. XXX, p. 210; 1885.

(²) X. DE MAISTRE, *Bibl. univ. de Genève*, t. LI, p. 323; 1832. — QUETELET. *Ibid.*, t. LII, p. 212; 1833.

mière transmise varie avec l'épaisseur x comme une exponentielle e^{-mx} (**222**), abstraction faite des pertes par réflexion; une graduation préalable détermine le coefficient d'absorption m.

Enfin on a eu recours quelquefois à une série de réflexions sous le même angle; la fraction de lumière finale est égale à une puissance du pouvoir réflecteur indiquée par le nombre des réflexions. Telle est, par exemple, la méthode de Brewster (**613**) pour vérifier les propriétés de la réflexion métallique.

680. *Réflexion sur une sphère ou un cylindre.* — Nous en rapprocherons un problème très intéressant étudié par Bouguer et dont on a fait un fréquent usage.

Considérons une surface sphérique CM (*fig.* 341), de rayon R,

Fig. 341.

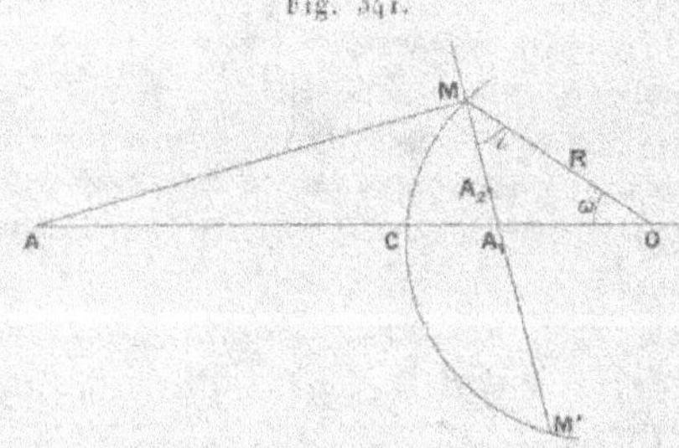

éclairée par une source A à la distance $OA = a$ du centre. Pour le faisceau de rayons qui se réfléchissent au voisinage du point M ($AM = b$), on obtiendra les positions A_1 et A_2 des lignes focales ($OA_1 = a_1$, $MA_2 = \rho$) en changeant les signes de a et b dans les équations relatives aux miroirs concaves (**60** et **61**) :

$$\frac{1}{a_1} + \frac{1}{a} = \frac{2\cos\omega}{R}, \qquad \frac{1}{\rho} - \frac{1}{b} = \frac{2}{R\cos i}.$$

Lorsque la source A est très éloignée, on a $\omega = i$ et il reste simplement

$$2a_1\cos i = R, \qquad 2\rho = R\cos i.$$

Le point A_1 est alors sur la perpendiculaire élevée au milieu du rayon OM, et le point A_2 au quart de la corde MM′ déterminée par le prolongement du rayon réfléchi.

La ligne focale A_1, relative aux rayons qui ont le même angle d'incidence, est une droite dirigée suivant OC; la ligne focale A_2 est perpendiculaire au plan d'incidence.

Si la source est un disque circulaire d'angle apparent 2ε, l'angle d'incidence i, pour le voisinage du point M, varie d'un bord à l'autre de $\delta i = 2\varepsilon$, et le plan d'incidence tourne du même angle. Le point A_1 se déplace ainsi, dans une direction perpendiculaire au plan d'incidence, d'une quantité l' qui a pour expression

$$l' = a_1 2\varepsilon = \frac{R\varepsilon}{\cos i}.$$

La projection l'', sur une perpendiculaire au rayon réfléchi, du déplacement qu'éprouve le point A_2 par suite du changement δi de l'incidence est de même

$$l'' = \rho 2\varepsilon = R\varepsilon \cos i.$$

En appelant α l'ouverture angulaire $\pi\varepsilon^2$ de la source, l'image apparaîtra comme une ellipse, occupant une position intermédiaire aux deux lignes focales, dont le rapport des axes est $\cos^2 i$ et la surface

$$\frac{\pi l' l''}{4} = \pi \frac{R^2 \varepsilon^2}{4} = \alpha \frac{R^2}{4}.$$

Cette surface est indépendante de l'incidence. L'écart angulaire de la sphère à la source étant $\pi - 2i$, le rapport des axes devient égal à $\frac{1}{2}$ lorsque l'angle d'écart est de $90°$.

Pour calculer l'éclairement produit par la lumière réfléchie, il faudrait évaluer l'éclat intrinsèque des lignes focales, mais on y arrive autrement d'une manière plus simple, si le rayon R est très petit par rapport à la distance de l'observateur.

Supposons d'abord que le pouvoir réflecteur soit égal à l'unité. Un faisceau de rayons parallèles, défini par l'angle i, forme la surface d'un cylindre de section droite $\pi R^2 \sin^2 i$, dont la variation relative à l'angle di est $\pi R^2 d . \sin^2 i = \pi R^2 \sin 2i \, di$. La lumière réfléchie correspondante se distribue dans la zone comprise entre les angles $2i$ et $2(i + di)$, c'est-à-dire dans l'angle sphérique $2\pi \sin 2i . 2 \, di = 4\pi \sin 2i \, di$. Si dQ est l'éclairement produit sur la sphère par un élément de la source, la quantité de lumière réfléchie dans l'unité d'angle est constante et égale à $\frac{R^2}{4} dQ$, ce qui donne pour la source entière, en appelant S la surface d'un grand cercle πR^2 de la sphère,

$$Q\frac{R^2}{4} = \frac{QS}{4\pi}.$$

L'éclat intrinsèque moyen de cette sphère est le quotient de l'éclairement Q par 4π, c'est-à-dire indépendant de son rayon, et l'éclat intrinsèque moyen de l'image elliptique considérée est le même que celui de la source.

Ces résultats seront modifiés si l'on tient compte du pouvoir réflecteur variable avec l'incidence; mais, pour des conditions identiques, l'emploi de sphères de même nature permettra d'obtenir, par réflexion, des sources artificielles dont l'intensité est proportionnelle à leurs surfaces.

Si la lumière tombe normalement à l'axe sur un cylindre circulaire de hauteur h, le faisceau incident qui correspond à l'angle di a pour section $h\,d(R\sin i) = hR\cos i\,di$ et la lumière réfléchie est comprise entre deux plans qui font l'angle $2\,di$. Sur le trajet de cette lumière, l'éclairement est proportionnel à $\dfrac{QR}{2}\cos i$ et en raison inverse de la simple distance; il est maximum pour $i = 0$, c'est-à-dire sur le trajet des rayons réfléchis normalement, et nul dans la direction opposée.

681. *Emploi des appareils de polarisation.* — Quand on reçoit un faisceau de lumière naturelle sur un polariseur à une seule image de nature quelconque, la lumière polarisée est une fraction constante, inférieure à la moitié, du faisceau primitif, même dans les prismes de nicol, à cause de la lumière réfléchie sur les faces d'entrée et de sortie, et de celle qui est absorbée par la couche de baume.

De même, quand un faisceau polarisé est reçu par un analyseur dont le plan de polarisation est orienté dans l'azimut α, il peut être remplacé par deux faisceaux respectivement proportionnels à $\cos^2\alpha$ et $\sin^2\alpha$, polarisés à angle droit.

Un faisceau naturel qui passe successivement par un polariseur et un analyseur inclinés de l'angle α est donc réduit à la fraction $t\cos^2\alpha$, le facteur t représentant le coefficient relatif au cas où le polariseur et l'analyseur sont parallèles.

Pour comparer deux éclairements Q et Q', on peut mettre un polariseur et un analyseur sur le trajet de chacun des faisceaux de lumière; l'éclairement final est le même pour la condition

$$Q t \cos^2 \alpha = Q' t' \cos^2 \alpha'.$$

Si l'on veut déterminer le rapport des coefficients t et t', il suffit encore de permuter les faisceaux. Une seconde expérience correspondant aux azimuts β et β' donne

$$Q' t \cos^2 \beta = Q t' \cos^2 \beta', \qquad t \cos \alpha \cos \beta = t' \cos \alpha' \cos \beta'.$$

Quand les faisceaux primitifs sont polarisés à angle droit, un seul analyseur suffit, car les angles α et α' sont complémentaires et l'égalité des éclairements correspond à la condition

$$Q t \cos^2 \alpha = Q' t' \sin^2 \alpha, \qquad \frac{Q}{Q'} = \frac{t'}{t} \tan^2 \alpha.$$

Un grand nombre de photomètres sont fondés sur ce principe. Telle est la méthode employée par Jamin (**615**) pour comparer le pouvoir réflecteur des métaux à celui du verre.

Dans les lunettes photométriques de Babinet et de Becquerel, les éclairements sont aussi réglés par deux nicols.

Si l'on ramène les faisceaux en contact par des réflexions qui ne sont pas totales, on doit avoir soin que l'azimut du polariseur, par rapport au plan d'incidence, reste toujours invariable; la perte de lumière due à la réflexion est alors comprise dans le coefficient pratique t.

Lorsque la lumière primitive est déjà partiellement polarisée, on peut la dépolariser par une lame cristalline épaisse ou étudier séparément les deux composantes principales.

682. *Dédoublement des faisceaux.* — Il arrive souvent que l'on utilise la double réfraction pour diviser un faisceau de lumière naturelle, ce qui permet d'obtenir des polarisations rectangulaires, mais les deux portions ne sont pas rigoureusement d'égale intensité, à cause des valeurs différentes des indices de réfraction; c'est avec cette restriction que la loi de Malus (**343**) est applicable. L'erreur est insignifiante dans les prismes en *quartz* à double image (367), mais elle n'est plus négligeable pour les cristaux, comme le *spath*, dont la double réfraction est très grande.

Considérons un cristal à faces parallèles et d'épaisseur assez grande pour séparer les deux images.

Si l'incidence est assez oblique, il n'y a pas à tenir compte des réflexions intérieures, parce que ces rayons sont rejetés vers les faces latérales et peuvent être facilement absorbés. On remplacera alors la lumière incidente naturelle par deux systèmes uniradiaux d'égale intensité et les formules de réflexion cristalline (630) permettent de calculer les coefficients de réfraction τ'^2 et τ''^2 relatifs aux deux systèmes. Le même effet se produit à la sortie, de sorte que les faisceaux émergents, au lieu d'être égaux, sont dans le rapport de τ'^4 à τ''^4.

Quand la lumière est presque normale, les coefficients de réfraction à l'entrée sont respectivement (577)

$$\tau'^2 = \frac{4\,n'}{(n'+1)^2}, \qquad \tau''^2 = \frac{4\,n''}{(n''+1)^2},$$

n' et n'' désignant les indices de réfraction relatifs à la propagation des deux ondes dans le cristal; mais on doit ici faire intervenir toutes les réflexions intérieures.

En appelant p le facteur de réflexion, le coefficient r'^2 de transmission dans une lame à faces parallèles (607), quand les milieux extrêmes sont identiques et qu'on néglige les pertes de phase sur les surfaces, est

$$r'^2 = \frac{(1-p^2)^2}{1 - 2p^2\cos\delta + p^4}.$$

Avec une lame assez épaisse, le coefficient t de transmission pour une lumière hétérogène est la valeur moyenne de cette expression relative à toutes les valeurs de la perte de phase δ comprises entre $2\,m\pi$ et $(2\,m+1)\pi$. L'intégrale définie

$$\frac{1}{2\pi}\int_0^{2\pi} \frac{d\delta}{1 - 2p^2\cos\delta + p^4} = \frac{1}{\pi(1-p^4)}\left[\operatorname{arc\,tang}\left(\frac{1+p^2}{1-p^2}\operatorname{tang}\frac{\delta}{2}\right)\right]_0^{2\pi}$$

se réduit alors à $\dfrac{1}{1-p^4}$ et donne

$$t = \frac{(1-p^2)^2}{1-p^4} = \frac{1-p^2}{1+p^2}.$$

Comme le facteur p^2 est toujours assez petit, ce résultat diffère très peu de la moyenne des valeurs extrêmes, qui serait

$$\frac{1}{2}\left[1+\left(\frac{1-p^2}{1+p^2}\right)^2\right]=\frac{1+p^4}{(1+p^2)^2}=\frac{1-p^2}{1+p^2}\,\frac{1+p^4}{1-p^4}.$$

Si l'on remplace p^2 par sa valeur en fonction de l'indice n relatif à l'incidence normale, on a

$$t=\frac{(n+1)^2-(n-1)^2}{(n+1)^2+(n-1)^2}=\frac{2n}{n^2+1}.$$

Le rapport des faisceaux émergents est donc

$$\frac{t''}{t'}=\frac{n''}{n'}\,\frac{n'^2+1}{n''^2+1}.$$

Dans un cristal uniaxe, l'indice ordinaire n' est constant et égal à l'inverse du demi-axe polaire b de la surface d'onde. Si la normale à la surface fait l'angle θ avec l'axe, l'indice n'' relatif aux ondes extraordinaires est (50)

$$\frac{1}{n''^2}=b^2\cos^2\theta+a^2\sin^2\theta,$$

et la substitution de ces valeurs donne

$$\frac{t''}{t'}=\frac{1+b^2}{b}\,\frac{\sqrt{a^2\sin^2\theta+b^2\cos^2\theta}}{1+a^2\sin^2\theta+b^2\cos^2\theta}.$$

Avec les faces naturelles du spath d'Islande l'angle θ diffère très peu de $45°$ (364), et l'on peut écrire, sans erreur sensible,

$$\rho=\frac{t''}{t'}=\frac{1+b^2}{b}\,\frac{\sqrt{2(a^2+b^2)}}{2+a^2+b^2}.$$

En utilisant les valeurs des indices déterminés par Rudberg, M. Wild ([1]) a ainsi trouvé, pour les principales régions du spectre :

Raies.	ρ.
B...............	1,02509
D...............	1,02563
E...............	1,02613
G...............	1,02736

---

[1] H. Wild, *Pogg. Ann.*, t. CXVIII, p. 193; 1863. — *Ann. de Chim. et de Phys.*, [3], t. LXIX, p. 238; 1863.

Ce rapport varie donc très lentement avec la réfrangibilité, comme il serait facile de le montrer sur les formules. Sur une face parallèle à l'axe, où la différence des indices est maximum, on a

	Spath.	Quartz.
φ_D	1,0474	0,9976

La différence des intensités des deux rayons du quartz est inférieure, dans tous les cas, aux erreurs des observations photométriques; elle ne dépasse pas $\frac{1}{40}$ pour les faces naturelles du spath. On conçoit ainsi que la loi de Malus ait été vérifiée dans les observations d'Arago (¹), où la précision des lectures était d'environ $\frac{1}{50}$.

Pour contrôler la théorie, M. Wild emploie un photomètre fondé précisément sur la séparation des rayons réfractés par un spath épais. La lumière émanant de deux surfaces M et M' (*fig.* 342).

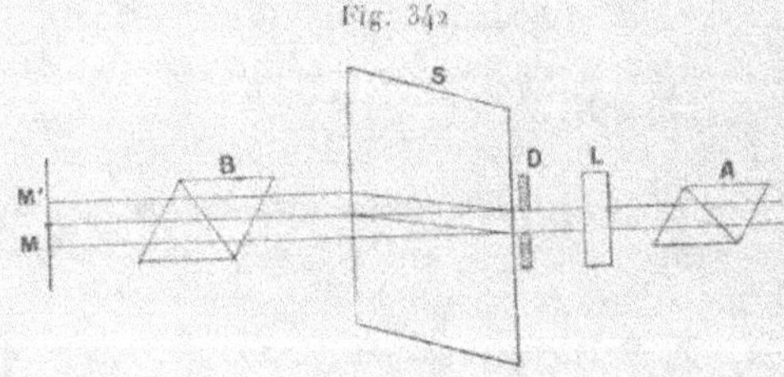

éclairées à l'aide des prismes à réflexion totale, est d'abord polarisée par un nicol B; elle traverse ensuite une plaque S de spath. Un diaphragme D à la sortie, de dimensions convenables, permet de n'utiliser que le rayon ordinaire du premier faisceau et le rayon extraordinaire du second. L'ensemble traverse ensuite un polariscope de Savart L, assez épais (2^{cm}) pour que les franges soient très fines, et l'on observe le phénomène au moyen d'un analyseur A muni d'une lunette.

En appelant I et I' les intensités des deux faisceaux, et α l'angle du plan primitif de polarisation avec la section principale du spath, la frange centrale disparaît pour la condition

$$t'\mathrm{I}\cos^2\alpha = t''\mathrm{I}'\sin^2\alpha, \qquad \frac{\mathrm{I}}{\mathrm{I}'} = \rho\,\mathrm{tang}^2\alpha.$$

(¹) ARAGO, *Œuvres complètes*, t. X, p. 180.

On détermine ce coefficient ρ en utilisant, de la même manière, deux faisceaux donnés par une lumière naturelle I dans un premier spath S_1 placé en avant du polariseur et disposé en sens inverse. Si les sections principales des deux spaths sont rigoureusement parallèles, les intensités des faisceaux sont respectivement $I\, t'_1\cos^2\alpha$ et $I\, t''_1\sin^2\alpha$ à la sortie du polariseur B, abstraction faite de l'absorption commune dans cet appareil, puis $I\, t'_1\, t'\cos^4\alpha$ et $I\, t''_1\, t''\sin^4\alpha$ après la plaque S de spath. Les coefficients t'_1 et t''_1 étant respectivement égaux à t' et t'', la disparition des franges correspond alors à la condition

$$1 = \frac{t''\, t''_1}{t'\, t'_1}\,\operatorname{tang}^4\alpha, \qquad 1 = \rho\,\operatorname{tang}^2\alpha.$$

L'expérience a donné $\rho = 1,0283$, valeur supérieure de 0,002 environ à celle qu'indiquerait la théorie.

On peut encore recourir à d'autres dispositions (¹) pour réaliser des appareils à double image.

Si l'on couvre en partie l'objectif d'une lunette par un prisme d'angle très faible, on obtient deux images voisines dont les intensités sont respectivement proportionnelles aux surfaces utilisées de l'objectif et dont la partie commune, lorsqu'elles empiètent, a une intensité constante correspondant à l'ouverture totale. Les images sont encore mieux comparables quand on emploie deux prismes identiques, ou une lame taillée en forme de biprisme, puisque les pertes de lumière par réfraction sont les mêmes de part et d'autre. Dans tous les cas, les déviations doivent être très petites pour éviter les effets de dispersion.

Deux miroirs réflecteurs ramèneraient ainsi dans la même direction les images de deux sources différentes, affaiblies dans un rapport arbitraire en raison des surfaces de l'objectif utilisées par chacun d'eux. On doit alors tenir compte de l'inégal pouvoir réflecteur, si l'inclinaison n'est pas la même ou si les faisceaux sont en partie polarisés.

L'héliomètre à objectif coupé remplit également le même but, car on peut obtenir une double image de deux objets voisins et

---

(¹) A. CORNU, *Comptes rendus des séances de l'Académie des Sciences,* t. CIII, p. 1227; 1886.

égaler l'éclat de deux des quatre images par une obturation convenable des deux parties de l'objectif.

Enfin, si la lunette a un anneau oculaire réel, on peut y placer un biprisme ou faire l'observation avec un oculaire coupé en deux. On double encore les images et on règle leur éclat par la fraction de l'anneau oculaire utilisée pour chacune d'elles.

683. *Emploi des appareils tournants.* — Les impressions produites sur la rétine ne disparaissent pas aussitôt que la lumière est supprimée; elles persistent pendant un certain temps, variable avec l'éclat de la source, et que l'on peut estimer en moyenne à $\frac{1}{10}$ de seconde; cette propriété physiologique permet à l'œil de superposer les impressions produites par des lumières différentes qui se succèdent au même point à des intervalles de temps assez courts et d'en recevoir la même action que si l'éclairement était continu avec une valeur égale à la moyenne.

C'est un des procédés employés par Newton pour reconstituer la lumière blanche en faisant tourner un disque partagé en secteurs colorés d'ouvertures angulaires convenables.

Un disque tournant composé de secteurs alternativement noirs et blancs prend une teinte grise et diffuse une quantité de lumière proportionnelle à la fraction de circonférence occupée par les secteurs blancs.

Pour vérifier le principe de la méthode, on placera l'un à côté de l'autre deux disques de mêmes dimensions dont l'un est entièrement blanc et l'autre à moitié couvert de secteurs noirs. Quand on donne au second un éclairement double du premier et qu'on le fait tourner rapidement, les deux disques paraissent avoir le même éclat si le noir est assez obscur pour que la lumière diffusée y soit insensible.

Cette disposition permettrait de déterminer le rapport de deux éclairements inégaux. Il suffit, en effet, de projeter le plus faible Q' sur un disque blanc et l'autre Q sur un disque tournant à secteurs dont la partie blanche occupe une fraction f de la circonférence. Les disques paraissent de même éclat quand on a $Q' = fQ$.

On peut faire varier cette fraction f, soit par une série de disques dont les secteurs occupent des angles différents, soit par un disque entièrement blanc percé de fentes radiales par lesquelles on fait déborder une série de secteurs noirs dont l'angle visible est ainsi variable à volonté. Une autre disposition consiste à peindre sur le disque une tache noire de forme variable à volonté de manière à obtenir, pendant la rotation, une teinte qui varie du centre au bord suivant une loi arbitraire ([1]).

Une correction spéciale est nécessaire, parce que les pigments noirs dont on fait usage n'exercent pas une absorption complète et diffusent, en réalité, une fraction φ de la lumière qui correspond aux secteurs blancs. La fraction f de lumière émise par le secteur tournant doit être remplacée par $f + (1 - f)\varphi$ et l'égalité d'éclat correspond à

$$Q' = [f + (1 - f)\varphi]Q.$$

Cette relation permet de déterminer le coefficient φ par une expérience où l'on connaît le rapport des éclairements Q et Q'.

L'action des parties noires n'est plus à considérer quand on fait passer la lumière au travers d'un disque tournant qui porte un certain nombre de secteurs évidés.

Dans une série d'expériences du plus grand intérêt, MM. Abney et Festing ([2]) emploient deux disques métalliques A et B (*fig.* 343) situés l'un devant l'autre et percés de secteurs vides égaux aux pleins. L'un d'eux A est attaché à un axe tournant entraîné par un petit moteur électrique; l'autre disque B est monté sur le même axe par un manchon qui peut glisser sur une vis à pas très long. A l'aide du levier OL qui tourne autour du point fixe O et appuie sur une gorge G du manchon, on peut déplacer ce second disque par rapport au premier, en modifiant pour ainsi dire sa phase, pendant que l'appareil est en mouvement. Une échelle divisée D près de la manette M du levier permet de connaître à chaque instant la position relative des secteurs.

Un faisceau de lumière qui tombe sur le système des disques est complètement intercepté quand les secteurs alternent exactement, ce qui correspond au zéro de la graduation. N étant le nombre des divisions pour lequel les secteurs de même espèce se trouvent

([1]) H.-F. Talbot, *Phil. Mag.*, [4], t. V, p. 327; 1834.

([2]) Capitaine Abney and major general Festing, *Phil. Trans. L. R. S.*, t. CLXXVII, p. 413, 1886 et t. CLXXIX, p. 547; 1888. — W. de W. Abney, *Colour measurement and mixture*; London, 1891.

en regard et la lumière maximum, n le nombre relatif à une expérience, le faisceau se trouve affaibli dans le rapport de n à N.

La comparaison de deux éclairements dont le rapport est supérieur à 2 se fera ainsi en intercalant l'appareil à secteurs tournants sur le trajet du faisceau le plus intense ([1]).

Talbot a imaginé encore de faire réfléchir la lumière solaire sur
un miroir tournant. L'image se transforme en une bande lumineuse circulaire d'un demi-degré de largeur. Comme elle n'ap-

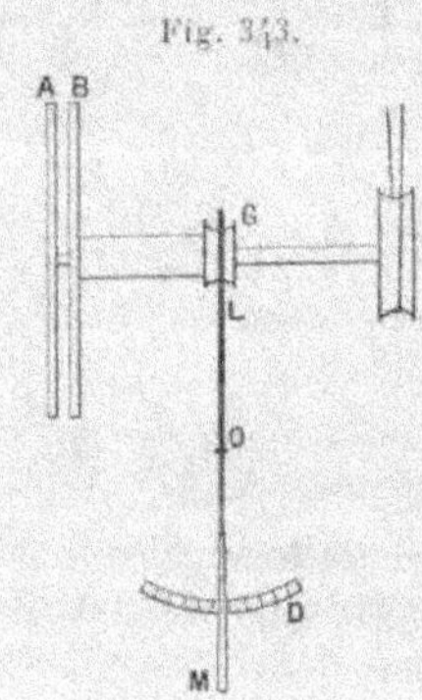

Fig. 343.

paraît que pendant une demi-rotation du miroir, l'éclat intrinsèque de la partie centrale est réduit, à part les variations du
pouvoir réflecteur, dans le rapport du diamètre apparent du Soleil
à $2 \times 360°$, c'est-à-dire de 1 à 1440.

Pour les autres régions, l'éclat est proportionnel à la corde
correspondante de l'image fixe. On pourra ainsi comparer l'éclat
d'une source à celui d'un point de la bande lumineuse.

L'éclairement produit par la lumière réfléchie est proportionnel
à la fraction visible de cette bande, c'est-à-dire à la largeur du
miroir et au cosinus de l'angle d'incidence utilisé, et au pouvoir
réflecteur correspondant.

La méthode est générale et peut recevoir un grand nombre de
modifications. Wheatstone avait proposé, par exemple, de com-

---

([1]) Le principe des secteurs à phase variable avait été déjà indiqué et mis en
pratique par M. Napoli (*Procès-verbaux des séances de la Société de Physique*, p. 53; 1880).

parer deux lumières par l'éclat des figures acoustiques que forment leurs images dans une petite sphère réfléchissante animée d'un mouvement de vibration.

684. *Sensibilité des méthodes photométriques.* — Les différentes vues n'apprécient pas avec la même approximation l'égalité de deux éclairements.

La sensibilité de chaque vue, définie par le rapport de la valeur moyenne de deux éclairements à leur différence, varie d'ailleurs avec les conditions de l'expérience ; elle est à peu près constante pour les éclats moyens, analogues à ceux que l'on recherche pour la lecture ou pour l'écriture, mais elle diminue quand la lumière devient plus faible et surtout quand l'éclat est assez grand pour produire une impression pénible.

Bouguer a constaté que, si l'on reçoit sur un écran l'ombre d'une règle projetée par une bougie située à la distance d'un pied, l'ombre projetée par une seconde bougie devient invisible quand on éloigne cette source à la distance de 8 pieds. Les éclairements de cette ombre et de la région voisine diffèrent alors de $\frac{1}{64}$, et le nombre 64 serait la mesure de la sensibilité de l'œil.

En observant les nombreuses images que donne une bougie par réflexion presque rasante sur une glace étamée dont les faces ne sont pas tout à fait parallèles, Bouguer pouvait distinguer l'éclat des 30e et 31e images et même celui des 39e et 40e, mais les suivantes paraissaient identiques. La variation relative d'éclat pour deux images successives est cependant constante, car si f et f' sont les coefficients de réflexion sur le verre et sur le métal, chaque image a subi deux réflexions intérieures de plus que la précédente ; son intensité est ainsi réduite de la fraction ff', de sorte que la variation relative est toujours $2\dfrac{1-ff'}{1+ff'}$.

D'autre part, on ne reconnaît pas facilement, dans la flamme circulaire d'une lampe, que les bords sont beaucoup plus éclatants que le milieu, tandis que la différence apparaît nettement si l'on vise la flamme par réflexion sur une lame de verre. De même, les taches du Soleil sont généralement invisibles à l'œil nu ou dans une lunette et l'on doit, pour les distinguer, affaiblir la lumière par des verres absorbants.

Arago [1] a constaté encore que la sensibilité de l'œil devient beaucoup plus grande lorsque les surfaces que l'on compare ont un mouvement modéré. Étant sur la terrasse de l'Observatoire, il ne voyait pas son ombre projetée par la réflexion du soleil sur un vitrage voisin, mais elle paraissait dès qu'il se mettait en marche.

Cette propriété a été vérifiée par Laugier et Petit en visant une ouverture éclairée avec une lunette de Rochon devant laquelle on avait placé un polariseur. Quand ils faisaient mouvoir le prisme de manière à déplacer les images, la fraction de lumière appréciable diminuait de $\frac{1}{60}$ à $\frac{1}{130}$.

Dans la méthode des disques tournants, si l'on trace une bande noire suivant une partie d'un rayon, l'éclat de la zone qui correspond à cette bande est affaibli dans le rapport de l'angle du secteur correspondant à la circonférence entière. On reconnaît quelquefois la différence des teintes, d'après Masson, lorsqu'elle est réduite à $\frac{1}{120}$, mais cette limite est rarement atteinte et certaines vues ne distinguent pas $\frac{1}{50}$. La sensibilité paraît d'ailleurs à peu près constante, pour chaque observateur, après un exercice suffisant.

M. von Helmholtz a remarqué que cette méthode donne des résultats beaucoup plus précis quand, à l'exemple d'Arago, on laisse le regard errer sur le disque, au lieu de fixer toujours le même point de séparation des deux zones voisines; il a pu, avec un éclairage convenable, distinguer une différence d'éclat de $\frac{1}{107}$.

Il paraît ainsi difficile d'atteindre, dans les observations photométriques, une approximation de $\frac{1}{200}$.

Quand on règle l'éclairement par la distance R des sources réelles ou virtuelles, la variation relative d'éclat qui correspond au changement dR de la distance est

$$\frac{d\mathrm{R}^2}{\mathrm{R}^2} = 2\,\frac{d\mathrm{R}}{\mathrm{R}}.$$

Pour une même sensibilité de l'œil, la variation dR est proportionnelle à la distance R.

Avec les écrans à ouverture variable ou les disques tournants, la lumière est proportionnelle à la surface utile S et la variation re-

---

[1] F. Arago, *Œuvres complètes*, t. X, p. 255.

lative d'éclat à $\dfrac{dS}{S}$; la mesure du changement dS de surface doit
être d'autant plus précise que la surface est plus petite.

Dans les appareils de polarisation, si l'intensité de l'éclairement
variable est proportionnelle au carré du cosinus ou du sinus d'un
angle α, la variation relative est

$$\frac{d\cos^2\alpha}{\cos^2\alpha} = -2\tang\alpha\,d\alpha,$$

$$\frac{d\sin^2\alpha}{\sin^2\alpha} = 2\cot\alpha\,d\alpha.$$

L'erreur $d\alpha$ doit être d'autant plus faible que l'angle α est plus
voisin de $90°$ dans le premier cas ou de zéro dans le second. Au
voisinage de $45°$, une variation d'éclat de $\frac{1}{200}$ correspondrait à une
différence de $12'$ dans la lecture de l'angle.

Si le rapport des éclairements est proportionnel à $\tang^2\alpha$, la
variation relative est

$$\frac{d\tang^2\alpha}{\tang^2\alpha} = \frac{2\tang\alpha}{\sin^2\alpha}\,d\alpha = \frac{4}{\sin 2\alpha}\,d\alpha\,;$$

le minimum a lieu quand l'angle α est voisin de $45°$.

Quand on observe les franges de Savart, d'après M. Wild, en
pointant le réticule d'une lunette sur la frange centrale, on arrive
à la faire disparaître, sans que cependant l'irisation des franges
voisines soit effacée en même temps, et l'azimut de l'analyseur se
déterminerait à $1'$ ou $2'$ près, si l'œil est bien protégé contre toute
lumière extérieure. Au voisinage de $45°$, l'approximation serait
alors $0,001$ ou $0,002$. Pour la même exactitude de pointé, l'erreur
relative ne change pas sensiblement entre $35°$ et $55°$, c'est-à-dire
quand le rapport des intensités varie de 1 à 2, mais elle serait
presque doublée si ce rapport était de 1 à 4.

Une telle exactitude, si on peut l'atteindre, ne doit être réalisable
que dans des circonstances exceptionnelles et pour des lumières
absolument identiques.

Les analyseurs à pénombre (366 et 407) permettent bien de déterminer l'azimut de polarisation à $1'$ près, mais la différence relative des éclairements reste assez grande. Dans tous ces appareils,
un faisceau polarisé est partagé en deux autres qui devraient être

polarisés dans des azimuts $+i$ et $-i$ symétriques par rapport au premier, et qui sont en réalité dans les azimuts $i+\delta$ et $i-\delta$, à cause de l'erreur δ d'observation. Comme on cherche à donner aux images le minimum d'éclat, les intensités sont respectivement proportionnelles à $\sin^2(i+\delta)$ et $\sin^2(i-\delta)$ et leur différence relative est

$$\frac{\sin^2(i+\delta)-\sin^2(i-\delta)}{\sin^2 i}=\frac{\sin 2i \sin 2\delta}{\sin^2 i}=\frac{2\sin 2\delta}{\tang i}.$$

Pour l'analyseur de M. Laurent, par exemple, l'angle i est de $1°30'$ ou $90'$; l'erreur de $1'$ donnerait $\frac{1}{23}$ comme différence d'éclat.

Enfin, quand on emploie les lames absorbantes, la variation relative d'intensité est simplement proportionnelle au changement dx de l'épaisseur, car on a

$$\frac{de^{-mx}}{e^{-mx}}=-m\,dx.$$

Toutefois la lumière réfléchie peut être une fraction notable de celle qui est transmise et il est nécessaire d'en tenir compte.

Lorsque le milieu est terminé par des faces parallèles et éclairé normalement, comme pour l'étude de l'absorption, le coefficient de transmission r'^2 correspondant à une longueur d'onde déterminée, en tenant compte de toutes les réflexions intérieures (607), est donné par l'expression

$$r'^2=\frac{f^2(1-p^2)^2}{1-2f^2p^2\cos\delta+f^4p^4},$$

dans laquelle f^2 est le facteur de réduction de l'amplitude pour deux passages, c'est-à-dire e^{-mx}.

On trouverait, comme plus haut (682), que la valeur moyenne t du coefficient de transmission r'^2 dans la lame, pour une lumière non homogène, est

$$t=\frac{f^2(1-p^2)^2}{1-f^4p^4}.$$

L'expérience donnant la valeur de t, on en déduit f^2 par la racine positive d'une équation du second degré

$$f^2=\frac{\sqrt{(1-p^2)^4+4p^4t^2}-(1-p^2)^2}{2p^4t}.$$

Si le terme $p^2 t$ est très petit, ce qui a lieu généralement, cette expression peut se réduire à

$$f^2 = \frac{t}{(1 - p^2)^2},$$

c'est-à-dire à celle que l'on obtiendrait en tenant compte d'une seule réflexion sur les faces d'entrée et de sortie.

En déterminant les coefficients pratiques de transmission t et t', pour deux épaisseurs différentes x et x', on aura

$$\frac{f^2}{f'^2} = \frac{t}{t'} = e^{2m(x'-x)}, \qquad 2m = \frac{1}{x' - x} \cdot l \cdot \frac{t}{t'}.$$

685. *Influence de l'intensité et de la couleur.* — Les propriétés physiologiques de l'œil à cet égard méritent une attention particulière ([1]). Si la sensibilité relative de l'œil était constante, la variation dS de la *sensation* serait proportionnelle à la variation relative $\frac{dE}{E}$ de l'éclat intrinsèque E des objets que l'on observe; c'est la loi de Fechner, qui est d'ailleurs applicable, entre certaines limites, à toutes les sensations. On aurait alors

$$dS = A \frac{dE}{E}, \qquad S - S_1 = A\, l \cdot \frac{E}{E_1},$$

S_1 désignant la sensation qui correspond à un éclat E_1. La sensation S croît alors comme le logarithme de l'intensité lumineuse.

La loi de Fechner ne convient que pour des intensités moyennes, car la sensation est à peu près proportionnelle à l'intensité pour des lumières très faibles et elle ne croît pas sans limite, puisque la rétine ne tarderait pas à être blessée par une lumière trop éclatante. En outre, la rétine n'est pas seulement excitée par la lumière extérieure, elle l'est aussi par des causes internes dont l'effet peut être représenté par l'éclat E_0 d'une lumière extérieure constante, qui correspondrait à la sensation éprouvée dans une obscurité complète; on doit donc remplacer E par $E + E_0$.

Enfin, le maximum de sensation n'étant pas infini, le coefficient A doit diminuer à mesure que l'éclat E est croissant. Pour

---

([1]) *Voir* HELMHOLTZ, *Optique physiologique*, § 21.

tenir compte de toutes ces circonstances, M. von Helmholtz propose de remplacer l'équation différentielle par la suivante

$$dS = \frac{A}{B+E} \frac{dE}{E+E_0},$$

dans laquelle le rapport $\frac{B}{E}$ est très grand. Il en résulte

$$S = \frac{A}{B-E_0} l. \frac{E+E_0}{B+E} + C,$$

la constante C représentant le maximum de sensation.

La différence d'éclat apparent des objets s'affaiblit quand la lumière est très intense et s'exagère si l'éclairage est très faible. Les
peintres utilisent cette circonstance dans les effets de clair de lune
en faisant ressortir les parties brillantes par des tons plus heurtés
que pour les effets de jour.

La sensibilité de l'œil aux variations d'éclat diminue beaucoup
pour les couleurs éloignées de la région la plus intense du spectre.
M. Trannin ([1]) trouve, par exemple, que dans un spectre de réfraction bien éclairé, la fraction de lumière appréciable serait représentée, en dix-millièmes, par les nombres suivants :

Rouge extrême	82
Rouge	53
Jaune orangé	13,4
Bleu	73
Bleu plus éloigné	93

Il y aurait des réserves à faire sur ces valeurs numériques, qui
sont déduites des observations par le Calcul des probabilités, mais
le sens du phénomène doit être conservé. La sensibilité serait 6 ou 7
fois plus grande pour le jaune orangé que pour les couleurs extrêmes ; elle diminue aussi plus rapidement pour ces mêmes couleurs quand on affaiblit la lumière.

D'après les observations de M. Nichols ([2]), les variations de
sensibilité d'une couleur à l'autre seraient beaucoup plus faibles,

---

([1]) TRANNIN, *Journal de Physique*, t. V, p. 297; 1876.
([2]) E.-L. NICHOLS, *Electrical World*, t. XV, p. 368; 1890.

car l'approximation relative des mesures, évaluée en centièmes,
serait donnée par les nombres suivants :

Couleur.	λ.	Approximation.
Rouge.............	0,702 μ	2,45
Jaune.............	589	1,14
Vert............. {	558	1,34
	500	1,99
Bleu.............	466	2,30
Violet.............	439	2,35

Il convient encore de chercher si la sensation varie suivant la
même loi pour les différentes couleurs. En tout cas, elle n'est pas
proportionnelle à l'énergie des radiations, puisque les rayons du
rouge extrême restent invisibles et que le maximum d'impression
lumineuse dans un spectre a lieu certainement au voisinage de
la lumière jaune.

Purkinje (¹) a constaté que si deux lumières de couleurs différentes, rouge et bleu, par exemple, paraissent avoir le même
éclat, le bleu semble manifestement plus clair quand on affaiblit
les deux lumières dans le même rapport, tandis que le rouge prédomine si on les augmente. L'expérience est facile à réaliser avec
un écran qui porte deux secteurs voisins de couleurs différentes;
si elles paraissent de même intensité pour un certain éclairage,
elles prédominent alternativement lorsque l'éclairage augmente
ou diminue. La sensation peut donc suivre la même loi dans tous
les cas, mais avec des coefficients particuliers à chaque couleur.

Cette observation importante laissera un doute sur la comparaison des couleurs différentes. Elle a conduit M. von Helmholtz
à une remarque curieuse sur ce qu'on appelle habituellement
lumière blanche. La lumière du jour paraît toujours blanche,
quoique la sensation des couleurs jaune et rouge soit exagérée
quand le ciel est pur et que la sensation du bleu prédomine par
les ciels couverts et brumeux. C'est sans doute par habitude que
l'on conserve l'expression de blanc à des impressions en réalité si
différentes. La même chose a lieu pour les blancs artificiels obtenus par la combinaison de couleurs différentes. Le mélange paraît toujours rester blanc quand on affaiblit ou qu'on augmente les

---

(¹) PURKINJE, *Zur Physiologie der Sinne*, t. II, p. 109; Prague, 1823.

couleurs composantes dans le même rapport, quoique l'impression réelle soit certainement modifiée. De même, la campagne vue au travers d'un verre jaune, par un temps couvert, prend l'aspect que lui donnerait un beau soleil; en revanche, un paysage éclairé par le soleil affecte ce qu'on appelle un ton froid quand on le regarde au travers d'un verre bleu.

Les peintres ont encore suivi par instinct la même règle, en utilisant les tons jaunes pour les effets de plein soleil, les tons bleuâtres pour les temps couverts et surtout les effets de lune.

686. *Polarimètres.* — La détermination de la quantité de lumière polarisée qui existe dans un faisceau se ramène à un problème de Photométrie.

L'emploi d'un analyseur permet de reconnaître si la lumière est entièrement polarisée dans le même plan pour toutes les couleurs élémentaires, auquel cas on peut l'éteindre complètement.

Si le faisceau est partiellement polarisé et formé d'ailleurs de lumière blanche, il fera apparaître des teintes colorées dans une lame cristalline que l'on observe avec un analyseur.

Pour évaluer la sensibilité de son polariscope à lame de quartz perpendiculaire à l'axe, Arago utilise la propriété que possède une plaque cristalline épaisse (384), traversée par un faisceau polarisé dans l'azimut i, de fournir à l'émergence un faisceau dans lequel la fraction de lumière polarisée dans la section principale est $\cos 2i$; le faisceau primitif est entièrement dépolarisé si l'angle i est de 45°. La différence des colorations parut nettement appréciable au polariscope quand on faisait tourner la lame cristalline dans une excursion de 48′ à droite ou à gauche, c'est-à-dire quand l'azimut était $45° \pm 24'$, ce qui donne

$$\cos 2(44° 36') = 0,0139 = \frac{1}{72}.$$

La sensibilité est ainsi à peu près équivalente à celles des photomètres ordinaires; elle serait sans doute plus grande avec une plaque à deux rotations.

Pour constituer un *polarimètre*, il suffit d'ajouter à l'appareil un organe, tel qu'une pile de glaces (584), capable de rendre naturel un faisceau partiellement polarisé et de déterminer ensuite par une graduation empirique, l'effet qu'elle produit sous différentes inclinaisons.

Avec un polariseur et une plaque de quartz parallèle à l'axe orientée sous l'angle i, on constitue un faisceau dans lequel la fraction de polarisation est $f = \cos 2i$, c'est-à-dire qui est composé de deux faisceaux d'intensité I et I' polarisés à angle droit et dont le rapport est donné par la relation

$$ f = \frac{I - I'}{I + I'}, \qquad \frac{I'}{I} = \frac{1 - f}{1 + f} = \tan^2 i. $$

On reçoit cette lumière sur une pile de glaces dont le plan de réfraction est parallèle au plan de polarisation partielle. Si t et t' sont les coefficients de transmission relatifs aux faisceaux I et I', la lumière émergente est formée de deux faisceaux tI et $t'I'$ polarisés à angle droit. Elle paraît naturelle au polariscope si l'on a

$$ tI = t'I', \qquad \text{ou} \qquad f = \frac{t' - t}{t' + t}, $$

c'est-à-dire si la fraction primitive de polarisation est égale à celle que produirait la pile de glaces dans un azimut perpendiculaire sur un faisceau de lumière naturelle. Ces expériences préalables permettent de faire une Table des valeurs de f relatives à la pile de glaces pour différentes incidences.

Le polarimètre d'Arago se compose ainsi d'une pile de glaces montée sur un cercle gradué qui permet d'en mesurer l'inclinaison; la lumière qui a traversé cette pile est observée ensuite avec une sorte de lunette formée d'un tube qui est muni d'une lame de quartz à l'une des extrémités et d'un analyseur à double image à l'autre extrémité.

Une bande d'étoffe noire intercepte la lumière qui pourrait se réfléchir sur la face postérieure de la pile et pénétrer dans le polariscope.

Cet appareil s'appliquerait mal aux lumières colorées, comme le bleu du ciel. M. Cornu (¹) limite le faisceau incident par un diaphragme et fait tomber la lumière sur un prisme de Wollaston (367) qui donne deux images de l'ouverture libre. Ces images

---

(¹) A. Cornu, *Association française, Comptes rendus de* 1882, p. 253.

sont d'intensités différentes si la lumière est partiellement polarisée et que la section principale du prisme ne soit pas à 45° du plan de polarisation. L'égalité d'éclairement étant obtenue par une rotation convenable du prisme, il suffit de le tourner de 45° pour amener la section principale dans le plan de polarisation. L'éclat est alors maximum pour l'une des images, minimum pour la seconde, et elles sont polarisées à angle droit. N étant la quantité de lumière naturelle et P celle de lumière polarisée dans le faisceau primitif, ces images sont dans le rapport de $\dfrac{N}{2} + P$ à $\dfrac{N}{2}$. On rétablit l'égalité en observant avec un analyseur dans l'azimut 90° + α, par rapport à la section principale du prisme, ce qui donne

$$\left(\frac{N}{2} + P\right) \sin^2\alpha = \frac{N}{2} \cos^2\alpha,$$

$$\frac{2P}{N} = \cot^2\alpha - 1 = \frac{\cos 2\alpha}{\sin^2\alpha},$$

et la fraction de lumière polarisée est

$$f = \frac{P}{N + P} = \frac{\cos 2\alpha}{2\sin^2\alpha + \cos 2\alpha} = \cos 2\alpha.$$

Le photomètre de M. Wild (682) conviendrait également. Avec deux spaths parallèles et de sens inverses entre lesquels se trouve un polariseur B, si le plan de polarisation partielle est parallèle à la section principale des spaths, les deux rayons dans le premier spath sont $t'\left(\dfrac{N}{2} + P\right)$ et $t''\dfrac{N}{2}$. A la sortie du polariseur, orienté dans l'azimut α, ils deviennent, à part la perte de lumière commune, $t'\left(\dfrac{N}{2} + P\right) \cos^2\alpha$ et $t'' \dfrac{N}{2} \sin^2\alpha$. Le spath suivant les affaiblit de nouveau dans les rapports $t' \cos^2\alpha$ et $t'' \sin^2\alpha$, de sorte que la disparition des franges correspond finalement à la condition

$$\left(\frac{N}{2} + P\right) = \frac{N}{2} \rho^2 \tan^4\alpha,$$

$$\frac{2P}{N} = \rho^2 \tan^4\alpha - 1.$$

En posant $\rho \tan^2\alpha = \cot\beta$, la fraction de lumière polarisée est encore représentée par $\cos 2\beta$.

Ces méthodes supposent toutefois, si la lumière n'est pas homogène, que le plan de polarisation reste le même pour toutes les couleurs élémentaires. Dans le cas contraire, il serait nécessaire de les étudier séparément.

687. *Comparaison des lumières instantanées.* — Les éclairs et les étincelles électriques, dont la durée est souvent inférieure à $\frac{1}{1000}$ de seconde, démontrent suffisamment que l'œil est capable d'apprécier des sources de lumière pour ainsi dire instantanées ; on peut admettre aussi, par suite de la persistance des effets sur la rétine, que l'impression finale est l'intégrale des actions produites pendant toute la durée du phénomène, si cette durée est inférieure à $\frac{1}{10}$ de seconde. En d'autres termes, l'éclat apparent du phénomène est proportionnel à la quantité totale de lumière émise par la source.

Masson a utilisé cette propriété pour comparer la quantité de lumière émise par des étincelles électriques dans différentes conditions. Il visait avec une lunette un disque blanc, muni de secteurs noirs, en rotation continue, et éclairé par une source de lumière fixe. Si on l'éclaire en même temps par une source instantanée, les secteurs noirs apparaissent quand l'excès de lumière reçue par les secteurs blancs est une fraction de l'éclairage primitif supérieure à celle que peut apprécier l'observateur, tandis qu'ils restent invisibles dans le cas contraire. On peut donc, par un changement de la distance des sources ou toute autre méthode de réduction, modifier le rapport des éclairements de manière à atteindre la limite à laquelle les secteurs cessent d'être visibles. La quantité totale de lumière qu'émet la source instantanée est alors une fraction déterminée de l'éclairage permanent.

Si deux sources instantanées, produisant des quantités totales de lumière T et T′, réalisent cette condition quand on les place aux distances R et R′ du disque éclairé par une source fixe, ces quantités sont proportionnelles aux carrés des distances.

Les expériences de Masson sur la décharge des batteries se résument à ce résultat simple que l'éclat des étincelles est proportionnel à l'énergie électrique de la batterie, c'est-à-dire au produit de la charge par la différence de potentiel des armatures ou, ce qui est équivalent, au produit de la capacité par le carré de la différence de potentiel.

688. *Photométrie chromatique.* — On rencontre de grandes difficultés dans la comparaison directe des sources de lumière, quand elles n'ont pas exactement la même composition, et la différence des teintes est encore exagérée par un effet de contraste sur les deux surfaces voisines que l'on doit observer. Si l'on compare, par exemple, par la méthode des ombres, la lumière de la Lune et celle d'un bec de gaz, l'une des ombres paraît nettement bleue, l'autre d'un jaune intense; le jugement de l'égalité d'éclat peut être alors très différent d'un observateur à l'autre et il varie avec l'intensité.

Pour estimer la richesse du bleu du ciel, suivant l'altitude ou les conditions atmosphériques, de Saussure (¹) le comparait avec une gamme de couleurs peinte sur papier et comprenant cinquante-trois nuances de bleu, depuis le blanc jusqu'au noir; cet appareil constituait un *cyanomètre*.

On peut remplacer les couleurs artificielles par les teintes variées de polarisation chromatique (Biot) ou de polarisation rotatoire (Arago) que l'on obtient en observant une feuille de papier blanc, éclairé à la lumière diffuse du jour, au travers d'une lame cristalline d'épaisseur convenable comprise entre un polariseur et un analyseur croisés. Toutefois, ces méthodes sont très insuffisantes parce que les lumières que l'on compare n'ont jamais la même composition.

On obtient encore une sorte de *colorigrade* en inclinant une lame de mica sur la direction de la lumière ou en faisant varier l'angle du polariseur et de l'analyseur entre lesquels se trouve un cristal qui jouit du pouvoir rotatoire.

La plupart des *colorimètres* employés dans la pratique, pour évaluer la richesse d'un liquide en matière colorante, présentent le même caractère de mesure approximative. En prenant comme terme de comparaison la lumière que laisse passer un verre coloré

(¹) Th. de Saussure, *Journal de Physique*, t. XXXVIII, p. 199; 1791.

ou une solution titrée, on détermine l'épaisseur que doit avoir le liquide observé pour reproduire la même teinte.

Quand on veut comparer les lumières qui proviennent de deux sources, on se borne souvent à placer devant l'œil des verres de différentes couleurs, rouge, jaune et vert, qui laissent passer des lumières à peu près homogènes, et l'on détermine le rapport de chacune d'elles dans les deux sources.

Herschel ([1]), qui a examiné avec beaucoup de soin les résultats généraux de l'absorption de la lumière dans les corps colorés, ne paraît pas avoir fait d'autre vérification expérimentale que par l'apparence du spectre ou la couleur résultante d'un faisceau primitif de lumière blanche, après qu'il a traversé des épaisseurs différentes du milieu absorbant.

M. F. Bernard ([2]) s'est servi également de verres colorés ou de solutions convenables pour étudier les lois de l'absorption dans un certain nombre de milieux. Deux faisceaux de lumière émanés de portions voisines d'une surface uniformément éclairée traversent séparément des tubes munis d'un polariseur et d'un analyseur; ils sont ensuite réfléchis à angle droit par des prismes à réflexion totale pour éclairer les deux parties d'un photomètre. Sur le trajet de l'un des faisceaux on interpose un corps absorbant d'épaisseur variable et, en couvrant l'œil avec un verre coloré, on amène les deux images à la même intensité par le jeu des nicols. Les résultats ne s'appliquent encore qu'à des couleurs mal définies et ne permettraient pas de construire la courbe d'absorption pour toute l'étendue du spectre.

La comparaison des couleurs élémentaires ne peut être faite exactement que par l'analyse des lumières; les appareils employés pour cet usage portent le nom de *spectrophotomètres*.

Les deux sources éclairent les deux moitiés d'une même fente, ou deux fentes différentes dont on ramène les images dans la même direction, afin de produire deux spectres voisins dont les couleurs se correspondent. On ne verrait ainsi qu'un seul spectre si la ligne de démarcation était supprimée et si les deux faisceaux avaient la même composition et la même intensité.

([1]) J.-F.-W. Herschel, *Traité de la lumière*, § III.
([2]) F. Bernard, *Ann. de Chim. et de Phys.*, [3], t. XXXV, p. 385; 1852.

Ces deux fentes jouent le rôle des ouvertures éclairantes que l'on observe avec un appareil optique dans les photomètres (672). On doit prendre les mêmes précautions pour que l'éclat de chacun des spectres soit proportionnel à l'éclairement correspondant et qu'on les observe dans les mêmes conditions.

M. Govi (¹) a constitué ainsi un véritable photomètre chromatique. Deux fentes verticales sont éclairées séparément par deux sources situées dans leur direction commune. Les faisceaux, qui marchent en sens contraires, sont brisés à angles droits et ramenés dans une même direction normale au plan des fentes; un petit réglage permet aisément de placer les images virtuelles dans le prolongement l'une de l'autre. A l'aide d'une lentille et d'un prisme dispersif, on produit deux spectres voisins, dont on observe les différentes régions sur un verre dépoli ou amidonné. On règle l'intensité des deux lumières par la distance des sources ou l'ouverture des fentes.

Il est avantageux, dans tous les cas, de limiter par un diaphragme la couleur observée, afin que l'expérience ne soit pas troublée par la différence d'éclat des régions latérales.

Dans une étude sur l'analyse qualitative des dissolutions colorées, M. Vierordt (²) emploie un spectroscope dont la fente est formée de deux parties, l'une d'ouverture constante, l'autre de largeur variable à l'aide d'une vis micrométrique, et les spectres sont observés par l'oculaire de la lunette. La fente mobile permet de faire varier l'un des éclairements et, si l'ouverture nécessaire à la lumière la plus faible devenait assez grande pour troubler la pureté du spectre, on y supplée en couvrant l'autre moitié de la fente par un verre enfumé.

C'est habituellement à la polarisation que l'on a recours pour égaler les lumières. Nous avons indiqué déjà la disposition de M. Glan (478) qui éclaire les deux moitiés de la fente d'un spectroscope, l'une directement, l'autre par un prisme à réflexion totale, avec deux lumières différentes. Un prisme de Wollaston fournit deux images de chacune des moitiés et on règle l'appareil, soit

---

(¹) Govi, *Comptes rendus des séances de l'Académie des Sciences*, t. L, p. 156; 1860.

(²) Vierordt, *Pogg. Ann.*, t. CXXXVIII p. 172; 1870.

par la distance des fentes, soit par l'objectif du collimateur, de
manière que la duplication du prisme de Wollaston amène en
contact deux des images polarisées à angle droit. Un analyseur
est placé à la suite du prisme de Wollaston et avant l'appareil de
dispersion, afin que la lumière émergente soit polarisée dans un
même plan avant de rencontrer les prismes et que l'égalité ne soit
plus modifiée par la réfraction. On obtient ainsi quatre spectres,
dont deux sont en contact dans la région observée; on élimine
les autres par un diaphragme et l'azimut de l'analyseur permet de
connaître en chaque point le rapport des éclairements.

Deux lumières peuvent ainsi être comparées par substitution,
auquel cas elles sont proportionnelles aux carrés des tangentes de
l'azimut du polariseur. Pour les comparer directement, il faut déterminer, par une expérience préalable, le coefficient de réduction
relatif à l'éclairage différent des deux fentes.

M. Crova (^{1}) emploie la même disposition; les faisceaux qui
éclairent les deux moitiés de la fente sont d'abord polarisés à
angle droit et ramenés à l'égalité par un analyseur, ou bien on règle
l'intensité de l'un d'eux par deux nicols.

M. Glazebroock (^{2}) se sert de deux collimateurs à angle droit
dont les fentes sont précédées d'un nicol; les faisceaux, ramenés
ensuite à la même direction, traversent l'appareil de dispersion et
sont observés par un analyseur.

Dans l'appareil de M. Cornu (^{3}), deux objectifs produisent sur
la fente les images de deux surfaces éclairées; on obtient l'uniformité des teintes par un diaphragme variable qui limite l'ouverture utilisée sur l'un des objectifs.

Toutes ces méthodes sont en défaut lorsque l'une des sources
renferme de la lumière polarisée; c'est une circonstance dont il
est facile de tenir compte.

Il suffit, par exemple, de faire en sorte que le plan de polarisation partielle soit à 45° de la section principale du prisme de
Wollaston, ou du plan de dispersion des prismes. On peut encore

---

(^{1}) A. Crova, *Ann. de Chim. et de Phys.*, [5], t. XIX, p. 533; 1880, et t. XXIX,
p. 556; 1883.
(^{2}) R.-T. Glazebroock, *Poceed. of the Cambr. Ph. Soc.*, t. IV, p. 394; 1883.
(^{3}) A. Cornu, *Journal de Physique*, t. IX, p. 189; 1881.

déterminer, par une expérience préalable, le rapport ρ des coefficients de transmission t' et t'' pour les rayons polarisés dans des azimuts parallèle ou perpendiculaire au plan de dispersion.

Le coefficient t_0 relatif à la lumière naturelle est la moyenne des valeurs t' et t'', et le coefficient t, qui correspond aux rayons polarisés dans l'azimut θ, est

$$t = t' \cos^2\theta + t'' \sin^2\theta = 2 \frac{\rho \cos^2\theta + \sin^2\theta}{\rho + 1} t_0.$$

Si l'on pose $\rho = \mathrm{tang}^2\varphi$, ce coefficient se réduit à

$$t = 2(\sin^2\varphi \cos^2\theta + \cos^2\varphi \sin^2\theta) t_0 = [1 - \cos 2\varphi \cos 2\theta] t_0.$$

Lorsque le faisceau renferme une fraction $f = \dfrac{P}{N + P}$ de lumière polarisée dans l'azimut θ, l'intensité observée est

$$t_0 [N + (1 - \cos 2\varphi \cos 2\theta) P] = t_0 (N + P)(1 - f \cos 2\varphi \cos 2\theta).$$

On obtient peut-être une plus grande sensibilité par les interférences complémentaires. M. Trannin éclaire les deux moitiés de la fente du spectroscope par réflexion totale. A la sortie du collimateur, la lumière est polarisée, traverse ensuite une lame de quartz parallèle à l'axe, orientée à 45°, puis un prisme duplicateur de Wollaston dont la section principale est parallèle au plan primitif de polarisation. On obtient ainsi, après dispersion, pour les deux moitiés A et B de la fente, quatre spectres cannelés A' et B', A'' et B'', où les bandes d'interférence sont respectivement complémentaires. Ces spectres se recouvrent en partie et l'on observe la région où deux spectres de natures différentes B' et A'' sont superposés. Les minima doivent paraître absolument noirs dans les spectres isolés; en ne conservant par un diaphragme que la partie commune et une région déterminée, le champ présente une teinte uniforme quand les fentes reçoivent la même quantité des couleurs correspondantes. La méthode est exacte si les sources sont comparées par substitution; mais, pour une comparaison directe, il faut tenir compte de l'inégale transmission, dans les prismes disperseurs, des systèmes polarisés à angle droit.

On éliminerait cette difficulté en plaçant la section principale du prisme duplicateur à 45° du plan de dispersion, ou en déterminant le rapport des coefficients de transmission pour les deux

azimuts principaux. M. Trannin emploie une autre méthode, qui
consiste à placer sur le trajet de la lumière, avant la réfraction,
une glace à faces parallèles sous une inclinaison convenable, pour
affaiblir les rayons polarisés dans le plan de dispersion et compenser l'action des prismes. Un calcul facile montre que cette
compensation est toujours possible et on la vérifie par expérience.
Toutefois, elle présente un inconvénient dans la pratique, parce
que l'inclinaison de la lame doit changer avec la couleur.

Les bandes transversales ont encore le défaut de ne pouvoir
être utilisées pour les spectres discontinus. M. Gouy ([1]) évite
cette difficulté en faisant tomber sur la fente du spectroscope
l'image d'un compensateur de Babinet disposé de manière à donner des bandes perpendiculaires à la fente, que nous supposerons
verticale. L'une des lumières, placée dans la direction du collimateur, traverse d'abord un nicol N, puis un prisme de spath
achromatisé S dont la section principale est horizontale, le compensateur orienté dans l'azimut de $45°$, un second nicol N', dont la
section principale est horizontale, et enfin une lentille qui donne
l'image du compensateur sur la fente.

Entre le premier nicol N et le spath est intercalé un prisme à
réflexion totale, qui ramène la lumière d'une source latérale, et
les appareils sont réglés de telle façon que la lumière directe traverse le spath à l'état de rayon ordinaire et la lumière latérale à
l'état extraordinaire. Les deux systèmes de franges sont complémentaires et l'on peut, par le premier nicol, modérer le faisceau
direct de manière à donner au spectre un éclat uniforme dans une
région déterminée, quelle que soit d'ailleurs la distribution de la
lumière. La source latérale sert d'étalon invariable et les autres
sont comparées par substitution.

C'est dans des conditions analogues que M. Wild ([2]) transforme son appareil en spectrophotomètre. Il suffit de remplacer
les surfaces M et M' (*fig.* 342) par une fente dont les deux moitiés sont différemment éclairées, d'ajouter un collimateur dont

---

([1]) Gouy, *Comptes rendus des séances de l'Académie des Sciences*, t. LXXXIII,
p. 269; 1876.

([2]) H. Wild, *Wied. Ann.*, t. XX, p. 452; 1883. — *Journal de Physique*, [2],
t. III, p. 142; 1884.

cette fente occupe le plan focal et d'intercaler ensuite un prisme à vision directe. M. Wild met ce prisme entre le spath et le polariscope, mais il serait préférable de le placer à la suite de l'analyseur, pour n'avoir pas à tenir compte de l'inégale transmission des rayons réfractés. Les spectres relatifs aux deux moitiés de la fente sont encore couverts de cannelures alternantes dans l'azimut de 45°; l'observation doit être moins précise que si elles étaient transversales ou longitudinales.

La superposition des faisceaux s'obtiendrait mieux par un réflecteur transparent. La pile de glaces, employée par Babinet, donne en même temps les deux polarisations rectangulaires et permet d'affaiblir les faisceaux, entre certaines limites, dans des proportions variables avec l'inclinaison. Il serait sans doute préférable de polariser d'abord les deux lumières dans les azimuts principaux et d'utiliser un réflecteur invariable, comme une simple lame à faces parallèles ou un verre faiblement métallisé. Le faisceau commun traverse ensuite un système de lames cristallines orienté à 45° et un analyseur parallèle ou perpendiculaire au plan de réflexion.

Si les franges sont localisées, le cristal ou son image doit être sur la fente; une lame d'épaisseur uniforme donnerait des bandes transversales; une lame prismatique dont l'arête est perpendiculaire à la fente ou un compensateur de Babinet des bandes longitudinales. Quand on utilise l'interférence des ondes planes, comme pour les franges de Savart, la lame cristalline doit être placée dans une région où la lumière forme un faisceau de rayons à peu près parallèles. Les intensités des deux sources étant I et I', les franges disparaissent quand les portions $k\mathrm{I}$ et $k'\mathrm{I}'$ transmises par le réflecteur sont égales, et la dispersion peut se faire dans un azimut quelconque par rapport à la direction des franges.

On règle les intensités I et I' d'une manière quelconque : un premier polariseur, un écran à ouverture variable, les variations de distance ou un milieu absorbant.

L'appareil est facile à constituer. La fente du collimateur étant éclairée par les deux lumières à l'aide du réflecteur transparent, on couvre la fente par une lame de cristal d'épaisseur convenable et on place l'analyseur dans le tube du collimateur. Les bandes dans le spectre sont alors transversales.

Si les interférences ne sont pas localisées, on place le système cristallin après le collimateur, et l'analyseur suit immédiatement. Il suffit alors d'orienter la fente à 45° sur la direction des franges, dans un sens ou dans l'autre, pour que celles-ci soient à volonté longitudinales ou transversales.

Si l'on veut déterminer le rapport des quantités totales de lumière fournies par deux sources de compositions différentes, il devient nécessaire de rapporter à une mesure commune l'éclat de chacune des couleurs élémentaires et d'en faire séparément les sommes respectives.

A mesure que le Soleil s'éloigne du zénith, par exemple, ou que le ciel devient plus brumeux, la couleur résultante de la lumière qu'il émet se modifie d'une manière manifeste, même à simple vue, et prend une teinte de plus en plus rouge; les rayons de moindre longueur d'onde s'affaiblissent plus rapidement.

La plupart des lumières artificielles se rapprochent de la teinte rouge du Soleil au voisinage de l'horizon; telles sont les flammes à combustion, chandelles, bougies, lampes à huile ou à essences minérales, becs de gaz, etc., qui éclairent en réalité par le rayonnement de particules solides en suspension, et les lampes électriques à incandescence. D'une manière générale, la lumière est d'autant plus blanche que la température du corps lumineux est plus élevée. Les charbons de l'arc électrique fournissent, au contraire, une lumière d'un ton bleuâtre qui traduit une proportion exagérée des rayons les plus réfrangibles.

689. *Comparaison des couleurs.* — *Luminosité du spectre.* — Ce problème présente des difficultés particulières, quoiqu'il comporte cependant une certaine approximation. On peut comparer directement deux sources de couleurs différentes, mais il est généralement préférable, surtout quand elles représentent des teintes très éloignées dans le spectre, de rapporter chacune d'elles à une lumière blanche intermédiaire, afin de diminuer autant que possible l'exagération des teintes due aux effets de contraste.

Quand on observe dans un photomètre deux éclairements de couleurs différentes, l'œil apprécie bien si l'un d'eux est notablement plus intense ou plus faible. On fait alors deux épreuves en sens contraires : l'un des éclairements restant invariable, on établit lentement l'égalité apparente, ou l'équivalence, par une réduction progressive ou un accroissement de l'autre. L'écart des valeurs obtenues montre quelle est la sensibilité de la méthode et l'on prend la moyenne des résultats.

Il importe de remarquer que ces comparaisons n'ont aucun caractère physique défini; elles sont relatives à l'impression physiologique que reçoit la rétine et peuvent varier, d'un observateur à l'autre, dans des limites très étendues. Les résultats sont assez concordants pour les vues moyennes, mais ils deviendraient très irréguliers dans les cas de *daltonisme* (colourblindness, dyschromatopsie) ou d'affaiblissement exceptionnel de la sensibilité pour certaines couleurs.

On doit, en effet, à Dalton (¹), la première étude attentive de ce défaut dont il était affecté et qui se rencontre à divers degrés, dans une proportion qui peut atteindre 6 ou 7 pour 100 des vues examinées. Certains yeux sont à peu près aveugles pour quelques couleurs; généralement le défaut se traduit par une sensibilité très inégale et par une réduction considérable dans le nombre de celles que l'on distingue. Le spectre, par exemple, paraît renfermer seulement deux couleurs différentes, l'une *jaune* qui comprend toute l'étendue du vert au rouge, l'autre *bleue* pour la partie plus réfrangible, la région intermédiaire paraissant avoir une teinte *grise*.

Une autre cause d'erreur tient à l'inégale variation de la sensation, observée par Purkinje, avec l'intensité de la lumière. Si l'on détermine la courbe des intensités relatives dans les différentes régions du spectre, avec une lumière très vive, et qu'on répète ensuite les mêmes comparaisons après avoir affaibli l'éclat général dans un même rapport, par exemple en réduisant la largeur de la fente, et qu'on traduise de nouveau ces résultats en prenant la même ordonnée pour la couleur la plus intense, la courbe relative à la seconde série d'expériences se relève dans le bleu et s'abaisse à l'extrémité opposée.

Les observations se font habituellement sur un spectre de réfraction; la loi de dispersion dans le spectre observé permet aisément (82) d'en déduire la courbe de luminosité relative au spectre

---

(¹) J. DALTON, *Edinb. Journ. of Science*, t. IX, p. 97; 1798.

normal, soit par une formule empirique, soit plus simplement par un calcul de différences ou un procédé graphique.

C'est à Fraunhofer [1] qu'est due la première détermination expérimentale de l'intensité relative des couleurs qui composent la lumière blanche, ce qu'on appelle quelquefois la *luminosité du spectre*. Fraunhofer place dans la lunette d'un spectroscope un miroir d'acier incliné à 45°, ou un prisme dont le bord tranchant est dans le plan focal. Une petite lampe à huile est installée latéralement sur une glissière qui permet de l'éloigner à différentes distances. Le champ est limité par un diaphragme circulaire dont la moitié laisse passer une portion du spectre et l'autre moitié l'éclairement du miroir par la lumière latérale. On déplace la lampe de manière que les deux secteurs paraissent de même éclat, l'arête du miroir étant aussi invisible que possible; la luminosité du spectre dans la région observée est en raison inverse du carré de la distance de la lampe au miroir.

Les résultats obtenus dans quatre séries d'expériences avec un prisme de flint sont assez discordants. La moyenne a été représentée par les courbes des *fig.* 1 et 2, T. I, *Pl. I.*

M. Vierordt [2] projette sur le spectre l'image blanche d'une ouverture latérale, disposée comme les échelles que l'on emploie fréquemment; cette image est affaiblie graduellement par des verres noirs. La bande lumineuse devient invisible dans une région quand le rapport de son éclat à celui du spectre tombe au-dessous d'une certaine valeur. Si cette fraction était constante, on en déduirait la luminosité du spectre, mais l'expérience montre que la sensibilité de l'œil dépend de la couleur quand les éclairements superposés sont de même nature, à plus forte raison quand ils sont de teintes différentes.

Le jugement est encore plus douteux quand on projette, comme le fait M. Draper [3], un spectre sous forme de bande sur une surface uniformément éclairée de lumière blanche. Dans ce cas, la visibilité des couleurs persiste d'autant plus longtemps qu'elles s'éloignent davantage du jaune. Il résulterait de ces expériences,

---

[1] Fraunhofer, *Schumacher's Astr. Abhand.*, t. II, p. 36; 1823.
[2] Vierordt, *Pogg. Ann.*, t. CXXXVII, p. 200; 1869.
[3] J.-W. Draper, *Phil. Mag.*, [5], t. VIII, p. 75; 1879.

ce qui est difficile à admettre, que la luminosité du spectre normal serait à peu près uniforme.

Une autre méthode consiste à comparer l'acuité visuelle dans les différentes régions du spectre, en supposant que l'éclat en chaque point soit en raison inverse de l'intensité générale nécessaire pour atteindre la limite d'acuité ([1]).

MM. Crova et Lagarde couvrent la fente d'un spectroscope par une division très fine, qui produit dans le spectre une série de stries horizontales, et règlent la lumière incidente par deux nicols situés dans le collimateur. On fait ainsi disparaître successivement les stries dans les différentes régions.

MM. Macé de Lépinay et Nicati projettent le spectre sur un écran blanc et placent dans les différentes couleurs une figure formée de trois traits noirs séparés par des intervalles égaux à l'épaisseur des traits; l'acuité est mesurée par l'angle apparent de deux traits consécutifs; la lumière incidente est réglée par une ouverture variable limitant la surface de la lentille qui forme l'image du Soleil sur la fente. L'observateur peut se placer à différentes distances de l'écran et modifier l'acuité utilisée. Les auteurs ont constaté que, du rouge au bleu, entre les longueurs d'onde $0^\mu,680$ et $0^\mu,507$, la courbe de luminosité déterminée par cette méthode est à peu près indépendante de l'acuité visuelle et que, dans le spectre normal, le maximum a lieu pour la longueur d'onde $0^\mu,569$. Dans les régions plus réfrangibles, au contraire, l'importance relative de la couleur augmente à mesure que l'acuité diminue, et même beaucoup plus rapidement que dans les observations de Purkinje sur la comparaison des éclats. Pour la longueur d'onde $0^\mu,442$ par exemple, le rapport de l'éclat dans le spectre normal à celui du maximum varie de 0,00021 à 0,0014, c'est-à-dire de 1 à 7, quand l'acuité visuelle est diminuée de moitié, depuis $0',42$ jusqu'à $0',22$. L'inverse a lieu, mais à un degré beaucoup moindre, pour le rouge.

En outre, si l'on compare les couleurs par l'éclat de deux surfaces voisines, les résultats varient dans de grandes proportions

---

[1] MACÉ DE LÉPINAY et NICATI, *Ann. de Chim. et de Phys.*, [5], t. XXIV, p. 289; 1881, et t. XXX, p. 145; 1882. — A. CROVA et LAGARDE, *Comptes rendus des séances de l'Académie des Sciences*, t. XCIII, p. 959; 1881, et *Journal de Physique*, [2], t. I, p. 162; 1882.

avec l'étendue de l'image rétinienne; ils seraient à peu près constants lorsque l'ouverture angulaire des surfaces observées ne dépasse pas 45'.

Le Tableau suivant, rapporté au spectre normal, des intensités relatives obtenues par différents observateurs montre que les méthodes ne sont pas comparables.

Raies.	Égales clartés.		Égale acuité.		
	Fraunhofer.	Macé et Nicati.	Crova et Lagarde.	Macé et Nicati.	Vierordt.
C.........	0,16	0,08	0,06	0,10	0,12
D.........	1,9	1,0	1,0	1,0	1,0
E.........	1,05	0,95	0,49	0,52	0,66

M. Abney est revenu à la méthode de Fraunhofer par une disposition expérimentale ingénieuse qui lui a permis de traiter un grand nombre de questions relatives à l'éclat relatif et au mélange des différentes couleurs.

La lumière est concentrée par une lentille sur la fente f du collimateur C (*fig.* 344). Après avoir traversé un système de prismes

Fig. 344.

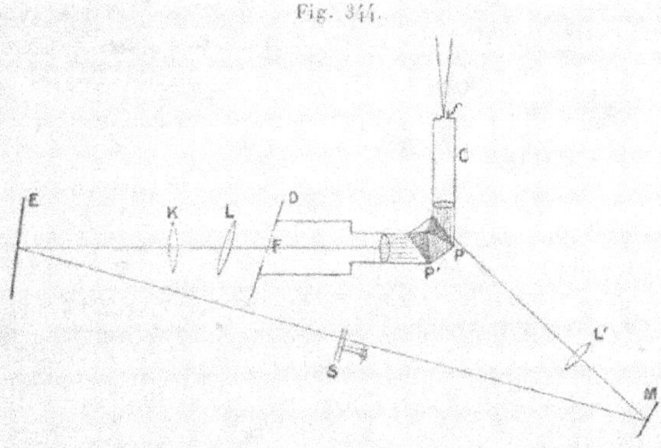

réfringents P, P', les rayons forment un spectre pur dans un plan D oblique à la direction moyenne du faisceau, à cause de l'inégale réfrangibilité des couleurs. En reprenant cette lumière par une lentille L convenablement inclinée, on peut obtenir sur l'écran E une image rectangulaire, blanche et parfaitement pure, de la face de sortie du dernier prisme P'.

Dans le plan D du spectre, on place un diaphragme muni d'une fente F que l'on peut ouvrir à volonté et faire glisser sur une échelle divisée, de manière qu'elle occupe une région déterminée du spectre et donne une image rectangulaire de couleur pratiquement homogène, dont l'éclat est proportionnel à l'ouverture de la fente. Des expériences préalables permettent de rapporter cette division aux raies principales. Il suffit, en effet, d'interposer une lentille K qui donne une image du spectre sur l'écran et de noter les divisions pour lesquelles une raie déterminée se trouve au milieu de l'image de la fente F; comme les deux bords de cette fente se rapprochent par des mouvements contraires, on connaît ainsi, tant que l'ouverture reste assez petite, la longueur d'onde moyenne de la couleur produite sur l'écran.

Cette lentille auxiliaire K étant supprimée, on emprunte une lumière de comparaison à la source elle-même, à l'aide d'une lentille L′ et d'un miroir M, qui reprennent la lumière réfléchie sur la face antérieure du premier prisme P, et les appareils sont réglés de façon à produire sur l'écran E une image de cette face égale à la précédente.

Il suffit maintenant de placer une tige opaque en avant de l'écran, dans la partie commune aux deux faisceaux, pour constituer un photomètre à ombres. On limite d'ailleurs l'écran par un carton noir entaillé d'une ouverture carrée qui ne laisse apparaître que les deux ombres.

La fente F étant assez resserrée pour que le faisceau monochromatique soit notablement plus faible, on interpose sur le trajet de la lumière blanche l'appareil tournant S à secteurs variables et l'on égalise l'éclat des ombres par deux opérations faites en sens inverses. La valeur moyenne de l'ouverture libre des secteurs détermine la fraction de lumière blanche équivalente à la couleur que laisse passer la fente F. On modifie la largeur de cette fente suivant l'éclat de la région observée, afin d'utiliser la plus grande ouverture possible du disque à secteurs et de donner aux ombres l'éclat moyen qui correspond à la plus grande sensibilité.

La composition de la lumière solaire varie beaucoup avec sa hauteur au-dessus de l'horizon et avec les conditions atmosphériques, à cause de l'absorption inégale des différentes couleurs.

On devrait adopter, comme définition de la lumière blanche,

celle qui serait reçue aux limites de l'atmosphère. L'expérience n'étant pas réalisable, on se rapprochera le plus possible de ces conditions en observant à une station très élevée quand le Soleil est le plus éloigné de l'horizon. On peut ainsi prendre comme type de composition de la lumière solaire le résultat des observations faites par M. Abney, au mois de septembre 1886, sur le Riffel, près de Zermatt, à l'altitude de 2700^m. Le vent soufflait du Nord, ce qui est pour ces régions une direction très favorable; le Soleil était d'une blancheur qu'on ne voit jamais à de moindres altitudes; le ciel était d'un bleu intense virant au noir à mesure que le Soleil s'éloignait de l'horizon; il y avait enfin si peu de brume que les sommets neigeux des montagnes éloignées paraissaient absolument blancs et les ombres noires.

On déduit aisément des nombres de M. Abney les valeurs relatives au spectre normal. On les a rapprochées, dans le Tableau suivant, de celles qui ont été obtenues par d'autres observateurs.

Spectre solaire normal. — Luminosité.

λ	Fraunhofer.	Abney.	Crova et Lagarde.
μ			
0,680............	2,4	»	0,5
660............	5,2	5,2	1,5
640............	12,0	19,0	4,0
620............	23,5	42,5	10,2
600............	40,0	69,4	23,0
580............	77,0	92,0	62,5
566............	»	100	»
564............	»	»	100
560............	100,0	98,5	98,5
540............	77,0	84,5	30,5
520............	52,5	61,2	17,2
500............	37,0	30,6	9,2
480............	24,5	11,2	3,0
460............	15,2	6,0	»
440............	8,6	3,7	»
420............	4,5	3,0	»

Les résultats de M. Abney sont assez concordants avec ceux de Fraunhofer; ils donnent une courbe de distribution à peu près symétrique par rapport au maximum. Les écarts des nombres donnés par MM. Crova et Lagarde s'expliquent aisément par la différence des méthodes; une partie de ces écarts est due peut-être aussi à cette circonstance que leurs observations étaient faites avec un système de prismes à vision directe, auquel cas la couche de collage des surfaces intermédiaires pouvait produire une absorption inégale des couleurs.

690. *Influence de la température*. — Lorsqu'on élève progressivement la température d'un corps *solide* ou *liquide,* l'observation montre que le rayonnement est d'abord purement calorifique; le corps paraît ensuite rouge sombre, rouge cerise, rouge clair, jaune orangé, jaune, jaune clair et tend enfin vers la couleur blanche. En même temps que l'énergie totale du rayonnement est toujours croissante, il renferme des vibrations de longueur d'onde de plus en plus petites.

C'est à Draper ([1]) que l'on doit les premières recherches précises à ce sujet. Il a cherché à démontrer le fait, généralement admis, que tous les corps deviennent rouges à la même température, à établir la relation qui existe entre l'apparition successive des différentes longueurs d'onde, ainsi que la loi de variation de la lumière et du rayonnement total.

La source étudiée était un *fil de platine* chauffé par le passage d'un courant. Ce fil était attaché à un point fixe et tendu par un contrepoids; il appuyait à l'extrémité inférieure sur un levier très léger dont les déplacements permettaient d'évaluer l'allongement et, par suite, la température en adoptant une valeur constante pour le coefficient de dilatation.

L'expérience étant faite dans une obscurité complète, on vise le fil à l'œil nu ou par l'intermédiaire d'un appareil dispersif.

Comme la lumière est de composition très variable, l'éclairement est difficile à comparer avec celui d'une lampe. On l'évaluait par la méthode des ombres en rapprochant la source de comparaison jusqu'à rendre inappréciable l'ombre projetée par la lumière de platine.

Enfin le rayonnement calorifique était déterminé par une pile thermo-électrique.

Voici les principaux résultats de Draper.

([1]) J.-W. DRAPER, *Phil. Mag.*, t. XXX, p. 345; 1847.

Rayonnement du platine.

Température.	Chaleur.	Lumière.	Observations.
525°	»	»	le rouge apparaît.
527	0,87	»	»
590	1,10	»	le spectre s'étend jusqu'à E.
653	1,50	»	» entre E et F.
718	1,80	»	» entre F et G.
782	2,80	»	» au delà de G.
910	3,70	»	
1038	6,80	0,34	
1100	8,60	0,62	
1166	10	1,73	spectre entier jusqu'à H.
1230	12,50	2,92	
1293	15,50	4,40	
1357	»	7,24	
1421	»	12,34	

La mesure des températures n'est qu'approximative, mais elle suffit pour donner une idée assez exacte des phénomènes.

On voit d'abord que la lumière croît beaucoup plus vite que le rayonnement total. De 1038° à 1293°, la lumière est devenue 13 fois plus intense et la chaleur 2,3 fois seulement. Le platine est 40 fois plus lumineux à 1421° qu'à 1038°.

Cet accroissement rapide du rayonnement lumineux ou total est conforme à la loi donnée par Dulong et Petit [1]

$$V = m a^{\theta} (a^t - 1),$$

pour la vitesse de refroidissement d'un corps à température $t + \theta$, dans une enceinte vide dont les parois sont à la température θ.

Il est bien manifeste que le rouge apparaît d'abord, l'observation étant faite avec un prisme ou un réseau, et que les moindres longueurs d'onde se montrent successivement, mais la région qui correspondrait au jaune présente d'abord une teinte grise où la couleur se distingue mal et le spectre n'est comparable à celui du jour qu'au delà de 1500°. En outre, le début du rouge, qui apparaît d'abord entre les raies B et C, s'étend peu à peu vers les régions moins réfrangibles.

Cette marche, en apparence irrégulière, tient sans doute aux pro-

---

[1] Dulong et Petit, *Ann. de Chim. et de Phys.*, [2], t. VII, p. 245; 1818.

priétés physiologiques de l'œil. L'apparition d'une couleur tient à son intensité propre et à la sensibilité correspondante de la rétine, de sorte que l'ordre de visibilité peut en être altéré.

Pour vérifier si la température initiale du rouge est indépendante de la nature des corps, Draper les plaçait dans un tube de fer fermé à l'une de ses extrémités et chauffé dans un foyer. Le *platine*, le *cuivre*, le *coke*, le *plomb* (ce dernier étant alors fondu) parurent lumineux en même temps que le tube, sans aucune différence appréciable. La *craie* et le *marbre* étaient cependant visibles avec une faible lumière blanche avant que le tube fût rouge, et surtout le *spath fluor*, qui présentait une teinte d'un beau bleu. On peut attribuer ces teintes à la phosphorescence.

Les valeurs inégales du pouvoir émissif pourraient encore modifier la température initiale apparente, quand bien même elle serait physiquement invariable.

M. Ed. Becquerel ([1]) renferme le corps à observer dans un tube de porcelaine, chauffé par un fourneau à réverbère, et évalue la température, lorsqu'elle est sensiblement stationnaire, à l'aide d'un couple thermo-électrique gradué soit par le thermomètre à air, soit par les températures admises alors pour la fusion de certains métaux. On compare ensuite, au photomètre, la lumière émise par le corps, observé suivant l'axe du tube, avec celle d'une lampe Carcel.

Le résultat que l'on obtient ainsi est généralement trop élevé, et d'une fraction croissante avec la température, à cause de la lumière réfléchie régulièrement ou par diffusion qui provient des parois. L'influence de l'enceinte ne serait négligeable que si le pouvoir absorbant du corps était égal à l'unité.

En couvrant l'œil par des verres colorés, on peut opérer sur des couleurs à peu près homogènes.

Si l'on désigne par θ la température initiale de rayonnement visible, l'intensité I relative à une couleur serait donnée, en fonction de la température t, par une expression analogue à celle de Dulong et Petit

$$I = A\left[e^{a(t-\theta)} - 1\right],$$

([1]) ED. BECQUEREL, *Ann. de Chim. et de Phys.*, [3], t. LXVIII, p. 49; 1863. — *La Lumière*, t. I, p. 61; Paris, 1867.

dans laquelle la constante A dépend de la source de comparaison, et où le coefficient a est en raison inverse de la longueur d'onde.

La lumière rouge commence à paraître vers 480° ou 490°, quelle que soit la nature du corps; on a pris la valeur moyenne 500° pour toutes les couleurs.

L'intensité totale de la lumière émise serait représentée par une somme d'expressions de même forme et la loi de variation semble également indépendante de la nature du corps.

M. Becquerel donne les valeurs suivantes, en prenant pour unité la lumière qui correspond à la température de fusion de l'argent :

	Température.	Lumière totale.
	500°	0
	600	0,003
	700	0,022
	800	0,129
	900	0,753
(Fusion de l'argent)	916	1
	1000	4,375
(Fusion de l'or)	1037	8,389
	1100	25,411
(Fusion du cuivre)	1157	69,265
	1200	146,92

L'extension de la formule conduirait à 28 900 pour la température de 1500° et 191.10⁶ pour 2000°. Il ne semble pas que les variations doivent être aussi rapides ni que la lumière émise tende physiquement vers une valeur infinie.

M. Becquerel a déterminé aussi sur un fil de platine chauffé dans le vide, par une disposition analogue à celle de Draper, le rapport des rayonnements de lumière I et de chaleur M. En désignant par m la chaleur rayonnée à la température θ, les résultats sont conformes à l'expression

$$I = B(M - m)^3,$$

de sorte qu'à une température élevée, la lumière serait sensiblement proportionnelle au cube du rayonnement calorifique.

M. Violle ([1]) a repris cette étude en utilisant comme repères

---

([1]) J. VIOLLE, *Comptes rendus des seances de l'Académie des Sciences,* t. LXXXVIII, p. 171; 1879. — T. XCII, p. 866; 1881. — T. CV, p. 163; 1887.

les températures de fusion de l'*argent* (954°), de l'*or* (1045°), du *palladium* (1500°) et du *platine* (1775°), qu'il avait déterminées avec des soins particuliers, et s'entourant de précautions spéciales pour éviter la lumière réfléchie ou diffusée qui provient du rayonnement des enceintes.

L'intensité de la lumière *rouge* émise par le *platine* incandescent est représentée par une expression de la forme

$$I = A\,e^{\alpha t - \beta t^2},$$

d'où l'on déduit, en prenant pour unité celle qui correspond à la température de fusion de l'argent :

Lumière rouge émise par le platine.

Température.	Intensité.	Température.	Intensité.
800°	0,108	1300°	45,2
900	0,475	1400	100
954	1	1500	194
1000	1,82	1600	327
1100	6,10	1700	481
1200	17,8	1775	587

Le mode de variation diffère beaucoup de celui qu'avait obtenu M. Becquerel, mais il concorde avec les observations de Draper, car le rapport des intensités à 1400° et 1100° est 16,4, tandis que Draper trouvait 19,9 entre 1421° et 1100°.

La formule précédente indiquerait que la lumière ne croît pas indéfiniment. Elle passe par une valeur maximum pour la condition $\alpha - 2\beta t = 0$, qui donne $t = 1933°$ et $I = 696$; puis elle diminue et tendrait vers zéro.

Le coefficient β est d'ailleurs assez petit pour que le rayonnement au-dessous de 300° soit bien représenté par $A\,e^{\alpha t}$, conformément à la loi de Newton, qui conduit à la formule de Dulong et Petit quand on fait intervenir le rayonnement de l'enceinte.

La même expression simple convient à l'énergie de l'ensemble des radiations calorifiques et lumineuses, la décroissance du coefficient α avec la température étant compensée par la prédominance des radiations plus réfrangibles.

Pour déterminer l'influence de la couleur, M. Violle fait usage d'un spectro-photomètre en prenant comme terme de comparaison une lampe Carcel type, qui brûle 42^{gr} d'huile par heure. On a obtenu ainsi :

Rayonnement du platine.

Températures.	Longueurs d'onde.			
	0$^\mu$,656.	0$^\mu$,589.	0$^\mu$,535.	0$^\mu$,482.
775	0,003	0,0006	0,0003	»
954	0,0154	0,0111	0,0072	»
1045	0,0505	0,0402	0,0265	0,0162
1500	2,371	2,417	2,198	1,894
1775	7,829	8,932	9,759	12,6

Ce Tableau montre bien l'apparition progressive des vibrations à courtes longueurs d'onde et leur proportion croissante.

Si l'on désigne par T la température absolue, les résultats sont sensiblement représentés par la formule

$$I = AT^3(1 + \varepsilon a^{-T}),$$

dans laquelle le coefficient a, très peu supérieur à l'unité, diminue avec la longueur d'onde, tandis que le coefficient ε, qui est voisin de 1,00044, varie en sens contraire.

L'intensité croît moins rapidement qu'une simple exponentielle de la température. La loi proposée par M. Stefan [1]

$$I = A(T^4 - \Theta^4),$$

où Θ est la valeur absolue de la température initiale, donne au contraire une variation trop lente.

On obtient un meilleur contrôle des observations par la formule

$$I = ATe^{\alpha T - \beta T^2},$$

avec les valeurs suivantes des coefficients

$$\beta = 615.10^{-8}, \qquad e^\alpha = 1,0355 - 13\frac{\lambda}{1^{mm}}.$$

La température du maximum est définie par l'équation

$$2\beta T^2 - \alpha T - 1 = 0, \qquad 2\beta T = \alpha + \sqrt{\alpha^2 + 8\beta};$$

elle augmente à mesure que la longueur d'onde diminue.

---

[1] STEFAN, *Wiener Berichte*, t. LXXIX, p. 423; 1879.

Pour la lumière rouge, on obtiendrait ainsi le maximum d'intensité à une température voisine de 4000° centigrades.

L'existence d'un maximum de rayonnement pour chaque longueur d'onde n'est pas incompatible avec l'accroissement continu de l'énergie totale; elle indiquerait simplement que la courbe des intensités se déplace dans le spectre et qu'à une température suffisamment élevée il n'existerait plus que des radiations lumineuses ou même ultra-violettes. Quant à la divergence des nombres obtenus pour la température du maximum, elle s'explique facilement, puisqu'on est obligé d'étendre les formules en dehors des limites des observations.

Si l'on représente par $\varphi(\lambda)\,d\lambda$ la valeur du coefficient A pour les longueurs d'onde comprises entre λ et $\lambda + d\lambda$, le facteur e^z étant lui-même une fonction linéaire $p - q\lambda$ de la longueur d'onde, le rayonnement total R de la source est

$$R = T e^{-\beta T^2} \int \varphi(\lambda)(p - q\lambda)^T \, d\lambda.$$

A une température déterminée, si le rayonnement variait suivant la même loi pour tous les corps, le rapport des intensités relatives à une même longueur d'onde, pour deux sources différentes, serait constant et égal au rapport des énergies totales.

M. Violle a comparé ainsi le rayonnement total émis par des surfaces égales de *platine* et *d'argent*, à la température de fusion pour chacun des métaux. La chaleur rayonnante étant reçue sur une pile thermo-électrique, on annulait le courant à l'aide d'une source auxiliaire agissant sur l'autre face de la pile et dont on limitait le faisceau par une ouverture en œil-de-chat. Le rapport des énergies totales rayonnées par le platine et l'argent a été trouvé de 54, tandis que le rapport des intensités lumineuses dans les mêmes conditions est supérieur à 1000.

D'après M. Le Chatelier (¹), la lumière que laisse passer un verre rouge se représente très exactement, entre les températures de 680° et 1775°, par

$$I = AT^{-\frac{3310}{T}}.$$

Cette formule indiquerait un accroissement indéfini avec la tem-

---

(¹) H. Le Chatelier, *Comptes rendus des séances de l'Académie des Sciences*, t. CXIV, p. 737; 1892.

pérature, mais la couleur n'est pas absolument homogène et l'addition progressive des longueurs d'onde plus faibles suffit sans doute pour modifier la marche du phénomène.

M. Garbe ([1]) détermine le rayonnement total M, comme l'avait déjà fait M. Ed. Becquerel, par l'énergie électrique dépensée dans un fil de lampe à incandescence. Les intensités lumineuses correspondantes I, pour les différentes couleurs, se représentent sensiblement par la formule

$$I = A (M - m)^c,$$

dans laquelle la constante m est à peu près en raison inverse de la longueur d'onde et où l'exposant c serait

$$c = 1 + \frac{0,522}{\lambda^2},$$

expression dans laquelle les longueurs d'onde λ doivent être évaluées en millièmes de millimètre.

Pour les couleurs les plus intenses, on retrouverait la valeur $c = 3$ obtenue par M. Ed. Becquerel avec la lumière rouge. Toutefois ces expériences ne permettent pas de conclure que la formule reste applicable à toutes les températures.

Enfin il résulterait des expériences de M. F. Weber ([2]) que l'apparition de lumière n'est pas conforme à la marche continue indiquée par Draper et qu'elle n'a pas lieu à la même température pour tous les corps.

En observant dans une obscurité complète un fil de lampe à incandescence échauffé progressivement, la lumière perçue est d'abord une mince bande d'un gris jaunâtre qui occupe dans le spectre la position du maximum d'éclat et cette lumière s'élargit ensuite dans les deux sens. On constate les mêmes résultats en chauffant le corps, sous forme de lamelle, par l'extrémité de la flamme d'un brûleur Bunsen enfermé dans une sorte d'entonnoir et surmonté d'un second entonnoir renversé. L'excès de sensibilité de l'œil pour la couleur observée d'abord joue probablement un grand rôle dans le phénomène.

([1]) GARBE, *Journal de Physique*, [2], t. V, p. 245; 1886.
([2]) H.-F. WEBER, *Sitz. B. der K. Preuss. Ak. der W.*, t. XXVIII, p. 491; 1887.

Pour déterminer la température initiale d'émission de lumière, on a recours à la seconde disposition en plaçant la soudure d'un thermomètre électrique sur la lamelle. Ces températures seraient notablement inférieures à 500°, car les expériences ont donné : *or*, 417°; *platine*, 390°; *fer*, 377°. Ici encore l'inégalité des pouvoirs émissifs intervient sans doute pour une part dans l'apparition plus ou moins rapide de la lumière.

La prédominance croissante des vibrations de moindre longueur d'onde se manifeste aussi d'une manière très nette dans les expériences calorimétriques.

D'après M. Mouton ([1]), le maximum d'intensité dans un spectre normal, déduit des observations sur un prisme de flint, aurait lieu pour $\lambda = 0^\mu,56$ avec le rayonnement solaire, mais il se trouve dans la région infra-rouge ($\lambda = 1^\mu,53$) avec une lampe à toile de platine incandescent.

M. Langley ([2]) s'est servi d'un prisme de sel gemme, dont l'absorption est très faible et qui permet d'observer des sources à température plus basse. Les surfaces rayonnantes étaient, soit du cuivre enfumé porté à des températures qu'on évaluait d'une manière approximative, soit un cube de Leslie renfermant de l'aniline ou de l'eau. Les déviations du maximum de chaleur dans le prisme de sel gemme, ramenées à celles que donnerait un prisme de 60°, ont été, pour quelques-unes de ces expériences :

Maxima de chaleur.

Température.	Excès.	Déviation.	λ.
815°	803°	39° 10′	$3,6^\mu$
525	503	39 5	3,9
330	310	39 2	4,1
300	275	38 44	5,7
179	152	38 36	6,5
119	126	38 27	7,4
100	88	38 24	7,7
40	46	38 2	10,1
—2	18	37 36	12,2

([1]) Mouton, *Comptes rendus des séances de l'Académie des Sciences*, t. LXXXIX, p. 295; 1879.

([2]) S.-P. Langley, *Amer. Journ.*, [3], t. XXXI, p. 1 et *Mem. of the Nat. Acad. of Sc.*, t. IV, p. 159; 1886. — *Ann. de Chim. et de Phys.*, [6], t. IX, p. 433; 1886.

Le *bolomètre,* ou balance actinique, qui a servi à ces expériences, se compose d'une lame de platine, de fer ou de charbon, dont l'épaisseur est de $\frac{1}{100}$ à $\frac{1}{1000}$ de millimètre, la longueur d'environ 10^{mm} et la largeur de $0^{mm},04$ à 1^{mm}, suivant les cas. La lame est intercalée sur une des branches d'un pont de Wheatstone; les variations de résistance qui correspondent aux changements de température sont indiquées par un galvanomètre très sensible installé dans l'une des diagonales du pont.

L'instrument employé par M. Langley permettait de déterminer la déviation avec une exactitude de $10''$, de constater des variations de température d'environ un millionième de degré et de mesurer une quantité inférieure à $\frac{1}{100000}$ de degré.

La seconde colonne du Tableau indique l'excès de température de la source sur celle du bolomètre; pour les sources froides, on profitait de l'hiver afin d'augmenter cette différence.

Les longueurs d'onde sont évaluées d'une manière approximative, pour donner une idée du phénomène. M. Langley a pu constater des radiations qui n'atteignent pas moins de 18^{μ}, c'est-à-dire plus de 45 fois la longueur d'onde du violet.

Le phénomène change de caractère quand il s'agit des gaz incandescents ou des vapeurs. Le spectre est alors discontinu et les raies visibles se montrent indifféremment dans toutes les régions, suivant la nature du gaz; l'éclat de chacune d'elles augmente avec la température et la pression, en même temps que de nouvelles raies apparaissent successivement; la richesse croissante des vibrations semble indiquer que la lumière finirait par avoir la même composition que celle des corps solides ou liquides, s'il était possible de réaliser des températures suffisamment élevées.

691. *Lois de diffusion.* — Nous avons examiné déjà (650), surtout au point de vue de la polarisation, la manière dont les surfaces dépolies diffusent la chaleur et la lumière. Pour la Photométrie, il serait nécessaire de connaître suivant quelle loi se distribue le rayonnement autour de la normale, par réflexion ou transmission, quand la surface est éclairée sous une incidence quelconque. Les données expérimentales sont encore insuffisantes pour résoudre ce problème dans le cas général.

Un élément $d\mathrm{S}$ de surface, placé sous l'incidence i dans un éclairement Q, reçoit une quantité de lumière $Q\,dS\cos i$. Considérons la diffusion suivant une direction inclinée de l'angle θ sur la normale et qui fait l'angle ψ avec les rayons incidents. Soit φ le coefficient de diffusion correspondant, c'est-à-dire la fraction de lumière incidente qui est diffusée dans l'unité d'ouverture angulaire. L'éclairement dQ' produit à la distance R par l'élément dS est

$$dQ' = \varphi\,\frac{Q\,dS\cos i}{R^2} = \varphi Q\,\frac{\cos i}{\cos\theta}\,\frac{dS\cos\theta}{R^2}.$$

Le dernier facteur $\dfrac{dS\cos\theta}{R^2}$ représente l'ouverture angulaire de la surface dS pour le point éclairé. L'éclat intrinsèque E de cette surface apparente est donc

$$E = \varphi Q\,\frac{\cos i}{\cos\theta}.$$

Le facteur φ est, en général, une fonction des angles i, θ et ψ.

L'hypothèse la plus simple consiste à admettre la loi de Lambert, c'est-à-dire que la lumière diffusée est symétrique autour de la normale et proportionnelle au cosinus de l'angle θ de diffusion. Le quotient $\dfrac{\varphi}{\cos\theta}$ étant alors une constante, l'éclat intrinsèque E est simplement proportionnel à l'éclairement primitif et au cosinus de l'incidence.

Bouguer a déterminé, dans une série d'expériences, comment varie l'éclat apparent d'une surface rugueuse quand on l'observe suivant la direction des rayons incidents; dans ce cas, les angles i et θ sont égaux, l'angle ψ nul, et le coefficient φ ne dépend plus que de l'incidence.

Il comparait les mêmes étendues apparentes de deux surfaces identiques éclairées par la même source, l'une suivant la normale et l'autre obliquement, et modifiait leurs distances D_0 et D à la source de manière à leur donner le même éclat. Les éclairements Q_0 et Q étant en raison inverse du carré de la distance, les éclats apparents deviennent égaux pour la condition

$$\varphi_0 Q_0 = \varphi Q, \qquad \frac{\varphi}{\varphi_0} = \frac{Q_0}{Q} = \frac{D^2}{D_0^2}.$$

Il a obtenu ainsi, avec différentes substances :

Éclat apparent.

Incidence.	Argent mat.	Plâtre.	Papier de Hollande.	$\cos i$.
0°	1	1	1	1
15	0,802	0,762	0,971	0,966
30	640	640	743	866
45	455	529	507	707
60	319	352	332	500
75	0,209	0,194	0,203	0,259

Les rapports des éclats apparents à celui que produit un éclairement normal sont toujours plus petits que le cosinus de l'inclinaison ; le coefficient φ diminue donc plus rapidement que ne l'indiquerait la loi de Lambert, à mesure que les rayons incidents se rapprochent de la surface.

Pour généraliser ces résultats, Bouguer en donne une interprétation très ingénieuse. On peut imaginer que la surface rugueuse est formée par une infinité de granules à facettes planes orientées dans toutes les directions, d'une manière symétrique autour de la normale, et douées du même pouvoir réflecteur.

Soit N l'étendue totale, par unité de surface, des facettes parallèles entre elles, inclinées de l'angle i sur la surface moyenne S. Si l'on considère la diffusion comme une réflexion régulière sur ces facettes, l'expression $\mathrm{QN}\,d\mathrm{S}$ représente la quantité de lumière qui tombe normalement sur les facettes réfléchissantes d'un élément quand l'incidence générale est i ; elle est proportionnelle à la lumière réfléchie que l'on observe suivant la direction primitive. La projection de $d\mathrm{S}$ sur la normale aux rayons diffusés est $d\mathrm{S}\cos i$, de sorte que l'éclat apparent est proportionnel à $\mathrm{Q}\,\dfrac{\mathrm{N}}{\cos i}$; il en résulte

$$\frac{\varphi}{\varphi_0} = \frac{\mathrm{N}}{\mathrm{N}_0 \cos i}, \qquad n = \frac{\mathrm{N}}{\mathrm{N}_0} = \frac{\varphi}{\varphi_0} \cos i.$$

Le Tableau précédent permet ainsi de construire la courbe des valeurs du rapport n, que Bouguer désigne sous le nom de *numératrice des aspérités*.

Numératrice.

Incidence.	Argent mat.	Plâtre.	Papier de Hollande.
0	1	1	1
15	0,775	0,736	0,938
30	554	554	643
45	322	374	358
60	160	176	166
75	0,054	0,050	0,052

La numératrice est une circonférence ODC (*fig.* 345) lorsque

Fig. 345.

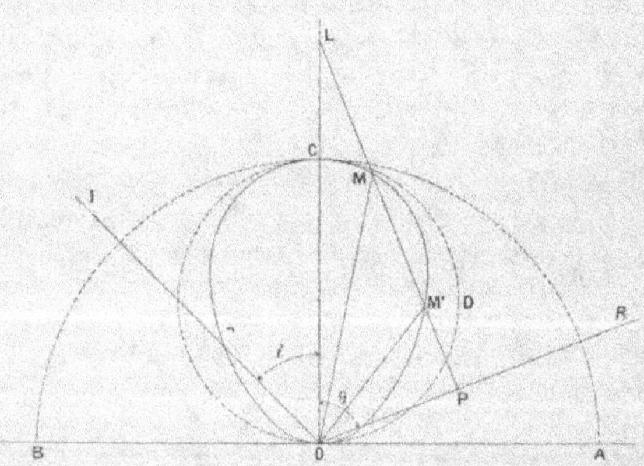

le coefficient de diffusion φ est constant; l'éclat apparent de la surface est alors le même dans toutes les directions. Si l'on remplace, au contraire, la surface par une série de petites sphères polies, l'éclat apparent de chacune d'elles est indépendant de la direction de la lumière réfléchie (680); dans ce cas, la numératrice devient une demi-circonférence BCA et l'éclat apparent de la surface générale serait en raison inverse du cosinus de l'obliquité.

La numératrice est en général une courbe de forme ovoïde, allongée suivant la normale et comprise dans la circonférence qui correspondrait à un pouvoir diffusif constant; elle permettrait de résoudre tous les problèmes de diffusion.

Supposons, par exemple, que la surface soit éclairée sous

l'angle i et observée dans le plan d'incidence sous l'angle θ. Les facettes utiles sont perpendiculaires à la bissectrice OM des rayons incidents IO et diffusés OR.

Le rayon vecteur $OM = n$ de la numératrice correspond à l'angle $\dfrac{\theta - i}{2}$; la quantité de lumière incidente est

$$QN\, dS \cos \frac{i + \theta}{2} = QN_0\, n\, dS \cos \frac{i + \theta}{2},$$

et l'éclat apparent de la surface, vue sous l'angle θ, est proportionnel à $\dfrac{n}{\cos\theta} \cos \dfrac{i + \theta}{2}$.

En abaissant la perpendiculaire MP sur le rayon diffusé et prolongeant cette droite jusqu'à la rencontre de la normale en L, on a

$$OP = n \cos \frac{i + \theta}{2} = OL \cos\theta.$$

La longueur OL représente donc l'éclat apparent de la surface. L'éclat ne change pas, pour la même direction OR, si l'éclairement a lieu de manière que la droite OM' soit bissectrice des rayons incidents et diffusés.

Lorsque la diffusion n'est pas dans le plan d'incidence, on remplacera la numératrice par une surface de révolution autour de la normale. Ayant pris le rayon vecteur OM suivant la bissectrice de l'angle ψ des rayons incidents et diffusés, la projection OP de cette droite sur le rayon diffusé est proportionnelle à la quantité de lumière incidente; la perpendiculaire PL à ce rayon menée dans le plan de diffusion, jusqu'à la rencontre de la normale OC, définit encore l'éclat apparent OL; la solution analytique du problème serait donnée par les triangles sphériques en fonction des angles connus i, θ et ψ.

Toutefois nous n'insisterons pas sur ces considérations de Bouguer, si élégantes que paraissent les solutions, parce que la courbe numératrice ne représente pas suffisamment les phénomènes.

692. *Surfaces d'émission et de diffusion.* — D'une manière générale, si l'on porte suivant chaque direction θ, à partir de la normale à un élément de surface dS, une longueur proportion-

nelle à l'éclairement produit par cet élément, les extrémités de
ces droites déterminent ce qu'on appelle la *surface d'émission*
ou *de diffusion*, suivant que le corps est lumineux par lui-même,
ou qu'il diffuse en tous sens la lumière reçue dans des conditions
déterminées.

Lorsque le corps est lumineux par lui-même, le rayonnement
est proportionnel au cosinus de l'inclinaison, c'est-à-dire à la surface apparente. Cette loi, qui est confirmée par les observations
de chaleur rayonnante sur les sources à basse température, au
moins pour les corps mats, est encore exacte à 4 pour 100 près
pour la lumière émise par l'argent fondu, d'après les expériences
de M. Violle (^{1}). Elle a été aussi vérifiée par M. W. Müller (^{2})
jusqu'à 80° pour une lame de platine rendue incandescente à l'aide
d'un courant électrique. La *surface d'émission* est donc sensiblement sphérique dans tous les cas.

Quand l'éclairage est normal, la *surface de diffusion* pour la
lumière *réfléchie* est évidemment symétrique autour de la normale, pourvu que la surface diffusante ne soit pas rayée ou de
structure fibreuse.

D'après les expériences de M. K. Ångström (^{3}) sur la chaleur
rayonnante, la surface de diffusion serait, dans tous les cas, un
ellipsoïde très peu allongé suivant la normale.

M. Godard (^{4}) a généralisé, au contraire, les résultats déjà obtenus par de La Provostaye et Desains (650) pour le *noir de
fumée*, la *céruse*, le *cinabre* et le *chromate jaune de plomb*. La
loi du cosinus de l'obliquité se vérifie toujours, lorsqu'on emploie
une couche assez épaisse de poudre diffusante bien préparée, et
la surface de diffusion est sphérique.

Si la couche est trop mince, le rayonnement au voisinage de la
normale est d'abord plus faible et devient proportionnel au cosinus à partir d'une certaine inclinaison θ_1. En appelant e l'épais-

---

(^{1}) J. Violle, *Ann. de Chim. et de Phys.* [6], t. III, p. 388; 1884.

(^{2}) W. Muller, *Wied. Ann.*, t. XXIV, p. 266; 1885. — *Journal de Physique*
[2], t. V, p. 514; 1886.

(^{3}) Knut Angstrom, *Wied. Ann.*, t. XXVI, p. 253; 1885. — *Journal de Physique* [2], t. V, p. 38 et 286; 1886.

(^{4}) L. Godard, *Ann. de Chim. et de Phys.* [6], t. X, p. 354; 1887.

seur de la couche, le chemin parcouru par les rayons diffusés est alors $\dfrac{e}{\cos\theta}$ et cette expression permet d'évaluer l'épaisseur limite qui est nécessaire pour la loi du cosinus. Les épaisseurs ainsi déterminées sur différentes couches d'une même substance sont sensiblement constantes pour chacune d'elles et varient de $0^{mm},163$ (*bleu Thénard*) à $0^{mm},81$ (*verre pulvérisé*) quand on a recours aux rayons solaires.

L'épaisseur limite augmente d'ailleurs à mesure qu'on emploie des sources à plus basse température, c'est-à-dire que la longueur d'onde moyenne est croissante, ce qui est conforme à la marche générale des phénomènes de diffraction ou de diffusion; en outre, le rapport des épaisseurs limites, pour deux sources différentes, est à peu près indépendant de la substance observée. Toutefois le *sel gemme* finement pilé fait exception, car l'épaisseur limite $1^{mm},34$ paraît indépendante de la source; ce résultat serait dû à la transparence complète du corps pour toutes les radiations.

M. Seeliger ([1]) a repris la même étude par une méthode photométrique sur le *plâtre*, la *porcelaine*, le *marbre blanc*, l'*albâtre translucide*, le *verre opalin*, un *calcaire rougeâtre*, la *brique*, le *papier émeri brun*, le *papier* ordinaire, la *colle sèche*, la *craie*, l'*ardoise* et le *grès*.

Deux plaques carrées de même substance sont montées sur la plate-forme d'un goniomètre, de manière qu'une arête commune passe par l'axe de l'instrument, et l'on compare leurs éclats apparents en les visant avec une lunette. L'une des lames B, qui sert de repère, est éclairée dans une direction constante par une lampe portée par un bras de l'appareil et visée aussi suivant une même direction. L'autre lame A reçoit la lumière d'une seconde lampe mobile le long d'une échelle, qui permet de rendre égaux les éclats apparents des deux surfaces; on fait varier l'angle d'incidence i et l'angle de diffusion θ. Un miroir monté sur la lunette permet encore d'observer la lumière de retour sur la direction de l'éclairement primitif, comme dans les expériences de Bouguer.

Les angles i et θ étant comptés de part et d'autre de la normale,

---

([1]) H. Seeliger, *Sitzungsber. der math. phys. Cl. der K. Bay. Akad. der Wiss.*, 1888, Heft II, p. 201.

la dernière disposition correspond à la condition $i + \theta = 0$. Deux autres séries d'observations ont été faites en maintenant invariable, pour différentes incidences, soit la somme $i + \theta$ des angles d'incidence et d'émission, c'est-à-dire la déviation de la lumière sur la lame A, soit l'angle d'émission θ.

Dans le premier cas, $i + \theta = 0$, la loi de Lambert se vérifie à $\frac{1}{30}$ près, jusqu'à 70°, pour le *gypse*, le *calcaire* et le *verre opalin*; elle est en erreur, par excès ou par défaut, pour la plupart des autres substances.

Les résultats ont été réunis dans des Tableaux qui donnent, pour chaque cas particulier, le rapport de l'éclat observé à celui que l'on obtiendrait pour l'incidence et la diffusion normales.

On y remarque aisément, en particulier pour l'*ardoise*, qu'il y a un maximum très marqué au voisinage de la réflexion régulière et que la lumière diffusée dans cette direction augmente beaucoup avec l'incidence. Toutefois les différentes expériences ne paraissent pas en accord suffisant, car, si l'on réunit les valeurs relatives à une même incidence, la lumière diffusée ne suit pas une loi régulière et présente des variations brusques qui indiquent des erreurs notables d'observation. L'auteur n'a pas cherché à en déduire la forme de la surface de diffusion.

Il existe très peu d'expériences sur la diffusion en dehors du plan d'incidence, lorsque l'éclairage n'est pas normal.

M. Angström indique bien que, pour la chaleur rayonnante, le phénomène reste symétrique autour de la normale : la surface de diffusion serait encore un ellipsoïde, qui devient une sphère quand l'angle d'incidence est de 30° environ et un ellipsoïde aplati pour des incidences plus grandes jusqu'à 80°.

La forme d'un ellipsoïde allongé, pour l'incidence normale, n'est pas conforme aux expériences de M. Godard et la conservation de la symétrie autour de la normale paraît difficile à concilier avec ce fait général qu'il existe toujours un maximum plus ou moins marqué dans la direction de réflexion régulière.

Lorsque la loi de Lambert est applicable, la diffusion suivant la normale est proportionnelle à la quantité de lumière que reçoit la surface, c'est-à-dire au cosinus de l'incidence.

Si l'éclairement est produit en même temps par une série de sources différentes distribuées d'une manière arbitraire, la diffusion normale est encore proportionnelle à la quantité totale de lumière qui tombe sur la surface.

Les substances *translucides,* comme le verre dépoli ou couvert d'une poudre diffusante, un milieu opalin ou une feuille de papier, diffusent aussi par transmission une partie de la lumière.

Deux cas particuliers sont surtout intéressants à connaître : la diffusion oblique quand l'éclairage est normal et la diffusion suivant la normale avec un éclairage oblique.

Avec la loi du cosinus, la surface de diffusion de la couche translucide est sphérique pour l'incidence normale. Inversement, la quantité de lumière transmise normalement pour un éclairage quelconque est encore proportionnelle à la quantité totale de lumière qui tombe sur la surface, mais cette relation ne se vérifie que dans des cas exceptionnels.

M. Angström a constaté encore que le rayonnement calorifique transmis est maximum suivant la direction du faisceau incident, pour une faible épaisseur de la couche diffusante ; à mesure que cette épaisseur augmente, la diffusion totale diminue, mais elle devient symétrique autour de la normale et serait encore représentée par un ellipsoïde. L'influence de l'épaisseur sur la diffusion totale se traduirait alors par une formule exponentielle, comme dans les phénomènes d'absorption.

M. Crova ([1]) trouve également que, pour l'incidence normale, la courbe de diffusion relative aux écrans à fécule de betterave est une ovale plus ou moins allongée qui tend vers une circonférence à mesure qu'ils sont moins translucides. Il en est de même pour les milieux opalins ([2]) sous une épaisseur convenable. La décroissance est plus rapide que celle du cosinus de l'angle d'émergence et devient indépendante de l'angle d'incidence.

Dans tous les cas, pour des directions déterminées d'incidence et d'émission, l'éclairement produit par l'écran translucide est proportionnel à l'éclairement primitif, c'est-à-dire en raison inverse des carrés des distances de l'écran à la source et au photomètre. C'est la méthode employée par M. Crova pour comparer des sources de lumière très intenses.

([1]) A. CROVA, *Ann. de Chim. et de Phys.*, [6], t. VI, p. 353 ; 1885.
([2]) C. CHWOLSON, *Journal de Physique*, [2], t. VII, p. 229 ; 1888.

Si la lumière diffusée par réflexion ou transmission, pour un éclairement normal Q, peut être représentée par $Q\varphi_0 \cos^n\theta$, la zone relative à l'angle $d\theta$ étant $2\pi \sin\theta\, d\theta$, la quantité totale de lumière diffusée dans tous les sens a pour expression

$$2\pi Q\varphi_0 \int_0^{\frac{\pi}{2}} \cos^n\theta \sin\theta\, d\theta = \frac{2\pi}{n+1} Q\varphi_0.$$

Inversement, si l'on applique la même loi à la lumière diffusée au voisinage de la normale pour une incidence oblique, la diffusion relative à l'éclairement Q sous l'angle i est $Q\varphi_0 \cos^n i$.

Supposons encore que la surface soit uniformément éclairée dans tous les sens, comme elle le serait par une couche hémisphérique d'éclat intrinsèque E, de façon que l'éclairement soit $E\, d\omega$ pour l'ouverture angulaire $d\omega$. La quantité totale T de lumière reçue par l'unité de surface est

$$T = E \int \cos i\, d\omega = 2\pi E \int_0^{\frac{\pi}{2}} \cos i \sin i\, di = \pi E,$$

et la lumière diffusée au voisinage de la normale

$$E\varphi_0 \int \cos^n i\, d\omega = \frac{2\pi}{n+1} E\varphi_0 = \frac{2}{n+1} \varphi_0 T.$$

La loi est d'ailleurs très variable avec la nature des corps diffusants. Les nombres obtenus par M. Kotonowitsch [1] pour la diffusion sur le carton sont à peu près proportionnels à $\cos^2 i$ jusqu'à 50° et varient ensuite moins rapidement. J'ai constaté encore que la lumière transmise par les verres dépolis se représente d'une manière assez exacte en donnant à l'exposant n une valeur comprise entre 1 et 2.

693. *Pouvoir diffusif. — Albedo.* — Pour connaître le *pouvoir diffusif*, c'est-à-dire le rapport du rayonnement total diffusé à celui que reçoit la surface, on fera la somme $\int \varphi\, d\omega$ relative à tous les angles sphériques $d\omega$ compris dans une demi-sphère.

Le calcul est très simple dans le cas de la loi de Lambert ($n = 1$),

---

[1] Kotonowitsch, *Fortschritte der Phys.*, t. XXXV, p. 430; 1879.

où cette somme est égale à $\pi\varphi_0$; la fraction $\varphi_0\cos\theta\,d\omega$ du rayonnement dans l'angle $d\omega$ détermine le coefficient φ_0.

L'expérience et le calcul ayant été faits pour une substance déterminée, comme la *céruse*, il suffit alors, pour connaître le pouvoir diffusif d'une substance quelconque, prise sous l'épaisseur convenable, de comparer dans les mêmes conditions son rayonnement à celui de la céruse.

En partant de la valeur obtenue par de la Provostaye et Desains pour la céruse, M. Godard a déterminé le pouvoir diffusif calorifique d'un certain nombre de substances, en employant, sous l'incidence normale, les rayons solaires ou la lampe Bourbouze à toile de platine incandescent.

Pouvoir diffusif calorifique.

	Soleil.	Lampe.	Rapport.
Céruse....................	0,82	0,76	0,93
Jaune de chrome........	0,69	0,65	0,94
Soufre en canon.........	0,74	0,68	0,92
Iodure de plomb........	0,66	0,61	0,93
Cinabre.................	0,49	0,71	1,45
Vert Schweinfurth.......	0,56	0,53	0,94
Vert de chrome.........	0,40	0,42	1,05
Bleu Thenard...........	0,36	0,32	0,89
Bleu outremer..........	0,34	0,32	0,94
Silicate de cobalt........	0,33	0,30	0,91

À part deux exceptions, qui correspondent à des poudres colorées, le pouvoir diffusif diminue avec la température de la source et le rapport est à peu près le même pour toutes les substances.

La diffusion moyenne est plus faible, en général, pour les poudres colorées, parce qu'une partie des radiations est absorbée.

Avec les poudres blanches, la diffusion est à peu près la même pour toutes les couleurs, au moins pour les plus importantes; cependant l'influence de la couleur est déjà manifeste avec la *céruse*. En comparant la lumière directe à la lumière diffusée, au moyen d'un spectrophotomètre, M. Godard a ainsi obtenu :

Céruse. — *Rapport des pouvoirs diffusifs*, R.

λ.	R.	λ.	R.	λ.	R.
$0^\mu,697$	0,78	$0^\mu,552$	0,81	$0^\mu,475$	0,33
636	0,92	521	0,60	457	0,26
589	1,0	496	0,42	441	0,21

La céruse doit donc prendre une teinte jaune quand elle est éclairée normalement par de la lumière blanche. On obtient naturellement des valeurs très différentes avec les poudres colorées.

Comme le rayonnement solaire est relativement moins riche en radiations calorifiques que celui d'une lampe et que le pouvoir diffusif varie très peu, en général, d'une source à l'autre, on peut considérer les nombres obtenus avec le Soleil comme s'appliquant d'une manière approximative à la lumière moyenne, surtout quand il s'agit de substances blanches.

On désigne souvent par *albedo* la blancheur d'un corps ou son pouvoir diffusif total relatif à la lumière blanche.

Pour les surfaces polies, l'albedo n'est autre chose que le pouvoir réflecteur. Si la surface est courbe, l'albedo est la moyenne des pouvoirs réflecteurs relatifs à tous les éléments.

Quand il s'agit d'un corps à surface dépolie, la quantité de lumière qui tombe sur l'élément dS est $Q\,dS\cos i$ et la lumière diffusée correspondante $Q\,dS\cos i\int \varphi\,d\omega$. La quantité totale de lumière éclairante étant $Q\int dS\cos i$, ou le produit de l'éclairement Q par la projection $\int dS\cos i$ de la surface sur un plan perpendiculaire aux rayons incidents, l'albedo A a pour expression

$$A = \frac{\int dS\cos i\int \varphi\,d\omega}{\int dS\cos i}.$$

Lorsque la loi du cosinus est applicable, l'expression $\int \varphi\,d\omega$ est une constante $\pi\varphi_0$ et il reste simplement

$$A = \pi\varphi_0.$$

Si l'on observe la lumière diffusée suivant la direction de retour des rayons incidents, l'éclat intrinsèque de la surface apparente $dS\cos i$ se réduit à φQ (691); il est maximum pour l'incidence normale. L'éclairement dQ' produit à une distance pour laquelle l'ouverture angulaire de cette surface est $d\alpha$ a pour expression

$$dQ' = Q\varphi\,d\alpha,$$

ce qui donne pour toute la surface

$$Q' = Q\int \varphi\,d\alpha = Q\varphi_0\int d\alpha\cos i.$$

Pour une sphère de rayon R, la projection sur un plan normal aux rayons incidents de la calotte limitée à l'incidence i est $\pi R^2 \sin^2 i$ et celle de la zone correspondant à l'angle di est $2\pi R^2 \sin i \cos i \, di$. L'éclairement dQ' produit à la distance D sur le retour des rayons incidents est

$$dQ' = \frac{2\pi R^2 Q}{D^2} \varphi \sin i \cos i \, di = 2\alpha Q \varphi_0 \cos^2 i \sin i \, di,$$

et l'éclairement total

$$\frac{Q'}{Q} = 2\alpha\varphi_0 \int_0^{\frac{\pi}{2}} \cos^2 i \sin i \, di = \frac{2}{3}\alpha\varphi_0.$$

L'éclat intrinsèque moyen de la surface est donc égal à $\frac{2}{3}\varphi_0$.

La mesure du rapport des éclairements permet de déterminer le coefficient φ_0 et l'albedo

$$\Lambda = \pi\varphi_0 = \frac{3\pi}{2}\frac{Q'}{\alpha Q}.$$

Le problème est moins simple quand on observe la lumière diffusée dans une direction qui fait un angle δ avec le retour des rayons incidents. Soient CO (*fig.* 346) la direction de la lumière

Fig. 346.

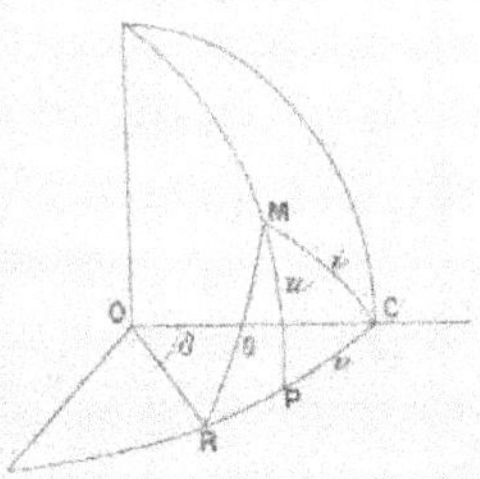

primitive, OR celle de la diffusion. L'élément de surface situé au point M, dont les coordonnées sphériques sont $CP = v$ et $PM = u$, a pour expression

$$dS = R^2 \cos u \, du \, dv;$$

les angles MC et MR d'incidence et de diffusion sont

$$\cos i = \cos u \cos v, \qquad \cos\theta = \cos u \cos(\delta - v).$$

L'éclairement produit par cet élément est donc

$$dQ' = \frac{Q\,dS}{D^2}\,\varphi\cos i\cos\theta = \frac{Q\alpha}{\pi}\,\varphi_0\cos^3 u\cos v\cos(\delta - v)\,du\,dv.$$

On obtiendra l'éclairement total Q' en intégrant cette expression, pour l'angle u entre les limites $\pm\dfrac{\pi}{2}$ et, pour l'angle v, entre les limites $-\left(\dfrac{\pi}{2} - \delta\right)$ et $\dfrac{\pi}{2}$ qui correspondent aux portions visibles de la surface éclairée.

Les variables étant séparées, on trouve aisément

$$\int\cos^3 u\,du = \left(\sin u - \frac{\sin^3 u}{3}\right) = \frac{4}{3},$$

$$\int\cos v\cos(\delta - v)\,dv = \left[\frac{\cos\delta}{2}v + \frac{\sin(2v - \delta)}{4}\right] = \frac{\pi - \delta}{2}\cos\delta + \frac{\sin\delta}{2},$$

$$\frac{Q'}{Q} = \frac{2}{3}\alpha\varphi_0\frac{(\pi - \delta)\cos\delta + \sin\delta}{\pi}.$$

La portion visible de la surface éclairée se compose d'un demi-cercle et de la moitié d'une ellipse dont les demi-axes sont R et $R\cos\delta$; cette surface a donc pour expression $\dfrac{\pi R^2}{2}(1 + \cos\delta)$ et son ouverture angulaire est

$$\alpha' = \alpha\frac{1 + \cos\delta}{2} = \alpha\cos^2\frac{\delta}{2}.$$

L'éclat intrinsèque moyen de la surface visible est alors

$$\frac{4}{3}\varphi_0\frac{(\pi - \delta)\cos\delta + \sin\delta}{\pi(1 + \cos\delta)} = \frac{2}{3}\varphi_0\frac{(\pi - \delta)\cos\delta + \sin\delta}{\pi\cos^2\dfrac{\delta}{2}}.$$

L'éclat moyen diminue lentement à mesure que l'angle d'écart δ des rayons incidents et diffusés est croissant.

Si la loi de Lambert n'est pas applicable, l'expérience donnera les valeurs moyennes des coefficients φ_0 et A relatifs à une surface qui produirait le même éclairement final Q'.

PHOTOMÉTRIE PRATIQUE.

694. *Étalons de lumière.* — Le choix d'une source lumineuse comme unité fut surtout nécessaire lorsque le gaz de la houille et la lumière électrique, sous ses différentes formes, vinrent s'ajouter aux anciens modes d'éclairage par les bougies et par les huiles végétales ou minérales.

Bouguer se servait de *bougies* (en cire), dont il n'a pas pris soin d'indiquer la consommation. Les industriels de différents pays prirent d'abord comme termes de comparaison des bougies en stéarine, en spermaceti, en paraffine, etc., ayant une consommation déterminée, mais il faut en outre spécifier les dimensions de la mèche et de la flamme, qui ont une grande influence sur les qualités de la lumière.

A la suite d'un travail de Dumas et Regnault ([1]), fait en vue de l'éclairage au gaz de la ville de Paris, on adopta comme étalon une *lampe Carcel* à verre coudé, alimentée par de l'huile de colza épurée, et définie par les conditions suivantes :

Carcel étalon.

	cm
Diamètre extérieur du bec.....................	2,35
» intérieur (courant d'air intérieur) ...	1,7
» du courant d'air extérieur...........	4,55
Hauteur totale du verre......................	29,0
Distance du coude à la base du verre.........	6,1
Diamètre extérieur au niveau du coude.......	4,7
» extérieur au haut de la cheminée ...	3,4
Épaisseur moyenne du verre..................	0,2

La mèche est de 75 brins; le décimètre de longueur pèse $3^{gr},6$. Elle doit être élevée à 1^{cm} et le coude du verre à $0^{cm},7$ au-dessus de la mèche; la flamme présente environ $3^{cm},5$ de hauteur et $1^{cm},5$ de longueur, ou $5^{cq},25$ de surface apparente.

La lampe normale doit brûler 42^{gr} d'huile à l'heure, mais, dans les limites de 40^{gr} à 44^{gr}, l'intensité de la lumière est très sensiblement proportionnelle à la consommation.

([1]) Dumas et Regnault, *Ann. de Chim. et de Phys.* [3], t. LXV, p. 486; 1862. — Audouin et Berard, *Ibid.*, p. 423.

Le Congrès international des Électriciens, réuni à Paris en 1881, en adoptant la lampe Carcel comme étalon secondaire, émettait l'avis, sur la proposition de M. Violle, que l'étalon définitif devait être fixé par un phénomène physique bien défini, tel que la lumière rayonnée par un métal fondu, à la température de solidification. Cette décision fut confirmée par la Conférence internationale de 1884, qui adopta les conclusions suivantes, à la suite d'une étude dans laquelle M. Violle ([1]) a vérifié la parfaite constance de la lumière ainsi obtenue :

1° L'unité pratique de chaque lumière simple est la quantité de lumière de même espèce émise en direction normale par 1^{cq} de platine fondu à la température de solidification.

2° L'unité pratique de lumière blanche est la quantité totale de lumière émise par la même source.

Pour éviter la nécessité de fondre une quantité importante de platine, M. Werner Siemens a construit une lampe au dixième avec un ruban de platine placé derrière une ouverture de $0^{cq},1$; on chauffe le platine par un courant électrique jusqu'à fusion, mais cette condition paraît difficile à réaliser.

L'ancienne bougie française *de l'Étoile* valait $\frac{1}{7}$ de Carcel; les bougies actuelles (6 au paquet de 500^{gr}) ne donnent plus qu'environ $\frac{1}{8}$ de Carcel pour la même consommation de 10^{gr} à l'heure; elles ont 2^{cm} de diamètre, une mèche formée de 81 fils et la hauteur de flamme est $5^{cm},25$.

La bougie anglaise au *blanc de baleine* (candle standard), de 6 à la livre, brûle 2 grains par minute ou $7^{gr},776$ à l'heure; le diamètre est de 2^{cm}, la hauteur moyenne de flamme $4^{cm},5$ et la mèche est composée de trois torons ayant chacun de 18 à 21 fils.

La bougie adoptée par l'Association des gaziers allemands (vereinskerze) est en *paraffine*, définie par la température de fusion de 55°; la mèche est une tresse de 25 fils de coton dont 1^{m} pèse $0^{gr},67$; la hauteur de flamme est 5^{cm}. Enfin la bougie de Munich est en *stéarine*; le diamètre est $2^{cm},05$; la consommation de $10^{gr},4$ à l'heure et la hauteur de flamme $5^{cm},6$.

([1]) J. VIOLLE, *Ann. de Chim. et de Phys.* [6], t. III, p. 373; 1884. — *Journal de Physique* [2], t. III, p. 241; 1884.

M. Hefner-Alteneck ([1]) a proposé une lampe de construction très simple qui brûle de l'*acétate d'amyle* à l'air libre sans cheminée, avec une flamme de 4^{cm} de hauteur et $0^{cm},8$ de diamètre. C'est une lampe analogue, à mèche de coton tressée de $0^{cm},5$ de diamètre donnant une flamme de 3^{cm}, construite par M. Pellin, qui a été adoptée comme étalon par le Congrès de Photographie en 1889, sur la proposition de M. le général Sebert.

On a employé aussi des lampes de *pétrole*, de *benzine*, de *pentane*, etc., et même un bec de gaz en flamme de bougie de hauteur déterminée ([2]). On se sert, aux États-Unis, d'une flamme de gaz à bec d'Argand, mais la qualité du gaz fait varier la lumière dans de si grandes proportions que ce mode de comparaison ne pourrait pas être généralisé.

695. *Valeurs relatives des étalons.* — La lumière émise par ces différentes sources n'a pas exactement la même composition; l'acétate d'amyle donne la flamme la plus rouge, puis vient la lampe Carcel et ensuite les bougies. Toutefois leurs teintes présentent assez d'analogies pour qu'il soit possible d'en faire la comparaison directe.

Les résultats obtenus par différents observateurs sont loin de présenter un accord satisfaisant. Les valeurs suivantes ont été empruntées aux expériences récentes faites par M. Violle à l'occasion des Congrès de Photographie ([3]).

La lampe Carcel a une marche très régulière et constitue une source bien définie si elle est construite avec des soins particuliers; les défauts de construction peuvent diminuer l'éclat de plusieurs centièmes pour la même consommation. L'étalon de platine vaut 2,08 carcels.

La lampe Hefner est d'une constance remarquable; les variations ne dépassent pas $\pm 0,01$ quand on maintient la hauteur de la flamme, mais les différents modèles donnent lieu à des écarts de 2 à 3 pour 100. Elle vaut environ 0,1065 carcel.

Les bougies sont beaucoup moins régulières. La meilleure pa-

<hr>

([1]) Hefner-Alteneck, *Elektr. Zeitsch.*, t. V, p. 20; 1884.

([2]) Voir A. Palaz, *Traité de Photométrie industrielle;* Paris, 1892.

([3]) Congrès international de Photographie, *Rapports et documents*, p. 56. Paris, 1889. — *Rapport de la Commission permanente*, p. 109; 1891.

raît être la bougie anglaise, quoiqu'on ait constaté quelquefois des variations supérieures à 10 pour 100, sans doute à cause des qualités inégales du blanc de baleine. Cette unité est très employée dans les conventions relatives à l'éclairage électrique; on admet généralement qu'elle vaut 0,107 carcel.

Il est plus difficile de fixer la valeur de la bougie allemande; le rapport de cette lumière à la lampe Hefner varie, suivant les observateurs, de 1,223 à 1,117. La moyenne 1,17 correspondrait à 0,125 carcel.

Toutes les mesures s'accordent pour attribuer sensiblement la même valeur à la bougie française de l'Étoile. La bougie de Munich serait plus éclatante de 0,16.

Enfin le Congrès international des Électriciens en 1889 a recommandé l'emploi de la *bougie décimale* définie comme étant $\frac{1}{20}$ de l'étalon de platine.

On peut donc admettre le Tableau suivant :

Rapports des principaux étalons.

	Platine (Violle).	Carcel normale.	B. Étoile V. Kerze.	Candle St. Hefner.	Bougie décimale.
Platine (Violle)......	1	2,08	16,6	19,5	20
Carcel................	0,48	1	8,0	9,35	9,6
B. Étoile, V. Kerze...	0,06	0,125	1	1,17	1,20
Candle St., Hefner...	0,051	0,107	0,86	1	1,02
Bougie décimale.....	0,05	0,104	0,84	0,98	1
Lampe Pellin........	0,046	0,096	0,77	0,90	0,92

La bougie décimale est un peu supérieure à $\frac{1}{10}$ de carcel et sensiblement égale à la bougie anglaise ou à la lampe Hefner.

D'après les mesures de M. Violle, le rapport des intensités de l'étalon de platine et de la carcel, ramenées à la même valeur pour la raie D, seraient :

Platine et Carcel.

Longueur d'onde....	0,656	0,589	0,535	0,482	0,431
Platine............	0,876	1	1,093	1,41	3,0

696. *Surface des intensités.* — L'éclairement produit par une source est, en général, variable avec la direction, le cas d'une symétrie complète n'étant presque jamais réalisé; la lumière totale doit être évaluée par la somme des quantités émises dans tous les sens. En menant, par un point de la source et pour chaque direction, une longueur proportionnelle à l'intensité correspondante, la surface formée par le lieu des extrémités définit encore la lumière totale T et son mode de distribution.

Menons une série de plans par une même droite comme axe. Soit $d\varphi$ l'angle de deux plans voisins et θ l'angle d'une direction avec l'axe. La quantité de lumière émise dans l'ouverture angulaire $\sin\theta \, d\varphi \, d\theta$ est $I \sin\theta \, d\varphi \, d\theta$ et la lumière totale

$$(1) \qquad T = \int_0^{2\pi} d\varphi \int_0^{\pi} I \sin\theta \, d\theta.$$

Lorsque la source est symétrique par rapport à la verticale, comme les flammes de bougies ou de lampes à bec circulaire et la plupart des arcs électriques, la surface des intensités est de révolution autour de cette droite; il suffit alors d'en connaître la méridienne ou la *courbe des intensités*. La zone correspondant à l'angle $d\theta$ est $2\pi \sin\theta \, d\theta$, et l'on a

$$(2) \qquad T = 2\pi \int_0^{\pi} I \sin\theta \, d\theta.$$

Dans les expériences faites ([1]) à propos de l'Exposition d'Électricité en 1881, on mesurait ainsi, pour les *arcs électriques*, l'intensité horizontale H et les intensités relatives à des directions variant de 15° en 15° au-dessus et au-dessous. Au lieu d'évaluer l'intégrale (2), on calculait une série de zones sphériques limitées à ± 7°30' de part et d'autre de chaque direction observée et l'on faisait la somme des produits de ces zones par l'intensité relative à la direction moyenne. Ces zones de 15° varient, à partir de l'axe, comme les nombres 4, 34, 65, 93, 113, 126, 130, 126, etc., leur somme totale étant représentée par 1000. En appelant P la somme des produits obtenus par ces facteurs, l'intensité moyenne sphérique I_0 et la lumière totale sont

$$I_0 = \frac{P}{1000}, \qquad T = 4\pi \frac{P}{1000} = 4\pi I_0.$$

([1]) ALLARD, LE BLANC, JOUBERT, POTIER et TRESCA, *Ann. de Chim. et de Phys.* [5], t. XXIX, p. 5; 1883.

L'expérience montre d'ailleurs, au moins pour les arcs, qu'on obtient des valeurs assez exactes de la moyenne sphérique I_0 par l'intensité horizontale H et celle du maximum M, à l'aide de la relation empirique

$$I_0 = \frac{H}{2} + \frac{M}{4} = \frac{2H + M}{4}.$$

M. Rousseau ([1]) ramène ce calcul à une construction graphique. La courbe des intensités OAP (*fig.* 347) étant obtenue, on trace

Fig. 347.

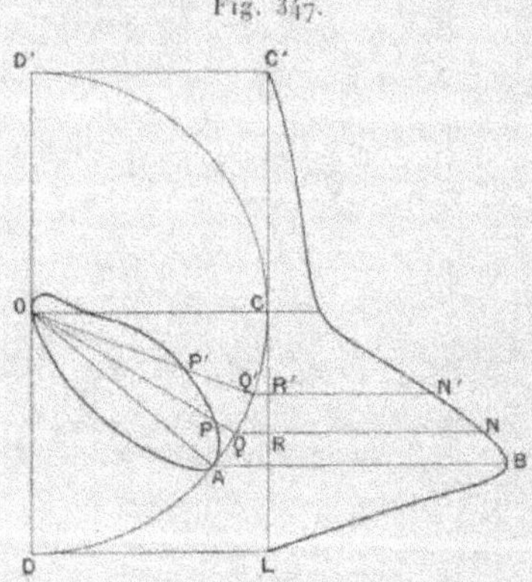

une circonférence DACD' tangente au sommet A. Prolongeant le rayon vecteur OP jusqu'à la rencontre Q de cette circonférence, on mène ensuite la droite QN, dont la longueur RN, à partir de la verticale LL', est égale à OP. Les ordonnées $RN = y$ de la courbe transformée LNL' représentent les intensités I et les abscisses correspondantes sont

$$x = LR = M(1 - \cos\theta),$$
$$dx = M \sin\theta \, d\theta.$$

En appelant dS l'aire de la courbe transformée relative à l'angle $d\theta$, on a donc

$$dS = y \, dx = MI \sin\theta \, d\theta = \frac{M}{2\pi} dT.$$

([1]) E. ROUSSEAU, *Comptes rendus des essais électriques de l'Exposition d'Anvers* en 1885; Liège, 1887.

Si δT est la quantité de lumière émise dans la zone limitée aux angles θ et θ', dont l'ouverture sphérique est $2\pi(\cos\theta - \cos\theta')$, et δS l'aire correspondante RN' de la courbe transformée, l'intensité moyenne dans cette région est

$$\frac{\delta T}{2\pi(\cos\theta - \cos\theta')} = \frac{\delta S}{M(\cos\theta - \cos\theta')}.$$

Pour évaluer la lumière totale T et la moyenne sphérique I_0,

$$T = 2\pi\frac{S}{M} = 4\pi\frac{S}{2M} = 4\pi I_0,$$

il suffit alors de mesurer l'aire S de la courbe transformée par un intégrateur ou une méthode de quadrature.

La forme de la courbe lumineuse varie beaucoup avec les différentes sources. Pour la *lampe Carcel*, la Commission française donne la courbe suivante AHB (*fig.* 348). L'intensité est maximum

Fig. 348.

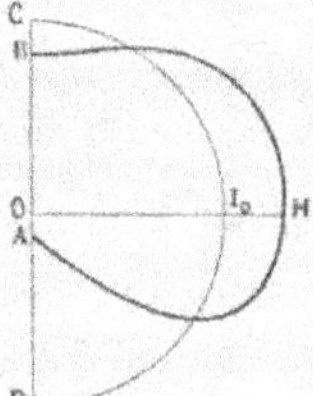

pour la direction horizontale; elle varie lentement vers le haut et devient très faible, vers le bas, à partir de 30°. Le rapport de la moyenne sphérique OI_0 à l'intensité horizontale OH est 0,761.

Dans les arcs électriques, la courbe lumineuse dépend de la disposition des charbons et de la nature du courant. Les arcs à courants alternatifs, employés pour les phares, ont encore un maximum d'intensité dans la direction horizontale; pour l'éclairage ordinaire, au contraire, on ramène la lumière vers le bas en prenant le charbon supérieur comme pôle positif d'un courant continu ou en donnant aux deux charbons des dimensions différentes. Le rapport de la moyenne sphérique à l'intensité horizontale varie alors entre des limites très étendues.

Lorsque les sources sont symétriques par rapport à deux plans verticaux, comme les *bougies Jablochkoff* à charbons parallèles et la plupart des *lampes à incandescence*, on doit faire des mesures dans les différents méridiens.

La Commission française a observé les bougies Jablochkoff suivant les plans de symétrie, de face et de champ, en calculant les moyennes sphériques I_1 et I_2 relatives à chacun d'eux, comme si la source était symétrique par rapport à la verticale, et l'on a pris comme moyenne générale

$$I_0 = \frac{3I_1 + I_2}{4}.$$

On peut admettre généralement que la distribution de lumière est la même dans tous les plans méridiens. La moyenne sphérique est alors proportionnelle à la valeur H_0 de la moyenne horizontale. Cette moyenne pourrait se calculer à l'aide de la courbe des intensités horizontales

$$H_0 = \frac{1}{2\pi} \int_0^{2\pi} H \, d\varphi.$$

Pour les lampes à incandescence, il a paru suffisant, d'après les expériences de M. Hagenbach, de mesurer les intensités horizontales H_1 et H_2 dans les plans principaux et l'intensité H' dans l'azimut intermédiaire de $45°$, en prenant la valeur

$$H_0 = \frac{H_1 + 2H' + H_2}{4}.$$

Le mode de distribution de la lumière dans le plan horizontal varie beaucoup avec la section et la forme du filament, car l'éclairement suivant chaque direction doit être proportionnel à la surface visible du charbon lumineux.

Nous donnerons le résumé des résultats obtenus avec les lampes Edison (fil carré), Lane-Fox (fil rond) et Maxim (fil plat), l'intensité H_1 correspondant à l'observation de face :

	$\dfrac{H_0}{H_1}$.	$\dfrac{I_0}{H_1}$.	$\dfrac{I_0}{H_2}$.	$\dfrac{I_0}{H}$.
Carcel..........	1	0,761	0,761	0,761
Edison	1,19	0,822	0,98	0,74
Lane-Fox.....	0,91	0,818	0,74	0,78
Maxim	0,74	0,785	0,58	0,69

La moyenne sphérique est donc sensiblement les $\frac{3}{7}$ de l'intensité horizontale observée à 45° des plans de symétrie; comme le même nombre convient à la lampe Carcel, les mesures relatives à cette direction sont immédiatement comparables.

697. *Composition des différentes lumières.* — Pour les lumières artificielles dont l'éclat est dû au charbon incandescent, cette composition dépend uniquement de la température. Si l'on classe les principales sources suivant leur richesse en rayons moins réfrangibles, on peut les disposer dans l'ordre suivant :

Lampes à huile.	Lampes à incandescence.
Gaz d'éclairage.	Platine fondu.
Lampes à pétrole.	Lumière Drummond.
Bougies.	Arc électrique.

Toutefois, ce n'est là qu'une classification très approximative parce que la forme des mèches ou des orifices de dégagement et l'afflux d'air dans les flammes à combustion, ainsi que l'énergie du courant dans les lampes électriques, peuvent changer entièrement les propriétés de la lumière.

Avec les lampes à incandescence, par exemple, pour des intensités ramenées à la même valeur dans le vert ($\lambda = 0^\mu, 557$), le rouge peut varier de $0,73$ à $0,58$ et l'indigo de $1,70$ à $3,38$ à mesure que l'on augmente l'énergie électrique ([1]).

Pour la lumière de l'arc électrique ([2]), le rapport du bleu au rouge varie également de 2 à $4,20$, suivant les circonstances, et l'action chimique croît dans le même sens.

Un grand nombre d'expériences ([3]) ont été faites pour déterminer la qualité relative des sources ou leur richesse en rayons de différentes couleurs.

Tous les observateurs s'accordent à reconnaître que la bougie, quelques soins que l'on apporte à sa préparation et au mode de

---

[1] OTTO SCHUMANN, *Elektrotechn. Zeitsch.*, t. V, p. 220; 1885.

[2] W. DE W. ABNEY, *Proc. of the Roy. Soc.*, t. XXVII, p. 161; 1878.

[3] W.-H. PICKERING, *Proceed. of the American Acad.*, t. XV, p. 236; 1880. — H.-C. VOGEL, *Monatsb. der K. Preuss. Akad. der Wiss.*, p. 801; 1880. — A. CROVA, *Comptes rendus des séances de l'Académie des Sciences*, t. XCIII, p. 512 et 939; 1881. — *Ann. de Ch. et de Phys.* [6], t. XX, p. 480; 1890. — E.-L. NICHOLS et W.-S. FRANKLIN, *Amer. Journ.* [3], t. XXXVIII, p. 100; 1889.

combustion, est une source très incertaine et très variable, aussi bien comme qualité que comme intensité totale.

D'après M. Crova, la teinte de la lampe Carcel est à peu près indépendante de son intensité absolue lorsque la consommation ne s'éloigne pas considérablement de la dépense normale.

MM. Nichols et Franklin ont constaté également que la lampe à gaz du type Argand, employée aux États-Unis comme étalon de 16 bougies, est d'une constance remarquable aux deux points de vue et la lumière présente très sensiblement les mêmes qualités qu'une lampe à incandescence au régime normal, c'est-à-dire à la plus haute température compatible avec une longue durée.

M. Pickering donne la comparaison suivante de différentes sources rapportées à la lampe Carcel :

Longueur d'onde	0,65	0,59	0,52	0,46
Gaz	0,74	1	1,03	1,25
Bougie étalon	0,73	1	1,04	1,34
Lumière Drummond	0,59	1	1,13	2,85
Arc électrique	0,61	1	1,21	7,35
Magnésium	0,50	1	2,23	11,29
Soleil	0,45	1	2,50	29,71

La lampe Carcel est un peu plus rouge que les flammes de gaz et de pétrole, mais la différence n'est pas assez grande pour que les résultats obtenus avec l'un ou l'autre de ces foyers comme étalons ne restent encore comparables. Nous citerons en particulier les expériences plus complètes de MM. Nichols et Franklin.

Dans la lumière *Drummond* obtenue par un chalumeau à gaz oxyhydrique, la chaux atteint d'abord sa température la plus élevée très peu de temps après qu'elle est en ignition, mais cette température baisse ensuite rapidement jusqu'à un état qui peut être maintenu longtemps sans modification. Pendant la première période, la lumière est beaucoup plus blanche et se rapproche de celle qu'on obtient par la combustion du magnésium.

Pour l'*arc électrique*, produit entre deux charbons de même diamètre dont le positif est à la partie supérieure, la lumière émise vers le bas, où le maximum a lieu dans le voisinage de 45°, conserve une qualité constante. Il n'en est pas de même vers le haut : la lumière paraît manifestement plus bleue, même à l'œil nu ; le changement de teinte est dû surtout à l'accroissement d'intensité des rayons moins réfrangibles que la raie E.

Il se produit aussi dans le spectre de l'arc une bande lumineuse très intense dont le maximum a lieu vers $\lambda = 0^\mu,428$.

Les qualités de la lumière paraissent à peu près indépendantes de la longueur de l'arc, c'est-à-dire de la force électromotrice, mais elles varient beaucoup avec les dimensions des charbons. La teinte devient moins blanche quand on augmente l'étendue des surfaces lumineuses, comme dans la plupart des lampes commerciales, ce qui a pour résultat d'abaisser leur température.

En ramenant toutes les lumières à la même intensité pour la raie D ($\lambda = 0^\mu,589$), on peut traduire la moyenne des résultats par le Tableau suivant, où ils sont rapportés à la lampe Argand :

λ.	Lumière Drummond.		Arc électrique.	
	I.	II.	I.	II.
0,750	0,66	0,50	0,38	0,56
700	0,72	0,68	0,45	0,60
650	0,78	0,76	0,66	0,74
600	0,94	0,94	0,92	0,94
550	1,38	1,20	1,30	1,40
500	3,05	1,55	1,70	1,80
450	10,8	2,08	2,51	4,64
425	»	»	20,40	»
410	»	»	3,22	»

La colonne I correspond, pour la lumière Drummond, à la première période et la colonne II à la seconde. Pour l'arc, la colonne I est relative aux observations faites vers le bas et la colonne II à 16° au-dessus de l'horizontale.

La lumière de l'arc étant beaucoup plus intense que celle de l'étalon, on l'utilisait pour éclairer un bloc de carbonate de magnésie, qui servait ainsi à la réduire dans une proportion arbitraire et permettait d'observer dans toutes les directions.

On remarquera sur ce Tableau que, lorsque l'arc ou la lumière Drummond deviennent plus intenses, l'éclat relatif augmente en même temps pour le rouge et le violet, mais moins rapidement d'un côté que de l'autre. L'inverse a lieu pour les flammes et les lampes à incandescence, où la proportion du rouge augmente quand celle du violet diminue.

Voici, comme exemple, les résultats obtenus avec une lampe
Edison de 16 bougies à 100 volts, que l'on a portée successivement
à des intensités différentes, depuis 4 jusqu'à 28 bougies, en prenant pour unité relative à chaque couleur celle que donnait la
même lampe réglée à 16 bougies.

λ.	4 bougies.	10 bougies.	22 bougies.	28 bougies.
0,750	0,33	0,70	1,19	1,57
700	0,30	0,64	1,24	1,64
650	0,26	0,61	1,31	1,73
600	0,23	0,57	1,35	1,82
550	0,21	0,54	1,38	1,91
500	0,18	0,52	1,38	2,02
450	0,15	0,51	1,39	2,18

Dans la comparaison des lumières totales de deux sources différentes, on peut évidemment ne prendre qu'une couleur convenablement choisie dans la région moyenne du spectre, puisque le
rapport des intensités est plus grand que la valeur moyenne pour
l'une des extrémités et plus faible pour l'autre.

D'après M. Crova, la lumière verte ($\lambda = 0^\mu,582$) remplirait bien
cette condition pour la comparaison de l'arc avec la lampe Carcel.
Pour les lampes à incandescence inégalement excitées, MM. Nichols et Franklin indiquent un jaune orangé ($\lambda = 0^\mu,600$) dont
l'intensité est exactement proportionnelle à la lumière totale.

D'autre part, les intensités relatives de deux couleurs, pour un
foyer déterminé, sont une simple fonction de la température et,
par suite, le rapport de deux d'entre elles est défini par le rapport
de deux autres. M. Macé de Lépinay ([1]) trouve que les intensités
des teintes rouge (R), jaune (J) et violette (U) que laissent passer
certains milieux absorbants sont liées par la formule

$$\frac{J}{R} - 1 = 0,208\left(1 - \frac{U}{R}\right).$$

Les vérifications obtenues avec une lampe Swann et la lumière
Drummond ont été satisfaisantes, mais une relation aussi simple

---

([1]) Macé de Lépinay, *Comptes rendus des séances de l'Académie des
Sciences*, t. XCVII, p. 1428; 1883.

ne doit pas être généralisée et se trouverait sans doute en défaut
pour des sources de caractères très différents.

698. *Rendement en lumière*. — Dans tous les cas, la quantité
de lumière fournie par un foyer augmente avec la température et
l'on cherche à élever cette température jusqu'à ce que les frais
d'entretien des appareils compensent l'économie correspondante
de lumière. C'est dans ce but qu'on a imaginé les cheminées et
le double courant d'air pour les lampes à huile et que la forme
des becs de gaz a subi de nombreuses modifications.

Dans les lampes électriques à incandescence, l'intensité croit
beaucoup plus rapidement que l'énergie électrique consommée,
mais aux dépens de leur durée. Les expériences faites à l'Exposition de 1881 ont montré que les meilleures lampes, en marche normale, ne fournissent pas plus de 300 bougies ou 32 carcels par
cheval électrique, ce qui fait 2,45 watts par bougie et 23 watts par
carcel. Les progrès récents ont amélioré cette industrie.

Pour l'arc électrique, le rapport de la lumière totale à l'énergie
dépensée est aussi d'autant plus grand, toutes choses égales, que
les foyers sont plus intenses. M. Rousseau trouve un maximum de
166 carcels par cheval électrique, c'est-à-dire 225 carcels par kilowatt, ou 4,44 watts par carcel.

Le rendement en lumière intense est donc 5 fois aussi grand que
pour l'incandescence, mais la consommation même des charbons
entraîne une dépense supérieure à l'entretien des lampes à fil.

D'après les nombres donnés par MM. W. Baille et Fréry [1], la
consommation moyenne des différentes sources usuelles serait :

		Régime		
	Intensité.	à l'heure.	par Carcel.	Observations.
		gr	gr	
Bougies	0,14	9	64	Paraffine ou stéarine.
Carcel......	1,00	42	42	Huile de colza épurée.
Pétrole.... .	»	»	30	Variable avec la forme.
		lit	lit	
Gaz........	1,10	134	122	Bec Bengel.
»	1,39	62	44,6	A toile de zircone.
»	1,61	191	118	A toile de magnésie.
»	3,35	135	40	A l'albo-carbon.

---

[1] J.-B. BAILLE et FRÉRY, *L'Électricien*, t. XIII, p. 489; 1889.

Le prix relatif de la lumière varie naturellement avec celui des substances employées. A Paris, il serait d'environ 15ᶜ par carcel-heure pour les bougies, 10ᶜ pour l'huile, 2ᶜ,5 pour le pétrole et 3ᶜ,6 pour le gaz avec les becs ordinaires.

Une autre considération plus scientifique consiste à évaluer l'énergie dépensée sous différentes formes pour produire une même quantité de lumière. Le rapport de l'énergie lumineuse à l'énergie calorifique totale, qui constitue le véritable *rendement* en lumière, est encore croissant avec la température, en même temps que le maximum d'énergie correspond à des longueurs d'onde de plus en plus petites.

On peut néanmoins obtenir des résultats qui correspondent aux conditions moyennes. Le calcul relatif aux flammes exige seulement que l'on connaisse le nombre de calories qui correspond à la combustion de l'unité de poids.

Nous citerons seulement quelques nombres empruntés à différents observateurs (¹).

Sources.	Nombre de watts par bougie.	Rendement en centièmes.
Bougies	86,0	»
Lampes à huile	57,0	3,0
Lampes à pétrole	42,8	»
Gaz, bec papillon	93,2	4,0
Gaz, bec Argand	68,8	»
Gaz, becs intensifs	45,6	»
Lampe à incandescence	3,5	2,3 à 10
Arc électrique	0,8	5,5 à 20
Magnésium	»	15
Tubes de Geissler	»	33

Le rendement en lumière dépend surtout de la loi suivant laquelle l'intensité varie en fonction de la longueur d'onde (²). Dans un spectre normal, le maximum d'énergie calorifique correspond aux longueurs d'onde 1ᵘ,6 pour la flamme du gaz, 1ᵘ,16 pour l'arc électrique, 0ᵘ,62 pour le Soleil, ce qui indiquerait la graduation des températures de ces différentes sources. Il en est tout autrement pour la lumière produite dans les gaz raréfiés et pour

---

(¹) A. PALAZ, *Traité de Photométrie*, p. 233.
(²) S.-P. LANGLEY et F.-W. VERY, *Amer. Journ.* [3], t. XL, p. 97; 1890.

celle qu'émettent les corps fluorescents ou phosphorescents ; les radiations sont alors concentrées dans une région du spectre plus ou moins restreinte.

La phosphorescence du *Pyrophorus noctilucus,* insecte analogue à notre *ver luisant,* est particulièrement remarquable.

La lumière émise par les taches thoraciques est comprise entre les longueurs d'onde $0^\mu,640$ et $0^\mu,468$, celles des glandes abdominales entre $0^\mu,663$ et $0^\mu,463$, et le rayonnement n'éprouve pas d'absorption sensible dans le verre.

Par comparaison avec un bec d'Argand, l'éclat de ces plaques lumineuses serait :

λ	$0,49$	$0,51$	$0,53$	$0,54$	$0,56$	$0,58$	$0,59$	$0,60$
Éclat	$0,02$	$0,21$	$0,34$	$0,37$	$0,24$	$0,19$	$0,17$	$0,09$

A égalité d'éclairement, la quantité de chaleur qui accompagne cette lumière est environ $\frac{1}{400}$ de celle qui existe dans les flammes. MM. Langley et Very ont donc pu considérer le pyrophore comme la plus économique des lumières, puisque l'énergie totale est alors presque entièrement dépourvue de rayons calorifiques.

699. *Lumière du Soleil et du jour.* — La comparaison directe de la lumière du *Soleil* avec celle d'une lampe à pétrole par M. Vogel, et par M. Crova sur le mont Ventoux avec une lampe Carcel, a donné les nombres suivants :

λ	Lumière solaire rapportée à la lampe	
	de pétrole.	Carcel.
$0,640$	$0,56$	$0,64$
600	$0,75$	$0,90$
589	$1,0$	$1,0$
550	$1,40$	$1,44$
525	$2,0$	$1,95$
500	$3,7$	$2,9$
475	$5,9$	0
450	$10,2$	0
425	$13,2$	0

On remarque que la valeur relative à la longueur d'onde $0^\mu,46$ n'est que le tiers de celle qu'avait obtenue M. Pickering (697).

Les qualités de la lumière du *jour* sont extrêmement variables avec les conditions de l'atmosphère. Par un temps clair, le bleu du ciel intervient pour une part importante dans l'éclairage; la lumière renferme une proportion très faible de rayons rouges et un grand excès des rayons les plus réfrangibles. Lorsque le ciel est couvert, la lumière diffusée par les nuages contient plus de rouge, mais elle présente encore une teinte bleuâtre par rapport à celle des rayons solaires directs.

Nous citerons les valeurs extrêmes obtenues par MM. Nichols et Franklin à deux jours d'intervalle, par un ciel pur et par un ciel entièrement couvert de nuages bas et noirs, la comparaison étant faite avec un bec Argand.

	Lumière du jour	
λ.	Ciel pur.	Ciel couvert.
0,700	0,28	0,43
650	0,48	0,58
600	0,84	0,92
550	1,92	1,62
520	4,02	2,76
500	6,00	3,84
470	15,20	6,35
450	21,37	9,08

700. *Clarté.* — Dans l'usage courant, il importe moins de connaître l'intensité des foyers que la quantité de lumière de toute origine qui tombe sur une surface déterminée; c'est elle qui définit en réalité l'éclairage.

On peut appeler *clarté* en un point la quantité moyenne de lumière qu'y reçoit l'unité de surface à laquelle on donne successivement toutes les directions.

Le problème se présente naturellement sous cette forme quand la lumière provient d'une grande surface, comme celle du jour; il en est de même pour l'éclairage artificiel, puisque la diffusion par le sol, les parois et les objets de toute nature contribue pour une part importante à l'éclairage général.

Pour définir l'éclairage en un point, on peut y considérer un élément de surface et mener une normale de longueur proportionnelle à la quantité de lumière qu'elle reçoit par unité. Le lieu des extrémités forme la *surface de clarté;* le volume qu'elle renferme est désigné par M. L. Weber [1] sous le nom de *solide d'éclairement*.

Quand la source est unique et très éloignée, son éclairement étant Q, la surface de clarté est sphérique, puisque la quantité de lumière reçue $Q \cos i$ est proportionnelle au cosinus de l'inclinaison. Pour des inclinaisons comprises entre les angles i et $i + di$, la normale est dans la zone $2 \pi \sin i\, di$; la clarté C est donc

$$C = \frac{Q}{4\pi} \int_0^{\frac{\pi}{2}} \cos i \,.\, 2\pi \sin i\, di = \frac{Q}{4}.$$

Dans le cas d'une source hémisphérique d'éclat homogène E, comme un ciel uniformément nuageux, la quantité émise sous l'incidence i, par une portion de la source d'ouverture angulaire $d\omega$, est égale à $E\, d\omega \cos i$ et la quantité totale

$$T = E \int \cos i\, d\omega.$$

Le produit $d\omega \cos i$ est la projection dA, sur la surface considérée, de l'élément $d\omega$ d'une sphère de rayon égal à l'unité, ce qui donne

$$T = EA.$$

Si cette surface est parallèle à la base de l'hémisphère, la projection A est égale à π et la lumière totale T_0 correspondante

$$T_0 = \pi E.$$

Si la surface est inclinée de l'angle θ sur la base, la projection A se compose d'un demi-cercle et d'une moitié d'ellipse dont les axes sont 1 et $\cos\theta$. On a alors

$$T = E \frac{\pi}{2} (1 + \cos\theta) = E \pi \cos^2 \frac{\theta}{2} = T_0 \cos^2 \frac{\theta}{2},$$

et la clarté est

$$C = \frac{T_0}{4\pi} \int_0^{\pi} \frac{1 + \cos\theta}{2} \, 2\pi \sin\theta\, d\theta = \frac{T_0}{2} = \frac{\pi E}{2}.$$

---

[1] L. Weber, *Wied. Ann.*, t. XXVI, p. 374; 1885. — *Journal de Physique* [2], t. V, p. 510; 1886.

Pour apprécier l'influence d'une enceinte fermée, on supposera d'abord que toutes les parois sont identiques et que la lumière qui tombe sur un élément de surface est ensuite réfléchie ou diffusée pour une fraction constante f, quelle que soit l'incidence [1].

Si $M = 4\pi\Sigma I$ est la quantité de lumière émise par toutes les sources que renferme l'enceinte, la première réflexion en diffuse fM, la seconde f^2M, etc., de sorte que la quantité totale T de lumière qui circule dans l'enceinte et contribue à l'éclairement de chaque point est

$$T = M(1 + f + f^2 + \ldots) = \frac{M}{1-f}.$$

Si le coefficient f est égal à $0,9$ comme on peut le réaliser avec l'argent poli ou la céruse, l'éclairement serait décuplé et en même temps uniformisé.

Les parois d'une salle, telles que murs, plafond et plancher, sont habituellement de teintes différentes; en outre, des objets de toute nature, meubles, tentures, tapis, etc., interceptent dans les intervalles la propagation de la lumière. Dans ce cas, le calcul n'est plus abordable, mais il est toujours permis d'assimiler l'ensemble à une enceinte à parois identiques en prenant une valeur moyenne pour le coefficient f de réflexion ou de diffusion.

On voit ainsi que le volume entier de l'enceinte intervient dans l'éclairement en chaque point. Pour obtenir dans une salle une clarté moyenne déterminée, il faut employer, toutes choses égales, un nombre de foyers proportionnel à son volume et non pas seulement à la surface totale ou à la surface horizontale.

La clarté que donne à la distance R une source I est égale à $\frac{I}{4R^2}$ et cette valeur convient au volume $4\pi R^2\,dR$ compris entre les sphères de rayons R et R $+ dR$. Le produit de la clarté par le volume correspondant étant ainsi $\pi I\,dR$, la somme de ces produits relative au volume d'une sphère de rayon D est $\pi I D$ et la clarté moyenne dans cet espace a pour expression

$$C = \frac{\pi I D}{\frac{1}{3}\pi D^3} = \frac{3}{4}\frac{I}{D^2} = \frac{3}{4}Q.$$

---

[1] E. Mascart, *Bulletin de la Soc. int. des Électr.*, t. V, p. 103; 1886.

Cette clarté moyenne est les $\frac{3}{4}$ de l'éclairement Q produit à la distance D sur une surface normale.

On peut traduire l'influence de toutes les causes extérieures en imaginant que l'éclairage efficace d'un foyer s'arrête à une distance déterminée D, laquelle augmente avec le pouvoir diffusif des parois et diminue en raison des obstacles.

Avec cette hypothèse, si une enceinte de volume U renferme des foyers dont l'intensité totale est ΣI, la somme des produits de la clarté moyenne efficace par le volume correspondant est $\pi D \Sigma I$; l'intensité I_1 des lumières par mètre cube est

$$I_1 = \frac{\Sigma I}{U},$$

et la clarté moyenne résultante est proportionnelle à la distance limite d'éclairage efficace, car on a

$$C = \pi D \frac{\Sigma I}{U} = \pi D I_1.$$

Dans le foyer de l'Opéra, par exemple, qui renfermait à une certaine époque 6000 bougies pour une capacité totale de 7392^{mc}, c'est-à-dire $0,81$ bougie par mètre cube, la clarté moyenne était d'environ 4 carcels ou 40 bougies à un mètre; il en résulte

$$D = \frac{C}{\pi I_1} = \frac{40}{\pi \times 0,81} = 16^m.$$

Cette distance limite est sensiblement augmentée dans les salles de fête où les murs et les étoffes d'ameublement sont de teintes généralement plus claires.

Enfin l'absorption exercée par l'air n'est plus négligeable dans une salle qui renferme des poussières abondantes ou dans une atmosphère brumeuse. La distance limite d'éclairage efficace peut alors devenir extrêmement petite.

Quand il s'agit d'éclairer des espaces découverts comme une salle à plafond vitré, les rues et les places publiques, on profite encore de la diffusion sur les murs voisins et sur le sol, mais toute la lumière dirigée vers le ciel est définitivement perdue; en limitant le volume à la hauteur des parties qui doivent être éclairées, la distance efficace est beaucoup moindre et il devient très difficile d'obtenir une distribution uniforme de la clarté.

Dans ces conditions, il importe surtout d'éclairer les surfaces horizontales et le problème doit être considéré d'une autre manière. Si la source est symétrique par rapport à la verticale, la quantité de lumière émise dans la zone $d\theta$ est

$$dM = 2\pi I \sin\theta \, d\theta.$$

Le foyer étant situé à la hauteur h au-dessus du sol, désignons par $x = h \tang\theta$ le rayon de la circonférence éclairée sous l'angle θ et par $r = \sqrt{h^2 + x^2}$ sa distance à la source. La surface horizontale dS correspondant à la zone $d\theta$ est

$$dS = 2\pi x \, dx = 2\pi h^2 \frac{\sin\theta \, d\theta}{\cos^3\theta} = 2\pi r^2 \frac{\sin\theta \, d\theta}{\cos\theta},$$

et la clarté sur cette région est

$$C = \frac{dM}{dS} = \frac{I \cos\theta}{r^2} = \frac{I}{h^2} \cos^3\theta = \frac{Ih}{r^3}.$$

Lorsque la source est entièrement symétrique, la quantité de lumière limitée à l'angle θ est

$$M = 2\pi I (1 - \cos\theta) = 2\pi I \frac{r - h}{r},$$

et la clarté moyenne correspondante se réduit à

$$C_m = \frac{M}{\pi x^2} = 2 I \frac{r - h}{r(r^2 - h^2)} = \frac{2 I}{r(r + h)}.$$

Cette clarté moyenne croît à mesure que la hauteur h diminue, mais aux dépens de l'uniformité d'éclairage. Si l'on remplace r par la distance limite efficace D, en appelant θ_1 l'angle correspondant $h = D \cos\theta_1$, la puissance des foyers par unité de surface horizontale a pour expression

$$I_1 = \frac{I}{\pi(D^2 - h^2)} = \frac{I}{\pi D^2 \sin^2\theta_1},$$

et la clarté moyenne devient

$$C_m' = 2\pi I_1 \left(1 - \frac{h}{D} \right) = 2\pi I_1 (1 - \cos\theta_1).$$

Supposons, par exemple, qu'au-dessus d'une surface indéfinie les foyers se trouvent aux sommets de carrés dont le côté $2a$ est supérieur à la distance limite. Chaque foyer correspond à un carré dont la surface est $4a^2$ et l'intensité par unité de surface est

$$I_1 = \frac{I}{4\,a^2}.$$

Les points situés dans un carré ne reçoivent de lumière appréciable que des quatre foyers voisins. La clarté C_0 au centre du carré est alors, en faisant $r^2 = h^2 + 2a^2$,

$$C_0 = \frac{4Ih}{(h^2 + 2a^2)^{\frac{3}{2}}} = 4I_1 \frac{4a^2 h}{(h^2 + 2a^2)^{\frac{3}{2}}},$$

et la clarté C' dans la verticale d'un foyer

$$C' = \frac{I}{h^2} = I_1 \frac{4a^2}{h^2}.$$

Si l'on veut que les clartés différentes C_0, C' et C_m soient dans des rapports déterminés, ces équations permettront de calculer la hauteur correspondante des foyers.

Lorsque la courbe méridienne des intensités n'est pas une circonférence, la clarté moyenne est

$$C_m = \frac{M}{\pi(D^2 - h^2)} = \frac{2}{D^2 - h^2} \int_0^{\theta_1} I \sin\theta \, d\theta.$$

Pour déterminer cette intégrale par un procédé graphique, on peut encore remplacer la courbe des intensités par une transformée, en prenant sur la droite OP (*fig.* 349), qui représente l'intensité I relative à l'angle θ, une longueur $ON = \rho$ définie par la condition

$$\rho^2 = I \sin\theta = QP.$$

L'aire A de la courbe N, limitée à l'angle θ_1, est

$$A = \frac{1}{2} \int \rho^2 \, d\theta = \frac{1}{2} \int_0^{\theta_1} I \sin\theta \, d\theta;$$

par suite

$$C_m = \frac{4A}{D^2 - h^2} = \frac{4A}{D^2 \sin^2\theta_1}.$$

La clarté au point R est d'ailleurs

$$C = \frac{I \cos\theta}{r^2} = \frac{OQ}{\overline{OR}^2},$$

et l'on pourra ainsi construire la courbe des clartés.

Fig. 349.

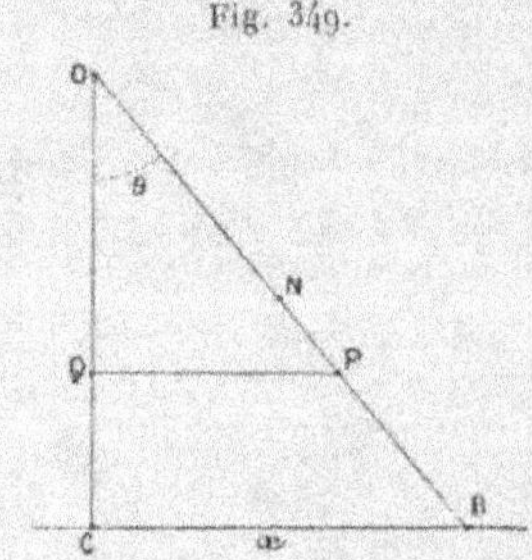

M. Preece avait proposé au Congrès des électriciens d'adopter comme unité, sous le nom de *lux*, la clarté produite par une Carcel à 1^m, qui équivaut sensiblement à celle d'une bougie à un pied de distance.

701. *Mesure de la clarté.* — Pour déterminer la clarté en un point, M. L. Weber [1] emploie deux lames de verre dépoli identiques A et B. L'une d'elles A est éclairée par une lampe auxiliaire; l'autre lame B reçoit l'éclairage à mesurer. Les deux faisceaux émis par transmission, après réflexion de l'un d'eux à angle droit sur un prisme à réflexion totale, éclairent les deux moitiés d'un champ limité par un diaphragme circulaire; on l'observe avec une lentille qui sert de loupe.

On règle l'éclairement de la source auxiliaire soit par une ouverture variable placée devant la flamme, soit en faisant varier la distance de l'écran A, soit par l'emploi d'un polariseur et d'un analyseur. On peut encore modifier l'autre faisceau en plaçant en avant un troisième verre dépoli C qui reçoit l'éclairage à observer; la quantité de lumière transmise par la lame B est alors en raison inverse du carré de sa distance à la lame C.

---

[1] L. WEBER, *Wied. Ann.*, t. XX, p. 326; 1883.

D'une manière générale, la quantité de lumière reçue par l'écran dans un éclairement uniforme Q est $Q \cos i$; si la fraction de l'éclairement diffusée suivant la normale, par réflexion ou transmission, peut être représentée par $\varphi_0 \cos^n i$, la quantité totale de lumière diffusée est (692)

$$2\pi Q \varphi_0 \int_0^{\frac{\pi}{2}} \cos^n i \sin i \, di = \varphi_0 Q \frac{2\pi}{n+1}.$$

Comme la clarté se juge dans la pratique par l'éclat moyen que prend un corps diffusant, tel qu'une feuille de papier, et que là encore l'influence de l'obliquité est manifeste, la lumière transmise par un verre dépoli représentera le phénomène utile d'une manière très suffisante.

M. Weber a vérifié d'abord avec son photomètre que la clarté produite par la surface entière du ciel est la somme de celles que l'on obtient en utilisant seulement la moitié de la surface dans deux expériences distinctes; il a déterminé ensuite la clarté relative à différents mois de l'année pour Breslau, à l'aide de verres rouge (R) et vert (V) dont le maximum de lumière transmise correspondait aux longueurs d'onde $0^\mu,630$ et $0^\mu,541$. L'unité de lumière était celle que donne une bougie de spermaceti à 1^m; nous avons pris l'unité 10 fois plus grande, ce qui correspond sensiblement à des carcel-mètre.

Clarté du jour.

	Décembre.		Janvier.		Juin.		Juillet.	
	R.	V.	R.	V.	R.	V.	R.	V.
Moyenne......	383	1155	687	2045	5180	15123	3731	10523
Maximum....	986	2427	1377	3733	7656	21180	6918	16440
Minimum......	57	218	159	538	452	1841	841	3112

On remarquera que le rapport du vert au rouge est très variable; les différentes observations donnent, en effet :

Rapport du vert au rouge.

	Décembre.	Janvier.	Juin.	Juillet.	Moyenne.
Moyenne........	3,02	2,98	2.92	2,82	2,94
Maximum......	2,46	2,71	2,77	2,38	2,58
Minimum......	3,82	3,38	4,08	3,70	3,74

Ce rapport serait toujours plus grand pour les minima que pour les maxima de lumière ; il aurait sa plus grande valeur en juin pour les minima, en décembre pour les moyennes, et sa moindre valeur en décembre pour les maxima.

Dans des expériences analogues, organisées surtout en vue de mesurer la clarté obtenue par l'éclairage artificiel, j'ai employé la disposition suivante (*fig.* 350).

Fig. 350.

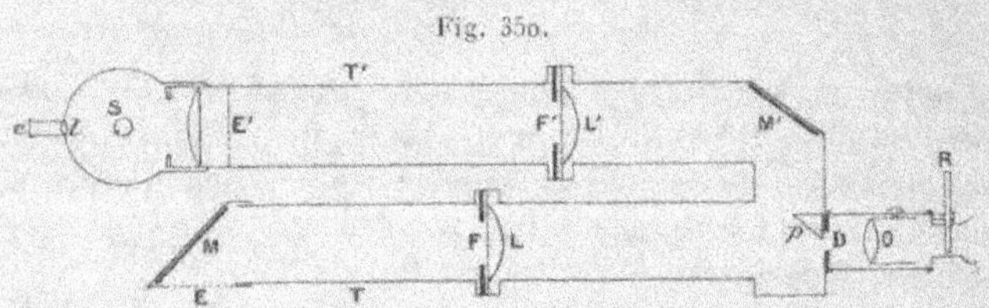

L'éclairage est reçu sur un écran E en verre dépoli ou en papier très fin, derrière lequel se trouve un miroir réflecteur M à 45°, et l'ensemble est monté sur un tube horizontal T, de manière que la normale à l'écran puisse prendre toutes les directions dans un plan vertical. Une lentille L forme l'image de l'écran dans le plan du diaphragme D.

La lampe de comparaison S est montée à l'extrémité d'un tube parallèle T'. Le faisceau de lumière, rendu à peu près parallèle par une lentille de champ, éclaire un écran semblable E' dont l'image par la lentille L' se forme aussi dans le plan D, après réflexion sur un miroir M' et un prisme p. Des vis de rappel permettent de régler l'inclinaison du miroir et du prisme.

Le diaphragme D porte une ouverture circulaire et se trouve en contact avec le prisme p, de sorte que les deux moitiés de l'image sont éclairées respectivement par les deux systèmes ; on vise à l'aide d'une loupe oculaire O. Les lentilles L et L' sont en partie cachées par des ouvertures rectangulaires F et F', dont les volets se rapprochent à volonté à l'aide de vis de rappel, de sorte que la surface libre est proportionnelle à leur distance ; il est donc facile d'égaler les éclairements.

Lorsque les deux sources sont invariables, les éclats des deux moitiés de l'image sont respectivement proportionnels aux nombres de divisions N' et N qui représentent les largeurs des ouvertures ;

le rapport n de ces deux nombres doit alors être constant, c'est ce que vérifie l'expérience. Si n_0 est la valeur de ce rapport quand on éclaire l'écran E dans une direction normale par une lampe Carcel à 1^m de distance, le quotient $\frac{n}{n_0}$ relatif à une autre expérience est la mesure de la clarté évaluée en carcel-mètres.

Le jeu de deux ouvertures permet de comparer des clartés plus grandes ou plus faibles que celle qui correspondrait à des valeurs égales de N et N', ou à la surface totale des deux lentilles.

Quand on prend une lampe modérateur comme source auxiliaire, l'appareil a environ 1^m de longueur et doit être porté sur un pied. Avec une petite lampe d'acétate d'amyle (695) on peut réduire beaucoup ses dimensions et le tenir à la main.

La lampe est entourée par une cheminée métallique qui ne laisse à découvert que le côté utile à l'éclairement. Une petite lentille l située du côté opposé forme une image de la flamme sur l'écran dépoli e, qui permet d'en vérifier le mode de combustion.

Enfin, un disque R, mobile autour d'un axe latéral, porte une ouverture libre et des verres colorés que l'on peut amener devant l'oculaire, ce qui permet de comparer les lumières totales, ou leurs valeurs relatives à différentes couleurs.

Les expériences très variées faites par M. de Nerville ([1]) ont montré que la clarté d'une salle de fête varie de 1 à 4 carcels-mètre, tandis qu'on atteint facilement 10, 20 ou 30 carcels dans une salle éclairée à la lumière du jour.

702. *Éclat intrinsèque des sources.* — L'éclat moyen d'une source est le quotient de l'intensité par la surface apparente.

En évaluant d'une manière approchée les surfaces apparentes des principales flammes qui servent d'étalons, leurs éclats moyens rapportés à celui de la lampe Carcel seraient :

Éclats moyens.

Platine	10,92	V. Kerze	0,199
Carcel	1	Candle St	0,210
B. Étoile	0,182	L. Hefner	0,268

([1]) F. DE NERVILLE, *Bulletin de la Soc. int. des Électr.*, t. VII, p. 330; 1890.

M. L. Weber ([1]) a estimé ainsi les éclats relatifs de différentes sources ou d'objets éclairés pour des lumières rouge et verte, de longueurs d'onde o$^\mu$,631 et o$^\mu$,541. Les nombres sont rapportés au brûleur Argand, qui vaut sensiblement la lampe Carcel.

Toutefois ces rapports ne correspondent pas aux parties les plus brillantes des flammes.

État intrinsèque.

	Rouge.	Vert.
1. Soleil en dehors de l'atmosphère............	72000	191000
2. Ciel près du Soleil.........................	17,5	22,8
3. Brûleur plat, à l'albocarbon, vu par la tranche.	10,8	11,6
4. Carton blanc horizontal, beau jour, midi.....	2,42	6,70
5. » éclairé normalement par le Soleil à 60°.	1,21	3,28
6. Nuage blanc éclairé par le Soleil	0,37	2,02
7. Brûleur plat, à l'albocarbon, vu de face	1,54	1,66
8. Brûleur Argand	1	1
9. Ciel clair, Soleil à 60° et 90° d'azimut........	0,14	1,14
10. Carton blanc horizontal, jour d'hiver sombre.	0,018	0,068
11. Velours noir éclairé comme au n° 4.........	0,0049	0,0135
12. Carton blanc, sur lequel on lit facilement.....	0,00027	0,00045

703. *Mesure optique des températures.* — La température d'un corps est définie soit par l'éclat intrinsèque relatif à une couleur déterminée ou à l'ensemble des radiations, soit par le rapport de deux systèmes de radiations simples ou composées, soit par la longueur d'onde qui correspond au maximum de chaleur ou de lumière, soit enfin par la teinte de la lumière totale. On doit remarquer cependant que les échelles établies sur ces méthodes ne peuvent être appliquées à deux corps différents que s'ils ont les mêmes pouvoirs émissifs ou des pouvoirs proportionnels pour toutes les longueurs d'onde. Pouillet ([1]) a donné ainsi une échelle de teintes, par comparaison avec un pyromètre à air, qui permet d'évaluer la température des fours industriels, mais ce genre d'observations est sujet à beaucoup d'erreurs.

MM. Mesuré et Nouel déterminent la longueur d'onde relative au maximum d'intensité en observant la lumière au travers d'une

---

([1]) Leonhard Weber, *Centralblatt für Elektrotechnik*, t. X, p. 760; 1888.

([1]) Pouillet, *Comptes rendus des séances de l'Académie des Sciences*, t. III, p. 784; 1836.

plaque de quartz perpendiculaire à l'axe et placée entre deux nicols. Quand on fait varier l'angle de l'analyseur avec le polariseur dans le sens du pouvoir rotatoire, on trouve, pour chaque température, un minimum d'intensité et une teinte sensible particulière qui varie d'une épreuve à l'autre; elle paraît en général d'un jaune citron et passe du rouge au vert. La rotation de l'analyseur correspondant à cette teinte varie un peu moins rapidement que la température et une échelle de graduation permet d'obtenir des résultats utiles dans l'industrie.

Les mesures directes de rayonnement comportent plus de précision. Une plaque d'alun ou une couche d'eau, par exemple, absorbent la plus grande partie des radiations obscures. Les actions exercées sur une pile thermo-électrique par un faisceau de lumière, avant et après l'interposition des absorbants, déterminent le rapport de l'énergie totale à l'énergie des vibrations lumineuses. Avec une auge de 6^{cm} d'épaisseur pleine d'eau, ce rapport est environ égal à 3 pour le rayonnement solaire d'après Desains [1]; dans des conditions analogues, M. Violle [2] a trouvé un nombre voisin de 5 pour le platine en fusion.

Comme la loi de variation est plus rapide pour les radiations lumineuses, il en résulterait que la température moyenne de la surface du Soleil, supposée assimilable au platine liquide, n'est pas de beaucoup supérieure à celle que l'on peut réaliser dans le laboratoire; elle serait comprise entre 2000° et 3000°.

Toutefois, l'emploi de cette méthode ne conviendrait pas aux températures notablement plus basses, parce que l'énergie des radiations obscures est alors de beaucoup prédominante.

M. Crova [3] mesure au spectrophotomètre les rapports I′ et I des intensités de deux radiations particulières, dont les longueurs d'onde sont $\lambda = 0^\mu,6\tilde{7}6$ et $\lambda' = 0^\mu,523$, aux intensités correspondantes d'une lampe modérateur. Si le rayonnement varie suivant la même loi pour les différentes sources, le quotient de ces rapports peut être considéré comme une *mesure optique* de la

---

[1] P. DESAINS et E. BRANLY, *Comptes rendus des séances de l'Académie des Sciences*, t. LXIX, p. 1133; 1869.

[2] J. VIOLLE, *Ibid.*, t. LXXXVIII, p. 171; 1879.

[3] A. CROVA, *Ibid.*, t. LXXXVII, p. 979; 1878.

température. En représentant par 1000 la température de la lampe sur cette échelle particulière, on obtient ainsi :

Températures optiques.

	p	$T - T_0$		p	$T - T_0$
Platine au rouge..	524	— 322	Gaz (bec Argand)..	1373	+ 159
» au blanc..	810	— 105	Lumière Drummond.	1806	+ 296
Lampe modérateur.	1000	»	Arc électrique	3060	+ 560
Bougie stéarique..	1162	+ 75	Lumière solaire	4049	+ 700

Ces nombres indiquent bien la gradation des sources, mais ils ne suffisent pas pour déterminer la température. Si l'on admet, en effet, la loi de M. Violle (690), en appelant T et T_0 les températures de la source et de la lampe, on en déduit

$$\rho = \frac{A'}{A} \frac{A_0}{A_0'} \left(\frac{p - q\lambda'}{p - q\lambda} \right)^{T - T_0} = \frac{A'}{A} \frac{A_0}{A_0'} (1,00201)^{T - T_0}.$$

Le coefficient A est lui-même une fonction de la longueur d'onde particulière à chaque corps et le rapport des coefficients A et A' n'est pas nécessairement le même pour toutes les sources, à moins qu'elles n'aient exactement les mêmes pouvoirs émissifs. Les valeurs calculées pour la différence de température $T - T_0$, quand on remplace le facteur $\frac{A'}{A} \frac{A_0}{A_0'}$ par l'unité, paraissent manifestement trop faibles et montrent que l'hypothèse serait inexacte.

Il est plus correct, comme l'a proposé M. Violle, de porter un même corps, comme une masse de platine, aux différentes températures qu'il s'agit d'évaluer et de mesurer l'intensité de la lumière émise, pour une couleur déterminée, par comparaison avec une source arbitraire. La loi des intensités est alors bien définie.

M. Le Chatelier observe ainsi la lumière que laisse passer un verre rouge. Pour les corps dont le pouvoir émissif est maximum, comme le *charbon* ou le *fer oxydé*, et pour ceux qui sont situés dans une enceinte à la même température, l'intensité de ces radiations peut se représenter par une exponentielle plus simple (690). Cette formule paraît exactement conforme aux observations faites sur le fer oxydé entre 700° et 1800° et permet de constituer un excellent pyromètre optique.

Toutefois, on peut conserver des doutes sur la légitimité d'étendre la loi au delà de la limite des observations directes, surtout à cause du défaut d'homogénéité de la lumière. La température de 7600° que M. Le Chatelier déduit de ses observations pour la surface solaire, au moins pour un corps de pouvoir émissif égal à celui du charbon qui aurait le même rayonnement, ne peut donc être acceptée sans réserves.

PHOTOMÉTRIE STELLAIRE.

704. *Correction de hauteur.* — A mesure que les astres s'éloignent du zénith, l'absorption de la lumière croît avec la masse d'air qu'elle traverse.

Supposons d'abord la densité constante, H étant la hauteur AN (*fig.* 351) de l'atmosphère. Un rayon observé à la distance zéni-

Fig. 351.

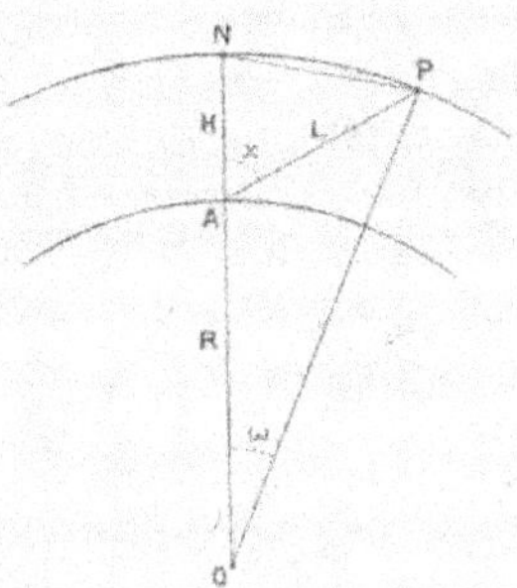

thale z sort de l'atmosphère en un point P dont la distance angulaire à la station de départ est ω ; la longueur AP $=$ L du chemin parcouru dans l'air est déterminée par la relation

$$\frac{H}{L} = \frac{\cos\left(z - \dfrac{\omega}{2}\right)}{\cos\dfrac{\omega}{2}} = \cos z + \sin z \, \tan\frac{\omega}{2}.$$

L'angle ω est d'ailleurs extrêmement petit, car on a aussi, en appelant R le rayon OA de la Terre,

$$\frac{R}{R+H} = \frac{\sin(z-\omega)}{\sin z}.$$

Pour un rayon horizontal, cette équation donnerait

$$\cos\omega = \frac{R}{R+H},$$

ou sensiblement

$$\omega^2 = 2\frac{H}{R} = \frac{1}{400}, \qquad \omega = 0,05 = 3°.$$

La masse d'air traversée par un faisceau de rayons lumineux notablement éloignés de l'horizon est donc à peu près en raison inverse du cosinus de la distance zénithale.

Cette loi convient également pour l'atmosphère réelle, tant que la distance zénithale reste inférieure à $65°$, car la réfraction est assez faible pour que la trajectoire du rayon soit encore sensiblement rectiligne et la distribution des densités y suit à peu près la même loi que suivant la verticale.

Pour les directions plus voisines de l'horizon, il faut tenir compte des variations de densité, mais on peut encore négliger la réfraction et supposer la trajectoire rectiligne. Soit x la distance AP d'un point quelconque, h la hauteur AN correspondante, ρ et ρ_0 les densités de l'air aux points P et A; les couches d'air traversées dans les deux conditions sont

$$H\rho_0 = \int \rho\,dh, \qquad L\rho_0 = \int \rho\,dx.$$

On a alors, par la relation

$$(R+h)^2 = R^2 + x^2 + 2Rx\cos z = R^2\sin^2 z + (x + R\cos z)^2,$$

$$\frac{L}{H} = \int \frac{\rho}{\rho_0}\frac{(R+h)\,dh}{x + R\cos z} = \int \frac{\rho}{\rho_0}\frac{(R+h)\,dh}{\sqrt{(R+h)^2 - R^2\sin^2 z}} = \varepsilon.$$

Si l'on connaît la loi des densités, au moins d'une façon approximative, comme on le verra plus loin pour la réfraction atmosphérique, on en déduira le rapport ε de la masse d'air traversée à celle qui correspondrait à la verticale.

D'autre part, la fraction de chaque lumière élémentaire absorbée dans une couche est proportionnelle à la variation correspondante

$d\varepsilon$ de l'épaisseur; si la loi s'applique avec *un même coefficient* pour tous les rayons qui constituent le faisceau total, cette absorption peut être représentée par $\mu\,d\varepsilon$. La fraction totale T de lumière transmise à l'observateur est donc (**222**)

$$T = e^{-\mu\varepsilon},$$

et l'on a, pour deux distances différentes ε et ε'.

$$\frac{T}{T'} = \frac{e^{-\mu\varepsilon}}{e^{-\mu\varepsilon'}} = e^{\mu(\varepsilon'-\varepsilon)}.$$

Une seule expérience dans laquelle on aura mesuré le rapport des intensités observées T et T' permet alors de déterminer le coefficient d'absorption μ ou la fraction $e^{-\mu} = m$ de lumière qui est transmise par *une* atmosphère.

Bouguer a calculé les valeurs de ε en admettant que les densités obéissent à la loi de Mariotte. Il a constaté aussi que les éclairements de la Lune, quand elle se trouve à des hauteurs apparentes de $66°11'$ ou de $19°16'$, équivalent à celui de quatre chandelles placées respectivement aux distances de 50 pieds et de 41 pieds; les fractions de lumière transmise sont donc dans le rapport de 2500 à 1681 ou sensiblement de 3 à 2. Il en a déduit le coefficient μ et, par suite, les coefficients T relatifs à toutes les distances zénithales. La fraction m relative à la pression normale est $0,8123$; si la pression est différente, on doit élever le coefficient m à une puissance indiquée par le rapport des pressions.

Nous citerons seulement quelques nombres de la Table de réduction ainsi calculée :

Table de Bouguer.

z.	ε.	$e^{\mu\varepsilon}$.	z.	ε.	$e^{\mu\varepsilon}$.
10	1,016	1,003	65	2,350	1,324
20	1,064	1,013	70	2,900	1,484
30	1,155	1,033	75	3,805	1,791
40	1,305	1,065	80	5,560	2,580
50	1,556	1,122	85	10,200	6,763
60	1,990	1,228	90	35,495	13,341

L'observation relative à la distance zénithale z peut être ramenée à la verticale en multipliant le résultat par la valeur correspondante e^{ue} de la Table.

Il est clair que les conditions variables de l'atmosphère doivent changer beaucoup le coefficient d'absorption et surtout la marche des facteurs de réduction pour les petites hauteurs. Zöllner [1] employait une Table qui ne diffère pas beaucoup de celle de Bouguer, tandis que Seidel [2] indique une variation beaucoup plus rapide au voisinage de l'horizon.

Table de Seidel.

z.	e^{ue}.	z.	e^{ue}.
85° 30′	4,509	88° 0′	16,711
86	5,509	88 30	23,015
87	9,290	89	32,510
87 30	12,407	89 30	45,815

D'autre part, Laplace [3] a montré, comme nous le verrons plus loin (714), que, pour les hauteurs inférieures à 25°, la réfraction atmosphérique Δ est sensiblement proportionnelle au produit de l'épaisseur correspondante e de la couche d'air par le sinus de la distance zénithale z, ou par le cosinus de la hauteur apparente. On peut donc écrire

$$e = \frac{\Delta}{A \sin z}.$$

Forbes [4] prend $58'',36$ pour la constante A et M. Langley [5] la valeur un peu plus faible $57'',47$. Il en résulte :

Épaisseurs d'air.

z.	e.	
	Forbes.	Langley.
70°	2,90	3,03
75	3,81	4,00
80	5,57	5,86
85	10,22	10,76
88	18,88	20,05
90	35,50	38,36

[1] J.-F.-C. Zollner, *Photom. Untersuch.* Leipzig, 1865.

[2] L. Seidel, *Abh. d. Math. Ph. Cl. der K. Bay. Ak.*, Bd. VI, p. 539; 1852.

[3] Laplace, *Mécanique céleste*, Liv. X, Ch. III.

[4] J.-D. Forbes, *Phil. Trans. L. R. S.*, IIe Part, p. 225; 1842.

[5] J.-P. Langley, *Amer. Journ.*, [3], t. XXV, p. 169; 1883.

705. *Méthodes de comparaison.* — Quand il s'agit du Soleil et de la Lune, la comparaison des éclairements peut être faite directement à l'aide d'une source intermédiaire.

Pour déterminer l'éclairement du Soleil, par exemple, Bouguer fait pénétrer la lumière dans une chambre obscure par une petite ouverture derrière laquelle est une lentille divergente. L'éclairement produit est diminué dans le rapport de la surface s de l'ouverture à la section S du faisceau sur l'écran.

Il n'est pas nécessaire de recourir à l'emploi d'une lentille [1], car les rayons qui traversent l'orifice forment sur l'écran une image dont le diamètre est proportionnel à la distance. Le demi-diamètre apparent moyen du Soleil étant de 16′ ou 0,00465, son ouverture angulaire α est

$$\alpha = \pi(0,465)^2 10^{-4} = \pi.0,2162.10^{-4} = 0,679.10^{-4}.$$

L'image du Soleil produite à 1^m de distance est donc un cercle dont le diamètre est $0^{cm},93$ et la surface $0^{cq},679$; l'éclairement à cette distance au travers d'une ouverture s est diminué dans le rapport de s à $0^{cq},679$.

Pour les astres qui ont un diamètre apparent notable, on comparera l'éclat de leur image dans une lunette à celui d'une surface éclairée par une source artificielle, et dont l'éclairement est réglé par les changements de distance, les diaphragmes, les nicols ou les verres absorbants. Si les astres se trouvent en même temps dans le ciel, des appareils réflecteurs permettront d'amener les images dans le même champ.

L'ouverture angulaire de l'astre étant α, la quantité totale de lumière distribuée sur l'image s, formée par une lunette de longueur focale F et de surface libre S, est $ES\alpha$, ce qui donne, par unité de surface,

$$Q_1 = \frac{ES\alpha}{s} = \frac{ES}{F^2}.$$

Cette expression est proportionnelle à l'éclat intrinsèque de l'image reçue sur une pile thermo-électrique ou observée avec un verre dépoli. Si l'on fait une épreuve photographique avec une

---

[1] W.-H. WOLLASTON, *Phil. Trans. L. R. S.*, t. CXIX, p. 27; 1829.

durée de pose t, l'action chimique est, entre certaines limites de temps, proportionnelle à $\dfrac{\mathrm{ES}t}{\mathrm{F}^2}$.

Quand il s'agit d'une étoile, dont l'éclairement direct serait Q, la quantité de lumière QS reçue par la lunette est répandue en majeure partie sur la tache centrale (96), dont la surface s est proportionnelle à $\dfrac{\mathrm{F}^2}{\mathrm{S}}$; l'éclat intrinsèque de cette image, estimé par un verre dépoli, par la chaleur ou les actions chimiques, est donc proportionnel à $\mathrm{Q}\dfrac{\mathrm{S}^2}{\mathrm{F}^2}$, c'est-à-dire, toutes choses égales, au carré de l'ouverture libre.

Une autre méthode consiste à comparer l'étoile avec l'image d'une source réfléchie sur une sphère (680). La surface de l'image est alors $\mathrm{R}^2\alpha$; f étant le pouvoir réflecteur moyen, la quantité de lumière réfléchie dans l'unité d'angle est $f\dfrac{\mathrm{QR}^2}{4}$. L'éclat intrinsèque moyen de la sphère est $f\dfrac{\mathrm{Q}}{4\pi}=f\dfrac{\mathrm{E}\alpha}{4\pi}$ et celui de l'image

$$f\frac{\mathrm{E}\alpha}{4\pi}\,\frac{\pi\mathrm{R}^2}{\mathrm{R}^2\alpha}=f\frac{\mathrm{E}}{4}.$$

A la distance D, l'éclairement produit par cette lumière est

$$\mathrm{Q}'=f\frac{\mathrm{Q}}{4}\,\frac{\mathrm{R}^2}{\mathrm{D}^2}.$$

Si la distance est assez grande pour que le diamètre apparent de l'image soit négligeable, on aura ainsi une étoile artificielle dont l'éclat est en raison inverse du carré de la distance.

On arrive au même résultat en utilisant l'image, obtenue par une lentille à très court foyer, du Soleil, de la Lune ou d'une source quelconque ([1]).

Il en est ainsi encore dans la lunette photométrique de Zöllner, où l'image de l'étoile artificielle est amenée par réflexion au voisinage de celle de l'étoile; l'égalité des éclats est obtenue par des appareils polariseurs:

---

[1] J. Herschel, *Results of Astronom. observat. at the Cape of Good Hope*, p. 353; 1834-1838.

La comparaison directe de deux étoiles est plus facile quand elles sont assez rapprochées pour se trouver, en même temps, dans le champ de la lunette. M. Pickering ([1]) se sert alors d'une lunette de Rochon en munissant l'oculaire d'un analyseur qui permet d'égaler deux des quatre images.

La réduction de l'ouverture des objectifs permet encore de régler l'éclat d'une image et de comparer deux étoiles différentes, mais il faut alors se prémunir contre l'erreur qui provient de l'agrandissement de la tache centrale; le grossissement de l'oculaire doit être assez faible pour que cette dilatation de l'image ne soit pas apparente. C'est ainsi que W. Herschel ([2]) comparait les étoiles en les observant successivement avec un même oculaire dans deux télescopes identiques dont l'un était diaphragmé; il avait soin de choisir des étoiles d'éclats assez peu différents, afin que l'ouverture ne fût pas réduite à moins de $\frac{1}{4}$, et il arrivait de proche en proche aux étoiles de toute grandeur. Dans ce cas, les observations ne sont pas simultanées et elles exigent une habileté particulière. M. Pickering ramène les deux images dans le même champ par une double réflexion et l'un des objectifs est réduit par une ouverture en œil-de-chat.

L'emploi de grillages métalliques devant les objectifs présente des inconvénients plus graves encore que les diaphragmes et il est nécessaire de faire une étude préalable de leurs effets. Les mêmes causes d'erreur n'existent pas quand l'un des faisceaux est intercepté par un disque tournant (683) à secteurs évidés d'ouverture variable; l'image paraît continue et son intensité est réduite dans le rapport des secteurs pleins à la surface totale, à la condition toutefois que les interruptions se succèdent à des intervalles moindres que $\frac{1}{10}$ de seconde.

On a souvent évalué l'éclat d'une étoile par la fraction dont il est nécessaire de l'affaiblir pour qu'elle disparaisse sur le fond du ciel. Cette méthode est sujette à de graves erreurs, dues à la variation de sensibilité de l'œil, à la clarté générale du ciel, à l'influence de la Lune ou du crépuscule, etc.; elle ne peut donner de résul-

---

[1] ED. PICKERING, *Ann. of Harvard Coll. Obs.*, t. IX, p. 1; 1880. — *Journal de Physique*, t. IX, p. 418; 1880.

[2] W. HERSCHEL, *Phil. Trans. L. R. S.* pour 1817, p. 310.

M. — III. 17

tats approchés que par des comparaisons répétées dans des conditions identiques.

Kœhler ([1]), par exemple, couvre l'objectif de la lunette par un œil-de-chat qu'il réduit jusqu'à ce que l'étoile soit invisible; les changements de grandeur de l'image contribuent encore à rendre les résultats plus douteux. Arago observe l'étoile avec une lunette de Rochon, en plaçant un nicol devant l'objectif ou à la suite de l'oculaire; la rotation du nicol permet d'éteindre l'image.

M. Pritchard ([2]) a remis en faveur la méthode d'absorption en plaçant un prisme de verre noir dans le plan des images; on détermine alors la moindre épaisseur x du prisme qui fait disparaître une étoile. Si la lunette suit le mouvement diurne, cette épaisseur est mesurée par le déplacement d'une vis micrométrique. Si la lunette est immobile, on dirige le prisme de façon que le mouvement apparent soit perpendiculaire à son arête; l'épaisseur x du milieu absorbant est alors proportionnelle au temps t qui s'écoule depuis le passage sur l'arête et à la vitesse apparente, c'est-à-dire en raison inverse du sinus de la déclinaison D. Dans les deux cas, il ne reste plus qu'une constante d'absorption à déterminer par des expériences directes.

L'étude attentive de cet appareil ([3]) montre qu'il est à peu près impossible d'obtenir un verre neutre; la transparence est généralement plus grande pour les couleurs moins réfrangibles et la différence est très appréciable dans l'étendue du spectre lumineux. En outre, l'œil s'habitue graduellement à voir les étoiles plus facilement, de sorte que les épaisseurs d'extinction croissent dans une série d'observations.

Dans tous les cas, si l'on admet que le début de l'extinction correspond à une valeur déterminée de l'intensité, l'éclat d'une étoile est en raison inverse du facteur de réduction. Ce facteur est donné directement quand on emploie des diaphragmes ou des nicols. Avec le prisme absorbant, l'épaisseur est proportionnelle au déplacement d du micromètre ou au rapport $\dfrac{t}{\sin D}$, suivant le mode

---

([1]) Kœhler, *Ephémérides de Bode* pour 1792, p. 232; 1789.

([2]) Pritchard, *Monthly Notices R. Astr. Soc.*, t. XLII, p. 1; 1881.

([3]) S.-P. Langley, C.-A. Young et E.-C. Pickering, *Mem. of the Amer. Acad.*, t. XI, Part V, p. 301; 1887.

d'observation; le coefficient de transmission est e^{-hd} ou $e^{-k\frac{1}{\sin D}}$ et le rapport des éclats e_1 et e_2 de deux étoiles

$$l.\frac{e_1}{e_2} = h(d_1 - d_2) = k\left(\frac{t_1}{\sin D_1} - \frac{t_2}{\sin D_2}\right).$$

Il suffit maintenant d'appliquer la méthode à des éclairages connus pour déterminer l'une des constantes h ou k. Le prisme étant placé dans un éclairement uniforme, par exemple, on le couvre par un diaphragme qui laisse libres deux fentes aux distances d et d' de l'arête. On mesure le rapport ρ de leurs intensités avec un prisme à double image et un analyseur, ce qui donne

$$\rho = \frac{e^{-hd}}{e^{-hd'}} = e^{h(d'-d)}, \qquad h = \frac{l.\rho}{d'-d}.$$

Enfin la comparaison des points lumineux présente toujours de grandes difficultés et paraît moins avantageuse que celle des surfaces d'une certaine étendue. Il est facile d'obtenir des surfaces lumineuses avec les étoiles en enfonçant ou retirant l'oculaire, pour observer la section du faisceau qui forme l'image. Si le plan de vision est sensiblement éloigné du foyer, on voit une tache circulaire où les franges de diffraction ne tardent pas à disparaître. Quand l'objectif n'a pas trop d'aberrations, l'éclat de cette image est uniforme et en raison inverse du carré de sa distance au foyer.

Dans la lunette photométrique de Steinheil, l'objectif est coupé en deux; devant l'une des moitiés est un prisme à réflexion totale qui reçoit la lumière d'une étoile latérale. Chacune des moitiés est couverte par un diaphragme formé de deux lames taillées à $45°$ qui laissent entre elles une ouverture en triangle rectangle isoscèle dont on fait varier la grandeur à volonté. Les sections des faisceaux vus par l'oculaire ferment alors deux triangles semblables rapprochés par leurs hypoténuses.

Pour leur donner le même éclat, on éloigne l'un des objectifs par une vis micrométrique, de sorte que la distance au foyer soit d pour l'une des images et $d + x$ pour l'autre; on ramène ensuite ces triangles aux mêmes dimensions par les diaphragmes, afin de rendre l'observation plus précise. Le rapport des éclats des étoiles est donné par le rapport des carrés des distances d et $d + x$.

Il faut tenir compte de la perte de lumière par réflexion dans le prisme; l'épreuve est facile avec des étoiles artificielles ou en permutant les observations sur les étoiles elles-mêmes.

706. *Soleil.* — Si le rayonnement du Soleil était conforme à la loi de Lambert, l'éclat serait le même en chaque point, puisque la quantité de lumière émise ne dépend que de l'angle apparent de la surface considérée.

A l'aide de son héliomètre, dont il réduisait la surface utile des objectifs, Bouguer trouva, au contraire, que le rapport des lumières émises par deux surfaces de même étendue apparente prises au centre, aux trois quarts du rayon et sur le bord, sont dans les rapports de 48, 35 et 30.

Quoique ces différences soient beaucoup trop grandes, les observations directes, au travers d'un verre noir, indiquent nettement que les bords du Soleil sont moins lumineux que le centre, et ce n'est pas le résultat d'une illusion, car l'image du Soleil sur un écran reproduit la même apparence.

Arago observait le Soleil avec une lunette de Rochon munie d'un oculaire analyseur. Si les deux images, qui sont polarisées à angle droit, empiètent par moitié, on peut tourner l'analyseur de manière que le bord le plus faible devienne invisible sur le centre de l'autre. En admettant que cet effet soit obtenu quand la différence relative des intensités est inférieure à une fraction déterminée, $\frac{1}{40}$ par exemple, l'azimut correspondant de l'analyseur doit être de $1°26'$ quand on suppose que l'éclat des deux images est le même; c'est le nombre que donnait l'observation.

En limitant par un diaphragme les deux régions superposées que l'on compare et interposant une lame de quartz qui sert de polariscope, on devrait apercevoir une teinte colorée, si les intensités étaient inégales. Les observations de Laugier n'ont montré aucune coloration appréciable. Il en résulterait, d'après le degré de sensibilité des polariscopes, que la différence du centre au bord n'est pas de $\frac{1}{40}$.

Toutefois cette méthode n'est pas très précise, parce que les dimensions des surfaces comparées formaient une fraction notable du rayon. Les épreuves photographiques du Soleil, obtenues par

MM. Fizeau et Foucault (¹) indiquent un décroissement graduel
d'intensité, du centre à la circonférence, mais surtout rapide près
des bords. Cette apparence n'était pas due à un défaut des appareils, car la photographie d'un disque uniformément éclairé donnait une image bien uniforme.

Il est à présumer que les mêmes variations doivent se manifester
pour la chaleur et la lumière.

Le P. Secchi (²) a constaté, en effet, par l'emploi d'une pile
thermo-électrique placée sur une image du Soleil, que le rayonnement calorifique diminue à partir du centre et devient environ
moitié moindre sur les bords. La moyenne de deux séries d'observations a donné les intensités suivantes I, évaluées par la déviation
du galvanomètre, à différentes distances angulaires δ de part et
d'autre du centre :

$$\delta\ldots\ \ 14',7 \quad 11,6 \quad 6,6 \quad 3,1 \quad 0,5 \quad -8,1 \quad -12,4 \quad -14,5$$
$$I\ldots\ \ 16^s,2 \quad 19,3 \quad 24,2 \quad 24,7 \quad 25,3 \quad 23,3 \quad 17,8 \quad 13,7$$

Il semble aussi résulter des observations qu'à distance égale les
régions polaires sont moins chaudes que la zone équatoriale et que
la température moyenne est différente sur les deux hémisphères,
mais ces derniers résultats ont besoin de nouvelles confirmations.

Les spectromètres permettent de réduire beaucoup l'étendue des
surfaces observées et de vérifier comment les variations d'intensité
se modifient avec la longueur d'onde. MM. Gouy et Thollon (³)
ont ainsi comparé, par l'intermédiaire d'une lampe à pétrole, les
intensités du centre du Soleil et d'un point situé à $16'$ du bord,
c'est-à-dire $\frac{1}{56}$ du rayon, en choisissant dans le spectre des régions
aussi dépourvues que possible de raies importantes d'origine solaire, de façon que les mesures conviennent à l'éclat moyen. L'intensité du centre étant prise pour unité, on a ainsi obtenu :

$$\lambda\ldots\ \ 0^\mu,680 \quad 0,586 \quad 0,518 \quad 0,483 \quad 0,433$$
$$I\ldots\ \ 0,52 \quad 0,42 \quad 0,37 \quad 0,37 \quad 0,27$$

(¹) Fizeau et Foucault, *Comptes rendus des séances de l'Académie des
Sciences*, t. XVIII, p. 860; 1844.

(²) Secchi, *Ibid.*, t. XXXIV p. 883 et t. XXXV, p. 605; 1852. — T. XXXVI,
p. 659; 1853.

(³) Gouy et Thollon, *Ibid.*, t. XCV, p. 834; 1882.

L'intensité moyenne est alors réduite de moitié environ ; l'affaiblissement de lumière sur le bord est donc moindre que ne l'avait indiqué Bouguer, mais beaucoup plus grand que celui qui résulterait des observations d'Arago.

D'autre part, cet affaiblissement croît avec la réfrangibilité des rayons, ce qui est conforme aux observations du P. Secchi et peut expliquer l'exagération des différences d'éclat sur les épreuves photographiques.

La même méthode, appliquée à l'étude des taches, a donné 0,1 environ pour l'intensité relative du noyau. Ce résultat doit être diminué pour tenir compte de la diffusion atmosphérique, car l'éclat du ciel auprès du disque solaire est évalué à 0,002 par Arago, et à 0,003 par MM. Gouy et Thollon. W. Herschel avait trouvé 0,47 pour les pénombres et 0,07 pour les noyaux.

Le demi diamètre apparent du Soleil varie de $15'46''$ à $16'18'',25$ dans le cours de l'année, c'est-à-dire de 1 à 1,0341, de sorte que le rapport des éclairements à différentes époques peut atteindre 1,07. Il y aurait lieu d'en tenir compte dans des expériences exactes, mais ces variations sont beaucoup plus faibles que celles qui résultent de l'absorption atmosphérique.

Pour comparer la lumière du Soleil à celle des sources artificielles, Bouguer emploie un orifice de $2^{mm},2$ de diamètre suivi d'une lentille divergente. Le rapport des sections du faisceau sur l'écran et de l'ouverture étant 11664, et le Soleil à la hauteur de $31°$, son éclairement équivalait à celui d'une bougie placée à la distance de 16 pouces ou $\frac{4}{3}$ de pied. L'éclairement du Soleil vaut donc celui de $11664 \times \frac{9}{16} = 6561$ bougies à 1 pied de distance, ou 62180 bougies à 1^m.

Au moyen de son thermomètre différentiel, Leslie ([1]) trouve que l'action du Soleil, corrigée de l'absorption atmosphérique, est 12000 fois aussi grande que celle d'une bougie de cire située à la distance de 4 pieds, auquel cas la flamme présente la même ouverture angulaire que le Soleil. L'éclairement solaire direct ne vaudrait que celui de 750 bougies à un pied.

Ces observations permettent de comparer l'éclat du disque solaire avec celui des sources artificielles.

([1]) J. LESLIE, *An Experimental inquiry into the nature and propagation of heat*, p. 450; London, 1804.

Si l'on estime à $2^{cq},5$ la surface apparente d'une flamme de bougie, le rapport de l'éclat intrinsèque du Soleil à l'éclat moyen de cette flamme est, d'après l'observation de Bouguer,

$$\frac{\text{Soleil}}{\text{Bougie}} = \frac{2,5}{0,679} \; 62180 = 230000.$$

MM. Fizeau et Foucault ont comparé directement, par la Photographie (678), l'éclat du Soleil avec celui des sources les plus intenses dont ils pouvaient disposer, la chaux rendue incandescente par un chalumeau à gaz (lumière Drummond) et les charbons dans l'arc électrique de Davy.

On réglait la surface libre de l'objectif et les durées de pose de manière à obtenir la même action chimique dans les deux cas, et l'on réduisait les images au même diamètre apparent à l'aide d'un diaphragme devant les sources artificielles.

Deux expériences correspondant aux mêmes effets donnent le rapport des éclats E et E' par la relation (705)

$$\frac{E}{E'} = \frac{S't'}{St} \frac{F^2}{F'^2}.$$

Il est à regretter que l'on n'ait pas les données suffisantes pour rapporter ces résultats à des sources bien définies.

L'éclat du Soleil étant pris pour unité, celui du charbon positif a été de $0,235$ avec 46 couples Bunsen, $0,238$ avec 80 couples (ce qui était à prévoir puisque l'intensité du courant reste à peu près la même) et $0,385$ avec 3 piles de 46 couples disposées en batterie, montées depuis une heure. Le rapport de l'éclat du Soleil à l'éclat maximum du charbon positif dans l'arc est donc

$$\frac{\text{Soleil}}{\text{Charbon}} = \frac{1}{0,385} = 2,59.$$

Ce nombre devrait être réduit probablement à $2,5$ à cause de l'affaiblissement que la pile avait déjà éprouvé.

Le plus grand éclat photographique obtenu avec la chaux dans la lumière Drummond fut $0,0685$ ou $\frac{1}{146}$ de celui du Soleil.

Les observations ont été faites vers l'époque du solstice, au milieu de la journée, de sorte que la hauteur du Soleil était voisine de $24°$; les nombres correspondants devraient être augmentés de o, 2 pour les ramener à la hauteur de 31° et de o, 4 environ si l'on veut tenir compte de l'absorption.

Quelques expériences de Sir W. Thomson [1] conduiraient à des résultats très différents. En opérant le 8 décembre à Glasgow vers 1^h, il a constaté que la lumière solaire, passant par un trou d'épingle de $0^{cm},09$ de diamètre, équivaut à 126 bougies pour la distance d'un mètre. L'image du Soleil étant un cercle de $0^{cm},93$ de diamètre, l'éclairement est réduit dans le rapport de

$$\left(\frac{0,93}{0,09}\right)^2 = 106,7.$$

Le rayonnement direct équivaut donc à celui de

$$106,7 \times 126 = 13\,440 \text{ bougies-mètre.}$$

Ce résultat est 4,63 fois plus faible que celui de Bouguer, si les bougies de comparaison étaient de même valeur. On doit d'abord le doubler, à cause de la différence de hauteur, de $11°23'$ à $31°$, et le reste peut s'expliquer par l'absorption plus grande qu'exerce l'atmosphère brumeuse d'une ville industrielle.

Sir W. Thomson évalue à $2^{cq},7$ la surface apparente de la bougie; il en résulte, pour le rapport des éclats intrinsèques,

$$\frac{\text{Soleil}}{\text{Bougie}} = \frac{2,7}{0,679}\,13\,440 = 53\,400.$$

Enfin il estime à $0^{cq},23$ la surface apparente d'un fil de lampe à incandescence de 20 bougies, alimentée par un courant qui produirait 240 bougies par cheval-vapeur ou 326 bougies par kilowatt. Le rapport des éclats du Soleil et du charbon, dans ces conditions, est donc

$$\frac{\text{Soleil}}{\text{Fil des lampes}} = \frac{0,23}{0,679}\,\frac{13\,440}{20} = 238.$$

Le fil des lampes serait moins éclatant que la lumière Drummond, d'après les expériences de M. Fizeau et Foucault, et 90 fois moindre que le charbon des arcs.

Toutefois, si l'on multiplie les nombres relatifs au Soleil par

---

[1] Sir W. Thomson, *Nature*, t. XXVII, p. 277; 1883.

4,45 pour les rendre comparables aux précédents, l'éclat des fils devient 50 fois moindre que celui du Soleil, 20 fois moindre que le charbon des arcs et triple de la chaux dans la lumière Drummond. Ces valeurs paraissent plus probables.

707. *Lune.* — L'éclairement produit par la Lune soulève une question plus délicate, parce que cet astre ne fait que diffuser la lumière qu'il reçoit du Soleil.

La distance moyenne de la Lune à la Terre étant de 60 rayons terrestres, ou 0,0026 du rayon de l'orbite terrestre, l'éclairement qu'elle reçoit ne varie que de $\frac{1}{200}$ quand elle passe d'un quartier à la pleine Lune; il n'y a pas à en tenir compte. Mais le demi-diamètre apparent de la Lune varie de $14'43''$ à $16'46''$, ou de 1 à 1,14. Toutes choses égales, son éclairement peut changer de 10 à 13 et, si l'on y ajoute les 0,07 qui sont dus aux distances différentes de la Terre au Soleil, il en résulte une variation totale de 0,37. C'est un écart considérable dont on tient compte en ramenant les observations aux distances moyennes de la Lune et du Soleil.

Bouguer a trouvé d'abord que l'éclairement moyen de la pleine Lune est $\frac{1}{300000}$ de l'éclairement du Soleil, ce qui fait 0,2073 bougie à 1^m ou une bougie à $2^m,20$. Comme les deux astres ont à peu près le même angle apparent, le nombre 300 000 exprime le rapport de leurs éclats intrinsèques.

Si Q est l'éclairement du Soleil, σ la surface visible de la Lune, la quantité de lumière reçue par l'astre est $Q\sigma$. En appelant φ la fraction moyenne de lumière diffusée vers la Terre dans l'unité d'ouverture angulaire, l'éclairement produit à la distance D, pour laquelle l'ouverture angulaire de l'astre est α, a pour expression $\varphi\frac{Q\sigma}{D^2}Q$ ou $\varphi\alpha Q$. Il en résulte pour la pleine Lune, avec le nombre de Bouguer,

$$\varphi\alpha = \frac{1}{3}\,10^{-5}, \qquad \varphi = \frac{10^{-1}}{3\times 0,679} = \frac{1}{20,37}.$$

La lumière diffusée par la Lune vers la Terre serait alors $\frac{1}{20}$ de la lumière qu'elle reçoit du Soleil et l'albedo de cet astre (**693**) aurait pour valeur

$$A = \pi\varphi = \frac{1}{6,48} = 0,154.$$

La comparaison des éclairements du Soleil et de la Lune a été l'objet d'un grand nombre d'observations. En employant la lumière qui traverse un orifice étroit, Wollaston évalue le rapport des deux éclairements à 801 000. Zöllner emploie comme intermédiaire une source artificielle dont il règle la lumière à l'aide de prismes de Nicol ou de verres absorbants ; il trouve 620 000 comme valeur moyenne de 542 000 pour une nuit d'une clarté exceptionnelle. M. Bond (^{1}) obtient 477 000 par des observations optiques, à l'aide de la réflexion sur une sphère, et 340 000 par la comparaison des effets photographiques.

L'estimation de Sir W. Thomson pour l'éclairement de la Lune est très voisine de celle de Bouguer. L'expérience faite à York en septembre 1881, vers minuit, alors que la Lune était pleine et très élevée, a montré que l'éclairement équivaut à celui de 0,189 bougie à 1^m, ou une bougie à $2^m,30$. Ce résultat semble indiquer que l'unité de lumière était à peu près la même dans les deux cas.

Si la Lune était assimilée à une sphère polie, avec un coefficient de réflexion égal à l'unité, son éclat intrinsèque moyen (680) serait égal à $\dfrac{Q}{4\pi}$ et elle produirait un éclairement

$$\frac{Q\alpha}{4\pi} = Q\frac{0,2162}{4}10^{-4} = \frac{Q}{185\,000}.$$

Avec le nombre obtenu par Bouguer, la Lune équivaut à une sphère polie dont le coefficient moyen de réflexion serait égal à 0,62. Il en est de même si l'on suppose à la surface de la Lune un grand nombre de petites sphères qui la couvrent entièrement, auquel cas son éclat serait uniforme.

Quant à la distribution de la lumière, elle tient aux accidents de la surface et à la loi suivant laquelle se fait la diffusion.

Quoique le rayonnement diffusé par la Lune provienne de celui qu'elle reçoit du Soleil, il peut avoir été modifié par diffusion, et les deux lumières ne paraissent pas présenter la même composition. D'après les comparaisons faites à l'Observatoire de Potsdam (^{2}) par l'intermédiaire d'une lampe à pétrole, les éclats

---

(^{1}) G.-P. Bond, *Mem. of the Am. Acad.* (new Ser.), t. VIII, p. 221; 1861.
(^{2}) H.-C. Vogel, *Monatsb. der. K. Preuss. Ak. der Wiss.*, p. 801; 1880.

relatifs de la Lune et du Soleil, ramenés à la même valeur pour la longueur d'onde $0^\mu,555$, seraient :

Comparaison des lumières de la Lune et du Soleil.

λ.....	$0^\mu,426$	$0,444$	$0,464$	$0,486$	$0,517$	$0,600$	$0,633$
Lune....	$0,55$	$0,50$	$0,62$	$0,675$	$0,84$	$1,09$	$1,54$

La lumière de la Lune aurait donc une teinte sensiblement plus rouge que celle du Soleil, ce qui semble contraire à l'impression qu'elle produit habituellement, sans doute par la comparaison que l'on en fait avec les sources artificielles.

Il résulterait aussi des observations de M. Langley ([1]) que le maximum d'énergie du rayonnement lunaire, dans un spectre de sel gemme, correspond à une longueur d'onde d'environ 14^μ et que la chaleur est encore appréciable au delà de 18^μ. Il est même tout à fait surprenant que ces radiations à grande longueur d'onde y soient plus faciles à mettre en évidence que dans le spectre du Soleil. Il semble, d'après M. Langley, qu'elles sont entièrement absorbées par l'atmosphère quand elles proviennent du Soleil, mais que la Lune les émet en proportion beaucoup plus grande en raison de sa température très basse, et qu'elles puissent ainsi parvenir partiellement jusqu'à nous.

Enfin, les observations d'Arago ([2]) ont montré que la lumière de la Lune est partiellement polarisée.

708. *Planètes.* — L'angle apparent des planètes est assez grand pour que l'éclat des images dans une lunette puisse être comparé facilement, par les méthodes ordinaires, avec celui d'une surface qui reçoit un éclairement artificiel.

On doit encore tenir compte des phases et des changements considérables qu'éprouvent les distances de la planète au Soleil et à la Terre. Les observations des planètes supérieures sont ainsi ramenées à l'*opposition moyenne* (*m. o.*), c'est-à-dire à la distance moyenne pour cette position relative, et les planètes inférieures à l'*élongation moyenne*, qui correspond à l'un des quar-

---

[1] S.-P. LANGLEY, *Mem. of the Nat. Acad. of Sc.*, t. IV, p. 162; 1886.
[2] ARAGO, *Œuvres complètes*, t. X, p. 565.

tiers et au maximum d'éclat. Enfin chaque observation est réduite à la même hauteur apparente.

M. Warren de la Rue ([1]) avait déjà signalé cette circonstance imprévue que les images photographiques de *Jupiter* s'obtiennent en douze secondes quand celles de la Lune exigent neuf à dix secondes, tandis que l'éclat de la Lune devrait être 27 fois plus grand; la fraction de lumière diffusée par la planète est donc de beaucoup supérieure.

En outre, à l'inverse de ce qui a lieu pour la Lune, les images de Jupiter sont plus intenses vers le centre et elles présentent des zones brillantes parallèles à l'équateur.

D'après M. Bond, le rapport des éclairements produits par Jupiter ($m. o.$) et par la pleine Lune serait $\frac{1}{6430}$, le rapport de l'éclairement de Jupiter à celui de Vénus (à son plus grand éclat) $\frac{1}{4,864}$. L'albedo de Mars ($m. o.$) serait de même ordre que celui de la Lune, tandis que l'albedo de Jupiter serait $11,47$ fois plus grand pour les observations optiques et 14 fois d'après les épreuves photographiques.

Avec la valeur adoptée précédemment pour l'albedo de la Lune, on obtiendrait ainsi un nombre supérieur à l'unité pour Jupiter, d'où résulterait cette conséquence inadmissible que la planète serait en partie lumineuse par elle-même.

Zöllner trouve, pour les différentes planètes :

Albedo moyen.

Lune.........	0,174	Saturne.......	0,498
Mars.........	0,267	Uranus	0,641
Jupiter.......	0,624	Neptune	0,465

L'observation des petites planètes présente un intérêt particulier. Nous citerons, par exemple, celles qui ont été faites par M. Parkhurst ([2]) à l'aide du prisme absorbant.

Aucune différence ne paraît avoir été signalée entre le spectre des planètes et celui du Soleil, à l'exception de *Saturne*.

([1]) WARREN DE LA RUE, *Monthly Not. R. Astr. Soc.*, t. XVIII, p. 54; 1858.
([2]) H. PARKHURST, *Ann. of Harvard Coll. Obs.*, t. XVIII, p. 29; 1888.

709. *Étoiles.* — La lumière des étoiles ne présente, d'après Arago, aucune trace de polarisation, même pour les étoiles changeantes; ce résultat devait être prévu.

Les astronomes ont divisé les étoiles en un certain nombre de catégories, en rangeant dans la 1re grandeur celles qui ont le plus grand éclat apparent, et les autres successivement dans la 2e, la 3e, etc., jusqu'à la 15e ou la 20e grandeur. Cette classification présentant beaucoup d'arbitraire, il serait très utile de la rendre plus exacte par des mesures photométriques.

Malheureusement les résultats obtenus par les différents observateurs ne présentent pas un accord suffisant; nous citerons quelques-unes de ces comparaisons, en représentant par 1000 la lumière de Sirius :

Éclat relatif des étoiles

	W. Herschel (1800).	Laugier [1]	J. Herschel (1836).	Seidel (1852).	Seidel (1862).
Sirius........	1000	1000	1000	1000	1000
Canopus......	»	»	492	»	».
Rigel........	»	439	161	256	232
Wega........	»	617	110	220	233
Arcturus....	180	»	179	185	185
Chèvre......	»	»	»	162	191
Procyon.....	120	445	128	161	163
Altaïr.......	86	450	86	108	114
Aldébaran...	120	220	»	79	71

W. Herschel [2] trouve que l'éclat des étoiles de 2e grandeur vaut à peu près $\frac{1}{4}$ de l'éclat de la Chèvre; celles de 4^e $\frac{1}{16}$ de la Chèvre; celles de 5e à 6^e $\frac{1}{64}$, etc. D'une manière générale, il estime que les éclats moyens des étoiles des six premières grandeurs sont respectivement proportionnels aux nombres : 1re, 100; 2e, 25; 3e, 12; 4e, 6; 5e, 2; 6e, 1.

En représentant par 10^{10} l'éclat moyen des étoiles de 1re grandeur, ou par 10 son logarithme vulgaire, Seidel [3] donne les valeurs suivantes pour le logarithme du nombre qui définit l'éclat

---

[1] Arago, *Astronomie populaire*, t. I, p. 360.

[2] W. Herschel, *Phil. Trans. L. R. S.* pour 1817, p. 316.

[3] Seidel, *Abhandlungen der Math. Phys. Cl. der K. Bay. Akad. der Wiss.*, t. IX, p. 421; 1862.

des étoiles de différentes grandeurs :

Étoiles.	Logarithme.		Logarithme moyen.
1re grandeur	10,63 à	9,48	9,93
2e »	9,41	8,92	9,16
3e »	8,98	8,40	8,67
4e »	8,46	8,16	8,31
5e »	8,15	7,78	7,97

Les logarithmes moyens relatifs aux étoiles des cinq premières grandeurs indiqueraient que leurs éclats sont à peu près dans les rapports 1, $\frac{1}{6}$, $\frac{1}{18}$, $\frac{1}{42}$ et $\frac{1}{90}$.

Si l'on admet que les étoiles sont en moyenne des foyers de même puissance, la comparaison des éclats donnerait une idée de leurs distances relatives; dans cette hypothèse, les distances moyennes des étoiles seraient, pour les cinq premières grandeurs, comme les nombres 1; $2,45$; $4,24$; $6,48$; $9,49$.

J. Herschel estime qu'en appelant x la grandeur d'une étoile et y son éclat relatif, ces deux quantités sont liées, d'une manière approximative, par la relation

$$y\left(x - 1 + \sqrt{2}\right)^2 = 2.$$

On aurait alors, pour les quatre premières grandeurs, les nombres 1, $\frac{1}{1,91}$, $\frac{1}{3,83}$, $\frac{1}{9,74}$ et leurs distances varieraient seulement comme 1; $1,38$; $1,96$; $3,12$.

La lumière du Soleil vaut 2.10^{10} fois celle de *Sirius*, d'après Wollaston, ou $5,58.10^{10}$ fois celle de la *Chèvre*, d'après Zöllner; ce dernier résultat est moitié moindre, puisque la Chèvre est évaluée à $\frac{1}{6}$ environ de Sirius.

Si l'on suppose encore que Sirius soit un astre comparable au Soleil, sa distance serait 140000 ou 100000 fois le rayon moyen de l'orbite terrestre; la lumière émise par cette étoile mettrait deux ans à parvenir jusqu'à nous.

Les couleurs particulières des étoiles indiquent aussi que la composition des lumières est très différente. En comparant au spectrophotomètre la lumière de plusieurs étoiles avec celle que produit une lampe à pétrole et ramenant les intensités à la même valeur pour la longueur d'onde $0^\mu,555$, M. Vogel a obtenu les nombres suivants :

Comparaison des astres à la flamme du pétrole.

λ	0,444	0,464	0,486	0,517	0,600	0,633
Soleil	9,09	5,55	3,70	1,92	0,57	0,43
Sirius	9,09	7,14	4,17	2,04	0,50	0,35
Wega	11,11	6,25	3,70	2,00	0,52	0,37
La Chèvre	8,33	7,14	5,00	2,18	0,58	0,43
Arcturus	2,18	2,00	1,75	1,41	0,65	0,50
Aldébaran	2,44	2,09	1,89	1,43	0,63	0,46
Bételgeuse	3,12	2,56	2,13	1,64	0,65	0,49

M. Pickering ([1]) compare directement l'intensité des épreuves photographiques avec celles qui correspondent à la lumière solaire. En ramenant les spectres au même éclat pour la raie $G(0^\mu,434)$, qui appartient à l'hydrogène, il obtient :

Comparaison des astres au Soleil.

λ	0,39	0,41	0,43	0,45	0,47	0,49	0,51
Saturne	0,44	0,77	0,96	1,02	1,10	1,05	1,00
L'Épi	2,09	1,10	1,00	1,02	0,68	0,26	0,08
γ Cassiopée	1,78	1,07	1,00	1,00	0,91	0,55	0,29
Sirius	2,35	1,02	1,00	0,96	0,80	0,45	0,19
Procyon	1,18	0,93	1,00	1,02	0,80	0,40	0,15
La Chèvre	2,09	1,07	1,00	0,98	0,81	0,44	0,21
Aldébaran	0,45	0,91	1,00	1,05	0,98	0,55	0,23
Bételgeuse	0,27	0,59	0,96	1,26	1,21	0,91	0,62

Les observations sont comprises entre des limites très différentes pour ces deux séries d'expériences, mais elles s'accordent à montrer que l'*Épi* (α Vierge), *Sirius*, *Wega* et *la Chèvre* ont une teinte plus bleue que le Soleil, tandis qu'*Arcturus*, *Aldébaran* et *Bételgeuse* sont nettement des étoiles rouges. Le spectre de *Saturne* présenterait aussi un petit excès de lumière rouge.

([1]) E.-C. PICKERING, *Astron. and Astro-Physics*, n° 101, p. 22; 1892.

CHAPITRE XVII.

PHÉNOMÈNES RÉGULIERS.

710. *Propriétés générales des couches concentriques.* — La propagation de la lumière dans l'atmosphère n'est pas rectiligne à cause des variations continues de l'indice du gaz. La lumière des astres, en particulier, rencontre en pénétrant dans l'atmosphère des couches de densité croissante et se rapproche progressivement de la normale. Si l'état de l'air est symétrique autour de la verticale qui passe par l'observateur, la trajectoire du rayon, qu'on désignait autrefois sous le nom de *solaire*, reste dans un même plan vertical.

La distance zénithale apparente z de l'astre est plus faible que la distance véritable Z; la différence $Z - z = \Delta$ est, à proprement parler, la *réfraction atmosphérique*.

La trajectoire du rayon cesse d'être plane quand les variations de température et de pression sont très irrégulières; la réfraction de la lumière se fait alors en chaque point dans un plan normal aux surfaces d'égal indice. La connaissance empirique de la loi de variation des indices permettrait de tracer la trajectoire par éléments, mais le phénomène général est très difficilement abordable par l'analyse.

Le cas même d'une constitution symétrique ne pourrait être traité complètement que si l'on connaissait la loi suivant laquelle varie l'indice de réfraction de l'air jusqu'aux limites supérieures de l'atmosphère; toutefois un calcul approché indique au moins la forme de l'expression qui relie les deux distances zénithales Z et z, et il ne reste plus qu'à déterminer par l'observation certains coefficients empiriques.

Soient AM (*fig.* 352) la trajectoire du rayon de lumière, i l'angle d'incidence en M, sur la surface de séparation de deux couches dont les indices sont n et $n + dn$, ω et $\zeta = \omega + i$ les angles que font avec la verticale primitive la droite OM et la tangente DM.

De part et d'autre du point M, c'est-à-dire pour une valeur constante de l'angle ω, le produit $n \sin i$ ou $n \sin(\zeta - \omega)$ reste le même, ce qui donne

$$(1) \qquad -\frac{dn}{n} = \cot(\zeta - \omega)\, d\zeta = \cot i \, d\zeta.$$

Fig. 352.

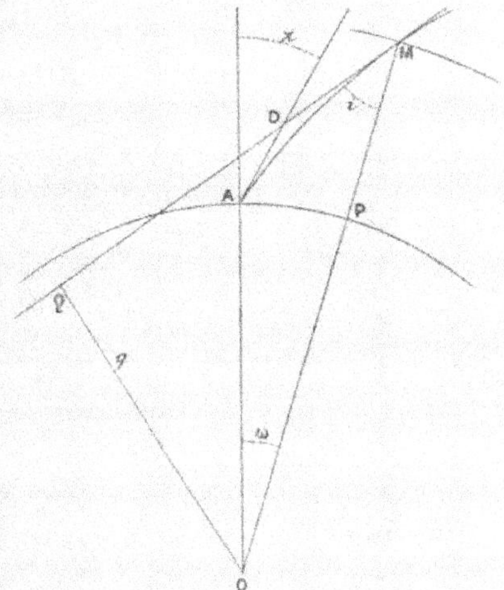

La réfraction élémentaire est $d\zeta$ et la réfraction totale $\Delta_{1,2}$, entre deux points où les indices sont n_1 et n_2, a pour expression

$$(2) \qquad \Delta_{1,2} = -\int_{n_1}^{n_2} \tang i \, \frac{dn}{n} = \int_{n_2}^{n_1} \tang i \, \frac{dn}{n}.$$

L'indice n_2, au point le plus éloigné, est égal à l'unité lorsque l'objet observé est situé en dehors de l'atmosphère. En appelant m l'indice de l'air au point où se trouve l'observateur, la *réfraction atmosphérique* est donc

$$(3) \qquad \Delta = \int_1^m \tang i \, \frac{dn}{n}.$$

M. — III. 18

Désignant par R et R $+ h = \rho$ les rayons vecteurs OA et OM de la courbe en coordonnées polaires, on a évidemment

$$(4) \qquad \tang i = \frac{\rho \, d\omega}{d\rho} = \frac{(R + h) \, d\omega}{dh}.$$

La loi de réfraction permettrait encore facilement de montrer que le produit $n\rho \sin i$ est constant sur toute l'étendue de la trajectoire [1], mais il est plus intéressant d'arriver à cette propriété par d'autres considérations.

Dans l'hypothèse de l'émission (3), on admet qu'à la surface de séparation de deux milieux dont les indices sont n et n', la composante de la vitesse de la lumière parallèle à la surface ne change pas, tandis que le carré de la composante normale est augmenté de la quantité $V'^2 - V^2$ ou $V_0^2 (n'^2 - n^2)$, en appelant V_0 la vitesse dans le vide. L'accroissement de force vive serait produit par une force normale à la surface, dirigée vers le milieu plus réfringent, et qui n'agirait que dans une couche de passage d'épaisseur e très petite. La valeur moyenne f de cette force sur l'unité de masse serait

$$2 f e = V_0^2 (n'^2 - n^2).$$

Lorsque l'indice de réfraction varie d'une manière continue, la force attractive en chaque point est normale aux surfaces de niveau et a pour expression, en désignant par dh la distance de deux surfaces infiniment voisines,

$$2 f = - V_0^2 \frac{dn^2}{dh}.$$

On peut donc assimiler la propagation de la lumière au mouvement d'un mobile dont la vitesse serait proportionnelle à l'indice de réfraction et qui serait en chaque point soumis à une force normale aux surfaces d'égal indice, sans toutefois attacher aucune signification physique à cette attraction fictive des milieux plus réfringents sur les molécules lumineuses.

Si les couches sont concentriques, comme on l'a supposé pour

---

[1] Bouguer, *Prix de l'Académie* pour 1729, p. 39.

l'atmosphère, la force est constamment dirigée vers le centre et le mouvement obéit à la *loi des aires*. Le double de l'aire décrite à partir du point M par le mobile fictif, pendant le temps dt, est

$$\rho n V_0 \sin i \, dt = \rho^2 d\omega.$$

Cette expression devant être proportionnelle au temps, le produit $n\rho \sin i$ est une quantité constante et l'on a

$$(5) \qquad n\rho \sin i = m R \sin z = \gamma,$$

$$(6) \qquad V_0 \gamma \, dt = \rho^2 d\omega.$$

Il en résulte plusieurs remarques importantes.

Le produit $\rho \sin i$ représente la perpendiculaire $OQ = q$ abaissée du centre O sur la tangente en M et le lieu des points Q est la *podaire* de la trajectoire.

L'angle de départ z étant donné, le rayon vecteur q de la podaire, correspondant au point M, est simplement en raison inverse de n, c'est-à-dire de la vitesse du mobile de comparaison, quelle que soit la loi de variation des indices dans la couche traversée AM; de même, l'angle i est défini par les quantités n et ρ ou h.

Si D est l'intersection des tangentes à l'origine et au point M, l'angle i est le même que si le milieu était remplacé par deux couches homogènes, l'une d'indice m de A en D et l'autre d'indice n de D en M, auquel cas la réfraction serait unique.

Pour la limite de l'atmosphère, où $n = 1$, le rayon vecteur de la podaire atteint sa valeur maximum γ, ou $mR \sin z$.

Si l'on appelle H_2 la hauteur *optique* de l'atmosphère, c'est-à-dire la hauteur comptée jusqu'au point où la réfraction peut être ensuite négligée, l'angle i_2 d'incidence correspondant est

$$(R + H_2) \sin i_2 = \gamma.$$

Toutefois la valeur de l'angle i donnée par l'équation (5) ne suffit pas encore pour déterminer la réfraction $\zeta - z$ de A en M, car la distance zénithale ζ est égale à $i + \omega$ et l'angle ω dépend de la loi de variation des indices. On a d'ailleurs

$$(7) \quad \tan i = \frac{\gamma}{\sqrt{n^2 \rho^2 - \gamma^2}} = \frac{R}{R + h} \cdot \frac{\sin z}{\sqrt{\left(\dfrac{n}{m}\right)^2 - \left(\dfrac{R}{R + h}\right)^2 \sin^2 z}}.$$

On remplacera $\tang i$ par cette expression dans les équations (3) et (4), qui déterminent la *réfraction totale* et la *trajectoire* du rayon, mais il reste à trouver une relation entre n et h.

711. *Cas particuliers.* — Nous en ferons d'abord quelques applications à des hypothèses particulières.

1° Supposons, par exemple, que la variation de n^2 (ce qui équivaut à celle de l'indice pour les gaz) soit proportionnelle à la hauteur; la force f est alors constante et

$$n^2 = m^2 - \frac{2f}{V_0^2} h.$$

Le rayon vecteur varie comme l'espace parcouru par un mobile animé d'un mouvement uniformément varié.

On a ainsi, en tenant compte des conditions initiales,

$$\rho = R + V_0 m \cos z \cdot t - \frac{f}{2} t^2.$$

Cette expression pouvant se mettre sous la forme

$$\rho = R + \frac{V_0^2 m^2 \cos^2 z}{2f} - \left(t \sqrt{\frac{f}{2}} - \frac{V_0 m \cos z}{\sqrt{2f}} \right)^2 = a^2 - x^2,$$

la loi des aires (6) donne

$$\omega = V_0 \gamma \sqrt{\frac{2}{f}} \int \frac{dx}{(a^2 - x^2)^2} = \frac{V_0 \gamma}{4 a^3} \sqrt{\frac{2}{f}} \left(l \cdot \frac{a+x}{a-x} + \frac{2ax}{a^2 - x^2} \right) + \omega_1.$$

La constante ω_1 est déterminée par la condition que l'on ait $\omega = 0$ pour $t = 0$ et $\rho = R$, ce qui donne

$$\omega_1 = \frac{V_0 \gamma}{4 a^3} \sqrt{\frac{2}{f}} \left(\frac{2a}{R} \frac{V_0 m \cos z}{\sqrt{2f}} - l \cdot \frac{a\sqrt{2f} - V_0 m \cos z}{a\sqrt{2f} + V_0 m \cos z} \right).$$

L'équation de la courbe en coordonnées polaires est donc *logarithmique*. L'angle ω_1 correspond au rayon vecteur maximum ρ_1, qui a lieu pour $x = 0$, c'est-à-dire

$$t_1 = \frac{V_0 m \cos z}{f}, \qquad h_1 = \frac{V_0^2 m^2 \cos^2 z}{2f}, \qquad n_1 = m \sin z.$$

La seconde partie de la trajectoire est ensuite symétrique à la première; elle revient à la même distance R pour l'angle $2\omega_1$, et à l'époque $2t_1$.

2° Avec cette hypothèse sur la variation des indices, la trajectoire devient une *parabole* lorsque les surfaces de niveau sont planes et parallèles. Le problème est alors de même nature que celui du mouvement des projectiles dans le vide. Les valeurs de t_1, h_1 et n_1 restent les mêmes et l'amplitude l de la courbe est

$$l = t_1 V_0 m \sin z = \frac{V_0^2 m^2 \sin 2z}{2f}.$$

3° Supposons encore que l'on ait

$$(8) \qquad n^2 = m^2 - \varphi \frac{h}{R+h} = m^2 - \varphi + \varphi \frac{R}{\rho}.$$

La variation de l'indice reste sensiblement proportionnelle à la hauteur, mais la force f est alors en raison inverse du carré de la distance au centre de la Terre. Les trajectoires sont des *coniques* dont ce centre occupe un des foyers.

Désignant par θ l'angle de la verticale primitive avec le rayon vecteur qui passe par le sommet de la courbe, l'équation de la trajectoire est

$$(9) \qquad \rho = \frac{a(1-e^2)}{1 + e \cos(\omega - \theta)};$$

on en déduit

$$\frac{d\rho}{\rho^2} = \frac{e \sin(\omega - \theta)}{a(1-e^2)} d\omega,$$

et, par les relations (4) et (7),

$$(10) \qquad \frac{e \sin(\omega - \theta)}{a(1-e^2)} = \frac{\sqrt{n^2 \rho^2 - \gamma^2}}{\rho \gamma}.$$

Éliminant l'angle $(\omega - \theta)$ entre (9) et (10), il en résulte

$$n^2 = \frac{\gamma^2}{a^2(e^2-1)} - \frac{2\gamma^2}{a(e^2-1)\rho}.$$

Cette valeur de n^2 doit être identique à (8), ce qui donne

$$a^2(e^2-1) = \frac{\gamma^2}{m^2 - \varphi}, \qquad a(e^2-1) = -\frac{2\gamma^2}{\varphi R};$$

$$2a = -\frac{\varphi R}{m^2 - \varphi}, \qquad e^2 - 1 = 4 \frac{\gamma^2}{R^2} \frac{m^2 - \varphi}{\varphi^2} = 4 \frac{m^2(m^2 - \varphi)}{\varphi^2} \sin^2 z.$$

On remarquera, en particulier, que l'axe $2a$ de la courbe est constant pour toutes les trajectoires, puisqu'il est indépendant de l'angle de départ z.

Lorsque l'indice décroît à partir du sol, le facteur φ est positif : la courbe est alors une ellipse ou une hyperbole, suivant que l'on a $\varphi \gtrless m^2$. Quand l'indice est croissant, le facteur φ est négatif et les trajectoires sont des hyperboles.

Quant à l'azimut θ de l'axe, il est déterminé par l'équation de la courbe, en y faisant $\omega = o$ et $\rho = R$:

$$1 + e \cos\theta = \frac{a(1 - e^2)}{R} = \frac{2\gamma^2}{\varphi R^2} = 2\,\frac{m^2}{\varphi}\sin^2 z,$$

$$\cos\theta = \frac{2\,m^2\sin^2 z - \varphi}{\sqrt{\varphi^2 + 4\,m^2(m^2 - \varphi)\sin^2 z}}.$$

4° On voit aussi, par l'équation (5), que l'angle i est constant si l'indice n est en raison inverse de ρ. Dans ce cas, la trajectoire est une *spirale logarithmique*

$$\frac{\rho\,d\omega}{d\rho} = \operatorname{tang} z, \qquad \rho = R\,e^{\frac{\omega}{\operatorname{tang} z}}.$$

Cette trajectoire devient une circonférence de cercle, que le rayon parcourt indéfiniment, lorsque la direction de départ est horizontale.

712. *Réduction des formules.* — La faible réfraction des gaz permet encore de simplifier les calculs.

On peut d'abord remplacer n par l'unité au dénominateur de l'équation (3), ce qui n'entraîne pas une erreur de $\frac{1}{3000}$ sur la réfraction. D'autre part, les différences $n - 1$ étant très petites, on a aussi, avec toute l'exactitude que comporte l'observation,

$$\left(\frac{n}{m}\right)^2 = \frac{1 + 2(n - 1)}{1 + 2(m - 1)} = 1 - 2(m - n).$$

En posant

$$s = \frac{h}{R + h} = 1 - \frac{R}{R + h}, \qquad ds = \frac{R\,dh}{(R + h)^2} = (1 - s)^2\frac{dh}{R},$$

la variable auxiliaire s reste très petite, puisque l'épaisseur de l'at-

mosphère optiquement efficace, d'après les évaluations les plus
élevées, ne dépasse pas 100^{km} ou 120^{km}, c'est-à-dire $\frac{1}{60}$ de rayon
terrestre. L'équation (7) devient alors

$$(7)'\qquad \tan i = \frac{\sin z}{\sqrt{[1-2(m-n)]\left(1+\dfrac{h}{R}\right)^2 - \sin^2 z}} = \frac{(1-s)\sin z}{\sqrt{1-2(m-n)-(1-s)^2\sin^2 z}}$$

A part des quantités du second ordre en s ou $\dfrac{h}{R}$, on peut écrire

$$(7)''\qquad \tan i = \frac{\sin z}{\sqrt{\cos^2 z + 2\dfrac{h}{R} - 2(m-n)}} = \frac{\sin z}{\sqrt{\cos^2 z + 2s - 2(m-n)}}$$
$$= \frac{(1-s)\sin z}{\sqrt{\cos^2 z + 2s\sin^2 z - 2(m-n)}} = \frac{1-s+m-n}{\sqrt{\cot^2 z + 2s - 2(m-n)}}$$

Posant enfin

$$m - n = (m-1)u = \mu u.$$

la réfraction totale Δ se calculera par l'une des expressions

$$(11)\qquad \frac{\Delta}{\mu \sin z} = \int_0^1 \frac{du}{\sqrt{\cos^2 z + 2\dfrac{h}{R} - 2\mu u}} = \int_0^1 \frac{du}{\sqrt{\cos^2 z + 2s - 2\mu u}}$$
$$= \int_0^1 \frac{(1-s)\,du}{\sqrt{\cos^2 z + 2s\sin^2 z - 2\mu u}} = \frac{\mu}{\sin z}\int_0^1 \frac{(1-s+\mu u)\,du}{\sqrt{\cot^2 z + 2s - 2\mu u}}.$$

L'une des valeurs précédentes de $\tan i$ donnera l'équation différentielle de la trajectoire

$$(12)\qquad d\omega = \tan i\,\frac{d\rho}{\rho} = \tan i\,\frac{ds}{1-s}.$$

713. *Dépression de l'horizon.* — *Mesure des hauteurs.* —
Avant d'aller plus loin, nous examinerons la correction que l'on
doit apporter aux observations de l'horizon.

La direction que l'on détermine en visant l'horizon de la mer ou
d'une plaine très étendue sans reliefs exagérés est toujours située

au-dessous de celle qui serait déterminée par un niveau ou un fil à plomb. Cette *dépression de l'horizon* dépend surtout de l'altitude de l'observateur, mais elle peut varier beaucoup avec les conditions atmosphériques.

L'observateur M étant à l'altitude h (*fig.* 353), on appelle dé-

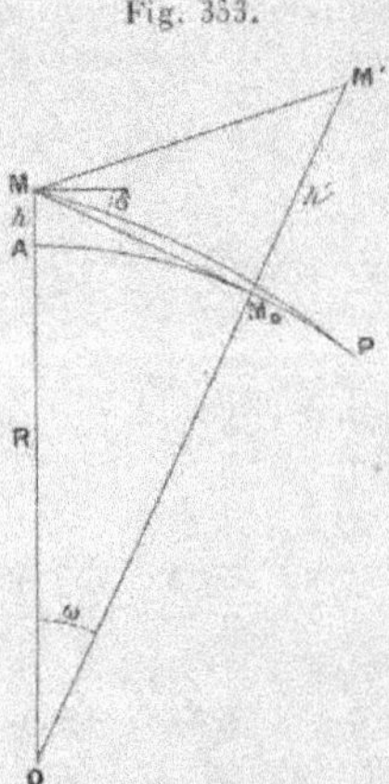

Fig. 353.

pression *vraie* celle qui est due seulement à la courbure du sol et qui correspondrait à la propagation rectiligne de la lumière ; elle est égale à l'angle ω de la verticale du lieu avec celle du point M_0 qui serait vu à l'horizon, ce qui donne sensiblement

$$(13) \qquad \tan^2 \omega = \frac{(R+h)^2 - R^2}{R^2} = 2\,\frac{h}{R}, \qquad \omega^2 = 2\,\frac{h}{R}.$$

Si l'indice de l'air varie d'une manière continue de n à n_0 entre les points M et M_0, la trajectoire MP du rayon de lumière est curviligne. Appelant δ la dépression observée, c'est-à-dire le complément de l'angle d'incidence au point M, on aura, en faisant $m = n_0$ et $z = 90°$ dans l'équation (7),

$$\tan^2 \delta = \frac{n^2 \rho^2}{n_0^2 R^2} - 1 = 2\,\frac{h}{R} - 2(n_0 - n),$$

$$(14) \qquad \delta^2 = \omega^2 - 2(n_0 - n).$$

Au degré d'approximation de ce calcul, l'erreur d'observation est nulle quand l'indice à la même valeur aux deux points extrêmes, quelles que soient ses variations dans l'intervalle.

L'horizon apparent est *relevé* et sa portée augmente, lorsque l'indice diminue à mesure qu'on s'écarte du sol : ce sont les conditions habituelles d'une atmosphère en équilibre stable.

La portée de l'horizon diminue, au contraire, et la dépression apparente s'exagère, lorsque la température du sol ou de la mer est assez supérieure à celle de l'air pour que la différence $n_0 - n$ soit négative; la trajectoire du rayon présente alors, au moins sur une partie du trajet, sa convexité vers le sol.

Les observations faites par Biot et Mathieu à Dunkerque [1], en visant au-dessus de la grève échauffée par le soleil, ont donné :

Observation de l'horizon.

h	δ	ω	δ^2	ω^2	$\delta^2 - \omega^2$	$n - n_0$
m						
0,61	4,91	1,51	24,01	2,28	21,73	$92 . 10^{-8}$
7,47	7,09	5,20	50,26	27,04	23,22	98
13,45	8,06	7,06	64,96	49,84	15,12	64
20,45	9,14	8,70	83,53	75,69	7,84	33

Les angles δ et ω étant comptés en minutes, les valeurs numériques s'obtiendront en multipliant les carrés de ces nombres par le carré d'une minute ou $0,8462 . 10^{-7}$. On voit que l'indice de réfraction de l'air croît d'abord avec la hauteur jusque vers $7^m,47$, puis diminue en restant supérieur à celui de la couche en contact avec le sol. Les températures suivent une marche inverse.

A mesure que la hauteur h augmente, la différence $\delta - \omega$ diminue, car on peut écrire

$$\delta - \omega = \frac{2(n - n_0)}{\delta + \omega}.$$

L'erreur $\Delta h = R(n - n_0)$ commise sur le calcul de la hauteur par la dépression apparente δ de l'horizon est proportionnelle à la différence des indices à la station et sur le sol.

Le relèvement de l'horizon a pour résultat de faire apparaître des objets situés au-dessous du plan tangent à la surface du globe et d'augmenter beaucoup la hauteur apparente des points visibles.

---

[1] Biot, *Mémoires de l'Académie des Sciences*, t. X, p. 1; 1809.

L'effet est surtout exagéré lorsque le sol ou la mer sont à une température beaucoup plus basse que l'atmosphère. Les navires qui se trouvent au delà de l'horizon deviennent visibles et paraissent agrandis; des glaçons flottant au loin apparaissent comme des banquises, etc.

Biot cite, en particulier, une observation de Cook, du 13 décembre 1773, dans laquelle un îlot de glace à l'horizon devint invisible après une tourmente de neige, pour reparaître ensuite quand le refroidissement des couches supérieures eut cessé. La hauteur de l'horizon avait varié de $32'$ d'une observation à l'autre.

Les mêmes difficultés existent en Géodésie pour la *mesure des hauteurs* par leur angle apparent au-dessus de l'horizon.

Si l'on vise un point M' (*fig.* 353) à l'altitude h', sa hauteur apparente β devrait être

$$\frac{\cos\beta}{\cos(\beta+\omega)} = \frac{R+h'}{R+h},$$

$$\tang\left(\beta+\frac{\omega}{2}\right)\tang\frac{\omega}{2} = \frac{h'-h}{2R+h+h'},$$

ou sensiblement

$$(15) \qquad \tang\left(\beta+\frac{\omega}{2}\right)\tang\frac{\omega}{2} = \frac{s'-s}{2}.$$

Pour tenir compte de la réfraction, on aura, en désignant par δ et δ' les angles de la trajectoire avec l'horizon aux points M et M', et par n' l'indice de l'air au point observé,

$$n(R+h)\cos\delta = n'(R+h')\cos\delta',$$

$$\frac{\cos\delta'}{\cos\delta} = (1+n-n')\frac{1-s'}{1-s} = 1+n-n'-(s'-s).$$

On en déduit, d'une manière très approximative,

$$\frac{\cos\delta'-\cos\delta}{\cos\delta'+\cos\delta} = \frac{n-n'-(s'-s)}{2+n-n'-(s'-s)} = \frac{n-n'-(s'-s)}{2},$$

$$(16)\quad 2\tang\frac{\delta+\delta'}{2}\tang\frac{\delta-\delta'}{2} = n-n'-(s'-s) = n-n'-\frac{h'-h}{R}.$$

Lorsque les angles δ et δ' sont déterminés en même temps par deux observateurs, les conditions atmosphériques des deux stations permettent de calculer la différence des indices $n-n'$ et.

par suite, la différence $s' - s$ ou la différence des altitudes $h' - h$. L'équation (15) donnera ensuite la valeur de β par la distance angulaire ω des stations.

Quand il n'existe qu'un observateur, le problème change de nature. Il faut alors déterminer successivement les angles δ et δ' dans les deux stations, auquel cas les conditions météorologiques peuvent avoir été modifiées dans l'intervalle, ou estimer l'état de l'atmosphère au point observé et admettre une loi de variation des indices qui permette de calculer la réfraction correspondante Δ'. Les angles δ et δ' étant affectés du signe $+$ ou $-$, suivant qu'ils sont observés au-dessus ou au-dessous de l'horizon, on obtient l'angle δ', dans la seconde méthode, par la relation

$$\Delta' = \omega + \delta + \delta'.$$

Ces considérations supposent toujours que les surfaces d'égal indice restent concentriques. On admet, en outre, d'une manière implicite, que les rayons ne sortent pas de la couche comprise entre les surfaces de niveau des deux stations.

Le phénomène est tout différent et beaucoup moins simple lorsque cette dernière condition n'est pas remplie : tel est le cas du *mirage* qui sera examiné plus loin.

714. *Réfraction des astres*. — La déviation qu'éprouvent dans l'atmosphère les rayons qui proviennent des astres pourrait être déterminée à l'aide d'hypothèses particulières sur la loi de variation des indices de l'air avec l'altitude, mais le calcul manque de base certaine et fournit seulement des formules dont les constantes sont déduites des observations directes.

$1°$ L'hypothèse la plus simple consiste à supposer que les surfaces d'égal indice sont des plans parallèles à l'horizon de l'observateur. Dans ce cas, le produit $n \sin i$ est une quantité constante sur toute la trajectoire; en excluant toujours les effets de mirage, la réfraction $\Delta_{1.2} = i_2 - i_1$ entre deux points sera donnée par l'une des expressions

$$(17) \qquad \begin{cases} n_1 \sin i_1 = n_2 \sin(\Delta_{1.2} + i_1), \\ n_2 \sin i_2 = n_1 \sin(i_2 - \Delta_{1.2}). \end{cases}$$

L'observation d'un astre donnerait ainsi

$$(I) \qquad m \sin z = \sin(z + \Delta).$$

Comme le produit $m \sin z$ doit rester inférieur à l'unité, la plus grande distance zénithale apparente z_0 correspondrait à la condition $m \sin z_0 = 1$. En faisant $m = 1,0003$, on aurait

$$z_0 = 88°35'48'', \qquad \Delta_0 = 1°24'12''.$$

Il résulte de là que la formule (I) ne peut pas convenir, car on n'apercevrait pas les astres à l'horizon. L'observation montre d'ailleurs que la *réfraction horizontale,* c'est-à-dire le relèvement d'un astre vu à l'horizon, ne dépasse guère $38'$ dans les conditions *normales,* c'est-à-dire à la température de zéro et sous la pression barométrique de 760^{mm}.

2° On s'approche davantage de la réalité en remplaçant l'atmosphère, avec Cassini (¹), par une couche sphérique homogène dont l'indice $m = 1 + \mu$ a partout la même valeur qu'au point d'observation. En appelant i l'angle d'incidence du rayon qui vient de l'étoile et r l'angle de réfraction correspondant, on a

$$\sin i = m \sin r,$$

ou, sans erreur appréciable (69),

$$(18) \qquad \Delta = i - r = \mu \tang r.$$

D'autre part, si l'on désigne par H la hauteur de l'atmosphère, l'équation (5) donne

$$(R + H) \sin i = m R \sin z,$$
$$(R + H) \sin r = R \sin z.$$

Dans les conditions normales, la valeur de H serait de 7990^m ou environ $\frac{1}{800}$ du rayon terrestre R, lequel est de 6378^{km}. On peut donc, au moins tant que la distance zénithale n'est pas trop grande, remplacer r par z dans l'équation (18), qui devient

$$(II) \qquad \Delta = \mu \tang z.$$

(¹) J.-D. Cassini, *De solaribus hypothesibus et refractionibus, epistolæ tres.* Bononiæ, 1666.

Cette expression représente, en effet, la réfraction atmosphérique avec une grande exactitude pour des distances zénithales inférieures à 30°, quand on y considère le facteur μ comme un coefficient empirique, que l'on appelle souvent *constante de réfraction* et qui représenterait la réfraction relative à 45°. Les valeurs trouvées pour cette constante, dans les conditions normales, diffèrent très peu de $60'',4$ ou $0,000293$, qui est précisément la valeur de $m - 1 = \mu$.

La formule (II) convient même jusqu'à 60°; elle est ensuite sensiblement inexacte, car elle conduit, pour la distance zénithale de 85°, à $11'30''$, au lieu de $10'16''$.

Il est manifeste, en effet, qu'on ne peut plus l'appliquer auprès de l'horizon et l'on doit alors tenir compte de l'épaisseur de l'atmosphère. En posant $H = \varepsilon R$, on peut écrire, à des quantités près du second ordre en ε,

$$\sin r = (1 - \varepsilon) \sin z, \qquad \cos^2 r = \cos^2 z + 2\varepsilon \sin^2 z,$$

$$\text{(II)}' \qquad \Delta = \mu \frac{(1 - \varepsilon) \sin z}{\sqrt{\cos^2 z + 2\varepsilon \sin^2 z}} = \mu (1 - \varepsilon) \frac{\tang z}{\sqrt{1 + 2\varepsilon \tang^2 z}}.$$

La réfraction horizontale serait alors

$$\Delta_0 = \frac{\mu}{\sqrt{2\varepsilon}} = 20'8'',$$

tandis que l'observation donne une valeur presque double $36'50''$.

Remarquons aussi que l'équation (II)′, développée en fonction des puissances croissantes de $\tang z$, est de la forme

$$\text{(A)} \qquad \Delta = M \tang z (1 - a \tang^2 z + b \tang^4 z - \ldots).$$

Toutes les hypothèses admises pour la variation des indices avec la hauteur conduisent à une formule analogue, dans laquelle M est la constante de réfraction; elles ne diffèrent que par la manière dont les coefficients successifs $a, b, \ldots$ de la série s'expriment en fonction d'une seconde constante empirique.

3° Le rapport $\dfrac{R}{R + h} = 1 - s$ diminue avec l'indice de réfraction n et reste toujours très voisin de l'unité, au moins jusqu'à la hauteur *optique* de l'atmosphère.

On peut alors, et c'est l'hypothèse de Bouguer, le considérer comme une fonction du rapport $\frac{n}{m}$ et développer cette fonction suivant les puissances croissantes de la variable en se bornant au premier terme, qui serait

$$\frac{R}{R+h} = \left(\frac{n}{m}\right)^{p}.$$

L'équation (7) donne alors

$$\tan i = \frac{\left(\frac{n}{m}\right)^{p-1} \sin z}{\sqrt{1 - \left[\left(\frac{n}{m}\right)^{p-1} \sin z\right]^{2}}},$$

En posant

$$x = \left(\frac{n}{m}\right)^{p-1} \sin z,$$

$$dx = \frac{p-1}{m}\left(\frac{n}{m}\right)^{p-2} \sin z \, dn = (p-1) x \frac{dn}{n},$$

l'expression (3) de la réfraction devient

$$\Delta = \frac{1}{p-1} \int \frac{dx}{\sqrt{1-x^2}} = \frac{1}{p-1}\left[\arcsin x\right]_{x=1}^{x=m},$$

$$(p-1)\Delta = z - \arcsin\left(\frac{\sin z}{m^{p-1}}\right),$$

(III) $$\sin z = m^{p-1} \sin\left[z - (p-1)\Delta\right].$$

On obtient ainsi la réfraction au moyen d'une seule constante p à déduire des observations directes.

Simpson [1] est arrivé plus tard au même résultat, en introduisant dans l'expression finale deux constantes arbitraires M et N

(III)' $$\mathrm{M} \sin z = \sin(z - \mathrm{N}\Delta),$$

et cette formule représente les observations d'une manière très exacte jusqu'à la distance zénithale de 80°.

Si on l'étend jusqu'à l'horizon, on en déduit

$$\mathrm{M} = \cos \mathrm{N}\Delta_0,$$

$$\sin z \cos \mathrm{N}\Delta_0 = \sin(z - \mathrm{N}\Delta).$$

---

[1] Th. Simpson, *Mathematical dissertations*. London, 1743.

L'équation (III)' donne aussi

$$(1 + M) \sin z = 2 \sin\left(z - \frac{N\Delta}{2}\right) \cos\frac{N\Delta}{2},$$

$$(1 - M) \sin z = 2 \cos\left(z - \frac{N\Delta}{2}\right) \sin\frac{N\Delta}{2},$$

$$\operatorname{tang}\frac{N\Delta}{2} = \frac{1 - M}{1 + M} \operatorname{tang}\left(z - \frac{N\Delta}{2}\right),$$

ou, en appelant α et β deux constantes nouvelles,

$$\operatorname{tang}\alpha\Delta = \beta \operatorname{tang}(z - \alpha\Delta).$$

Comme l'angle $\alpha\Delta$ est toujours très petit, on peut le substituer à sa tangente dans le premier membre et l'on obtient ainsi la formule de Bradley [1]

$$(\text{III})'' \qquad \Delta = \frac{\beta}{\alpha} \operatorname{tang}(z - \alpha\Delta),$$

laquelle ne diffère pas sensiblement de la formule (II) de Cassini pour les distances zénithales inférieures à 60°.

4° Si l'on admet, avec Mayer [2], que l'indice varie suivant une progression arithmétique, en posant

$$\frac{h}{R} = (k + 1)(m - n) = (k + 1)\mu u,$$

la première des équations (11) donne

$$\Delta = \sin z \int_0^1 \frac{\mu\,du}{\sqrt{\cos^2 z + 2k\mu u}} = \frac{\sin z}{k}\left(\sqrt{\cos^2 z + 2k\mu} - \cos z\right),$$

$$(\text{IV}) \qquad \Delta = \frac{2\mu \sin z}{\cos z + \sqrt{\cos^2 z + 2k\mu}} = \frac{2\mu \operatorname{tang} z}{1 + \sqrt{1 + 2k\mu(1 + \operatorname{tang}^2 z)}},$$

et il reste deux constantes arbitraires, μ et k.

On aurait encore une expression de même forme que la formule générale (A), en développant le second membre de l'équation (IV) suivant les puissances croissantes de $\operatorname{tang}^2 z$.

---

[1] BRADLEY, *Astr. obs. at Greenwich from 1750 to 1762*, t. I. Oxford, 1798.
[2] J.-T. MAYER, *De refractionibus astronomicis*. Altorfii, 1781.

5° On arrivera au même résultat en admettant que la quantité s, dans la seconde des équations (11), peut être remplacée par une valeur moyenne σ, comprise entre o et 1, car il en résulte

$$(V) \quad \begin{cases} \Delta = \sin z \left[\sqrt{\cos^2 z + 2\sigma} - \sqrt{\cos^2 z + 2(\sigma - \mu)} \right] \\ = \dfrac{2\mu \sin z}{\sqrt{\cos^2 z + 2\sigma} + \sqrt{\cos^2 z + 2(\sigma - \mu)}}, \end{cases}$$

avec deux constantes arbitraires, μ et σ.

6° Comme la quantité $n - 1$ est proportionnelle à la densité du gaz (entendue dans le sens de masse spécifique), il semble plus rationnel de choisir une hypothèse conforme à la loi de Laplace [1] relative aux variations de pression dans l'atmosphère.

Soient p et ρ la pression et la densité de l'air à l'altitude h, g la gravité correspondante. La variation de pression dp pour la variation de hauteur dh est

$$(19) \qquad dp = -\rho g \, dh.$$

En désignant par l'indice o les valeurs relatives à la surface du sol et négligeant l'influence de la rotation de la Terre, on a

$$g = g_0 \left(\frac{R}{R + h} \right)^2.$$

On devrait, en réalité, tenir compte en chaque point de l'action de la couche d'air située plus bas, mais la masse totale de l'atmosphère n'est probablement pas $\frac{1}{500000}$ de celle de la Terre et les variations qui pourraient en résulter pour la gravité sont entièrement négligeables.

Si l'on pose

$$(20) \qquad p_0 = \rho_0 g_0 H,$$

la quantité H représente la hauteur *réduite* de l'atmosphère, c'est-à-dire celle d'une colonne de gaz de densité constante ρ_0 qui ferait équilibre à la pression p_0 sous la gravité g_0.

Supposons d'abord que la température de l'air soit constante.

---

[1] LAPLACE, *Mécanique céleste*, Liv. X.

En tenant compte de la relation

$$(21) \qquad \frac{\rho}{p} = \frac{\rho_0}{p_0} = \frac{1}{g_0 H},$$

l'équation (19) donne

$$\frac{dp}{p} = -\frac{R}{H}\frac{R\,dh}{(R+h)^2} = -\frac{R}{H}\,ds,$$

$$(22) \qquad p = p_0 e^{-\frac{R}{H}s} = p_0 e^{-\frac{R}{H}\frac{h}{R+h}}.$$

Cette expression représente d'une manière très approximative la loi des pressions quand l'altitude n'est pas trop grande, mais on ne peut l'étendre jusqu'aux limites de l'atmosphère, car elle ne donnerait pas une pression nulle à une distance infinie, et la masse totale de l'atmosphère ainsi calculée serait très différente de la masse réelle.

Si l'on pose

$$(23) \qquad \rho = \rho_0 f(s),$$

la fonction $f(s)$ est égale à l'unité pour $s = 0$ et nulle pour $s = 1$. La masse totale de l'atmosphère est

$$M = 4\pi \int (R+h)^2 \rho\,dh = 4\pi R^2 \rho_0 \int_0^1 \frac{f(s)}{(1-s)^2}\,ds.$$

En désignant par K la hauteur d'une couche homogène de masse égale, on peut écrire aussi

$$M = \frac{4}{3}\pi[(R+K)^3 - R^3]\rho_0 = 4\pi R^3 \rho_0 \frac{K}{R}.$$

La fonction $f(s)$ doit donc satisfaire aux trois conditions

$$(24) \qquad \begin{cases} f(0)=1, \quad f(1)=0, \\ \dfrac{K}{R} = \displaystyle\int_0^1 \frac{f(s)}{(1-s)^2}\,ds = \int_0^1 \varphi(s)\,ds. \end{cases}$$

La fonction $\varphi(s)$ est aussi égale à l'unité pour $s = 0$, mais elle doit rester finie pour $s = 1$, si la masse de l'atmosphère est limitée. Le rapport $f(s)$ des densités doit donc avoir $(1-s)^2$ en facteur, à moins qu'il ne devienne nul à partir d'une certaine valeur de s.

M. — III. 19

La loi de Mariotte conduirait ainsi à une masse infinie pour l'atmosphère, mais le calcul devient alors inexact parce que les masses d'air devraient intervenir dans la variation de gravité.

L'une des formes les plus simples serait, en posant $K = \varepsilon R$.

$$\varphi(s) = e^{-q\frac{s}{\varepsilon}};$$

il en résulte

$$\varepsilon = \int_0^1 e^{-q\frac{s}{\varepsilon}} ds = \frac{\varepsilon}{q}\left(1 - e^{-\frac{q}{\varepsilon}}\right),$$

$$q = 1 - e^{-\frac{q}{\varepsilon}}.$$

Comme le rapport ε est sans doute très petit, le facteur q est très peu inférieur à l'unité.

La loi de Laplace serait alors remplacée par

$$(22)' \qquad \frac{p}{p_0} = \frac{\rho}{\rho_0} = (1-s)^i e^{-q\frac{s}{\varepsilon}} = \left(\frac{R}{R+h}\right)^i e^{-\frac{q}{\varepsilon}\frac{h}{R+h}}.$$

Ces résultats ne sont qu'une première approximation, parce que la température diminue à mesure qu'on s'élève. En appelant T la température absolue, l'équation (21) doit être remplacée par

$$(21)' \qquad \frac{\rho T}{p} = \frac{\rho_0 T_0}{p_0} = \frac{T_0}{g_0 H},$$

et l'équation différentielle est alors

$$\frac{dp}{p} = -\frac{R}{H}\frac{T_0}{T} ds.$$

Pour la mesure des hauteurs par le baromètre, Laplace intègre d'abord cette équation en supposant la température T constante, sauf à la remplacer dans la formule finale par la moyenne des températures extrêmes T et T_0. Dans le cas actuel, l'intégration doit être étendue jusqu'aux limites de l'atmosphère, en admettant une loi particulière de décroissement.

Si chaque masse de gaz se meut librement, sans que sa température soit modifiée par rayonnement ou conductibilité, c'est-à-dire n'éprouve que des transformations adiabatiques, on a, en appelant k le rapport des chaleurs spécifiques à pression constante ou à volume constant,

$$\left(\frac{p}{p_0}\right)^{1-\frac{1}{k}} = \frac{T}{T_0}.$$

L'équation (21) doit alors être remplacée par

$$(21)' \qquad \frac{\rho}{\rho_0} = \frac{p}{p_0}\frac{T_0}{T} = \left(\frac{p}{p_0}\right)^{\frac{1}{k}},$$

et l'équation (19) par

$$\left(\frac{p_0}{p}\right)^{\frac{1}{k}} dp = -\rho_0 g_0 R \frac{R\,dh}{(R+h)^2} = -p_0 \frac{R}{H} ds,$$

$$(25) \qquad \left(\frac{p}{p_0}\right)^{\frac{k-1}{k}} = 1 - \frac{k-1}{k}\frac{R}{H}s = \frac{T}{T_0} = 1 - \frac{T_0-T}{t_0}.$$

La pression, la température et la densité deviendraient nulles à la hauteur h_1 définie par la condition

$$s_1 = 1 - \frac{R}{R+h_1} = \frac{k}{k-1}\frac{H}{R},$$

En prenant $k = 1,41$ et $H = \dfrac{R}{800}$, il en résulte

$$\frac{R}{R+h_1} = 1 - \frac{1,41}{0,41}\frac{1}{800} = 1 - 0,0043,$$

$$h_1 = R \times 0,0043 = 27^{km},4\ (^1).$$

Pour une température de $0°$ C. au niveau du sol, l'abaissement de température serait

$$t_0 - t = 273\frac{k-1}{k}\frac{h}{H} = \frac{0,41}{1,41}\cdot\frac{273}{7980}h = 0°,01.h,$$

c'est-à-dire de $1°$ pour 100^m.

Les observations semblent montrer que les variations de température avec l'altitude sont moins rapides et ne dépassent pas $1°$ pour 150^m ou 160^m. Le refroidissement des masses d'air qui s'é-

---

(^{1}) Sir W. Thomson, *Math. and phys. Papers*, t. III, p. 255.

lèvent dans l'atmosphère est, en effet, ralenti par le rayonnement du sol et par la condensation de la vapeur d'eau. Cette dernière cause, signalée par Joule, paraît suffire à l'explication des observations, car elle conduirait, pour une masse d'air saturée, à un refroidissement de $1°$ pour 152^m à 284^m suivant que la température initiale varie de $0°$ à $35°$.

La hauteur limite de l'atmosphère serait alors notablement supérieure à 28^{km} et la masse totale reste bien définie dans les deux cas, puisque la pression et la température deviennent nulles.

Toutefois, s'il existe réellement une limite physique de l'atmosphère, elle paraît être beaucoup plus élevée que ne l'indiqueraient ces considérations, car on a observé des nuages lumineux jusqu'à des altitudes qui dépassent 80^{km} ([1]), et la suspension des particules solides ou liquides dans ces conditions suppose que la pression est encore notable.

D'autre part, les aurores polaires se produisent sans doute dans un air très raréfié, mais où la pression n'est pas nulle. De Mairan ([2]) estime que les aurores vues en France à son époque étaient à des hauteurs de 100 à 300 lieues. Les observations plus précises de Bravais et Lottin ([3]) en Laponie donnèrent une hauteur comprise entre 100^{km} et 200^{km}. Enfin Flœgel ([4]), en discutant les observations de la grande aurore du 25 octobre 1870, conclut que les sommets des rayons s'élèvent fréquemment à plus de 500^{km} et même dépassent 750^{km}.

Les deux hypothèses d'une température constante ou d'une variation adiabatique, même en tenant compte de la vapeur d'eau, paraissent donc également improbables, au moins si l'on admet que les lois relatives aux gaz et aux vapeurs conviennent jusqu'aux pressions et aux températures les plus faibles.

Remarquons enfin qu'on a négligé la rotation de la Terre, de sorte que les calculs ne s'appliqueraient qu'aux couches voisines du pôle. Pour les basses latitudes, la pression en chaque point se

---

([1]) O. Jesse, *Sitzungb. der K. Preus. Ak. der Wiss. zu Berlin*, Livr. XL, p. 1031; 1890, et Livr. XXVI, p. 467; 1891.

([2]) De Mairan, *Histoire de l'Acad. des Sc.* pour 1733, p. 477.

([3]) *Voyage de la Recherche. — Aurores boréales*, p. 542.

([4]) Flœgel, *Zeitschr. der Œsterr. Ges. für Meteorol.*, Bd. VI; 1871.

trouve diminuée et la hauteur réelle de l'atmosphère peut encore devenir beaucoup plus grande.

Si l'on représente par $f(s)$ le rapport des densités à la hauteur h et au niveau du sol, et que l'on pose, comme on a fait déjà,

$$\mu u = m - n = \mu - (n - 1),$$

il en résulte

$$f(s) = \frac{n-1}{m-1} = \frac{n-1}{\mu} = 1 - u,$$

$$f'(s)\,ds = -\,du.$$

Les quantités s et u variant entre les mêmes limites 0 et 1, la réfraction devient

$$(26) \qquad \Delta = \mu \sin z \int_0^1 \frac{-f'(s)\,ds}{\sqrt{\cos^2 z - 2\mu + 2s + 2\mu f(s)}}.$$

Le problème est l'un des plus délicats que présentent l'Analyse et la Physique. Nous renverrons à une Note de Mathieu ([1]) sur la succession des travaux relatifs à cette question, à la publication plus récente de M. Bruhns ([2]) et surtout au Mémoire important dans lequel M. Radau ([3]) a discuté les différentes hypothèses proposées pour la variation des densités, en perfectionnant les méthodes de calcul.

Nous ajouterons seulement que toute expression exponentielle du rapport $f(s)$ conduirait à une masse inadmissible pour l'atmosphère ([4]), quoiqu'elle puisse être propre à représenter la réfraction. Telle est, par exemple, la relation adoptée par Bessel ([5])

$$f(s) = e^{-\beta s};$$

il en est de même pour celle de Laplace, qui se réduit à

$$f(s) = [1 + b(s - \mu u)]e^{-\beta(s - \mu u)} \qquad \text{ou} \qquad f(s) > e^{-\beta s}.$$

([1]) Delambre, *Hist. de l'Astr. au* XVIIIe *siècle*, p. 774; 1827.

([2]) Bruhns, *Die astronomische Strahlenbrechung*. Leipzig, 1861.

([3]) Radau, *Ann. de l'Obs. de Paris, Mémoires*, t. XVI, p. B.1; 1882, et t. XIX. p. G.1; 1889.

([4]) E. Mascart, *Comptes rendus des séances de l'Académie des Sciences*, t. CXIV, p. 93; 1892.

([5]) Bessel, *Bode astr. Jahrb.*, 1816. — *Astr. Nachr.*, 1823. — *Comptes rendus des séances de l'Académie des Sciences*, t. XV, p. 181; 1842.

$7°$ Une dernière remarque est relative à la masse d'air traversée par le rayon. Nous avons dit (704) que la longueur réduite de cette couche a pour valeur approchée

$$L = \int \frac{\rho}{\rho_0} \frac{(R+h)\,dh}{\sqrt{(R+h)^2 - R^2\sin^2 z}} = \frac{R}{\rho_0} \int \frac{\rho}{(1-s)^2} \frac{ds}{\sqrt{1-(1-s)^2\sin^2 z}},$$

et la réfraction peut s'écrire (712)

$$\frac{\Delta}{\sin z} = \int \tang\, i\, dn = \int \frac{(1-s)\,dn}{\sqrt{1 - 2(m-n) - (1-s)^2\sin^2 z}}.$$

La quantité $m-n$ étant très petite, les deux radicaux ont sensiblement la même valeur; d'autre part, la densité ρ est proportionnelle à $n-1$, ou dn à $d\rho$. Les deux expressions sont dans un rapport constant si l'on a

$$-k\frac{d\rho}{\rho} = \frac{ds}{(1-s)^3},$$

$$-kl.\frac{\rho}{\rho_0} = \frac{1}{2}\left[\frac{1}{(1-s)^2} - 1\right] = s\,\frac{2-s}{2(1-s)^2}.$$

Le dernier facteur diffère très peu de l'unité dans toute la partie efficace de l'atmosphère et l'on en déduit la relation connue

$$\rho = \rho_0 e^{-\frac{s}{k}}.$$

On peut donc admettre, pour le calcul de l'absorption dans le voisinage de l'horizon, que la masse d'air traversée est proportionnelle à la réfraction et en raison inverse du sinus de la distance zénithale, ou du cosinus de la hauteur de l'astre.

715. *Tables de réfraction.* — Toutes les formules renferment des constantes qu'il faut emprunter à l'observation.

Les Tables ainsi calculées ne conviennent généralement que pour la pression normale et différentes températures; on indique d'ailleurs la méthode à employer pour en déduire les corrections relatives aux conditions météorologiques.

Si la Table a été calculée pour l'indice $m = 1 + \mu$, qui correspond à la température centigrade t et à la pression p, la valeur relative à des conditions différentes s'obtiendra sans erreur notable, pour les distances zénithales inférieures à $75°$, en supposant que l'intégrale ne change pas dans l'équation (26) et remplaçant le facteur μ par $\mu + d\mu$, c'est-à-dire en ajoutant à la réfraction Δ de la Table la fraction $\dfrac{d\mu}{\mu}$ du nombre lui-même. Comme le produit $\dfrac{\mu(1 + \alpha t)}{p}$ est une constante, on a

$$\frac{d\mu}{\mu} + \frac{\alpha\, dt}{1 + \alpha t} = \frac{dp}{p},$$

ou, d'une manière très approchée, en appelant t' et p' les conditions de l'observation,

$$\frac{d\mu}{\mu} = \frac{p' - p}{p} - \alpha(t' - t).$$

La correction de température est beaucoup plus forte pour le voisinage de l'horizon.

On a quelquefois tenu compte aussi de l'état hygrométrique, mais la différence des indices de l'air et de la vapeur d'eau est très faible et la fraction d'humidité reste toujours si petite que cette correction, d'ailleurs fort incertaine, peut être négligée.

Les différentes Tables utilisées en Astronomie sont très concordantes jusqu'à 60° ou même 80° du zénith, auquel cas les formules simples, obtenues par une théorie quelconque, sont encore applicables, mais les différences s'exagèrent ensuite pour les directions plus rapprochées de l'horizon. Nous reproduirons seulement, d'après M. Radau, quelques nombres déduits des théories qui ont le plus d'autorité, pour les conditions normales, c'est-à-dire à 0° et sous la pression de 760^{mm}, afin de donner une idée de l'importance du phénomène et des incertitudes qu'il laisse dans les observations.

	Distance zénithale.						
	45°.	75°.	80°.	85°.	88°.	89°.	90°.
Caillet.......	1′ 0,5″	3′ 42,7″	5′ 32,3″	10′ 17,7″	19′ 5,6″	25′ 18,6″	35′ 6,0″
Bessel $\{$ I....	0,3	42,0	31,2	16,2	21,4	26 18,2	38 57,0
$\quad\quad\{$ II...	0,3	41,9	31,1	14,9	10,7	25 56,4	37 21,3
Ivory........	0,6	42,9	32,9	19,3	15,6	46,3	36 40,6
Schmidt	0,5	42,7	32,3	17,9	12,0	42,6	36 47,8
Gyldén.......	0,3	42,1	31,4	16,4	10,6	42,2	36 50,2
Kowalski....	0,3	42,0	31,3	16,4	9,1	29,0	34 55,6
Ivory (Kow.).	0,3	42,0	31,3	16,8	15,7	54,1	37 16,0
Radau	0,3	42,1	31,4	16,5	12,4	44,9	36 47,7

Les Tables de Caillet ont été adoptées par le *Bureau des Longitudes*. La première Table de Bessel (I) est empruntée aux *Fundamenta* et la seconde (II) aux *Tabulæ Regiomontanæ*.

On voit que, pour la réfraction horizontale, l'écart des valeurs extrêmes est d'environ 4′ et dépasse le dixième de leur moyenne.

Après avoir discuté un certain nombre de Tables, Delambre ajoutait : « Au reste il y a longtemps que nous sommes convaincu que la théorie de Simpson suffit depuis le zénit jusqu'à 82° de distance au zénit. Pour les huit derniers degrés il est fort à craindre que les théories les plus complexes ne soient à jamais insuffisantes (¹). » C'est sans doute encore la conclusion à laquelle on doit s'arrêter aujourd'hui.

Cette incertitude n'est pas surprenante et les variations réelles doivent être bien supérieures aux différences des Tables, car la symétrie admise ne se réalise sans doute jamais, à cause des changements de pression pour une même altitude et de la distribution si irrégulière des températures suivant la verticale.

En réalité, la réfraction des astres rapprochés de l'horizon ne peut être évaluée par la seule connaissance de l'état de l'atmosphère dans le voisinage immédiat de la station. Les observations de cette nature risquent souvent d'être illusoires si l'on veut leur demander autre chose que la détermination des distances relatives d'astres très voisins.

C'est ainsi que Spole et Bidberg, dans des observations faites à Torneo, ont aperçu le Soleil entièrement dégagé alors que son bord supérieur, abstraction faite de la réfraction atmosphérique, devait encore se trouver à une distance notable au-dessous de l'horizon. La réfraction calculée était de 58′, c'est-à-dire presque double du nombre donné par les Tables (²). La différence est si grande que l'on a quelquefois mis en doute cette observation, mais il n'est pas difficile d'imaginer des conditions atmosphériques acceptables qui permettraient d'en rendre compte.

Les Tables ne conviennent que pour les pressions voisines de 760ᵐᵐ et ne pourraient être utilisées directement dans les stations élevées. La variation de réfraction dépend alors presque uniqué-

---

(¹) Delambre, *Hist. de l'Astr. au XVIIIᵉ siècle*, p. 708; 1827.
(²) *Mémoires de l'Académie pour* 1700, p. 37.

ment de celle de la densité ρ contenue dans le facteur μ. En appelant m et z l'indice de l'air et la distance zénithale pour le lieu d'observation situé à la hauteur h, m_1 et z_1 les valeurs relatives au niveau de la mer, on appliquera l'équation (5) qui donne

$$m_1 \, \mathrm{R} \sin z_1 = m \, (\mathrm{R} + h) \sin z,$$

$$\sin z_1 = \frac{m}{m_1} \left(1 + \frac{h}{\mathrm{R}} \right) \sin z.$$

La réduction du baromètre au niveau de la mer, avec une loi approximative pour les variations de température, permettra de calculer le rapport des indices et les Tables donnent la réfraction Δ_1 relative à la valeur de z_1 ; la réfraction Δ qui convient à la station considérée est alors

$$\Delta + z = \Delta_1 + z_1, \qquad \Delta = \Delta_1 - (z - z_1).$$

716. *Méthodes d'observation.* — La détermination expérimentale des réfractions présente de grandes difficultés, à cause des variations continues de l'état de l'atmosphère. Les observations ne sont pas directement comparables et chacune d'elles doit être ramenée, par une correction particulière, à des circonstances déterminées ; nous ferons abstraction de cette cause d'erreur.

1° Considérons d'abord une étoile E (*fig.* 354) qui passe au voisinage du zénith et dont la déclinaison est D. On détermine, à différentes heures de la journée, sa distance zénithale apparente z et son azimut a rapporté au méridien.

En appelant ω la vitesse angulaire de rotation de la Terre et t l'intervalle de temps qui sépare l'observation du passage au méridien, l'angle horaire NPE est ωt. Le triangle NPE, qui correspond à la marche des rayons en dehors de l'atmosphère, donne

$$(27) \qquad \begin{cases} \cos Z = \sin \lambda \sin D + \cos \lambda \cos D \cos \omega t, \\[2mm] \dfrac{\sin a}{\cos D} = \dfrac{\sin \omega t}{\sin Z}. \end{cases}$$

Si la latitude λ de la station ou la hauteur vraie du pôle est connue, ces deux équations déterminent D et Z, c'est-à-dire la réfraction $\Delta = Z - z$.

Lorsque l'étoile passe au voisinage du zénith, la déclinaison

$D = \lambda + \delta$ diffère très peu de la latitude du lieu et l'angle δ peut être déterminé avec une grande exactitude au moment du passage au méridien. On a alors

$$(27)' \quad \begin{cases} \cos Z = \sin\lambda \sin(\lambda + \delta) + \cos\lambda \cos(\lambda + \delta)\cos\omega t, \\[2mm] \dfrac{\sin a}{\cos(\lambda + \delta)} = \dfrac{\sin\omega t}{\sin Z}. \end{cases}$$

Fig. 354.

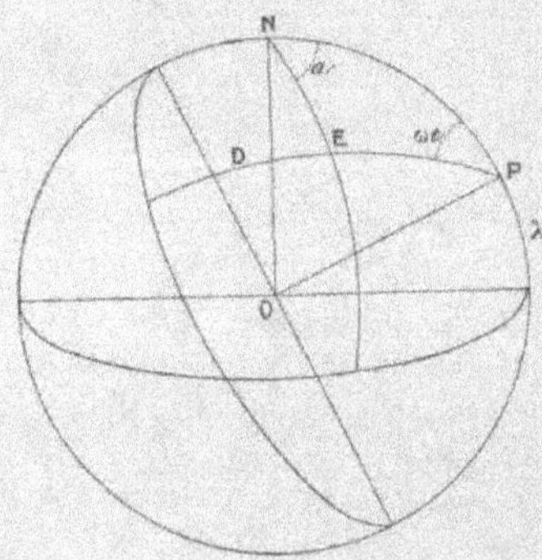

Ces équations donneraient encore λ et Z, et l'une d'elles sert de vérification si la latitude est connue.

Enfin, lorsque l'étoile passe rigoureusement au zénith, le triangle NPE est isoscèle et l'on utilisera les relations

$$(28) \quad \begin{cases} \sin\dfrac{Z}{2} = \cos\lambda \sin\dfrac{\omega t}{2}, \\[3mm] \sin\lambda = \cot a \cot\dfrac{\omega t}{2}. \end{cases}$$

L'observation des étoiles zénithales peut être suivie jusqu'à l'horizon lorsque la latitude est inférieure à $45°$.

$2°$ Une autre méthode consiste à déterminer les distances zénithales apparentes z et z' des étoiles circumpolaires à leurs passages inférieur et supérieur.

La somme des distances zénithales vraies correspondantes devant être égale au double de la distance zénithale du pôle, on a

$$z + \Delta + z' + \Delta' = \pi - 2\lambda.$$

Si la latitude est connue, on en déduit la somme $\Delta + \Delta'$ des réfractions relatives à deux distances zénithales conjuguées ; on les représente ensuite par une formule empirique $\Delta = f(z)$, ce qui permet de calculer les coefficients. Les observations peuvent ainsi s'étendre de part et d'autre du pôle dans le plus petit des angles λ ou $90° - \lambda$.

Toutefois, les conditions de l'atmosphère sont en général très différentes à douze heures d'intervalle et très peu d'étoiles sont observables deux fois dans la même journée. On est donc obligé de comparer entre elles des observations séparées par un très long intervalle de temps.

Comme la détermination de la latitude exige elle-même une correction de réfraction, si λ' est la hauteur apparente du pôle, la réfraction correspondante est $\lambda' - \lambda$. En remplaçant λ par

$$\lambda' - (\lambda' - \lambda),$$

on voit que l'observation des étoiles circumpolaires à leurs deux passages donne la différence

$$\Delta + \Delta' - 2(\lambda' - \lambda) = \pi - 2\lambda' - (z + z'),$$

et l'on représentera chacun des termes par une formule empirique en fonction de la distance zénithale correspondante.

3° La méthode de M. Lœwy [1], dans laquelle on observe en même temps deux étoiles par réflexion sur les deux faces d'un prisme (654), permet de mesurer directement les variations de leur distance apparente.

Soit D la distance vraie des étoiles. On les observe d'abord à la même hauteur, aussi près que possible de l'horizon. Leur distance apparente D_0 diffère très peu de D. En effet, le triangle sphérique formé par la verticale et les directions des étoiles est alors isoscèle, ce qui donne, en appelant θ leur azimut relatif,

$$\sin \frac{D}{2} = \sin(z_0 + \Delta_0) \sin \frac{\theta}{2}, \qquad \sin \frac{D_0}{2} = \sin z_0 \sin \frac{\theta}{2},$$

$$\sin \frac{D}{2} = \sin \frac{D_0}{2} \frac{\sin(z_0 + \Delta_0)}{\sin z_0},$$

---

[1] Lœwy, *Comptes rendus des séances de l'Académie des Sciences*, t. CII, passim ; 1886.

ou sensiblement

$$\sin \frac{D}{2} = \sin \frac{D_0}{2} (1 + \Delta_0 \cot z_0).$$

Cette équation peut encore se réduire à

$$D - D_0 = 2 \Delta_0 \tang \frac{D_0}{2} \cot z_0 = \varepsilon,$$

et la correction ε est très petite lorsque l'angle z_0 est voisin de 90°.

On observe ensuite ces étoiles lorsqu'elles se trouvent dans un même vertical, aux distances zénithales apparentes z et z'; leur distance apparente D' est alors

$$D' = z' - z = Z' - Z - (\Delta' - \Delta) = D - (\Delta' - \Delta).$$

La différence des réfractions $\Delta' - \Delta$ relatives aux distances zénithales z' et z se déduit alors d'une mesure micrométrique $D_0 - D'$, car on a

$$\Delta' - \Delta = D - D' = D_0 - D' + \varepsilon.$$

On conçoit aisément que la méthode s'applique à d'autres positions et que les observations de différents couples d'étoiles puissent être combinées de la manière la plus avantageuse pour l'exactitude du résultat final.

717. *Déviation de la verticale.* — Les observations astronomiques montrent que la latitude d'un lieu éprouve des variations continues, les unes accidentelles et les autres périodiques, dans le cours de l'année. L'amplitude de ces variations périodiques paraît atteindre $o'',5$, ce qui donnerait un écart de $o'',25$ de part et d'autre de la moyenne. Ces résultats, qui paraissent confirmés par plusieurs observations indépendantes, ont été attribués à un déplacement de l'axe de rotation de la Terre, qui peut avoir pour cause des phénomènes géologiques ou météorologiques.

Les observations nadirales montrent également que la direction de la verticale déterminée par un bain de mercure éprouve des déviations incessantes.

Sir W. Thomson[1] a signalé déjà les changements temporaires que peut éprouver le niveau de la mer par des causes météorolo-

---

[1] Sir W. Thomson, *Brit. Assoc. for* 1878. — *Trans.*, p. 9.

giques, telles que les vents, la fusion de la glace dans les régions polaires et l'évaporation, lesquelles seraient capables de produire un écart irrégulier de o″,o5 à o″,5 entre l'axe instantané de rotation et l'axe d'inertie maximum.

Toutefois, avant d'adopter cette interprétation, il est nécessaire de dégager le phénomène de différentes causes d'erreur simplement optiques, qui donneraient des effets de même ordre. Il y a lieu de se demander si l'inégale distribution des pressions et des températures dans l'atmosphère ne modifie pas d'une manière appréciable la direction apparente de la verticale sur le ciel et, par suite, la latitude de la station.

Supposons que les surfaces d'égale densité soient symétriques par rapport à un même plan vertical. Pour un rayon observé suivant la verticale, soit δ sa déviation au moment où il rencontre une surface d'indice n inclinée de l'angle α sur l'horizon. Comme l'angle d'incidence $i = \delta + \alpha$ est très petit, le produit $ni = n(\delta + \alpha)$ est constant de part et d'autre de la surface, d'où la condition

$$d(n\delta) + \alpha\,dn = o,$$
$$n\delta = -\int \alpha\,dn.$$

Le produit $n\delta$ est nul au départ; pour la limite supérieure de l'atmosphère, où $n = 1$, ce produit représente la déviation finale Δ du rayon; on a donc

$$\Delta = -\int_m^1 \alpha\,dn = \int_1^m \alpha\,dn.$$

Cette expression n'est pas calculable *a priori*, mais on peut avoir une idée de l'ordre de grandeur de la déviation en supposant que l'inclinaison α reste constante jusqu'à la limite optique de l'atmosphère, ou du moins en remplaçant cet angle par une valeur moyenne; il reste alors

$$\Delta = \alpha(m - 1) = \mu\alpha = \frac{3\alpha}{10000}.$$

Pour évaluer l'angle α, on remarquera d'abord que la pression varie d'environ 1^{mm} pour 10^m de hauteur.

D'autre part, si la température était constante, les variations de densité à la surface du sol seraient données simplement par les

variations de pression. Il existe des cas nombreux, au voisinage
des cyclones, où le gradient barométrique est de 10^{mm} par degré
de latitude, c'est-à-dire par 100^{km} de distance horizontale; la
diminution de densité est encore plus rapide, puisque la température
est plus élevée, toutes choses égales, au centre des dépressions.
En admettant cette variation de 1^{mm} pour 10000^m, il en résulte

$$\alpha = \frac{10}{10^5} = 0,001 = 206'', \qquad \Delta = 0'',06.$$

Pour deux observations où les couches d'égale densité seraient
inclinées en sens contraires, le déplacement de la verticale atteindrait
ainsi $0'',12$.

Il ne semble donc pas que la direction apparente de la verticale
sur le ciel puisse être pratiquement altérée de $0'',1$ par l'inégale
distribution des densités, d'autant plus que les observations ne
sont guère possibles au moment des grands troubles atmosphériques
et qu'elles ne devraient alors inspirer aucune confiance.

Cependant, cette cause d'erreur n'est peut-être pas négligeable
quand on détermine la latitude par des étoiles notablement éloignées
du zénith. On peut supposer que les couches d'égale densité
restent concentriques par rapport à un point situé à la distance
angulaire α du centre de la Terre, de sorte que la réfraction
correspondrait à l'angle de départ $z + \alpha$. L'accroissement $\delta\Delta$ de
réfraction est donc

$$\delta\Delta = \mu\left[\tang(z + \alpha) - \tang z\right] = \frac{\mu\alpha}{\cos^2 z},$$

ce qui donne, pour une distance zénithale de $30°$,

$$\delta\Delta = \frac{4}{3}\mu\alpha.$$

La méthode la plus recommandée pour constater les variations
de la latitude λ est celle de Horrebow ou Talcott, qui consiste à
observer le passage de deux étoiles à peu près également distantes
du zénith, en tournant la lunette autour d'un axe vertical, d'une
observation à l'autre, de manière à déterminer la différence des
lectures par un micromètre.

Si D et D' sont les déclinaisons des étoiles, corrigées de toute erreur systématique, z et $-z'$ leurs distances zénithales apparentes, Δ et Δ' les réfractions correspondantes, on a

$$D = \lambda + z + \Delta,$$
$$D' = \lambda - z' - \Delta',$$
$$\lambda = \frac{D + D'}{2} + \frac{z' - z}{2} + \frac{\Delta' - \Delta}{2}.$$

La différence $z' - z$ est mesurée directement au moyen de lectures micrométriques; la différence $\Delta' - \Delta$ des réfractions est très petite et peut être fournie exactement par les Tables, mais l'erreur commise sur le dernier terme est $\dfrac{\mu z}{\cos^2 z}$ lorsque les surfaces d'égale densité sont inclinées de l'angle α sur l'horizon.

Par le seul fait des réfractions irrégulières, la latitude éprouvera ainsi, à deux époques différentes, une variation apparente

$$\delta\lambda = \frac{\mu\,\delta\alpha}{\cos^2 z}.$$

Si l'angle α prend des valeurs égales et de signes contraires à six mois d'intervalle, par suite du changement de régime météorologique, il reste finalement, pour des étoiles situées à $30°$ du zénith et dans l'hypothèse précédente sur la valeur de l'angle α,

$$\delta\lambda = 2\,\frac{4}{3}\,\mu\alpha = 0'',16.$$

On approche ainsi des différences constatées par l'observation. Nous avons supposé, il est vrai, une inclinaison assez improbable des couches d'égale densité au voisinage du sol, mais on ignore absolument ce qui se passe dans les régions situées à moins de 1000^m d'altitude; le trouble des réfractions peut être de même ordre que la quantité que l'on cherche à déterminer, puisque les variations accidentelles dépassent plusieurs secondes (¹).

Une dernière cause d'erreur tient au défaut d'équilibre de température dans la couche d'air que renferme le corps même de la lunette, ce qui produit une déformation (**262**) et un déplacement

---

(¹) A. GAILLOT, *Comptes rendus des séances de l'Académie des Sciences*, t. LXXXVII, p. 684; 1878.

des images. Si les couches de niveau y sont horizontales, par exemple, et que les températures soient t et t' en haut et en bas du tube, les indices correspondants étant $n = 1 + \mu$ et $n' = 1 + \mu'$, la distance zénithale apparente z' est

$$(1 + \mu') \sin z' = (1 + \mu) \sin z,$$

$$\frac{1 + \mu}{1 + \mu'} = 1 - (\mu' - \mu) = \frac{\sin z'}{\sin z} = 1 - (z - z') \cot z.$$

Comme on a

$$\mu' - \mu = \frac{0,000293}{273} (t - t') = 0'',2 (t - t'),$$

il en résulte

$$z - z' = 0'',2 (t - t') \tang z.$$

Une différence de température de $1°$ seulement, pour la distance zénithale de $27°$, donnerait ainsi une déviation de $0'',1$ d'un côté ou de l'autre, suivant le sens de la différence, et les erreurs peuvent être sensiblement plus grandes lorsque les inégalités de température sont irrégulières.

L'observation des étoiles de part et d'autre du zénith présente encore des difficultés sérieuses. Il faut d'abord vérifier la verticalité de l'axe de rotation à moins de $0'',05$ pour chaque observation; les étoiles choisies ne passent pas au méridien à la même heure; enfin, on ne peut guère les observer que pendant la moitié de l'année à différentes heures de la nuit, de sorte que les groupes d'étoiles doivent ainsi changer d'une saison à l'autre.

Les variations apparentes de la verticale avaient été signalées d'abord par Yvon Villarceau ([1]). Les observations plus récentes semblent confirmer le phénomène, mais les résultats obtenus dans les différents Observatoires d'Europe et des États-Unis ne sont pas assez concordants pour que l'on ne puisse conserver des doutes sur l'existence d'une rotation de l'axe du monde, quand on tient compte des changements périodiques de réfraction et de toutes les causes possibles d'erreur.

La question semble pouvoir se résoudre par la combinaison des

---

([1]) Yvon Villarceau, *Comptes rendus des séances de l'Académie des Sciences*, t. LXV, p. 1068; 1867.

observations faites dans les deux hémisphères. Si les réfractions irrégulières relèvent le pôle Nord sur nos régions, elles doivent abaisser le pôle Sud aux antipodes, toutes choses égales, et les directions apparentes ne seraient plus parallèles. Toutefois, il faudrait encore supposer que les climats sont entièrement comparables au voisinage des deux stations opposées.

Les observations de Paris indiqueraient, d'après M. Gaillot, une latitude plus grande en été qu'en hiver, avec un écart total de $0'',5$. A Berlin, Prague et Strasbourg, la latitude semble croître de $0'',04$ de juin à septembre, diminuer ensuite de $0'',1$ à $0'',2$ jusqu'à décembre, puis de $0'',13$ jusqu'en janvier; l'écart total serait d'environ $0'',4$. Les observations faites à Honolulu [1] donnent une marche inverse, une diminution de $0'',3$ de juin à septembre et un accroissement de $0'',13$ de décembre à janvier, ce qui semble confirmer l'existence d'une variation périodique pour l'axe de rotation de la Terre.

Toutefois une discussion plus attentive des déterminations de latitude faites à l'Observatoire de Paris [2] ne montre aucune variation périodique; il paraîtra sans doute prématuré d'émettre encore une opinion définitive sur cette question délicate.

RÉFRACTIONS EXCEPTIONNELLES.

718. *Mirage.* — On a observé depuis très longtemps, dans les plaines d'Égypte, que les objets éloignés, tels que les arbres ou les habitations, particulièrement aux heures les plus chaudes du jour, donnent lieu à une seconde image renversée, comme s'il existait une nappe d'eau dans l'intervalle, lac imaginaire qui paraît fuir devant l'observateur quand on cherche à s'en approcher. En même temps, la dépression de l'horizon augmente beaucoup et les accidents du sol situés à la plus grande portée de la vue prennent des proportions exagérées.

Les illusions du *mirage* ont causé une véritable déception à

---

[1] FAYE, *Comptes rendus des séances de l'Académie des Sciences*, t. CXIV, p. 703; 1892.

[2] PERIGAUD, *Comptes rendus des séances de l'Académie des Sciences*, t. CXIV, p. 895; 1892. — F. BOQUET, *ibid.*, p. 896.

l'armée française dans la campagne d'Égypte; nous ne pouvons mieux faire que de citer la description de Monge ([1]).

« Le terrain de la basse Égypte est une plaine à peu près horizontale qui, comme la surface de la mer, se perd dans le ciel aux bornes de l'horizon : son uniformité n'est interrompue que par quelques éminences, ou naturelles ou factices, sur lesquelles sont situés les villages qui par là se trouvent au-dessus de l'inondation du Nil; et ces éminences, plus rares du côté du désert, plus fréquentes du côté du Delta, et qui se dessinent en sombre sur un ciel très éclairé, sont encore rendues plus apparentes par les dattiers et les sycomores qui sont beaucoup plus fréquents près des villages.

» Le soir et le matin, l'aspect du terrain est tel qu'il doit être; et, entre vous et les derniers villages qui s'offrent à votre vue, vous n'apercevez que la terre; mais, dès que la surface du sol est suffisamment échauffée par la présence du soleil, et jusqu'à ce que, vers le soir, elle commence à se refroidir, le terrain ne paraît plus avoir la même extension, et il paraît terminé à une lieue environ par une inondation générale. Les villages qui sont placés au delà de cette distance paraissent comme des îles situées au milieu d'un grand lac, et dont on serait séparé par une étendue d'eau plus ou moins considérable. Sous chacun des villages on voit son image renversée, telle qu'on la verrait effectivement s'il y avait en avant une surface d'eau réfléchissante : seulement, comme cette image est à une assez grande distance, les plus petits détails échappent à la vue, et l'on ne voit distinctement que les masses; d'ailleurs les bords de l'image renversée sont un peu incertains, et tels qu'ils seraient dans le cas d'une eau réfléchissante, si la surface de l'eau était un peu agitée.

» A mesure qu'on approche d'un village qui paraît placé dans l'inondation, le bord de l'eau apparente s'éloigne; le bras de mer qui semblait vous séparer de l'image se rétrécit : il disparaît enfin entièrement, et le phénomène qui cesse pour ce village se reproduit sur-le-champ pour un nouveau village que vous découvrez derrière à une distance convenable.

([1]) MONGE, *Ann. de Chimie*, t. XXIX, p. 207; 1798. — *Décade égyptienne*, t. I, p. 37; 1800.

» Ainsi, tout concourt à completter une illusion qui quelquefois est cruelle, surtout dans le désert, parce qu'elle vous présente vainement l'image de l'eau dans le temps même où vous en éprouvez le plus grand besoin.

» ... Dans le second quartier de la lune, cet astre se lève après midi, et pendant que les circonstances sont encore favorables au mirage. Si l'éclat du soleil et la clarté de l'atmosphère permettent alors qu'on apperçoive la lune à son lever, on doit voir deux images de cet astre l'une au-dessus de l'autre, dans le même vertical. Ce phénomène est connu sous le nom de *parasélène*. »

Monge explique le mirage en remarquant que, par suite de l'échauffement de l'air au contact du sol, la densité peut aller d'abord en croissant avec la hauteur. La trajectoire d'un rayon de lumière dans cette couche tourne sa convexité vers le sol. Si la réflexion totale n'a pas lieu, la hauteur apparente des objets éloignés est diminuée; si elle a lieu, on aperçoit une image renversée.

Ce phénomène se voit fréquemment sur les grèves de sable, dans la plaine de la Crau, partout où un sol uni, de grande étendue, dépourvu de végétation, s'échauffe beaucoup sous l'action directe du soleil. On l'a même aperçu sur la neige ou la glace à l'époque des grands froids. Le même effet se produit encore sur la mer lorsque la température de l'eau est supérieure à celle de l'air; il donne lieu à ces déformations singulières que présente quelquefois le soleil couchant.

Si les surfaces d'égale densité dues à ces variations de température ne sont pas horizontales, la trajectoire des rayons peut affecter une forme quelconque. Tel est le cas du mirage latéral que l'on observe sur le flanc d'une montagne escarpée, les bords d'une falaise, les murs des édifices, etc.

Les astronomes ont eu plusieurs fois l'occasion de signaler des phénomènes de mirage. Wollaston (¹) en a fait une étude attentive en mesurant la distance angulaire des deux images et il attribue aussi la déviation des rayons à un excès de température des couches d'air inférieures.

Il a constaté directement, sur la Tamise, que l'eau était plus chaude que l'air, lorsque le mirage était visible, et que la tempé-

---

(¹) WOLLASTON, *Phil. Trans. L. R. S.*, p. 239; 1800, et p. 1; 1803.

rature d'une couche de sable exposée au soleil pouvait être de 12°
supérieure à celle que l'on observe dans l'air à une distance
de 30^{cm}. Il serait surtout intéressant de connaître la température
de la couche d'air qui touche le sol; mais cette détermination est
difficile, à cause des effets de rayonnement, et ne pourrait être
faite que par un emploi convenable du thermomètre fronde.

Wollaston a vérifié, d'ailleurs, son explication par des expériences directes du mirage dans la couche d'air située au-dessus
d'un morceau de bois échauffé au soleil, ou au voisinage d'un fer
rouge ou encore dans un liquide de densité variable, qu'il obtenait
en versant de l'eau sur une couche d'acide sulfurique. La diffusion
lente des liquides finit par produire un milieu à température uniforme où l'indice de réfraction croît de haut en bas d'une manière
continue : les réfractions sont alors de sens contraire à celui du
mirage naturel.

Les réfractions mesurées par Wollaston, c'est-à-dire la distance
angulaire des deux images, ont été de 9′ au-dessus du sable, plus
de 20′ avec la barre de bois et atteignaient 1°15′ au-dessus d'une
plaque de fer rouge.

Le phénomène se montre quelquefois dans le sens opposé. A la
suite d'une journée chaude et calme, les navires situés au voisinage
de l'horizon donnent une image aérienne renversée. Dans ce cas,
la température de la couche d'air inférieure est encore plus élevée,
mais elle baisse rapidement au contact de l'eau, et l'indice de réfraction, à partir de la surface de la mer, va d'abord en décrois-
sant pour passer par un minimum. La réflexion totale peut alors
se produire pour un rayon dirigé vers le haut et donner lieu à une
image aérienne renversée.

Il arrive aussi que l'on distingue trois images d'un navire, deux
droites et une renversée, cette dernière étant située plus haut ou
plus bas suivant les circonstances. Enfin, les objets éloignés, monuments ou collines, semblent parfois *suspendus* en l'air, comme
au-dessous d'une nappe liquide brumeuse.

Telles sont, en particulier, les apparences connues sous le nom
de *Fée morgane,* que l'on aperçoit de Reggio dans la direction
de Messine, au-dessus du canal qui sépare les deux rives, toutes
réserves faites sur la part qu'il convient de laisser à l'imagination
des narrateurs.

« Quand le Soleil brille le matin ([1]) à la hauteur de 45° environ,
si les vents et les marées ne rident ni ne troublent la surface unie
et polie de ce bassin et que le spectateur se trouve sur les hauteurs
de la ville ayant derrière lui le Soleil et le visage tourné vers la
mer, il voit tout à coup dans les eaux une multitude d'objets
divers : c'est une rangée de pilastres et d'arcades innombrables,
ce sont des châteaux nettement dessinés, des colonnades régulières, des tours imposantes, des palais magnifiques décorés de
balcons et de fenêtres sans nombre, des arbres gigantesques, de
riantes campagnes avec leurs troupeaux, des armées d'hommes à
pied et à cheval et une foule d'objets bizarres avec leurs couleurs
naturelles et leurs mouvements propres ; ces images, se succédant
l'une à l'autre, glissent avec rapidité sur la mer, mais toutes
ensemble elles n'y durent que peu de temps, pendant que les conditions précédentes demeurent réunies.

» Toutefois, si l'air est en outre chargé de vapeurs, imprégné
d'exhalaisons épaisses, et n'a pas été au préalable balayé par les
vents, violemment agité par les marées ou raréfié par le Soleil,
alors sur cette atmosphère même, comme sur un rideau parallèle
au canal, à la hauteur de trente palmes et plus au-dessus de la
surface de l'eau, les spectateurs de Reggio observent le phénomène
décrit plus haut ; ils voient toutes ces images non seulement reflé-
tées à la surface de la mer, mais en même temps réfléchies par l'air
le long du canal, bien qu'elles ne soient pas aussi distinctes et
n'aient pas de contours aussi nets dans l'air que sur la mer.

» Enfin, si l'air est moins brumeux et moins sombre, mais très
humide et propre à former l'arc-en-ciel, alors les images n'apparaissent qu'à la surface de la mer, mais elles sont teintes de couleurs vives ou frangées de rouge, de vert, de bleu et de violet. »

Il est douteux que ces irisations soient dues au simple mirage,
car la dispersion de l'air semble trop faible pour que les effets
varient avec la couleur.

D'après les différentes circonstances, Minasi distingue trois
espèces de phénomènes : la *Morgana marina*, la *Morgana marina aeria* et la *Morgana d'iride fregiata*.

([1]) A. MINASI, *Dissertatione prima sopra un fenomeno vulgarmente detto
FATA MORGANA*. Roma, 1773.

Minasi signale l'existence, le long de la côte italienne, de villes ou villages, constructions éparses, monuments anciens ou modernes, sentinelles isolées, routes parcourues par des voyageurs ou des soldats en armes, etc., dont les images se reproduisent plus ou moins déformées.

Nous citerons également une série d'observations analogues faites par M. Paris ([1]) à Montpellier, au-dessus de l'étang de Mauguio et du golfe d'Aigues-Mortes ; une étude détaillée des accidents du sol a permis de rapporter les images aériennes aux différents objets dont elles provenaient.

Arago et Biot ont encore constaté un phénomène plus complexe. Du sommet de la montagne de Desierto de las Palmas, sur le bord de la mer, à la hauteur de 727^m, ils observaient comme mire de nuit, à la distance de 161^{km}, un réverbère situé sur la montagne de Campvey, dans l'île d'Yviza, à l'altitude de 420^m.

L'image de la mire parut accompagnée d'une, deux, trois et même d'un plus grand nombre d'images nouvelles, situées au-dessus de la première, grossies et irisées. Cette multiplication des images s'explique en admettant que l'observateur se trouvait dans une couche d'indice maximum, auquel cas les réflexions totales peuvent se répéter en haut et en bas.

Biot et Mathieu ayant eu l'occasion d'observer le mirage à Dunkerque en 1808, sur les grèves de sable que laissent les basses mers, en ont étudié avec soin toutes les circonstances. Biot ([2]) y a consacré ensuite un Mémoire où le phénomène est très habilement analysé, avec une explication complète des apparences signalées par les différents observateurs.

719. *Propriétés générales.* — On admettra d'abord, pour simplifier, que les couches d'égale réfraction sont concentriques à la terre et sensiblement horizontales, la distance des objets étant assez faible, dans la plupart des cas, pour que l'on puisse négliger la courbure du sol.

En appelant m l'indice de l'air au point où se trouve l'observa-

---

([1]) Paris, *Annuaire de la Société météorologique de France,* t. III, p. 147; 1855, et t. VII, p. 125; 1859.

([2]) Biot, *Mémoires de l'Institut,* t. X, p. 1; 1809.

teur et z la distance nadirale d'un rayon de départ, on a

$$(1) \qquad m \sin z = n \sin i = \ldots = \gamma.$$

La réflexion totale ([1]) n'a lieu que si l'angle d'incidence i peut atteindre $90°$, c'est-à-dire sur la couche dont l'indice p est

$$(2) \qquad p = m \sin z = \gamma.$$

L'angle de départ z correspondant croît avec l'indice de réfraction de la couche sur laquelle a lieu la réflexion totale. Si cet indice diminue à mesure que l'on approche du sol, les trajectoires s'abaissent de plus en plus quand le rayon initial s'écarte de l'horizon; la moindre valeur de z correspond au cas où la trajectoire du rayon est tangente à la surface du sol,

$$(3) \qquad \sin z_0 = \frac{n_0}{m}.$$

Cet angle z_0 est le complément de la *dépression* apparente δ de l'horizon, et la *distance* maximum D de l'horizon visible est la distance à laquelle cette trajectoire limite rase le sol.

La valeur de D dépend de la loi de variation des indices, mais la dépression δ est uniquement déterminée par leurs valeurs extrêmes, comme on l'a vu précédemment (**713**),

$$(3)' \qquad \cos\delta = \frac{n_0}{m}, \qquad \delta^2 = 2(m - n_0).$$

La réflexion sur le vide, qui est un cas limite, donnerait, en faisant $n_0 = 1$ et $m = 1,0003$,

$$\delta = \frac{\sqrt{6}}{100} = 1°24'.$$

([1]) On a émis quelquefois des doutes sur la possibilité d'une réflexion totale lorsque l'indice du milieu varie d'une manière continue; il semble, en effet, que le rayon devrait se propager en ligne droite quand il est parallèle aux surfaces d'égal indice. Pour lever cette difficulté, il suffit de remarquer que, si une onde plane est devenue perpendiculaire à ces surfaces, la concordance des vibrations détermine, pour une époque ultérieure, une surface d'onde symétrique d'une onde antérieure relative au même intervalle de temps, ce qui revient simplement à appliquer le principe du retour des rayons (BRAVAIS, *Ann. de Chim. et de Phys.*, [3], t. XLVI, p. 492; 1856).

D'autre part, l'excès $n - 1$ pour les gaz est proportionnel à la masse spécifique, ou, lorsque la pression est constante, à l'inverse du binôme de dilatation ; on a donc

$$(4) \qquad \frac{m-1}{n_0-1} = \frac{1+\alpha t_0}{1+\alpha t}, \qquad \frac{m-n_0}{m-1} = \frac{\alpha(t_0-t)}{1+\alpha t_0},$$

et, avec la valeur approchée $m = 1{,}000293$,

$$(4)' \qquad m - n_0 = \frac{1{,}0734}{10^6} \frac{t_0-t}{1+\alpha t_0}, \qquad \delta = 5'{,}04 \sqrt{\frac{t_0-t}{1+\alpha t_0}}.$$

La dépression de l'horizon est donc proportionnelle à la racine du quotient de la différence des températures par le binôme de dilatation relatif à la couche d'air en contact avec le sol.

Le maximum de dépression $8'{,}26$ constaté par Biot indiquerait ainsi une différence de température de $2°{,}70$, et l'angle de $75'$, qui résulte des observations de Wollaston avec la plaque de fer rouge, correspondrait à plus de $1000°$.

L'équation différentielle de la *trajectoire* est

$$(5) \qquad \left(\frac{dy}{dx}\right)^2 = \cot^2 i = \frac{n^2}{\gamma^2} - 1 = \frac{n^2 - \gamma^2}{\gamma^2}.$$

Le second membre de cette équation est une fonction du paramètre γ défini par l'angle z de départ, d'après l'équation (1), et des coordonnées courantes x et y. L'intégration de (5) donnerait l'équation de la trajectoire

$$(6) \qquad f(x, y, \gamma) = 0.$$

Si la trajectoire se relève après avoir éprouvé la réflexion totale, l'ordonnée du *sommet* de la courbe est définie par l'équation (2), où l'indice p est une simple fonction de la hauteur.

Remarquons que le rayon de courbure R a pour expression

$$(7) \qquad \frac{1}{R} = \frac{\dfrac{d^2 y}{dx^2}}{\left[1 + \left(\dfrac{dy}{dx}\right)^2\right]^{\frac{3}{2}}} = \frac{\gamma}{n^2} \frac{dn}{dy} = \frac{\sin i}{n} \frac{dn}{dy}.$$

A une hauteur déterminée, cette courbure varie avec l'incidence i ou l'angle de départ z correspondant ; pour le sommet de la trajectoire, elle ne dépend que de la hauteur.

L'élimination du paramètre γ entre les équations (2) et (6) donne le *lieu des sommets*

$$(6)' \qquad f(x, y, p) = 0.$$

Enfin l'enveloppe des trajectoires, c'est-à-dire la *caustique*, se déterminera en éliminant l'angle z ou un paramètre équivalent, tel que γ, entre l'équation (6) et celle qu'on obtient en égalant à zéro sa dérivée par rapport au paramètre :

$$(6)'' \qquad \varphi(x, y, \gamma) = 0.$$

L'équation (7) montre que la trajectoire tourne sa convexité vers les régions de moindre indice, ce qui était évident. Cette courbe peut avoir des inflexions si l'indice de réfraction du milieu passe par des maxima ou des minima.

Le plan vertical d'observation se trouve divisé par la caustique en régions différentes.

L'une d'elles n'est traversée par aucune trajectoire, elle reste invisible à l'observateur. Pour d'autres régions, on pourra mener d'un point une ou plusieurs trajectoires tangentes à la caustique. Un objet ainsi placé donnera une ou plusieurs images différentes, droites ou renversées. Il n'y a généralement qu'une image possible lorsque le point est situé sur la caustique, à moins que cette courbe n'ait une forme complexe et présente plusieurs branches.

Le *champ* du mirage, défini en théorie par la caustique, s'arrête pratiquement à la trajectoire limite tangente à la surface du sol, car, pour tous les angles de départ inférieurs à z_0, les trajectoires sont interrompues par cette surface.

L'équation différentielle (5), mise sous la forme

$$\left(\frac{dy}{dx}\right)^2 = \frac{n^2 - m^2 \sin^2 z}{m^2 \sin^2 z} = \cot^2 z - \frac{m^2 - n^2}{m^2 \sin^2 z},$$

peut être simplifiée, car le rapport $\dfrac{m^2 - n^2}{m^2}$ ne diffère pas sensiblement de $2(m - n)$ et l'on a, sans erreur appréciable,

$$(8) \qquad \begin{cases} \left(\dfrac{dy}{dx}\right)^2 = \dfrac{\cos^2 z - 2(m - n)}{\sin^2 z}, \\[2ex] dx = \sin z \, \dfrac{dy}{\sqrt{\cos^2 z - 2(m - n)}}. \end{cases}$$

La tangente à la caustique est commune à la trajectoire (5) correspondant au point de contact, les valeurs simples ou multiples des coordonnées de ce point étant déterminées en fonction de l'angle γ par les équations (6) et (6)''.

Si l'angle de départ z varie d'une manière continue, les coordonnées du point de contact, ainsi que le coefficient angulaire de la tangente à la caustique, varient également d'une manière continue. En d'autres termes, la caustique ne peut pas présenter de point *anguleux*.

Les rayons partis d'un point donnent lieu à deux lignes focales. L'une d'elles est verticale et à la même distance que l'objet; elle est due aux rayons situés dans un plan perpendiculaire au vertical du point observé. On comprend ainsi pourquoi les lignes verticales des figures de mirage paraissent encore bien dessinées.

L'autre ligne focale est horizontale et on en trouvera la position par la marche de deux rayons infiniment voisins situés dans un plan vertical. L'angle i étant également compté vers le nadir, s'il varie de di au point observé, la variation correspondante de l'angle de départ est

$$m \cos z \, dz = n \cos i \, di = d\gamma.$$

L'observateur étant pris pour origine, la trajectoire nouvelle coupera la verticale correspondante à une distance ε, comptée au-dessous de l'axe des x, et aura pour équation

$$f(x, y + \varepsilon, \gamma + d\gamma) = 0,$$

ce qui donne

$$\varepsilon = \frac{\partial y}{\partial \gamma} \, d\gamma = \frac{\partial y}{\partial z} \, dz.$$

La distance focale apparente ρ de ce groupe de rayons qui aboutissent à l'observateur est alors

$$(9) \qquad \frac{\rho}{\sin z} = \frac{\varepsilon}{dz} = \frac{\partial y}{\partial z}.$$

Cette distance est très différente de celle de l'objet et variable avec la hauteur du point observé; on ne pourrait la distinguer, en général, qu'à l'aide d'une lunette appropriée à chacun d'eux. Les lignes horizontales doivent donc perdre facilement leur netteté dans les figures de mirage.

Avant de discuter les conditions générales du phénomène, nous examinerons, avec Biot, différentes hypothèses qui permettent de traiter complètement la question.

720. *Cas particuliers.* — 1° L'hypothèse la plus simple consiste à admettre que la variation des indices est proportionnelle à la distance au sol. En prenant l'observateur O (*fig.* 355) pour ori-

Fig. 355.

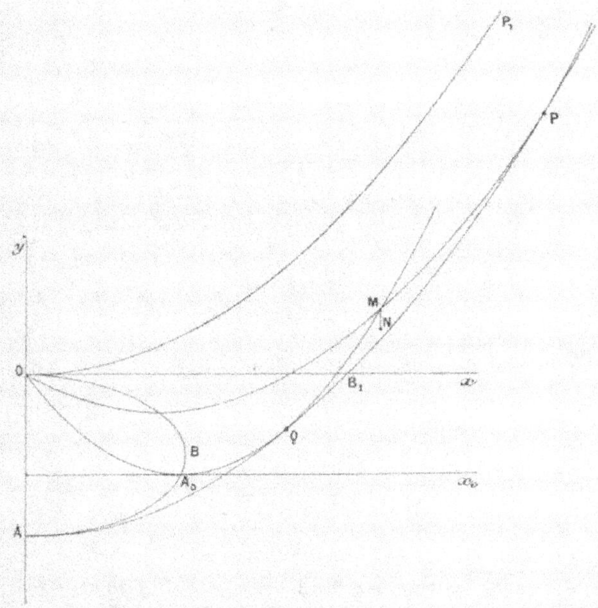

gine des coordonnées, on peut écrire

$$(1) \qquad n - m = (m - n_0)\frac{y}{h_0} = \frac{y}{a}.$$

Cette loi doit être évidemment restreinte au voisinage du sol et de l'observateur, puisque la valeur de $n - 1$ ne peut s'annuler ni croître indéfiniment. Le phénomène physique se trouvera d'ailleurs naturellement limité.

L'équation différentielle (8) devient alors

$$(8)' \qquad dx = \sin z \frac{dy}{\sqrt{\cos^2 z + 2\dfrac{y}{a}}},$$

ce qui donne, pour la *trajectoire*, l'une des expressions

$$(10) \qquad \begin{cases} x = a \sin z \left(\cos z - \sqrt{\cos^2 z + 2\dfrac{y}{a}} \right), \\ x^2 - 2ax \sin z \cos z = 2ay \sin^2 z, \\ x^2 - ay = a(x \sin 2z - y \cos 2z). \end{cases}$$

C'est une parabole à axe vertical, comme on pouvait le prévoir (711), qui coupe l'axe des x à l'origine et à la distance $a \sin 2z$.

Les coordonnées du *sommet* sont

$$(11) \qquad \begin{cases} y = -\dfrac{a}{2}\cos^2 z, \\ x = \dfrac{a}{2}\sin 2z. \end{cases}$$

Dans cette hypothèse, on a

$$\delta^2 = 2(m - n_0) = 2\frac{h_0}{a},$$

$$D = a\delta = \sqrt{2ah_0} = \frac{2h_0}{\sqrt{2(m-n_0)}}.$$

La *dépression* et la *distance visible* de l'horizon sont toutes deux proportionnelles à la racine carrée de la hauteur.

La distance D est évaluée par Monge à 4^{km}. Si l'on suppose, pour simplifier, que la hauteur h_0 soit de 2^m, il en résulterait

$$2(m - n_0) = 10^{-6}, \qquad t_0 - t = 0^o,47, \qquad \delta = 3',43.$$

Dans certaines observations de Biot, cette distance n'était que de 200^m quand on visait avec une lunette à la hauteur de $1^m,17$; on en déduirait $2(m - n_0) = 1,37.10^{-4}$ et, par suite, une différence de température tout à fait exagérée, c'est-à-dire que l'hypothèse n'était pas alors applicable.

On obtient le *lieu des sommets* en éliminant l'angle z entre les équations (11) :

$$(12) \qquad x^2 + 4y^2 + 2ay = 0.$$

C'est une ellipse OBA dont l'un des sommets est à l'origine O, le grand axe horizontal et égal à a, et l'axe vertical $\dfrac{a}{2}$.

Enfin l'élimination de z entre l'équation (10) et la dérivée

$$(13) \qquad x\cos 2z + y\sin 2z = 0$$

donne la *caustique*

$$(14) \qquad x^2 = a(a + 2y).$$

C'est une parabole AQP symétrique par rapport à l'axe des y, dont le sommet A est sur l'ellipse des sommets, et qui coupe en B_1 la ligne des abscisses, à la distance a.

Pour un angle de départ z, les coordonnées du point de contact de la trajectoire avec la caustique sont données par deux des équations (10), (13) et (14). On déduit des deux premières, en supprimant l'origine, qui est un point commun à toutes les trajectoires,

$$x = a\,\mathrm{tang}\,z,$$

$$y = \frac{a}{2}(\mathrm{tang}^2 z - 1).$$

Remarquons en particulier que, pour $z = 45°$, on a $y = 0$ et $x = a$. Le point B_1 de la caustique correspond à la trajectoire partie de l'origine sous l'angle de 45° et qui coupe l'ellipse des sommets au point B où la tangente est verticale. La portion AB de cette courbe correspond à la partie AB_1 de la caustique située au-dessous de l'axe des x, et la portion BO à la branche supérieure B_1P. C'est une propriété générale sur laquelle on reviendra plus loin.

Pour le rayon d'abord horizontal, l'équation de la trajectoire OP, se réduit à $x^2 = 2ay$; c'est une parabole identique à la caustique.

La région extérieure à la caustique est invisible. Un point M de l'intérieur peut être vu par deux trajectoires OMP et OQM, relatives à deux valeurs de z et, par suite, à deux images. Pour un point N situé plus bas sur la même verticale, les contacts des trajectoires avec la caustique ont lieu dans l'intervalle PQ, de sorte que les angles de départ correspondants sont compris entre ceux qui permettraient de viser le point M.

Il résulte de là que l'image d'un objet fournie par les trajectoires directes OM et ON, qui ne touchent pas la caustique dans l'intervalle, est *droite,* tandis que l'autre image, fournie par les trajectoires MQO, qui ont touché la caustique et subi la réflexion totale, est *renversée;* cette dernière est le *mirage.*

En appelant r la distance OM et θ l'angle de cette droite avec l'axe des x, on a, par l'équation (10)

$$\sin(2z - \theta) = \frac{x^2 - ay}{ar} = \sin u.$$

Lorsque le problème est possible, c'est-à-dire que le point M est situé à l'intérieur de la caustique, on en déduit les angles de départ, $2z' = \theta + u$ et $2z'' = \pi + \theta - u$, qui correspondent aux deux trajectoires.

La variation dz, relative à une variation dy de la hauteur de l'objet, pour une même valeur de x, est

$$\frac{dz}{dy} = \frac{-\sin^2 z}{x \cos 2z + y \sin 2z} = \frac{-\sin^2 z}{r \cos(2z - \theta)}.$$

Ce rapport est positif et l'image droite pour le plus grand des deux angles z' et z''; il est négatif et l'image renversée pour l'angle le plus petit.

La distance ρ de la ligne focale horizontale est alors, d'après l'équation (9),

$$\rho = - r \frac{\cos(2z - \theta)}{\sin z};$$

cette distance est positive pour l'image droite et négative pour l'image renversée.

Si l'objet est coupé par la caustique, la partie supérieure est seule visible directement; on en voit aussi une image renversée en contact avec la première, mais dont les portions voisines de la caustique sont très déformées. On comprend ainsi que l'image directe soit seule apparente, ou du moins facile à reconnaître, et que l'objet paraisse *suspendu* dans l'air.

La trajectoire *limite,* qui rase le sol, est

$$(15) \qquad x^2 - 2ay = 2ax \sin\delta.$$

Supposons, pour fixer les idées, le sol étant $A_0 x_0$, que cette trajectoire soit OA_0QM. Pour qu'un point donne lieu au mirage, il faut que sa trajectoire inférieure touche la caustique au-dessus du contact Q de la trajectoire limite. Le *champ* du mirage est donc compris entre la caustique QP et la branche remontante QM de la trajectoire limite. Comme l'angle de départ z_0 de cette trajectoire est très voisin de 90°, les objets doivent être très éloignés et notablement élevés au-dessus du sol.

2° En réalité l'indice croît d'une manière de plus en plus lente avec la hauteur et finit par devenir constant.

Pour avoir une idée des phénomènes, on supposera que la loi précédente est d'abord applicable, à partir de la surface du sol, mais qu'elle cesse au niveau de l'observateur, le milieu devenant ensuite homogène.

Rien n'est changé pour la marche de la lumière au-dessous de l'axe des x.

Chacune des trajectoires paraboliques, en pénétrant dans le milieu supérieur, au point dont l'abscisse est $a \sin 2z$, se transforme en une droite dont l'inclinaison sur l'horizon est la même que celle de la trajectoire au départ. L'équation de ces droites est

$$(16) \qquad x = a \sin 2z + y \tang z.$$

Leur *caustique* s'obtient en y ajoutant la dérivée

$$(17) \qquad o = 2a \cos 2z + \frac{y}{\cos^2 z},$$

ce qui donne

$$(18) \qquad \begin{cases} y = -2a \cos 2z \cos^2 z = -a \cos 2z (1 + \cos 2z), \\ x = 2a \sin 2z \sin^2 z = a \sin 2z (1 - \cos 2z). \end{cases}$$

Les variations de ces coordonnées avec l'angle z sont

$$dy = 2a \sin 2z (1 + 2 \cos 2z)\, dz,$$
$$dx = 4a \sin^2 z (1 + 2 \cos 2z)\, dz,$$

et le coefficient angulaire de la tangente

$$\frac{dy}{dx} = \cot z.$$

L'inclinaison de la tangente sur l'axe des x diminue donc d'une manière continue, à mesure que l'angle z augmente, et la courbe ne présente pas de point d'inflexion (la figure donnée par Biot paraît incorrecte sur ce détail).

Pour $z = 0$, on a $x = 0$, $y = -2a$. La courbe partant de ce point, où la tangente est verticale, passe par le point B_1 (*fig.* 356)

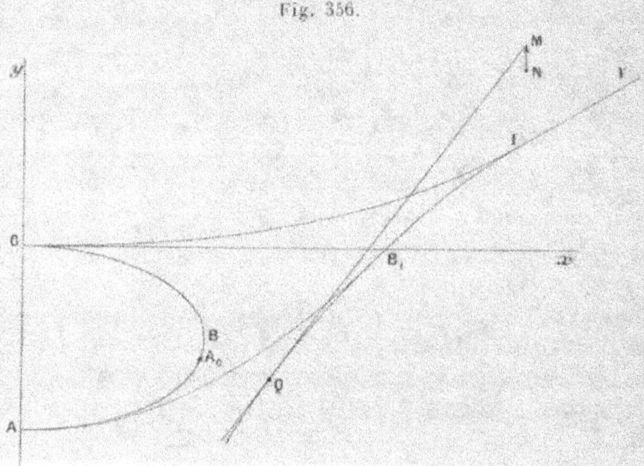

Fig. 356.

$(z = 45°, x = a, y = 0)$, où elle est tangente à la caustique des paraboles sous l'inclinaison de 45°, mais dont elle s'écarte ensuite vers la droite.

Les coordonnées ont des valeurs maxima pour

$$2\cos 2z + 1 = 0, \qquad z = 60°,$$

$$y = \frac{a}{4}, \qquad x = a\frac{3\sqrt{3}}{4}.$$

C'est un point de rebroussement I, avec une tangente IN commune à deux branches différentes et inclinées de 30° sur l'horizon.

La seconde branche IO aboutit finalement à l'origine $(z = 90°)$ où la tangente est horizontale.

L'origine est, en outre, un point multiple pour les rayons qui cheminent uniquement dans la couche supérieure.

On peut d'ailleurs éliminer facilement le paramètre z entre les équations (18), car on déduit de la première

$$2 \cos 2z = -1 \pm \sqrt{1 - 4\frac{y}{a}},$$

et la *caustique* des trajectoires rectilignes est

$$(19) \qquad [2(x^2 - y^2) - a(a + 10y)]^2 = a(a - 4y)^3.$$

Rien de nouveau ne se présente pour les points situés au-dessous de l'axe des x, en particulier pour la *dépression* et la *distance visible* de l'horizon.

Tous les objets situés au-dessus de l'axe des x sont d'abord visibles directement, et sans déformation, par des rayons rectilignes, le milieu supérieur étant homogène.

Les rayons partis d'un point M dans une direction MQ, tangente à la seconde caustique (19), reviennent à l'observateur sous la même inclinaison.

Lorsque ce point est en dehors de l'espace OIB_1, l'angle z augmente pour un point N situé plus bas sur la même verticale; on obtient alors un mirage *renversé*, par une trajectoire qui est d'abord tangente à la branche IQ ou à la branche IO de la caustique, suivant que ce point est au-dessus ou au-dessous de la droite II'.

Lorsque le point M est situé dans l'espace OIB_1, on peut toujours mener deux tangentes à la caustique vers le bas, l'une à la branche IQ, et l'autre à la branche IO. Il se produit ainsi deux images *renversées*.

Enfin il existe une troisième image *droite*, due à des tangentes menées vers le haut à la branche OI ou à la branche QI, suivant que l'objet est situé au-dessus ou au-dessous du prolongement de la droite I'I.

Dans les circonstances les plus favorables, le mirage peut ainsi donner lieu, outre l'image directe, à trois images supplémentaires, une droite et deux renversées, mais deux d'entre elles présentent de grandes déformations.

Le *champ* du mirage produit par des rayons dirigés vers le bas de la branche IQ est encore limité par la partie rectiligne de la trajectoire qui touche le sol en A_0 et dont l'équation est

$$(20) \qquad x - 2D = \frac{y}{\delta} = \frac{y}{\sqrt{2(m - n_0)}}.$$

M. — III.   21

3° Supposons maintenant que la variation des indices s'arrête encore en O (*fig.* 357) à la hauteur h_0, mais que l'observateur soit

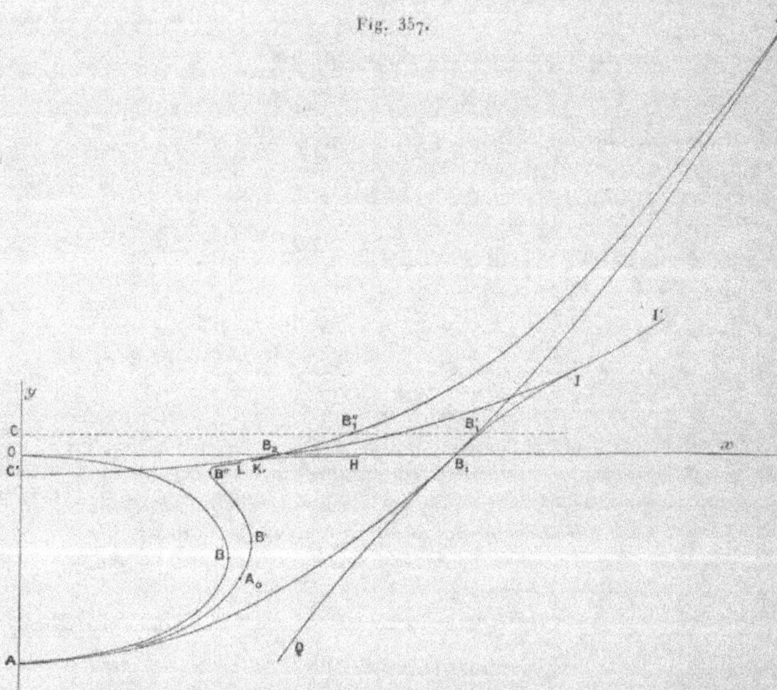

Fig. 357.

placée en C dans le milieu homogène, à la hauteur $h_0 + b$. La quantité a ne change pas et les rayons de retour pénètrent dans la couche homogène sous le même angle z qu'au départ.

Chacune des trajectoires curvilignes conserve la même forme, mais elle est déplacée horizontalement de la quantité $b \tang z$. En prenant encore le point O pour origine, on devra remplacer x par $x - b \tang z$ dans les équations (10) et (16). Les parties *paraboliques* des *trajectoires* sont alors

$$(10)' \qquad (x - b \tang z)^2 = a x \sin 2 z + 2 a (y - b) \sin^2 z,$$

et les parties *rectilignes* qui suivent

$$(16)' \qquad x = a \sin 2 z + (y + b) \tang z.$$

Le sommet de la parabole est déterminé de la même manière par les équations (11), qui donnent

$$(11)' \quad \left\{ \begin{array}{l} y = -\dfrac{a}{2}\cos^2 z, \\[2mm] x = \dfrac{a}{2}\sin 2z + b\,\mathrm{tang}\,z. \end{array} \right.$$

La dépression de l'horizon ne change pas, mais la distance de l'horizon visible est augmentée de la quantité

$$\frac{b}{\delta} = \frac{b}{2\sqrt{m-n_0}},$$

proportionnelle à la différence d'altitude.

L'élimination de z entre les équations $(11)'$ donne, pour le *lieu des sommets*,

$$(21) \quad (a+2y)(b-2y)^2 + 2yx^2 = 0.$$

On a, d'ailleurs,

$$dy = \frac{a}{2}\sin 2z\, dz,$$

$$dx = \left(a\cos 2z + \frac{b}{\cos^2 z} \right) dz,$$

$$2\frac{dy}{dx} = \frac{\sin 2z}{\cos 2z + \dfrac{b}{a\cos^2 z}}.$$

Le lieu des sommets se déduit aisément de l'ellipse primitive OB en augmentant les abscisses de $b\,\mathrm{tang}\,z$. C'est une courbe AB'L. avec un point d'inflexion, tangente à l'ellipse au point A, et asymptote à l'axe des x.

La tangente est verticale pour la condition

$$(22) \quad \left\{ \begin{array}{l} 0 = b + a\cos 2z\cos^2 z = b + \dfrac{a}{2}\cos 2z(1+\cos 2z), \\[3mm] 2\cos 2z = -1 \pm \sqrt{1 - 8\dfrac{b}{a}}. \end{array} \right.$$

Les deux racines z' et z'' de cette équation, comprises entre $0°$

et 90°, ne sont réelles que si $a > 8b$; elles correspondent aux points B' et B''.

L'équation $(16)'$ des trajectoires rectilignes ne diffère de (16) que par la substitution de $y + b$ à y. La caustique QIC' est donc la même que précédemment, avec la seule différence qu'elle est descendue de la hauteur b, son origine C' étant symétrique de l'observateur C par rapport à l'axe des x; elle coupe cet axe en des points B_1 et B_2, dont les abscisses sont données par l'équation (19) dans laquelle on fera $y = b$, ou

$$2(x^2 - b^2) = a^2 \left[1 + 10\frac{b}{a} \pm \left(1 - \frac{4b}{a} \right)^{\frac{3}{2}} \right].$$

Enfin, l'observateur C est un point isolé de cette caustique, correspondant aux rayons qui cheminent uniquement dans le milieu homogène.

La trajectoire *limite* a pour équation

$$\left(x - \frac{b}{\delta} \right)^2 = 2ax\delta + 2a(y - b),$$

et sa partie rectiligne

$$x = 2a\delta + \frac{y + b}{\delta}.$$

Le *champ* du mirage situé au-dessus de l'axe des x est compris entre cette droite et la partie $B_1 I B_2$ de la caustique. Pour que le champ existe, il faut que cette droite coupe l'axe des x au delà du point B_2, d'où la condition

$$2\left[\left(2a\delta + \frac{b}{\delta} \right)^2 - b^2 \right] > a^2 \left[1 + 10\frac{b}{a} - \left(1 - \frac{4b}{a} \right)^{\frac{3}{2}} \right].$$

La *caustique* des paraboles, supposées continues, est définie par l'équation $(10)'$, ou

$$(x - b\tan z)^2 - a(x - b\tan z)\sin 2z = 2ay\sin^2 z,$$

et sa dérivée par rapport au paramètre

$$(23) \quad b\frac{x - b\tan z}{\cos^2 z} + a(x - b\tan z)\cos 2z - ab\tan z + ay\sin 2z = 0.$$

On obtient d'abord, par l'élimination de y, en posant, pour abréger l'écriture,

$$u = a - \frac{b}{\cos^2 z},$$

$$(x - b \tang z)^2 - (x - b \tang z) u \tang z - ab \tang^2 z = 0.$$

Comme la racine positive de cette équation du second degré convient seule au problème, on en déduit

$$(24) \qquad 2(x - b \tang z) = (u + \sqrt{u^2 + 4ab}) \tang z.$$

La substitution de cette valeur dans (23) donne alors

$$(25) \qquad 4 ay \cos^2 z = 2 ab - \left(\frac{b}{\cos^2 z} + a \cos 2 z \right) (u + \sqrt{u^2 + 4ab}).$$

Le coefficient angulaire de la tangente est le même que celui de la parabole tangente à la caustique. On l'obtiendra simplement par l'équation primitive (8)

$$\tang^2 z \left(\frac{dy}{dx} \right)^2 = 1 - \frac{2(m-n)}{\cos^2 z} = 1 + \frac{2y}{a \cos^2 z},$$

dans laquelle on remplacera y par sa valeur tirée de (25).

La courbe partant du point A rencontre d'abord l'horizontale de l'œil en B'_1 sur la trajectoire dont le sommet est B'; elle atteint ensuite un point de rebroussement J, revient couper l'horizontale de l'œil en B''_1, sur la trajectoire dont le sommet est B'', aboutit à un nouveau point de rebroussement K, pour être finalement suivant KH asymptote à l'axe des x.

Cette caustique ne présente pas de point d'inflexion. D'après la nature des phénomènes, elle est encore tangente, aux points B_1 et B_2, à la caustique QIC′ qui correspond aux rayons rectilignes émergents.

4° Lorsque l'indice de réfraction de l'air est ainsi croissant à partir du sol, il passe par un maximum pour diminuer ensuite régulièrement avec la pression.

Si l'observateur se trouve dans cette région d'indice maximum et que les propriétés du milieu varient rapidement, il peut arriver encore que les rayons, dirigés vers le haut, éprouvent aussi la réflexion totale et produisent un mirage aérien.

En particulier, si les valeurs des indices sont symétriques par rapport à l'horizon de l'observateur, on voit aisément que, pour un angle z de départ, la trajectoire formera une série de courbes d'égale amplitude, avec réflexion totale alternativement au-dessus et au-dessous; l'ordonnée maximum de ces courbes dépend de la loi de variation des indices.

Un point situé dans la région occupée par ces courbes peut être sur le chemin de plusieurs trajectoires différentes et donner lieu à une série d'images droites ou renversées. On verrait, en effet, dans l'angle formé par les tangentes à l'origine aux trajectoires OM et ON (*fig.* 358), l'image des objets MN, M'N', M"N", etc.

Fig. 358.

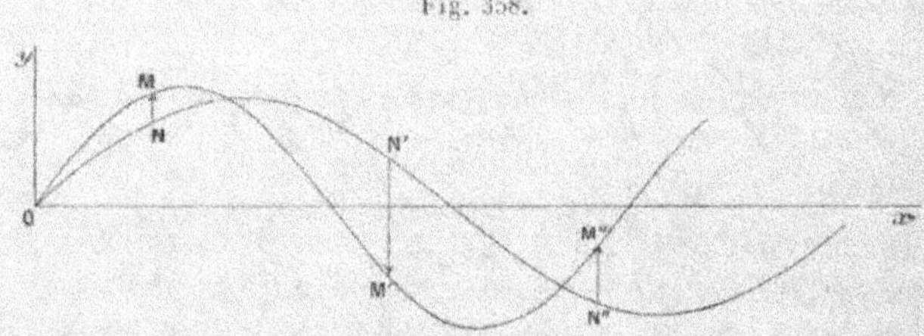

Les positions de ces images sont symétriques par rapport à l'horizon lorsque l'objet est lui-même dans ce plan.

L'équation différentielle est facilement intégrable, par exemple, quand l'indice varie comme le carré de la distance à l'horizon de l'observateur. On déduit alors de la relation

$$(\text{II}) \qquad m - n = (m - n_0)\frac{y^2}{h_0^2} = \frac{y^2}{2a^2},$$

$$(9)'' \qquad dx = \sin z\,\frac{dy}{\sqrt{\cos^2 z - \dfrac{y^2}{a^2}}} = \frac{a\sin z}{\sqrt{1 - \left(\dfrac{y}{a\cos z}\right)^2}}\,\frac{dy}{a\cos z},$$

$$(26) \qquad \begin{cases} x = a\sin z \arcsin \dfrac{y}{a\cos z}, \\[2mm] y = a\cos z \sin\left(\dfrac{x}{a\sin z}\right). \end{cases}$$

La *trajectoire* est une courbe sinusoïdale dont l'amplitude des boucles est $\pi a \sin z$.

Les coordonnées du sommet sont

$$y = (-1)^{p+1} a \cos z,$$

$$x = \frac{2p+1}{2} \pi a \sin z.$$

Le *lieu des sommets* d'ordre $p + 1$ est une ellipse

$$y^2 + \left[\frac{2x}{(2p+1)\pi} \right]^2 = a^2,$$

dont le centre est à l'origine O, l'axe vertical $2a$, commun à toutes les boucles, et l'axe horizontal $(2p+1)\pi a$.

La *caustique* s'obtiendrait en éliminant le paramètre z entre l'équation (26) et sa dérivée

$$(27) \qquad \frac{x}{a \sin z} + \operatorname{tang}^2 z \operatorname{tang}\left(\frac{x}{a \sin z} \right) = 0.$$

On peut la construire par points, car l'équation (27) est facile à résoudre par la rencontre des deux courbes

$$y' = \operatorname{tang}\left(\frac{x}{a \sin z} \right) = \operatorname{tang} v,$$

$$y'' = - v \cot^2 z.$$

On aurait ainsi l'abscisse du point de contact relatif à l'angle de départ z, et l'équation (26) fournirait l'ordonnée correspondante.

5° Comme l'indice de l'air croît d'abord rapidement à partir de la surface du sol pour atteindre plus lentement une valeur constante, on peut représenter la variation par une exponentielle

$$(\text{III}) \qquad 2(n - n_0) = \beta^2\left(1 - e^{-\frac{h}{c}}\right) = 2(m' - n_0)\left(1 - e^{-\frac{h}{c}}\right),$$

expression dans laquelle la quantité c est arbitraire et où m' désignerait la valeur de l'indice à une très grande hauteur. On a alors, en remplaçant h par $h_0 + y$,

$$2(m - n_0) = \beta^2\left(1 - e^{-\frac{h_0}{c}}\right),$$

$$2(m - n) = \beta^2\left(e^{-\frac{y+h_0}{c}} - e^{-\frac{h_0}{c}}\right) = \beta^2 e^{-\frac{h_0}{c}}\left(e^{-\frac{y}{c}} - 1\right),$$

$$2(m - n) = 2(m' - n_0)e^{-\frac{h_0}{c}}\left(e^{-\frac{y}{c}} - 1\right) = \varepsilon^2\left(e^{-\frac{y}{c}} - 1\right),$$

et l'équation différentielle peut s'écrire

$$(9)''' \quad \frac{dx}{\tang z} = \frac{dy}{\sqrt{1 + \dfrac{\varepsilon^2}{\cos^2 z} - \dfrac{\varepsilon^2}{\cos^2 z}\, e^{-\frac{y}{c}}}} = \frac{\sin\theta\, dy}{\sqrt{1 - e^{-\frac{y}{c}}\cos^2\theta}},$$

l'angle θ étant défini par

$$\tang\theta = \frac{\cos z}{\varepsilon}.$$

L'intégrale de cette expression est

$$\frac{x}{\sin\theta\,\tang z} = y + 2cl.\left(1 \mp \sqrt{1 - e^{-\frac{y}{c}}\cos^2\theta}\right) + C,$$

et, comme la courbe doit passer par l'origine,

$$(28) \qquad \frac{x}{\sin\theta\,\tang z} = y + 2cl.\,\frac{1 \mp \sqrt{1 - e^{-\frac{y}{c}}\cos^2\theta}}{1 - \sin\theta}.$$

Cette *trajectoire* est de forme parabolique et symétrique par rapport à une verticale. Les coordonnées du sommet sont

$$(29) \quad \begin{cases} y = -cl.\dfrac{1}{\cos^2\theta} = 2cl.\cos\theta, \\[2ex] x = 2c\sin\theta\,\tang z\,l.\dfrac{\cos\theta}{1 - \sin\theta} = c\sin\theta\,\tang z\,l.\dfrac{1 + \sin\theta}{1 - \sin\theta}. \end{cases}$$

L'angle θ_0 relatif à la trajectoire limite a pour valeur

$$\tang\theta_0 = \frac{\delta}{\varepsilon},$$

et l'on a, en faisant $y = -h_0$,

$$(30) \quad \begin{cases} h_0 = -2cl.\cos\theta_0, \\[2ex] \mathrm{D} = 2c\dfrac{\sin\theta_0}{\delta}\,l.\dfrac{\cos\theta_0}{1 - \sin\theta_0} = -2c\dfrac{\sin\theta_0}{\delta}\,l.\dfrac{1 - \sin\theta_0}{\cos\theta_0}. \end{cases}$$

Lorsque les quantités D, h_0 et δ sont connues par expérience, on peut ainsi calculer les constantes c et α, car l'angle θ_0 et, par suite, le coefficient ε sont donnés par

$$\frac{\mathrm{D}\delta}{h_0} = \sin\theta_0\left[\frac{l.(1 - \sin\theta_0)}{l.\cos\theta_0} - 1\right].$$

Le second membre est égal à 2 quand l'angle θ_0 est extrêmement petit; il diminue ensuite et passe par un minimum d'environ 1,20 au voisinage de 88°.

Dans cette hypothèse, les nombres observés par Biot, $D = 200^m$, $h_0 = 1^m,17$ et $\delta = 8',26 = 0,0024$, donneraient $\dfrac{D\delta}{h_0} = 0,411$. S'ils se rapportent au même phénomène, il en résulte que les variations d'indice, ou de température, ne pouvaient pas être représentées par cette loi exponentielle.

On déduit encore de (III)

$$\frac{dn}{dh} = \frac{\beta^2}{2c} e^{-\frac{h}{c}},$$

et, pour la couche en contact avec le sol,

$$\left(\frac{dn}{dh}\right)_0 = \frac{\beta^2}{2c} = \frac{m'-n_0}{c}.$$

On a d'ailleurs, par l'équation (5) appliquée à un point quelconque,

$$dn = -\alpha(n_0-1)\,dt,$$
$$\left(\frac{dt}{dh}\right)_0 = \frac{n_0-m'}{c\alpha(n_0-1)} = \frac{t'-t_0}{c}.$$

Si la variation de température initiale correspond à τ^0 par unité de hauteur pour les premiers éléments, la constante c, évaluée en mètres, est égale au quotient de l'excès de température de la couche située au ras du sol par ce facteur τ.

En faisant $\tau = t'-t_0$, on a $c = 1^m$. Les expériences de Biot donneraient alors

$$t.\cos\theta_0 = -0,535, \qquad \theta_0 = 54°9', \qquad \tang\theta_0 = 1,384,$$

et, pour la dépression de $8',26$,

$$\varepsilon = 0,00173, \qquad D\delta = 1,748, \qquad D = 728^m.$$

Le *lieu des sommets* est une courbe transcendante que l'on peut construire par points à l'aide des équations (29). C'est une sorte d'ellipse symétrique par rapport à l'axe des y, qu'elle coupe à l'origine et à la distance

$$y = cl.\left(1 + \frac{1}{\varepsilon^2}\right).$$

Ces équations donnent aussi, en posant

$$w^2 = \sin^2\theta \, \mathrm{tang}^2 z = \frac{\sin^2\theta}{\cos^2 z} - \sin^2\theta = \frac{\cos^2\theta}{\varepsilon^2} - \sin^2\theta,$$

$$w\,dw = -\left(1 + \frac{1}{\varepsilon^2}\right)\sin\theta\cos\theta\,d\theta,$$

$$dy = -2c\,\mathrm{tang}\,\theta\,d\theta,$$

$$dx = \frac{2cw}{\cos\theta}d\theta + cl.\frac{1+\sin\theta}{1-\sin\theta}dw$$

$$= \frac{2c}{w\cos\theta}\left(w^2 - \frac{1+\varepsilon^2}{2\varepsilon^2}\sin\theta\cos^2\theta\,l.\frac{1+\sin\theta}{1-\sin\theta}\right)d\theta.$$

Le coefficient angulaire de la tangente est donc

$$\frac{dy}{dx} = \frac{w\sin\theta}{\left(1+\frac{1}{\varepsilon^2}\right)\sin\theta\cos^2\theta\,l.\dfrac{\cos\theta}{1-\sin\theta} - w^2}.$$

Cette tangente est verticale pour la condition

$$\frac{w^2}{\cos^2\theta} = \frac{1}{\varepsilon^2} - \mathrm{tang}^2\theta = \left(1+\frac{1}{\varepsilon^2}\right)\sin\theta\,l.\frac{\cos\theta}{1-\sin\theta}.$$

On détermine enfin la *caustique* par l'équation (28) et sa différentielle relative au paramètre

$$-x\frac{dw}{w^2} = 2c\,\mathrm{tang}\,\theta\left(\frac{1}{\sin\theta} - \frac{1}{\sqrt{1-e^{-\frac{y}{c}}\cos^2\theta}}\right)d\theta$$

ou

$$(31)\qquad (1+\varepsilon^2)\frac{x}{\sin\theta\,\mathrm{tang}\,z} = 2c\sin^2 z\left(\frac{1}{\sin\theta} - \frac{1}{\sqrt{1-e^{-\frac{y}{c}}\cos^2\theta}}\right).$$

L'élimination de x donnerait y par l'équation

$$y + 2cl.\frac{1}{1-\sqrt{1-e^{-\frac{y}{c}}\cos^2\theta}} = 2c\frac{\sin^2 z}{1+\varepsilon^2}\left(\frac{1}{\sin\theta} - \frac{1}{\sqrt{1-e^{-\frac{y}{c}}\cos^2\theta}}\right).$$

En remplaçant y par cette valeur, on aurait, pour le coefficient angulaire de la tangente,

$$a^2\left(\frac{dy}{dx}\right)^2 = 1 - e^{-\frac{y}{c}}\cos^2\theta.$$

721. *Différentes variétés de mirages.* — Il est facile maintenant de reconnaître que, dans les conditions naturelles, les phénomènes doivent se rapprocher beaucoup de ceux qui correspondent à l'un de ces cas particuliers.

L'observateur étant en O (*fig.* 359), le lieu des sommets des

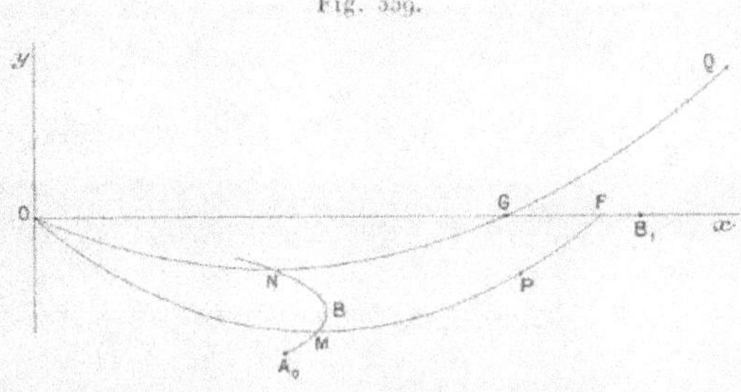

Fig. 359.

trajectoires commence physiquement en un point A_0, et la courbe se relève constamment, puisque l'altitude du sommet augmente avec l'angle de départ. Une trajectoire quelconque revient en F sur l'axe des x, à une distance double de l'abscisse du sommet M et sous la même inclinaison qu'au départ. Si l'abscisse du point M croît avec z, la branche descendante de la trajectoire relative à $z + dz$ est située au-dessus de la première et coupe l'axe des x au delà du point F. L'intersection P de ces deux courbes, ou le point de contact sur la caustique, est donc situé au-dessous de l'axe des x. L'inverse a lieu quand le sommet N se trouve sur une partie de la courbe où l'abscisse varie en sens inverse de z, car la partie inférieure de la trajectoire voisine est tout entière au-dessus de la première ONG; comme l'écart de la verticale a augmenté, le point de contact Q avec la caustique est au-dessus de l'axe des x.

Enfin si le sommet de la trajectoire est au point B, où la tangente est verticale, le point de contact B_1 avec la caustique est sur l'axe des x.

Lorsque l'indice de l'air croît d'une manière continue avec l'altitude, le point A_0 est sur le sol; l'abscisse du lieu des sommets peut passer par un maximum et, dans tous les cas, la courbe revient à l'origine où sa tangente est horizontale.

S'il existe entre l'observateur et le sol une couche d'indice minimum, c'est sur cette couche que se trouve le début A_0 du lieu des sommets.

Lorsque l'indice ne devient inférieur à sa valeur primitive qu'à partir de la distance b au-dessous de l'observateur, la première partie des trajectoires est d'abord rectiligne, si l'indice est constant dans l'intervalle b, ou présente sa convexité vers le haut si l'indice est d'abord croissant. Dans ce cas, le lieu des centres est asymptote au-dessous de la droite $y + b = 0$.

Une circonstance analogue peut se présenter quand l'indice atteint, à la distance $b + b_1$, une valeur minimum n_1, à laquelle il revient ensuite à la distance $b + b_1 + b_0$, après avoir ou non passé par un maximum. Le lieu des sommets est interrompu dans l'intervalle b_0; il est ensuite asymptote au-dessous de la droite $y + b + b_1 + b_0 = 0$.

Dans tous les cas, l'inclinaison de la caustique des rayons émergents varie d'une manière continue, et deux tangentes font à peu près le même angle que les rayons de départ correspondants. Si l'on veut déterminer la caustique par l'illumination d'un liquide un peu trouble, à l'aide d'un faisceau de rayons partant d'un point et situés dans un plan, la quantité de lumière qui contribue à former une partie de la caustique est proportionnelle à l'angle qui limite les rayons de départ. Cette lumière est très faible pour les portions de caustique voisines du point de rebroussement et se trouve encore diminuée par les effets de diffraction; les tangentes à quelque distance de ce point paraissent alors se couper sous un angle fini. C'est sans doute cette circonstance qui a pu faire croire à l'existence d'un point anguleux sur la caustique [1].

Ces remarques préliminaires permettront d'entrer dans le détail des phénomènes.

Lorsque l'observateur est dans une couche homogène, ou d'in-

---

[1] J. MACÉ DE LÉPINAY et A. PÉROT, *Bulletin de la Commission météorologique des Bouches-du-Rhône*, t. IX, p. 117; 1891.

dice d'abord croissant vers le sol, et que le premier minimum des
indices se produit à la surface du sol, ce qui est le cas habituel,
le lieu des sommets a nécessairement une forme analogue à la
courbe $A_0 L$ (*fig*. 357) asymptote à l'horizontale Ox, à partir de
laquelle commencent les variations d'indice. La caustique des
rayons émergents a également une forme telle que QIC', sans
point d'inflexion, puisque la distance zénithale du rayon émergent
est toujours égale à z et croît d'une manière continue; la tangente
est commune aux deux branches au point de rebroussement I.
Le mirage peut produire trois images supplémentaires, une droite
et deux renversées.

Si l'observateur est situé dans la couche variable, le lieu des
sommets passe par l'origine où il est tangent à l'axe des x. La
caustique n'a pas d'inflexion au-dessus de l'axe des x, ni de point
de rebroussement, et doit présenter une forme analogue à celle des
trajectoires; il n'y a alors qu'un mirage renversé (*fig*. 355).

Il arrivera encore, dans des circonstances exceptionnelles, que
l'indice, ayant sa valeur primitive m à une distance b au-dessous
de l'observateur C (*fig*. 360), diminue jusqu'à un minimum n_1,

Fig. 360.

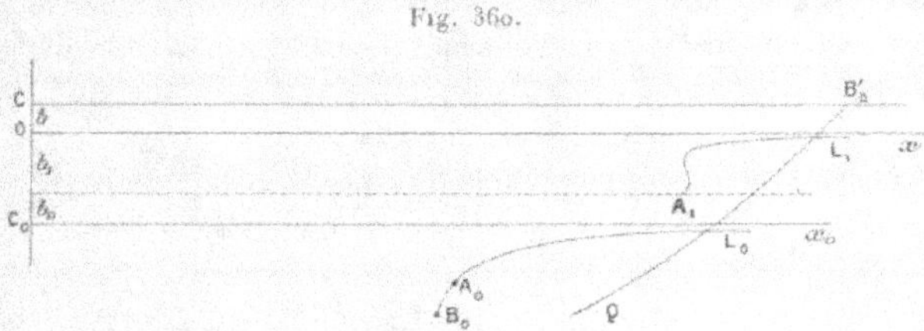

pour la distance $b + b_1$, puis reprenne de nouveau la valeur n_1,
à la distance $b + b_1 + b_0$, dans une période de décroissance,
après avoir ou non passé par un maximum intermédiaire.

Pour des valeurs de z croissantes, le lieu des sommets comprend
d'abord une première branche $A_0 L_0$ asymptote à la droite $C_0 x_0$,
puis une branche $A_1 L_1$, qui part de la distance $b + b_1$, et devient
asymptote à la droite Ox.

La courbe $A_1 L_1$ donnera lieu à une caustique de rayons émergents analogue à $B_1 I B_2$ (*fig*. 357). Si la courbe $A_0 L_0$ n'a pas de
tangente verticale, la caustique des rayons émergents est située

tout entière au-dessous de l'horizontale du point O; elle présente une forme telle que $B'_0 Q$. Lorsque le milieu est homogène au-dessus de la droite Ox, cette caustique est asymptote à une parallèle à la direction du rayon émergent : donc la trajectoire est tangente en A_1. La caustique relative au lieu des centres $A_0 L_0$ peut couper les précédentes sous un angle fini; elle correspond encore à certaines directions de mirage possible.

A la surface des mers, les couches inférieures de l'air s'échauffent ainsi pendant la journée par l'action directe du soleil et le rayonnement réfléchi; mais les portions qui touchent l'eau conservent nécessairement la température du liquide; l'indice passe ainsi par un minimum à une certaine hauteur. Si l'observateur est situé plus bas, certains rayons peuvent éprouver la réflexion totale sur une région plus élevée, et donner une image renversée des objets éloignés.

Enfin, si l'observateur et l'objet se trouvent dans l'intervalle de deux surfaces d'indice minimum, les rayons peuvent éprouver la réflexion totale en haut et en bas, et même à plusieurs reprises, et donner une série d'images droites ou renversées.

Il est donc très facile d'imaginer des conditions, acceptables au point de vue naturel, qui expliquent la triple image d'un navire à l'horizon, les images multiples observées par Arago et Biot, enfin toutes les apparitions des *fata morgana*.

Quant au mirage *latéral*, il a lieu dans les mêmes conditions lorsque les couches d'égal indice ne sont plus horizontales.

722. *Influence de la courbure du sol. — Mirage des astres auprès de l'horizon.* — Les effets sont encore exagérés quand on tient compte de la courbure de la Terre.

Pour les objets situés à la surface de la Terre, lorsqu'il existe un maximum notable de température dans la couche d'air en contact avec le sol, on retrouve les conditions habituelles du mirage, la dépression et le rapprochement de l'horizon, l'espace invisible défini par les trajectoires limites, les régions capables de produire une ou deux images supplémentaires. Il suffit, dans les figures précédentes, de remplacer les ordonnées par les verticales successives des différents points. Les propriétés générales ne changent pas et les caustiques présentent des formes analogues. On explique

ainsi sans difficulté les mirages droits ou renversés des navires à
l'horizon, des oiseaux dans l'air, la suspension apparente des
objets élevés, arbres, clochers, côtes, montagnes, dont la partie
inférieure est placée dans l'espace invisible.

Si la couche d'indice minimum se trouve à quelque distance du
sol, au-dessus de l'observateur, l'horizon est relevé et éloigné par
des rayons qui éprouvent la réflexion totale vers le haut.

C'est sans doute à un effet analogue que se rapporte l'observation de Cook, citée par Biot, dans laquelle la hauteur apparente
de l'horizon avait varié de plus de 32'.

Du bord de la mer à Hastings, Latham distingua les côtes de
France à 30 ou 40 milles et, du haut d'une colline, il apercevait
les bateaux de pêche jusqu'à Dieppe. L'observation était faite à la
fin d'une journée très chaude et calme où la température de l'eau
était notablement inférieure à celle de l'air.

Dans un grand nombre d'observations géodésiques on a pu
ainsi pointer des repères très éloignés, tels que les sommets de
clochers ou de montagnes, qui étaient cachés en temps habituel
par les obstacles intermédiaires.

Il peut arriver encore que l'observateur soit dans une région
d'indice maximum. Si la diminution d'indice vers le haut est assez
rapide, quelques-unes des trajectoires, de forme sinueuse, sont
alors situées en partie au-dessus et au-dessous de la circonférence
de même altitude. C'est le cas des mirages multiples droits ou
renversés, des *fata morgana*, etc.

L'observation des astres exige quelques développements.

Supposons que l'observateur se trouve dans une couche où
l'indice croît avec l'altitude. Les trajectoires des rayons émanés
de l'origine tournent d'abord leur convexité vers le sol; après
avoir subi ou non la réflexion totale, elles ne tardent pas à devenir
rectilignes, sur un assez long parcours, dans la région d'indice
constant; elles se courbent ensuite en sens contraire, à cause de
la diminution progressive des densités, et se terminent en ligne
droite en dehors de l'atmosphère.

Ces quatre portions des trajectoires ont quatre espèces de
caustiques, dont les deux premières ont déjà été examinées.

La caustique des parties convexes au voisinage du sol est une
courbe analogue à QJKH (*fig*. 357).

Les droites intermédiaires ont également une caustique telle que QIC'. En effet, pour les rayons dirigés vers le bas, si l'angle de départ z est supérieur à celui de la trajectoire limite qui rase le sol, la trajectoire revient couper sous le même angle, en un point M, la circonférence qui passe par l'observateur. L'angle des verticales en O et M est une fonction $\varphi(z)$ définie par la variation des indices. Si $f(z)$ est la réfraction qu'éprouve ensuite le rayon jusqu'à la portion rectiligne, l'angle $z + \varphi(z) + f(z)$ de cette droite avec la verticale primitive passe par un maximum pour

$$1 + \varphi'(z) + f'(z) = 0.$$

L'angle z_1 défini par cette condition ne peut différer beaucoup de celui qui correspond au point de rebroussement.

Il y aurait lieu de considérer aussi la troisième caustique relative aux réfractions qui ont lieu dans les régions élevées, mais elle n'a d'intérêt que pour les hautes montagnes ou les nuages. Sans qu'il soit nécessaire de la tracer, on déterminera les conditions de visibilité d'un point en menant une première courbe, dont les éléments extrêmes font un angle très petit, jusqu'à la région d'indice constant; le point est visible s'il est possible de choisir ce trajet de manière que la tangente à l'extrémité soit tangente à la seconde caustique.

Enfin la caustique des rayons rectilignes en dehors de l'atmosphère présente aussi une forme analogue à celle de la seconde, mais plus abaissée. Si $F(z)$ est la réfraction atmosphérique pour le point M, l'angle $z + \varphi(z) + F(z)$ du rayon émergent avec la verticale primitive passe encore par un maximum pour

$$1 + \varphi'(z) + F'(z) = 0.$$

L'angle z_2 ainsi défini correspond encore, d'une manière très approximative, au point de rebroussement.

A cette caustique QIP (*fig.* 361), le rayon final relatif à la trajectoire limite OAE, dont l'angle de départ est z_0 et qui rase le sol, est tangent en un point Q. La branche QI correspond aux angles de départ croissants de z_0 à z_2, la branche IP aux angles croissants, de z_2 à 180°. Soient z l'angle que fait, avec l'horizontale vraie du point O, la tangente IC au point I de rebroussement et δ la dépression de l'horizon.

Un astre apparaît quand il est situé à la distance z de l'horizon vrai, mais on le voit par une trajectoire dont l'inclinaison ε_0 au départ est inférieure à la dépression δ. Il se lève donc subitement *au-dessus* de l'horizon et se couche avant de l'atteindre.

Fig. 361.

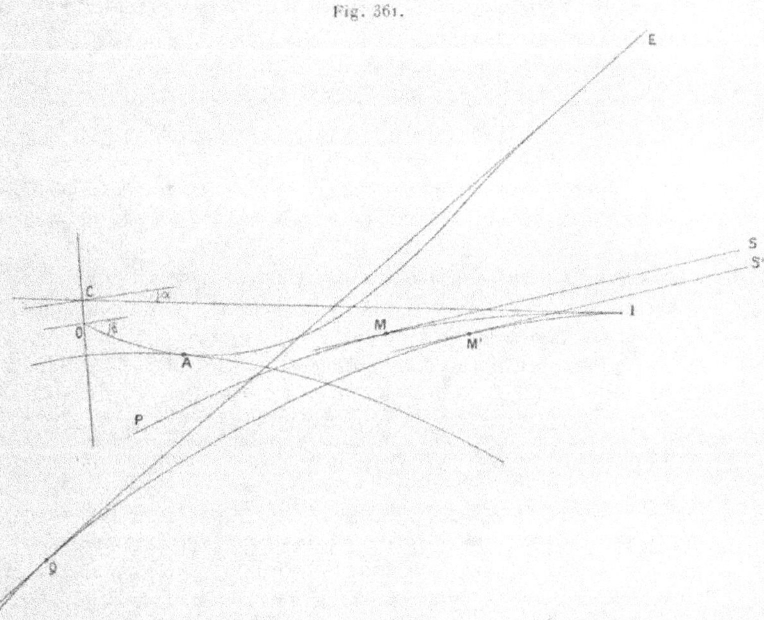

Quand l'astre est un peu plus élevé, on peut mener à la caustique deux tangentes MS et M'S' parallèles à sa direction; les trajectoires correspondantes aboutissent à l'observateur sous des inclinaisons ε et ε' qui comprennent ε_0. La première donne une image droite puisque l'angle z augmente avec la hauteur de l'astre; la seconde, un mirage renversé. A mesure que l'astre s'éloigne de l'horizon, cette image est d'abord en contact avec l'image directe, elle s'en éloigne de plus en plus et disparaît quand le point M est en Q, c'est-à-dire quand la direction de l'astre est parallèle à la partie rectiligne finale de la trajectoire limite.

M. — III.   22

Les observations de Legentil ([1]) dans l'Inde sont entièrement conformes à ces prévisions. Pendant tout un hiver, le Soleil se levait de $4'$ à $5'$ au-dessus de l'horizon apparent pour une altitude d'environ 15^m; en même temps, la dépression apparente de l'horizon était de plus d'une minute supérieure à la dépression calculée $7'27''$. La température des couches d'air était donc sensiblement relevée au voisinage de la mer. Legentil a constaté, en outre, qu'aussitôt après le lever du Soleil, l'horizon apparent de la mer s'abaissait subitement de $36''$, à cause de l'échauffement subit de la couche d'air contiguë à la surface des eaux.

Le Soleil couchant présente quelquefois des phénomènes analogues. A mesure qu'il descend vers l'horizon apparent, on voit se former d'abord un morceau d'une seconde image qui se rapproche de la première en se complétant, puis empiète sur elle, et toutes deux finissent par disparaître en même temps.

En outre, l'atmosphère étant alors dans un état d'équilibre instable, les variations de l'indice de réfraction ne suivent pas la même loi sur tout le trajet de la lumière, ni dans deux plans verticaux voisins. L'image directe du Soleil couchant et celle du mirage sont alors généralement déformées et présentent les apparences les plus variées.

723. *Atmosphère des planètes.* — Il est intéressant d'examiner, d'une manière plus générale, les différentes circonstances que peut présenter la réfraction dans l'atmosphère des planètes, en se bornant encore au cas particulier de couches concentriques dont l'indice est croissant à partir de la surface.

D'après les équations (4) et (7) du n° **710**, l'équation différentielle de la trajectoire d'un rayon est

$$d\omega = \frac{\sin z}{\sqrt{\left(\dfrac{n}{m}\right)^2 - \left(\dfrac{R}{R+h}\right)^2 \sin^2 z}} \frac{R\,dh}{(R+h)^2},$$

$$d\omega = \frac{\sin z\,ds}{\sqrt{\left(\dfrac{n}{m}\right)^2 - (1-s)^2 \sin^2 z}}.$$

([1]) LEGENTIL, *Mémoires de l'Académie des Sciences* pour 1774, p. 330.

Si la fonction comprise sous le radical

$$U = \left(\frac{n}{m}\right)^2 - (1-s)^2 \sin^2 z$$

ne s'annule pour aucune valeur de la variable s, l'angle ω reste fini. En posant

$$\Omega = \int_0^1 \frac{d\omega}{ds}\, ds,$$

le rayon AM (*fig.* 362), parti de la surface sous l'angle z, sort de l'atmosphère dans une direction qui fait l'angle Ω avec la verticale primitive OA.

Fig. 362.

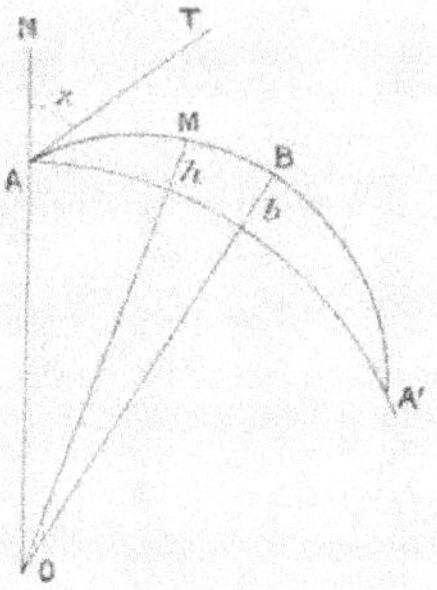

La valeur limite de la perpendiculaire q abaissée du point O sur le rayon est $m \, R \sin z$; elle se réduit à $m\,R$ pour $z = 90°$. Le rayon apparent de la planète, pour un observateur extérieur, ne dépend ainsi que de l'indice m de l'atmosphère à la surface de la planète; il est augmenté de la fraction $m - 1$.

Supposons maintenant que la fonction U s'annule à différentes altitudes; soit b la plus petite valeur de h correspondant à cette condition, ou $\sigma = \dfrac{b}{R + b}$, et posons

$$U = (1-s)^2 V.$$

Si les dérivées de la nouvelle fonction V par rapport à s restent finies, on aura, pour des valeurs de s inférieures à σ, en développant cette fonction par la série de Taylor,

$$V(s) = V(\sigma) - (\sigma - s)V'(\sigma) + \frac{(\sigma - s)^2}{1 \cdot 2} V''(\sigma) - \dots$$

Le premier terme étant nul, par hypothèse, le développement peut être limité au terme suivant lorsque la dérivée $V'(\sigma)$ n'est pas nulle elle-même.

Si la fonction V est décroissante à partir de sa valeur initiale, qui est $\cos^2 z$, la dérivée $V'(\sigma)$ est négative et l'angle ω reste fini entre les limites 0 et σ, puisque

$$\int_0^\sigma \frac{ds}{\sqrt{\sigma - s}} = 2\sqrt{\sigma}.$$

Pour des valeurs de s supérieures à σ, le radical $\sqrt{U}$ devient imaginaire, c'est-à-dire qu'il se produit une réflexion totale au point B, qui correspond à la hauteur b, et le rayon revient ensuite par un chemin semblable au point A' symétrique du premier; c'est un *mirage aérien*. La distance angulaire AOA' des points de départ et d'arrivée du rayon est

$$2\omega(\sigma) = 2 \int_0^\sigma \frac{d\omega}{ds} ds.$$

Si la première dérivée $V'(\sigma)$ est nulle, la suivante $V''(\sigma)$ étant différente de zéro, l'intégrale $\omega(\sigma)$ est infinie, car

$$\int_0^\sigma \frac{ds}{\sigma - s} = - \left[l.(\sigma - s) \right]_0^\sigma = \infty.$$

Le rayon tournerait alors en spirale autour de la planète, en se rapprochant de la circonférence asymptote de rayon

$$R + b = \frac{R}{1 - \sigma}.$$

Ces différents cas peuvent se présenter suivant les valeurs de l'angle de départ z. Le rayon sort de l'atmosphère quand cet angle est compris entre zéro et la plus petite valeur z_1 pour laquelle la fonction U peut s'annuler. En désignant par l'indice 1 les valeurs relatives au point correspondant de réflexion totale, on a

$$n_1 = m(1 - \sigma_1)\sin z_1,$$

et le rayon apparent de la planète est

$$q_1 = \frac{m}{n_1} \mathrm{R} \sin z_1 = \frac{\mathrm{R}}{1 - \sigma_1} = \mathrm{R} + b_1.$$

A mesure que l'angle z croît ensuite, le rayon se réfléchit totalement à une hauteur b, qui diminue à partir de b_1, et retourne sur la planète à la distance angulaire $\mathrm{D} = 2\omega(\tau)$.

Ce phénomène de mirage aérien cesse à partir d'une certaine valeur z_2 de l'angle de départ, pour laquelle les fonctions V et V' peuvent s'annuler en même temps.

La distance D du point A' que l'on aperçoit par mirage augmente avec l'angle z, à partir de D_1, et peut comprendre plusieurs circonférences. Soient δ_0, δ_1, δ_2, ... les hauteurs de départ des rayons pour lesquelles l'angle D prend les valeurs D_1, $D_1 + \pi$, $D_1 + 2\pi$, ... D'un point quelconque A de la planète, on apercevra, par mirage aérien la moitié de la surface sous forme d'un anneau correspondant à l'angle $\delta_1 - \delta_0$, l'autre moitié sous l'angle $\delta_2 - \delta_1$, puis de nouveau le premier sous l'angle $\delta_3 - \delta_2$, ...

Un habitant de la planète voit ainsi comme une cuvette à gradins dont le fond est formé par la région qui l'entoure et les parois par les images alternatives, droites ou renversées, de l'hémisphère qu'il occupe et des antipodes. Ces différentes images sont d'ailleurs singulièrement déformées, comme dans les anamorphoses, et de plus en plus affaiblies par l'absorption de la lumière dans l'atmosphère, puisque la longueur du trajet augmente continuellement. Le ciel ne paraît que par une sorte de fenêtre circulaire, dont le rayon apparent est z_1, et qui embrasse moins d'un hémisphère.

A mesure que l'observateur s'élève dans l'atmosphère, son horizon s'agrandit et il aperçoit, en outre, une série d'images provenant de rayons à trajectoires en spirale qui ont fait une ou plusieurs révolutions autour de la planète.

L'absorption de la lumière ne permettrait sans doute de distinguer qu'une très petite partie du phénomène; le ciel serait séparé de l'horizon par une couche brumeuse d'autant plus étroite que l'atmosphère devient plus transparente.

Un rayon d'origine extérieure, qui pénètre dans l'atmosphère, aboutit finalement à la planète, soit directement, soit par une route en spirale, s'il n'est tangent à aucune surface de niveau, et la distance zénithale au point d'arrivée est comprise entre 0 et z_1.

Lorsque le rayon devient horizontal à une altitude h plus élevée que h_1, il émerge ensuite de l'atmosphère par un chemin symétrique. En appelant n et n' les indices relatifs aux altitudes h et $h' = h + x$, on a encore

$$n(\mathrm{R} + h) = n'(\mathrm{R} + h') \sin i',$$

et la réfraction complète Δ qu'éprouve le rayon, entre l'entrée et la sortie, a pour expression

$$\Delta = 2 \int_1^n \operatorname{tang} i' \frac{dn'}{n'} = 2 n(\mathrm{R} + h) \int_1^n \frac{dn'}{n'\sqrt{n'^2(\mathrm{R} + h + x)^2 - n^2(\mathrm{R} + h)^2}}.$$

Cette réfraction croît à mesure que la hauteur h diminue jusqu'à la limite b_1. On distinguerait ainsi les étoiles situées derrière la planète; on pourrait même apercevoir plusieurs images de chacune de celles qui l'entourent.

La constitution de l'atmosphère ne permet pas toujours que ces apparences exceptionnelles se produisent, puisqu'elles n'existent pas sur la Terre.

En posant

$$n^2 = m^2(1 - s)^2 \varphi(s),$$

on en déduit successivement

$$V = \varphi(s) - \sin^2 z,$$

$$m^2 V' = m^2 \varphi'(s) = \frac{2 n}{(1 - s)^2} \frac{dn}{ds} + \frac{2 n^2}{(1 - s)^3},$$

$$\frac{m^2(1 - s)^2}{2} \varphi''(s) = \frac{3 n^2}{(1 - s)^2} + \left(\frac{dn}{ds}\right)^2 + n \frac{d^2 n}{ds^2} + \frac{4 n}{1 - s} \frac{dn}{ds}.$$

Les trois premiers termes du second membre sont positifs et le premier croît rapidement avec s. Le dernier terme est seul négatif, mais il est d'abord très petit et croît plus lentement. On peut donc admettre, selon toute probabilité, que la fonction V'' reste toujours positive.

La dérivée V' est alors croissante et ne peut s'annuler que si elle était primitivement négative. Par suite, le phénomène des imagés complexes n'est possible que si l'on a

$$V'(o) < o \qquad \text{ou} \qquad \left(\frac{dn}{ds}\right)_0 + m < o.$$

Lorsque cette condition est réalisée, la dérivée V' devient nulle pour une certaine valeur σ, ou l'altitude b.

La valeur initiale $V(o) = \cos^2 z$ est aussi petite qu'on le veut; comme cette fonction V est d'abord décroissante, on peut choisir l'angle de départ de façon qu'elle s'annule par sa moindre valeur, qui correspond à σ.

Le minimum z_1 de l'écart azimutal capable de donner lieu au mirage aérien est donc

$$\sin^2 z_1 = \varphi(\sigma) = \left[\frac{n}{m(1-\sigma)}\right]^2.$$

Lorsque l'angle d'écart est supérieur à z_1, la plus petite racine positive s de l'équation

$$\varphi(s) = \sin^2 z$$

définit la hauteur à laquelle le rayon subit la réflexion totale.

Pour une atmosphère gazeuse, dont la réfraction reste très faible, les valeurs de $n-1$ sont très sensiblement proportionnelles à la densité et peuvent être représentées par une expression de la forme (714)

$$\frac{n-1}{m-1} = \frac{n-1}{\mu} = f(s) = (1-s)^u e^{-q\frac{s}{\varepsilon}},$$

$$\left(\frac{n}{m}\right)^2 = 1 - 2(m-n) = 1 - 2\mu + 2\mu(1-s)^u e^{-q\frac{s}{\varepsilon}},$$

ce qui donne

$$\varphi(s) = \frac{1-2\mu}{(1-s)^2} + 2\mu(1-s)^{u-2} e^{-q\frac{s}{\varepsilon}},$$

$$\varphi'(s) = 2\frac{1-2\mu}{(1-s)^3} - 2\mu(1-s)^{u-3}\left[u - 2 + (1-s)\frac{q}{\varepsilon}\right] e^{-q\frac{s}{\varepsilon}}.$$

La dérivée du premier terme est encore positive et celle du second peut s'écrire

$$2\mu(1-s)^{u-4}\left[(u-2)(u-3) + 2(u-2)(1-s)\frac{q}{\varepsilon} + (1-s)^2\frac{q^2}{\varepsilon^2}\right] e^{-q\frac{s}{\varepsilon}}.$$

La dérivée $\varphi''(s)$ reste toujours positive lorsque l'exposant u est positif et plus grand que 3.

La condition $V'(o) < o$ se réduit alors à

$$1 - 2\mu < \mu\left(u - 2 + \frac{q}{\varepsilon}\right),$$

$$\frac{\varepsilon}{q} < \frac{\mu}{1 - \mu u} \qquad \text{ou} \qquad \frac{\varepsilon}{q} < \mu.$$

Comme le facteur q est voisin de l'unité, cette condition n'est pas réalisée pour l'atmosphère terrestre, car le rapport ε ne doit pas être très éloigné de $\frac{1}{800}$ ou $0,00125$, tandis que la valeur de μ est voisine de $0,000293$. Aucun phénomène de mirage n'a lieu, en dehors d'une distribution anormale des densités, et il ne reste que la réfraction habituelle ([1]).

Toute la difficulté consiste à évaluer le rapport ε, c'est-à-dire la hauteur K d'une couche de gaz homogène, de même densité qu'à la surface de la planète, dont la masse serait égale à celle de l'atmosphère; ce problème ne paraît pas résolu, même pour la Terre, dans l'état actuel de la Science.

On en aurait une idée, au moins approximative, en remplaçant K par la hauteur réduite H de l'atmosphère, qui n'en diffère pas beaucoup et qui est définie par l'équation

$$p_0 = \rho_0 g_0 H.$$

Comme le rapport de la pression à la densité ne dépend que de la nature du gaz et de la température, on voit que sur une planète la hauteur réduite H est indépendante de la masse de gaz qui constitue l'atmosphère, pourvu que cette masse soit très petite par rapport à celle de la planète.

Quelle que soit la planète, le produit $g_0 H$ est proportionnel au binôme de dilatation du gaz, ou à sa température absolue sur la surface, et en raison inverse de sa densité spécifique.

Abstraction faite des différences de température et de la composition des gaz, le rapport ε est donc en raison inverse du rayon

---

([1]) KUMMER, *Monatsb. der Akad. zu Berlin* pour 1860, p. 405. — *Ann. de Chim. et de Phys.* [3], t. LXI, p. 496; 1861. — A. SCHMIDT, *Die Strahlenbrechung auf der Sonne.* Stuttgart, 1891.

de la planète et de la gravité sur sa surface, et le facteur q reste voisin de l'unité pour les mêmes raisons.

Le rayon de Jupiter étant $11,06$ fois et la gravité $2,254$ fois les quantités correspondantes relatives à la Terre, on aurait, pour cette planète,

$$\varepsilon = \frac{1}{25 \times 800} = 0,00005.$$

Pour que la valeur de μ soit supérieure à ε, il suffit donc que la densité de l'atmosphère à la surface de Jupiter soit $\frac{1}{6}$ de celle de l'atmosphère terrestre, en les supposant de même constitution : les images aériennes peuvent alors se produire.

Aucun phénomène de cette nature n'a été observé ; l'occultation des étoiles, en particulier, semble se produire exactement comme si les planètes étaient de simples écrans. On pourrait en conclure une limite supérieure de la densité de l'atmosphère à la surface des planètes ; mais les raisonnements ne paraîtront pas sans doute assez rigoureux pour que l'on soit autorisé à en suivre les conséquences d'une manière aussi absolue.

724. *Scintillation.* — Arago [1] décrit de la manière suivante la scintillation des étoiles : « Pour une personne regardant le ciel à l'œil nu, la *scintillation* consiste en des changements d'éclat des étoiles très souvent renouvelés. Ces changements sont ordinairement, sinon presque toujours, accompagnés de variations de couleurs et de quelques effets secondaires, conséquences immédiates de toute augmentation ou diminution d'intensité, tels que des altérations considérables dans le diamètre apparent des astres ou dans les longueurs des rayons divergents qui paraissent s'élancer de leur centre, suivant diverses directions ».

Toutes choses égales, la scintillation est d'autant plus marquée que l'étoile est plus brillante et plus rapprochée de l'horizon, quoiqu'on observe quelquefois le phénomène au voisinage du zénith. La scintillation dépend beaucoup des conditions atmosphériques ; elle est très faible par les temps absolument calmes, sur les hautes montagnes isolées, et devient plus vive par les vents violents ou

---

[1] Arago, *Œuvres complètes*, t. VII, p. 3.

quand le ciel est alternativement serein et couvert. L'influence des réfractions atmosphériques irrégulières est ainsi manifeste.

A l'œil nu, les planètes présentent bien des variations d'intensité, mais les colorations sont à peine appréciables, surtout pour celles qui ont le plus grand diamètre apparent, comme Mars, Jupiter et Vénus; on n'en distingue aucune trace sur les bords de la Lune. La scintillation exige donc que le diamètre apparent de la source lumineuse soit très faible; c'est une circonstance importante à signaler pour la théorie.

Dans les lunettes, la scintillation disparaît entièrement pour les planètes, dont l'angle apparent devient alors notable; elle conserve toute son intensité pour les étoiles et peut alors être observée d'une manière plus méthodique.

Une première méthode, due à Nicholson (¹), consiste à faire vibrer le tube de la lunette en le frappant à petits coups près de l'oculaire. L'image de l'étoile paraît alors décrire une sorte de courbe acoustique, qui dépend des vibrations de l'instrument, le long de laquelle on distingue les différentes variétés d'éclat et de teinte. Nicholson avait ainsi constaté jusqu'à trente changements de couleurs par seconde dans l'image de Sirius.

Nicholson emploie également une seconde méthode. On retire un peu l'oculaire de manière à viser en dehors du plan focal, auquel cas l'étoile paraît comme un disque circulaire. Cette image « a un tel genre de vacillations qu'on croirait voir un certain nombre de disques de couleurs différentes passer successivement les uns devant les autres ».

Arago enfonce, au contraire, l'oculaire de manière à viser le champ dans lequel le disque lumineux de l'étoile paraît percé d'une tache centrale noire (183); le déplacement nécessaire pour atteindre cette position est d'autant plus grand que l'objectif est plus diaphragmé. En continuant d'enfoncer l'oculaire, la lumière reparaît au centre de l'image; elle prend un éclat maximum pour une distance double, présente une nouvelle tache noire à une distance triple, etc.

Supposons d'abord l'oculaire réglé sur la première tache noire.

(¹) W. NICHOLSON, *Nicholson Journal*, t. XXXIV, p. 116; 1813.

« Quand l'étoile scintille légèrement, un petit point lumineux apparaît de temps en temps au milieu de la tache noire, comme si, dans cet instant, on avait légèrement enfoncé l'oculaire. Lorsque la scintillation est fréquente, les changements de cette espèce sont continuels ». Si l'oculaire vise le premier maximum qui suit, les variations d'éclat et de couleur sont plus vives et paraissent environ deux fois plus nombreuses.

Enfin M. Montigny ([1]), en observant le spectre de l'étoile, y a constaté un certain nombre de bandes qui se déplacent rapidement ou se déforment, tantôt sur toute l'étendue du spectre, tantôt sur certaines couleurs, plus souvent le bleu et le violet. Par la même disposition, M. Wolf ([2]) a reconnu que, dans une position déterminée du plan de dispersion voisine de la verticale, on voit courir sur le spectre, du rouge au violet, une série de larges bandes sombres transversales qui se succèdent avec une grande rapidité et avec une régularité parfois surprenante ; quelquefois cependant ces bandes semblent rétrograder du violet vers le rouge. Pour d'autres directions du plan de dispersion, les bandes s'inclinent sur le spectre et leur mouvement semble hélicoïdal ; en outre, des traits de lumière parcourent rapidement le spectre et des lignes noires longitudinales se déplacent irrégulièrement de haut en bas ou de bas en haut.

Ces différents modes d'observation permettent de constituer des *scintillomètres*, c'est-à-dire des appareils destinés à compter le nombre des variations par unité de temps ou les apparitions des différentes couleurs. Arago proposait, en particulier, de placer un peu au delà du plan focal un miroir tournant qui transformerait, pour la vision latérale, l'image de l'étoile en une bande lumineuse. M. Montigny, qui a fait une longue étude de la scintillation au point de vue de ses rapports avec l'état de l'atmosphère, place à la suite de l'oculaire un appareil qui transforme l'image en une circonférence ; cette courbe paraît composée d'arcs colorés, dont on apprécie facilement les modifications et les teintes.

---

[1] Ch. MONTIGNY, *Acad. Roy. de Belgique, Mém. des savants étrangers*, t. XXVIII, p. 14 ; 1856.

[2] C. WOLF, *Comptes rendus des séances de l'Académie des Sciences*, t. LXVI, p. 792 ; 1868.

Arago a indiqué, dès 1814, le principe d'une explication complète de la scintillation. Cette théorie a été exposée, avec plus de détails, dans une Communication ultérieure à l'Académie des Sciences (¹) et dans une Notice spéciale que renferme l'*Annuaire du Bureau des Longitudes* pour 1852; on peut la traduire de la manière suivante.

Il n'y a pas de distinction essentielle entre la vision à l'œil nu et l'observation dans les lunettes, l'image se formant sur la rétine comme dans le plan focal d'un instrument quelconque.

Lorsque la réfraction atmosphérique est régulière, les ondes lumineuses émanant d'une étoile sont sensiblement planes quand elles parviennent au système optique et produisent une tache centrale brillante au foyer principal.

Dès que la loi de variation des indices n'est plus la même pour les différents rayons utilisés, l'onde incidente cesse d'être plane; l'onde réfractée par l'objectif a changé de courbure, elle peut n'être plus sphérique et la déformation est variable d'une couleur à l'autre. Toutes les circonstances étant possibles, l'intensité au foyer primitif peut prendre toutes les valeurs intermédiaires, depuis zéro jusqu'au maximum.

La dispersion de l'air est assez faible pour que le retard optique relatif à chacune des vibrations composantes ou aux éléments de l'onde, rapporté à l'onde plane moyenne, soit à peu près indépendant de la longueur d'onde; la perte de phase correspondante est variable, au contraire, et le caractère du phénomène résultant dépend de la couleur.

Ces perturbations peuvent se reproduire à des intervalles très rapprochés, soit à cause du mélange imparfait des couches d'air, soit parce que le rayon se trouve sur le passage de masses inégalement échauffées ou riches en vapeur d'eau; on conçoit ainsi, sans préciser la forme des ondes à chaque instant, qu'il soit possible de rendre compte de toutes les apparences.

Si le retard optique était le même pour tous les rayons d'une tranche parallèle à un certain plan, il varierait proportionnellement à la distance de deux tranches voisines. Dans ce cas, l'effet

______

(¹) ARAGO, *Comptes rendus des séances de l'Académie des Sciences*, t. X, p. 83; 1840.

est le même que si l'on plaçait devant l'objectif un prisme dont l'arête serait perpendiculaire à la ligne de pente du plan considéré ; il en résulterait un simple déplacement de l'image sans colorations nouvelles. Ainsi peuvent s'expliquer les *ondulations* des étoiles qui se produisent quelquefois très brusquement et dans des azimuts quelconques.

Si les retards optiques sont distribués symétriquement par rapport à la direction moyenne du faisceau de lumière, l'onde émanant de l'objectif reste sphérique, comme par l'addition d'une lentille nouvelle ; le foyer est déplacé en avant ou en arrière et, avec lui, la position du point qui correspond à la première tache centrale noire. Le spectre de l'étoile présente alors des bandes sombres longitudinales.

Si les retards ne conservent plus que la symétrie par rapport à un plan, l'image présente nécessairement la même symétrie, mais elle est de forme différente pour chaque couleur. Un spectre dispersé dans le plan de symétrie doit montrer des bandes sombres transversales. Les bandes sont obliques pour tout autre azimut du plan de dispersion.

Enfin le cas d'une distribution arbitraire des retards est capable de donner lieu aux phénomènes les plus variés.

Il est facile de concevoir pourquoi la scintillation diminue ou disparaît quand les astres ont un angle apparent sensible, soit à l'œil nu pour les planètes principales, soit dans les lunettes pour les planètes plus petites. La section du faisceau de rayons par un plan donne toujours un disque entièrement lumineux, sans que les points noirs apparaissent, puisque chacun d'eux est caché par la zone lumineuse relative aux points voisins ; le trouble de l'atmosphère ne produit alors qu'une agitation de l'image. Les bords de la Lune observés dans une lunette paraissent ainsi tremblottants, comme si la lumière traversait la colonne d'air qui s'élève le long d'une surface verticale très échauffée.

La scintillation peut être réalisée artificiellement. Le phénomène est très net, par exemple, quand on observe la réflexion du Soleil sur les boules dorées qui surmontent certains clochers ou simplement sur une vitre assez éloignée pour que son angle apparent reste très faible.

On a quelquefois expliqué la scintillation par un simple phéno-

mène de réfraction ([1]), mais cette interprétation est comprise
dans la théorie d'Arago, qui envisage le problème d'une manière
générale en tenant compte des effets de diffraction, si importants
au voisinage des foyers.

M. Montigny fait intervenir également la réflexion totale de
certaines couleurs, sorte de mirage qui affecterait surtout les
rayons les plus réfrangibles et laisserait dans l'image un excès de
lumière rouge. Il n'est pas impossible que cette séparation des
couleurs par réflexion totale se manifeste dans des circonstances
particulières, mais elle exigerait une orientation toute spéciale des
couches d'égale densité; elle ne doit contribuer que pour une très
faible part au phénomène général.

La réfraction dans l'atmosphère peut encore faire apparaître les
étoiles sous la forme d'un petit spectre et augmenter ainsi l'intensité de la scintillation, mais cette action est très faible.

L'excès $n - 1$ et, par suite, la déviation du rayon ne changent
pas de $\frac{1}{10}$ entre les raies B et H. Pour une étoile vue à l'horizon,
l'étendue du spectre total serait inférieure à $1'$ et se réduirait à $30''$
environ pour les couleurs les plus importantes. La réfraction et
la dispersion deviennent six fois moindres quand l'étoile est seulement à $10°$ au-dessus de l'horizon, ce qui ne laisse plus que $5''$ ou $6''$
pour l'étendue du spectre.

Dans une lunette dont l'objectif a 14^{cm} de diamètre, la tache
centrale (214) sous-tend un angle de $2''$; l'image est alors manifestement irisée. Si l'on réduit l'ouverture de l'instrument pour rendre
la scintillation plus apparente, la tache centrale s'élargit et ne
tarde pas à faire disparaître les couleurs de dispersion.

([1]) K. EXNER, *Ueber die Scintillation*. Wien, 1891.

CHAPITRE XVIII.
PROPRIÉTÉS OPTIQUES DE L'AIR.

ABSORPTION ATMOSPHÉRIQUE.

725. *Caractères généraux.* — Dans les expériences photo-métriques sur la lumière totale des astres transmise par l'atmo-sphère (704), l'absorption peut être représentée par un coef-ficient moyen commun à toutes les couleurs, mais ce n'est là qu'une première approximation très éloignée de la vérité quand on veut étudier la composition de la lumière transmise.

Il existe d'ailleurs deux espèces d'absorption de natures entière-ment différentes. L'une d'elles est *spécifique*; elle tient à la na-ture des gaz et s'exerce de préférence sur certaines longueurs d'onde particulières. Si les radiations qui subissent une absorp-tion exceptionnelle varient d'une manière discontinue, le spectre présente des raies d'absorption, d'origine atmosphérique, plus ou moins noires suivant l'épaisseur du milieu traversé, analogues aux raies obscures du spectre solaire : telles sont, par exemple, les raies dues à la vapeur d'eau, qu'on appelle quelquefois *rain bands* ou raies de pluie. Dans la plupart des cas, le coefficient d'absorption est maximum pour une longueur d'onde déterminée et diminue ensuite d'une manière continue pour les radiations voisines; le spectre présente alors des minima d'intensité, sous forme de bandes plus larges, avec des variations inégales à droite et à gauche. Ces bandes existent déjà dans le rouge, au voisinage des raies A, *a*, B et C (*Pl. I, fig.* 1 et 2), mais elles sont surtout remarquables dans toute l'étendue du spectre calorifique.

La seconde espèce d'absorption peut être appelée *mécanique;* elle est due aux corpuscules de nature étrangère, en suspension dans l'air, et qui produisent une diffraction générale. Dans ce cas, l'af-faiblissement graduel du rayonnement direct dépend du rapport

M. — III.   23

qui existe entre les dimensions des corpuscules et la longueur d'onde ; l'intensité dans le spectre varie d'une manière continue.

Lorsque l'absorption présente ainsi des inégalités, quelle qu'en soit la cause, il est facile de comprendre que, dans un milieu de constitution homogène, l'effet total produit par une série de couches de même épaisseur diminue de plus en plus. Les radiations les plus absorbées disparaissent, en effet, rapidement dans les premières couches et le coefficient moyen d'absorption dans une couche nouvelle est intermédiaire aux valeurs extrêmes des coefficients relatifs aux radiations persistantes ; ce coefficient moyen diminue ainsi progressivement et tend vers la valeur qui convient aux radiations les plus transmissibles.

Soient, en effet, A, A', A'', ... les intensités primitives d'une série de radiations simples ; α, α', α'', ... les coefficients d'absorption quand on évalue l'épaisseur de l'air en atmosphères. Après avoir traversé une couche d'épaisseur x, l'intensité totale I du faisceau a pour expression (222)

$$I = Ae^{-\alpha x} + A'e^{-\alpha' x} + \ldots = \Sigma A e^{-\alpha x}.$$

La perte d'intensité $- dI$ dans une couche nouvelle dx est

$$- \frac{dI}{dx} = A\alpha e^{-\alpha x} + A'\alpha' e^{-\alpha' x} + \ldots = \Sigma A \alpha e^{-\alpha x};$$

le coefficient moyen d'absorption μ devient alors

$$\mu = - \frac{1}{I} \frac{dI}{dx} = \frac{\Sigma A \alpha e^{-\alpha x}}{\Sigma A e^{-\alpha x}},$$

et le coefficient moyen de transmission est

$$m = e^{-\mu}.$$

La variation du coefficient μ avec l'épaisseur est donc

$$\frac{d\mu}{dx} = \frac{\left(\dfrac{dI}{dx}\right)^2 - I \dfrac{d^2 I}{dx^2}}{I^2} = \frac{(\Sigma A \alpha e^{-\alpha x})^2 - \Sigma A e^{-\alpha x} \Sigma A \alpha^2 e^{-\alpha x}}{I^2}.$$

Représentant par B le produit $A e^{-\alpha x}$, le numérateur peut s'écrire $(\Sigma B\alpha)^2 - \Sigma B . \Sigma B\alpha^2$ et l'on a évidemment

$$(B + B' \ldots)(B\alpha^2 + B'\alpha'^2 \ldots) - (B\alpha + B'\alpha' \ldots)^2 = \Sigma BB'(\alpha - \alpha')^2,$$

$$I^2 \frac{d\mu}{dx} = - \Sigma AA'(\alpha - \alpha')^2 e^{-(\alpha + \alpha')x}.$$

Les différents termes de la série comprise sous le signe Σ sont essentiellement positifs, de sorte que le coefficient moyen d'absorption diminue, à mesure que l'épaisseur x du milieu augmente, d'autant plus rapidement que les coefficients particuliers α, α', α'', … sont plus différents, et tend vers leur moindre valeur β; le coefficient moyen de transmission m croît, au contraire, et tend vers $e^{-\beta}$.

Le coefficient moyen μ_0 aux limites de l'atmosphère s'obtiendrait en faisant $x = o$, ce qui donne

$$\mu_0 = \frac{\Sigma A\alpha}{\Sigma A} = \frac{A\alpha + A'\alpha' + A''\alpha'' + \ldots}{A + A' + A'' + \ldots};$$

il ne pourrait être obtenu que si l'on déterminait séparément les coefficients relatifs à chacune des radiations élémentaires.

Cette propriété se vérifie aisément pour les milieux colorés. Les dissolutions très étendues de *permanganate de potasse*, par exemple, produisent dans la région jaune du spectre un groupe de cinq raies assez étroites; à mesure qu'on augmente la richesse du liquide ou qu'on ajoute de nouvelles épaisseurs, ces raies s'élargissent et deviennent plus sombres, puis empiètent l'une sur l'autre et forment une large bande sombre estompée sur les bords; les portions voisines s'affaiblissent très lentement, de sorte que l'absorption moyenne de la lumière résiduelle dans une nouvelle couche de liquide diminue de plus en plus.

Desains (¹) avait reconnu déjà que l'action des milieux absorbants sur le faisceau calorifique pris dans une étendue même très restreinte du spectre varie avec l'origine du faisceau primitif, suivant qu'il provient de la lumière solaire ou d'une source artificielle, c'est-à-dire qu'il a déjà subi ou non une première absorption élective.

(¹) P. Desains, *Comptes rendus des séances de l'Académie des Sciences*, t. LXVII, p. 297; 1868.

Au voisinage des bandes d'absorption du spectre solaire calorifique, M. Langley [1] a constaté les mêmes apparences que dans le spectre du permanganate de potasse. Ces bandes sont d'autant plus larges que la couche d'air a été plus épaisse, et le coefficient moyen d'absorption dans une région déterminée diminue progressivement. Si l'on considère, par exemple, quatre radiations voisines de même intensité primitive, situées dans une bande d'absorption et dont les coefficients de transmission soient $\frac{3}{4}$, $\frac{1}{4}$, $\frac{1}{2}$, $\frac{9}{10}$, les intensités transmises par des épaisseurs croissantes sont respectivement

Deux atmosphères....	0,5625	0,0625	0,25	0,81
Trois »	0,4219	0,0156	0,125	0,729
Quatre »	0,3164	0,0039	0,0625	0,6561

Les coefficients moyens de transmission dans la première, la deuxième, la troisième et la quatrième atmosphère deviennent alors

$$m_1 = 0,60; \qquad m_2 = 0,7042; \qquad m_3 = 0,7642; \qquad m_4 = 0,8044;$$

ils tendent vers la valeur 0,9 qui convient à la radiation pour laquelle le milieu est plus transparent.

726. *Constante solaire.* — On désigne sous le nom de *constante solaire* C la quantité de chaleur que le rayonnement du Soleil verserait pendant une minute sur une surface de 1^{cq} située aux limites de l'atmosphère. On ne peut déterminer cette constante que par la comparaison des quantités de chaleur que reçoit un instrument exposé au rayonnement solaire dans deux conditions différentes où l'épaisseur d'air traversée soit très inégale; la différence des quantités de chaleur observées représente l'énergie perdue dans la couche d'air supplémentaire, quand on passe d'une observation à l'autre. Si le rayonnement était homogène, on en déduirait le coefficient d'absorption et, par suite, l'intensité du faisceau primitif.

Les quantités de chaleur recueillies sur une surface S étant Q et Q′, pour les épaisseurs d'air x et x', μ le coefficient d'absorption

---

[1] S.-P. LANGLEY, *National Acad. of Sciences*, t. IV, p. 167; 1886.

et m le coefficient de transmission, on a

$$Q = CS e^{-\mu x} = CS\,m^x, \qquad Q' = CS\,m^{x'};$$

$$\frac{Q}{Q'} = \left(\frac{1}{m}\right)^{x-x'}, \qquad CS = Q\left(\frac{Q}{Q'}\right)^{\frac{x}{x'-x}} = Q'\left(\frac{Q}{Q'}\right)^{\frac{x'}{x'-x}}.$$

Toutefois, le nombre ainsi obtenu ne représente la constante solaire que d'une manière approximative, d'après ce qui précède, quand on observe le phénomène en bloc sans étudier les propriétés de chacune des radiations élémentaires. Le coefficient moyen de transmission m déterminé par ces expériences est toujours trop grand, de sorte que le rapport des quantités de chaleur $\frac{Q}{Q'}$ est trop faible, ainsi que la valeur qui en résulte pour la constante solaire. Il est bon d'ajouter que le résultat est d'autant plus voisin de la vérité que l'épaisseur initiale x est plus petite, ce qui permettra de faire un choix parmi les méthodes d'observation.

Quel que soit l'appareil employé, les observations doivent être corrigées des pertes de chaleur inévitables. On peut opérer de deux manières, soit par l'étude des températures variables, soit par l'excès stationnaire, auquel cas le gain de chaleur est compensé à chaque instant par les pertes de toute nature.

Dans la première méthode, on note de minute en minute les accroissements successifs θ de température, sous l'action du Soleil, puis on abrite l'appareil par un écran et l'on observe l'abaissement θ' par minute pour la même température. L'échauffement T par minute que l'on aurait dû observer est

$$T = \theta + \theta'.$$

En réalité, on étudie les variations continues de l'échauffement et du refroidissement par une série d'observations alternatives, avant et après l'exposition au Soleil, et l'on doit obtenir, dans toutes les épreuves, une valeur constante de T.

La correction est encore plus complète si l'on traduit les températures successives en fonction du temps par une formule ou par un procédé graphique, ce qui permet de calculer les vitesses V et V' d'échauffement et de déperdition relatives à une même température; on a alors ([1])

$$T = V + V'.$$

Quand on observe les températures stationnaires, le terme V est nul et il suffit de déterminer la vitesse V' de refroidissement correspondante.

Enfin, si l'on désigne par M la valeur en eau des organes qui participent aux variations de température, la chaleur totale reçue par minute est

$$Q = MT.$$

La surface S qui reçoit le rayonnement solaire est rendue aussi absorbante que possible, mais on n'est jamais assuré qu'aucune portion de chaleur n'est perdue par réflexion. Cette cause d'erreur, sans altérer le rapport des quantités de chaleur Q et Q' relatives à deux expériences, diminue chacune d'elles et par suite, la valeur calculée pour la constante solaire.

La détermination de la constante solaire a fait l'objet d'un grand nombre de recherches.

De Saussure ([2]) employait, sous le nom d'*héliothermomètre*, un thermomètre à boule noircie placé dans une boîte en liège couverte à l'intérieur de noir de fumée, la paroi exposée au Soleil étant formée par des lames de verre. L'observation a montré que l'échauffement stationnaire du thermomètre et, par suite, la chaleur solaire croît avec l'altitude, mais il est difficile d'analyser le phénomène parce que la température de l'enceinte varie en même temps et que les lames de verre enlèvent une partie importante de la chaleur qui pourrait atteindre le thermomètre.

Dans l'*actinomètre* d'Herschel ([3]), de construction analogue, le liquide du thermomètre est une solution de sulfate de cuivre ammoniacal. Cet instrument, employé par Herschel au cap de Bonne-Espérance, puis par Forbes ([4]) et Kaemtz, dans une longue série de recherches en Suisse, présente les mêmes défauts. La

---

([1]) P. Desains, *Comptes rendus des séances de l'Académie des Sciences*, t. LXXVIII, p. 1456; 1874.

([2]) Th. de Saussure, *Voyage dans les Alpes*, t. IV, p. 88 et 227. Neuchâtel, 1803.

([3]) J. Herschel, *Edinb. Journ. of Sc.*, t. III, p. 107; 1825.

([4]) J.-D. Forbes, *Phil. Trans. L. R. S.*, Pt II, p. 225; 1842.

présence des lames de verre, la réflexion partielle sur la surface extérieure du thermomètre et l'imparfaite absorption par le sulfate de cuivre sont encore des causes d'erreur que l'on ne peut éliminer, même en observant dans chaque cas la loi de refroidissement.

De Gasparin (¹) se servait d'une boule mince de cuivre, noircie à l'extérieur, dans le centre de laquelle était le réservoir du thermomètre. Arago avait aussi recommandé l'emploi de thermomètres conjugués, enfermés dans une ampoule de verre purgée d'air, et dont l'un des réservoirs est enfermé. Ce sont des instruments qualitatifs, intéressants pour les observations courantes, mais impropres à déterminer la constante solaire.

Pouillet (²) améliora d'abord l'héliothermomètre de Saussure en maintenant l'enceinte à la température de zéro et laissant arriver la radiation solaire sur le thermomètre par une ouverture libre pratiquée dans la paroi de l'enceinte. Toutefois il n'en fit guère usage et s'arrêta à deux instruments particuliers, le *pyrhéliomètre direct* et le *pyrhéliomètre à lentille*.

La présence d'une lentille dans le second instrument permet d'augmenter la quantité de chaleur reçue par le thermomètre, mais elle altère le faisceau primitif.

Le pyrhéliomètre direct est formé d'une boîte plate à parois très minces, en argent ou plaqué d'argent, noircie sur l'une des faces, et contenant de l'eau dans laquelle plonge le réservoir d'un thermomètre à mercure; l'appareil est porté par un bras et dirigé de façon que la surface noire puisse recevoir normalement la lumière solaire.

L'étude de l'échauffement et du refroidissement, suivant que l'appareil est éclairé ou protégé par un écran, permet de déterminer l'élévation de température T qui correspondrait à la seule action du Soleil pendant une minute.

Une difficulté particulière tient à la faible conductibilité de l'eau; le liquide de la boîte, même quand l'on a soin de l'agiter

---

(¹) De Gasparin, *Comptes rendus des séances de l'Académie des Sciences*, t. XXXVI, p. 974; 1853.

(²) Pouillet, *Éléments de Physique expérimentale et de Météorologie*, 1ʳᵉ édition, t. II, p. 703; 1830. — *Comptes rendus des séances de l'Académie des Sciences*, t. VII, p. 24; 1838.

pendant l'observation, ne prend pas toute la chaleur que reçoit la paroi échauffée et ne se met pas en équilibre de température. Les indications du thermomètre sont toujours en retard et la température continue de s'élever après l'interposition de l'écran ; il paraît difficile de corriger cet effet avec sécurité.

Enfin l'instrument est exposé à l'air libre et l'on doit vérifier, avec des soins minutieux, que les conditions de refroidissement sont les mêmes dans les périodes d'observation qui séparent les éclairages directs.

Pour obtenir des épaisseurs d'air variables, Pouillet faisait une série d'observations dans le cours d'une belle journée en calculant par l'hypothèse d'une densité constante (704) les épaisseurs d'air x correspondant aux différentes distances zénithales. Tant que le Soleil est assez éloigné de l'horizon, on peut admettre simplement que cette épaisseur est en raison inverse du cosinus de la distance zénithale.

Si le coefficient m de transmission est une constante, la suite des observations doit satisfaire à la condition

$$\left(\frac{Q'}{Q}\right)^{\frac{1}{x'-x}} = \left(\frac{Q''}{Q'}\right)^{\frac{1}{x''-x'}} = \ldots = m.$$

Les nombres cités par Pouillet vérifient assez exactement cette relation et conduisent pour la constante solaire, mesurée en petites calories (1^{gr} d'eau et $1°$C.), à la valeur $1,763$.

L'expérience n'est possible d'ailleurs que par les journées d'une pureté exceptionnelle, parce que les couches d'air voisines du sol sont moins transparentes, à cause des buées ou des impuretés de toute nature qu'elles tiennent en suspension, et que leur importance relative croît avec la distance zénithale. On doit donc se borner aux observations faites au milieu de la journée et le contrôle de la théorie est alors insuffisant.

Il se produit d'ailleurs dans la constitution de l'atmosphère, en particulier dans sa richesse en vapeur d'eau, des changements si importants pendant le cours de la journée, ou même dans l'intervalle de quelques heures, que les expériences successives sont difficilement comparables.

Forbes exprime, au contraire, la quantité de chaleur reçue par la formule empirique

$$(1) \qquad Q = q + pr^x = q + pe^{-\rho x}.$$

Dans ce cas, trois observations différentes sont nécessaires pour déterminer les constantes q, p et r.

L'expression (1) signifie que l'on considère le faisceau Q comme formé de deux parties, l'une q qui se transmet sans altération et l'autre p qui s'affaiblit d'une manière continue ([1]). Le coefficient moyen d'absorption serait

$$\mu = -\frac{1}{Q}\frac{dQ}{dx} = \frac{p\rho e^{-\rho x}}{q + pe^{-\rho x}} = \frac{p\rho}{p + qe^{\rho x}}.$$

A mesure que l'épaisseur augmente, le faisceau transmis tend vers une constante q et le coefficient d'absorption vers zéro. Ce coefficient doit, en effet, aller en diminuant, mais les valeurs extrêmes sont inadmissibles et la formule ne peut convenir au voisinage de l'horizon.

Les observations faites à Brienz et sur le Faulhorn permettaient de calculer le coefficient de transmission dans une atmosphère, soit par les nombres obtenus au même point pour différentes distances zénithales, soit par la combinaison des résultats relatifs aux deux stations. Forbes a ainsi trouvé, suivant le mode de calcul :

Faulhorn............	0,6848	ou 0,7544
Faulhorn et Brienz..	0,6842	
Brienz...............	0,7602	ou 0,7827

Les premiers nombres montrent nettement que le coefficient de transmission est plus élevé quand on le déduit des seules observations de Brienz où l'épaisseur initiale était plus grande.

M. Soret ([2]) a fait usage de l'héliothermomètre de Pouillet, avec une enceinte à zéro et une ouverture de 2^{cm} suffisante pour que le thermomètre fût couvert par le faisceau solaire. Il obser-

---

([1]) On dit quelquefois que le premier terme q représente la chaleur lumineuse et le suivant la chaleur obscure ; il est clair que rien n'autorise à faire cette séparation. M. Radau a constaté (*Actinométrie*, Gauthier-Villars, 1877) que les résultats obtenus par un grand nombre d'observateurs se représentent d'une manière très satisfaisante en donnant au coefficient r la valeur constante $\frac{2}{3}$.

([2]) J.-L. SORET, *Comptes rendus des séances de l'Académie des Sciences*, t. LXV, p. 526 ; 1867, et t. LXVI, p. 810 ; 1868.

vait les températures stationnaires et avait déterminé, par une série d'observations préalables, la vitesse de refroidissement V' relative à différentes pressions. Ces expériences ont conduit à plusieurs résultats intéressants.

Pour une même distance zénithale, comprise entre 60° à 65°, les températures stationnaires, corrigées de l'influence de la pression, ont été :

$$
\begin{array}{ll}
\text{Genève, } 400^m \dots\dots\dots\dots\dots\dots & 15,34 \\
\text{Glacier des Bossons, } 2500^m \dots\dots & 17,32 \\
\text{Mont Blanc, } 4800^m \dots\dots\dots\dots & 18,62
\end{array}
$$

Le rayonnement croît avec l'altitude, mais les observations ayant été faites à des époques différentes, dans des conditions atmosphériques nécessairement inégales, on ne peut guère en déduire la loi d'absorption.

Pour une même épaisseur d'air, dans des conditions aussi comparables que possible, l'élévation de température croît avec l'altitude; on a trouvé, en effet :

$$
\begin{array}{ll}
\text{Genève} \dots\dots\dots\dots\dots\dots\dots & 14° \\
\text{Grands Mulets} \dots\dots\dots\dots\dots & 15°,26
\end{array}
$$

L'absorption dans les couches inférieures est donc prédominante et l'effet total ne peut être représenté par une simple formule exponentielle.

Enfin la comparaison des observations faites à Genève et sur le mont Salève (1250^m) ont montré que la fraction de chaleur solaire transmissible dans une couche d'eau de 5^{cm} d'épaisseur croît avec la hauteur du Soleil et l'altitude de la station. L'atmosphère intercepterait donc la lumière en plus forte proportion que les rayons absorbables par l'eau; toutefois le phénomène est trop complexe pour qu'on puisse l'analyser par une expérience aussi sommaire.

M. Violle [1] constitue l'enceinte de l'actinomètre (ou héliothermomètre) par une double enveloppe sphérique renfermant de l'eau. Dans le centre est la boule enfumée du thermomètre, dont

---

[1] J. VIOLLE, *Comptes rendus des séances de l'Académie des Sciences*, passim; 1874 à 1878. — *Ann. de Chim. et de Phys.* [6], t. X, p. 289; 1877, et t. XVII, p. 391; 1879.

la surface de grand cercle S est déterminée avec soin, et une petite ouverture ménagée dans les parois de l'enceinte permet de laisser arriver librement le faisceau solaire sur ce réservoir. La température des parois de l'enceinte étant bien connue par celle de l'eau, les pertes de chaleur sont plus régulières. On détermine la loi de refroidissement avant et après l'action solaire, quand l'ouverture latérale est couverte, et la loi d'échauffement sous l'influence directe du Soleil ; on en déduit facilement la quantité de chaleur reçue par l'instrument.

Il est vrai que le thermomètre est éclairé, non seulement par le Soleil, mais aussi par la région voisine du ciel, et que les conditions du refroidissement sont un peu modifiées, suivant que l'ouverture est libre ou cachée par un écran ; cette cause d'erreur variant avec les dimensions de l'ouverture, on a vérifié par l'emploi d'ouvertures différentes qu'elle reste de l'ordre des erreurs de lecture et peut être négligée.

Pour utiliser dans de meilleures conditions les variations de l'épaisseur d'air avec la distance zénithale du Soleil, M. Violle a fait plusieurs séries d'observations en Algérie pendant l'hiver, aux environs de Biskra ou de Laghouat. L'atmosphère transparente et sèche du désert à cette époque de l'année permet d'obtenir des résultats plus comparables ; les nombres obtenus se représentent à peu près également bien par la formule de Pouillet ou celle de Forbes et conduisent à la valeur $2,40$ ou $2,42$ pour la constante solaire.

Les observations de montagne ont l'avantage de diminuer l'épaisseur d'air initiale. On peut, en outre, par la connaissance des conditions météorologiques et la comparaison des résultats obtenus simultanément à des altitudes différentes, considérer séparément l'effet dû à l'air sec et celui qui provient de la vapeur d'eau, dont le pouvoir absorbant est considérable. Cette manière de diriger les opérations n'est pas encore entièrement satisfaisante, puisque le spectre d'absorption de la vapeur d'eau renferme des bandes localisées, mais elle constitue un progrès important et permet au moins d'approcher davantage de la théorie.

Supposons d'abord qu'en deux stations d'altitudes différentes, où les pressions barométriques sont B' et B'' et les tensions de vapeur f' et f'', on ait observé, au même instant, des quantités de chaleur Q' et Q''. La couche intermédiaire absorbe la chaleur par l'air et par la vapeur d'eau; on peut admettre que la distribution de vapeur est uniforme avec une tension moyenne $\dfrac{f'+f''}{2}$; les masses d'air et de vapeur suivant la verticale, abstraction faite des corrections de température, sont respectivement proportionnelles aux pressions

$$H = B'' - B' - \frac{f'+f''}{2}, \qquad h = \frac{f'+f''}{2}.$$

La hauteur réduite de l'atmosphère relative à la distance zénithale z du Soleil étant ε ou $\sec z$, la quantité de chaleur Q'' observée à la station inférieure se déduira de Q' par une expression de la forme

$$Q'' = Q' e^{-\frac{\alpha H + \alpha' h}{\cos z}},$$

$$\alpha H + \alpha' h = \alpha(B'' - B') + (\alpha' - \alpha)\frac{f'+f''}{2}.$$

On obtiendra ainsi, par trois stations,

$$(2)\quad\begin{cases} \cos z\, l.\dfrac{Q'}{Q''} = \alpha(B'' - B') + (\alpha' - \alpha)\dfrac{f'+f''}{2}, \\[2ex] \cos z\, l.\dfrac{Q}{Q''} = \alpha(B'' - B) + (\alpha' - \alpha)\dfrac{f+f''}{2}; \end{cases}$$

ces deux équations déterminent les coefficients α et α'.

D'autre part, si l'une des stations (B, f) est assez élevée pour que la tension de vapeur d'eau y soit extrêmement faible, on peut admettre une loi quelconque de distribution de cette vapeur dans les couches supérieures, par exemple une proportion constante moitié moindre. La quantité de chaleur Q, ramenée à l'unité de surface, s'exprimera alors en fonction de la constante solaire par la relation

$$(3)\qquad\qquad \cos z\, l.\frac{C}{Q} = \alpha B + (\alpha' - \alpha)\frac{f}{2}.$$

Dans les observations de M. Violle au mont Blanc, les trois stations étaient le sommet (4810^{m}), les Grands Mulets (3050^{m}) et le bas du glacier des Bossons (1200^{m}).

Les trois observations n'ont pas été simultanées, mais elles étaient faites par groupes de deux, avec des appareils semblables, le premier jour au sommet et à la station basse, le lendemain à cette dernière et aux Grands Mulets. Les conditions météorologiques avaient changé dans l'intervalle, mais les équations (2) pouvaient être appliquées séparément aux deux groupes, avec les valeurs correspondantes de la pression et de la tension de vapeur, et l'équation (3) détermine ensuite la constante solaire. Les expériences directes ont donné :

$$
\begin{array}{lll}
 & & Q \\
\text{16 août } (10^h 22^m). & \left\{ \begin{array}{l} \text{Cime du mont Blanc....} \\ \text{Glacier des Bossons ....} \end{array} \right. & \begin{array}{l} 2,392 \\ 2,022 \end{array} \\
\text{17 août } (10^h 40^m). & \left\{ \begin{array}{l} \text{Grands Mulets ....} \\ \text{Glacier des Bossons ....} \end{array} \right. & \begin{array}{l} 2,057 \\ 1,817 \end{array}
\end{array}
$$

Le second groupe d'observations a été ramené au premier par un calcul équivalent à celui que nous avons indiqué, mais de forme un peu différente ; on a ainsi trouvé :

	Altitudes	Q.	$\dfrac{Q}{C}$	p.
	m			
Limite de l'atmosphère..	»	2,54	1	»
Cime du mont Blanc....	4810	2,392	0,94	1,01
Grands Mulets.........	3050	2,262	0,89	0,98
Glacier des Bossons.....	1200	2,022	0,79	0,87
Cote de Paris..........	62	1,745	0,68	0,77

Les nombres de la dernière colonne p représentent le rapport des quantités de chaleur transmises par la vapeur d'eau et par l'air, dans les circonstances météorologiques relatives au jour des observations. On voit par là quelle est l'importance de la vapeur d'eau, puisque les $\frac{5}{6}$ de la chaleur absorbée dans le dernier cas sont dus à l'humidité de l'air ; les résultats doivent donc varier dans des limites très étendues suivant l'état de l'atmosphère.

M. Crova [1] emploie un pyrhéliomètre de Pouillet, dont la boîte est en acier et renferme du mercure. Pour rendre la couche absorbante plus efficace, la surface extérieure de la boîte est d'abord galvanisée, puis recouverte par électrolyse d'une couche

---

[1] A. Crova, *Comptes rendus des séances de l'Académie des Sciences*, passim ; 1875 à 1891. — *Ann. de Chim. et de Phys.* [5], t. XI, p. 433 ; 1877, t. XIX, p. 167 ; 1880 et [6], t. XIV, p. 121 et 541 ; 1888. — A. Crova et Houdaille, *Ibid.* [6], t. XXI, p. 188 ; 1890.

de cuivre rugueux, sur lequel on dépose du noir de platine, et cette surface est ensuite enfumée à la flamme d'une bougie.

Les observations ont montré encore que les résultats obtenus aux différentes heures de la journée ne peuvent pas être représentés par une simple exponentielle en fonction de l'épaisseur de l'atmosphère. La sous-tangente de la courbe $y = A e^{-\alpha x}$ a pour expression $\dfrac{y}{y'} = -\dfrac{1}{\alpha}$; cette quantité devrait être constante, mais le tracé graphique des observations, en prenant les quantités de chaleur pour ordonnées et les épaisseurs d'air pour abscisses, semble indiquer que la sous-tangente varie proportionnellement à l'épaisseur, de sorte que l'on peut écrire

$$y = -y'(c + px);$$

il en résulte

$$p\frac{y'}{y} = -\frac{p}{c + px}, \qquad y^p = \frac{A}{c + px}.$$

Les constantes c et p se déterminent graphiquement par les sous-tangentes de la courbe diurne et la constante A est la moyenne des valeurs sensiblement concordantes du produit $y^p(c + px)$. La constante solaire s'obtiendra en faisant $x = 0$, ce qui donne

$$C = \sqrt[p]{\frac{A}{c}},$$

L'expression plus simple

$$y = \frac{C}{(1 + x)^m},$$

qui ne renferme plus que deux constantes C et m, a paru également satisfaire aux observations.

Dans les deux cas, l'intensité du faisceau transmis tend vers zéro, à mesure que l'épaisseur augmente, ce qui est un avantage sur la formule de Forbes; mais le coefficient moyen d'absorption, $\dfrac{1}{c + px}$ ou $\dfrac{m}{1 + x}$, tend cette fois vers zéro et l'on ne peut guère admettre que l'air soit absolument transparent pour une radiation quelconque. Si l'une ou l'autre de ces formules peut suivre la marche du phénomène, au moins tant que la distance zénithale n'est pas trop grande, elles deviendraient inexactes pour le voi-

sinage de l'horizon; il est vrai que les causes d'erreur sont alors
très nombreuses et rendraient les observations illusoires.

Les valeurs de la constante solaire ainsi obtenues à Montpellier
en 1875 et 1876 ont varié de 1,898 à 2,323. Dans d'autres expériences, la constante solaire était comprise entre 1,886 et 2,7
pour la station de Montpellier, entre 1,972 et 2,903 pour le
sommet du mont Ventoux. La valeur déduite des observations
croît donc avec l'altitude, ce qui est conforme à la théorie.

Il est d'ailleurs très rare que les résultats d'une même journée
puissent se traduire par une courbe continue. A l'aide d'un actinomètre enregistreur, dont la partie essentielle est formée par un
couple thermo-électrique fer-cuivre ou fer-maillechort, M. Crova
a constaté que la courbe des quantités de chaleur reçues par l'instrument présente de grandes variations, une dissymétrie notable
de part et d'autre des observations de midi et des abaissements
plus ou moins brusques, qui tiennent à l'existence dans l'air de
nuages légers, de cirrus ou même de troubles invisibles.

Ces accidents ont un grand intérêt au point de vue météorologique, mais on doit les écarter dans une étude relative à la chaleur
solaire; la marche normale du phénomène serait représentée par
une courbe enveloppe comprenant tous les maxima de la courbe
expérimentale. En calculant par l'aire de ces courbes la quantité
totale de chaleur solaire qui tombe sur le sol dans le cours de la
journée, on a trouvé ainsi, pour la station de Montpellier :

	Chaleur reçue.	Chaleur normale.
4 janvier 1876......	161^{cal},2	535^{cal}
11 juillet 1876.......	574^{cal},1	876^{cal},4

Dans une série d'observations faites sur le mont Whitney à
l'altitude de 14000 pieds (4270^m), M. Langley [1] fit usage des
différentes méthodes. Les résultats n'ont pas paru bien satisfai-
sants avec le pyrhéliomètre, tandis que leur marche était beaucoup
plus régulière avec un actinomètre muni d'une enceinte à eau.

Nous reproduirons, à titre de renseignement, les principales
valeurs obtenues par différents observateurs :

---

[1] S.-P. LANGLEY, *Profess. papers of the signal service*, n° XV; 1884.

Constante solaire.

Pouillet. Pyrhéliomètre		1,76
Forbes. Brienz et Faulhorn		2,85
Violle. {	Algérie	2,42
	Mont Blanc	2,54
Grova. {	Montpellier	1,898 à 2,323
	Mont Ventoux	1,971 à 2,903
Langley. {	Pyrhéliomètre	2
	Actinomètre à enceinte	3
Pernter ([1]). Sur le Sonnblick		3,28
Savelief ([2]). A Kief		2,86 à 3,5
Angström ([3]). Actinomètre spécial		4

La conclusion générale paraîtra sans doute que ces méthodes
sont insuffisantes pour faire connaître la valeur réelle de la constante solaire. Comme toutes les causes d'erreur tendent à donner
un nombre trop faible, il est probable que la valeur réelle est
voisine de 3, mais on n'a qu'une idée très insuffisante de l'ordre
d'erreur que comporte cette évaluation.

Remarquons encore que la quantité de chaleur versée sur la Terre
par minute est $\pi R^2 C$, par jour $\pi R^2 C . 24.60$, ce qui donne $360 C$ pour
chaque centimètre carré de la surface. Cette quantité de chaleur suffirait pour fondre une épaisseur de glace de $\dfrac{360}{79,25} C = C . 4^c,5426$
ou, pendant le cours de l'année, l'épaisseur de

$$C.4^c,5426 \times 365,26 = C.16^m,592.$$

Si la constante solaire est de 3 calories, la chaleur reçue par la
Terre dans le cours de l'année est capable de fondre une couche
de glace répandue uniformément sur la surface et de $49^m,78$ ou
50^m d'épaisseur.

727. *Coefficients d'absorption.* — L'incorrection des méthodes ne permet pas non plus de connaître le coefficient de

([1]) J.-M. Pernter, *Sitzungsberichte der K. Akad. der Wissenschaften in
Wien*, t. XCVII. Abth. II, p. 1562; 1888.
([2]) R. Savelief, *Ann. de Chim. et de Phys.* [6], t. XVIII, p. 462; 1889, et
t. XXV, p. 567; 1892.
([3]) K. Angström, *Wied. Ann.*, t. XXXIX, p. 297; 1890.

transmission, dans différentes épaisseurs d'air, de l'énergie totale du rayonnement solaire. Les évaluations données pour la transmission dans une atmosphère varient de 0,61 à 0,77 et les écarts doivent être en réalité beaucoup plus grands.

Si l'on considère seulement l'ensemble des radiations lumineuses, le coefficient moyen de transmission est également variable, quoique entre des limites moins écartées ; à part les erreurs d'expérience, il est donc naturel que les nombres obtenus par différents observateurs soient un peu plus concordants.

Voici les principaux résultats :

Action d'une atmosphère sur la lumière.

	Transmission.	Absorption.	Coefficient d'absorption.
Bouguer................	0,812	0,188	0,2083
Seidel	794	206	2307
Pritchard(1)(Le Caire).	843	157	1708
» (Oxford)..	791	209	2345
G. Müller (2).........	825	175	1924
Langley (3)(Etna).....	88	12	1279
Abney (Riffel)........	84	16	1744

Dans les conditions habituelles, quand la lumière arrive jusqu'à la surface du sol, la transmission par une atmosphère est donc d'environ $\frac{4}{5}$ et l'absorption $\frac{1}{5}$.

728. *Influence de la longueur d'onde.* — Si l'on fait abstraction des absorptions spécifiques qui produisent les raies ou bandes localisées, la transparence de l'atmosphère est une fonction continue de la longueur d'onde.

Dans une longue série d'expériences faites à Allegheny sur la lumière solaire, M. Langley (4) détermina, par l'emploi du bolomètre, les intensités relatives de différentes régions du spectre suivant la hauteur du Soleil. On en déduit facilement les coefficients de transmission $a = e^{-\alpha}$ relatifs à une atmosphère. Les résultats

---

(1) PRITCHARD, *Mem. of the R. Astr. Soc.*, t. XLVII, p. 416; 1883.

(2) G. MULLER, *Potsdam Astrophys. Observ. Publ.*, t. III, p. 291; 1883.

(3) S.-P. LANGLEY, *Amer. Journ. of. Sc.* [3], t. XX, p. 33; 1880.

(4) S.-P. LANGLEY, *Professional papers of the signal service*, n° XV, p. 151 et 143; 1884.

sont d'ailleurs très variables avec les conditions locales, comme on le voit par les valeurs de ρ, qui représentent le rapport moyen des intensités obtenues, au voisinage de midi, pendant l'hiver et le printemps.

Transmission par une atmosphère.

λ (μ)	0,375	0,40	0,45	0,50	0,60	0,70	0,80	0,90	1,0
a	0,392	0,420	0,485	0,544	0,636	0,705	0,763	0,794	0,799
$a\lambda^{-1}$	1,05	1,05	1,08	1,09	1,06	1,01	0,96	0,88	0,80
ρ	1,72	1,54	1,37	1,35	1,17	0,95	0,92	0,92	0,97

Le coefficient de transmission est donc à peu près proportionnel à la longueur d'onde, au moins pour la partie lumineuse, et les vibrations à courte longueur d'onde se transmettent plus facilement pendant l'hiver que pendant l'été.

Des observations ultérieures, faites à la même station, ont été étendues à des longueurs d'onde plus grandes et indiqueraient un air plus transparent.

λ (μ)	0,358	0,383	0,416	0,440	0,468	0,550	0,615
a	0,449	0,531	0,600	0,636	0,677	0,734	0,781
$a\lambda^{-1}$	1,25	1,39	1,44	1,45	1,45	1,33	1,27
α	0,801	0,633	0,511	0,453	0,390	0,309	0,247
$\alpha\lambda^2$	0,102	0,093	0,088	0,088	0,085	0,094	0,093

λ (μ)	0,615	0,781	0,870	1,01	1,20	1,50	2,29
a	0,781	0,844	0,871	0,891	0,905	0,919	0,926
$a\lambda^{-1}$	1,27	1,08	1,00	0,88	0,75	0,61	0,40
α	0,247	0,170	0,138	0,116	0,100	0,085	0,077
$\alpha\lambda^2$	0,093	0,102	0,105	0,118	0,124	0,190	0,403

Le rapport du coefficient de transmission à la longueur d'onde présente encore un maximum dans le bleu, mais il diminue de part et d'autre et surtout vers le spectre calorifique.

Pour la partie lumineuse, qui correspond à la première partie du Tableau, le coefficient d'absorption α est à peu près en raison inverse du carré de la longueur d'onde; toutefois le produit $\alpha\lambda^2$ présente un minimum dans le bleu et croît ensuite assez rapidement dans le spectre calorifique.

L'expédition du mont Whitney permit encore à M. Langley de déterminer la transparence de l'air, soit par les différentes hauteurs du Soleil à la station supérieure, soit par comparaison des résultats avec ceux d'une station voisine beaucoup plus basse. Les deux coefficients a et b de transmission ainsi obtenus étaient :

λ	$\overset{\mu}{0,375}$	0,40	0,45	0,50	0,60	0,70	0,80	1,00	1,20
a	0,35	0,48	0,81	0,85	0,88	0,94	0,99	0,92	0,97
b	0,10	0,15	0,09	0,12	0,32	0,54	0,88	0,99	0,96
$a\lambda^{-1}$	0,93	1,20	1,80	1,70	1,43	1,34	1,24	0,92	0,81
$b\lambda^{-1}$	0,27	0,37	0,20	0,24	0,53	0,79	1,10	0,99	0,80

Les nombres ne varient pas d'une manière bien continue, mais il est manifeste que la couche d'air inférieure transmet aussi facilement les grandes longueurs d'onde que la couche située au-dessus de la montagne, tandis qu'elle absorbe plus rapidement les vibrations de moindre longueur d'onde.

M. Müller ([1]) compare le spectre du Soleil, pour différentes hauteurs, avec le spectre d'une lampe à pétrole par l'intermédiaire d'un verre noir qui permet d'égaler les intensités d'une même région. En ramenant toutes les observations à la même valeur pour la lumière de longueur d'onde $0^\mu,55$, on trouve ainsi que la proportion du rouge augmente constamment et que l'intensité relative du bleu diminue à mesure que le Soleil se rapproche de l'horizon :

Rapport du Soleil au pétrole.

	Distance zénithale.							
λ	45°.	55°.	65°.	75°.	80°.	82°.	84°.	86°.	87°.
---	---	---	---	---	---	---	---	---	---
$\overset{\mu}{0,666}$	32	33	36	43	49	55	61	71	80
616	52	53	57	61	63	66	70	78	83
598	62	63	66	69	71	73	77	82	87
581	72	74	76	79	80	81	83	89	93
550	100	»	»	»	»	»	»	»	»
514	150	150	146	139	134	132	127	117	111
486	222	221	207	186	173	165	151	130	118
462	335	327	293	249	217	197	167	127	100
442	476	455	407	320	244	205	157	99	68

[1] G. MÜLLER, *Astr. Nachrichten*, t. CIII, Col. 241 ; 1882.

Les comparaisons directes de la lumière du Soleil avec celle du pétrole seraient nécessaires pour calculer les coefficients. Si A et P sont les intensités de deux couleurs correspondantes, le Tableau ne donne, en effet, que le quotient des rapports $\dfrac{A\,a^x}{P}$ et $\dfrac{A_0\,a_0^x}{P_0}$, l'indice o se rapportant à la longueur d'onde $0^{\mu},55$.

En désignant par y et y_1 les nombres relatifs aux épaisseurs d'air x et x_1, on a ainsi

$$y = \frac{A}{A_0}\,\frac{P_0}{P}\left(\frac{a}{a_0}\right)^x, \qquad y_1 = \frac{A}{A_0}\,\frac{P_0}{P}\left(\frac{a}{a_0}\right)^{x_1},$$

$$\frac{y_1}{y} = \left(\frac{a}{a_0}\right)^{x_1-x}, \qquad \frac{a}{a_0} = \left(\frac{y_1}{y}\right)^{\frac{1}{x_1-x}}.$$

Si l'on compare les observations faites à 45° et à 80° du zénith, auxquels cas les épaisseurs de la couche d'air sont respectivement $x = 1,414$ et $x_1 = 5,56$, on trouve :

λ	$\dfrac{a}{a_0}$.	$\dfrac{a\lambda_0}{a_0\lambda}$.
μ		
0,666	1,108	0,91
616	1,047	0,88
598	1,034	0,95
581	1,025	0,97
550	1,0	1,0
514	0,972	0,94
486	0,942	1,07
462	0,901	1,0
442	0,851	1,06

Les nombres de la dernière colonne étant très voisins de l'unité, les coefficients de transmission sont encore à peu près proportionnels aux longueurs d'onde, comme dans les expériences de M. Langley.

Pour l'étude des vibrations lumineuses, M. Abney obtient une loi entièrement différente par une méthode ingénieuse, en discutant les courbes de luminosité du spectre solaire (689) qui correspondent à deux stations d'altitudes différentes ou à deux distances zénithales différentes du Soleil dans une même station.

Les deux courbes ayant la même ordonnée CD (*fig.* 363), que l'on prendra comme unité pour une couleur arbitraire, par exemple la raie D du spectre, on connaît les ordonnées $y = \mathrm{PM}$ et $y_1 = \mathrm{PM}_1$, relatives à une couleur déterminée, pour les deux épais-

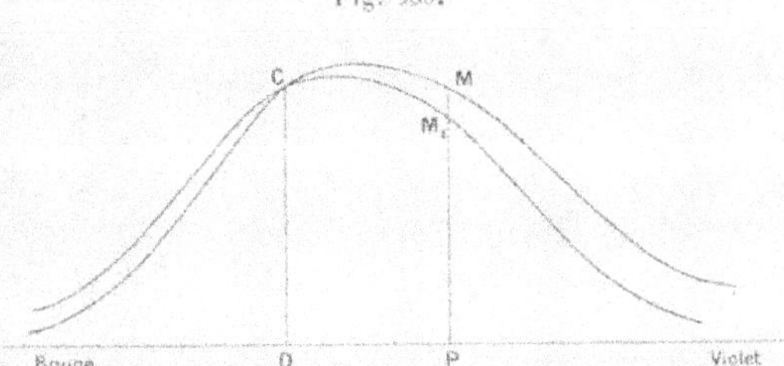

Fig. 363.

seurs d'air x et x_1; les intensités correspondantes sont respectivement $A a^x$ et $A a^{x_1}$, les intensités relatives à la couleur de comparaison étant aussi $A_0 a_0^x$ et $A_0 a_0^{x_1}$. On a encore, comme dans les expériences de M. Müller,

$$y = \frac{A}{A_0} \left(\frac{a}{a_0} \right)^x, \qquad y_1 = \frac{A}{A_0} \left(\frac{a}{a_0} \right)^{x_1};$$

$$\frac{y}{y_1} = \left(\frac{a}{a_0} \right)^{x - x_1} = e^{(\alpha - \alpha_0)(x_1 - x)},$$

$$\alpha - \alpha_0 = \frac{1}{x_1 - x} \, l \cdot \frac{y}{y_1}.$$

Le second membre de cette équation étant connu par les données de l'expérience, si l'on admet que le coefficient α est une fonction continue de la longueur d'onde, on pourra chercher quelle est la loi qui représente le plus exactement l'ensemble des observations.

Supposons que cette fonction soit de la forme

$$\alpha = \frac{P}{\lambda^n} = p u^n,$$

en désignant par u l'inverse de la longueur d'onde; on aura alors

$$p(x_1 - x) = \frac{1}{u^n - u_0^n} \, l \cdot \frac{y}{y_1} = \frac{1}{u'^n - u_0^n} \, l \cdot \frac{y'}{y_1'} = \frac{1}{u''^n - u_0^n} \, l \cdot \frac{y''}{y_1'} \cdots$$

Il ne reste plus qu'à chercher par tâtonnements s'il existe une valeur de l'exposant n qui donne une valeur constante K à ces différentes expressions pour toutes les couleurs du spectre; on en déduira la valeur de p.

Le calcul a montré que l'on peut représenter très sensiblement la comparaison des observations du Riffel avec celles qui étaient faites à Londres, par un beau ciel, en faisant $n = 4$. M. Abney donne finalement les valeurs suivantes des moindres coefficients de transmission par une atmosphère, pour les couleurs correspondant aux raies principales du spectre. Dans le calcul des coefficients α, les longueurs d'onde sont exprimées en microns; pour abréger l'écriture, on a multiplié par 10 000 les valeurs de α.

Action d'une atmosphère.

	A.	B.	C.	D.	E.	F.	G.	H.
α	0,955	0,926	0,912	0,868	0,803	0,738	0,609	0,506
$\alpha\lambda^{-1}$	1,258	1,348	1,390	1,473	1,524	1,518	1,414	1,274
α	461	769	922	1416	2194	3039	4960	6813
$\alpha\lambda^{4}$	153	169	168	168	167	167	169	151

Si l'on met à part les limites A et H du spectre, où les observations présentent des difficultés particulières, le produit $\alpha\lambda^{4}$ est sensiblement constant et égal à 0,0168.

Le rapport $\dfrac{a}{\lambda}$ présente encore un maximum dans le vert, mais il est manifestement variable avec la longueur d'onde.

La courbe de luminosité relative à la lumière du Soleil, vue en dehors de l'atmosphère, s'obtiendra en multipliant par $e^{\alpha x}$ les ordonnées de la courbe obtenue dans une observation; on voit ainsi qu'en prenant comme point de départ les observations du Riffel (689), le spectre de la véritable lumière blanche renfermerait encore moins de rouge et plus de violet.

L'aire de la courbe ainsi construite surpasse celle de la courbe qui correspond au passage de la lumière dans une atmosphère et le quotient de la seconde par la première représente le coefficient moyen m de transmission de la lumière dans une atmosphère; c'est ainsi que M. Abney a obtenu la valeur $m = 0,84$.

A mesure que le Soleil se rapproche de l'horizon, la courbe de luminosité se déforme, en même temps que l'intensité de chaque radiation diminue, et le maximum se déplace vers le rouge. L'intensité totale se calculera encore par l'aire de la courbe relative à chaque hauteur. M. Abney donne ainsi la Table suivante de l'intensité de la lumière solaire à différentes distances zénithales, après qu'elle a traversé une épaisseur d'air équivalant à un nombre entier d'atmosphères.

Lumière solaire.

Nombre d'atmosphères.	Distance zénithale.	Intensité.	Nombre d'atmosphères.	Distance zénithale.	Intensité.
0	»	1,0	5	78 30	0,417
1	0° 0'	0,84	6	80 30	0,303
2	60	0,705	7	81 30	0,256
3	70 30	0,594	8	82 30	0,215
4	75 30	0,496	32	90 0	0,002

L'épaisseur d'atmosphère qui correspond à l'horizon est évaluée par Bouguer à 35,5. L'éclat du Soleil à l'horizon serait 420 fois plus faible qu'au zénith et 350 fois moindre qu'il ne paraît par un beau ciel quand sa distance zénithale est voisine de 60°.

Toutefois les poussières s'accumulent surtout dans les couches inférieures de l'atmosphère et leur distribution présente une grande irrégularité. A la hauteur de 2500^m, le produit $z\lambda^4$ serait seulement de 0,003, au lieu de 0,0168, et deviendrait ensuite de plus en plus faible. La diminution d'éclat du Soleil au voisinage de l'horizon est donc encore plus rapide que ne l'indiquerait le Tableau précédent, surtout par les temps brumeux. En outre, l'importance des vibrations à grande longueur d'onde est toujours croissante et la lumière devient de plus en plus rouge.

Les expériences de M. Abney seraient ainsi une confirmation nouvelle de l'hypothèse de Lord Rayleigh (**226**), d'après laquelle l'affaiblissement de la lumière est due à la diffraction produite par des corpuscules de toute nature suspendus dans l'air et dont les dimensions varient au hasard.

729. *Absorption rapide dans l'ultra-violet.* — Un phénomène important paraît cependant échapper à cette explication : c'est l'absence dans le spectre solaire des rayons extrêmes ultra-violets, que l'on obtient si facilement par les vapeurs métalliques. Comme la température du Soleil est certainement assez élevée pour produire ces radiations, elles doivent éprouver dans l'atmosphère une absorption énergique, bien plus grande que ne l'indiquerait la loi des quatrièmes puissances des longueurs d'onde.

M. Cornu ([1]) a constaté, en effet, que l'étendue du spectre solaire ultra-violet, révélé par les épreuves photographiques, augmente à mesure que le Soleil est plus élevé au-dessus de l'horizon.

Pour une station déterminée, on peut traduire les expériences en prenant pour abscisse la moindre longueur d'onde observée λ, relative à chaque distance zénithale z du Soleil, et pour ordonnée le logarithme népérien du rapport $\dfrac{1}{\cos z}$, qui représente sensiblement (704) le rapport de l'épaisseur d'air x à l'épaisseur verticale x_0. L'ensemble des expériences est figuré d'une manière très approximative par une droite qui coupe la ligne des abscisses à la distance λ_0, ce qui donne

$$l.\frac{1}{\cos z} = l.\frac{x}{x_0} = p(\lambda - \lambda_0), \qquad x = x_0 e^{p(\lambda - \lambda_0)}.$$

La longueur d'onde λ_0 est la limite qui serait obtenue si le Soleil était au zénith. Cette limite varie avec les conditions atmosphériques, de 294 à 300$^{\mu\mu}$, par exemple, quand les observations sont faites à une faible altitude, tandis que les droites représentatives restent parallèles, c'est-à-dire que le facteur p est une constante, égale à 0,11256.

On doit prévoir aussi que les stations élevées permettront d'obtenir des longueurs d'onde plus faibles, puisque l'épaisseur d'air est diminuée. La comparaison des expériences faites à Viège, à l'altitude de 660^m, au Rigi (1650^m) et sur le Riffelberg (2570^m), ont montré que, si l'on exprime les altitudes h en mètres, on a sensiblement

$$d\lambda = -\frac{dh}{868}.$$

La longueur d'onde diminue de 1$^{\mu\mu}$ quand l'altitude croît de 868^m, ce qui donne $d\lambda = -3^{\mu\mu}$ pour une différence d'altitude de 2600^m.

([1]) A. Cornu, *Comptes rendus des séances de l'Académie des Sciences,* t. LXXXVIII, p. 1101 et 1285 et t. LXXXIX, p. 808; 1879. — T. XC, p. 940; 1880.

L'expression générale de la longueur d'onde limite est donc

$$(4) \qquad l.\frac{1}{\cos z} = p\left(\lambda + \frac{h}{868}\right) + q.$$

Quelle que soit la cause de cette absorption, si elle est uniformément répandue dans l'air, le coefficient de transmission relatif à une longueur d'onde déterminée est représenté par une exponentielle $e^{-\alpha x}$ et l'intensité de la lumière qui arrive à l'observateur doit être de la forme $A\,e^{-\alpha x}$.

D'autre part, l'impression photographique est une fonction de la longueur d'onde, de la durée de pose, et reste proportionnelle, tant qu'elle est très faible, à l'intensité de la radiation. Si la durée de pose et la nature des plaques photographiques ne changent pas, la limite des altérations perceptibles étant une constante k, on peut écrire

$$k = f(\lambda)\,A\,e^{-\alpha x},$$

Les expériences faites sur les sources artificielles montrent que la sensibilité photographique $f(\lambda)$ varie très lentement dans la région des longueurs d'onde observées. On doit admettre aussi que l'intensité primitive A du spectre solaire y reste à peu près uniforme; on aura donc

$$\alpha x = \frac{\alpha x_0}{\cos z} = l.\frac{A f(\lambda)}{k} = \rho,$$

la quantité ρ pouvant être considérée comme une constante dans les conditions des observations

La formule barométrique (**714**, 6°) donne

$$x_0 = e^{-\frac{h}{H}},$$

la quantité H représentant la hauteur réduite de l'atmosphère, qui est d'environ 7963^{m}; il en résulte

$$(5) \qquad \rho = \frac{\alpha x_0}{\cos z} = \frac{\alpha}{\cos z}e^{-\frac{h}{H}}, \qquad \frac{1}{\cos z} = \frac{\rho}{\alpha}e^{\frac{h}{H}}.$$

Si l'on identifie cette valeur avec celle de l'équation (4) fournie par les observations, il en résulte

$$l \cdot \frac{1}{\cos z} = p\lambda + \frac{ph}{868} + q = l \cdot \frac{p}{\alpha} + \frac{h}{H};$$

$$H = \frac{868}{p} = \frac{868}{0,11256} = 7711^m.$$

La hauteur réduite de l'atmosphère, calculée par les observations photographiques, serait en erreur d'environ $\frac{1}{30}$. L'accord est aussi satisfaisant que la limite un peu indécise des épreuves permettait de l'espérer; il paraît donc naturel d'en conclure que le corps absorbant fait partie de la constitution de l'air.

L'identification des autres termes donne aussi

$$\alpha = \rho\, e^{-(p\lambda+q)} = M e^{-p\lambda} = M(0,894)^{\lambda} = \frac{M}{(1,119)^{\lambda}}.$$

Pour les longueurs de 300 et 290$^{\mu\mu}$, entre lesquelles se meuvent les observations, les rapports des coefficients d'absorption et de transmission sont

$$\frac{\alpha'}{\alpha} = (1,119)^{\lambda-\lambda'} = (1,119)^{10} = 3,08,$$

$$a' = e^{-\alpha'} e^{-\alpha\frac{\alpha'}{\alpha}} = a^{3,08}.$$

Si l'on suppose $a = 0,35$, par exemple, il en résulte $a' = 0,113$. On a d'ailleurs

$$\frac{d\alpha}{\alpha} = -p\, d\lambda = -0,11256\, d\lambda;$$

le coefficient d'absorption augmente de $\frac{1}{10}$ de sa valeur quand la longueur d'onde diminue de $1^{\mu\mu}$.

Il résulte de là que la vapeur d'eau et la poussière n'interviennent pas, puisqu'elles sont surtout limitées aux couches inférieures et donneraient lieu à une variation de visibilité bien plus rapide. M. Soret a reconnu d'ailleurs qu'une colonne d'eau distillée de $1^m,16$ laisse passer encore une raie du zinc dont la longueur d'onde, $\lambda = 206^{\mu\mu}$, est très inférieure à la limite de celles qui sont perceptibles dans le spectre solaire.

L'action propre de l'air n'est pas négligeable. Les épreuves obtenues avec une étincelle entre deux fils d'*aluminium* donnent, par exemple, les trois raies suivantes :

	Numéros		
	30.	31.	32.
λ................	199$^{\mu\mu}$	193	186
Intensités..........	3	1	2

Si l'on fait d'abord passer la lumière au travers d'un tube de 4^m plein d'air, les raies n°s 31 et 32 deviennent invisibles sur les photographies; à mesure qu'on fait le vide, on voit apparaître successivement les raies 32 et 31. L'oxygène et l'acide carbonique donnent des effets analogues.

Toutefois, l'air lui-même, avec ses éléments constituants, ne joue qu'un rôle secondaire, car l'observation montre que le spectre est généralement plus étendu en hiver qu'en été; l'action principale doit donc être attribuée à un corps qui existe surtout aux époques de températures plus élevées.

L'air saturé d'ammoniaque ou renfermant des vapeurs nitreuses n'exerce aucune influence appréciable sur les spectres les plus étendus; l'action de l'*ozone* est, au contraire, très énergique. Un tube de 70^c, ou même de 10^c, rempli d'oxygène ozonisé par l'effluve électrique, mais en proportion assez faible pour que la couleur bleue de l'ozone soit encore inappréciable, absorbe les radiations ultra-violettes jusqu'à la longueur d'onde $\lambda = 310^{\mu\mu}$, voisine de la limite à laquelle s'arrête le spectre solaire.

L'ensemble des expériences tend donc à montrer que l'ozone contribue, pour une part importante, à limiter les radiations solaires dans la région du spectre ultra-violet.

COULEURS DU CIEL.

730. *Cyanomètres. Uranophotomètres.* — Par un temps sans nuages, lorsque le Soleil n'est pas trop élevé, le ciel paraît d'un bleu foncé au zénith; sa teinte se lave ensuite de blanc et peut même prendre des teintes un peu différentes, jaunes ou rougeâtres, au voisinage de l'horizon. Le bleu du ciel est d'ailleurs très variable avec les conditions atmosphériques; d'une teinte laiteuse quand il existe des traînées nuageuses dans les régions supérieures de l'atmosphère, il paraît plus foncé quand l'air a été lavé par une pluie abondante et surtout qu'on l'observe d'une station très élevée. La qualité de ce bleu est ainsi une donnée qui présente un grand intérêt pour la Météorologie; elle n'est pas moins importante au point de vue théorique, et l'on a imaginé différents procédés pour l'évaluer.

Bouguer avait ainsi utilisé son *lucimètre* (679) pour comparer l'éclat de deux régions du ciel. Il a trouvé, par exemple, que l'intensité est quatre fois plus faible à 30° ou 31° du Soleil qu'à la distance de 8° ou 9°. Sur l'almicantarat (cercle de même hauteur) du Soleil, le maximum de lumière est à l'opposé du Soleil, et le minimum à 115° de l'astre.

Pour étudier la nature du bleu céleste, une première méthode consiste à le comparer avec des teintes artificielles; on en voit immédiatement les défauts, puisque deux couleurs ne peuvent paraître identiques que si elles sont de même nature ou au moins équivalentes (145) pour l'œil.

Le *cyanomètre* de Saussure comprenait d'abord une série de seize bandes de papier teintées avec des solutions de plus en plus diluées de bleu d'azur ou de beau bleu de Prusse ([1]). Les observations faites le même jour à midi ont indiqué, par exemple, que le ciel au zénith était comparable à la 7e nuance pour Genève, entre la 5e et la 6e à Chamonix, entre la 1re et la 2e sur le mont Blanc, c'est-à-dire très voisin du bleu de roi le plus foncé.

De Saussure constitua ensuite une gamme de cinquante et une teintes, dont les premières étaient un bleu de richesse croissante et les suivantes rabattues progressivement de noir jusqu'au noir pur. Le bleu le plus foncé a été observé au mont Blanc; il correspondait à la 39e nuance.

Les teintes s'affaiblissent à mesure que l'on vise des points plus rapprochés de l'horizon et varient très inégalement avec l'altitude et les conditions météorologiques.

On peut ainsi obtenir des nombres comparables entre eux, mais les résultats ne sont pas définis d'une manière suffisante.

Aussitôt après avoir découvert la polarisation rotatoire, Arago ([2]) proposa de comparer le bleu du ciel avec la teinte que présente

---

([1]) H.-B. DE SAUSSURE, *Journal de Physique*, t. XXXVIII, p. 199; 1791. — *Voyage dans les Alpes*, t. IV, p. 197 et 288; Neuchâtel, 1796.

([2]) ARAGO, *Annales de Chimie et de Physique*, [2], t. IV, p. 99; 1817.

une lame de quartz d'épaisseur e, quand l'azimut s de l'analyseur
par rapport au plan primitif de polarisation est égal à la rotation
qu'éprouve une certaine couleur bleue du spectre.

On sait que la teinte ainsi obtenue varie avec l'épaisseur du
quartz et l'azimut s de l'analyseur.

Si l'on appelle $A\,d\rho$ l'intensité de la lumière dont les rotations
spécifiques sont comprises entre ρ et $\rho + d\rho$, I l'intensité primitive $\int A\,d\rho$, l'intensité et la composition de l'image observée O
sont (494), abstraction faite des lumières réfléchies,

$$O = \int A \cos^2(\rho e - s)\,d\rho.$$

La lumière est d'une teinte particulière et représente une
fraction T de l'intensité primitive.

On pourrait déterminer cette fraction T par les courbes de lumi-
nosité (689), en remplaçant $A\,d\rho$ par $A\,d\lambda\dfrac{d\rho}{d\lambda}$; le facteur $A\,d\lambda$ est
l'aire dS de la courbe comprise entre les longueurs d'onde λ et
$\lambda + d\lambda$, l'intensité primitive étant représentée par l'aire totale
$S = \int A\,d\lambda$ de cette courbe, et le facteur $\dfrac{d\rho}{d\lambda}$ est donné par la loi de
dispersion rotatoire. On aurait alors

$$T = \frac{1}{S} \int \cos^2(\rho e - s)\frac{d\rho}{d\lambda}\,dS,$$

et l'intégrale s'obtiendrait par des procédés graphiques.

Pour abaisser à volonté le ton de cette teinte, on emploie de la
lumière partiellement polarisée par une pile de glaces. Si le faisceau primitif renferme une fraction f de lumière polarisée, l'image
comprend des quantités $\dfrac{(1 - f)I}{2}$ de lumière blanche et fTI de
lumière colorée ; la richesse φ de la teinte résultante, ou le degré
de saturation, est défini par l'expression

$$\frac{1}{\varphi} = 1 + \frac{1 - f}{2fT}.$$

Dans les couleurs de polarisation chromatique, on trouve l'avantage que la teinte des lames cristallines ne dépend que de leur
épaisseur et qu'on peut la mélanger à volonté d'une proportion

arbitraire de blanc, par une simple rotation de l'un des organes.
En appelant $A\,d\delta$ la quantité de lumière pour laquelle la différence
de phase des ondes ordinaire et extraordinaire, relative à l'unité
d'épaisseur, est comprise entre δ et $\delta + d\delta$, et i l'azimut de la lame
cristalline, l'image observée est alors (381)

$$O = I\cos^2 s + \sin 2i \sin 2(s - i)\int A\sin^2\frac{\delta e}{2}\,d\delta.$$

L'intégrale représente une certaine teinte, dont l'intensité est
une fraction T de la lumière primitive, que l'on peut encore calculer par les courbes de luminosité :

$$T = \frac{1}{S}\int \sin^2\frac{\delta e}{2}\frac{d\delta}{d\lambda}\,dS,$$

le facteur $\dfrac{d\delta}{d\lambda}$ étant donné par la dispersion de double réfraction.
La nature de cette teinte est bien définie quand on donne à la
différence de phase δe une valeur déterminée pour une certaine
radiation, et la richesse φ de la teinte résultante est

$$\frac{1}{\varphi} = 1 + \frac{\cos^2 s}{T\sin 2i \sin 2(s - i)}.$$

On modifiera la valeur de φ en changeant l'azimut s de l'analyseur ou l'azimut i de la lame cristalline. Cet appareil constitue le
colorigrade de Biot ([1]); on peut choisir l'épaisseur du cristal de
manière à obtenir le bleu de premier ordre et constituer un cyanomètre, mais la teinte n'est pas la même que dans celui d'Arago.
Il n'y a aucune raison, d'ailleurs, pour que l'une ou l'autre soit
comparable au bleu du ciel.

M. Wild ([2]) a construit, sous le nom d'*uranophotomètre*, un
instrument dans lequel on peut reproduire une teinte analogue au
bleu céleste, en lui donnant la même intensité apparente et la
même fraction de lumière polarisée, de sorte qu'il constitue, à la
fois, un cyanomètre, un photomètre et un polarimètre.

([1]) Biot, *Ann. de Chim. et de Phys.* [2], t. IV, p. 91; 1817.
([2]) H. Wild, *Bulletin de l'Académie des Sciences de Saint-Pétersbourg*,
t. XXI, p. 312; 1876, et t. XXIII, p. 290; 1877.

La teinte polarisée produite par le quartz est réfléchie sur une pile de glaces et se superpose à la lumière du ciel, transmise par la même pile; le faisceau commun éclaire un polariscope de Savart. Les franges disparaissent, ou du moins passent par un minimum de netteté, lorsque les deux faisceaux d'origines différentes renferment des quantités de lumière égales, ou équivalentes, polarisées à angle droit.

Un tube L (*fig.* 364), que l'on dirige sur le ciel, renferme une

Fig. 364.

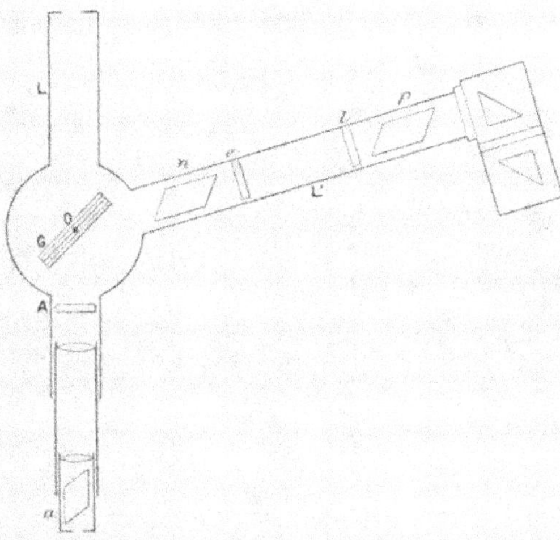

pile de glaces G, mobile autour d'un axe O, puis une double lame de Savart A et un analyseur *a*, avec un système de lentilles qui servent à produire et observer les franges.

Un tube latéral L', mobile autour du même axe, est muni de divers organes pour produire une lumière auxiliaire teintée par le quartz et la diriger sur la pile, sous l'angle de polarisation, de manière que les faisceaux réfléchi et transmis se superposent.

A l'extrémité de ce tube se trouvent deux prismes à réflexion totale, munis de mouvements qui permettent de ramener la lumière solaire dans la direction de l'axe.

Ce faisceau traverse d'abord un polariseur *p* et une lame de quartz l de 2^{mm} parallèle à l'axe; si le plan de polarisation est dans l'azimut i par rapport à la section principale de la lame, la fraction de lumière polarisée est $\cos 2i$ (384). Vient ensuite une lame de quartz e normale à l'axe et un nicol n; la lumière émergente est de nouveau polarisée, et sa teinte dépend de l'azimut s de ce nicol par rapport à la lame l; cet azimut est choisi de façon que la lumière émergeant du nicol n reproduise le bleu céleste.

Soit I l'intensité du faisceau solaire à la sortie du polariseur p; si l'on néglige les pertes par réflexion, il renferme, après avoir traversé la lame l, des quantités $I\cos 2i$ de lumière polarisée et $2I\sin^2 i$ de lumière naturelle. Le faisceau J, à la sortie du nicol n, renferme ensuite des quantités $TI\cos 2i$ de lumière colorée et $I\sin^2 i$ de lumière blanche. La richesse φ de la teinte produite est

$$\frac{1}{\varphi} = 1 + \frac{\cos^2 i}{T\sin^2 i}.$$

Désignons par r et r' les coefficients principaux de réflexion sur la pile sous l'incidence considérée, par t et t' les coefficients de transmission correspondants.

Si le plan de polarisation du nicol n fait l'angle α avec le plan d'incidence, le faisceau réfléchi comprend des quantités $rJ\cos^2\alpha$ et $r'J\sin^2\alpha$ polarisées à angle droit, c'est-à-dire un excès de lumière polarisée dans le premier azimut :

$$J(r\cos^2\alpha - r'\sin^2\alpha) = I(T\cos 2i + \sin^2 i)(r\cos^2\alpha - r'\sin^2\alpha).$$

Supposons, d'autre part, que le bleu du ciel observé renferme des quantités $2N$ de lumière naturelle, $2P$ de lumière polarisée, et que le plan d'incidence sur la pile soit à $45°$ du plan de polarisation; le faisceau transmis renferme des quantités $t(N+P)$ et $t'(N+P)$ polarisées dans les deux azimuts principaux, et l'excès de lumière polarisée dans le second azimut est $(t'-t)(N+P)$. L'angle α étant déterminé de façon que le faisceau commun paraisse neutre au polariscope, il en résulte

$$(t'-t)(N+P) = I(T\cos 2i + \sin^2 i)(r\cos^2\alpha - r'\sin^2\alpha),$$
$$2(t'-t)(N+P) = I(T\cos 2i + \sin^2 i)[r - r' + (r+r')\cos 2\alpha].$$

Cette équation détermine l'intensité totale $2(N+P)$ du bleu céleste en fonction de l'intensité I du faisceau solaire.

Pour évaluer la fraction de lumière polarisée, on oriente l'appareil de manière que le plan de polarisation partielle soit dans le second azimut de la pile; le faisceau transmis renferme alors des quantités $t\mathrm{N}$ et $t'(\mathrm{N}+2\mathrm{P})$ polarisées à angle droit, avec un excès de lumière polarisée dans le second azimut égal à

$$t'(\mathrm{N}+2\mathrm{P}) - t\mathrm{N} = (t'-t)(\mathrm{N}+\mathrm{P}) + (t'+t)\mathrm{P}.$$

La valeur de l'angle α qui neutralise le faisceau commun étant désignée par α_1, on a

$$(t'+t)\mathrm{P} = \mathrm{I}(\mathrm{T}\cos 2i + \sin^2 i)\left[r(\cos^2\alpha_1 - \cos^2\alpha) - r'(\sin^2\alpha_1 - \sin^2\alpha)\right]$$
$$= \mathrm{I}(\mathrm{T}\cos 2i + \sin^2 i)(r+r')\sin(\alpha+\alpha_1)\sin(\alpha-\alpha_1),$$

et la fraction primitive de lumière polarisée est

$$f = \frac{\mathrm{P}}{\mathrm{N}+\mathrm{P}} = 2\frac{t'-t}{t'+t}\frac{(r+r')\sin(\alpha+\alpha_1)\sin(\alpha-\alpha_1)}{r-r'+(r+r')\cos 2\alpha}.$$

Les expressions $\dfrac{t'-t}{t'+t}$ et $\dfrac{r-r'}{r+r'}$ représentent les fractions de lumière polarisée que produit la pile avec un faisceau de lumière naturelle, par transmission et par réflexion, ou les fractions qu'elle est capable de compenser sur un faisceau partiellement polarisé. On peut les calculer aisément (584), quand on suppose les lames parfaitement transparentes, et Sir G. Stokes ([1]) a même indiqué une méthode qui tient compte de l'absorption, mais il est préférable de faire une graduation expérimentale de la pile.

Remarquons encore que l'on a admis implicitement que les portions naturelle et polarisée du bleu du ciel ont toutes deux la même teinte que celle du quartz; la méthode serait en défaut si ces teintes étaient sensiblement différentes.

M. Wild a utilisé cet appareil pour étudier les variations d'intensité de la lumière du ciel.

Dans le vertical du Soleil, par exemple, l'intensité de la lumière est minimum à une distance de l'astre comprise entre 80° et 90°; elle croît ensuite d'une manière un peu dissymétrique à mesure qu'on s'éloigne de ce point vers le nord ou vers le sud, et la va-

---

[1] G. Stokes, *Proceed. of the Roy. Soc.*, t. XI, p. 545; 1862.

riation est d'autant plus rapide que le Soleil est moins élevé au-dessus de l'horizon.

Les résultats ont été comparés à la théorie de Clausius qui indiquerait une marche analogue, quoique beaucoup plus rapide; mais cette théorie a pour base l'hypothèse des vésicules creuses, qui paraît tout à fait inacceptable.

731. *Composition du bleu céleste.* — Le bleu du ciel ne pouvant être identifié, *a priori*, avec aucune couleur artificielle, la seule méthode correcte consiste évidemment à faire l'analyse de cette lumière en la comparant au spectrophotomètre (688) avec une source de composition constante.

De la Rive ([1]) se servait ainsi d'un spectroscope dont les deux moitiés de la fente étaient éclairées, à l'aide de prismes à réflexion totale, par des lunettes dirigées vers deux surfaces différentes; il réglait ensuite l'égalité des éclats pour chaque couleur au moyen de diaphragmes variables devant les objectifs.

Lord Rayleigh (225) a pris comme terme de comparaison la lumière même du Soleil diffusée par une feuille de papier blanc; M. Vogel ([2]) s'est servi d'une lampe à pétrole et M. Crova ([3]) d'une lampe Carcel, dont la lumière présente une composition à peu près indépendante de son intensité.

Brewster admettait que l'éclairement du ciel est produit par la réflexion de la lumière solaire sur les particules d'air; il était surtout conduit à cette opinion par l'existence d'un maximum de polarisation à 90° (596), mais la réflexion spéculaire n'est possible que sur des surfaces d'une certaine étendue et, dans tous les cas, on n'y trouverait aucune explication de la couleur bleue.

Clausius ([4]) développa l'hypothèse que le bleu du ciel est produit par la réflexion de la lumière solaire sur des vésicules d'eau dont l'enveloppe aurait l'épaisseur convenable pour produire la teinte bleue de premier ordre des anneaux colorés. Nous avons vu

---

([1]) A. DE LA RIVE, *Ann. de Chim. et de Phys.* [4], t. XII, p. 243; 1867.

([2]) VOGEL, *Monatsb. der Preuss. Ak. der Wissensch.*, p. 801; 1880.

([3]) A. CROVA, *Comptes rendus des séances de l'Académie des Sciences*, t. CIX, p. 493; 1889, et t. CXII, p. 1176 et 1246; 1891. — *Ann. de Chim. et de Phys.* [6], t. XX, p. 480; 1890, et t. XXV, p. 534; 1892.

([4]) CLAUSIUS, *J. de Crelle*, t. XXXIV, p. 132; 1847, et t. XXXVI, p. 135; 1848.

déjà (259) qu'aucune observation directe ne permet d'affirmer l'existence de ces vésicules et on ne voit guère de raison pour que l'épaisseur du liquide reste invariable ; on ne comprend même pas qu'une fois formées par une cause quelconque, les vésicules puissent être persistantes, car la tension capillaire des surfaces de l'enveloppe maintient le gaz inclus à une pression plus grande que la pression extérieure et ce gaz ne doit pas tarder à disparaître par diffusion progressive au travers de la couche liquide.

Brücke ([1]) avait fait déjà plusieurs objections graves à cette théorie. Le bleu de premier ordre dans les anneaux colorés (ou la polarisation chromatique) est, en effet, plus blanc que celui du ciel ; l'angle de polarisation à la surface de l'eau étant de $53°10'$, la polarisation de la lumière réfléchie devrait être complète à $74°$ environ du Soleil, tandis qu'elle est toujours partielle et que le maximum a lieu manifestement à $90°$ (647) ; enfin la dissolution du mastic dans l'alcool donne au liquide une teinte bleue et l'on ne peut alors invoquer l'existence de vésicules creuses.

On peut ajouter que la teinte varierait beaucoup avec l'angle d'incidence et que l'amplitude de la lumière émise par la surface des gouttes dans une direction quelconque (L. Rayleigh) étant proportionnelle à la première zone élémentaire (188), l'intensité serait, toutes choses égales, proportionnelle au carré de la longueur d'onde ; cette circonstance augmenterait encore la proportion de lumière rouge.

MM. Hautefeuille et Chapuis ([2]) avaient émis l'idée que la coloration bleue du ciel est, au moins en partie, la couleur propre de l'ozone. Cette opinion ne paraît pas justifiée, car le spectre du bleu céleste ne montre aucune trace des bandes d'absorption caractéristiques de l'ozone.

La diffraction produite par les particules étrangères de nature quelconque, liquides ou solides, en suspension dans l'atmosphère, fournit une explication beaucoup plus probable.

Toutes choses égales, l'amplitude de la vibration diffusée par une particule est proportionnelle à son volume et en raison inverse

---

([1]) BRÜCKE, *Pogg. Ann.*, t. LXXXVIII, p. 363 ; 1853.
([2]) HAUTEFEUILLE et CHAPUIS, *Comptes rendus des séances de l'Académie des Sciences*, t. XCI, p. 522 ; 1880.

du carré de la longueur d'onde (**224**). Lorsque l'intensité de la lumière diffractée est d'un caractère déterminé, par exemple un maximum, les dimensions linéaires de la particule diffusante sont dans un certain rapport avec la longueur d'onde et son volume peut être représenté par $\alpha\lambda^3$. En appelant N le nombre des particules comprises dans l'unité de volume d'air, la fraction de lumière diffractée, c'est-à-dire le coefficient d'illumination, est proportionnelle à $\dfrac{NV}{\lambda^4}$ ou $\dfrac{N\alpha}{\lambda}$.

Si les particules étaient en nombre égal pour toutes les dimensions, la fraction de lumière diffractée relative à chaque couleur serait simplement en raison inverse de la longueur d'onde.

Si le volume total est à peu près le même pour toutes les tailles, la composition de la lumière diffusée est donnée par l'inverse des quatrièmes puissances des longueurs d'onde ; la couleur résultante peut être appelée le *bleu céleste normal*.

Si les moindres particules se trouvent dans une proportion plus grande, en raison de leur suspension plus facile, l'influence des petites longueurs d'onde devient prédominante ; la lumière diffusée est alors plus riche en bleu et en violet et la couleur du ciel devient plus foncée.

Enfin, si les dimensions des particules étaient notablement inférieures aux longueurs d'onde, la lumière se propagerait sans trouble appréciable, comme dans un milieu homogène, à part les phénomènes d'absorption ; le ciel paraîtrait noir.

Toutes les circonstances intermédiaires peuvent évidemment se produire et la composition du bleu observé donnera une idée de la proportion relative des différentes causes de trouble.

D'autre part, l'éclat d'une certaine région du ciel provient de la lumière diffusée à toutes les hauteurs ; elle a été d'abord transmise directement dans une certaine épaisseur x_1, diffusée en un point, puis transmise de nouveau dans une autre épaisseur x_2. La somme $x_1 + x_2$ relative aux deux trajets rectilignes n'est pas constante, mais l'effet total peut être représenté approximativement par une diffusion, précédée ou suivie de la transmission dans une certaine épaisseur x.

Dans l'hypothèse la plus simple de poids égaux pour les particules de toute taille, la fraction de lumière transmise, en tenant compté de cette absorption (**227**), passe par un maximum pour une certaine longueur d'onde λ_0 et varie d'autant plus rapidement qu'on s'éloigne davantage du maximum.

Rappelons, par exemple, que, si le maximum a lieu pour la raie H, les coefficients d'illumination sont alors, suivant que l'on néglige ou que l'on fait intervenir l'absorption :

	A.	B.	C.	D.	E.	*b.*	F.	G.	H.
f	1	1,514	1,821	2,801	4,371	4,728	6,036	9,778	13,589
φ	1	1,457	1,713	2,451	3,410	3,592	3,727	5,114	5,379

La lumière a une teinte jaune quand la longueur d'onde relative au maximum correspond aux couleurs les plus intenses du spectre ; elle devient rouge lorsque le maximum se rapproche du spectre calorifique ; cette dernière remarque est importante pour expliquer les colorations de l'horizon.

Enfin les particules situées en un point reçoivent la lumière diffusée dans toute l'étendue de l'atmosphère visible et la diffusent de nouveau ; ces effets successifs ont pour résultat d'augmenter l'importance des vibrations à courtes longueurs d'onde ; on doit donc s'attendre à trouver en réalité une loi très complexe.

Dans le bleu du ciel observé par Lord Rayleigh (**225**), la proportion des rayons très réfrangibles croît un peu plus rapidement que pour le bleu normal.

Les observations de M. Vogel, traduites par la comparaison du Soleil à la flamme de pétrole, donnent :

Bleu du ciel.

λ	Obs.	Calc.	Rapport.
$0^\mu,633$	0,582	0,594	0,98
600	0,694	0,732	0,95
555	1	1	1
517	1,3	1,327	0,98
486	1,421	1,701	0,83
464	2,0	2,045	0,98
444	2,75	2,441	1,13
426	5,0	2,88	1,74

Les rapports des valeurs observées à celles du bleu normal sont irréguliers et ne paraissent pas varier d'une manière continue.

M. Crova a cherché s'il est possible de rendre compte des observations en supposant le coefficient d'illumination proportionnel à l'inverse d'une puissance n de la longueur d'onde; il limite d'ailleurs les mesures à la région comprise entre les longueurs d'onde $0^\mu,635$ et $0^\mu,510$, où l'erreur relative des déterminations photométriques est la plus faible.

Le Tableau suivant donne la comparaison des séries les plus complètes obtenues, pour la lumière zénithale, sur le mont Ventoux et à Montpellier. Les colonnes $\rho(n)$ indiquent le rapport du nombre observé à celui qui résulterait de la puissance entière des longueurs d'onde qui les représenterait le plus exactement.

	Mont Ventoux.						Montpellier.	
	3 août.				3 septembre.		Moyenne	
Longueurs d'onde	$10^h 20^m$.		$10^h 40^m$.		$9^h 40^m$.		de janvier.	
λ.	obs.	$\rho(2)$.	obs.	$\rho(6)$.	obs.	$\rho(6)$.	obs.	$\rho(5)$.
$0^\mu,635$ ..	0,737	0,93	0,474	0,95	0,421	0,85	0,583	1,05
600 ..	0,824	0,93	0,676	0,97	0,662	0,95	0,765	1,03
565 ..	1	1	1	1	1	1	1	1
530 ..	1,120	1,05	1,320	0,90	1,320	0,90	1,41	1,03
510 ..	1,302	1,06	1,799	0,97	2,074	1,12	1,808	1,08

Dans la première observation, le coefficient d'illumination croît à peine plus vite que l'inverse du carré des longueurs d'onde, les autres donnent une variation plus rapide et une couleur plus violette que le bleu normal; toutefois, il paraît résulter nettement de la marche des rapports ρ que, dans aucune des séries, ce coefficient ne peut être représenté par une simple puissance des longueurs d'onde.

La moyenne des observations faites à Montpellier, dans le cours de l'année, a donné :

λ.	Hiver.	Printemps.	Été.	Automne.
$0^\mu,600$............	0,723	0,693	0,631	0,581
565............	1	1	1	1
530............	1,281	1,263	1,183	1,268

Ici encore, aucune valeur de l'exposant n ne peut rendre compte de l'illumination relative, puisque les nombres qui correspondent aux longueurs d'onde extrêmes, pour chacune des trois dernières saisons, sont tous deux plus petits que ceux d'hiver.

Dans le cours de la journée, la richesse du bleu zénithal est maximum le matin, elle diminue ensuite et devient minimum au moment de la température la plus élevée, pour reprendre vers le soir un second maximum plus faible que le premier.

Le bleu est moins pur à mesure que l'on vise des points plus rapprochés de l'horizon; on en juge facilement à simple vue.

Enfin l'on aperçoit la même teinte bleue sur les fumées légères éclairées par le Soleil, sur les pentes boisées des coteaux, sur les montagnes éloignées, etc.; l'explication doit en être cherchée également dans la diffraction sur les particules en suspension.

Malgré toutes les variations de détail, l'ensemble des observations confirme donc la théorie de Lord Rayleigh, et les discordances apparentes se produisent elles-mêmes dans le sens que l'on pouvait prévoir.

La rareté relative des poussières dans la matinée d'un beau jour, ou dans l'air situé au-dessus des sommets élevés, fait prédominer le rôle des particules plus petites; elle doit rapprocher la lumière zénithale du bleu violet sombre.

Pour les observations voisines de l'horizon, l'abondance des poussières situées dans les couches inférieures augmente l'importance des particules de grandes dimensions et, par suite, la proportion de rouge. En outre, la lumière a dû parcourir une épaisseur d'air plus grande, avant ou après la diffusion, et l'absorption rapide des vibrations de moindre longueur d'onde contribue également à les affaiblir. Cet effet est encore exagéré quand le Soleil se trouve lui-même au voisinage de l'horizon. Les couleurs de l'horizon présentent une telle variété, surtout au moment du lever ou du coucher du Soleil, qu'on ne peut songer à les décrire ou à les expliquer dans leurs détails; il suffira d'en avoir indiqué le caractère général.

732. *Vérifications expérimentales.* — Nous avons déjà signalé les expériences de M. Tyndall (647) qui sont, pour ainsi dire, la reproduction du phénomène naturel. La lumière diffusée par les gaz qui renferment des traces de matières en suspension présente quelquefois une teinte comparable au bleu céleste avec les mêmes caractères de polarisation. Il en est de même pour les milieux troubles, liquides ou solides (648).

M. Abney imite les colorations du Soleil en faisant passer un rayon de lumière au travers d'une dissolution bien filtrée d'hyposulfite de soude. L'image de la source projetée sur un écran paraît alors parfaitement blanche; mais, quand on ajoute au liquide un peu d'acide chlorhydrique étendu, l'image devient successivement jaune, orangée et rouge, en même temps que son éclat diminue, à mesure que le liquide se trouble davantage par le dépôt de soufre. La lumière diffusée latéralement par le liquide est d'un bleu analogue à celui du ciel.

L'analyse spectrale de la lumière transmise montre également l'extinction progressive de toutes les couleurs, à partir du violet, jusqu'à ce qu'il reste seulement une dernière bande rouge.

M. Hurion ([1]) a cherché une preuve plus directe dans l'analyse de la lumière transmise par un liquide qui renferme des traces de matières étrangères. Quelques gouttes d'essence de citron dans l'eau, ou un précipité très léger de chlorure d'argent, donnent d'abord au liquide une teinte bleue, qui se modifie plus ou moins rapidement, et le liquide finit par se troubler en diffusant de la lumière blanche. On détermine au spectrophotomètre, pour différentes couleurs, le rapport des intensités I_0 et I de la lumière primitive et de la lumière transmise. Si l'on a

$$I = I_0 e^{-\frac{p}{\lambda^4}},$$

l'expression $P = \lambda^4 \log \frac{I_0}{I}$ doit être une constante. Les couleurs ayant été comparées deux à deux, à cause de la transformation rapide du milieu, on a obtenu :

Essence de citron.

Raies.	C.	D.	D.	E.	D.	F.
P.......	283	287	252	287	216	222

Chlorure d'argent.

Raies.	C.	D.	D.	E.	D.	F.
P.......	317	309	296	295	334	327

La valeur du produit P est lentement croissante avec la lon-

([1]) A. Hurion, *Comptes rendus des seances de l'Académie des Sciences,* t. CXII, p. 1431; 1891.

gueur d'onde pour le chlorure d'argent et varie en sens contraire pour l'essence de citron. Dans les deux cas, les différences sont très faibles et la lumière diffusée doit se rapprocher beaucoup du bleu normal.

A mesure que les particules grossissent, la valeur de P diminue nettement avec la longueur d'onde et les expériences peuvent se représenter par une expression de la forme

$$I = I_0 e^{-\left(\frac{a}{\lambda^2} + b\right)},$$

dans laquelle le coefficient a décroît continuellement pendant que le coefficient b augmente. L'effet est le même que si une diffusion générale indépendante de la longueur d'onde se superposait au phénomène primitif, ce qui est encore conforme à la théorie.

733. *Polarisation atmosphérique.* — D'une manière générale, le bleu du ciel est polarisé plus ou moins complètement (647) dans un plan passant par le Soleil, c'est-à-dire aussi par le point directement opposé au Soleil, que nous appellerons ici l'*anthélie*, et le maximum de polarisation se produit à 90° du Soleil. La polarisation se retrouve, avec le même caractère, dans le bleu des couches d'air interposées entre l'observateur et les montagnes, ou le fond d'un paysage lointain. Cette règle est cependant sujette à plusieurs exceptions remarquables et la fraction de polarisation, à une même distance du Soleil, varie entre des limites assez étendues suivant les circonstances.

Dans le vertical du Soleil S (*fig.* 365), on trouve d'abord le point neutre A d'Arago, à 15° environ de l'anthélie S', puis le point neutre B de Babinet et le point neutre B' de Brewster, à peu près à la même distance, l'un au-dessus et l'autre au-dessous du Soleil, enfin un point neutre secondaire A', reconnu par Brewster, plus bas que celui d'Arago, à 2° ou 3° de l'anthélie.

Ces différents points neutres ne peuvent être naturellement distingués que si le Soleil est convenablement placé, car les observations deviennent impossibles quand le jour a disparu. A mesure que le Soleil est plus voisin de l'horizon, les distances des points B et B' au Soleil et celle du point A à l'anthélie sont croissantes; quand le Soleil n'est pas très élevé, la première (B) varie de 15°

à 25°, la seconde (B') de 10° à 17°, la troisième (A) de 12° à 25°; quand le Soleil monte vers le zénith, les points neutres B et B' s'en rapprochent de plus en plus ([1]).

Si l'on appelle *lignes de polarisation* les courbes tangentes en

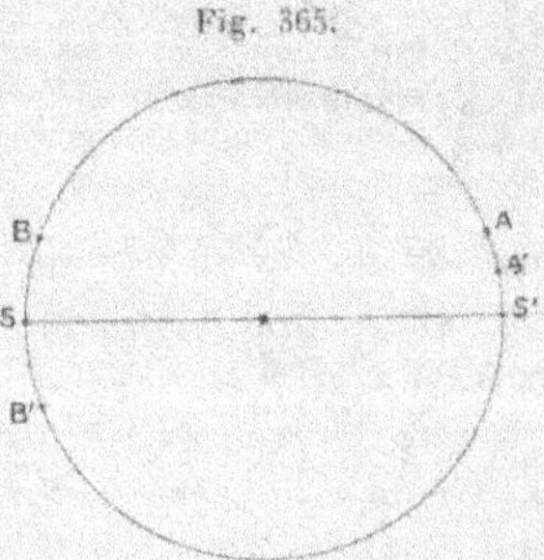

Fig. 365.

chaque point à la direction du plan de polarisation, ces lignes devraient être des arcs de grands cercles passant par le Soleil et l'anthélie, mais les points neutres y produisent une déformation continue, et le phénomène reste évidemment symétrique par rapport au vertical du Soleil.

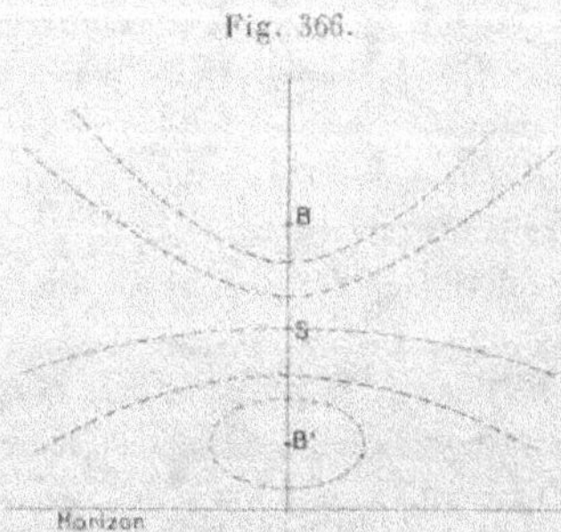

Fig. 366.

Dans ce plan de symétrie, le plan de polarisation est vertical au-dessus du point neutre B (*fig.* 366), horizontal dans l'intervalle

---

([1]) Busch, *Meteorologische Zeitschrift*, t. III, p. 532; 1886. — J.-L. Soret et Ch. Soret, *Comptes rendus des séances de l'Académie des Sciences*, t. CVII, p. 621; 1888.

compris entre les points B et B', pour devenir ensuite vertical au-dessous du point B'. Du côté opposé, la polarisation est, de même, verticale au-dessus du point neutre A (*fig.* 367), horizontale entre A et A', puis dirigée vers l'anthélie S'.

Comme la polarisation des points éloignés est, en tout cas, di-

Fig. 367.

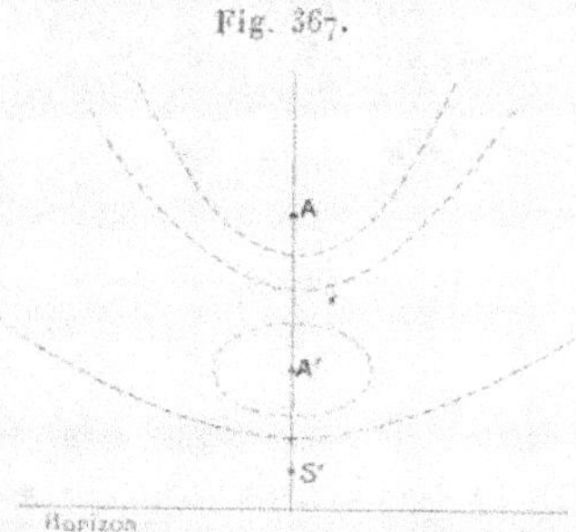

rigée vers le Soleil ou l'anthélie, les lignes de polarisation, dans le voisinage de ce vertical, ont une forme analogue à celles qui sont indiquées en courbes pointillées.

En appelant *positive* la polarisation normale dirigée vers le Soleil ou l'anthélie, on voit que, depuis les points neutres d'Arago ou de Babinet jusqu'à l'horizon, la polarisation est *négative,* c'est-à-dire horizontale. En dehors du vertical du Soleil on remarquera, en particulier, qu'il existe, à droite et à gauche des points neutres A' et B', des régions où la polarisation est verticale.

Au voisinage de l'horizon, sans doute à cause des diffusions multiples de la lumière, la polarisation tend à se rapprocher de l'horizontale ; elle paraît donc éprouver une rotation gauche ou droite, suivant que le point observé est à droite ou à gauche du Soleil.

Au lieu de déterminer la direction du plan de polarisation par la plus grande netteté des franges de Savart, M. H. Becquerel (¹) trouve que l'on obtient des résultats plus précis en observant l'azimut de 45°, qui se traduit par une bande neutre séparant deux champs de franges complémentaires ; l'exactitude des mesures pourrait alors atteindre ± 15′ et peut-être ± 3′.

(¹) H. BECQUEREL, *Ann. de Ch. et de Phys.* [5], t. XIX, p. 90; 1880. — *Comptes rendus des séances de l'Académie des Sciences,* t. CVIII, p. 997; 1889.

Si l'on considère, par exemple, un point situé dans le méridien, à l'horizon sud ou nord, la rotation, généralement croissante avec la réfrangibilité de la lumière, est nulle au lever du Soleil, très faible à midi, et varie de 2° à 3° dans le cours de la journée, gauche le matin et droite le soir pour le point situé vers le sud, de sens contraires pour le point opposé, et le phénomène n'est pas entièrement symétrique par rapport au midi vrai.

La polarisation paraît très régulière quand l'observateur est situé sur un sommet élevé, comme l'ont constaté MM. Soret au Rigi, mais il se produit souvent des effets accidentels dans les observations faites au voisinage d'une plaine étendue et surtout des nappes d'eau; ces modifications paraissent dues à la lumière réfléchie de diverses origines.

Arago avait remarqué que son point neutre est quelquefois à droite ou à gauche du vertical du Soleil. Quand on vise dans la direction d'une nappe d'eau étendue, la polarisation du ciel au-dessous du Soleil peut être verticale ([1]) et le point neutre de Brewster disparaît. On observe, en même temps, le phénomène curieux de l'apparition de deux points neutres latéraux, à peu près à la hauteur du Soleil; ces nouveaux points neutres seraient produits par une sorte de compensation entre la polarisation régulière du ciel et celle des lumières réfléchies sur l'eau. Dans une série d'observations faites auprès des lacs de Suisse, à Lucerne et à Genève, ou sur les bords de la Méditerranée à Cannes, M. Soret a constaté ainsi l'existence de points neutres latéraux, éloignés de 14° à 18° du Soleil.

Il reste enfin à considérer la rotation du plan de polarisation qui subsisterait dans le vertical du Soleil, pour les points situés au voisinage de l'horizon sud ou nord; M. Becquerel attribue cet effet au magnétisme terrestre.

La constante de Verdet pour le sulfure de carbone et la lumière jaune étant $0',043$ (565), la rotation produite par 1^m de liquide dans un champ de $0,1943$, qui est la composante horizontale du champ terrestre à Paris, serait $0',836$. Le rapport de la rotation spécifique de l'air, dans les conditions normales, à celle du sulfure

---

([1]) J.-L. SORET, *Comptes rendus des séances de l'Académie des Sciences*, t. CVII, p. 867; 1888.

de carbone, est $0,159.10^{-3}$ (**569**); la rotation produite par une atmosphère, ou une colonne de 7990^{m}, devient

$$0',836.0,159.7,99 = 1',062;$$

ce nombre devrait être multiplié par $\frac{3}{2}$ environ pour le bleu, si l'on admet que la dispersion rotatoire de l'air soit en raison inverse du carré des longueurs d'onde.

Pour une observation faite à l'horizon magnétique, l'épaisseur de la couche d'air (**704**) est d'environ $35^{atm},5$; la rotation correspondante serait $37',7$ pour le jaune et $57'$ pour le bleu.

Dans le méridien magnétique, par exemple, en négligeant des nombres manifestement erronés relatifs à la direction du sud, l'observation a donné :

Direction.	Distance à l'horizon.	Épaisseur.	Rotation.	Rotation calculée	
				jaune.	bleu.
Nord magnétique...	$2°17'$	17^{atm}	$25'$	$16',4$	$24',6$
Id. ...	$3°37'$	$13^{atm},8$	$23'$	$12',6$	$18',9$

Le calcul a été fait en tenant compte de l'inclinaison du rayon sur le champ magnétique. Les rotations observées sont de même ordre que celles qu'indiquerait la théorie en supposant que la lumière se diffuse aux limites de l'atmosphère, pour en traverser ensuite l'épaisseur totale, ou du moins que la fraction la plus importante de lumière diffusée provient des régions très élevées.

Il semble que la diffusion se fait, au contraire, dans toute l'épaisseur de l'air et surtout dans les couches inférieures, relativement plus riches en corpuscules étrangers, de sorte que le chemin parcouru ensuite serait beaucoup moindre. Il est possible toutefois que les diffusions multiples interviennent, de manière à augmenter la rotation définitive, mais cette influence n'est pas facile à dégager. L'observation est d'ailleurs extrêmement délicate, car l'angle à mesurer n'est guère supérieur aux erreurs de lecture; l'importance de la polarisation horizontale tend à diminuer l'effet et à produire une rotation droite ou gauche, dès que le point visé ne se trouve pas rigoureusement dans le vertical du Soleil.

734. *Proportion de lumière polarisée.* — L'existence même de lumière polarisée et la direction du plan de polarisation partielle se déterminent aisément par un polariscope quelconque. Arago se servait d'une lame cristalline avec un prisme analyseur à double image, dans l'azimut de 45° par rapport à la lame cristalline; le voisinage de deux teintes complémentaires les rend plus apparentes; les teintes disparaissent quand le plan de polarisation est parallèle ou perpendiculaire à la section principale de la lame; elles prennent le plus d'éclat quand ce plan est à 45° à droite ou à gauche, c'est-à-dire parallèle ou croisé avec l'analyseur.

Babinet a vulgarisé pour cet usage l'emploi du polariscope de Savart (440) muni d'une tourmaline. On vise alors à l'infini, ce qui permet de réduire beaucoup les dimensions de l'instrument. Les franges, à peu près rectilignes, ont leur maximum de netteté quand le plan primitif est dans une direction parallèle ou perpendiculaire à la section principale de la tourmaline; la direction parallèle correspond au cas où la frange centrale est noire. On dispose habituellement l'axe de la tourmaline de façon que la frange centrale soit blanche quand elle est parallèle au plan de polarisation.

Pour mesurer la fraction de lumière polarisée, on pourrait la compenser simplement par réflexion sur une lame de verre noir. Cette fraction f est égale à celle qui existerait dans un faisceau primitivement naturel réfléchi sous le même angle, c'est-à-dire, en appelant i et r les angles d'incidence et de réfraction (583),

$$f = \frac{\sin 2i \sin 2r}{1 + \cos 2i \cos 2r},$$

$$\frac{1-f}{1+f} = \frac{\cos^2(i+r)}{\cos^2(i-r)}.$$

Deux réflexions successives sur des surfaces parallèles permettraient de conserver à la lumière sa direction primitive et la fraction de lumière polarisée serait le carré de la précédente.

Nous avons signalé (686) les différents polarimètres employés pour cet usage. Le polarimètre d'Arago, en particulier, peut être construit d'une manière plus simple si l'on remplace le quartz par un polariscope de Savart. La pile de glaces étant contenue dans une boîte circulaire et mobile à l'aide d'un alidade qui se déplace sur un cercle gradué, il suffirait de percer cette boîte de deux ouvertures aux extrémités d'un même diamètre, l'une libre et l'autre munie du polariscope. L'alidade étant au zéro, la pile se trouve perpendiculaire au faisceau de lumière et sans influence. On vise alors un point du ciel et l'on dirige l'appareil de façon que les franges aient leur maximum de netteté, la plate-forme étant parallèle au plan de polarisation, c'est-à-dire dirigée vers le Soleil; une rotation convenable de l'alidade fait disparaître les franges.

Si l'on joint par une courbe tous les points du ciel correspondant à la même proportion de lumière polarisée, on obtient les *lignes d'égale polarisation*. Ces lignes devraient être des arcs de parallèles perpendiculaires à la direction du Soleil si le phénomène était régulier. En fait, elles se trouvent singulièrement déformées soit par l'existence des points neutres, soit par les troubles accidentels de l'atmosphère.

La distribution des lignes d'égale polarisation varie d'ailleurs avec la hauteur du Soleil; l'étude de leurs variations continues présenterait le plus grand intérêt, mais les observations ne sont pas encore assez nombreuses pour qu'on en ait une idée exacte.

Brewster [1] a donné, comme représentant le résultat de plusieurs années d'observations, une Carte où sont tracées les lignes d'égale polarisation pour le cas où le Soleil est à l'horizon. Ces courbes entourent naturellement les points neutres d'Arago et de Babinet; au voisinage du zénith, où la polarisation est maximum, elles ont la forme d'ellipses allongées dont le grand axe est perpendiculaire au vertical du Soleil.

La fraction de lumière polarisée varie d'ailleurs entre des limites très étendues, puisqu'elle paraît quelquefois nulle. Dans le vertical du Soleil et à 90°, M. Cornu [2] a observé jusqu'à 0,80 par les vents d'ouest et de sud-ouest; la polarisation diminue beaucoup par les vents froids d'est et de nord, et surtout quand il existe un peu de brume ou des traînées de cirrus.

Sur le mont Ventoux, M. Crova [3] a obtenu également des nombres variables d'un jour à l'autre. La polarisation paraît présenter un maximum le matin, au lever du Soleil, diminuer vers midi et augmenter un peu vers le soir; elle suivrait ainsi la même

---

[1] Johnston, *Physical atlas*, Edinburgh, 1848.

[2] A. Cornu, *Bulletin de l'Ass. franç.*, 2ª Partie, p. 267; Limoges, 1890.

[3] A. Crova, *Ann. de Chim. et de Phys.* [6], t. XXI, p. 293; 1890.

marche que la transparence de l'air. Voici quelques exemples :

Fraction de lumière polarisée.

	8^h matin.	Midi.	6^h soir.
16 août.............	0,669	0,616	0,649
23 »	0,656	0,500	0,574

La lumière de la Lune suffit pour faire apparaître la polarisation atmosphérique ([1]). Il est naturel que la proportion de lumière polarisée ne change pas brusquement du jour à la nuit, si elle tient à la diffusion dans l'atmosphère; les observations de M. Piltschikoff ([2]) à Kharkof ont confirmé cette prévision. Aux époques de pleine Lune, qui sont plus favorables, la fraction de lumière polarisée parut la même (0,43 à 0,62) à 10^h ou 11^h du matin et du soir, ainsi qu'à midi et minuit. Dans le cours d'une belle journée (24 juillet 1891), on a ainsi obtenu :

8^h matin	0,485		8^h 30^m soir	0,623
9 à 5^h soir	0,477		9 »	0,423
6 »	0,492		9 30 »	0,309
7 »	0,574		10 »	0,225
7 30^m »	0,588		10 30 »	0,358
8 »	0,616		11 à minuit	0,500

La proportion de lumière polarisée paraît diminuer avec l'éclat de la Lune, sans doute par l'influence des lueurs crépusculaires ou de la lumière propre des étoiles.

M. Piltschikoff ([3]) a étudié aussi l'influence de la couleur en munissant le polariscope d'un verre bleu ou d'un verre rouge; la polarisation a toujours été plus grande pour la lumière bleue. L'excès est très variable : il peut atteindre $\frac{1}{4}$ de la valeur moyenne et paraît d'autant plus grand que la polarisation est elle-même plus faible. Cette différence change avec la direction du vent; elle semble croître avec la quantité de vapeur d'eau et l'importance des poussières en suspension dans l'atmosphère.

([1]) ARAGO, *Œuvres complètes*, t. X, p. 559; 1842.

([2]) N. PILTSCHIKOFF, *Comptes rendus des séances de l'Académie des Sciences*, t. CXIV, p. 468; 1892.

([3]) N. PILTSCHIKOFF, *Comptes rendus des séances de l'Académie des Sciences*, t. CXV, p. 555; 1892.

735. *Horloge polaire.* — Wheatstone ([1]) proposa d'utiliser la polarisation atmosphérique pour évaluer l'heure avec une certaine approximation. Un tube de lunette étant dirigé à poste fixe vers le pôle, on vise avec un analyseur mobile sur un cercle gradué et l'on détermine l'angle du plan de polarisation avec le méridien du lieu; c'est l'angle horaire du Soleil, on en déduit le temps vrai. Soleil ([2]) a rendu l'observation plus délicate par l'emploi d'une bilame de quartz à deux rotations (507) et en marquant les heures, au lieu d'une division en degrés, sur le cercle de l'analyseur.

Si l'erreur possible sur l'azimut de polarisation est de 15' ou $\frac{1}{4}$ de degré, l'heure serait déterminée à une minute près. Cette *horloge polaire* n'est qu'une curiosité scientifique, car un cadran solaire équatorial est moins difficile à construire et comporte une plus grande exactitude.

736. *Considérations théoriques.* — On peut rendre compte de la plupart des circonstances relatives à la polarisation atmosphérique en admettant, avec Sir G. Stokes (643), que la vibration diffusée par les particules, dans une direction déterminée, est proportionnelle, toutes choses égales, à la projection de la vibration incidente normale à la ligne de visée; le coefficient de proportionnalité varie d'ailleurs avec la longueur d'onde ([3]).

Pour un point M (*fig.* 368) à la distance angulaire ω du Soleil, supposé dans la direction de l'axe Ox, la lumière incidente, qui est naturelle, peut être remplacée par deux vibrations indépendantes d'amplitude a, l'une polarisée dans le plan de diffraction MOx et l'autre à angle droit, c'est-à-dire située dans le même plan; les vibrations diffusées au point O étant respectivement ka et $ka\cos\omega$, les intensités correspondantes sont proportionnelles à k^2 et $k^2\cos^2\omega$. L'intensité totale de la lumière diffusée est donc proportionnelle à $1 + \cos^2\omega$ et la fraction de lumière polarisée dans le plan de diffraction est égale à $\dfrac{1 - \cos^2\omega}{1 + \cos^2\omega}$.

([1]) Wheatstone, *Brit. Ass. Rep.*, Pt II p. 107; 1848.

([2]) Soleil, *Comptes rendus des séances de l'Académie des Sciences*, t. XXVIII, p. 511; 1849.

([3]) J.-L. Soret, *Ann. de Chim. et de Phys.* [6], t. XIV, p. 503; 1888.

L'éclat du ciel doit être croissant à mesure qu'on se rapproche du Soleil, ce qui est conforme aux observations, mais la polarisation devrait être complète sur le grand cercle situé à 90°.

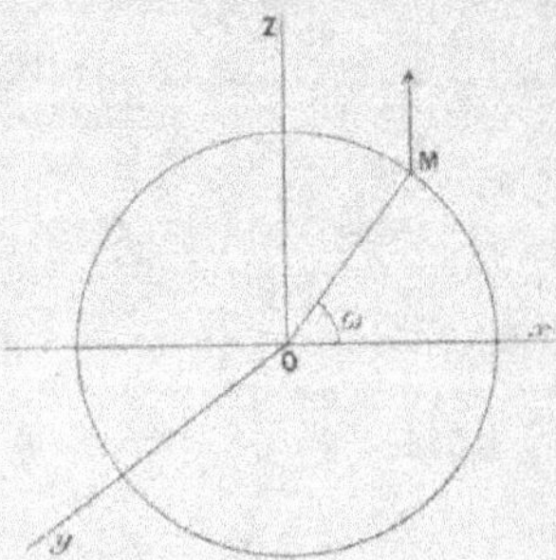

Fig. 368.

Toutefois ce serait là l'effet de la première diffusion et l'on doit tenir compte des actions secondaires. Considérons maintenant le point O comme le siège d'une molécule mise en vibration par la lumière que diffusent toutes celles qui l'entourent.

Le nombre des molécules comprises dans le cône limité par l'angle $d\omega$ et le dièdre $d\theta$ de deux plans indéfiniment voisins, qui passent par l'axe des x, est $\sin\omega\,d\omega\,d\theta$. Les différences de marche étant arbitraires, les intensités di_1, di_2 et di_3 des vibrations respectivement parallèles aux axes des x, des y et des z sont

$$di_1 = h^2 d\theta \int_0^\pi \cos^2\omega \sin^3\omega\,d\omega = \frac{4}{15}\,h^2 d\theta = \frac{2}{3}\,\mathrm{H}\,d\theta,$$

$$di_2 = h^2 d\theta \int_0^\pi \sin\omega\,d\omega \qquad = 2\,h^2 d\theta \quad = 5\,\mathrm{H}\,d\theta,$$

$$di_3 = h^2 d\theta \int_0^\pi \cos^2\omega \sin\omega\,d\omega = \frac{2}{5}\,h^2 d\theta \quad = \mathrm{H}\,d\theta.$$

Si le plan du fuseau s'incline de 0 à α, les vibrations parallèles à l'axe des x ne changent pas de direction et l'intensité totale est

$$i_1 = \frac{2}{3}\,\mathrm{H}\,\alpha.$$

Les autres composantes changent progressivement de direction en restant dans le plan des yz. En prenant des axes rectangulaires z'

et y', dont le premier est bissecteur de l'angle θ, les intensités i_3 et i_2 des vibrations respectivement parallèles à ces axes sont

$$i_3 = 2 \int_0^{\frac{\alpha}{2}} (\cos^2\theta \, di_3 + \sin^2\theta \, di_2) = H(3\alpha - 2\sin\alpha),$$

$$i_2 = 2 \int_0^{\frac{\alpha}{2}} (\cos^2\theta \, di_2 + \sin^2\theta \, di_3) = H(3\alpha + 2\sin\alpha).$$

L'intensité X de la lumière propagée suivant l'axe des x est

$$X = i_2 + i_3 = 6H\alpha;$$

elle est partiellement polarisée dans le plan $z'x$ pour la fraction

$$\varphi = \frac{i_2 - i_3}{i_2 + i_3} = \frac{2}{3}\frac{\sin\alpha}{\alpha}.$$

De même, les intensités Y et Z des lumières propagées suivant les axes y' et z', ainsi que les fractions correspondantes χ et ψ de lumière polarisée dans les plans xy' et $y'z'$, seraient

$$Y = i_3 + i_1 = H\left(\frac{11}{3}\alpha - 2\sin\alpha\right),$$

$$Z = i_1 + i_2 = H\left(\frac{11}{3}\alpha + 2\sin\alpha\right);$$

$$\chi = \frac{i_3 - i_1}{i_3 + i_1} = \frac{7\alpha - 6\sin\alpha}{11\alpha - 6\sin\alpha},$$

$$\psi = \frac{i_1 - i_2}{i_1 + i_2} = \frac{7\alpha + 6\sin\alpha}{11\alpha + 6\sin\alpha}.$$

Si les molécules agissantes sont situées seulement dans une hémisphère, on doit faire $\alpha = \pi$, et, par suite,

$$i_1 = \frac{2}{3}\pi H, \qquad i_2 = i_3 = 3\pi H.$$

La lumière X est alors naturelle, tandis que les autres sont égales entre elles et avec la même polarisation; on a alors

$$X = 6\pi H, \qquad \varphi = 0,$$

$$Y = Z = \frac{11}{3}\pi H, \qquad \chi = \psi = \frac{7}{11}.$$

La buée que l'on aperçoit dans les ombres du Soleil est éclairée par la lumière que diffusent les particules situées sensiblement dans une hémisphère; elle doit donc présenter, comme le bleu du ciel, un maximum de polarisation sur le cercle perpendiculaire.

Pour une direction qui fait l'angle β avec le Soleil, dans le cas d'une demi-sphère éclairante, les intensités des vibrations respectivement parallèles à l'axe des z et à un axe x', perpendiculaire à la ligne de visée, seraient

$$i_3 = 3\pi H, \qquad i_1 = \pi H\left(\frac{2}{3}\sin^2\beta + 3\cos^2\beta\right).$$

L'intensité I de la lumière observée est alors

$$I = i_1 + i_3 = \pi H\left[3(1 + \cos^2\beta) + \frac{2}{3}\sin^2\beta\right] = \pi H\left(6 - \frac{7}{3}\sin^2\beta\right);$$

elle est partiellement polarisée pour la fraction

$$f = \frac{i_3 - i_1}{I} = \frac{7\sin^2\beta}{9(1 + \cos^2\beta) + 2\sin^2\beta} = \frac{7\sin^2\beta}{11\sin^2\beta + 18\cos^2\beta}.$$

A mesure que l'on se rapproche du Soleil, l'éclat augmente et la polarisation diminue, ce qui est conforme aux observations.

Nous avons admis, il est vrai, que l'intensité de la lumière diffusée est la même pour les différents fuseaux, tandis qu'elle croît rapidement du zénith à l'horizon, ce qui tend, toutes choses égales, à augmenter la polarisation horizontale.

Sur le ciel lui-même, les diffusions successives interviennent, pour une part importante, surtout dans les couches inférieures. Il en résulte une polarisation générale parallèle à l'horizon, qui se superpose à celle de la lumière produite par la première diffusion et contribue à la formation des points neutres.

Il n'y a pas lieu de suivre plus loin ces explications théoriques, puisque le principe même est sujet à objections, mais elles permettent de comprendre le caractère général du phénomène.

CHAPITRE XIX.

BROUILLARDS, NUAGES ET PLUIE.

737. *Formation des nuages.* — On explique habituellement la condensation de la vapeur d'eau atmosphérique par le mélange de couches d'air humides à des températures différentes. Si ces masses d'air se mélangent, sans condensation de vapeur, en un point de l'atmosphère où la pression reste constante, la température du mélange et la tension finale de la vapeur d'eau sont intermédiaires à celles des masses primitives, et sensiblement leurs valeurs moyennes calculées en raison des volumes.

Si les masses d'air étaient d'abord respectivement saturées, la tension de la vapeur dans le mélange devrait être supérieure à la tension maximum relative à la température moyenne, puisque les tensions de vapeur croissent plus rapidement que les températures. Dans ce cas, il doit se produire une condensation sous forme de gouttelettes liquides ([1]).

([1]) Le problème pourrait être traité de la manière suivante. Soient v et v' les volumes primitifs des deux masses d'air humide, τ et τ' les inverses des températures absolues t et t', f et f' les tensions de vapeur; V, θ, T, F les quantités analogues pour le mélange et H la pression extérieure. Les masses d'air sec et de vapeur restant invariables, on a, pour l'air,

$$V\theta(H - F) = v\tau(H - f) + v'\tau'(H - f')$$

et, pour la vapeur,

$$(1) \qquad V\theta F = v\tau f + v'\tau' f';$$

il en résulte, par addition,

$$(2) \qquad V\theta = v\tau + v'\tau'.$$

Ces deux équations déterminent la tension de vapeur dans le mélange :

$$(3) \qquad F = \frac{v\tau f + v'\tau' f'}{v\tau + v'\tau'} = \frac{vf + v'f'}{v + v'} - \frac{vv'}{v + v'} \frac{(\tau - \tau')(f' - f)}{v\tau + v'\tau'}.$$

Si les tensions de vapeur dans les masses primitives croissent avec la tempé-

Le phénomène physique est cependant moins simple, en réalité, car différentes circonstances et, en particulier, les corpuscules en suspension dans l'air y jouent un rôle important, mis en évidence

---

rature, la tension finale F est inférieure à la moyenne rapportée aux volumes. Dans le cas de volumes égaux $(v = v')$, on aurait

$$F = \tfrac{1}{2}(f + f') - \frac{\tau - \tau'}{\tau + \tau'}\,\frac{f' - f}{2} = \tfrac{1}{2}(f + f') - \frac{t' - t}{t + t'}\,\frac{f' - f}{2}.$$

L'opération du mélange est accompagnée d'un travail extérieur $H[V - (v + v')]$; en appelant E l'équivalent mécanique de la chaleur, ce travail représente un nombre de calories égal à $\dfrac{H}{E}[V - (v + v')]$.

D'autre part, l'énergie de l'unité de poids d'un gaz, simple ou non, évaluée en calories, est égale à $C_v T$ ou $\dfrac{CT}{\gamma}$, C_v et C étant les chaleurs spécifiques à volume et à pression constante et γ le rapport de ces chaleurs spécifiques. Pour le mélange considéré, si l'on désigne par D le poids spécifique sous l'unité de pression et à la température T_0 du zéro centigrade, le poids est

$$P = \frac{T_0}{T}\,VHD$$

et l'énergie

$$U \quad P\frac{CT}{\gamma} = \frac{T_0 H}{\gamma}\,VDC.$$

Le même calcul étant appliqué aux masses primitives, le principe de la conservation de l'énergie donne l'équation

$$(4) \qquad V - (v + v') = E\frac{T_0}{\gamma}(v\,d\,c + v'\,d'\,c' - VDC).$$

Soient enfin a la chaleur spécifique de l'air, b celle de la vapeur et $\alpha = \dfrac{b - a}{a}$; p le poids spécifique de l'air, $p\rho$ celui de la vapeur et $\delta = 1 - \rho$. On a, pour le mélange final,

$$C = a\,\frac{H - F}{H} + b\,\frac{F}{H} = a\left(1 + \frac{F}{H}\,\alpha\right),$$

$$D = p\,\frac{H - F}{H} + p\rho\,\frac{F}{H} = p\left(1 - \frac{F}{H}\,\delta\right);$$

$$DC = ap\left[1 + \frac{F}{H}(\alpha - \delta) - \frac{F^2}{H^2}\,\alpha\delta\right].$$

Les volumes primitifs donneront des expressions analogues et l'équation (4) devient

$$(5) \quad \left(\frac{\gamma}{ET_0\,ap} + 1\right)[V - (v + v')] = \frac{\alpha - \delta}{H}(vf + v'f' - VF) - \frac{\alpha\delta}{H^2}(vf^2 + v'f'^2 - VF^2).$$

En remplaçant F par sa valeur (3), on déterminera ainsi le volume final V et, par suite, la température T. La condensation a lieu si la tension calculée F est supérieure à la tension maximum de la vapeur pour cette température.

Dans le cas particulier où $f = f'$, il en résulte $F = f = f'$ et $V = v + v'$; le par les expériences de M. Coulier (230) sur la formation des buées par la détente de l'air renfermé dans un flacon qui renferme une petite quantité d'eau.

M. Aitken ([1]) a profité de cette curieuse expérience pour construire un petit appareil qui permet de produire une détente déterminée dans un petit volume de gaz emprunté à l'air extérieur, et contenu dans un espace fermé par une lame de verre divisée en quadrillé; on compte à la loupe le nombre de gouttelettes d'eau qui apparaissent sur une certaine surface et l'on en déduit le nombre relatif des corpuscules qui existent dans l'air observé. L'expérience montre, ce qu'il était facile de prévoir, que les corpuscules sont moins nombreux sur les sommets élevés que dans les plaines et surtout dans les lieux habités.

Ces observations sont analogues à celles de M. Pasteur sur la fréquence des germes organisés.

J'ai constaté aussi ([2]) que la présence de l'ozone conserve à l'air la faculté de provoquer des buées, même quand le gaz ozoné que l'on introduit dans le flacon a été longtemps en repos en présence de l'eau ou filtré par du coton. Il suffit même de faire passer une série d'étincelles électriques autour du flacon, sans l'ouvrir, pour que les traces d'ozone produites par influence fassent apparaître les buées au moment de la détente.

Il est utile d'en rapprocher la formation des brouillards que l'on observe dans un grand nombre d'expériences de Chimie. Toutes les fois qu'un gaz se trouve en présence d'un liquide avec lequel il peut former un composé solide ou une dissolution moins

---

mélange se fait alors sans changement de volume. Comme le second membre de l'équation (5) est toujours très petit, on obtiendra une valeur approchée de la température finale en supposant que le volume total reste invariable, ce qui donne

$$\theta = \frac{v\tau + v'\tau'}{v + v'}, \qquad \frac{1}{T} = \frac{1}{v + v'}\left(\frac{v}{t} + \frac{v'}{t'}\right),$$

et, dans le cas de volumes primitifs égaux,

$$\frac{1}{T} = \frac{1}{2}\left(\frac{1}{t} + \frac{1}{t'}\right).$$

([1]) J. AITKEN, *Trans. of the R. S. Edinb.*, t. XXXV, Pt I, p. 1; 1888, et t. XXXVI, Pt II, p. 313; 1891.

([2]) E. MASCART, *Notice sur les Travaux scientifiques*, p. 40; 1878.

volatile, les vapeurs de liquide donnent des condensations nuageuses. Par exemple, si l'on fait passer un courant d'air dans une dissolution qui ne soit pas trop étendue de l'un des acides azotique, chlorhydrique, bromhydrique, iodhydrique, cyanhydrique, et que le gaz barbote ensuite dans l'eau, chaque bulle, en se dégageant, donne une buée plus ou moins abondante, et ces brouillards sont quelquefois très persistants. Un courant d'air qui a traversé l'acide sulfurique est incapable de produire des buées au contact de l'eau; mais, si l'acide sulfurique renferme des traces d'acide azotique et surtout d'acide chlorhydrique, ces impuretés se révèlent par la formation des buées. Au contraire, un courant de gaz riche en ammoniaque ne donne pas de brouillards dans l'air humide, parce que la solution d'ammoniaque est plus volatile que l'eau.

On sait que l'ozone donne aussi des brouillards au contact de l'eau, des alcools, des éthers, des essences, etc., en formant, suivant les cas, soit une dissolution moins volatile, soit une véritable combinaison.

Il résulte de ces observations que la vapeur d'eau atmosphérique se condense plus facilement lorsque l'air renferme, soit des corpuscules en suspension, soit des traces de composés particuliers, tels que l'ozone et les corps nitrés, dont l'existence est bien démontrée et dont l'origine électrique ne paraît pas douteuse.

L'absence de condensation dans l'expérience de M. Coulier, au moment de la détente, lorsque le gaz est parfaitement propre, conduit même à cette conséquence que l'air peut être sursaturé de vapeur d'eau, au moins entre certaines limites.

Lord Kelvin (Sir W. Thomson) a montré ([1]), d'ailleurs, que la tension maximum d'une vapeur, en présence du liquide qui l'a produite, varie avec la forme de la surface du liquide. Quand on met de l'eau dans un tube en U dont l'une des branches est capillaire, il se produit une différence de niveau h. Le liquide est en équilibre, et l'équilibre existe aussi pour la vapeur. Supposons, en effet, que l'on place l'appareil dans un flacon fermé ou sous une cloche, à température constante. L'atmosphère est saturée de vapeur, mais il est à remarquer que la pression F de cette vapeur, sur la surface plane A du tube large, est supérieure à la pression

---

([1]) SIR W. THOMSON, *Proceed. of the R. S. Edinb.*, t. VII, p. 63; 1870.

qui s'exerce à la surface a dans le tube capillaire; l'excès f est le poids par unité de surface d'une colonne de vapeur de hauteur h dont la densité est définie par la pression moyenne $F - \frac{f}{2}$. S'il ne se produit pas une distillation continue du liquide de a vers A, la tension maximum de la vapeur $F - f$ est donc plus faible en présence de la surface concave a dans le tube capillaire qu'au-dessus de la surface plane A dans le tube large.

Or cette distillation est impossible, car elle serait accompagnée d'un refroidissement dans le tube capillaire, d'un réchauffement dans l'autre, et la différence de niveau se rétablirait d'après les lois de capillarité. On produirait ainsi, sans dépense de travail, un transport de chaleur entre deux corps primitivement en équilibre de température, ce qui est contraire au principe de Carnot.

Si l'on considère comme tension maximum *normale* celle qui se produit en présence d'une surface plane de liquide, la tension maximum est moindre sur une surface concave. Par la même raison, elle est plus grande sur une surface convexe; l'air est alors sursaturé de vapeur. Dans tous les cas, l'écart f de la tension à sa valeur normale augmente avec la courbure de la surface liquide.

Il en résulte que, si un nuage est formé par un ensemble de gouttelettes de différentes dimensions, les plus petites tendent nécessairement à s'évaporer et les plus grosses à augmenter. Toutes les gouttes s'évaporent à la fois ou augmentent en même temps de volume, quoique d'une manière très inégale, si la tension de la vapeur dans l'air ambiant est inférieure à la tension maximum qui correspond à l'équilibre sur les plus grosses, ou supérieure à celle qui correspond aux plus petites. En général, cette tension aura une valeur intermédiaire; les petites gouttes ne sont pas en équilibre et s'évaporent, tandis que la vapeur d'eau se condense sur les plus grosses. L'équilibre n'est possible que si toutes les gouttes finissent par être de même taille.

Si la vapeur d'eau est en excès dans une masse d'air pur, relativement à sa température, elle se condensera donc très difficilement, puisque les premières gouttelettes auraient un diamètre extrêmement petit et ne peuvent persister que dans une atmosphère sursaturée.

On comprend alors que la présence des corpuscules de nature quelconque (gouttelettes de liquides différents, poussières ou germes) facilite la formation des nuages, car les premières parties d'eau condensée ont aussitôt une surface finie, dont la courbure diminue de plus en plus, et la tension maximum correspondante se rapproche de la normale.

Les mouvements de l'air permettent rarement que les phénomènes suivent cette marche régulière et les nuages renferment presque toujours des gouttelettes de dimensions inégales autour d'une moyenne. On peut les mesurer en observant dans un brouillard, à la loupe ou au microscope, celles qui passent dans le champ; il est plus commode de placer dans le plan focal une lame de verre et d'observer les gouttes qui tombent sur la lame.

Dans une série d'observations sur le Brocken, par exemple, M. Assmann[1] a constaté des gouttes dont les dimensions variaient de 6^μ à 35^μ, suivant la nature des nuages. D'après M. Dines [2], les dimensions des gouttes qui forment les brouillards d'Angleterre varient de 16^μ à 127^μ et, dans le dernier cas, le brouillard commence à se résoudre en pluie.

Quant à la suspension des nuages, elle tient uniquement aux dimensions des gouttes qui les constituent. Pour des particules de même forme, la vitesse limite de chute est proportionnelle au carré des dimensions linéaires [3].

Une goutte d'eau de 10^μ de diamètre tombant dans une couche d'air de densité 1000 fois moindre (ce qui est à peu près le cas pour la hauteur habituelle des nuages) n'atteint que la vitesse de $0^{cm},32$; la vitesse limite serait respectivement de 32^{cm} et $3^m,20$ pour des gouttes de $0^{mm},1$ et de 1^{mm}.

Lorsque les gouttes ou particules quelconques sont très nombreuses, l'air qui les sépare est entraîné dans leur mouvement; l'ensemble (nuage, brouillard ou fumée) monte ou descend suivant que sa densité moyenne est inférieure ou supérieure à celle de l'air ambiant. Tels sont les nuages qui s'élèvent sur le flanc des mon-

[1] R. Assmann, *Meteorolog. Zeitschrift*, t. II, p. 41; 1885.
[2] G. Dines, *Symons's monthly Meteor. Mag.*, t. XIV, p. 190; 1880.
[3] J.-C. Maxwell, *Theory of heat*, p. 299; London, 1875.

tagnes ou s'écoulent dans les vallées, les brouillards qui séjournent dans les parties basses de l'atmosphère, les fumées qui se localisent à un certain niveau dans une enceinte, etc.

738. *Couleurs des nuages.* — Lorsqu'un nuage composé de gouttes très inégales est éclairé par le Soleil, chacun des éléments produit une diffraction, mais l'intensité de la lumière émise dans une direction quelconque varie, au hasard, d'un élément à l'autre. L'éclat du nuage, qui est dû à la somme des lumières émises par les différentes gouttes, pourrait présenter un maximum suivant certaines directions, comme celles des rayons efficaces de l'arc-en-ciel. Toutefois les réflexions, en nombre illimité, qui se produisent d'une goutte à l'autre, régularisent la diffusion ; le nuage paraît lumineux par lui-même, avec plus ou moins d'éclat, en conservant la teinte de la lumière primitive, au moins tant que l'on néglige les absorptions particulières que pourraient éprouver certaines couleurs dans l'eau. Le phénomène paraîtra encore plus complexe si l'on tient compte de l'origine très variée des sources qui éclairent un nuage, suivant que le ciel est plus ou moins couvert ; la couleur apparente du nuage est la résultante de toutes ces causes d'illumination.

Il est impossible de décrire la variété et la richesse des colorations que prennent les nuages éclairés directement ou indirectement par le Soleil, suivant que cet astre est plus ou moins rapproché de l'horizon ; la teinte dépend des altérations qu'a subies la lumière solaire sur son parcours, soit dans l'air même, soit au travers de buées ou d'autres nuages, et les conditions du phénomène peuvent changer à l'infini.

On peut signaler, par exemple, cette particularité souvent observée que les teintes du ciel et des nuages au Soleil levant se rapprochent du jaune ou du rose (ῥοδοδάκτυλος, κροκόπεπλος ἠώς), tandis que les couleurs du couchant sont plutôt rouges et violacées. La plus grande abondance des poussières dans les couches inférieures de l'atmosphère, à la fin de la journée, fait dominer davantage les vibrations à grande longueur d'onde.

Nous remarquerons encore que la diffusion par les nuages provient aussi bien de la couleur bleue du ciel que de l'éclairage direct du Soleil. La lumière d'un ciel couvert doit donc se rapprocher beaucoup de la couleur que prendrait la lumière solaire aux limites de l'atmosphère; elle est ainsi la représentation théorique et pratique de la *véritable lumière blanche;* la lumière directe du Soleil paraît jaune en comparaison.

739. *Illumination des brouillards.* — Les réflexions multiples entre les différentes particules d'un nuage ou d'un brouillard conduisent à des conséquences curieuses ([1]).

Supposons d'abord que l'air et les substances qui constituent un brouillard soient absolument transparents et faisons abstraction des obstacles tels que les objets extérieurs et la surface du sol. Imaginons qu'une source de lumière, telle qu'un fil incandescent, soit entourée complètement par un nuage sphérique, de densité uniforme ou simplement symétrique par rapport à la source, en dehors duquel l'atmosphère reste claire. Si la transparence est complète pour toutes les radiations, chacun des éléments de la surface qui limite le nuage diffuse la lumière plus ou moins uniformément dans toutes les directions, quand même les rayons émanant de la source seraient limités à une petite ouverture angulaire.

Le rayonnement du nuage dépend de diverses circonstances. Si l'énergie totale émise par la source est donnée, la présence du nuage ne change pas l'énergie qui traverse chaque élément de l'aire sphérique, mais cette hypothèse ne correspond pas à une température constante de la source, à cause des rayons de retour. Pour maintenir le rayonnement extérieur constant, il faut supposer une élévation de température qui croît indéfiniment avec la densité et l'épaisseur du nuage.

La température de la source restant invariable, admettons maintenant que cette région soit enveloppée à quelque distance par une surface douée d'un pouvoir réflecteur absolu. Dans ce cas, quelles que soient la densité et la distribution du nuage, le principe de l'équilibre mobile des températures montre que le rayonnement qui passe en chaque point intérieur, dans toutes les directions, est constant et égal à celui qui correspond à la température de la source. Cette propriété est également vraie lorsqu'il existe une absorption, mais alors l'équilibre exige que le nuage tout entier

---

([1]) Lord Rayleigh, *Phil. Mag.* [5], t. XIX, p. 443; 1885.

soit à cette température. Dans le cas de transparence absolue, au contraire, la température du milieu est indifférente et le temps nécessaire pour que l'équilibre s'établisse ne dépend que du temps requis par la lumière pour traverser l'enceinte.

Nous n'avons fait jusqu'ici aucune hypothèse sur la structure du nuage. On peut imaginer une couche de telle épaisseur qu'une fraction minime de la lumière puisse la traverser et atteindre l'enveloppe. Cette couche joue pratiquement le rôle d'un réflecteur parfait et l'on peut supprimer l'enveloppe sans altérer l'état des choses dans l'intérieur du nuage.

On arrive ainsi à la conclusion, en apparence paradoxale, qu'à toute distance et quelle que soit la distribution du nuage, il existe en chaque point le même rayonnement que sur la source, pourvu seulement qu'il y ait à l'extérieur une couche fermée de nuages entièrement opaque, et cet état se maintient sans aucune émission de la source.

Dans le cas même où le nuage absorbe certaines espèces de radiations, par exemple les rayons calorifiques obscurs, tandis qu'il est transparent pour d'autres, telles que les rayons lumineux, le théorème reste vrai pour les dernières; l'éclairement serait alors le même que dans une salle dont les parois auraient le même éclat que la source. Toutefois, pour compenser l'absorption des rayons obscurs, il serait nécessaire de fournir à la source un supplément d'énergie.

Ces principes s'appliquent, en particulier, aux expériences de M. Tyndall sur les *nuages acoustiques*, dont l'effet est très différent suivant la nature des vibrations sonores; ces nuages laissent passer facilement le bruit d'un coup de canon et font obstacle au son d'une sirène en produisant un écho.

Les *réflexions multiples* entre deux piles de glace (584) donnent lieu à des effets analogues, qui permettent d'éclairer par un exemple les considérations qui précèdent.

Si l'on appelle f le pouvoir réflecteur de chaque surface pour l'incidence normale, les fractions r et t de lumière réfléchie et transmise dans une pile de p lames, quand on néglige l'absorption, sont données par les expressions

$$\frac{r}{2pf} = \frac{t}{1-f} = \frac{1}{1+(2p-1)f}.$$

Quelque faible que soit le pouvoir réflecteur f, on peut supposer le nombre p des lames assez grand pour que la transmission soit nulle et la réflexion complète; la pile serait opaque.

Supposons qu'après avoir traversé normalement cette première pile la lumière tombe dans les mêmes conditions sur une seconde pile de p' lames, et considérons les phénomènes dans l'intervalle des deux piles.

En accentuant les lettres relatives à la seconde pile, la fraction u de lumière propagée dans la direction primitive est

$$u = t + t.rr' + t(rr')^2 + \ldots = \frac{t}{1 - rr'}.$$

Si l'on remplace les coefficients par leurs valeurs, cette expression devient

$$u = \frac{1 + 2(p'-1)f - (2p'-1)f^2}{1 + 2(p+p'-1)f - [2(p+p')-1]f^2};$$

on peut d'ailleurs négliger le carré f^2, puisque le pouvoir réflecteur a été supposé très faible, et il reste

$$u = \frac{1 - 2f + 2p'f}{1 - 2f + 2(p+p')f}.$$

Pour la lumière qui se propage dans la direction opposée, l'intensité v serait, de même,

$$v = tr' + tr'.rr' + tr'(rr')^2 + \ldots = \frac{tr'}{1 - rr'},$$

$$v = \frac{2p'f}{1 - 2f + 2(p+p')f}.$$

Les deux expressions de u et de v se réduisent à $\dfrac{p'}{p+p'}$ lorsque les nombres de lames p et p' sont très grands; l'intensité de la lumière est la même dans les deux directions.

En outre, quelle que soit la valeur de p, c'est-à-dire l'opacité de la première pile, on peut rendre p' assez grand pour que la lumière intermédiaire ait la même intensité que la lumière primitive, alors que la première pile serait enlevée.

On voit par là qu'une petite fraction de lumière qui pénètre dans un espace peut se multiplier par des réflexions successives jusqu'à ce que l'intensité primitive soit rétablie.

740. *Des couronnes.* — Lorsque les gouttelettes qui constituent un nuage ont des dimensions sensiblement uniformes, elles se comportent comme une infinité de petits écrans circulaires sur le trajet des ondes incidentes et donnent lieu au phénomène des *couronnes* (230). Ces couronnes se voient plus fréquemment autour de la Lune parce qu'elles sont assez rapprochées de la source et que l'éclat du Soleil empêche souvent de les distinguer.

Tant que les déviations restent très faibles, le rayon apparent ρ des interférences peut être confondu avec le sinus de la déviation. Si l'on désigne par $2a$ le diamètre des gouttes, la différence de marche des vibrations relatives aux bords extrêmes étant représentée par $\dfrac{2m}{\pi}\lambda$, on a (213)

$$(1) \qquad \rho = \frac{m}{\pi}\frac{\lambda}{a} = \frac{2m}{\pi}\frac{\lambda}{2a}.$$

Pour des phénomènes de même nature, définis par le paramètre m, le rayon ρ est proportionnel à la longueur d'onde et en raison inverse du diamètre des gouttes.

L'amplitude A de la vibration diffractée est

$$A = f\pi a^2 S = f\sigma S,$$

f étant un facteur proportionnel à l'amplitude primitive et à peu près indépendant de la déviation, σ la section de la goutte et S une fonction du paramètre m, qui passe par une suite de minima nuls et de maxima décroissants.

L'intensité de la lumière diffractée par N gouttes est proportionnelle à $N\sigma^2 S^2$, c'est-à-dire à la section de chaque goutte et à la fraction $N\sigma$ de la surface totale du ciel qu'elles occupent; cette relation n'est vraie toutefois qu'entre certaines limites, car le nuage peut être assez épais pour qu'une partie des gouttes ne soit pas éclairée ou que la lumière diffractée par d'autres ne parvienne pas à l'observateur.

D'autre part, le phénomène est vu par l'œil comme il se produirait au foyer d'une lunette de longueur focale R, et le facteur f est en raison inverse de R; comme l'expression de A doit être une amplitude de vibration, l'homogénéité exige aussi que ce facteur soit en raison inverse de λ.

L'intensité relative J de chaque couleur, toutes choses égales, est donc en raison inverse du carré de la longueur d'onde et pourra être représentée par

$$(2) \qquad J = k \frac{\sigma^2 S^2}{R^2 \lambda^2}.$$

Cette loi particulière tient à ce que le nuage est assimilé à un rideau de faible épaisseur situé sur le trajet de la lumière incidente et comparable à un écran percé d'ouvertures; les gouttes n'interviennent alors que par leur surface, tandis que, dans l'explication du bleu céleste, on devait supposer les causes de trouble disséminées dans toute l'épaisseur de l'atmosphère.

Pour une variation dm du paramètre, la diffraction s'étend à un anneau dont l'ouverture angulaire est

$$2 \pi \rho \, d\rho = \frac{\lambda^2}{\pi a^2} \, 2 m \, dm = \frac{\lambda^2}{\sigma} \, dm^2,$$

et la fraction de lumière correspondante a pour expression

$$(3) \qquad dM = J \frac{\lambda^2}{\sigma} \, dm^2 = k \frac{\sigma}{R^2} S^2 dm^2.$$

Il en résulte que la lumière diffractée sur la tache centrale et sur chacun des anneaux successifs est proportionnelle à la section des gouttes; comme elle croît également avec le nombre des gouttes efficaces, la quantité de lumière diffractée est, d'une manière générale, proportionnelle au rapport de la surface apparente des gouttes à la surface totale.

L'équation (3) ne renfermant plus la longueur d'onde, on voit aussi que la fraction de lumière diffractée sur la tache centrale et les divers anneaux est la même pour toutes les couleurs, à la condition toutefois qu'aucune diffraction appréciable ne se produise à 90° de la propagation directe. On aurait pu considérer ce résultat comme évident et en déduire, comme réciproque, que l'intensité en chaque point, toutes choses égales, est en raison inverse du carré de la longueur d'onde.

Le phénomène que l'on aperçoit sur le ciel présente le même caractère, si le rideau nuageux est uniforme, car le nombre des gouttes efficaces pour chaque direction est invariable et l'intensité de la lumière diffractée est la même que si ces gouttes étaient situées immédiatement devant l'objectif de la lunette ou l'ouverture de la pupille. C'est là une règle générale qui s'applique à tous les phénomènes observés sur le ciel.

741. *Teintes des couronnes.* — La succession des couleurs dans les couronnes ne présente qu'une analogie éloignée avec celle des interférences ordinaires (150) ou des lames minces.

Au voisinage de la source, la lumière est d'un bleu particulier, défini par l'inverse des carrés des longueurs d'onde, comme dans les interférences à centre noir (151); le bleu domine encore pour les petites déviations, puis les couleurs moyennes du spectre; les teintes rouges apparaissent quand on approche du premier minimum relatif aux rayons très réfrangibles et ne tardent pas à se mélanger au violet du premier anneau; le trouble augmente rapidement sur les anneaux qui suivent, et la teinte en chaque point résulte de la superposition des différentes couleurs en proportions variables.

L'image même de la source est constituée d'abord par la lumière primitive, diminuée pour chaque couleur d'une fraction constante qui représente l'ensemble des phénomènes de diffraction. Cette image reste blanche, mais on doit y ajouter une portion de la tache centrale, qui est colorée en bleu; la teinte finale est d'autant plus manifeste que le réseau des gouttes est plus serré.

La teinte bleue se distingue souvent sur la Lune, quoique très affaiblie par l'excès de lumière directe; il en est de même dans les couronnes observées avec la poudre de lycopode.

Pour éliminer la lumière directe, il serait nécessaire de remplacer les écrans circulaires par des ouvertures de mêmes dimensions sur un fond noir. On signale habituellement la succession suivante des teintes :

> *Tache centrale*......... Bleu mat, blanc, rouge
> *Premier anneau*........ Pourpre, bleu, vert, jaune pâle, rouge

Enfin, dans le phénomène naturel, le diamètre apparent de la source a pour résultat de faire empiéter les anneaux relatifs aux différents points lumineux, surtout lorsque leur diamètre n'est pas très grand, et de produire une nouvelle confusion des couleurs.

Nous donnerons un exemple du calcul, en supposant d'abord que le diamètre apparent de la source est négligeable.

Les paramètres m et m_0 relatifs aux longueurs d'onde λ et λ_0, pour une même déviation, sont

$$(4) \qquad m\lambda = m_0\lambda_0, \qquad m = m_0 \frac{\lambda_0}{\lambda}.$$

Le paramètre m étant connu, la Table d'Airy (t. I, p. 310), réduite en courbe, permettra de déterminer la valeur correspondante de S^2.

Nous prendrons comme lumière de comparaison celle de la raie D; les nombres de la Table représentant l'intensité qui conviendrait à la raie D, on obtiendra l'intensité J relative à la longueur d'onde λ par la relation

$$(5) \qquad J = \left(\frac{\lambda_0}{\lambda}\right)^2 S^2.$$

Les longueurs d'onde des principales raies du spectre donnent :

	Raies.						
	B.	C.	D.	E.	F.	G.	H.
λ........	$\overset{\mu}{0,687}$	0,656	0,589	0,527	0,486	0,431	0,397
$\frac{\lambda_0}{\lambda}$........	0,855	0,896	1	1,115	1,215	1,363	1,480
$\left(\frac{\lambda_0}{\lambda}\right)^2$...	0,735	0,806	1	1,243	1,468	1,868	2,203

Le Tableau suivant a été calculé pour une série de valeurs du paramètre m_0 variant de 0,2 en 0,2 et en prenant comme unité le millième des nombres S^2. La position des minima nuls de différents ordres a été indiquée par des astérisques.

Les valeurs de m correspondant aux trois premiers minima sont respectivement

$$m_1 = 0,610\pi = 1,916,$$
$$m_2 = 1,116\pi = 3,506,$$
$$m_3 = 1,619\pi = 5,086.$$

Afin de rendre les comparaisons plus faciles, on a calculé aussi, pour chaque valeur du paramètre, le rapport des intensités relatives à celle de la couleur la plus brillante; ces rapports sont exprimés en centièmes.

TEINTES DES COURONNES.

Intensités propres S^2.

m_0	B.	C.	D.	E.	F.	G.	H.
0,0	1000	1000	1000	1000	1000	1000	1000
0,2	971	969	961	951	943	929	916
0,4	888	880	850	818	786	737	698
0,6	761	743	690	628	576	490	425
0,8	614	594	507	422	347	260	197
1,0	456	420	333	248	177	100	55
1,2	302	272	188	112	62	21	3,9
1,4	190	155	86	33	11	0	3,5[*]
1,6	95	71	27	3,3	0,3[*]	8,1[*]	14,7
1,8	41	24	2,8	1,4[*]	8,3	16,6	16,8
2,0	10	3,2	1,1[*]	9,7	16,6	15,8	9,5
2,2	0	0,6[*]	8,5	16,6	16,7	8,5	2,2
2,4	2,8[*]	6,6	15,5	16,7	11,1	1,8	0,1[**]
2,6	9,5	13,5	17,4	11,5	4,2	0[**]	2,2
2,8	15,3	17,2	14,5	4,9	0,4	1,8	4,2
3,0	17,5	16,5	8,5	0,8	0,5[**]	3,9	3,4
3,2	15,5	12,9	3,2	0,1[**]	2,7	3,8	1,2
3,4	11,4	7,6	0,4	1,7	4,1	2,0	0,1

Intensités relatives J.

m_0	B.	C.	D.	E.	F.	G.	H.
0,0	735	806	1000	1243	1468	1868	2203
0,2	714	781	961	1182	1384	1735	2018
0,4	653	709	850	1017	1154	1377	1538
0,6	559	599	690	781	846	915	936
0,8	451	479	507	525	509	486	434
1,0	335	338	333	308	260	187	121
1,2	222	219	188	140	91	39,2	8,6
1,4	140	125	86	41	16,1	0	7,7[*]
1,6	70	57	27	4,1	0,4[*]	15,1[*]	32,4
1,8	30	19,3	2,8	1,7[*]	12,2	31,0	37,0
2,0	7	2,6	1,1[*]	12,0	24,4	29,5	20,9
2,2	0	0,5[*]	8,5	20,6	24,5	15,9	4,8
2,4	2,1[*]	5,3	15,5	20,8	16,3	3,4	0,2[**]
2,6	7,0	10,9	17,4	14,3	6,2	0[**]	4,8
2,8	11,2	13,9	14,5	6,1	0,6	3,4	9,3
3,0	12,9	13,3	8,5	1,0	0,7[**]	7,3	7,5
3,2	11,4	9,9	3,2	0,1[**]	4,0	7,1	2,6
3,4	8,4	6,1	0,4	2,1	6,0	3,7	0,2

TEINTES DES COURONNES.

Rapport des intensités propres S^2.

m_0	B.	C.	D.	E.	F.	G.	H.
0,0	100	100	100	100	100	100	100
0,2	100	100	99	98	97	96	94
0,4	100	99	96	92	89	83	79
0,6	100	98	91	82	76	64	56
0,8	100	97	83	69	57	42	32
1,0	100	93	73	55	39	22	12
1,2	100	90	62	37	21	7	1*
1,4	100	81	45	11	6*	0*	2
1,6	100	75	28	3*	0	9	15
1,8	100	58	7*	3	20	40	41
2,0	60	19*	7	58	100	95	57
2,2	0*	4	51	100	100	51	13**
2,4	17	40	93	100	67	11**	1
2,6	55	78	100	66	24	0	13
2,8	89	100	84	29	2**	10	25
3,0	100	95	49	4**	3	22	19
3,2	100	83	20	1	17	25	8
3,4	100	67	4	15	36	2	1

Rapport des intensités relatives J.

m_0	B.	C.	D.	E.	F.	G.	H.
0,0	34	37	45	56	67	85	100
0,2	35	39	48	59	69	86	100
0,4	42	46	55	66	75	90	100
0,6	60	64	74	83	90	98	100
0,8	86	91	97	100	97	93	83
1,0	99	100	99	91	77	55	36
1,2	100	99	85	63	41	18	4*
1,4	100	89	61	29	11*	0*	5
1,6	100	81	39	6*	1	21	46
1,8	81	52	8	5*	33	84	100
2,0	24	9*	4	41	83	100	71
2,2	0*	2	35	84	100	65	20**
2,4	10	25	74	100	78	16**	1
2,6	40	63	100	82	36	0	28
2,8	77	96	100	42	4**	23	64
3,0	97	100	64	8**	5	55	56
3,2	100	87	28	1	35	62	23
3,4	100	73	5	25	71	44	2

Les valeurs de S^2 indiqueraient un excès de rouge dans toute l'étendue de la tache centrale, ce qui est manifestement contraire aux observations, mais le phénomène change de caractère quand on tient compte de l'excès relatif d'intensité pour les vibrations de moindre longueur d'onde.

On voit, au contraire, par les valeurs de J, que les couleurs très réfrangibles dominent beaucoup dans la direction même de la source, où l'intensité de la raie H est triple de celle de la raie B; la teinte toute particulière qui en résulte peut s'appeler *bleu des couronnes*, plus clair que le bleu céleste.

Les mêmes couleurs restent en excès jusqu'au voisinage de $m_0 = 0,7$ sur la tache centrale, à une distance environ moitié moindre que celle du premier minimum relatif à la raie G.

Au voisinage de $m_0 = 0,8$, l'intensité relative est à peu près constante dans une grande partie du spectre et la lumière se rapproche du *blanc*. Il se produit alors un *achromatisme d'intensité* tout différent de l'achromatisme des franges, ou superposition des interférences de même ordre. Pour calculer la valeur correspondante du paramètre, on remarquera que l'équation (2) donne

$$\frac{dJ}{J} = 2\left(\frac{dS}{S} - \frac{d\lambda}{\lambda}\right) = 2\left(\frac{\lambda}{S}\frac{dS}{dm}\frac{dm}{d\lambda} - 1\right)\frac{d\lambda}{\lambda}.$$

D'autre part, le produit $m\lambda$ étant invariable quand la déviation ne change pas, on a aussi

$$\frac{dm}{m} + \frac{d\lambda}{\lambda} = 0.$$

et, en substituant,

$$\frac{dJ}{J} = -2\left(\frac{m}{S}\frac{dS}{dm} + 1\right)\frac{d\lambda}{\lambda}.$$

Les intensités relatives de radiations voisines sont donc égales pour la condition

$$m\,dS + S\,dm = d(mS) = 0,$$

et le paramètre m est la plus petite racine de l'équation

$$1 - \frac{3}{2}\left(\frac{m}{1}\right)^2 + \frac{5}{3}\left(\frac{m^2}{1.2}\right)^2 - \ldots + (-1)^n\frac{2n+1}{n+1}\left(\frac{m^n}{1.2\ldots n}\right)^2 \ldots = 0.$$

On trouverait ainsi une valeur un peu supérieure à $0,8$. Comme la déviation correspondante croît avec la longueur d'onde, l'achromatisme a lieu d'abord pour les couleurs les plus réfrangibles et la teinte résultante est à peu près blanche quand il se produit sur la région la plus brillante du spectre.

Les teintes rouges deviennent ensuite prépondérantes jusqu'au minimum d'intensité totale, antérieur au premier minimum du jaune, où le violet de l'anneau suivant intervient déjà et donne au bord de la tache centrale une teinte carmin.

Le premier anneau est bordé de bleu violet à l'intérieur, puis en vert, vert-jaune, jaune-orangé, rouge et rouge-carmin. Sa plus grande intensité n'est pas $\frac{1}{50}$ de celle qui correspond à la tache centrale. Les intensités diminuent ensuite plus lentement : sur le second, elle est environ $\frac{1}{2}$ de celle du premier; sur le troisième, $\frac{1}{3}$ du second; sur le quatrième, la moitié du troisième, etc.

On pourrait déterminer les teintes par la méthode de Maxwell, en évaluant, à l'aide du calcul ou d'un procédé graphique, l'intensité relative de chaque couleur que l'on exprimerait en fonction des trois couleurs principales (148), de manière à tracer ensuite la courbe du phénomène dans le triangle des couleurs.

Toutefois, ce calcul pénible ne présente pas grand intérêt pour les observations dans la nature. En effet, le diamètre apparent du Soleil ou de la Lune fait chevaucher en partie les anneaux les uns sur les autres, ce qui modifie les teintes. En outre, la taille des gouttes n'étant jamais rigoureusement uniforme, les anneaux les plus éclatants correspondent à celles qui se trouvent en majorité, mais ils sont toujours dilatés par les anneaux homologues de dimensions différentes; les minima de lumière sont moins apparents et les teintes plus mélangées.

Dans ce mélange, les anneaux successifs ne tardent pas à disparaître dans une buée lumineuse, surtout s'ils sont très larges, et la superposition des taches centrales de dimensions différentes finit par produire une teinte de *rouge cuivré*.

L'examen du Tableau montre encore que le violet domine longtemps dans la tache centrale et que le maximum passe ensuite aux couleurs successives jusqu'au rouge. Le rouge est prépondérant pour $m_0 = 1,6$, un peu avant le minimum absolu de lumière, mais l'intensité du violet a reparu pour près de moitié.

Dans le premier anneau, quand m_0 varie de $1,8$ à $3,2$, le maximum d'éclat se déplace très régulièrement d'une extrémité à l'autre du spectre, le premier bleu étant mélangé de rouge et le dernier rouge teinté de bleu indigo.

On remarquera, en particulier, l'éclat et la pureté du rouge un peu avant $m_0 = 3$. Verdet (¹) avait reconnu, en effet, par des expériences directes, que le premier anneau rouge apparent correspond, non pas au maximum même du rouge, comme l'avait admis Fraunhofer, et qui serait situé plus loin, mais au second minimum d'une couleur comprise entre E et F, dont la longueur d'onde est voisine de $0^\mu,5$ et qui correspondrait à $m = 3,506$ ou $m_0 = 2,98$. Si le rayon ρ des anneaux est exprimé en degrés, il résulte de l'équation (1)

$$2a = \frac{180}{\pi^2}\frac{2m\lambda}{\rho} = \frac{63^\mu.96}{\rho}.$$

D'après Kaemtz (²), le rayon de ce premier anneau rouge, mesuré dans un grand nombre d'observations, varie de $1°$ à $4°$, ce qui donnerait, pour le diamètre $2a$ des gouttes, de 64^μ à 16^μ. Ces dimensions sont supérieures à celles des gouttelettes que renferment les nuages les plus légers ; elles indiqueraient qu'il s'est fait déjà un travail de condensation pour amener plus d'uniformité dans la structure des nuages.

En observant avec un verre rouge les anneaux produits par la poudre de lycopode, Verdet a trouvé aussi que la déviation du premier minimum est voisine de $1°30'$, ou $\frac{\pi}{120} = \frac{1}{38,197}$. Si l'on fait $\frac{m}{\pi} = 0,610$ et $\lambda = 0^\mu,66$ dans l'équation (1), il en résulte

$$2a = 0,610.1^\mu,32.38,197 = 30^\mu,76.$$

La mesure directe des grains de lycopode donne, en effet, un diamètre moyen de 31^μ à 33^μ.

Quand les couleurs les plus réfrangibles commencent à s'affaiblir dans la tache centrale, l'excès des lumières rouge et orangée

(¹) E. VERDET, *Ann. de Chim. et de Phys.* [3], t. XXXIV, p. 129; 1852.
(²) L.-F. KAEMTZ, *Cours de Météorologie*, traduction française par Ch. Martins, p. 424; Paris, 1843.

donne une teinte analogue aux reflets du *cuivre* qui prend, dans certains cas, beaucoup d'importance et qu'il est intéressant d'examiner de plus près.

Les rapports ρ des pouvoirs réflecteurs du cuivre pour l'incidence normale sont (618), d'après les expériences de M. Jamin :

	Rouge.	Orangé.	Jaune.	Vert.	Bleu.	Indigo.	Violet.
ρ......	1	0,91	0,79	0,69	0,64	0,62	0,59

La comparaison de ces rapports avec ceux des intensités relatives J, pour $m_0 = 1$, montre que la couleur du cuivre renferme un peu moins des nuances comprises entre l'orangé et le bleu, avec un excès d'indigo et de violet. Les deux teintes présentent donc beaucoup d'analogie; elles paraîtront encore plus voisines si l'on fait cette réserve que les observations de M. Jamin ne correspondent probablement pas aux mêmes repères, en particulier pour la raie H, où l'intensité est très faible. Lorsque l'on met à part ce dernier nombre, les valeurs de ρ et de J ne diffèrent pas de $\frac{1}{20}$ dans toute l'étendue du spectre.

S'il existe en même temps plusieurs systèmes de couronnes superposées, qui correspondent à des gouttes inégales ou simplement aux différents points de la source, on imagine facilement que cette teinte cuivrée puisse s'étendre sur un plus grand espace, par le mélange des anneaux voisins.

Pour évaluer l'influence du diamètre du Soleil, par exemple, il faudrait construire le solide de diffraction (213) correspondant à des gouttes de dimensions données, et en déduire, par les relations précédentes, l'intensité relative des couleurs pour différentes déviations. On peut en avoir une idée plus simplement en divisant le disque solaire en trois surfaces égales par des parallèles et remplaçant chacune d'elles par son centre de gravité. Le centre de gravité des parties latérales ainsi définies se trouve à 0,57 du rayon, de sorte que les trois points sont éloignés d'environ $9',1$. Sur la droite qui les joint, il suffira de superposer des anneaux de centres différents et de même intensité.

Supposons que l'écart de $9',1$ corresponde à une variation $0,2$ du paramètre m_0, ce qui aurait lieu pour des gouttes d'environ 26^μ. En ajoutant trois valeurs successives de J, prises dans le Tableau précédent, on aurait ainsi :

COURONNES DU SOLEIL.

(Gouttes de 26^d de diamètre.)

Intensités relatives.

m_0	B.	C.	D.	E.	F.	G.	H.
0,2	2102	2296	2811	3442	4006	4970	5759
0,4	1926	2089	2501	2980	3384	4027	4492
0,6	1663	1787	2047	2323	2509	2778	2908
0,8	1345	1416	1530	1614	1615	1588	1491
1,0	1008	1036	1028	973	860	712	564
1,2	697	682	607	489	367	226	137
1,4	432	401	301	185	108	54	41
1,6	240	201	116	47	29	46	77
1,8	107	79	31	18	37	76	90
2,0	37	22	12	34	61	76	63

Rapport des intensités relatives.

m_0	B.	C.	D.	E.	F.	G.	H.
0,2	36	40	49	59	69	86	100
0,4	43	47	56	66	75	90	100
0,6	57	62	70	80	86	95	100
0,8	83	87	95	100	100	98	92
1,0	97	100	99	94	83	69	54
1,2	100	98	87	70	53	33	20
1,4	100	93	70	43	25	12	9
1,6	100	84	48	20	12	20	32
1,8	100	74	30	17	35	71	84
2,0	49	29	16	45	80	100	82

La teinte bleue n'est pas sensiblement modifiée auprès de la source, mais la prédominance des couleurs très réfrangibles est moins durable. La teinte est encore presque blanche au voisinage de $m_0 = 0,8$, comme dans le cas précédent, mais la zone correspondante est sensiblement élargie. La couleur suivante ($m_0 = 1$) se rapproche beaucoup de celle du cuivre, et la composition des deux lumières serait presque identique un peu plus loin. Enfin le rouge domine, quoique très mélangé d'autres couleurs, sur une grande étendue, depuis $m_0 = 1$ jusqu'au delà de $m_0 = 1,8$.

Dans le cas actuel, le rayon de la tache centrale limitée au premier minimum relatif à la raie D, qui a lieu pour $m_0 = 1,916$, serait de $87',2$ ou $1°27',2$; pour les différentes couleurs, cette tache s'étendrait de $30'$ à $1°14'$ en dehors du disque solaire.

L'effet serait encore plus manifeste avec des gouttes un peu plus grosses, parce que la variation du paramètre qui correspond à un même écart est proportionnelle au diamètre des gouttes, et l'on devrait superposer des teintes plus écartées. Enfin, lorsque les gouttes ou particules de nature quelconque sont de diamètres inégaux, les anneaux disparaissent et il ne reste plus que les colorations produites par l'ensemble des taches centrales des différents systèmes. Ces considérations permettent d'expliquer les teintes de rouge cuivré ou carminé qui paraissent quelquefois sur le ciel, même à une grande distance du Soleil.

On peut reproduire toutes ces circonstances, d'une manière très approximative, dans l'expérience de M. Coulier, en faisant traverser le ballon à buées par un faisceau de lumière qui produit sur un écran l'image de la source. Si la buée est très légère, tout l'espace qui entoure l'image se colore, à chaque condensation, d'un bleu pâle qui ne rappelle en rien le bleu du ciel. Lorsque le nuage est un peu plus dense, la zone bleue se resserre et se montre enveloppée d'un large anneau où les teintes d'un rouge cuivré deviennent prédominantes ; à une plus grande distance, on voit ensuite des anneaux de violet et de carmin.

Les colorations ainsi obtenues présentent quelquefois beaucoup d'éclat. Malheureusement, le phénomène est très fugitif, parce que les gouttelettes ne tardent pas à s'évaporer, mais il est facile de distinguer l'élargissement des zones colorées à mesure que l'atmosphère du ballon devient plus transparente

742. *Couronnes antisolaires.* — Ces belles couronnes, que l'on appelle quelquefois *anthélies,* paraissent avoir été observées d'abord par Bouguer, au Pérou.

« On voit presque tous les jours ([1]) sur le sommet de ces montagnes (Pichincha) un phénomène extraordinaire, qui doit être aussi ancien que le monde, et dont il y a cependant bien de l'apparence que personne avant nous n'avait été témoin. La première fois que nous le remarquâmes, nous étions tous ensemble sur une montagne moins haute, nommée Pambamarca. Un nuage dans lequel nous étions plongés, et qui se dissipa, nous laissa voir le

([1]) Bouguer, *Histoire de l'Académie* pour 1744, p. 264.

Soleil qui se levait et qui était très éclatant; le nuage passa de l'autre côté : il n'était pas à trente pas, lorsque chacun de nous vit son ombre projetée dessus et ne voyait que la sienne, parce que le nuage n'offrait pas une surface unie. Le peu de distance permettait de distinguer toutes les parties de l'ombre : on voyait les bras, les jambes, la tête; mais ce qui nous étonna, c'est que cette dernière partie était ornée d'une gloire ou auréole formée de trois ou quatre petites couronnes concentriques d'une couleur très vive, chacune avec les mêmes variétés que le premier arc-en-ciel, le rouge étant en dehors.

Les intervalles entre ces cercles étaient égaux : le dernier cercle était plus faible; et enfin, à une grande distance, nous voyions un grand cercle blanc qui environnait le tout. C'est comme une espèce d'apothéose pour chaque spectateur; et je ne dois pas manquer d'avertir que chacun jouit tranquillement du plaisir sensible de se voir orné de toutes ces couronnes, sans rien apercevoir de celles de ses voisins. Je me hâtai de faire avec les premières règles que je trouvai une espèce d'arbalestrille pour mesurer les diamètres. Je craignais que cet admirable spectacle ne s'offrît pas souvent. J'ai eu l'occasion d'observer depuis que ces diamètres changeaient de grandeur d'un instant à l'autre, mais en conservant toujours entre eux l'égalité des intervalles, quoique devenus plus grands ou plus petits. Le phénomène, outre cela, ne se trace que sur les nuages, et même sur ceux dont les particules sont glacées, et non pas sur les gouttes de pluie, comme l'arc-en-ciel. Ordinairement le diamètre du premier iris était d'environ $5°\frac{2}{3}$, du suivant d'environ $11°$, de l'autre de $17°$, et ainsi de suite; celui du cercle blanc était $67°$. »

Scoresby a constaté que ces couronnes se voient souvent dans les mers polaires, où les nuages s'élèvent de la mer et se tiennent à une hauteur de 50 à 60 yards sous une faible épaisseur. Il suffit de monter au mât du navire, à 90 ou 100 pieds d'élévation, pour jouir du phénomène en question. Les cercles sont concentriques autour de l'ombre de la tête : leur nombre est de 1 à 5. Ils sont d'autant plus éclatants que le Soleil est plus clair, le nuage plus épais et plus bas.

Dans l'observation du 23 juillet 1821, par exemple, qui est la plus complète, on a distingué quatre cercles présentant la succession suivante de couleurs :

Premier cercle......... Blanc, vert, jaune, rouge, pourpre
Deuxième cercle........ Bleu, vert, jaune, rouge, pourpre
Troisième cercle........ Vert, blanc, rouge, pourpre
Quatrième cercle....... Vert-blanc et aux bords sombre

Les deux premiers cercles avaient de vives couleurs; celles du troisième, visibles par intervalles, étaient très faibles et le quatrième n'offrait qu'une légère teinte de vert. Leurs rayons étaient :

Premier cercle......... $1°30'$ à $2°$,
Deuxième cercle...... $4°45$
Troisième cercle.... .. $6°30$
Quatrième cercle.... $36°50$ et $42°$ pour les deux bords.

Scoresby ajoute qu'il a remarqué souvent près du nuage une multitude de petites aiguilles glacées, très fines, invisibles à l'œil nu, visibles à peine au microscope et dont on n'avait la perception qu'à cause de leurs mouvements de va-et-vient.

Les observations de Gersdorf sur le Brocken ([1]) ont fait aussi donner à ces couronnes le nom de *spectre du Brocken*. Elles ont été souvent signalées dans les observations en montagne et dans les ascensions en aérostat, lorsque l'ombre du ballon est projetée par le Soleil sur un nuage.

Kaemtz les a étudiées avec soin sur le Righi et le Faulhorn pendant les années 1832 et 1833. Il a reconnu que la présence des aiguilles de glace est tout à fait accidentelle, car les couronnes se produisaient quelquefois par une température de $10°$, incompatible avec l'existence de la glace. Nous examinerons, à propos des cristaux de glace, les phénomènes optiques que peuvent produire ces aiguilles.

Kaemtz fait, en outre, cette remarque importante que les anneaux paraissent avoir exactement le même diamètre que les couronnes directes vues autour du Soleil; les mesures faites sur un même nuage et à différents jours, pour le rouge du premier arc, ont donné, en effet :

([1]) W.-A. LAMPADIUS, *Systematischer Grundriss der Atmosphärologie*, § 87; Freyberg, 1806.

Dates.	Rayon des couronnes		Diamètre moyen des gouttes.
	solaires.	antisolaires.	
23 juin 1832..........	3° 20′	3° 25′	18$^\mu$
12 septembre 1832...	2 15	1 42	32
1ᵉʳ septembre 1832...	3 20	3 3	20
4 octobre 1832.......	1 55	1 55	33
1ᵉʳ juillet 1833.......	1 40	1 43	34
9 juillet 1833........	2 0	2 6	31
22 août 1833.........	2 45	4 46 (¹)	24

Ces résultats sont aussi concordants que le permettent la difficulté des mesures et les changements rapides du phénomène; il en résulte que les deux espèces de couronnes doivent recevoir la même explication.

J'ai eu moi-même l'occasion d'observer sur le Pilate des couronnes antisolaires dont le premier anneau rouge avait un rayon de 6°; dans l'ombre projetée sur un jet de vapeur par la lumière électrique, le rayon du même anneau était de 10°. Les diamètres respectifs des gouttes seraient 11$^\mu$ et 6$^\mu$,4.

Quant au grand cercle blanc de Bouguer et au quatrième anneau de Scoresby, Kaemtz l'a vu rarement et le considère comme un véritable arc-en-ciel; il n'a pu le mesurer que deux fois où son rayon a été de 37°27′ et 42°10′. Nous y reviendrons plus loin.

On peut expliquer simplement les couronnes antisolaires par le phénomène inverse de celui qui a lieu pour les couronnes directes. Les gouttes forment une série d'écrans sur les ondes incidentes et diffractent la lumière comme si la propagation primitive avait lieu en sens inverse.

La lumière réfléchie et diffusée par les gouttes produit l'illumination générale du nuage, à laquelle s'ajoute, pour une fraction de l'éclat total, le phénomène des couronnes. Les anneaux semblent d'autant plus brillants que le centre est cette fois de même nature, sans addition de lumière étrangère, et qu'il est caché, en outre, par l'ombre de l'observateur.

A mesure que la distance du nuage augmente, les anneaux paraissent naturellement grandir, puisque leur diamètre apparent reste invariable.

(¹) Deuxième anneau.

Enfin l'auréole existe toujours, quelle que soit la structure du nuage, mais les anneaux ne paraissent distincts et riches en couleur que si les gouttelettes sont à peu près de même taille. C'est sans doute à cette circonstance que tient l'éclat des anneaux quand l'ombre est plus rapprochée, pour qu'on n'utilise alors qu'une région très restreinte de la couche superficielle du nuage, où les conditions d'uniformité sont mieux réalisées.

Les couronnes antisolaires ne semblent pas pouvoir être interprétées autrement, mais il serait utile de faire quelques mesures sur le diamètre de ces anneaux pour des couleurs à peu près homogènes, afin de vérifier s'ils se succèdent exactement suivant la loi des couronnes ordinaires.

Il se présente bien d'autres explications, dans lesquelles on ferait intervenir seulement la lumière réfléchie par les gouttes, mais les images du Soleil ainsi formées constituent de véritables sources, comparables aux étoiles (680), qui rayonnent dans tous sens, quoique inégalement, et ne peuvent être assimilées à des ouvertures dans un écran.

Il en est de même si l'on considère le cas des réflexions intérieures. L'ensemble de ces différentes images constitue une partie de la lumière diffusée par le nuage.

743. *Couronnes exceptionnelles. Lueurs crépusculaires.* — Il n'est pas nécessaire que les corpuscules qui font écran sur le trajet de la lumière soient exactement sphériques. S'ils ont la forme de polyèdres, ils produisent encore des anneaux élargis dans le sens de leurs moindres dimensions et rétrécis dans le sens des plus grandes (217); mais ces corpuscules prennent toutes les orientations possibles et l'ensemble des phénomènes de diffraction donne lieu encore à des couronnes circulaires, moins pures que les précédentes, résultant de la superposition des courbes colorées relatives à chacune de leurs positions. En outre, si ces corpuscules sont de tailles très inégales, les anneaux disparaissent dans une lueur générale à peine colorée, tandis que la région occupée par l'ensemble des taches centrales conserve un excès de lumière. Enfin la tache centrale peut avoir une grande étendue lorsque les corpuscules sont eux-mêmes très petits.

Telle est, sans doute, l'explication des lueurs rougeâtres, plus ou moins carminées, que l'on aperçoit quelquefois après le coucher du Soleil, à l'ouest ou à l'est, les premières correspondant aux couronnes directes et les autres aux couronnes antisolaires.

La présence des particules de glace suffit pour rendre compte des apparences les plus fréquentes ; on remarque, en effet, qu'il existe souvent dans le ciel de légers cirrus très élevés aux époques où le phénomène paraît plus brillant.

Ces lueurs se distinguent quelquefois quand le Soleil est au-dessus de l'horizon, si l'on a soin de se protéger contre la lumière directe ; elles ont présenté un éclat exceptionnel pendant quelques années, à la suite de l'éruption de Krakatoa, le 27 août 1883.

Dès l'année suivante, M. Thollon [1] signalait l'apparition de colorations particulières et un trouble inaccoutumé dans la transparence du ciel de Nice : même en l'absence de tout nuage, le Soleil paraissait entouré d'une nappe circulaire presque éblouissante, teintée de bleu et bordée de rouge. Le phénomène n'était pas dû aux couches inférieures de l'atmosphère, car il avait d'autant plus d'éclat, d'après M. Forel [2], qu'on l'observait d'une station plus élevée, jusqu'à 2000^m ou 3000^m. Un limbe brillant, de $10°$ environ de rayon, avec une teinte bleuâtre étalée autour du Soleil, s'entourait d'une couronne rougeâtre de même largeur, présentant des teintes orange ou violacées. Si cette couronne un peu vague correspond au premier anneau, les dimensions moyennes des corpuscules seraient de 3^μ à 4^μ.

M. Arcimis [3] donne même au phénomène plus d'extension, car il signale une couronne blanc d'argent dont le diamètre horizontal était de $48°$.

La couronne était encore plus nette quand le Soleil apparaissait dans l'intervalle de nuages [4] ; M. Cornu y signale les couleurs dans l'ordre suivant, à partir du centre : bleu azur clair, gris teinte neutre, jaune brun, jaune orangé, rouge cuivre, rouge pourpre et

[1] L. Thollon, *Comptes rendus des séances de l'Académie des Sciences*, t. XCVIII, p. 760, et t. XCIX, p. 446 ; 1884.

[2] A. Forel, *Comptes rendus des séances de l'Académie des Sciences*, t. XCIX, p. 289 et 423 ; 1884.

[3] Arcimis, *Nature*, t. XXX, p. 324 ; 1884.

[4] A. Cornu, *Comptes rendus des séances de l'Académie des Sciences*, t. XCIX, p. 488 ; 1884.

violet sombre. On pouvait même distinguer cette couronne autour
de la Lune ([1]) et les lueurs crépusculaires prenaient aussi un développement inaccoutumé.

La couleur cuivrée est un caractère particulier de ces illumina-
tions; elle a persisté pendant longtemps à mesure que le phénomène s'est affaibli. Nous avons vu déjà que l'on trouve dans une
certaine région de la tache centrale une teinte qui rappelle le
rouge du cuivre et que la production de cette teinte se comprend
mieux encore si l'on tient compte du diamètre apparent de la
source et des corpuscules de dimensions différentes.

Il est probable que l'éruption du Krakatoa a projeté des cendres
à une grande hauteur dans l'atmosphère, que les parties les plus
ténues y sont restées en suspension, agissant alors comme de petits
écrans soit par elles-mêmes, soit par les cristaux de glace dont elles
formaient le noyau, et qu'enfin elles sont tombées lentement, avec
la glace ou la pluie, ne laissant que la proportion à peu près normale des poussières atmosphériques. La transparence de l'air paraît
en effet revenue aujourd'hui aux conditions habituelles.

Ces substances étrangères, en proportion inaccoutumée, devaient
aussi troubler la polarisation atmosphérique et l'éclat du ciel.
M. Cornu a constaté que les distances respectives des points
neutres ordinaires ont varié d'une quantité considérable. En outre,
il est apparu quatre points neutres nouveaux, deux à deux symétriquement placés par rapport au vertical du Soleil, à peu près à la
hauteur des centres solaire et antisolaire, comme s'il y avait, en
chaque point du ciel, addition d'une quantité nouvelle de lumière
polarisée dans un plan perpendiculaire au plan passant par le
Soleil. En même temps, la fraction de lumière polarisée dans le
ciel avait diminué de près de moitié.

744. *Arcs-en-ciel.* — Dès que les gouttes liquides deviennent
assez grosses pour que le nuage se résolve en pluie, s'il est éclairé
par le Soleil et qu'il n'existe pas d'obstacle entre la pluie et l'observateur, les conditions sont favorables à la production des arcs-
en-ciel. Nous avons déjà (247 et suivants) examiné la théorie de

---

([1]) E. DUCLAUX, *Comptes rendus des séances de l'Académie des Sciences,*
t. XCIX, p. 714; 1884.

cette brillante irisation ; nous discuterons ici quelques détails particulièrement intéressants dans le phénomène naturel ([1]).

La déviation D des rayons qui ont frappé la goutte sous l'incidence i et subi k réflexions intérieures est, en posant $p = k + 1$,

$$(6) \qquad D = k\pi + 2i - 2(k + 1)r = k\pi - 2(pr - i).$$

Elle se réduit à $k\pi$ pour l'incidence normale. Suivant que l'arc-en-ciel est de rang pair ou impair, le déviation normale est nulle ou égale à π, et le phénomène relatif à l'incidence i paraît à une distance $2(pr - i)$ du Soleil ou du point antisolaire.

L'équation (6) et la relation $\sin i = n \sin r$ donnent

$$(7) \qquad dD = -2(p\,dr - di),$$
$$(8) \qquad \cos i\,di = n\cos r\,dr + \sin r\,dn.$$

Pour une lumière homogène, $dn = 0$ et l'on a

$$(8)' \qquad \frac{dD}{di} = -2\left(\frac{p\cos i}{n\cos r} - 1\right).$$

Le second membre est d'abord négatif pour les rayons voisins de la normale et devient ensuite positif. La déviation passe donc par un *minimum* pour la condition

$$(9) \qquad p\cos i = n\cos r.$$

L'incidence I ainsi définie et l'angle de réfraction R correspondant déterminent la déviation de ce qu'on appelle les *rayons efficaces;* les lignes trigonométriques de l'angle I sont

$$(10) \quad \sin^2 I = \frac{p^2 - n^2}{p^2 - 1}, \quad \cos^2 I = \frac{n^2 - 1}{p^2 - 1}, \quad \tan^2 I = \frac{p^2 - n^2}{n^2 - 1}.$$

On déduit aussi des équations (7) et (8)

$$dD = 2\frac{p\sin r}{n\cos r}dn - 2\left(\frac{p\cos i}{n\cos r} - 1\right)di$$

et, en tenant compte de (9),

$$(11) \qquad \frac{dD}{dn} = 2\frac{\sin R}{\cos I} = \frac{2}{n}\tan I.$$

([1]) Mascart, *Ann. de Chim. et de Phys.* [6], t. XXVI, p. 501; 1892.

Le second membre étant toujours positif, la déviation des rayons efficaces croît avec l'indice de réfraction. Mariotte (¹) avait constaté déjà, dans l'arc produit par un tube de verre renfermant de l'eau, que le rayon croît jusqu'à $42°40'$ et même $44°44'$, quand on élève la température du liquide, ce qui diminue l'indice, au lieu de la valeur $41°14'$ qu'il attribue à l'arc naturel.

Le rayon ρ d'un arc-en-ciel, compté à partir du point antisolaire, est égal à $2(p\mathrm{R} - \mathrm{I})$ ou $\pi - 2(p\mathrm{R} - \mathrm{I})$, suivant que l'arc est de rang impair ou pair. La bordure rouge par laquelle l'arc est limité se trouve du côté du Soleil, dans le premier cas, et du côté opposé dans le second.

Les équations (10) et (6) permettent de calculer successivement les angles I, R et D. Babinet a remarqué, pour les deux premiers arcs, que l'on peut calculer directement l'angle $p\mathrm{R} - \mathrm{I}$; il est facile de vérifier, en effet, que l'on a

$$\sin^2(p\mathrm{R} - \mathrm{I})_1 = \frac{(4 - n^2)^3}{27\,n^4} = \frac{1}{n^4}\left(\frac{4 - n^2}{3}\right)^3,$$

$$\sin^2(p\mathrm{R} - \mathrm{I})_2 = \frac{(n^2 - 1)(9 - n^2)^3}{64\,n^6} = \frac{n^2 - 1}{n^6}\left(\frac{9 - n^2}{4}\right)^3.$$

Nous avons aussi à signaler une correction relative à l'illumination du nuage (250). Le faisceau de rayon limité à l'incidence i fournit sur une goutte de rayon a, pour l'éclairement primitif Q, une quantité de lumière

$$\mathrm{M} = \mathrm{Q}\pi a^2 \sin^2 i.$$

La lumière émergente est limitée par une zone de rayon $2(pr - i)$, dont l'ouverture angulaire Σ est

$$\Sigma = 2\pi[1 - \cos 2(pr - i)] = 4\pi\sin^2(pr - i).$$

En appelant $1 - \varphi$ la fraction de lumière perdue par les réfractions et réflexions, les quantités relatives à l'angle di sont

$$dM = \varphi\mathrm{Q}\pi a^2 \sin 2i\, di,$$
$$d\Sigma = 4\pi\sin 2(pr - i)(p\,dr - di).$$

(¹) Mariotte, *Œuvres*, t. I, p. 254; Paris, 1717.

L'éclat de chaque goutte est donc

$$(12) \qquad \frac{dM}{d\Sigma} = \rho Q \frac{a^2}{4} \frac{\sin 2i}{\sin 2(pr-i)} \frac{n\cos r}{p\cos i - n\cos r}.$$

L'illumination du ciel est ainsi proportionnelle à la surface de chaque goutte et au nombre des gouttes, c'est-à-dire à la fraction de surface apparente occupée par les gouttes qui sont éclairées directement et visibles à l'observateur.

Cette illumination s'arrête aux rayons efficaces; elle paraît à l'intérieur du premier arc et à l'extérieur du second. Le ciel est beaucoup plus sombre dans l'intervalle de deux arcs, car il n'est lumineux que par les rayons réfléchis à la surface extérieure des gouttes ou ayant subi plus de deux réflexions intérieures.

Pour l'incidence normale, c'est-à-dire vers le point antisolaire, si f_0 est le pouvoir réflecteur de l'eau, l'éclat de chaque goutte est

$$\left(\frac{dM}{d\Sigma}\right)_0 = (1-f_0)^2 f_0^k Q \frac{a^2}{4} \left(\frac{n}{p-n}\right)^2.$$

Toutefois, l'illumination ainsi calculée ne représente qu'une valeur moyenne, abstraction faite des phénomènes d'interférence, car l'équation (12) indiquerait un éclat infini sur la direction même des rayons efficaces.

745. *Arcs surnuméraires.* — On a vu précédemment (253) que la méridienne de l'onde émergente, au voisinage des rayons efficaces, peut être représentée par l'équation

$$y = \frac{hx^3}{3a^2},$$

dans laquelle le coefficient h a pour expression

$$(13) \qquad h^2 = \left(\frac{p^2-1}{p}\right)^4 \frac{p^2-n^2}{(n^2-1)^3},$$

et le rayon de courbure ρ est

$$\frac{1}{\rho} = \frac{2hx}{a^2}.$$

Pour les rayons diffractés qui font l'angle θ avec la direction des

rayons efficaces, dans le sens des déviations croissantes, c'est-
à-dire sur la région où le ciel est illuminé, on a

$$\tan\theta = y' = \frac{h\,x^2}{a^2}, \qquad x^2 = a^2\,\frac{\tan\theta}{h}.$$

La différence de marche des vibrations émises par les deux pôles
relatifs aux branches concave et convexe de la courbe a pour
expression (257)

$$(14) \qquad \Delta = \frac{4}{3}\,a\sin\theta\sqrt{\frac{\tan\theta}{h}} = \frac{4a}{3\sqrt{h}}\,\theta^{\frac{3}{2}},$$

l'erreur commise quand on remplace les lignes trigonométriques
par l'angle θ étant négligeable.

Tant que les pôles sont assez éloignés du point d'inflexion de
la courbe, on peut, dans un calcul approché, remplacer l'action de
deux parties de l'onde par celle des pôles correspondants, car la
courbe méridienne représente alors l'équateur d'une série de
fuseaux perpendiculaires au plan de réflexion.

Quand on applique ainsi le principe d'Huygens (190), on doit
ajouter $\frac{\pi}{4}$ à la phase, si l'équateur est convexe, ou retrancher la
même quantité lorsqu'il est concave, à la condition toutefois que la
courbure des fuseaux ne change pas de signe en même temps, ce
qui est le cas actuel.

La différence de phase des deux vibrations à composer est donc

$$\delta = 2\pi\frac{\Delta}{\lambda} - \frac{\pi}{2} = 2\pi\left(\frac{\Delta}{\lambda} - \frac{1}{4}\right).$$

Ces vibrations ayant même amplitude, l'intensité de la résultante
est proportionnelle (155) à $\cos^2\frac{\delta}{2}$ ou $\cos^2\pi\left(\frac{\Delta}{\lambda} - \frac{1}{4}\right)$.

Si l'on pose

$$\frac{\delta}{2\pi} = \frac{\Delta}{\lambda} - \frac{1}{4} = m - \frac{1}{2}, \qquad \Delta = \left(m - \frac{1}{4}\right)\lambda,$$

l'écart θ correspondant (14) peut s'écrire

$$(15) \qquad \theta^{\frac{3}{2}} = \frac{3\sqrt{h}}{4a}\Delta = \frac{3\sqrt{h}}{8}(4m - 1)\frac{\lambda}{2a}.$$

L'intensité est nulle quand la différence de phase δ est un nombre impair de fois π ou m un nombre entier; ces valeurs de m définissent l'*ordre* des interférences.

Pour des franges de même ordre, l'écart croît avec la longueur d'onde et en sens inverse du diamètre des gouttes.

Dans la production artificielle des arcs-en-ciel par un filet d'eau ou une tige de verre, on ne peut pas déterminer directement la direction des rayons efficaces, puisque l'intensité est alors environ $0,44$ de celle qui correspond au premier maximum (256). La même incertitude existe sur l'évaluation des écarts δ, mais il est facile de connaître l'ordre et de mesurer la distance des minima successifs. Pour les minima d'ordres m, m' et m'', en désignant par N la valeur numérique de $(4m-1)^{\frac{2}{3}}$, on aura alors, d'après l'équation (15),

$$\frac{\theta}{N} = \frac{\theta'}{N'} = \frac{\theta''}{N''} = \ldots = \frac{(9h)^{\frac{1}{3}}}{4}\left(\frac{\lambda}{2a}\right)^{\frac{2}{3}} = A,$$

$$\frac{\theta'-\theta}{N'-N} = \frac{\theta''-\theta}{N''-N} = \ldots = A.$$

Le rapport A étant calculé par la nature de la lumière et le diamètre de la tige, cette relation permettra de vérifier toutes les conséquences de la théorie. L'accord a lieu avec toute la rigueur que comporte l'exactitude des observations.

Les *maxima* sont intermédiaires aux minima, à des distances un peu inégales à droite et à gauche; on les obtiendra sensiblement, au moins pour ceux qui suivent le premier, en ajoutant $\frac{1}{2}$ au nombre entier m, ce qui donne

$$(16) \qquad \theta^{\frac{3}{2}} = \frac{3\sqrt{h}}{8}(4m+1)\frac{\lambda}{2a}.$$

Si l'on ne tient compte que de la courbe méridienne, chaque amplitude est proportionnelle à la longueur s du premier arc élémentaire dont le carré est

$$s^2 = 2\rho\frac{\lambda}{2} = \lambda\frac{a^2}{2hx} = \frac{a}{2}\frac{\lambda}{\sqrt{h}\tan\theta}.$$

Dans ces conditions, l'intensité de la lumière qui correspond à une frange d'ordre déterminé peut donc être représentée par une expression de la forme

$$ J = k \frac{2a\lambda}{\sqrt{h \tang\theta}} \cos^2 \frac{\delta}{2}. $$

D'autre part, si l'on remplace $\tang\theta$, d'une manière approximative, par l'écart θ, on déduit de (15)

$$ \sqrt{h\theta} = \frac{3^{\frac{1}{3}}}{2} (4m-1)^{\frac{1}{3}} \left(\frac{h^2\lambda}{2a} \right)^{\frac{1}{3}}. $$

En désignant par K un coefficient proportionnel à l'éclairement de la source, l'intensité de la lumière produite par la courbe méridienne de l'onde émergente serait

$$ (17) \quad \left\{ \begin{aligned} I &= K \frac{2a\lambda}{(4m-1)^{\frac{1}{3}}} \left(\frac{2a}{h^2\lambda} \right)^{\frac{1}{3}} \cos^2 \frac{\delta}{2} \\[2mm] &= K \frac{(2a)^{\frac{4}{3}} \lambda^{\frac{2}{3}}}{[(4m-1)h^2]^{\frac{1}{3}}} \cos^2 (2m-1) \frac{\pi}{2}, \end{aligned} \right. $$

ce qui donne, pour les maxima,

$$ (17)' \qquad I_m = K \frac{(2a)^{\frac{4}{3}} \lambda^{\frac{2}{3}}}{[(4m+1)h^2]^{\frac{1}{3}}}. $$

Quel que soit le mode d'observation, à la vue directe ou par l'intermédiaire d'une lunette, l'image se dessine au foyer principal et l'éclat en chaque point est en raison inverse du carré de la longueur focale du système optique. L'expression de l'intensité doit donc être, dans tous les cas, du second degré en fonction des longueurs $2a$ et λ.

Quand on observe le phénomène avec une tige cylindrique, chacun des éléments de la courbe méridienne représente une bande cylindrique perpendiculaire, et la vibration émise par cette courbe est exactement proportionnelle à celle que produit l'onde émergente. L'intensité est alors représentée par l'équation (17); elle augmente avec la longueur d'onde, en même temps que la largeur des franges, et les teintes rouges sont prédominantes.

L'intensité des maxima diminue très lentement, à partir des franges d'un certain ordre, car, en donnant à m les valeurs 10, 100 et 1000, le facteur $(4m+1)^{\frac{1}{3}}$ varie seulement comme les nombres 3,45; 7,37 et 15,87.

Mais, quand il s'agit de l'onde émergente émise par une goutte sphérique ([1]), chacun des éléments de la méridienne remplace un fuseau perpendiculaire. Or, la vibration émise par un fuseau est proportionnelle au premier arc élémentaire et l'intensité au carré de cet arc, lequel est le produit de la longueur d'onde par le rayon de courbure b du fuseau (253). Comme ce dernier est proportionnel au diamètre de la goutte, on doit introduire le facteur $2a\lambda$ dans l'expression de l'intensité finale. Cette modification détruirait l'homogénéité; on la rétablira par la seule longueur dont on dispose, en divisant par λ^2, ce qui revient à multiplier la valeur précédente de l'intensité par le rapport $\dfrac{2a}{\lambda}$. L'illumination dans l'arc-en-ciel est donc

$$(18) \qquad J = \frac{(2a)^{2+\frac{1}{3}}}{[(4m-1)h^2\lambda]^3} \cos^2(2m-1)\frac{\pi}{2}.$$

Toutes choses égales, cette illumination est proportionnelle au produit de la surface des gouttes par la racine cubique de leur diamètre. Dans le cas actuel, la fraction de lumière diffractée est sensiblement en raison inverse de $(h^2\lambda)^{\frac{1}{3}}$; comme le facteur h diminue lui-même quand l'indice de réfraction augmente, l'importance relative des couleurs croît plus rapidement que l'inverse de la racine cubique de la longueur d'onde.

La position des maxima et des minima reste la même, quoique les intensités varient suivant une loi différente. Il se produit ainsi des franges d'interférence, ou des *arcs surnuméraires*. Dans le phénomène naturel, ces franges apparaissent à l'intérieur du premier arc-en-ciel et à l'extérieur du second. Les franges relatives aux différentes couleurs empiètent successivement, mais elles restent visibles par une compensation particulière.

L'écart θ croît à mesure que le diamètre de la goutte diminue; il en est ainsi, en particulier, pour le premier maximum et cette

---

([1]) E. MASCART, *Comptes rendus des séances de l'Académie des Sciences*, t. CXV, p. 453; 1892.

circonstance suffit pour expliquer l'ouverture variable des arcs-en-ciel observés.

La distance $\delta\theta$ de deux minima successifs, ou la *largeur des franges*, s'obtiendra en faisant $\delta m = 1$ dans l'équation (15), ou

$$\frac{\delta\theta^{\frac{3}{2}}}{\theta^{\frac{3}{2}}} = \frac{4\,\delta m}{4m-1} = \frac{4}{4m-1}.$$

Lorsque l'écart est notable, on peut écrire

$$(19) \qquad \frac{3}{2}\frac{\delta\theta}{\theta} = \frac{4}{4m-1}, \qquad \delta\theta = \frac{8}{3}\frac{\theta}{4m-1}.$$

746. *Achromatisme des franges.* — A mesure que la longueur d'onde est décroissante, la largeur des franges diminue également, en même temps que leur origine s'écarte, dans le sens des déviations croissantes, de celle qui correspond au rouge extrême. Il arrivera donc que les franges de même ordre se superposent pour deux couleurs voisines; la même condition ayant lieu sensiblement pour les couleurs situées de part et d'autre, les franges deviennent *achromatiques* dans une certaine région.

La déviation totale des interférences d'un ordre déterminé étant $D + \theta$, l'achromatisme a lieu quand la dérivée de cette expression par rapport à la longueur d'onde est nulle, ou

$$0 = \frac{dD}{d\lambda} + \frac{d\theta}{d\lambda} = \frac{\partial D}{\partial n}\frac{dn}{d\lambda} + \frac{d\theta}{d\lambda}.$$

Pour une valeur constante de l'ordre m, l'équation (15) donne

$$\frac{3}{2}\frac{d\theta}{\theta} = \frac{d\lambda}{\lambda}.$$

En tenant compte de (11) et désignant par Θ l'écart de la frange achromatique, il en résulte

$$(20) \qquad \Theta = -3\frac{\lambda}{n}\frac{dn}{d\lambda}\tan I = 3\,C\tan I.$$

Pour la longueur d'onde de concordance, le coefficient C et l'incidence I des rayons efficaces sont définis uniquement par la nature du milieu; la déviation $D + \Theta$ et l'écart Θ de la frange achromatique sont donc indépendants du diamètre des gouttes.

L'ordre M de cette frange est, d'après l'équation (15),

$$(21) \qquad 4M - 1 = \frac{2a}{\lambda} \frac{8}{3\sqrt{h}} \theta^{\frac{3}{2}}.$$

Quand la valeur de M est assez grande, l'ordre de la frange achromatique est proportionnel au diamètre des gouttes.

On déduit alors de l'équation (19)

$$(22) \qquad \delta\theta = \frac{8}{3} \frac{\theta}{4M-1} = \frac{\lambda}{2a} \sqrt{\frac{h}{\theta}} = \frac{\lambda}{2a} \sqrt{\frac{h}{3\,C\,\mathrm{tang}\,I}}.$$

La formule approchée de dispersion $n = A + \dfrac{B}{\lambda^2}$ donne

$$C = -\frac{\lambda}{n}\frac{dn}{d\lambda} = \frac{2B}{n\lambda^2},$$

$$(22)' \qquad \delta\theta = \frac{\lambda^2}{2a} \sqrt{\frac{hn}{6\,B\,\mathrm{tang}\,I}}.$$

Comme la valeur du radical change très lentement avec la couleur, on voit que la largeur des franges, dans la région de l'achromatisme, est en raison inverse du diamètre des gouttes et proportionnelle au carré de la longueur d'onde achromatisée; elle reste la même pour toutes les couleurs voisines.

D'autre part, le produit $(4M-1)\,\delta\theta$ étant une constante, il en résulte encore que les franges achromatiques apparaissent dans un angle déterminé et que le *nombre des franges* visibles à la lumière blanche croît sensiblement comme l'ordre d'achromatisme, c'est-à-dire comme le diamètre des gouttes.

La région des franges achromatiques se distingue très nettement dans les arcs artificiels observés à la lumière blanche sur les tiges cylindriques; l'éclat et le nombre des franges visibles en font l'un des plus beaux phénomènes d'Optique.

Pour appliquer cette théorie aux arcs-en-ciel naturels, il suffit de calculer la constante C par les indices de réfraction de l'eau qui donnent (**251**), pour la raie D, $3C = 0,04719$.

Dans le Tableau suivant ainsi calculé, on a pris la valeur approchée $n_0 = \frac{4}{3}$ pour la lumière jaune de longueur d'onde $\lambda_0 = 0^\mu,57$; on suppose que le diamètre $2a$ de la goutte est évalué en microns et l'angle θ_1 désigne l'écart approché du premier minimum.

Frange achromatique des arcs-en-ciel.

	Premier arc.	Second arc.
$\tang I$	1,6903	3,0473
h	4,89	26,12
θ	4°34'	8°14'
$2a\,\delta\theta$	4,47	19,34
$\dfrac{4M-1}{2a}$	0,0476	0,0371
$(2a)^{\frac{2}{3}}\theta_1$	1,262	2,206

747. *Visibilité des arcs surnuméraires.* — Les franges achromatiques ne peuvent apparaître que s'il existe une grande majorité de gouttes de mêmes dimensions, quoiqu'elles se produisent toujours au même point, car l'ordre d'achromatisme et la largeur des franges varient avec le diamètre des gouttes.

Une autre cause de trouble est due au diamètre apparent du Soleil. Comme les bords supérieur et inférieur, dans le plan du point observé, fournissent beaucoup moins de lumière, on peut considérer que l'éclairement effectif équivaut à une bande lumineuse uniforme de 25' environ de largeur. Les maxima relatifs aux différents points de la source occupent ainsi une étendue angulaire de 25'; le spectre du premier maximum est moins pur et les franges de largeur plus faible deviennent invisibles. C'est donc seulement avec des gouttes de diamètre convenable que les arcs surnuméraires apparaissent. Dans tous les cas, l'achromatisme a lieu à une distance égale à 8,6 fois le diamètre apparent du Soleil pour le premier arc et 15,4 fois pour le second.

Pour fixer les idées, nous donnerons les éléments de ces arcs dans quelques hypothèses; l'angle θ_m désigne l'écart du premier maximum, qui est $\dfrac{2,4765}{1,0845} = 2,29$ fois plus faible que celui du premier minimum approché θ_1.

	Gouttes de $10^\mu = 0^{mm},01$.		*Gouttes de $100^\mu = 0^{mm},1$.*	
	Premier arc.	Second arc.	Premier arc.	Second arc.
$\delta\theta$	25°40'	50°15'	2°34'	5°55'
M	0,37	0,34	1,18	1,08
θ_1	15°35'	27°14'	3°27'	5°52'
θ_m	6° 5'	11°54'	1°31'	2°34'

	Gouttes de $500^\mu = 0^{mm},5$.		*Gouttes de* $1000^\mu = 1^{mm}$.	
	Premier arc.	Second arc.	Premier arc.	Second arc.
θ	$0°31'$	$1°11'$	$0°15',4$	$0°35',5$
M	$6,2$	$4,9$	$12,15$	$9,52$
θ_1	$1°10'$	$2°0'$	$0°44'$	$1°16'$
θ_m	$0°31'$	$0°52'$	$0°19$	$0°33'$

Remarquons d'abord que le rayon du cinquième arc-en-ciel est de 54°, c'est-à-dire de 2° supérieur au rayon du second et que la dispersion a lieu en sens contraire. La superposition des deux phénomènes, quoique d'intensités très inégales, suffit pour produire un certain mélange des couleurs et noyer les interférences. On ne signale pas, en effet, d'arcs surnuméraires bien nets à l'extérieur du second arc-en-ciel, alors même que les conditions sembleraient très favorables à la production de ces franges ; il suffira donc de discuter les circonstances relatives au premier arc.

Pour les gouttes de 10^μ, le maximum principal est dévié de $6°5'$. Le rayon mesuré en ce point serait alors réduit à $36°15'$, au lieu de la valeur $42°20'$ qui conviendrait aux gouttes de grandes dimensions. En même temps, le rayon du second arc devient plus grand de $12°$ et l'accroissement de l'espace sombre intermédiaire est de $18°$. Pour les gouttes de 1^{mm}, la diminution du premier arc se réduit à $19'$, ce qui fait un rayon apparent voisin de $42°$, et la dilatation du second n'est plus que de $33'$.

Avec les gouttes de 10^μ, l'achromatisme devrait paraître au voisinage du premier maximum sur les deux arcs ; mais les franges sont tellement larges qu'elles sortent entièrement des conditions de visibilité.

Dans les suivantes, de 100^μ, l'achromatisme a lieu au delà du premier minimum et la distance des franges correspondantes est de beaucoup supérieure au diamètre du Soleil. Les arcs surnuméraires devraient alors être très brillants et se réduire à deux ou trois. Toutefois, cette circonstance ne semble pas correspondre aux observations habituelles ; les nuages commencent à se résoudre en pluie, pour des gouttes de 100^μ, et les moindres inégalités de taille troubleraient rapidement la netteté des franges.

Avec les gouttes de 500^μ, l'achromatisme a lieu sur le sixième ou le cinquième minimum, suivant le rang de l'arc, et la largeur des franges est d'abord très supérieure au diamètre efficace du Soleil; d'après la règle générale, en effet, les largeurs des franges successives, abstraction faite de la première, varient comme les nombres $1,87$; $1,53$; $1,35$; $1,24$; $1,15$; $1,08$. En prenant la moyenne $1,12$ pour les deux franges situées de part et d'autre du sixième minimum, les largeurs des franges, dans le premier arc, seraient successivement $52'$, $43'$, $37'$, $34'$, $32'$, $30'$, etc.

On doit apercevoir, sur le premier arc, six ou sept franges irisées, les dernières à peine distinctes, puisqu'elles ont à peu près le diamètre apparent du Soleil. Ces conditions sont très avantageuses et paraissent correspondre au phénomène naturel, car on distingue habituellement de quatre à six arcs surnuméraires quand ces effets secondaires se montrent le plus nettement. Le diamètre des gouttes de pluie doit être alors assez uniforme et voisin de $\frac{1}{2}$ millimètre; une variation de $\pm \frac{1}{10}$ dans le diamètre ne changerait d'ailleurs l'ordre et la largeur de la frange achromatique que de $\pm \frac{1}{10}$ et n'amènerait pas encore de confusion dans les interférences. L'existence de beaux arcs surnuméraires correspondrait ainsi à des gouttes d'environ un demi-millimètre de diamètre.

Les franges seraient plus belles encore dans le second arc-en-ciel, puisque l'achromatisme a lieu sur le cinquième minimum et que la largeur des franges est beaucoup supérieure au diamètre apparent du Soleil, si la superposition du cinquième arc ne les faisait disparaître.

Dans les gouttes de 1^{mm}, l'achromatisme a lieu sur le douzième minimum, et la largeur de la frange achromatique est à peine la moitié du diamètre du Soleil; les premières franges en sont d'ailleurs trop éloignées et resteront invisibles. Il en serait de même, *a fortiori*, pour les gouttes plus grosses.

En résumé, l'apparition des arcs surnuméraires n'est guère possible qu'à l'intérieur du premier arc-en-ciel et pour des gouttes dont le diamètre est voisin d'un demi-millimètre; on y distingue surtout une alternative de colorations rouges et vertes.

La mesure de ces franges permettrait d'évaluer assez exactement le diamètre des gouttes, mais elle présente quelques difficultés, parce que la position des bandes rouges, par exemple, correspond à l'affaiblissement de certaines couleurs et qu'elle est modifiée par le diamètre apparent du Soleil. Il serait préférable

d'observer le phénomène avec la lorgnette goniométrique de
M. Soret, munie d'un verre rouge; les franges apparaîtraient plus
nombreuses, mieux définies, et les mesures comporteraient une
certaine précision.

Lorsqu'un arc-en-ciel se développe dans toute son étendue, on
remarque aussi que les arcs surnuméraires se distinguent nettement à sa partie supérieure et s'affaiblissent presque toujours
quand on vise des points plus rapprochés du sol. À mesure que
la pluie tombe, les gouttes grossissent, soit par leurs chocs mu-
tuels, soit par l'évaporation plus facile des petites. La disparition
des franges dans les pieds de l'arc tient alors à la prédominance
des gouttes plus grosses ou à l'existence de plusieurs systèmes de
diamètres très différents.

On pourrait se demander encore si les gouttes ne sont pas un
peu déformées par leur chute dans l'air et jusqu'à quel point il est
permis de les supposer sphériques. Une goutte qui tomberait
sans tourner sur elle-même doit prendre, en effet, une forme
ovoïde, la pointe aiguë étant dirigée vers le bas, et le rapport de
la différence des rayons de courbure extrêmes à celui de l'équateur est proportionnel au carré du diamètre moyen. Ce rapport
serait $\frac{1}{96}$ pour des gouttes de 1^{mm} et $\frac{1}{9600}$ pour des gouttes de 100^{μ};
il n'y a pas lieu d'en tenir compte.

L'arc-en-ciel se voit aussi par l'éclairage de la Lune, mais assez
rarement, parce qu'il présente beaucoup moins d'éclat, et les couleurs ne se distinguent pas facilement. Mariotte ([1]) signale déjà
l'observation de trois arcs-en-ciel lunaires en une même nuit.

Le second arc est à plus forte raison beaucoup plus pâle encore;
cependant un observateur attentif m'a informé qu'il l'avait aperçu
très nettement.

748. *Colorations de l'arc.* — La teinte de l'arc en un point
résulte de la combinaison des intensités relatives aux différentes
couleurs; chacune d'elles intervient pour une fraction variable
avec la longueur d'onde.

On pourrait calculer les teintes par l'expression approchée (18)

---

[1] Mariotte, *Œuvres*, t. I, p. 254. Paris, 1717.

de l'intensité, en donnant une série de valeurs différentes à la déviation $D - \theta$ ou au rayon $\rho + \theta$, mais il sera plus exact d'avoir recours à la théorie générale.

Airy (254) a traduit le phénomène en fonction d'un paramètre numérique z, qui est lié très sensiblement à l'écart θ, compté à partir de la direction des rayons efficaces, par la formule

$$(23) \qquad z^3 = \frac{12}{h} \left(\frac{2a}{\lambda} \right)^2 \theta^3.$$

L'amplitude A de la vibration diffractée par la courbe méridienne de l'onde émergente peut s'écrire

$$A = k \left(\frac{4 a^2 \lambda}{h \cos \theta} \right)^{\frac{1}{3}} f(z).$$

L'intensité serait proportionnelle au carré de cette expression; mais on doit d'abord, quand il s'agit de gouttes sphériques, la multiplier par $2a\lambda$, pour tenir compte des fuseaux, et la diviser ensuite par λ^2, afin de rétablir l'homogénéité, finalement multiplier le carré A^2 par $\frac{2a}{\lambda}$. L'intensité devient alors

$$(24) \qquad J = K \frac{(2a)^{2 + \frac{1}{3}}}{(h^2 \lambda \cos^2 \theta)^{\frac{1}{3}}} f^2(z),$$

le facteur K étant proportionnel à l'éclairement de la source et en raison inverse du carré de la longueur focale de l'appareil optique qui sert à l'observation.

La largeur des franges diminue avec la longueur d'onde, en même temps que l'intensité augmente, mais la compensation est incomplète et la fraction de lumière qui constitue l'arc-en-ciel n'est pas la même pour toutes les couleurs.

La largeur $\delta\theta$ du phénomène défini par deux valeurs du paramètre z est, d'après (23),

$$\delta\theta = \int d\theta = \int \left(\frac{h}{12} \right)^{\frac{1}{3}} \left(\frac{\lambda}{2a} \right)^{\frac{2}{3}} dz,$$

et la quantité de lumière correspondante

$$J \delta\theta = K (2a)^{\frac{5}{3}} \int \left(\frac{\lambda}{12 h \cos^2 \theta} \right)^{\frac{1}{3}} f^2(z) \, dz.$$

Le rayon, compté à partir du point antisolaire, est $\rho \pm \theta$, suivant que l'arc est de rang pair ou impair, et l'ouverture angulaire de la zone correspondante $2\pi \sin(\rho \pm \theta)\, \delta\theta$; la quantité de lumière δM relative à l'intervalle δz est donc

$$(25) \quad \delta M = H \int \left(\frac{\lambda}{h \cos^2 \theta} \right)^{\frac{1}{2}} \sin(\rho \pm \theta) f^2(z)\, dz = H \int F f^2(z)\, dz.$$

Pour étudier les variations de cette expression avec la longueur d'onde, on pourra remplacer $\cos^{\frac{2}{3}}\theta$ par l'unité, puisque les écarts restent très petits. On a ensuite, par les équations (11), (13) et (23), les signes supérieurs se rapportant aux arcs de rang pair,

$$(26) \quad \begin{cases} d\rho = \pm 2 \tang 1 \dfrac{dn}{n} = \pm 2 \tang 1 \dfrac{\lambda}{n} \dfrac{dn}{d\lambda} \dfrac{d\lambda}{\lambda} = \mp 2 C \tang 1 \dfrac{d\lambda}{\lambda}, \\[2ex] \dfrac{dh}{h} = - \dfrac{n^3(3p^2 - 2n^2 - 1)}{(p^2 - n^2)(n^2 - 1)} \dfrac{dn}{n} = PC \dfrac{d\lambda}{\lambda}, \\[2ex] 3\dfrac{d\theta}{\theta} = \dfrac{dh}{h} + 2\dfrac{d\lambda}{\lambda} = (2 + PC)\dfrac{d\lambda}{\lambda}; \\[2ex] d\rho \pm d\theta = \mp \left(2C \tang 1 - \dfrac{2 + PC}{3}\theta \right) \dfrac{d\lambda}{\lambda}. \end{cases}$$

Les coefficients C, P et h, pour la lumière considérée, sont des constantes définies par les propriétés optiques de l'eau et le rang de l'arc-en-ciel. On a alors

$$\frac{dF}{F} = \frac{1}{3}\left(\frac{d\lambda}{\lambda} - \frac{dh}{h} \right) + \cot(\rho \pm \theta)(d\rho \pm d\theta)$$

$$= \left[\frac{1 - PC}{3} \mp \left(2C \tang 1 - \frac{2 + PC}{3}\theta \right) \cot(\rho \pm \theta) \right] \frac{d\lambda}{\lambda}.$$

La dérivée de la quantité de lumière δM par rapport à la longueur d'onde est donc

$$\frac{H}{(h\lambda^2)^{\frac{1}{2}}} \int \left[\frac{1 - PC}{3}\sin(\rho \pm \theta) \mp \left(2C \tang 1 - \frac{2 + PC}{3}\theta \right)\cos(\rho \pm \theta) \right] f^2(z)\, dz.$$

On aura une idée approchée du phénomène en supposant que le rayon $\rho \pm \theta$ est de 45°, ce qui donne

$$\frac{d(\delta M)}{d\lambda} = \frac{H}{\sqrt{2}\,(h\lambda^2)^{\frac{1}{2}}} \int \left(\frac{1 - PC}{3} \mp 2C \tang 1 \pm \frac{2 + PC}{3}\theta \right) f^2(z)\, dz.$$

Les valeurs relatives à la raie D et le premier arc sont

$$(27) \qquad \begin{cases} n = 1,3343, & C = 0,01573, \\ \tang\, 1 = 1,6866, & \rho = 40°8', \\ P = 9,476, & PC = 0,1491, \end{cases}$$

Comme on doit prendre les signes inférieurs, puisque l'arc est de rang impair, il en résulte

$$\frac{d(\delta M)}{d\lambda} = \frac{H}{\sqrt{2}\,(h\lambda^2)^{\frac{1}{3}}} \int (0,3367 - 0,71640)\, f^2(z)\, dz.$$

Cette expression reste positive tant que l'angle θ est inférieur à $27°$. La fraction de lumière qui constitue la frange principale et la plupart des arcs surnuméraires croît donc avec la longueur d'onde et d'autant plus rapidement que les gouttes sont plus grosses. On comprend ainsi la prédominance générale du rouge dans le phénomène, quoique l'intensité en chaque point soit moindre, toutes choses égales, que pour les couleurs plus réfrangibles.

Le calcul des teintes exige que l'on détermine, pour chaque direction, les intensités relatives des différentes couleurs. Considérons encore le premier arc, et prenons comme repères les écarts θ_0 ou les rayons $\rho_0 - \theta_0$ qui correspondent à une longueur d'onde λ_0. L'écart θ relatif à la longueur d'onde λ est

$$(28) \qquad \theta = \rho - \rho_0 + \theta_0.$$

La valeur ζ du paramètre qui conviendrait à la longueur d'onde de comparaison, pour cet écart θ, est

$$(29) \qquad \zeta^3 = \left(\frac{12}{h_0}\right)\left(\frac{2a}{\lambda_0}\right)^2 \theta^3,$$

et le paramètre z relatif à la longueur d'onde λ

$$(30) \qquad z^3 = \frac{h_0}{h}\left(\frac{\lambda_0}{\lambda}\right)^2 \zeta^3.$$

Enfin l'intensité relative J de la couleur considérée peut s'écrire, à un facteur constant près,

$$(31) \qquad J = \left(\frac{h_0^2 \lambda_0}{h^2 \lambda}\right)^{\frac{1}{2}} f^2(z), \qquad J^2 = \frac{h_0^2 \lambda_0}{h^2 \lambda} f^4(z).$$

On déterminera d'abord, à l'aide de l'équation (23), les paramètres z_0 relatifs à une série de valeurs de l'écart θ_0 et l'on trouvera dans la Table d'Airy, par une interpolation ou une traduction graphique, les intensités $J_0 = f^2(z_0)$ correspondantes.

Pour une couleur quelconque, l'équation (28) donne l'écart θ correspondant à θ_0; on en déduit ζ et z par (29) et (30); on trouve ensuite la valeur de $f^2(z)$ dans la Table et l'équation (31) donne l'intensité relative J.

Enfin, si l'on veut faire intervenir le diamètre apparent de la source, on pourra encore, d'une manière approximative, remplacer le Soleil par trois sources identiques, situées à $9',1$ l'une de l'autre, et superposer en chaque point les intensités relatives des trois systèmes d'arcs-en-ciel correspondants.

Les teintes que l'on obtient ainsi varient dans des limites très étendues avec le diamètre des gouttes, comme il est facile de s'en rendre compte directement. En effet, à mesure que ce diamètre diminue, toutes les franges s'élargissent proportionnellement à leurs dimensions primitives, de sorte que la position respective des minima relatifs aux différentes couleurs se modifie d'une manière continue; le maximum principal s'éloigne des rayons efficaces et la courbe des intensités s'écrase de plus en plus. Le mélange des couleurs augmente ainsi constamment et les teintes finissent par disparaître.

Comme l'éclat reste très notable avant le maximum principal, la mesure du rayon donnera toujours une valeur supérieure à celle du maximum principal, pour le premier arc, et une valeur trop faible pour le second, puisqu'on estimera leur limite au point où l'intensité diminue rapidement. La mesure des arcs-en-ciel correspond ainsi à un phénomène intermédiaire entre la direction des rayons efficaces et celle du maximum principal.

749. *Arc-en-ciel blanc.* — Sur les brouillards et les nuages qui ne sont pas trop éloignés, on aperçoit souvent, même avec les sources de lumière artificielles, un grand cercle *blanc*, que l'on désigne quelquefois sous le nom de *cercle d'Ulloa.* C'est un véritable arc-en-ciel, signalé déjà par Mariotte ([1]), qui en avait attribué le caractère à la petitesse des gouttes.

([1]) « L'arc était tout blanc, hors un peu d'obscurité qui le terminait à l'exté-

Une autre particularité importante de l'arc blanc est que son rayon varie entre des limites très écartées, depuis $33°30'$, d'après les observations de Bouguer et Ulloa sur le Pambamarca (743), jusqu'à près de $42°$, avec toutes les valeurs intermédiaires. En même temps, les colorations sont d'autant plus faibles que le rayon est moindre et l'arc peut paraître tout à fait blanc. J'ai eu moi-même l'occasion d'observer, sur un nuage qui remontait une vallée, un arc presque blanc, à peine teinté de rouge sur son bord extérieur, dont le rayon était voisin de $36°30'$.

Bravais (¹) attribue l'arc-en-ciel blanc aux réflexions et réfractions dans les gouttes *vésiculaires* qui constitueraient le nuage. En appelant a' et a les rayons intérieur et extérieur de la couche d'eau, la tangente menée d'un point de la surface extérieure à la surface interne fait avec le rayon correspondant un angle ω dont le sinus est le rapport $\dfrac{a'}{a}$. Cet angle ω diminue, à partir de $90°$, à mesure que l'épaisseur de la membrane augmente. Pour une valeur moyenne $1,336$ de l'indice, l'angle maximum de réfraction R_1 est $48°27',6$ et celui des rayons efficaces $R = 40°1',7$. Si l'angle ω est supérieur à R, l'arc-en-ciel ordinaire ne peut pas se produire; s'il est supérieur à R_1, la plus grande partie des rayons réfractés à la première surface subissent la réflexion totale sur la seconde et il ne se produit aucune accumulation de lumière. Quand l'angle ω est compris entre R et R_1, l'illumination prend une valeur maximum dans la région de l'arc-en-ciel.

Bravais trouve ainsi que toutes les gouttes restent obscures, à part les rayons réfléchis sur les deux premières surfaces et les rayons réfléchis sur les deux dernières, en traversant le vide intérieur, si l'angle ω est supérieur à $45°23',2$, ce qui donnerait un arc de rayon plus grand que $37°53'$.

Cette théorie ne rend pas compte des arcs de rayon moindre et nous avons vu que la formation et la permanence des gouttes vésiculaires sont tout à fait improbables.

La diminution du rayon de l'arc s'explique aisément par les

----

rieur; la blancheur du milieu était très éclatante et surpassait de beaucoup celle qui paraissait sur le reste du brouillard; il n'avait qu'environ $1°,5$ de largeur. » (MARIOTTE, *Œuvres*, t. I, p. 267).

(¹) A. BRAVAIS, *Journal de l'École Polytechnique*, t. XVIII, p. 97; 1845.

dimensions des gouttes qui constituent les nuages, puisque le déplacement du maximum dépasse 6" pour un diamètre de 10$^\mu$ (**747**).

Quant à la disparition des couleurs, elle tient en partie à l'existence simultanée de gouttes de diamètres très différents, mais la cause principale en est due à l'extension progressive des franges à mesure que le diamètre des gouttes diminue. Dans ce cas, les intensités relatives des différentes couleurs conservent assez longtemps des valeurs égales sur la frange principale; l'arc-en-ciel paraîtra sensiblement incolore ou achromatisé, au moins en certains points, par un mécanisme analogue à celui qui produit l'anneau blanc des couronnes, et les autres franges se mélangent rapidement.

La condition de cet achromatisme particulier peut se traduire aisément par le calcul. En nous bornant au premier arc, on a, par les équations (26) et les relations de (28) à (31),

$$d\rho = 2C \tang I \frac{d\lambda}{\lambda}, \qquad \frac{dh}{h} = PC \frac{d\lambda}{\lambda},$$

$$3\frac{dz}{z} = -\frac{dh}{h} - 2\frac{d\lambda}{\lambda} + 3\frac{d\rho}{\rho - \rho_0 + \theta_0},$$

$$3\frac{dJ}{J} = -2\frac{dh}{h} - \frac{d\lambda}{\lambda} + 6\frac{f'(z)}{f(z)} dz;$$

$$(32) \quad 3\frac{\lambda}{J}\frac{dJ}{d\lambda} = -(1 + 2PC) + 2\left[\frac{6C \tang I}{\rho - \rho_0 + \theta_0} - (2 + PC)\right]\frac{z f'(z)}{f(z)}.$$

L'achromatisme a lieu lorsque l'intensité relative est la même pour les couleurs voisines. La valeur de J est alors indépendante de la longueur d'onde, ou du moins sa dérivée est nulle, ce qui donne la condition

$$\frac{f(z)}{f'(z)} = \frac{12C \tang I}{1 + 2PC} \frac{z}{\rho - \rho_0 + \theta_0} - \frac{2(2 + PC)}{1 + 2PC} z.$$

Si l'on établit l'achromatisme sur la couleur de comparaison ($\rho = \rho_0$) et remplaçant θ_0 par sa valeur (23) en fonction du paramètre, il reste

$$(33) \quad \frac{f(z)}{f'(z)} = \frac{12C \tang I}{1 + 2PC} \left(\frac{12}{h}\right)^{\frac{1}{3}} \left(\frac{2a}{\lambda}\right)^{\frac{2}{3}} - \frac{2(2 + PC)}{1 + 2PC} z.$$

Cette équation montre bien que le paramètre d'achromatisme, ainsi que le point où l'arc paraît blanc, dépendent de la nature du milieu et du diamètre des gouttes.

Pour le premier arc-en-ciel et la raie D, on a

$$(34) \qquad \left\{ \begin{aligned} &h = 4,763, \qquad\qquad \lambda = 0^{\mu},589, \\ &\left(\frac{12}{h}\right)^{\frac{1}{3}} = 1,3608, \qquad \left(\frac{1}{\lambda}\right)^{\frac{2}{3}} = 1,424. \end{aligned} \right.$$

Tenant compte des valeurs déjà indiquées (27) et mesurant le diamètre $2a$ en microns, il en résulte

$$(35) \qquad \frac{f(z)}{f'(z)} = -3,311 z + 0,4752 (2a)^{\frac{2}{3}} = - \alpha z + \beta (2a)^{\frac{2}{3}};$$

l'écart correspondant θ est donné par

$$(36) \qquad z = \left(\frac{12}{h}\right)^{\frac{1}{3}} \left(\frac{1}{\lambda}\right)^{\frac{2}{3}} (2a)^{\frac{2}{3}} \theta = 1,9378 (2a)^{\frac{2}{3}} \theta,$$

et le rayon du phénomène est $\rho - \theta$.

On peut résoudre l'équation (35) par l'intersection des courbes

$$y_1 = \frac{f(z)}{f'(z)},$$

avec la droite

$$y_2 = - \alpha z + \beta (2a)^{\frac{2}{3}}.$$

La fonction y_1 est représentée par une première branche A_0 dont les ordonnées sont positives, depuis $z = -\infty$ jusqu'au maximum principal, où elle est asymptote à la verticale, et par une série de branches $A_1, A_2, A_3, \ldots$ ayant la forme des courbes de tangentes. Ces dernières passent par les zéros de $f(z)$, c'est-à-dire par tous les minima d'intensité, et leur inclinaison sur l'axe des z en ces différents points est de 45°, car le coefficient angulaire a pour expression générale

$$y'_1 = 1 - \frac{ff''}{f'^2}.$$

Enfin les différentes branches de la courbe y_1 sont asymptotes aux verticales passant par les maxima et minima de $f(z)$, c'est-à-dire par les maxima d'intensité ; les ordonnées sont négatives dans l'intervalle d'un maximum au minimum suivant, positives dans les autres intervalles.

L'inclinaison de la droite y_2 est indépendante du diamètre des gouttes. Cette droite rencontre toutes les branches de la courbe y_1, la première A_0 avant le maximum principal, d'autant plus près du maximum que les gouttes sont plus grosses; son intersection avec les autres branches peut avoir lieu avant ou après le minimum correspondant.

L'achromatisme se produit en deux points de la première frange, avant et après le maximum principal, lorsque la droite y_2 rencontre l'axe des z avant le premier minimum, qui a lieu pour $z_1 = 2,4955$, c'est-à-dire lorsque le diamètre des gouttes est inférieur à

$$2a = \left(\frac{3,311}{0,4752} z_1 \right)^{\frac{3}{2}} = 72^{\mu},5.$$

Le second point d'achromatisme se rapproche du maximum principal à mesure que le diamètre diminue; la limite de cette position correspondrait à la condition

$$f(z) + 3,311\, z f'(z) = 0.$$

Le paramètre z serait alors voisin de $1,28$; le rapport des distances du point achromatisé au maximum principal et au premier minimum serait $0,144$.

On peut écrire, en général, l'équation (32) sous la forme

$$\frac{\lambda}{J} \frac{dJ}{d\lambda} = \frac{1 + 2\,\mathrm{PC}}{3} \left(\frac{y_2}{y_1} - 1 \right).$$

S'il existe deux points achromatisés sur la frange principale, le rouge domine avant le premier $(y_2 > y_1)$ et après le second; le bleu et le vert sont en excès dans l'intervalle.

L'achromatisme le plus parfait doit avoir lieu quand ces deux points se trouvent à égale distance du maximum principal; dans ce cas, les valeurs correspondantes du paramètre sont voisines de $0,51$ et $1,65$, et la droite y_2 coupe l'axe des z vers $1,36$. Le diamètre des gouttes serait

$$2a = \left(\frac{3,311}{0,4752} 1,36 \right)^{\frac{3}{2}} = 29^{\mu},17.$$

Avec des gouttes de 30^μ, qui sont fréquentes dans les nuages et les brouillards, l'arc-en-ciel paraîtra d'autant plus blanc que le diamètre apparent du Soleil fait évanouir l'excès de bleu intermédiaire aux deux points achromatisés, par la superposition de plusieurs systèmes de franges, et il ne restera qu'une bordure extérieure légèrement teintée de rouge. La coloration rouge intérieure à la première frange disparaît par la même raison, ainsi que les arcs surnuméraires, surtout si l'on admet une certaine variation dans le diamètre des gouttes.

L'affaiblissement des teintes a lieu encore si les dimensions des gouttes diffèrent sensiblement, dans un sens ou dans l'autre, de celles qui correspondent au meilleur achromatisme, mais il persiste plus longtemps lorsque le diamètre diminue.

Pour le montrer par des exemples, nous avons appliqué le calcul aux principales raies du spectre en supposant que le diamètre des gouttes est de 10^μ ou de 50^μ, les puissances $\frac{2}{3}$ de ce diamètre étant $4,6416$ ou $13,572$.

Le paramètre z_m du maximum principal étant $1,0845$, l'écart θ_m de ce maximum pour la lumière de comparaison est déterminé par l'équation (36), qui donne :

	Diamètre des gouttes.	
	10^μ.	50^μ.
$1,9378(2a)^{\frac{2}{3}}$........	$8,994$	$26,30$
θ_m....................	$6°54'$	$2°22'$

Le rayon du maximum est donc réduit à $33°14'$ pour les gouttes de 10^μ et à $37°46'$ pour celles de 50^μ.

On a donné à l'écart θ_0, correspondant à la raie D, une série de valeurs différentes et les résultats relatifs aux autres couleurs ont été obtenus successivement par les relations

$$\theta = \rho - \rho_0 + \theta_0,$$

$$\zeta = 1,9378(2a)^{\frac{2}{3}}\theta,$$

$$z = \left(\frac{h_0 \lambda_0^2}{h \lambda^2}\right)^{\frac{2}{3}} \zeta,$$

$$J = \left(\frac{h_0^2 \lambda_0}{h^2 \lambda}\right)^{\frac{1}{3}} f^2(z).$$

Pour la détermination du paramètre ζ, on doit naturellement remplacer les angles θ par leurs valeurs numériques; si ces angles sont donnés en degrés et fraction de degré, la transformation se fera très facilement à l'aide des deux valeurs

$$8,994 \times 1° = 0,157,$$
$$26,30 \times 1° = 0,459.$$

Les nombres qu'il est nécessaire de connaître dans la suite des opérations, appliquées aux principales raies du spectre solaire, sont alors :

CONSTANTES RELATIVES AU PREMIER ARC-EN-CIEL.

Raies.	B.	C.	D.	E.	F.	G.	H.
$\rho - \rho_0$	$+0,39$	$+0,21$	0	$-0,30$	$-0,62$	$-1,23$	$-1,50$
$\left(\dfrac{\lambda_0}{\lambda}\right)^{\frac{1}{3}}$	$0,950$	$0,965$	1	$1,038$	$1,066$	$1,110$	$1,141$
$\left(\dfrac{\lambda_0}{\lambda}\right)^{\frac{2}{3}}$	$0,903$	$0,931$	1	$1,078$	$1,136$	$1,232$	$1,301$
$\left(\dfrac{h_0}{h}\right)^{\frac{1}{3}}$	$0,995$	$0,997$	1	$1,004$	$1,008$	$1,016$	$1,020$
$\left(\dfrac{h_0}{h}\right)^{\frac{2}{3}}$	$0,990$	$0,993$	1	$1,008$	$1,017$	$1,032$	$1,040$
$\left(\dfrac{h_0 \lambda_0^2}{h \lambda^2}\right)^{\frac{1}{4}}$	$0,898$	$0,928$	1	$1,082$	$1,145$	$1,252$	$1,327$
$\left(\dfrac{h_0^2 \lambda_0}{h^2 \lambda}\right)^{\frac{1}{3}}$	$0,941$	$0,958$	1	$1,046$	$1,084$	$1,146$	$1,187$

Dans les Tableaux qui suivent, les intensités $f^2(z)$ et J ont été exprimées en prenant pour unité le millième des valeurs fournies par la Table d'Airy, afin de simplifier l'écriture; on a indiqué encore par un ou deux astérisques la position des minima de premier ou de second ordre relatifs aux différentes couleurs.

Le rapport des intensités propres $f^2(z)$ et le rapport des intensités relatives J ont été déterminés en représentant par 100 la valeur correspondant à la couleur la plus éclatante pour chacun des écarts θ_0.

COULEURS DE L'ARC-EN-CIEL

(gouttes de 10^2 de diamètre).

Intensités propres f^2.

Écart θ_0	B.	C.	D.	E.	F.	G.	H.
— 3	257	238	214	181	152	103	85
— 2	318	300	277	246	213	159	131
— 1	392	377	353	320	288	229	192
0	474	462	443	415	380	312	278
+ 1	568	556	542	518	487	418	383
+ 2	664	653	652	631	606	540	510
+ 4	847	845	855	854	840	803	787
+ 6	979	980	991	995	996	988	988
+ 8	997	997	974	957	950	948	937
+10	873	856	775	797	662	624	580
+12	606	567	447	326	259	194	130
+14	280	237	126	42	13	1	18
+16	50	27	2	48	109	223	333
+18	17	42	154	320	434	563	610
+20	194	263	448	592	610	529	376

Intensités relatives J.

Écart θ_0	B.	C.	D.	E.	F.	G.	H.
— 3	242	228	214	189	165	118	101
— 2	299	287	277	257	231	172	156
— 1	369	361	353	334	312	262	228
0	446	443	443	434	412	358	330
+ 1	535	533	542	542	528	479	455
+ 2	625	626	652	660	657	619	605
+ 4	797	810	855	893	911	920	934
+ 6	921	939	991	1041	1080	1132	1173
+ 8	938	955	974	1001	1030	1086	1112
+10	822	820	775	740	718	715	688
+12	570	543	447	341	281	222	154
+14	264	227	126	44	14	1	21
+16	47	26	2	50	118	256	395
+18	16	40	154	335	470	645	724
+20	183	252	448	619	661	606	446

COULEURS DE L'ARC-EN-CIEL

(gouttes de 10^2 de diamètre).

Rapports des intensités propres f^2.

Écart θ_2	B.	C.	D.	E.	F.	G.	H.
— 3	100	92	83	70	59	40	30
— 2	100	94	87	77	67	50	41
— 1	100	96	90	82	74	59	49
0	100	97	93	88	80	66	59
+ 1	100	98	95	91	86	74	67
+ 2	100	98	98	95	91	81	77
+ 4	99	99	100	100	98	94	92
+ 6	98	98	99	100	100	99	99
+ 8	100	100	98	96	95	95	94
+10	100	98	89	81	76	71	66
+12	100	94	74	54	43	32	24
+14	100	85	45	15	5	0*	6*
+16	15	8	1*	14*	33*	67	100
+18	3*	7*	25	52	71	92	100
+20	32	43	73	99	100	87	62

Rapports des intensités relatives J.

Écart θ_2	B.	C.	D.	E.	F.	G.	H.
— 3	100	94	88	78	68	49	42
— 2	100	96	93	86	77	57	52
— 1	100	98	96	91	85	71	62
0	100	99	99	98	93	80	71
+ 1	99	98	100	100	97	88	84
+ 2	95	95	99	100	99	94	92
+ 4	85	87	91	96	98	99	100
+ 6	79	80	85	89	92	97	100
+ 8	84	86	88	90	93	98	100
+10	100	100	94	90	87	87	82
+12	100	95	78	60	49	39*	27*
+14	100	86	48*	17*	5	0*	8
+16	12	7*	1	13	30*	65	100
+18	2*	6*	21	46	65	89	100
+20	28	38	68	94	100	92	67

COULEURS DE L'ARC-EN-CIEL

(gouttes de 5oᵘ de diamètre).

Intensités propres f^2.

Écart θ_0	B.	C.	D.	E.	F.	G.	H.
— 2	148	123	88	55	35	9	5
— 1	307	268	218	154	101	39	26
0	545	503	443	358	273	138	88
+ 1	820	785	746	674	571	535	283
+ 2	999	991	984	962	906	733	643
+ 3	915	930	924	943	976	1003	982
+ 4	535	550	503	503	563	763	827
+ 5	107	107	57	38	56	147	179
+ 6	29*	36*	102*	157*	155*	92*	92*
+ 7	363	378	516	582	593	575	591
+ 8	610	609	539	409	347	330	262
+ 9	352	295	194	9	7	32**	85**
+10	17	2	102**	313**	414	488	506
+11	194**	275**	174	454	334	168	23

Intensités relatives J.

Écart θ_0	B.	C.	D.	E.	F.	G.	H.
— 2	139	118	88	58	38	10	6
— 1	289	257	218	161	109	45	31
0	513	482	443	374	296	158	104
+ 1	772	752	746	705	619	613	336
+ 2	940	949	984	1006	982	840	763
+ 3	861	891	924	986	1058	1149	1166
+ 4	503	527	503	526	610	874	982
+ 5	101	103	57	40	61	168	212
+ 6	27*	35*	102*	164*	168*	105*	109*
+ 7	342	362	516	609	643	659	701
+ 8	566	583	539	428	376	378	311
+ 9	331	283	194	9	8**	37**	101**
+10	16	2	102**	327**	449	559	601
+11	182**	264**	174	475	362	192	27

COULEURS DE L'ARC-EN-CIEL.

(gouttes de 50^2 de diamètre).

Rapports des intensités propres f^2.

Écart θ_0	B.	C.	D.	E.	F.	G.	H.
— 2*	100	84	60	37	24	6	4
— 1	100	87	71	50	33	13	9
0	100	92	81	66	50	25	16
+ 1	100	96	91	82	70	65	34
+ 2	100	99	98	96	91	73	64
+ 3	91	93	92	94	97	100	98
+ 4	65	67	61	61	68	92	100
+ 5	60	60	32	21	31	82	100
+ 6	18*	23*	65*	100*	99*	58*	58*
+ 7	61	64	87	98	100	97	100
+ 8	100	100	88	67	57	54	43
+ 9	100	84	55	3	2**	9**	24**
+10	3	0	20**	62**	82	88	100
+11	43**	61**	39	100	74	37	5

Rapports des intensités relatives J.

Écart θ_0	B.	C.	D.	E.	F.	G.	H.
— 2	100	85	63	42	27	7	4
— 1	100	89	76	56	38	16	11
0	100	94	86	73	58	31	20
+ 1	100	98	97	91	80	79	44
+ 2	93	94	98	100	98	83	76
+ 3	74	77	79	85	91	99	100
+ 4	51	54	51	54	62	89	100
+ 5	48	49	27	19	29	79	100
+ 6	16*	21*	60*	98*	100*	62*	65*
+ 7	49	52	74	87	92	94	100
+ 8	97	100	92	73	65	65	53
+ 9	100	85	58	3	2**	11**	31**
+10	3	0	17**	54**	75	93	100
+11	38**	56**	37	100	77	40	6

Considérons d'abord les gouttes de 10^μ de diamètre.

Si l'on examine seulement les intensités propres f^2, sans tenir compte de l'accroissement de diffraction des couleurs plus réfrangibles, il y aurait un maximum d'intensité pour toutes les couleurs entre les écarts de 6° et 8°, au voisinage de 7°; l'achromatisme serait presque absolu pour les écarts compris entre 4° et 8°, où le paramètre relatif à la lumière jaune varie de 0,63 à 1,26, comprenant la valeur du maximum. De part et d'autre de cette zone, le rouge domine, tandis que le bleu et le violet n'apparaissent en excès qu'au delà du premier minimum; la première frange serait sensiblement blanche, un peu bleuâtre dans sa partie médiane, avec une teinte rouge très faible et carminée sur ses deux bords.

Le phénomène change de nature quand on envisage les intensités relatives J. Les écarts du premier maximum croissent nettement avec la longueur d'onde. Le rouge reste en excès sur les deux bords de la première frange, mais la proportion de violet augmente beaucoup; il atteint déjà presque la moitié du rouge pour l'écart de — 3° et reste important jusque auprès du premier minimum. Sur la direction même des rayons efficaces relatifs à la lumière jaune, le déficit du violet n'atteint pas 0,3.

On voit enfin nettement deux points où l'achromatisme a lieu sur les couleurs les plus intenses, l'un entre 0° et 1° et l'autre vers 9°, le premier avant et le second après le maximum principal, qui serait à 0°,38. La condition d'achromatisme n'étant réalisable que pour des longueurs d'onde voisines, les couleurs extrêmes n'y satisfont que d'une manière incomplète. Entre ces deux points, le bleu et le violet sont légèrement en excès et la teinte serait d'un gris bleuâtre.

On remarquera encore que l'écart du premier minimum croît assez rapidement avec la longueur d'onde, l'achromatisme des franges proprement dit, c'est-à-dire la concordance des phases, ayant lieu vers 4°,5.

Les gouttes de 50^μ présentent un intérêt particulier.

La concordance des phases a lieu presque exactement sur les minima de premier ordre. En réalité, les minima des raies D, E, F sont situés avant 4°,5 et ceux des raies B, C, G, H au delà de cette distance, le moindre écart ayant lieu pour la raie E; le spectre y est pour ainsi dire replié sur lui-même, comme dans tous les phénomènes analogues. Il suffirait d'un faible accroissement du diamètre pour placer ces minima en deçà de la frange achromatique et les disposer dans l'ordre des réfrangibilités.

Les valeurs des intensités propres f^2 indiqueraient aussi une lumière sensiblement blanche vers 3°, dans un espace plus restreint que précédemment, avec un excès de rouge sur la plus grande partie de la première frange; le bleu et le violet n'apparaissent en excès qu'un peu avant le premier minimum.

On voit, au contraire, par les intensités relatives J, que le premier point achromatique sur le jaune se trouve un peu au delà de 1°, avec un excès de rouge et un défaut de bleu et de violet; le second achromatisme se produit vers 4', avant le premier minimum, cette fois avec un excès de bleu et de violet, mais l'intensité générale diminue rapidement et les couleurs extrêmes deviennent dominantes.

La frange principale est nettement bordée de rouge sur son bord extérieur et de violet carmin sur l'autre bord; les conditions d'un bon achromatisme ne sont plus réalisées.

En résumé, tant que le diamètre des gouttes reste inférieur à 30ᵘ, la première frange est sensiblement incolore, à part la teinte rouge extérieure dont l'importance est très faible. Le diamètre apparent de la source et l'existence simultanée de plusieurs systèmes de gouttes feront disparaître d'ailleurs les autres teintes, ainsi que les arcs surnuméraires.

On pourrait aussi, comme pour les couronnes, apprécier l'influence du diamètre apparent du Soleil en superposant trois arcs-en-ciel dont les centres seraient éloignés de 9',1. Il est clair que les teintes en seront encore lavées de blanc, mais l'effet est beaucoup plus faible que celui qui résulterait du moindre changement dans le diamètre des gouttes.

Remarquons aussi que la fraction de surface apparente occupée par l'ensemble des gouttes est sans doute moindre dans un nuage que dans une ondée de pluie, ce qui a pour résultat de diminuer l'éclat de l'arc-en-ciel.

Enfin, la quantité de lumière diffusée par réflexion sur les surfaces extérieures, par les réflexions multiples dans chaque goutte et surtout par les rayons qui passent d'une goutte à l'autre, est beaucoup plus grande dans un nuage que sur une nappe de pluie.

L'éclat relatif de l'arc est ainsi diminué et l'espace extérieur paraît moins sombre.

Cette interprétation des phénomènes paraît conforme à tous les renseignements fournis par les observateurs qui ont signalé l'arc-en-ciel blanc.

750. *Polarisation de l'arc-en-ciel.* — Si l'on désigne par f et g les coefficients principaux de réflexion, c'est-à-dire ceux qui conviennent aux rayons primitivement polarisés dans le plan d'incidence et dans le plan perpendiculaire, on a, par les formules de Fresnel (577),

$$f = \frac{\sin^2(i-r)}{\sin^2(i+r)}, \qquad g = \frac{\tan^2(i-r)}{\tan^2(i+r)} = f\frac{\cos^2(i+r)}{\cos^2(i-r)},$$

et les coefficients de réfraction correspondants sont

$$1 - f = \frac{\sin 2i \sin 2r}{\sin^2(i+r)}, \qquad 1 - g = \frac{1-f}{\cos^2(i-r)}.$$

La lumière incidente étant naturelle, le rapport des intensités A et B des deux composantes, pour un rayon qui a subi k réflexions intérieures et deux réfractions, est

$$\frac{A}{B} = \left(\frac{f}{g}\right)^k \left(\frac{1-f}{1-g}\right)^2 = \left[\frac{\cos(i-r)}{\cos(i+r)}\right]^{2k} \cos^4(i-r).$$

Dans les directions voisines des rayons efficaces, les équations (9) et (10) donnent

$$\cos(i \mp r) = \frac{p\cos^2 i \pm \sin^2 i}{n} = \frac{p(n^2-1) \pm (p^2-n^2)}{n(p^2-1)}.$$

Si l'on considère comme très probable que la fraction de lumière diffractée est à peu près indépendante de l'état primitif de polarisation, il en résulte

$$\frac{A}{B} = \frac{[p(n^2-1)+p^2-n^2]^{2(p+1)}}{[p(n^2-1)-p^2+n^2]^{2(p-1)}}\left[\frac{1}{n(p^2-1)}\right]^4.$$

On a ainsi pour les deux premiers arcs-en-ciel, en prenant pour l'indice de réfraction la valeur approchée $n = \frac{4}{3}$,

$$\frac{A_1}{B_1} = \frac{34^6}{6^4 . 7^4 . 4^4} = 6,98,$$

$$\frac{A_2}{B_2} = 86^8 \left(\frac{3}{44 . 7 . 4 . 8} \right)^4 = 2,57.$$

Les deux arcs présentent donc un excès de lumière polarisée dans le premier azimut, c'est-à-dire dans un plan qui passe par le Soleil, comme pour le bleu du ciel. Les fractions de lumière polarisée sont alors

$$\varphi_1 = \frac{A_1 - B_1}{A_1 + B_1} = 0,75,$$

$$\varphi_2 = \frac{A_2 - B_2}{A_2 + B_2} = 0,44.$$

La polarisation varie un peu quand on s'écarte sensiblement des rayons efficaces, mais elle reste de même ordre. On doit obtenir toutefois des valeurs plus grandes à cause de la lumière diffusée ou réfléchie directement sur les surfaces extérieures. Pour éliminer cette cause d'erreur, il suffirait de comparer la polarisation dans l'arc avec celle qui se produit dans l'espace sombre voisin.

La polarisation du deuxième arc est encore troublée par la lumière qui correspond au cinquième.

Biot ([1]) avait constaté la polarisation de l'arc-en-ciel dès 1811; la même propriété a été reconnue par différents observateurs sur l'arc naturel et sur ceux que l'on obtient artificiellement par les colonnes cylindriques ou les liquides pulvérisés, mais il ne semble pas que l'on ait déterminé la fraction de lumière polarisée.

751. *Expériences diverses.* — Si l'on faisait tomber un faisceau de lumière émanant d'une source limitée sur un prisme courbé suivant un arc de cercle dont l'axe passe par la source, les rayons de diverses couleurs formeraient une série de nappes coniques autour du même axe; l'intersection du faisceau émergent par un écran perpendiculaire à l'axe serait un spectre circulaire bordé de rouge en dehors et de violet à l'intérieur.

([1]) Biot, *Moniteur universel*, 14 mars 1811, p. 283.

Il suffit même de recueillir sur l'écran le faisceau réfracté par un prisme à arête rectiligne dont la longueur est notable par rapport à sa distance de la source. La déviation augmente à mesure que les rayons incidents sont plus inclinés sur la section droite du prisme et la nappe de lumière réfractée donne encore un spectre suivant une certaine courbe.

Les bandes lumineuses ainsi obtenues ne reproduisent que d'une manière très imparfaite les apparences du premier arc-en-ciel : elles ne sont pas dispersées suivant la même loi et ne présentent aucune trace des arcs surnuméraires.

Nous avons déjà signalé les expériences faites par différents observateurs sur les franges que donnent les filets liquides ou les tiges cylindriques.

Raillard ([1]) produisait l'arc-en-ciel à la lumière solaire sur les gouttelettes d'eau obtenues avec un pulvérisateur. Cette méthode a été appliquée par M. Hammerl ([2]) à une série de liquides. Voici quelques exemples des rayons ρ_1 et ρ_2 relatifs aux deux premiers arcs :

	$n.$	Calcul		Observation	
		ρ_1	ρ_2	ρ_1	ρ_2
Eau..........................	1,33	42° 31′	50° 6,1	42° 50′	50° 0
Alcool.......................	1,3619	38 3,1	57 11,7	38 20	57
Solution de sel ammoniac...	1,382	35 30,6	62 50,1	35 10	62 20
Pétrole......................	1,447	28 56,9	76 59,9	28 39	77
Essence de térébenthine....	1,4712	25 32,7	81 34,5	25	82

Comme les gouttes sont très fines, le rayon observé devrait être trop faible pour le premier arc et trop grand pour le second, ce qui n'a pas toujours lieu.

M. Faye ([3]) a signalé la formation d'un arc-en-ciel blanc sur le brouillard à la lumière d'un simple bec de gaz. Une observation analogue dans les Alpes conduisit M. Tyndall ([4]) à plusieurs expériences intéressantes.

([1]) F. Raillard, *Comptes rendus des séances de l'Académie des Sciences*, t. XLIII, p. 906; 1856.

([2]) H. Hammerl, *Sitzungsber. der K. A. der Wiss. Wien.*, t. LXXXVI, Abth. II, p. 206; 1882.

([3]) H. Faye, *Comptes rendus des séances de l'Académie des Sciences*, t. XXVIII, p. 244; 1849.

([4]) J. Tyndall, *Phil. Mag.* [5], t. XVII, p. 61; 1884.

Les gouttes d'eau étaient produites soit par un bouilleur, soit par la projection sur une plaque de métal du jet liquide émanant d'un réservoir à grande pression. En prenant comme source la lumière électrique condensée sur un orifice étroit, de manière à obtenir un faisceau très divergent, le phénomène est très brillant. On aperçoit six franges surnuméraires très distinctes à l'intérieur du premier arc et d'autres franges plus pâles en dehors du second. La formation de ces franges prouve que le diamètre des gouttes était très uniforme; en outre, l'angle apparent de la source étant aussi réduit qu'on le veut, l'apparition des franges achromatiques devient plus facile.

Un grand nombre d'autres liquides ont été essayés dans les mêmes conditions; c'est le pétrole et l'essence de térébenthine qui ont donné les plus beaux arcs. Avec un mélange d'eau et d'essence, on obtient les deux systèmes d'arcs qui correspondent respectivement aux deux liquides. Enfin ces arcs artificiels sont aussi partiellement polarisés dans le plan qui passe par la source

Dans une expérience de caractère tout différent, M. Gouy ([1]) a trouvé un système de franges d'interférence entièrement comparables aux arcs surnuméraires.

Le faisceau de lumière émané d'un collimateur à fente horizontale traverse une auge contenant deux liquides capables de se mélanger par diffusion, par exemple une couche d'eau au-dessus d'une dissolution saline. L'onde primitive, qui était d'abord un plan vertical, se transforme progressivement en une surface cylindrique; la section droite de cette surface est composée de deux parties rectilignes, correspondant à la propagation dans l'eau pure et dans la dissolution, raccordées dans la zone de diffusion par une courbe qui présente un point d'inflexion. A la sortie de l'auge, la normale au point d'inflexion, qui est déviée vers le bas, jouit des mêmes propriétés que la direction des rayons efficaces dans l'arc-en-ciel; pour des déviations moindres, la lumière s'affaiblit par une dégradation continue; les directions plus inclinées donnent, quand on observe avec une lunette réglée sur l'infini, une série de franges d'interférence.

([1]) Gouy, *Comptes rendus des séances de l'Académie des Sciences*, t. XC, p. 307; 1880.

Avec une lumière homogène, M. Gouy a pu distinguer plusieurs centaines de franges, mais l'expérience est plus intéressante quand on fait usage de lumière blanche ; elle réussit sans difficulté avec l'eau ordinaire et l'eau salée.

Comme la déviation des rayons efficaces croît en sens inverse de la longueur d'onde, les différents systèmes de franges se superposent de la même manière que dans l'arc-en-ciel ; on aperçoit encore une frange achromatique à une certaine distance du bord qui limite le champ éclairé, et les franges voisines sont d'autant plus nombreuses que l'achromatisme est d'ordre plus élevé.

En recevant la lumière émergente sur un prisme, l'ordre de la frange achromatique paraît élevé ou abaissé suivant que la réfraction augmente ou diminue la déviation des rayons efficaces.

Si la couche de transition est assez étroite et les indices des deux liquides primitifs notablement inégaux, la déviation des rayons efficaces est grande et, avec elle, la dispersion correspondante. Dans ce cas, l'onde émergente est comparable à celle que donnent les gouttes d'eau de petit diamètre et les franges sont relativement larges. A mesure que la diffusion augmente, la variation d'indice dans la couche de transition est moins rapide et la courbure de la surface d'onde est plus faible. La déviation des rayons efficaces diminue ; en même temps, les franges deviennent plus serrées.

On rencontre ainsi cette circonstance tout à fait singulière que les franges d'interférence sont d'autant plus fines que les milieux superposés diffèrent moins l'un de l'autre, tandis que, dans la plupart des phénomènes d'interférence produits par deux systèmes de rayons qui ont parcouru des chemins différents, la largeur des franges croît, au contraire, à mesure que la variation du chemin optique est plus faible.

Enfin il arrive fréquemment que l'indice de réfraction du mélange ne varie pas régulièrement avec la hauteur. Si la dérivée de l'indice passe plusieurs fois par un maximum ou un minimum, la méridienne de l'onde présente des points d'inflexion correspondants et l'on observe différents systèmes de franges avec des déviations particulières pour les rayons efficaces.

L'expérience ainsi disposée peut durer plusieurs heures, avec une transformation continue des franges, mais la diffusion finit par établir l'uniformité du mélange.

On peut reproduire les mêmes phénomènes par l'onde réfractée
dans une lame de verre convenablement taillée, ou par les ondes
paragéniques d'un réseau dont la distance des traits varie suivant
une loi particulière.

Supposons d'abord qu'une lame de verre L (*fig*. 369) reçoive

Fig. 369.

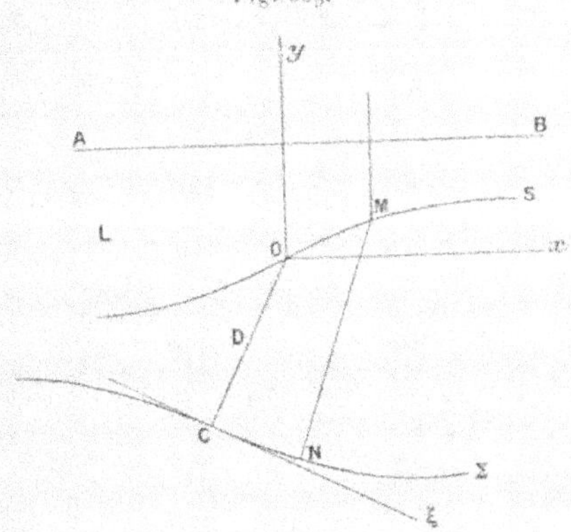

un éclairement normal sur la surface plane AB, et cherchons quelle
doit être la section droite S de la surface cylindrique de sortie pour
que la méridienne Σ de l'onde émergente présente une forme analogue à celle de l'arc-en-ciel.

Soient x et y les coordonnées d'un point M rapporté aux axes
Ox et Oy; r_0 et i_0 les angles d'incidence et de réfraction à l'origine O, $\Delta_0 = i_0 - r_0$ la déviation correspondante; r, i et $\Delta = i - r$
les valeurs relatives au point M; D la distance OC; ξ et η les coordonnées, par rapport aux axes rectangulaires $C\xi$ et CO, du point N
où le rayon réfracté MN aboutit à la surface d'onde Σ qui passe
par le point C.

L'équation de la courbe Σ, au voisinage des rayons efficaces OC,
peut s'écrire

$$(37) \qquad \eta = k\xi^3,$$

le coefficient k étant en raison inverse du carré d'une longueur.

L'angle θ des rayons émergents OC et MN est

$$(38) \qquad \theta = \Delta_0 - \Delta = i_0 - r_0 - (i - r).$$

Les tangentes aux courbes S et Σ donnent aussi

$$(39) \qquad \frac{dy}{dx} = \tang r,$$

$$(40) \qquad \frac{d\eta}{d\xi} = \tang \theta = 3 k \xi^2 = 3 k^{\frac{1}{3}} \eta^{\frac{2}{3}}.$$

La concordance des vibrations aux points C et N, sur l'onde émergente, exige la condition

$$MN = D + ny.$$

Enfin, si l'on projette le chemin OMNC sur la direction du rayon efficace OC, on a

$$D = - x \sin \Delta_0 - y \cos \Delta_0 + (D + ny) \cos \theta + \eta.$$

On peut faire $D = o$, c'est-à-dire supposer que l'onde considérée, réelle ou virtuelle, passe par l'origine. En remplaçant η par sa valeur (40) en fonction de l'angle θ, la courbe S est définie par les équations (38) et (39), auxquelles on doit ajouter

$$(41) \qquad \begin{cases} \sin i = n \sin r, \\ \tang \theta = 3 k^{\frac{1}{3}} (x \sin \Delta_0 + y \cos \Delta_0 - ny \cos \theta)^{\frac{2}{3}}. \end{cases}$$

L'élimination des angles i, r et θ entre ces quatre équations déterminerait la courbe S par une équation différentielle. Il est à remarquer que la valeur de $\tang \theta$ est indépendante du signe des coordonnées x et y; la courbe cherchée S est donc symétrique par rapport à l'origine O.

Dans le cas actuel, la déviation des rayons efficaces croît avec l'indice, tandis que les interférences se produisent du côté opposé. Pour obtenir des franges achromatiques, il faudrait que la face d'entrée fût inclinée en sens contraire sur la tangente à l'origine O; on peut encore arriver au même résultat en plaçant un prisme sur le trajet de la lumière, avant ou après la lame.

Si les angles i et r sont assez petits pour que l'on puisse les substituer à leurs sinus ou à leurs tangentes, les cosinus étant remplacés par l'unité, on a

$$i = nr, \qquad \theta = (n - 1)(r_0 - r),$$

et l'équation différentielle se réduit à

$$(n-1)\left(r_0 - \frac{dy}{dx}\right) = 3k^{\frac{1}{3}}[(n-1)(r_0 x - y)]^{\frac{2}{3}},$$

$$(r_0 x - y)^{-\frac{2}{3}} d(r_0 x - y) = 3\left(\frac{k}{n-1}\right)^{\frac{1}{3}} dx.$$

La constante d'intégration est nulle, puisque la courbe passe par l'origine; l'équation de cette courbe est donc

$$(r_0 x - y)^{\frac{1}{3}} = \left(\frac{k}{n-1}\right)^{\frac{1}{3}} x,$$

$$y = r_0 x - \frac{k}{n-1} x^3.$$

En réalité, la seule condition à laquelle doive satisfaire la surface de sortie est que sa section droite présente un point d'inflexion; il suffit donc que, en développant la valeur de y en série suivant les puissances croissantes de x, les deux premiers termes soient de la forme

$$y = x \tang r_0 - \frac{k}{n-1} x^3.$$

Lors même que la courbe ne serait pas entièrement symétrique par rapport à l'origine, les interférences existeraient également, mais les minima ne seraient plus nuls.

Si l'on veut comparer les interférences avec celles de l'arc-en-ciel, il suffit de poser

$$k = \frac{h}{3 a^2}, \qquad a^2 = \frac{h}{3k}.$$

Les franges sont d'autant plus larges que le coefficient k est plus grand, c'est-à-dire que la surface de sortie s'éloigne davantage de la forme plane.

Le calcul des traits d'un réseau se fera de la même manière.

Considérons un réseau plan, à traits parallèles, éclairé sous l'incidence normale. Soit ε_0 l'écartement des traits à l'origine O, ε l'écartement au point P ($fig.$ 370), à la distance x, où se trouve le $p^{\text{ième}}$ trait. Pour le spectre d'ordre m, les déviations r_0 et r des rayons paragéniques sont

$$(38)' \qquad\qquad m\lambda = \varepsilon_0 \sin r_0 = \varepsilon \sin r.$$

On a d'ailleurs

$$\delta x = \varepsilon\, \delta p, \qquad \frac{1}{\varepsilon} = \frac{dp}{dx}.$$

Fig. 370.

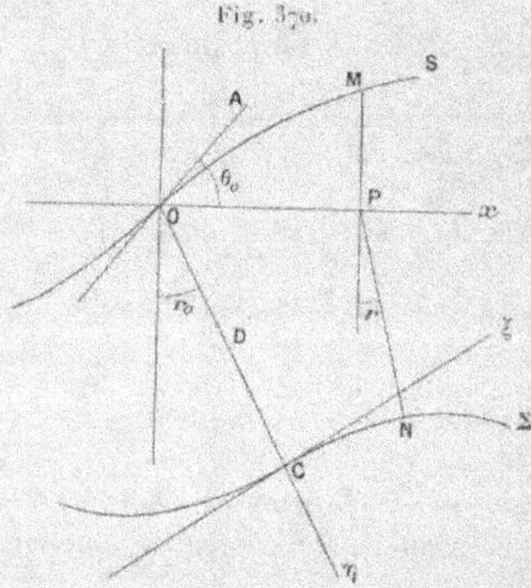

Nous supposerons encore qu'à la distance D la méridienne Σ des ondes diffractées soit représentée par l'équation (37), d'où résulte

$$(40)' \qquad \tan(r_0 - r) = \frac{d\eta}{d\xi} = 3\,k\xi^2 = 3\,k^{\frac{1}{3}}\eta^{\frac{2}{3}}.$$

La concordance des rayons paragéniques sur l'onde Σ donne la condition

$$PN = D - mp\lambda,$$

et la projection du chemin OPNC sur la direction OC des rayons efficaces

$$D = x \sin r_0 + (D - mp\lambda)\cos(r_0 - r) - \eta.$$

On peut encore faire $D = 0$, c'est-à-dire calculer l'onde réelle ou virtuelle qui passe par le point O. En éliminant la variable η, la loi des traits est alors définie par les deux équations

$$(41)' \qquad \begin{cases} \tan(r_0 - r) = 3\,k^{\frac{1}{3}}[x \sin r_0 - mp\lambda \cos(r_0 - r)]^{\frac{2}{3}}, \\[2mm] \sin r = m\lambda \dfrac{dp}{dx}. \end{cases}$$

Le tracé du réseau est encore symétrique par rapport au point O.

Si l'écartement des traits est croissant, comme on l'a supposé dans la figure, la déviation des rayons efficaces diminue avec la longueur d'onde ; les interférences se trouvent alors naturellement placées de manière qu'il puisse se produire un système de franges achromatiques.

On trouverait de grandes difficultés pratiques à tracer les traits suivant une loi déterminée, mais on peut former un réseau à traits équidistants sur une surface cylindrique S de forme convenable, et la déviation ne dépend que de la projection des traits sur l'onde incidente (206, III) ; la photographie de cette surface donnerait d'ailleurs le réseau cherché.

Si e est l'écartement des traits sur la section droite S de la surface, θ_0 l'inclinaison initiale de cette courbe sur l'axe des x et θ l'inclinaison de la tangente au point M, on a

$$\varepsilon = e \cos\theta,$$

et la courbe S est définie par l'équation

$$\frac{1}{\cos\theta} = \frac{e}{\varepsilon} = \frac{\varepsilon_0}{\cos\theta_0}\,\frac{dp}{dx}.$$

Lorsque les déviations sont assez faibles, les équations $(41)'$ deviennent

$$r_0 - m\lambda\frac{dp}{dx} = 3k^{\frac{1}{3}}(r_0 x - m\lambda p)^{\frac{2}{3}},$$

$$(r_0 x - m\lambda p)^{\frac{1}{3}} = k^{\frac{1}{3}} x,$$

$$p = \frac{r_0}{m\lambda}x - k\frac{x^3}{m\lambda} = \frac{x}{\varepsilon_0} - \frac{k}{\varepsilon_0 r_0}x^3.$$

L'équation de la courbe S est alors

$$\frac{1}{\cos\theta} = \frac{1}{\cos\theta_0}\left(1 - \frac{3k}{r_0}x^2\right),$$

$$\left(\frac{dy}{dx}\right)^2 = \frac{1}{\cos^2\theta_0}\left[\left(1 - \frac{3k}{r_0}x^2\right)^2 - \cos^2\theta_0\right].$$

Toutefois, il suffit encore que la méridienne Σ de l'onde paragénique présente un point d'inflexion. Les traits du réseau peuvent être tracés suivant une loi quelconque, pourvu que les deux premiers termes du développement de l'ordre p en fonction des puissances croissantes de x aient la forme précédente. On pourra, de même, faire la photographie d'un réseau à traits équidistants tracé sur une surface cylindrique arbitraire, à la seule condition que la section droite de cette surface ait un point d'inflexion.

Une méthode plus simple encore consiste à placer un écran à bord rectiligne sur le trajet d'une onde concave dans le sens de la propagation. Une partie de l'onde devient convexe par diffraction dans l'ombre géométrique et l'observation avec une lunette réglée sur l'infini montre une série de franges très nettes à la limite de la région lumineuse.

752. *Gloires sur la rosée*. — Nous rapprocherons de l'arc-en-ciel l'illumination en forme de *gloire* dont paraît entourée l'ombre de la tête sur une prairie couverte de rosée.

Si Q est l'éclairement du Soleil, $\sigma = \pi a^2$ la section de chaque goutte supposée sphérique et f le pouvoir réflecteur moyen pour les deux azimuts principaux, la quantité de lumière réfléchie dans l'unité d'angle (680) est égale à $f\dfrac{Q\sigma}{4\pi}$. En appelant θ l'angle d'incidence sous lequel on observe un élément de surface dS couvert de rosée, la projection de cet élément sur un plan perpendiculaire au rayon visuel est $dS\cos\theta$; si $\alpha\,dS$ est la section totale des gouttes répandues sur cet élément, la quantité de lumière correspondante émise dans l'unité d'ouverture angulaire est égale à $f\dfrac{Q}{4\pi}\alpha\,dS$. La quantité émise par l'unité de surface apparente, où l'éclat intrinsèque de la rosée, est $f\alpha\dfrac{Q}{4\pi\cos\theta}$; elle est naturellement proportionnelle à l'éclairement Q du Soleil et à la fraction α de surface occupée par les gouttes.

A la distance r, l'éclat apparent e de la rosée est donc

$$e = f\alpha\frac{Q}{4\pi r^2\cos\theta}.$$

Si la rosée était répandue, par exemple, sur une surface perpendiculaire aux rayons émanés de la source, et dont la plus courte distance de l'observateur est $D = r\cos\theta$, on aurait

$$e = f\alpha\frac{Q}{4\pi D^2}\cos\theta.$$

Le même effet a lieu pour la lumière qui a subi deux réfractions et $k = p - 1$ réflexions intérieures (745).

L'angle θ est alors égal à $2(pr - i)$ ou à son supplément, suivant que p est pair ou impair, et les sinus ont la même valeur. L'éclat apparent e_1 de la rosée relatif à l'ensemble de ces phénomènes est donc, en supposant toutefois que l'angle θ soit très différent du rayon des arcs-en-ciel,

$$e_1 = \alpha \frac{Q \cos\theta}{4\pi D^2} \Sigma \varphi \frac{\sin 2i}{\sin\theta} \frac{n \cos r}{p \cos i - n \cos r};$$

il en résulte, pour l'éclat final E, dans l'hypothèse de rayons incidents normaux à la surface de rosée,

$$E = e + e_1 = \alpha \frac{Q \cos\theta}{4\pi D^2} \left(f + \Sigma \varphi \frac{\sin 2i}{\sin\theta} \frac{n \cos r}{p \cos r - \cos i} \right).$$

Au voisinage de la normale, on aurait

$$E_0 = \alpha f_0 \frac{Q}{4\pi D^2} \left[1 + (1 - f_0)^2 \Sigma f_0^{p-2} \left(\frac{n}{p - n} \right)^2 \right].$$

La gloire que l'on aperçoit sur la rosée s'affaiblit d'une manière continue à mesure que l'on vise des points plus éloignés de l'ombre portée, parce que les coefficients f et φ croissent moins rapidement que l'inverse de $\cos\theta$.

On pourrait calculer les coefficients f et φ, ainsi que la fraction de lumière polarisée, mais il n'est pas utile d'examiner le phénomène avec plus de précision, car les gouttes n'ont pas tout à fait la forme sphérique et sont généralement un peu écrasées à leur point d'appui, ce qui augmente l'intensité dans la direction de la lumière réfléchie correspondante.

Il est facile de constater, en effet, sur la rosée qui couvre une prairie horizontale, que la gloire présente beaucoup plus d'éclat au voisinage du plan qui passe par le Soleil. Les considérations précédentes suffiront donc pour indiquer le caractère général de ces apparences.

CHAPITRE XX.
ROLE DES CRISTAUX DE GLACE.

PROPRIÉTÉS DE LA GLACE.

753. *Forme cristalline.* — Les cristaux de glace en suspension dans l'atmosphère donnent au ciel une apparence laiteuse, sans troubler sensiblement sa transparence, quand ils sont très disséminés ; dans d'autres cas, ils se réunissent en masses plus ou moins homogènes pour constituer les différentes variétés de *cirrus*. Leur présence donne lieu à une grande variété de phénomènes remarquables, qui ont été l'objet de nombreuses observations.

Bravais ([1]) en a fait une étude systématique, en discutant les explications proposées jusqu'alors, en les complétant par une analyse nouvelle et comparant chacune des théories aux résultats numériques que renfermaient les publications antérieures. Nous ne pouvons mieux faire que de renvoyer le lecteur à ces beaux Mémoires, auxquels nous emprunterons la plus grande partie de ce qui va suivre.

Parmi les formes si variées que présentent les flocons de neige, on reconnaît facilement la prédominance d'étoiles régulières à six branches. On y trouve quelquefois des lamelles hexagonales ou prismes à six pans de très faible hauteur ; ces lames se voient souvent sur le sol ou sur la vieille neige et constituent l'une des formes les plus fréquentes du givre. La neige se montre encore, surtout quand elle est peu abondante par les temps très froids, sous l'apparence de petites aiguilles, dont l'épaisseur peut être inférieure à celle d'un cheveu ; ce sont encore des prismes hexagonaux très développés dans le sens de l'axe.

Nous rappellerons aussi la belle expérience des *fleurs de la*

([1]) A. BRAVAIS, *Journal de l'École Polytechnique*, t. XVIII, p. 77; 1845 et p. 1; 1847.

glace, due à M. Tyndall. Un morceau de glace, terminé par deux faces parallèles, est placé sur le trajet d'un faisceau intense de rayon lumineux et l'on projette sur un écran l'image d'une section intermédiaire aux faces terminales. Sous l'influence de la chaleur qui accompagne la lumière éclairante, la glace fond peu à peu; au bout de quelques instants, on voit apparaître sur l'écran des images étoilées qui naissent en différents points et s'agrandissent rapidement, avec toutes les variétés de forme que l'on rencontre dans les cristaux de neige. La fusion commence ainsi sur certains points, par suite des différences de structure ou par la présence de corpuscules étrangers qui jouissent d'un plus grand pouvoir absorbant que les couches voisines; la différence des réfractions et surtout les vides causés par la transformation de la glace en liquide troublent la transparence. Ces fleurs représentent, pour ainsi dire, le phénomène inverse de celui qui s'est produit pendant la solidification, où les cristaux apparus sur certains points se sont développés en s'enchevêtrant, de manière à constituer finalement un milieu homogène, si le liquide était bien en repos.

Il est assez rare que les branches des étoiles et des fleurs, ainsi que les faces latérales des lames ou des prismes hexagonaux, soient également développées, mais les angles principaux sont toujours exactement de 60°; ces premières observations montrent donc que la cristallisation de la glace peut être rapportée au prisme droit à base d'hexagone régulier ou au rhomboèdre.

Pour définir la forme primitive du cristal, c'est-à-dire le rapport de la hauteur au côté de la base, dans le prisme hexagonal, ou les angles du rhomboèdre, il faut connaître l'inclinaison sur l'axe des facettes secondaires tangentes aux arêtes horizontales du prisme, en admettant que ces facettes déterminent sur les deux espèces d'arêtes, d'après les règles de la Cristallographie, des longueurs qui soient dans un rapport simple avec leurs dimensions.

D'une manière générale, si α' et α'' désignent les angles que font avec l'axe, dans une direction déterminée, les normales menées par le centre du prisme à deux faces et θ l'angle des plans menés par l'axe et ces normales, l'angle dièdre A des deux faces est le supplément de l'angle de leurs normales, ce qui donne

$$(1) \qquad -\cos A = \cos\alpha'\cos\alpha'' + \sin\alpha'\sin\alpha''\cos\theta.$$

Lorsque les angles α' et α'' sont égaux, ce qui correspond à deux faces également inclinées sur l'un des sommets du prisme, ou au même pointement, le triangle sphérique est isoscèle et la formule (1) se réduit à

$$(2) \qquad \cos\frac{A}{2} = \sin\frac{b}{2}\sin\alpha'.$$

Lorsque les angles α' et α'' sont supplémentaires, c'est-à-dire pour des faces également inclinées sur l'axe et qui appartiennent aux deux pointements, on a

$$(3) \qquad \sin\frac{A}{2} = \cos\frac{b}{2}\sin\alpha'.$$

Dans un prisme hexagonal dont toutes les arêtes de base portent un système de troncatures également inclinées sur l'axe, il y a lieu de considérer l'ensemble des angles dièdres formés par toutes les faces combinées deux à deux. En appelant α l'inclinaison des troncatures sur l'axe, on a ainsi :

1° Bases entre elles : 1 dièdre, 0° ;
2° Faces verticales entre elles : 3 dièdres, 0°, 60°, 120° ;
3° Bases avec faces verticales : 1 dièdre, 90° ;
4° Bases avec troncatures : 2 dièdres, $90° - \alpha$, $90° + \alpha$;
5° Troncatures de même pointement entre elles : 3 dièdres, β, β' et β'', déterminés par les équations

$$\beta = 2\alpha,$$
$$\cos\frac{\beta'}{2} = \sin 30° \cos\alpha = \frac{\cos\alpha}{2},$$
$$\cos\frac{\beta''}{2} = \sin 60° \cos\alpha = \frac{\sqrt{3}}{2}\cos\alpha;$$

6° Faces verticales avec les troncatures de l'un ou l'autre pointement : 4 dièdres, γ, γ', γ'' et γ''',

$$\gamma = \alpha, \qquad \gamma' = 180° - \alpha,$$
$$\cos\gamma'' = \cos 60° \cos\alpha = \frac{\beta'}{2}, \qquad \gamma''' = 180° - \frac{\beta'}{2};$$

7° Troncatures de l'un des pointements avec celles de l'autre :

3 dièdres, δ, δ', δ'',

$$\delta = 180° - 2\alpha = 180° - \beta, \qquad \delta' = 180° - \beta', \qquad \delta'' = 180° - \beta''.$$

On voit que les dièdres dominants sont 0°, 90°, 60° et 120°; ils interviennent pour la plus grande part dans les phénomènes. Les autres angles dépendent de l'inclinaison α des facettes sur l'axe; on en obtiendrait une grande variété si l'on combinait plusieurs systèmes de troncatures différents.

L'une des observations les plus nettes relativement aux facettes obliques est celle de Clarke, qui a trouvé de gros cristaux de glace, ayant une forme rhomboédrique, sur lesquels l'angle dièdre des faces voisines du même sommet était de 120° et l'angle des arêtes en zigzag de 60°.

En appliquant l'équation (3) aux deux faces d'une arête en zigzag, on en déduit, pour l'inclinaison α des faces du rhomboèdre sur l'axe,

$$\cos \alpha = \operatorname{tang} 30°, \qquad \operatorname{tang}^2 \alpha = 2, \qquad \alpha = 54°44'.$$

Si l'on adopte la valeur $\alpha = 54°44'$, les différents dièdres que présente un prisme portant ce système de troncatures sur les deux pointements sont

$$90° - \alpha = 35°16', \qquad 90° + \alpha = 144°44';$$

$$\beta = 109\ 28, \qquad \beta' = 146\ 26, \qquad \beta'' = 120\ \ 0;$$

$$\gamma' = 125\ 16, \qquad \gamma'' = 73\ 13, \qquad \gamma''' = 106\ 47;$$

$$\delta = 70\ 32, \qquad \delta' = 33\ 34, \qquad \delta'' = 60\ \ .$$

Dans cette hypothèse, si la face rhomboédrique se déduit du prisme hexagonal par une troncature tangente sur le côté b de la base, qui coupe sur le côté voisin et sur la hauteur h des parties proportionnelles à leurs longueurs, les dimensions du prisme primitif sont

$$\frac{b}{h} = 2\sqrt{\frac{2}{3}} = 1{,}633.$$

Les cristaux de neige, en étoiles plus ou moins compliquées, sont généralement des prismes très aplatis et il suffit de considérer le mode de formation des bases.

Dans l'hexagone étoilé, qui résulte de la pénétration de deux prismes triangulaires équilatéraux alternant entre eux, les angles saillants sont de 60° et les angles rentrants de 120°.

Il ne semble pas qu'on ait signalé l'existence de prismes à base de dodécagone régulier, quoique cette forme soit compatible avec les règles de la Cristallographie.

On obtient des dodécagones étoilés en joignant de 2 en 2, de 3 en 3, de 4 en 4, ou de 5 en 5, les sommets d'un dodécagone régulier convexe. Le premier est formé par la réunion de deux hexagones, le second par trois carrés alternants, le troisième par quatre triangles; enfin le dernier est le dodécagone étoilé proprement dit et paraît avoir été seul observé.

Dans cette étoile, les angles saillants sont de 30° et les angles rentrants de 60°. Les différentes faces font entre elles plusieurs espèces d'angles qui peuvent intervenir par le développement irrégulier du cristal. Si l'on numérote, par exemple, les sommets de 1 à 12, les faces homologues voisines, telles que $(1,6)$ et $(2,7)$ font un angle de 30°; les faces $(1,8)$ et $(2,7)$ sont parallèles, ainsi que $(2,9)$ et $(3,8)$, etc.; de même, la face $(1,6)$ est à angle droit avec la face $(4,9)$, la face $(2,7)$ avec $(5,10)$, etc.

754. *Réfraction.* — La glace doit posséder la double réfraction. Dans les couches formées lentement sur une eau tranquille, il est à prévoir que l'axe se placera verticalement, par raison de symétrie. Brewster (¹) a reconnu, en effet, qu'une lame taillée parallèlement à la surface présente, dans la lumière polarisée, les anneaux concentriques et les croix neutres; cette double réfraction est positive et $\frac{1}{6}$ environ de celle du quartz. Brewster a même trouvé sur la glace d'un bassin des pointes de rhomboèdres à axe vertical. La double réfraction est inappréciable dans les phénomènes que nous avons à considérer, car les sources de lumière, telles que le Soleil ou la Lune, ont déjà un angle apparent d'un demi-degré, qui fera disparaître toute différence entre les deux espèces de réfractions, et il suffira de prendre l'indice moyen du milieu.

Il est intéressant, au contraire, de connaître les variations de l'indice moyen avec la couleur. Bravais a déterminé cette disper-

---

(¹) D. Brewster, *Quaterly Journ.*, t. IV, p. 155; 1818. — *Phil. Mag.* [3], t. IV, p. 245; 1834.

sion d'une manière approximative, en collant deux lames de verre sur un morceau de glace, de façon à constituer un prisme. L'imparfaite transparence de la glace ne permettant pas de distinguer les raies du spectre, les mesures ont été rapportées aux principales couleurs que fournit la flamme d'une lampe. Les nombres suivants montrent que la réfraction moyenne est plus faible que celle de l'eau (251) et la dispersion de même ordre :

Réfraction de la glace.

Couleur.	Indice.	Couleur.	Indice.
Rouge............	1,307	Vert	1,3115
Orangé...........	1,3085	Bleu	1,315
Jaune	1,3095	Violet	1,317

Quand on ne tient pas compte de la dispersion, on peut prendre, comme indice moyen relatif aux couleurs les plus intenses, la valeur suivante, qui servira dans tous les calculs :

$$n = 1,31.$$

Les résultats obtenus par M. Meyer ([1]) à la température de — 4°, pour les raies brillantes du lithium, de la soude et du thallium, s'éloignent très peu des valeurs données par Bravais :

Raies.	Indice ordinaire.	extraordinaire.	Différence.	Moyenne.
Li.........	1,2974	1,3040	0,0066	1,3007
Na........	1,3083	1,3133	0,0050	1,3108
Th........	1,3109	1,3163	0,0055	1,3136

Toutefois la marche irrégulière des différences montre que les erreurs expérimentales portent sur le troisième chiffre décimal.

755. *Nature des phénomènes optiques.* — Lorsque le Soleil ou la Lune (nous considérerons toujours le Soleil, pour abréger le discours) éclaire un cristal de glace en suspension dans l'air, une partie de la lumière se réfléchit sur les surfaces extérieures, l'autre pénètre dans le cristal et émerge ensuite après avoir ou non subi des réflexions intérieures et un nombre pair de réfrac-

---

([1]) G. MEYER, *Wied. Ann.*, t. XXXI, p. 321; 1887. — *Journ. de Phys.* [2], t. VII, p. 132; 1888.

tions; la quantité de lumière est proportionnelle, toutes choses égales, à l'étendue des surfaces utilisées.

Pour un cristal orienté d'une manière déterminée, la lumière émergente qui correspond à un phénomène défini forme, à part les effets de diffraction, un faisceau conique de rayons qui a pour sommet le cristal et une ouverture angulaire d'un demi-degré.

Le cône parallèle et de sens contraire, mené par l'œil de l'observateur, rencontre le ciel dans une région où doivent se trouver les cristaux pour que le phénomène apparaisse; on y verra une image virtuelle de la source, blanche ou colorée suivant les cas.

Un ensemble de cristaux voisins et identiques, pour lesquels une même droite cristallographique, l'axe par exemple, conserve une direction constante, les faces étant orientées au hasard, produit évidemment un effet de même nature que celui qu'on obtiendrait en faisant tourner l'un des cristaux autour de cette droite fixe. La lumière émergente forme alors une nappe conique; la nappe inverse paraît illuminée sur le ciel suivant une certaine bande d'un demi-degré de largeur.

Si les cristaux sont orientés au hasard, l'ensemble de ces bandes correspondant à toutes les rotations possibles couvre la totalité ou une partie de la sphère céleste. Dans le premier cas, le ciel paraît lumineux sur toute l'étendue occupée par des particules de glace. Dans le second cas, les bandes lumineuses de même origine ont une enveloppe qui présente un maximum d'éclat et se limite brusquement d'un côté, avec une intensité continûment décroissante de l'autre.

Il existe enfin des cas intermédiaires où une certaine droite cristallographique, sans être absolument invariable, éprouve une sorte de balancement d'amplitude limitée; les courbes lumineuses qui en résultent sont aussi d'étendue limitée.

Les cristaux de glace en suspension dans l'atmosphère tombent lentement, en raison de leurs petites dimensions, et tendent à prendre la direction pour laquelle le frottement de l'air leur offre la moindre résistance. Les prismes aciculaires auront ainsi leur axe vertical; les lamelles hexagonales ont, au contraire, l'axe horizontal. Si ces lamelles sont inégalement développées, de manière à rester symétriques par rapport à une diagonale, l'un des angles sera dirigé vers le bas. Dans les deux cas, aucune force particulière ne tend à orienter les faces latérales et on devra leur supposer indifféremment toutes les directions.

L'agitation de l'air peut avoir pour effet de faire balancer les cristaux de part et d'autre des positions d'équilibre ou même de leur donner toutes les orientations possibles; cette dernière circonstance se présentera plus facilement lorsque les différentes dimensions des cristaux ne seront pas très inégales.

Considérons une série de surfaces parallèles à la même droite et formant une zone cristallographique; la parallèle à cette droite coupe la sphère céleste en un point qu'on appelle le *point de fuite* de la zone. La lumière réfléchie ou réfractée sur les différentes surfaces de la zone jouit de cette propriété que le rayon émergent et le rayon incident restent également inclinés (70) de part et d'autre sur la section principale ou sur la droite commune. Tous les rayons qui aboutissent à l'observateur semblent ainsi émaner d'un petit cercle passant par la source et ayant pour pôle le point de fuite de la zone. C'est un *cercle parhélique*, qui paraît lumineux dans toute son étendue; il peut, en outre, présenter un maximum d'éclat sur certains points, ce qui donne lieu à des *faux soleils* que l'on appelle *parhélies* ou *paranthélies*, suivant qu'ils sont plus rapprochés du Soleil ou du point diamétralement opposé sur le même petit cercle.

La réfraction sur les surfaces d'une même zone, avec ou sans réflexions intérieures, produit généralement une décomposition de la lumière. Si l'axe de la zone reste invariable, les minima de déviation relatifs à toutes les inclinaisons du rayon incident sur la section principale donnent lieu à un arc irisé où le maximum de lumière et la moindre déviation sont situés sur la section principale. L'ensemble des cristaux orientés de la même manière donnera sur le ciel une courbe irisée de rouge sur son bord convexe du côté de la source, et dont le point le plus rapproché se trouve sur le cercle parhélique correspondant à la zone.

Si les cristaux sont orientés au hasard, l'ensemble des arcs relatifs à une même zone et à une réfraction déterminée forme un cercle concentrique au Soleil, irisé de rouge vers la source, les autres couleurs étant beaucoup moins pures. En deçà du rouge, le ciel paraît beaucoup plus sombre, tandis que l'intensité décroît en dehors d'une manière continue. C'est un *halo*.

Enfin la prédominance plus ou moins marquée de certaines orientations ou le balancement des cristaux dans une amplitude limitée donne lieu aux *arcs tangents*.

CRISTAUX ORIENTÉS AU HASARD.

756. *Détermination des images par réfraction.* — Le problème de la réfraction et des réflexions multiples dans un prisme a été traité précédemment (70); nous en rappellerons ici les principaux résultats.

Soient h (*fig.* 371) la latitude du Soleil S par rapport à la section droite d'un dièdre dont l'arête est OO′, k la latitude du rayon réfracté intérieur R, $2a$ l'angle A du dièdre ou l'angle NN′ des normales menées vers la lumière incidente, i et r les angles

Fig. 371.

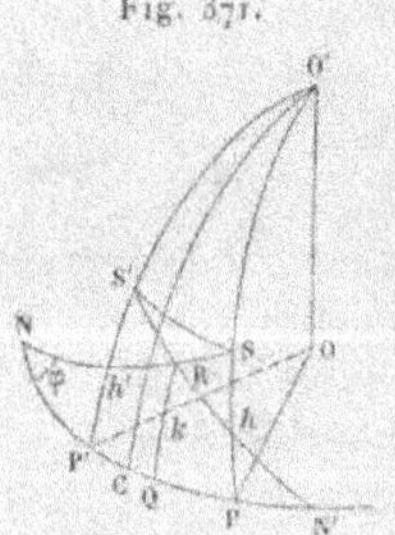

d'incidence et de réfraction NS et NR à l'entrée, $a + x$ et $a + y$ leurs projections NP et NQ sur la section droite, $a + x'$ la projection N′P′ de l'angle $i' = $ N′S′ relatif au rayon émergent S′, enfin Δ la déviation SS′ et n l'indice de réfraction du milieu.

L'image S′ est à la même latitude que la source S et l'on a

$$(1)\quad \left\{ \begin{aligned} &\sin h = n \sin k, \\ &\cos i = \cos h \cos(a + x), \\ &\cos r = \cos k \cos(a + y), \\ &\frac{\sin(a + x)}{\sin(a + y)} = \frac{\sin(a + x')}{\sin(a - y)} = \frac{n \cos k}{\cos h}, \\ &\sin \frac{\Delta}{2} = \cos h \sin \frac{x + x'}{2}. \end{aligned} \right.$$

On peut dire que la loi de Descartes s'applique aux projections des angles d'incidence et de réfraction, à la condition de remplacer, pour chaque latitude h, l'indice de réfraction par $\dfrac{n\cos k}{\cos h}$.

L'angle $x + x' = PP'$ est l'azimut de l'image par rapport à la source, c'est-à-dire l'angle des plans qui passent par l'arête et ces deux points.

Le plan azimutal du Soleil étant défini par l'angle $a + x$, on en déduira successivement les valeurs de i, y, x' et, par suite, celle de la déviation Δ.

Si la latitude h reste constante, la déviation passe par un minimum quand les angles x et x' sont égaux, auquel cas $y = 0$, c'est-à-dire que le rayon réfracté intérieur est situé dans un plan perpendiculaire au bissecteur du dièdre; on a alors

$$(2) \quad \begin{cases} \dfrac{\sin(a+x)}{\sin a} = \dfrac{n\cos k}{\cos h} = \dfrac{\sqrt{n^2 - \sin^2 h}}{\cos h} = n\sqrt{1 + \dfrac{n^2-1}{n^2}\operatorname{tang}^2 h}, \\[3mm] \sin\dfrac{\Delta}{2} = \cos h \sin x. \end{cases}$$

La réfraction n'est plus possible quand la latitude du Soleil dépasse la valeur pour laquelle les rayons incident et émergent, au minimum de déviation, sont respectivement parallèles aux faces d'entrée et de sortie.

La condition $a + x = a + x' = 90°$ donne alors

$$\frac{1}{\sin^2 a} = \frac{n^2\cos^2 k}{\cos^2 h} = \frac{n^2 - \sin^2 h}{\cos^2 h}, \qquad \frac{\cos^2 a}{\sin^2 a} = \frac{n^2-1}{\cos^2 h},$$

$$(3) \qquad \cos h = \sqrt{n^2 - 1}\operatorname{tang} a.$$

Lorsque la latitude h est très petite, l'angle i ne diffère de sa projection que d'une quantité du second ordre; à ce degré d'approximation, on retrouve la déviation minimum ordinaire

$$(4) \qquad \Delta = D, \qquad \sin\frac{A+D}{2} = n\sin\frac{A}{2}.$$

La déviation minimum Δ relative aux incidences obliques est toujours plus grande que la déviation minimum D relative aux rayons situés dans la section droite; la différence $\delta = \Delta - D$ est d'abord proportionnelle au carré de la latitude h.

La règle à suivre pour tracer sur le ciel les images de réfraction est très simple. On détermine d'abord le point de fuite O′ du dièdre; le plan de la section droite est représenté par le grand cercle NN′ ayant pour pôle le point O′. Pour toutes les valeurs de l'incidence, le lieu des images est un petit cercle ayant pour pôle le point de fuite O′ et passant par le soleil S; le rayon de ce cercle sur la sphère céleste est $90° - h$. L'image relative à une valeur donnée de l'incidence i, ou de sa projection $a + x$, s'obtiendra en coupant le lieu des images par un autre petit cercle ayant pour pôle le Soleil et pour rayon la déviation Δ. Il est clair que le problème n'est possible que si la latitude h est inférieure à celle qui est définie par l'équation (3).

Remarquons encore que la distance $\rho = \mathrm{NS}′$ de l'image S′ à la normale à la face d'entrée a pour expression

$$(5) \qquad\qquad \cos\rho = \cos h \cos(a - x').$$

757. *Halo de* 22°. — Le phénomène le plus fréquent est le halo produit par réfraction dans l'angle de 60° qui correspond aux faces latérales du prisme triangulaire, c'est-à-dire à celles du prisme hexagonal prises de deux en deux, ou aux arêtes en zigzag du rhomboèdre. Le minimum de réfraction dans la section droite est alors

$$\sin\frac{A + D}{2} = n\sin\frac{A}{2} = 0,655 = \sin 40°55',$$

$$D = 21°50'.$$

La déviation relative aux incidences obliques étant toujours supérieure à cette limite, la plus grande illumination du ciel correspond aux prismes dont la section droite passe par le Soleil et qui sont eux-mêmes au minimum de déviation; les points de fuite de ces différents prismes sont distribués sur un grand cercle ayant pour pôle le Soleil.

Ce halo, dit de 22°, a été observé un grand nombre de fois. Les mesures du rayon, assez discordantes d'ailleurs, ont toujours été voisines de la valeur théorique; les écarts s'expliquent aisément par cette circonstance qu'on n'a pas toujours visé la même couleur du halo, que l'angle apparent du Soleil et la superposition des spectres dus aux incidences voisines ne permettent pas d'y trouver

des repères bien définis, que l'éclat peut être très différent le long
du contour par l'accumulation de cristaux dans certaines régions,
ce qui aurait pour effet de déplacer le maximum de lumière, enfin
que la superposition de phénomènes secondaires est capable d'a-
grandir l'un des diamètres.

La réfraction atmosphérique peut également intervenir pour
une part. Comme les cirrus formés par les particules de glace se
trouvent généralement à une très grande hauteur, la différence des
réfractions relatives aux extrémités du diamètre vertical (715)
atteint facilement 25', quand le bord inférieur du halo est très rapproché de l'horizon, et ce diamètre paraîtra diminué.

Une autre confirmation de cette théorie consiste dans la polarisation de la lumière. Arago ([1]) avait déjà reconnu, en 1825, que
le halo lunaire est polarisé en chaque point dans une direction
tangente à son contour, c'est-à-dire perpendiculaire au plan de
déviation des rayons.

D'après la théorie de Fresnel (577), le rapport des intensités A
et B des faisceaux polarisés dans les deux azimuts principaux,
après les deux réfractions à l'entrée et à la sortie du prisme, pour
une lumière primitive naturelle, est

$$\frac{A}{B} = \cos^2(i - r)\cos^2(i' - r'),$$

ce qui donne, au minimum de déviation,

$$\frac{A}{B} = \cos^4(i - r) = \cos^4\frac{D}{2} = \cos^4 10^\circ 55' = 0,9295.$$

La fraction de lumière polarisée perpendiculairement au plan
de réfraction est alors

$$\varphi = \frac{B - A}{B + A} = \frac{0,0705}{1,93} = 0,0365 = \frac{1}{27}.$$

S'il n'existait que des prismes au minimum de déviation, l'indice de réfraction variant de 1,307 à 1,317 quand on passe du
rouge au violet, la déviation varierait de 21° 36' à 22° 22' et la largeur du spectre serait de 46', mais on doit considérer le phéno-

---

([1]) Arago, *Œuvres complètes*, t. X, p. 564.

mène autrement. La plus grande déviation D' a lieu lorsque l'un des rayons d'entrée ou de sortie est parallèle à la surface correspondante. Si l'on fait $i = 90°$, il en résulte

$$(6) \quad \begin{cases} \sin r = \dfrac{1}{n} = 0,7634 = \sin 49°46', \\ r' = 60° - 49°46' = 10°14', \\ \sin i' = n \sin r' = 0,2328 = \sin 13°28', \\ D' = i + i' - A = 43°28'. \end{cases}$$

La largeur de la bande lumineuse occupée par le halo est donc $43°28' - 21°50' = 21°38'$, c'est-à-dire que l'illumination se prolonge, avec une intensité décroissante, jusqu'à une distance à peu près égale à celle du rayon : c'est la *queue* du halo.

Cette extension de la lumière explique pourquoi l'on ne distingue guère que la coloration rouge située sur le bord intérieur du halo, parce que les points plus éloignés paraissent illuminés par la superposition d'un ensemble de couleurs qui appartiennent à des spectres différents.

La portion supérieure du halo peut être seule visible quand le Soleil se trouve au-dessous de l'horizon, avant le lever ou après le coucher.

Enfin si les particules de glace, au lieu d'occuper les régions supérieures de l'atmosphère, forment un nuage très rapproché de l'observateur, comme il arrive dans les pays du nord ou même dans nos climats pendant l'hiver, les portions visibles du halo semblent former des courbes paraboliques, mais la mesure des angles montre aisément que la déviation est constante et que cette courbe est située sur un cône à section droite circulaire.

758. *Halo de* $46°$. — Un second halo moins fréquent est produit par réfraction dans les angles droits que forment les bases du prisme avec les faces latérales.

La déviation minimum est alors, en faisant $A = 90°$,

$$\sin \frac{A + D}{2} = n \sin \frac{A}{2} = \frac{n}{\sqrt{2}} = 0,9263 = \sin 67°52,$$

$$D = 45°44'.$$

Au degré d'approximation des mesures, cette valeur est encore conforme aux observations, si l'on tient compte des différentes causes d'erreur qui peuvent troubler le phénomène.

Le rapport des intensités des faisceaux polarisés dans les deux azimuts principaux est

$$\frac{A}{B} = \cos^4 22°52' = 0,7419,$$

ce qui donne

$$\varphi = \frac{B - A}{B + A} = \frac{0,2581}{1,7419} = 0,148 = \frac{1}{6,75}.$$

La fraction de lumière polarisée est donc quatre fois aussi grande que dans le halo de 22°.

Un calcul analogue à celui qui a été fait précédemment montre que, pour les prismes orientés au minimum de déviation, le rayon du halo relatif aux différentes couleurs varie de 45°6' à 47°14', ce qui donnerait un spectre de 2°8'.

Comme l'angle d'incidence 67°52' qui correspond au minimum de déviation est beaucoup plus grand que dans le premier halo, l'extension de lumière doit être plus faible. Pour l'incidence rasante on a, en effet,

$$(7) \quad \begin{cases} \dfrac{1}{n} = \sin r = \cos r', \\ \sin i' = n \sin r' = \sqrt{n^2 - 1} = \sin 57°48', \\ D = i + i' - 90° = 57°48'. \end{cases}$$

La largeur de la bande lumineuse, ou la *queue* du halo, n'est plus alors que $57°48' - 45°44' = 12°4'$, c'est-à-dire le quart du rayon ou la moitié de celle qui correspond au premier halo.

Remarquons enfin que la réfraction n'est pas possible dans les angles de 120° formés par deux surfaces latérales des prismes non adjacentes. En effet, les rayons incident et émergent relatifs au minimum de déviation sont respectivement parallèles aux faces d'entrée et de sortie pour la condition

$$\sin \frac{A}{2} = \frac{1}{n} = 0,7633 = \sin 49°45',6.$$

Dans un cristal de glace, la réflexion est toujours totale sur la face de sortie lorsque le dièdre du prisme est supérieur à 99°31'.

PRÉDOMINANCE DES FACES VERTICALES.

759. *Cercle parhélique et faux soleils.* — Dans un air calme, les faces latérales des prismes aciculaires et les bases des lamelles hexagonales se disposent naturellement suivant la verticale. Les réflexions sur toutes ces faces et les réfractions dans les dièdres qu'elles forment entre elles donnent lieu à une série d'images disposées sur un cercle horizontal qui passe par le Soleil, que l'on appelait autrefois l'*almicantarat* solaire; c'est le *cercle parhélique* ordinaire.

Ces faces peuvent être couvertes de stries verticales dues à la superposition de cristaux successifs; la lumière diffusée ou diffractée par ces stries présente encore la même direction.

La variation d'éclat serait continue sur toute l'étendue de la bande lumineuse, d'un demi-degré de largeur, formée par le cercle parhélique si l'on n'avait à tenir compte que de la diffusion et des réflexions simples sur les faces extérieures, mais il se produit en certains points des concentrations de lumière ou des *faux soleils*, dont nous allons examiner les principaux.

760. *Parhélie de* 22°. — Le point de fuite des prismes verticaux est le zénith; les dièdres de 60° ne sont donc pas dans la position qui convient pour le halo de 22°, à moins que le Soleil ne se trouve à l'horizon. Pour toute hauteur différente du Soleil, le minimum de réfraction est plus grand dans les dièdres à arête verticale et l'image correspondante se trouve sur le cercle parhélique en dehors du halo; c'est une tache lumineuse, bordée de rouge du côté du Soleil et dont l'éclat diminue ensuite d'une manière continue, comme pour le halo lui-même.

La déviation minimum Δ étant déterminée par les équations (2), on en déduira la distance $\delta = \Delta - D$ du parhélie au halo, laquelle est d'abord proportionnelle au carré de la hauteur du Soleil, qui est ici sa latitude h par rapport à la section droite du dièdre. Pour les angles de 60°, l'écart δ peut se représenter assez exactement, d'après Bravais, tant que la hauteur du Soleil ne dépasse pas 30°, par la formule

$$\delta = 0,1707\,h\,\tan g\,h.$$

La *queue* de ce *parhélie* est produite par les prismes qui ne se trouvent pas au minimum de déviation. On en obtiendra encore la déviation maximum Δ' en faisant $i = 90°$ ou $a + x = 90°$ dans les équations (1), qui donnent

$$(8) \quad \begin{cases} n \sin r = 1, \qquad \sin h = n \sin k, \\[2mm] \cos(a + y) = \dfrac{\cos r}{\cos k}, \\[2mm] \sin(a + x') = \dfrac{n \cos k}{\cos h} \sin(a - y), \\[2mm] \sin \dfrac{\Delta'}{2} = \cos h \sin \dfrac{x + x'}{2}. \end{cases}$$

Le parhélie n'est plus possible quand la hauteur du Soleil dépasse la valeur de h déterminée par l'équation (3), qui est

$$\cos^2 h = \frac{n^2 - 1}{3}, \qquad h = 60°45'.$$

En faisant $a = 30°$ dans les équations, on en déduit les valeurs suivantes pour la déviation Δ du parhélie, son écart δ au halo, son azimut $2x$, la déviation maximum Δ' et enfin la distance angulaire $\delta' = \Delta' - \Delta$ ou l'étendue de la queue :

Parhélie de 22°.

Hauteur du Soleil h.	Déviation minimum Δ.	Distance au halo δ.	Azimut $2x$.	Déviation maximum Δ'.	Étendue δ'.
0° 0′....	21 50	0 0	43 28	43 28	21 38
10	22 8	0 18	44 9	43 27	21 19
20	23 4	1 14	46 16	43 20	20 16
30	24 48	2 58	50 15	43 9	18 21
40	27 38	5 48	57 9	43 0	15 22
50	32 27	10 37	69 46	43 8	10 41
60	44 37	22 47	104 52	46 42	2 5
60 45	50 4	28 14	120 0	50 4	0 0

À mesure que la hauteur du Soleil augmente, l'écart du parhélie au halo croît constamment, en même temps que son éclat s'affaiblit et que l'étendue de la queue diminue.

La déviation Δ' passe par une valeur minimum ; on trouverait la hauteur correspondante du Soleil en égalant à zéro la différentielle de Δ' dans les équations (8) où l'on considérera les angles r et x comme des constantes; il en résulte

$$\frac{\tan^2 h}{\tan^2 k}\left[2\tan\frac{x+x'}{2}\cot(a+x')-1\right]=\frac{2\cos 2a}{\cos 2y-\cos 2a}.$$

Cette équation, jointe aux précédentes, détermine h et Δ'.

761. *Parhélie de* $46°$. — Le parhélie voisin du halo de $46°$ s'obtiendra, de même, en considérant les angles droits formés par les bases et les faces latérales des lamelles hexagonales. L'arête de cet angle se maintient verticale quand les lamelles sont allongées dans le sens de l'une des diagonales, mais on conçoit que cette circonstance se présente rarement et que les parhélies soient moins apparents. Les calculs relatifs à ce halo sont plus simples parce que, l'angle a étant de $45°$, les angles $a+y$ et $a-y$ sont complémentaires; les équations (2) et (8) deviennent alors

$$(2)'\qquad\begin{cases}\sin 2x=\dfrac{n^2-1}{\cos^2 h},\\[2mm]\sin\dfrac{\Delta}{2}=\cos h\sin x;\end{cases}$$

$$(8)'\qquad\begin{cases}\sin 2x'=\dfrac{2(n^2-1)}{\cos^2 h}-1,\\[2mm]\sin\dfrac{\Delta'}{2}=\cos h\sin\left(45°+\dfrac{x'}{2}\right).\end{cases}$$

L'équation (3) donne, pour la hauteur limite du Soleil,

$$\cos^2 h=n^2-1,\qquad h=32°12'.$$

Les différentes valeurs relatives à ce parhélie sont

Parhélie de $46°$ (un angle droit).

Hauteur du Soleil h.	Déviation minimum Δ.	Distance au halo δ.	Azimut $2x$.	Déviation maximum Δ'.	Étendue δ'.
0° 0′......	45 44	0 0	57 48	57 48	12 4
10	46 49	1 5	59 13	58 14	11 25
20	50 41	4 57	64 12	59 56	9 15
30	61 47	16 3	77 42	65 48	4 1
32 12.....	73 30	27 46	90 0	73 30	0 0

L'écart δ du parhélie et l'étendue de la queue varient encore dans le même sens que précédemment, mais la déviation maximum Δ' est toujours croissante.

Comme la hauteur maximum du Soleil ($32°12'$) est beaucoup moindre que le rayon du halo, ce parhélie ne peut être visible qu'auprès des branches latérales d'un halo incomplet.

Une autre explication de ce parhélie consiste à admettre que la lumière a été réfractée deux fois par un dièdre à axe vertical de $60°$, soit dans deux prismes hexagonaux successifs, soit dans deux angles successifs d'un prisme à base d'hexagone étoilé.

Dans le premier cas, le phénomène serait une image secondaire du premier parhélie, et il suffirait de doubler la déviation minimum relative au parhélie de $22°$.

Dans le second cas, si l'on désigne par $a + x_1$ la projection de l'angle d'incidence relatif à la face d'entrée du deuxième dièdre de l'étoile, on a

$$120° = a + x' + a + x_1, \qquad x' + x_1 = 60°.$$

La déviation minimum a lieu évidemment, par raison de symétrie, lorsque les angles x' et x_1 sont égaux entre eux, auquel cas la somme $a + x'$ est égale à $60°$; les équations (1) donnent alors, en désignant par Δ la déviation minimum relative à l'ensemble des deux réfractions,

$$(9) \quad \begin{cases} \sin(a - y) = \dfrac{\cos h}{n \cos k} \sin 60°, \\[2mm] \sin(a + x) = \dfrac{n \cos k}{\cos h} \sin(a + y), \\[2mm] \sin \dfrac{\Delta}{4} = \cos h \sin \dfrac{x + x'}{2} = \cos h \sin \left(\dfrac{x}{2} + 15° \right). \end{cases}$$

La hauteur maximum du Soleil correspond à $a + x = 90°$; on déduit alors des équations (9)

$$y = 2°22',3 \quad \text{et} \quad h = 57°33'.$$

Les éléments du parhélie de $46°$, calculés dans ces deux hypothèses d'une double réfraction par des dièdres de $60°$ pour différentes hauteurs du Soleil, seraient :

Parhélie de 46°.

Hauteur du Soleil *h.*	Deux prismes successifs de 60°.		Deux angles successifs du prisme étoilé.	
	Déviation minimum Δ.	Distance au halo δ.	Déviation minimum Δ.	Distance au halo δ.
0......	43 40	— 2 4	49 26	3 42
10......	44 17	— 1 27	49 55	4 11
20......	46 9	+ 0 25	51 20	5 36
30......	49 35	3 51	53 58	8 14
40......	55 15	10 31	57 54	12 10
50......	64 53	19 9	65 20	19 36

Dans la première hypothèse, le parhélie se distinguerait difficilement du halo ; il aurait pour effet d'en diminuer le diamètre horizontal quand le Soleil est voisin de l'horizon et de l'augmenter pour les hauteurs plus grandes.

Avec le prisme étoilé, le parhélie est toujours en dehors du halo et sa distance varie d'abord très lentement.

Le phénomène est d'ailleurs assez rare, sans beaucoup d'éclat, et l'observation ne permet guère de décider à laquelle de ces trois explications il convient de le rapporter.

762. *Anthélie et paranthélies.* — Les rayons qui ont subi plusieurs réflexions extérieures ou des réflexions intérieures entre les faces d'entrée et de sortie peuvent encore donner lieu à des images fixes sur le cercle parhélique. Nous supposerons d'abord que le Soleil est très près de l'horizon. La loi de Descartes s'applique alors aux projections des rayons sur la section droite des prismes ; la déviation est la même que si ces rayons étaient situés dans la section droite.

Les angles i et r se rapportant encore à la face d'entrée, r' et i' à la face de sortie, la déviation d'un rayon qui a subi p réflexions intérieures, de sorte que les faces d'entrée et de sortie soient séparées par $p+1$ dièdres A, a pour expression (71)

$$(10) \qquad D = i + i' + p\pi + \Sigma A,$$

laquelle devient, si tous les dièdres sont égaux entre eux,

$$(10)' \qquad D = i + i' + p\pi - (p+1)A$$

et, si le nombre des réflexions est impair,

$$(10)'' \qquad D = 2i + p\pi - (p + 1)A.$$

Dans ce dernier cas, la direction de la lumière émergente ne dépend ni de la nature du prisme ni de la couleur; elle est la même que si la réflexion était unique sur un miroir plan dirigé d'une manière convenable, par rapport au prisme, et ne peut pas donner d'images fixes.

Supposons d'abord que la section P'PQQ' (*fig.* 372) soit rec-

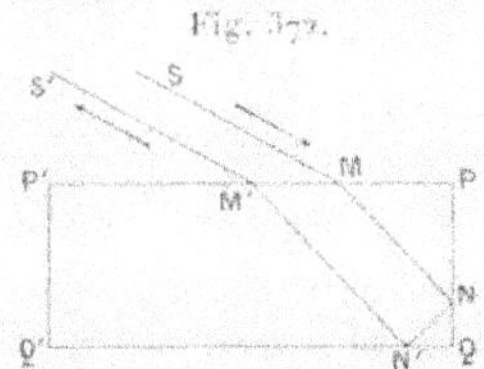

Fig. 372.

tangulaire et que le rayon M'S' émerge par la face d'entrée, après avoir subi deux réflexions intérieures; on considérera alors les deux premiers angles A_1 et A_2 en P et Q comme droits et le troisième A_3, produit entre les faces QQ' et P'P, comme nul. Les angles r et r_1 du rayon avec la normale dans l'intérieur du prisme sont complémentaires en M et N, N et N', de sorte qu'ils ont les mêmes valeurs en M et N'; l'angle r' à la sortie satisfait donc à la condition $r + r' = 0$, d'où résulte aussi $i + i' = 0$, et la déviation se réduit à

$$D = p\pi - \Sigma A = \pi.$$

Le rayon revenant sur lui-même, comme il est facile de le voir directement, quel que soit l'angle d'incidence, il en résulte sur le cercle parhélique une image *blanche* à l'opposé du Soleil : c'est l'*anthélie*, avec une signification un peu différente de celle qui a été adoptée précédemment (733), puisque cette image se trouve sur le cercle parhélique et non à l'opposé du Soleil.

Les étoiles à base d'hexagone dont un des côtés est vertical présentent ainsi une section rectangulaire et suffisent pour expliquer la formation de l'anthélie.

Si la lumière émerge par la troisième face P'Q', après avoir subi deux réflexions intérieures, la déviation est minimum quand les angles r et r' sont égaux, puisque leur somme est toujours égale à 90°, et l'on a

$$r = r' = 45°, \qquad \sin i = \frac{n}{\sqrt{2}} = \sin 67°52',$$

$$D = 2i + 2\pi - 3\frac{\pi}{2} = 2i + \frac{\pi}{2} = \pi + 45°44'.$$

C'est un *paranthélie* irisé que l'on voit à 45°44' de l'anthélie, et dont le bord rouge, qui correspond à la moindre déviation, est du côté de l'anthélie, la queue de cette image paraissant dirigée vers le Soleil.

Pour un prisme à base de triangle équilatéral on fera $A = 60°$. La déviation relative à deux réflexions intérieures est

$$D = i + i' + \pi;$$

cette déviation est minimum pour

$$r = r' = 30°, \qquad \sin i = \frac{n}{2} = 40°55',$$

$$D = \pi + 81°50'.$$

On obtient ainsi un deuxième *paranthélie* à 81°50' de l'anthélie, c'est-à-dire à 98°10' du Soleil, et dont le bord irisé de rouge est encore tourné vers l'anthélie.

D'une manière générale, un nombre pair $2m$ de réflexions intérieures donnerait, comme déviation minimum,

$$D = 81°50' + \left(2m - \frac{2m+1}{3} \right)\pi = 81°50' + \frac{4m-1}{3}\pi.$$

Ces images seraient successivement à $\pi + 60°$ l'une de l'autre; elles peuvent se produire encore, mais de plus en plus affaiblies.

Dans un prisme à base hexagonale, dont les angles sont de 120°, les rayons ne peuvent pas émerger après avoir subi deux réflexions sur des faces adjacentes, car on aurait

$$r = r' = \frac{\pi}{3} = 60°,$$

tandis que l'angle limite de réfraction est seulement de 49°45',6. Toutefois, ce rayon réfléchi sur les surfaces 1 et 2 est capable d'émerger par la surface 4; on fera donc $A_1 = A_2 = 120°$, $A_3 = 60°$

et le minimum de déviation a lieu pour

$$r = r' = 30°, \qquad D = 81°50' + \frac{\pi}{3} = \pi - 38°10'.$$

Il en résulte un troisième *paranthélie*, à 38°10' de l'anthélie, mais cette fois le bord irisé de rouge est tourné vers le Soleil.

On observe souvent à 60° de l'anthélie ou 120° du Soleil, un *paranthélie blanc* qui correspond à une déviation de $\pi \pm 60°$. Bravais en donne plusieurs explications.

1° Les prismes à base hexagonale étoilée ayant un angle rentrant de 120°, la déviation des rayons réfléchis extérieurement sur les deux faces de cet angle est indépendante de leur orientation (59) et double de l'angle (60°) que fait l'une d'elles avec le prolongement de l'autre; il en résulte une image blanche à 120° du Soleil et de mêmes dimensions que la source, mais cette image doit avoir très peu d'éclat.

2° De même, la réflexion sur les deux faces qui forment l'angle rentrant (60°) d'un prisme à base de dodécagone étoilé donnera une déviation de $2(\pi - 60°) = 2\pi - 120°$, c'est-à-dire encore une image à 120° du Soleil.

3° Si la base du prisme est un hexagone allongé ou un losange (*fig.* 373), le rayon SIMM'I'S' entré par une face peut sortir par

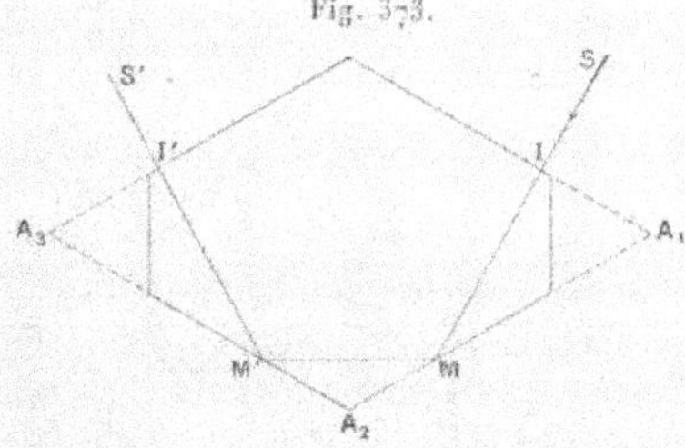

Fig. 373.

une face voisine après avoir subi deux réflexions sur les faces opposées. Les angles A_1 et A_3 étant égaux et l'angle intermédiaire A_2 double de chacun d'eux (74), la somme $i + i'$ est nulle et la déviation se réduit à

$$D = 2\pi - \Sigma A = 120°.$$

Lorsque le rayon incident est normal à la face d'entrée, le rayon émergent est normal à la face de sortie. L'intensité de cette image blanche est beaucoup plus grande parce que les réflexions intérieures sont le plus souvent totales.

M. Soret ([1]) a constaté par expérience qu'un prisme en verre à base hexagonale fournit une image blanche à 120° de la source quand on le fait tourner autour de son axe. La marche de la lumière serait alors $SIMM'I'S'$ (*fig.* 374). Dans ce cas, les angles

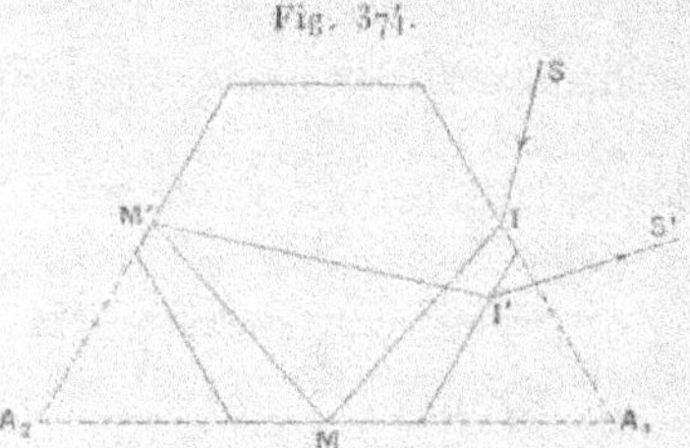

Fig. 374.

A_1 et A_2 étant égaux à 60° et l'angle A_3 nul, on a

$$r + r_1 = r_1 + r_2, \qquad r_2 + r' = 0 = r + r'.$$

La somme des angles $i + i'$ est encore nulle et la déviation

$$D = 2\pi - (\pi - 60°) = \pi + 60°$$

donne également une image blanche à 60° de l'anthélie, mais les réflexions intérieures ne sont plus totales.

On obtiendrait encore la même image, soit avec d'autres combinaisons pour les prismes à base hexagonale allongée, par exemple $A_1 = A_2 = 120°$ et $A_3 = 0$, soit avec les différentes faces du prisme à base de dodécagone étoilé.

Enfin la théorie pourrait indiquer beaucoup d'autres images, blanches ou colorées, d'intensités plus faibles, qui ne paraissent pas correspondre aux observations les plus fréquentes.

Dans tous les cas, le déplacement des images blanches en azimut est indépendant de la hauteur du Soleil.

Pour les images colorées, on voit de même, en appelant u et v les projections sur la section droite des angles d'incidence et de

---

([1]) J.-L. SORET, *Ann. de Chim. et de Phys.* [6], t. XI, p. 445; 1887.

réfraction, que la projection du rayon émergent, après p réflexions intérieures, a tourné de

$$R = u + u' + p\pi - \Sigma A ;$$

les angles v sont liés aux dièdres comme les valeurs précédentes des angles r, tandis que le rapport des sinus des angles u et v relatifs à une même réfraction est égal à $\dfrac{n \cos k}{\cos h}$.

On déterminerait la valeur minimum R du déplacement azimutal; la déviation minimum Δ serait donnée par

$$\sin\frac{\Delta}{2} = \cos h \sin\frac{R}{2},$$

et la différence $\delta = \Delta - D$ représente l'écart des images à la position qui correspondait aux rayons situés dans la section droite; toutefois le problème n'offre pas assez d'intérêt pour que le calcul soit poussé jusqu'aux valeurs numériques.

En résumé, les principales images qui se forment sur le cercle parhélique sont (*fig.* 375) :

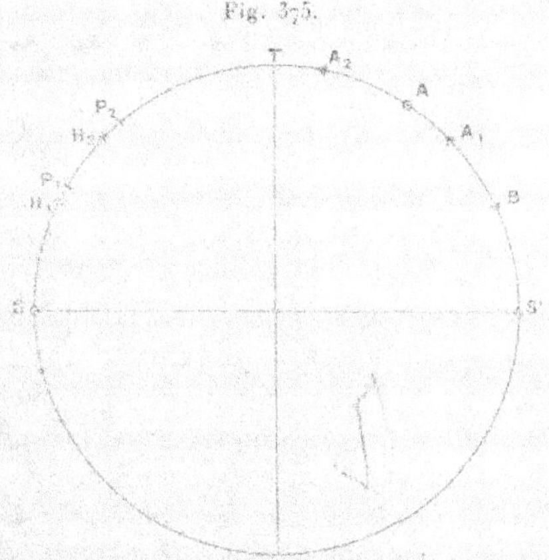

Fig. 375.

1° Les intersections H_1 et H_2 des halos de 22° et de 46°;

2° Les parhélies voisins P_1 et P_2;

3° L'anthélie S', à l'opposé du Soleil, et le paranthélie blanc A à 60° de l'anthélie;

M. — III.

32

4° Les paranthélies A_1 et A_2, respectivement à $45°44'$ et $81°50'$ de l'anthélie, dont le bord rouge est à l'opposé du Soleil.

5° Le paranthélie B à $38°10'$ de l'anthélie, et dont le bord rouge est dirigé vers le Soleil.

763. *Arcs tangents au halo de* $22°$. — Lorsque les lames hexagonales sont symétriques et verticales, les faces latérales peuvent prendre des directions arbitraires. Les dièdres de $60°$ ont ainsi leurs arêtes horizontales et le point de fuite correspondant se trouve sur l'horizon.

Supposons d'abord le Soleil S à l'horizon (*fig.* 376). Soit T la

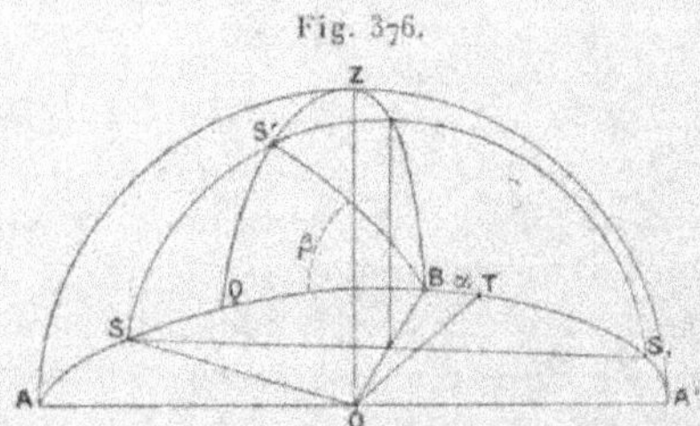

Fig. 376.

trace de la normale au vertical du Soleil, B le point de fuite d'un système de prismes et α l'angle TB, lequel est égal, dans le cas actuel, à la latitude du Soleil par rapport au prisme. Les images se trouvent sur le petit cercle SS_1, ayant pour pôle le point B et l'image S' relative au minimum de déviation, qui a le plus d'éclat, est située sur un petit cercle de rayon Δ décrit du point S comme pôle. Le lieu de ces images est une courbe MCN (*fig.* 377), extérieure au halo et tangente au sommet C, puisque le point S' se trouve sur le halo quand l'angle α est nul.

L'angle α doit être inférieur à $60°45'$, de sorte que les points de fuite des prismes efficaces sont compris dans l'angle de $121°30'$.

D'une manière générale, l'angle dièdre $SBS' = \beta$ (*fig.* 376) est l'azimut de l'image rapporté à la section droite du prisme; les angles Δ et $\beta = x$ seront donnés par les équations (2) en fonction de $\alpha = h$. Les coordonnées $SQ = \xi$ et $QS' = \eta$ de l'image et l'inclinaison γ du grand cercle S'S sur l'horizon sont alors

$$\sin\eta = \cos\alpha\sin\beta = \sin\Delta\sin\gamma,$$
$$\cos\Delta = \cos\xi\cos\eta.$$

Le point le plus éloigné M (*fig.* 377) de l'arc tangent correspond aux valeurs

$$\alpha = 60°45', \qquad \beta = 120°, \qquad \Delta = 50°4',$$

ce qui donne

$$\eta = MQ = 14' \; 8,$$
$$\xi = SQ = 48 \; 27,$$
$$\gamma = MSQ = 18 \; 34,$$
$$MP = 28 \; 14.$$

Fig. 377.

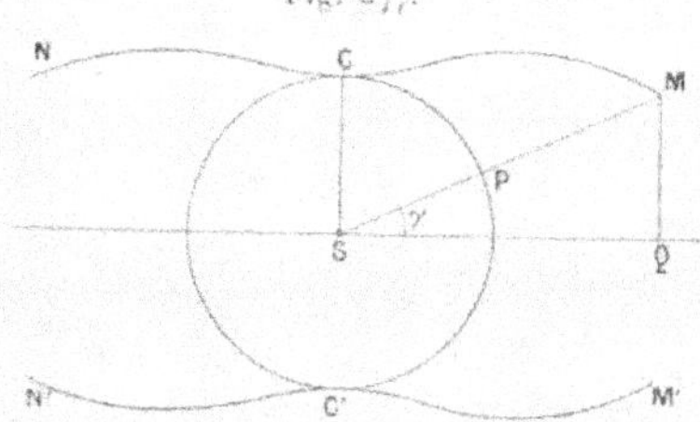

Toutefois la lumière s'affaiblit beaucoup vers les extrémités de l'arc et l'on n'en voit guère que les parties les plus rapprochées du point de contact.

Il se produirait aussi un arc tangent symétrique M'C'N' par la réfraction sur les angles dièdres de la partie inférieure des lamelles, mais cette courbe est invisible à l'observateur puisque le halo lui-même est limité à l'horizon.

Supposons maintenant que le Soleil S soit situé à la hauteur H (*fig.* 378). On a d'abord

$$\cos BS = \cos H \sin \alpha.$$

Fig. 378.

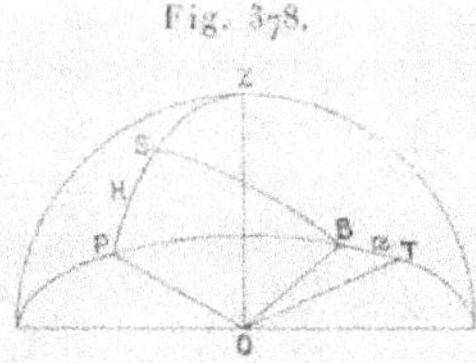

Comme l'arc BS est le complément de la latitude h du Soleil par rapport aux prismes, il doit rester supérieur à 29°13', ce qui donne, pour l'angle z,

$$\sin z < \frac{\cos 29^\circ 15'}{\cos H}.$$

Tant que la hauteur du Soleil reste inférieure à $29^\circ 15'$, tous les prismes ne sont pas efficaces et la courbe est formée de branches ouvertes. Lorsque le Soleil est plus élevé, l'angle z peut prendre toutes les valeurs; les deux branches MN et M′N′ se rejoignent alors en formant une courbe fermée NCMC′ (*fig.* 379).

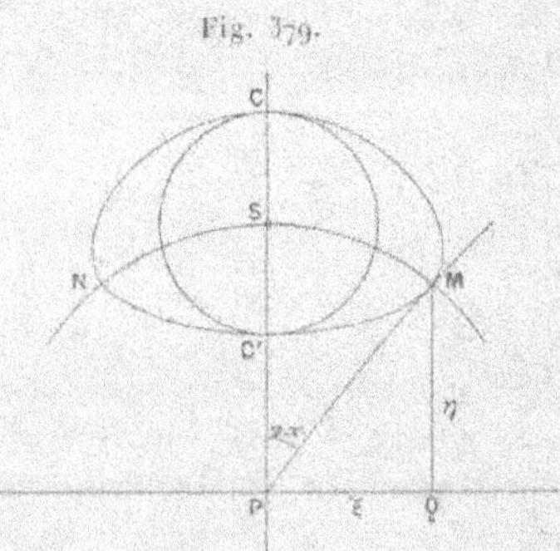

Fig. 379.

Enfin, le plan des axes des différents prismes ne passant plus par le Soleil, les courbes MN et M′N′ (*fig.* 377) ne restent pas symétriques. Pour un même point de fuite, le petit cercle des images passant par le Soleil n'est pas vertical et les points où il est coupé par le cercle de rayon correspondant à la déviation Δ ne sont plus situés à égale distance du vertical du Soleil.

Quand la courbe est fermée (*fig.* 379), le Soleil étant au-dessus de $29^\circ 15'$, elle présente l'apparence d'une ellipse dont les extrémités du grand axe seraient abaissées; c'est le *halo circonscrit*, qui se produit fréquemment.

La plus grande déviation correspond au cas où l'arc BS est minimum (*fig.* 378), c'est-à-dire pour les conditions $z = 90^\circ$ et $h = 90^\circ - H$. Le point de fuite P des prismes étant dans le vertical du Soleil, le lieu des images est alors un petit cercle ayant pour pôle le point P et la déviation est moindre que $50^\circ 4'$. Le halo circonscrit se resserre donc de plus en plus à mesure que le Soleil s'élève au-dessus de l'horizon.

Les points extrêmes M et N de ce halo (*fig.* 379) s'obtiendront en traçant le petit cercle NSM vertical que l'on coupera par un autre cercle ayant pour pôle le point S, et dont le rayon Δ est la déviation minimum relative à la valeur $h = 90° - H$.

L'angle SPM étant l'azimut $2x$ de l'image par rapport à la section droite du prisme, cet angle représente l'inclinaison SPM du grand cercle PM sur le vertical du Soleil; les coordonnées $\xi = PQ$ et $\eta = MQ$ du point M sont alors

$$\tan\xi = \tan H \sin 2x, \qquad \sin\eta = \sin H \cos 2x.$$

La distance au cercle parhélique de l'extrémité M du halo circonscrit est égale à $H - \eta$. Ce point ne se trouve d'ailleurs au-dessus de l'horizon que si l'angle $2x$ est inférieur à 90°, ou la hauteur H du Soleil supérieure à 30° 44′. On trouve ainsi :

Halo circonscrit au halo de 22°.

Hauteur du Soleil H	Position des points extrêmes			Distance au cercle parhélique H — η.
	$2x$	ξ	η	
30 44	90 0	30 44	0 0	30 44
40	69 46	38 11	12 51	27 9
50	57 9	45 2	24 33	25 27
60	50 15	53 6	33 37	26 23
70	46 16	63 16	40 31	29 29
80	44 9	75 48	44 57	35 3
90	43 48	90 0	46 12	43 8

Les arcs tangents au halo de 22°, ou le halo elliptique circonscrit, peuvent ainsi être considérés comme la transformation du parhélie de 22° quand l'axe des prismes passe de la position verticale à une direction horizontale.

764. *Arcs quasi tangents au halo de 46°.* — L'accumulation des prismes verticaux donne lieu à une série d'angles droits, dont l'une des faces reste horizontale, l'autre étant orientée au hasard, de sorte que le point de fuite des dièdres correspondants est en un point quelconque de l'horizon.

Les phénomènes produits sont alors la transformation du halo de 46° quand l'axe de cristallisation passe d'une direction horizontale à la direction verticale.

Sur toutes les bases de ces prismes, l'angle d'incidence i est constant et égal au complément $90° - H$ de la hauteur du Soleil, la latitude h pouvant prendre toutes les valeurs de $0°$ à H.

L'angle $\rho = NS'$ (*fig.* 371) de l'image avec la normale à la face d'entrée est donné par l'équation (5) et les équations (1) permettent de déterminer pour chaque valeur de h les coordonnées de cette image.

Dans le cas actuel, où l'angle a est de $45°$, les angles $a \pm x$ sont complémentaires et l'on obtient successivement

$$\cos\rho = \cos h \sin(a + x) = n \cos k \cos(a - y),$$
$$\cos\rho = n \cos r = \sqrt{n^2 - \cos^2 H},$$

(11)
$$\cos^2 H + \cos^2 \rho = n^2.$$

Comme l'angle ρ est constant, toutes les images se trouvent sur un *cercle parhélique circumzénithal*.

Les plans verticaux qui passent par le Soleil et l'image font l'angle $SNS' = \theta$ et l'on a

$$\sin h = \sin i \sin\varphi = \cos H \sin\varphi = \sin\rho \sin(\varphi + \theta).$$

Pour une hauteur déterminée du Soleil, la plus grande valeur de h relative aux angles efficaces est égale à ρ, auquel cas l'angle θ est aussi maximum et complémentaire de φ, ce qui donne

$$\cos^2\theta = \sin^2\varphi = \frac{\sin^2\rho}{\cos^2 H} = 1 - \frac{n^2 - 1}{\cos^2 H},$$
$$\sin^2\theta = \frac{n^2 - 1}{\cos^2 H}.$$

La courbe est donc interrompue. L'angle azimutal 2θ des points extrêmes croît avec la hauteur H, mais l'éclat diminue beaucoup à mesure qu'on s'écarte du vertical du Soleil.

L'angle azimutal est minimum quand le Soleil est à l'horizon :

$$H = 0, \qquad \sin^2\theta = n^2 - 1, \qquad \theta = 57°48', \qquad 2\theta = 115°36'.$$

Cet angle est maximum pour la condition

$$2\theta = 180°, \qquad \cos^2 H = n^2 - 1, \qquad H = 32°12';$$

la moitié du cercle parhélique est alors illuminée, mais ce cercle se réduit au zénith, puisque $\rho = 0$.

Enfin la réfraction n'est plus possible quand la hauteur du Soleil est supérieure à cette valeur limite $32°12'$.

La distance δ du Soleil au cercle parhélique des images est donnée par la condition

$$(12) \qquad \delta + H + \rho = 90°,$$

qui correspond aux dièdres dont l'arête est perpendiculaire au vertical du Soleil.

Cette expression étant symétrique par rapport aux angles H et ρ, qui satisfont à l'équation symétrique (11), la valeur minimum de l'écart δ correspond à $H = \rho$ ou

$$2\cos^2 H = n^2, \qquad H = 22°8'.$$

L'angle d'incidence est alors de $67°52'$, ce qui correspond à la déviation minimum du halo de $46°$ (758). La distance δ est donc égale à D et le cercle parhélique est tangent au halo.

Pour toutes les hauteurs du Soleil voisines de $22°8'$, cet arc paraît encore tangent au halo, dont il augmente le diamètre vertical. Comme il est placé sur un petit cercle ayant pour pôle le zénith, il semble former un arc de courbe à la partie supérieure du halo; c'est un *arc tangent*.

Quand le Soleil est à une hauteur très différente, l'arc se dessine à l'extérieur du halo. Si le Soleil est à l'horizon, on a

$$H = o, \qquad \sin^2\delta = \cos^2\rho = n^2 - 1, \qquad \delta = 57°48',$$

et la distance de l'arc au halo est de $12°4'$.

Cet arc est souvent très lumineux, vivement coloré de rouge sur son bord convexe tourné vers le Soleil, et prend quelquefois un tel éclat qu'on a pu le confondre avec un arc-en-ciel.

La marche inverse de la lumière, c'est-à-dire son entrée par une face latérale du prisme et sa sortie par la base inférieure, donne lieu à un phénomène analogue.

En appelant ρ' l'angle d'émergence, il suffira de remplacer H par $90° - \rho'$ et ρ par $90° - H$, ce qui donne

$$(11)' \qquad \sin^2\rho' + \sin^2 H = n^2.$$

Les images se trouvent également sur un cercle parhélique circumzénithal de rayon ρ', passant au-dessous du Soleil.

La distance δ' de cet arc au Soleil est

$$(12)' \qquad \rho' - \delta' + H = 90^\circ, \qquad \delta' = \rho' + H - 90^\circ.$$

Cette valeur de δ' est encore symétrique par rapport aux angles ρ' et H; le minimum a lieu pour $\rho' = H$ ou

$$2 \sin^2 H = n^2, \qquad H = 67^\circ 52'.$$

L'angle d'incidence correspond aussi à la déviation minimum du halo de 45°, auquel l'axe est tangent à sa partie inférieure.

Cet arc ne peut paraître que si la hauteur du Soleil est supérieure à celle qui donnerait $\rho' = 90^\circ$ ou

$$\sin^2 H = n^2 - 1, \qquad H = 57^\circ 48';$$

on le voit alors près de l'horizon, à $12^\circ 4'$ du halo.

Les deux arcs horizontaux voisins du halo de 46° ne sont donc pas visibles en même temps. L'arc supérieur apparaît quand la hauteur du Soleil est moindre que $32^\circ 12'$, auquel cas il se trouve au zénith; l'arc inférieur est visible seulement quand le Soleil est au-dessus de $57^\circ 48'$, hauteur pour laquelle il se trouve à l'horizon. L'un et l'autre disparaissent quand la hauteur du Soleil est comprise entre ces deux limites.

On verra ainsi l'arc supérieur à l'est ou à l'ouest et l'arc inférieur seulement vers le sud.

Le Tableau suivant donne les valeurs relatives à différentes hauteurs du Soleil.

Arcs quasi tangents au halo de 46°.

Arc supérieur.			Arc inférieur.		
Hauteur du Soleil H.	Distance au halo δ.	Amplitude de l'arc 2θ.	Hauteur du Soleil H.	Distance au halo δ.	Amplitude de l'arc 2θ.
0 0	12 4	115 36	57 48	12 4	115 36
5	7 33	116 18	60	3 39	118 51
10	4 1	118 28	65	20	121 57
15	1 31	122 21	70	9	135 59
20	9	128 27	75	1 31	145 59
25	20	138 0	80	4 1	156 48
30	3 39	155 27	85	7 33	168 14
32 12	12 4	180 0	90	12 4	180 0

765. *Arcs tangents latéraux au halo de 46°.* — Les arcs quasi tangents inférieur et supérieur à ce halo correspondent, pour les prismes verticaux, au parhélie de 22°. De même, lorsque l'axe des prismes est horizontal, les lamelles hexagonales étant verticales, la réfraction sur les angles droits donne lieu à des arcs obliques latéraux, qui sont corrélatifs des arcs tangents au halo de 22° et peuvent être considérés comme la transformation des arcs quasi tangents.

Les axes de tous les prismes ont leur point de fuite sur l'horizon. Pour les prismes orientés dans une direction déterminée, si les rayons lumineux entrent par la base et sortent par une face latérale, ou inversement, le lieu des images est un petit cercle ayant pour pôle le point de fuite du prisme et pour rayon l'angle ρ ou l'angle ρ'.

L'enveloppe de ces différents cercles dessinera sur le ciel une courbe de forme particulière présentant un maximum d'éclat sur une partie de son étendue.

Considérons d'abord le premier cas. Le moindre écart des images au Soleil a lieu quand la distance du Soleil à l'axe est de 67°52', c'est-à-dire complémentaire de 22°8'.

Si la hauteur du Soleil SP (*fig.* 380) est moindre que cet angle, on déterminera sur l'horizon le point B par l'intersection d'un petit cercle ayant pour pôle le Soleil et pour rayon 67°52'. Le petit cercle des images dont le point de fuite est B sera tangent en M au halo de 46°.

Pour les autres points de fuite, les petits cercles des images sont extérieurs au halo et leur enveloppe détermine un arc ouvert tangent latéralement à la partie inférieure du halo.

L'arc d'horizon PB $= u$ et l'angle PSB $=$ U relatifs au point de contact M se calculeront par les relations

$$\cos u \cos H = \cos 67°52' = \frac{1}{\sqrt{2}}\sqrt{2 - n^2},$$

$$\cos U = \tang H \cot 67°52' = \frac{\tang H}{n}\sqrt{2 - n^2}.$$

Le point de contact M est toujours au-dessus de l'horizon, quelle que soit la hauteur du Soleil.

La moindre distance du Soleil à l'axe étant complémentaire de $32°12'$ ou $57°48'$, les limites B_1 et B_2 des points de fuite qui contribuent à former cet arc $M_1 M_2$ sont déterminées par les angles $SB_1 = 57°48'$ et $SB_2 = 90°$; les valeurs correspondantes des angles u et U sont

$$\cos u_1 \cos H = \cos 57°48' = \sqrt{2 - n^2},$$

$$\cos U_1 = \tang H \cot 57°48' = \tang H \sqrt{\frac{2 - n^2}{n^2 - 1}};$$

$$u_2 = 90°, \qquad U_2 = 90°.$$

Dans les deux cas, la distance de ces points extrêmes au halo voisin est de $12°4'$.

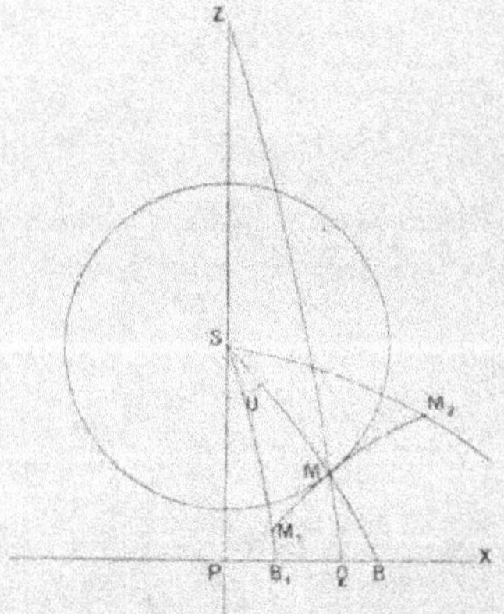

Fig. 380.

La courbe est ainsi formée de deux arcs distincts, à droite et à gauche, sur lesquels le plus grand éclat a lieu au voisinage du point de contact; à mesure que le Soleil se rapproche de l'horizon, le point de départ M_1 des arcs latéraux s'éloigne du vertical de cet astre.

Lorsque la hauteur H du Soleil est égale à $67°52'$, les deux branches se rejoignent et forment un arc tangent à la partie inférieure du halo, mais d'éclat très faible.

Enfin, si la hauteur du Soleil est plus grande que $67°52'$, la courbe se sépare du halo; la latitude du Soleil par rapport à la section droite des prismes est maximum et complémentaire de H pour ceux dont P est le point de fuite.

Dans une région de latitude λ, la plus grande hauteur du Soleil au solstice d'été est $\lambda + 23°27',5$; le Soleil ne peut s'élever à $67°52'$ que pour les régions dont la latitude est inférieure à

$$67°52' - 23°27',5 = 44°24',5.$$

La réunion des deux arcs au-dessous du halo ou en contact avec lui n'est donc pas possible à Paris; on n'apercevrait dans cette station que les arcs tangents latéraux.

Supposons maintenant que la lumière entre par une des faces latérales du prisme.

Le halo est toujours compris dans le petit cercle des images relatives à une orientation quelconque des prismes; le moindre écart de ces images au Soleil a lieu quand la distance du Soleil à l'axe du prisme est de $22°8'$, et cette distance doit être en tous cas inférieure à $32°12'$.

Si la hauteur SP (*fig.* 381) du Soleil est inférieure à $22°8'$, on obtiendra encore le point de contact M de la courbe avec le halo en coupant l'horizon au point B par un petit cercle de rayon égal à $22°8'$ ayant pour pôle le Soleil, et menant le grand cercle BSM. On a, de même,

$$\cos u \cos H = \cos 22°8' = \frac{n}{\sqrt{2}},$$
$$\cos U = \tang H \cot 22°8' = \tang H \frac{n}{\sqrt{2 - n^2}}.$$

Les éléments relatifs à la limite inférieure M_1 de l'arc s'obtiendront en faisant $SB_1 = 32°12'$, ce qui donne

$$\cos u_1 \cos H = \cos 32°12' = \sqrt{n^2 - 1},$$
$$\cos U_1 = \tang H \cot 32°12' = \sqrt{\frac{n^2 - 1}{2 - n^2}},$$

et le point extrême M_1 est encore à $12°4'$ du halo.

Les deux *arcs tangents supra-latéraux* $M_1 M$ et $N_1 N$ ainsi obtenus se rejoignent à la partie supérieure C; l'équation $(11)'$ détermine la distance $\rho' = SC$ du sommet de l'arc au Soleil, puisque H est la distance du Soleil à l'axe des prismes dont le point de fuite se trouve en P.

Ce phénomène est difficilement visible; il se détache mal du halo et de l'arc quasi tangent supérieur examiné précédemment.

Lorsque le Soleil est à $22°8'$, les arcs supra-latéraux forment une courbe tangente à la partie supérieure du halo et se confondent avec l'arc tangent supérieur.

Enfin, quand la hauteur du Soleil est comprise entre $22°8'$ et $32°12'$, il ne reste plus qu'un petit arc lumineux horizontal situé en dehors du halo.

Fig. 381.

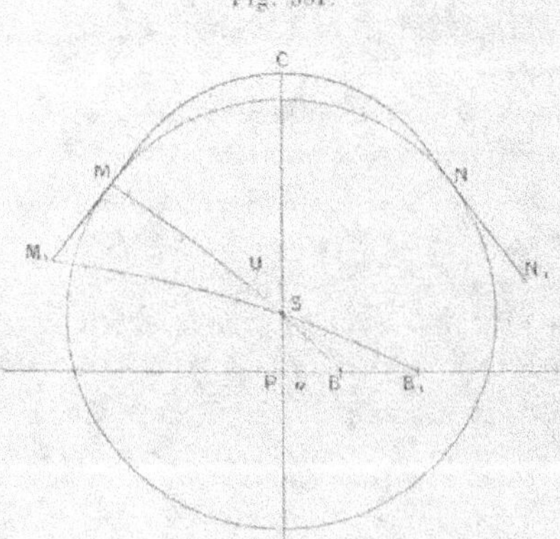

Voici quelques données numériques sur ces arcs tangents latéraux au halo de $46°$.

Arcs infra-latéraux.

Hauteur du Soleil	Direction du point de contact	
H	u.	U.
° '	° '	° '
0 0	67 52	90 0
10	67 21	85 54
20	66 22	81 35
30	64 14	76 25
40	60 33	70 3
50	54 7	61 0
60	41 8	45 13
67 52	0 0	0 0

Arcs supra-latéraux.

Hauteur du Soleil H.	Direction du point de contact		Distance du sommet au halo.
	N.	U.	
0 0	22 8	90 0	12 4
5	21 35	77 35	7 33
10	19 49	64 18	4 1
15	16 27	48 47	1 31
20	9 40	26 30	9
22 8	0 0	0 0	0 0
25	»	»	20
30	»	»	3 39
31 12	»	»	12 4

766. *Arcs tangents latéraux au halo de* 22°. — Si l'air est un peu agité, on doit admettre que les prismes aciculaires, sans être entièrement orientés au hasard, n'ont plus qu'une tendance à se disposer suivant la verticale et qu'ils éprouvent, de part et d'autre, une sorte de *balancement* d'une certaine amplitude.

Il en est de même pour les lamelles hexagonales dont les faces oscillent de part et d'autre du plan vertical.

Cette oscillation des cristaux a pour effet d'élargir les arcs tangents aux deux halos et d'en modifier la forme. De même, les parhélies s'étalent et se transforment en arcs obliques.

Considérons, par exemple, la réfraction dans les angles de 60° des prismes qui font un angle z avec la verticale; leurs points de fuite se trouvent sur un petit cercle $B_1 N B_2$ (*fig.* 382) circum-

Fig. 382.

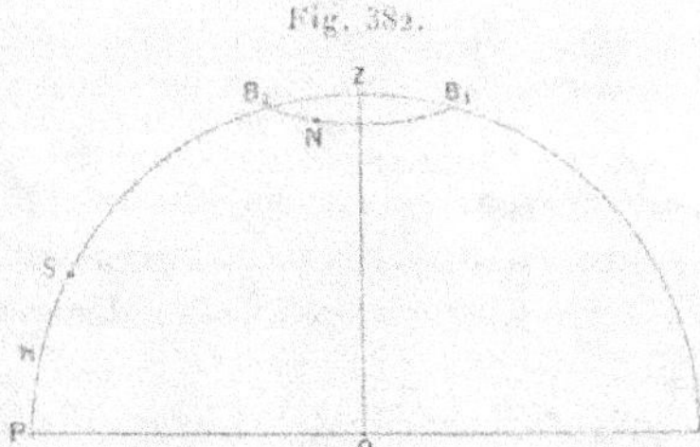

zénithal. La distance du Soleil au point de fuite N de l'un de ces prismes est variable; elle passe par un maximum et un minimum pour les points B_1 et B_2 situés dans le même vertical. Les prismes dont l'inclinaison sur le Soleil est voisine de ces deux valeurs sont en majorité et contribuent à fournir un maximum de lumière.

Les latitudes du Soleil par rapport aux sections droites de ces prismes sont respectivement $h_1 = H - \alpha$, $h_2 = H + \alpha$; la déviation minimum Δ_2 relative au point B_2 est plus grande que la déviation Δ_1 relative au point B_1, celle du parhélie ayant une valeur intermédiaire.

Menons par le Soleil S (*fig.* 383) le cercle parhélique ASA_1, qui

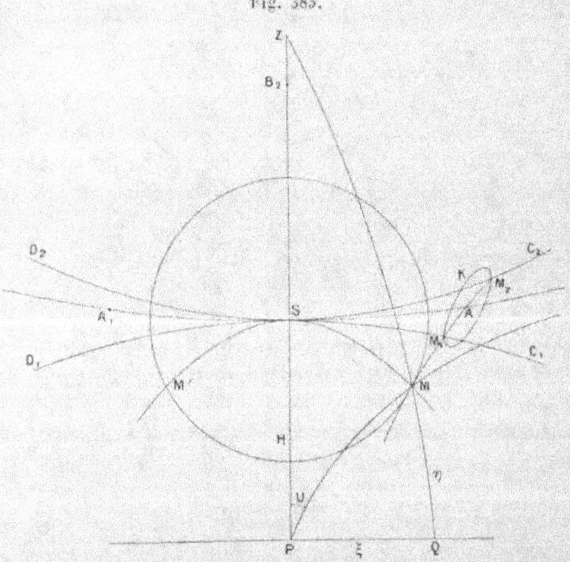

Fig. 383.

passe par les deux parhélies A et A_1 du halo de 22°, le petit cercle $C_1 D_1$ des images fournies par les prismes dont le point de fuite est B_1 (*fig.* 382) et le petit cercle $C_2 D_2$ des images relatives au point de fuite B_2.

Pour tous les prismes inclinés de l'angle α, le lieu des images produites par la réfraction minimum est une certaine courbe qui entoure le parhélie A, dont la distance maximum Δ_2 au Soleil correspond à son intersection M_2 avec le cercle SC_2 et la distance minimum Δ_1 à son intersection M_1 avec le cercle SC_1. Cette courbe elliptique $M_1 K M_2$ est tangente aux petits cercles ayant pour pôle le Soleil et pour rayons Δ_1 et Δ_2.

La lumière est concentrée au voisinage des points de contact M_1 et M_2, dont l'ensemble relatif à toutes les valeurs de l'angle α constitue un arc courbe oblique, qu'on appelle *arc de Lowitz*.

Cet arc est tangent au halo, car la déviation Δ_1 devient égale à D quand $\alpha = H$, auquel cas le Soleil se trouve situé dans la section droite du prisme. On obtiendra le point de contact M en coupant le halo par un grand cercle MSM' perpendiculaire au vertical du Soleil.

Le point M est sur le cercle parhélique et se confond avec le parhélie lorsque le Soleil est à l'horizon.

D'une manière générale, si l'on désigne par u l'arc de grand cercle PM et par U l'angle dièdre MPS qu'il fait avec le vertical du Soleil, on a

$$\cos u = \cos H \cos D, \qquad \tang U = \frac{\tang D}{\sin H}.$$

Les coordonnées ξ et η du point M sont donc

$$\cos H \cos D = \cos \eta \cos \xi,$$
$$\tang \xi = \tang u \sin U.$$

L'extrémité supérieure M_2 de l'arc oblique se déterminera par la condition

$$h_2 = H + \alpha = 60°45', \qquad \alpha = 60°45' - H;$$

la distance Δ_2 du point M_2 au Soleil est $50°4'$ et sa distance au halo $28°14'$.

Le point M_2 est d'autant plus éloigné du parhélie et du cercle parhélique que l'angle α est plus grand, c'est-à-dire que le Soleil est plus rapproché de l'horizon; il se confond avec le parhélie quand le Soleil est à $60°45'$.

L'arc peut encore se prolonger au-dessous du point de contact lorsque l'inclinaison des prismes est plus grande que la hauteur du Soleil.

Ces arcs obliques ont toujours très peu d'étendue et ne se dégagent nettement du halo que si le Soleil est assez élevé au-dessus de l'horizon.

767. *Halos exceptionnels.* — On rencontre çà et là, dans les recueils d'observations, quelques cas de halos dont les dimensions sortent des règles habituelles. Les facettes de pointement sur les prismes de glace sont, en effet, très variées et, si l'un des systèmes prédomine, on peut y trouver des dièdres entièrement différents des angles principaux de 60° et de 90° qui donnent lieu aux halos de 22° et de 46°.

La Table suivante indique le rayon du halo qui correspond à une série d'angles dièdres.

Différentes variétés de halos.

Angle dièdre.	Rayon du halo.	Angle dièdre.	Rayon du halo.	Angle dièdre.	Rayon du halo.
15°	4 41	45°	15 11	75° 0	30 47
20	6 18	50	17 14	80	34 43
25	7 57	55	19 27	85	39 30
30	9 38	60	21 56	90	45 44
35	11 24	65	24 29	95	54 57
40	13 14	70	27 25	99 30	80 30

Nous citerons, d'après Bravais, quelques exemples de ces halos exceptionnels, avec l'indication des formes cristallines qui permettent de les expliquer.

Heiden vit au lever du Soleil un halo de 14°12′, ce qui correspondrait à l'angle de 42°32′.

La troncature pour laquelle la tangente de l'inclinaison sur l'axe est les $\frac{2}{3}$ de la tangente relative aux faces du rhomboèdre de Clarke fait avec la face latérale opposée un angle de 43°19′. En combinant une des facettes de ce pointement avec l'une des facettes voisines du pointement opposé, on trouve même un dièdre de 42°39′, pour lequel la déviation minimum est de 14°15′.

Burney vit autour du Soleil, élevé de 45°30′ sur l'horizon, un halo de 20° à l'intérieur du halo ordinaire.

La face du rhomboèdre primitif fait avec la face latérale opposée l'angle de 54°44′ qui produirait une déviation de 19°20′, très voisine de cette observation.

Scheiner observa un halo passant par les parhélies de 22°; le rayon pouvait donc varier de 24°48′ à 27°38′ si la hauteur du Soleil était comprise entre 30° et 40°. Greshow vit également autour de la Lune un fragment des deux portions verticales d'un halo d'environ 26°. Ces deux observations peuvent s'expliquer par l'angle de 70°32′, que donnerait une troncature dont la tangente d'inclinaison serait double de celle du rhomboèdre primitif, d'où résulte un rayon de 27°45′.

Feuillée aperçut un halo dont le rayon probable était de 34° à 46°. Les facettes dont la tangente d'inclinaison est quatre fois celle du rhomboèdre primitif donnent un angle de 79°58′ et le rayon correspondant du halo serait 34°42′.

768. *Limite de réflexion totale.* — Lorsque les rayons lumineux sont situés dans la section droite d'un dièdre d'angle A, la limite de réflexion totale sur la seconde surface est définie par la condition

$$n \sin r' = 1, \qquad \sin i = n \sin(A - r') = \sin A \sqrt{n^2 - 1} - \cos A.$$

Si cette face est adjacente à un second angle égal au premier, la déviation est

$$D = 2i + \pi - 2A.$$

En faisant le calcul pour le prisme triangulaire équilatéral et les lames verticales à section rectangulaire, on trouve ainsi :

Limite de réflexion totale.

	Indice de réfraction n	Prisme triangulaire		Section rectangulaire	
		i	D.	i	D.
Rouge	1,304	12 58	85 57	56 48	113 36
Violet.....	1,316	13 56	87 52	58 48	117 36

Si les arêtes des dièdres sont verticales, il se formera sur le cercle parhélique une traînée lumineuse dont l'éclat est croissant jusqu'à la limite de réflexion totale, puisque la largeur du faisceau augmente, et qui est bordée de *violet*.

Lorsque le Soleil est voisin de l'horizon, on a donc une sorte de *parhélie blanc* à 87° environ du Soleil et un *paranthélie* à 64°30′ de l'anthélie, ces deux taches étant irisées de violet du côté de l'anthélie. Quand le Soleil est au-dessus de l'horizon, les mêmes angles représentent les distances azimutales des images au vertical du Soleil.

Si les prismes sont disposés au hasard, les prismes triangulaires donneront un *halo blanc* à 87° du Soleil, irisé de violet à l'extérieur; les lames à section rectangulaire donneront, de même, un halo à 64°30′ irisé de violet à l'intérieur et dont le pôle est à l'opposé du Soleil.

La réflexion totale sur les prismes à base de triangle équilatéral fournit peut-être l'explication d'un halo *blanchâtre* observé par Hévélius à 90° du Soleil.

769. *Arcs circumzénithaux extraordinaires.* — Lorsque les prismes aciculaires sont verticaux, les facettes obliques forment avec les faces latérales opposées des angles dièdres A dont le point de fuite est à l'horizon.

Si le point de fuite B (*fig.* 378) fait l'angle α avec la perpendiculaire au vertical du Soleil, la latitude h du Soleil par rapport à la section droite du dièdre est complémentaire de l'angle BS, déterminé par l'équation

$$\cos BS = \cos H \sin \alpha,$$

et l'angle d'incidence est

$$\cos i = \sin H \sin A + \cos H \cos A \cos \alpha.$$

On peut ainsi calculer la déviation; l'image se trouve d'ailleurs sur un petit cercle ayant pour pôle le point B et pour rayon BS.

L'ensemble de ces images forme une courbe perpendiculaire au vertical du Soleil et dont les parties les plus lumineuses sont au voisinage de ce plan.

Cette courbe prend l'apparence d'un *arc circumzénithal* vivement coloré de rouge sur son bord convexe inférieur et de violet à son bord supérieur.

Pour les rayons situés dans la section droite, on a

$$i = A - H, \qquad n \sin r = \sin(A - H),$$
$$r' = A - r, \qquad \sin i' = n \sin(A - r);$$
$$D = i + i' - A = i' - H.$$

Comme les angles H et A peuvent prendre des valeurs très différentes, ces arcs se produisent à toute distance du Soleil.

Le phénomène inverse, c'est-à-dire l'entrée de la lumière par la face verticale des dièdres formés à la partie inférieure des prismes, donnera également, si la réfraction est possible, des arcs situés au-dessous du Soleil et dont le bord rouge est du côté de cet astre.

Ces arcs sont le plus souvent extérieurs au halo de 22°; quelquefois ils lui sont tangents ou le traversent.

Le même effet se produit quand l'hexagone des lamelles est très allongé de façon que l'une des diagonales reste verticale; l'angle A est alors de 60°. La réflexion devient totale à la sortie quand

$$r' = 49°46', \qquad r = 10°14', \qquad i = 13°28', \qquad H = 46°32';$$

la déviation est alors maximum et atteint $43°28'$. Les arcs circumzénithaux correspondants se trouvent donc toujours au-dessous du halo de 46°.

L'arc est tangent au halo de 22° quand les rayons incidents correspondent au minimum de déviation, ou

$$i = 40°55', \qquad H = 19°5'.$$

Pour toutes les hauteurs du Soleil inférieures à $19°5'$ ou comprises entre cet angle et $46°32'$, l'arc est en dehors du halo de 22°.

770. *Colonnes verticales et faux soleils.* — Si les prismes aciculaires verticaux sont munis de leurs bases et le Soleil au-dessous de l'horizon, la réflexion de la lumière sur les bases inférieures ou la réflexion totale sur les bases supérieures des rayons qui sont entrés par une des faces latérales donne, dans le vertical du Soleil, une image fixe, ou *faux soleil*, située à la même hauteur au-dessus de l'horizon. Ces images se produiraient ainsi à une hauteur variable et ne pourraient être vues qu'avant le lever ou après le coucher du Soleil; il ne semble pas qu'elles aient été observées.

Le balancement des prismes étale les images dans tous les sens, mais le maximum de lumière a lieu quand les surfaces sont perpendiculaires au vertical du Soleil; ce genre de réflexion contribue donc à former une *colonne verticale* passant par le Soleil.

Les colonnes verticales paraissent dues aux rayons qui ont subi une série de réflexions sur des surfaces différentes, le maximum de lumière correspondant au cas où chacune de ces surfaces est perpendiculaire au vertical du Soleil. L'ensemble d'une colonne verticale et du cercle parhélique produit la *croix solaire*.

On observe quelquefois des images à distances constantes qui paraissent généralement en contact avec les bords du Soleil vrai, l'une au-dessus, l'autre en dessous.

Bravais les explique en admettant que les prismes verticaux portent un pointement dont les facettes sont inclinées sur l'axe de $89°53'$, la tangente de l'inclinaison étant 700 fois la tangente relative aux faces du rhomboèdre primitif. La lumière entrant par une face latérale se réfléchit d'abord sur l'une de ces facettes, puis sur la facette opposée du même pointement et émerge de nouveau par une face latérale.

Dans ce cas, on a

$$r + r_1 = r_2 + r' = 90°7', \qquad r_1 + r_2 = 2(90° - 7'),$$
$$r + r' = 28'.$$

La somme des angles réfringents étant égale à 2π, la déviation se réduit à

$$D = i + i'.$$

Comme les angles r et r' sont nécessairement très petits, l'image est à peine colorée et la déviation ne diffère pas sensiblement de la valeur minimum $36',7$ qui correspond à l'égalité des angles d'entrée et de sortie. Les images seraient alors, à quelques minutes près, en contact avec le Soleil.

Toutefois il est probable que plusieurs apparitions de faux soleils à distance fixe ou variable doivent être rapportées à des effets de mirage (**722**).

771. *Lueurs secondaires.* — Le parhélie de $22°$ est quelquefois si éclatant qu'il produit lui-même un halo secondaire. Dans ce cas, le halo principal n'est pas très brillant puisque la position verticale des prismes n'est pas favorable à sa production et l'on n'en distingue que les branches latérales. Par la même raison, les halos secondaires ne sont visibles que dans leurs parties moyennes. Comme ils passent sensiblement par le Soleil, si l'astre n'est pas très élevé au-dessus de l'horizon, la superposition des deux branches des halos secondaires produit une colonne verticale lumineuse sur le Soleil.

Les parhélies secondaires se trouvent ainsi l'un très près du Soleil et l'autre au voisinage du halo de 46°. La superposition du parhélie secondaire à ce halo est complète lorsque la hauteur du Soleil est un peu inférieure à 20°.

L'éclat des parhélies contribue également à augmenter la lumière sur le cercle parhélique en y multipliant les images; l'illumination de ce cercle paraît plus étendue et plus uniforme.

772. *Cercles parhéliques obliques.* — Bravais cite un ou deux exemples de courbes blanches, ouvertes ou fermées, passant par le Soleil et analogues au cercle parhélique. On peut les expliquer par la réflexion de la lumière sur les faces obliques des pointements terminaux dans les prismes à axe vertical. Si α est l'inclinaison des faces sur l'axe, la normale à une face décrit un cercle circumzénithal dont le rayon est $90° - \alpha$. Soit θ l'angle des plans verticaux qui passent par le Soleil et cette normale N dans l'une de ses positions (*fig.* 384). Le Soleil, étant à la hauteur H, se

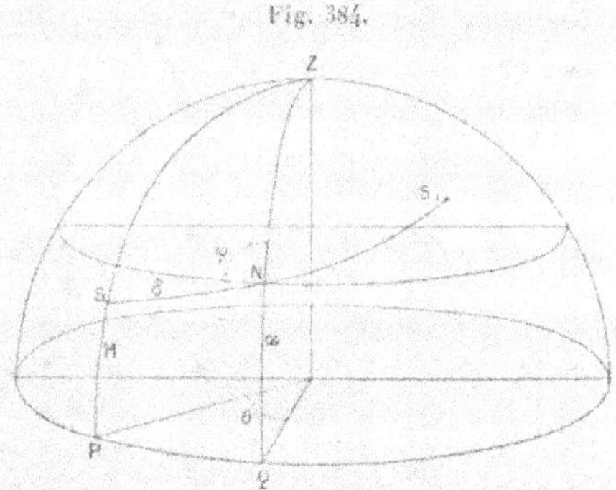

Fig. 384.

trouve à la distance δ de la normale; l'image se trouve à l'opposé du point S, et sa distance apparente D au Soleil est $\pi - 2\delta$, ce qui donne

$$\cos \delta = \sin \frac{D}{2} = \sin \alpha \sin H + \cos \alpha \cos H \cos \theta.$$

L'angle φ du vertical solaire avec le grand cercle SNS, qui passe par le Soleil et l'image est déterminé par la condition

$$\sin \varphi = \sin \theta \, \frac{\cos \alpha}{\sin \delta}.$$

Lorsque le Soleil est au-dessous du cercle des normales, $H < 90° — \alpha$, la face passe par le Soleil dans une de ses positions; l'angle δ étant égal à $90°$, la courbe passe par le Soleil et les valeurs correspondantes sont

$$\cos \theta_0 = — \operatorname{tang} \alpha \operatorname{tang} H,$$
$$\sin \varphi_0 = \cos \alpha \sin \theta_0 = \cos \alpha \sqrt{1 — \operatorname{tang}^2 \alpha \operatorname{tang}^2 H}.$$

Le lieu des images se compose de deux branches qui se coupent sur le Soleil en faisant l'angle φ_0 à droite et à gauche de la verticale. La branche supérieure forme une courbe fermée produite par le pointement inférieur, tandis que les branches de l'autre courbe, dues au pointement supérieur, aboutissent à l'horizon.

Le point le plus élevé de la courbe correspond à $\theta = \pi$, ce qui donne

$$\sin \frac{D}{2} = \cos(H + \alpha), \qquad D = \pi — 2(H + \alpha).$$

Quand le Soleil est sur le cercle des normales, $H + \alpha = 90°$, la lumière ne se réfléchit plus sur les faces des pointements inférieurs et l'on a $\varphi_0 = 0$. Les deux branches inférieures de la courbe se raccordent sur le vertical du Soleil.

Enfin, si le Soleil est au-dessus du cercle des normales, $H + \alpha > 90°$, la réflexion n'est encore possible que sur les faces du pointement supérieur, et la courbe ne passe plus par le Soleil. Sa moindre distance au Soleil a lieu pour $\theta = \pi$ et l'on a

$$\sin \frac{D}{2} = — \cos(\alpha + H), \qquad D = 90° — (\alpha + H);$$

la partie supérieure de la courbe est alors perpendiculaire au vertical du Soleil.

773. *Arcs obliques de l'anthélie et du Soleil.* — Le développement des cristaux de glace se fait souvent par échelons, comme les trémies de sel marin, et les arêtes d'accroissement sont parallèles aux côtés de l'hexagone de base.

Si la lame hexagonale primitive est symétrique, les lamelles
successives ne subissent habituellement de retrait que sur quatre
côtés (*fig*. 385), de sorte que l'une des diagonales reste verticale;

Fig. 385.

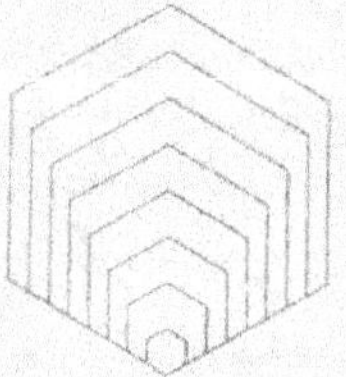

les lames portent ainsi trois systèmes de stries, les unes verticales
et les autres inclinées de 30° sur l'horizon.

La lumière qui tombe sur ces faces striées éprouve une diffraction irrégulière ou même une diffraction analogue à celle des réseaux, si les échelons sont équidistants. Dans tous les cas, la
lumière diffusée ou diffractée n'est sensible, pour l'incidence normale, que dans un plan perpendiculaire aux stries; pour toute
autre incidence, la direction de la lumière diffusée est la même
que si elle provenait de la réflexion sur un plan quelconque parallèle aux stries. L'illumination est encore maximum lorsque les
faces sont perpendiculaires au vertical du Soleil.

On verra ainsi, passant par l'anthélie, une bande lumineuse horizontale qui se confondra avec le cercle parhélique, puis deux
autres bandes lumineuses inclinées de 30° sur la verticale. Ces
deux dernières, qui font entre elles l'angle de 60°, forment les
arcs obliques de l'anthélie.

Le plus grand éclat a lieu naturellement dans le voisinage de la
réflexion régulière, de sorte que ces arcs obliques ont une intensité rapidement décroissante à partir de l'anthélie.

La lumière qui traverse les lamelles hexagonales ainsi striées
produit les mêmes effets par transmission. Il en résulte deux arcs
obliques passant par le Soleil et inclinés de 30° à droite et à gauche
sur la verticale; ce sont les *croix de Saint-André* que l'on a vues
quelquefois passer par le centre du Soleil.

774. *Fréquence des phénomènes.* — Bravais a estimé, d'après les registres d'observations, la fréquence relative des différents phénomènes produits par les cristaux de glace.

1° Dans l'immense majorité des cas, les cristaux sont distribués au hasard; on n'aperçoit alors que les deux halos principaux de 22° et de 46°, et parfois des halos relatifs aux angles différant de 60° ou de 90°.

2° Les prismes à axe vertical donnent le parhélie de 22°, les arcs quasi tangents au halo de 46°, le cercle parhélique, le paranthélie de 120° et les stries verticales ou obliques passant par le centre de l'astre.

3° Les lamelles verticales produisent des halos de 22° dont les parties supérieure et inférieure sont beaucoup plus lumineuses, les arcs tangents supérieur et inférieur à ce halo, les arcs tangents latéraux au halo de 46° et le cercle parhélique.

4° Si les lamelles, inégalement développées, ont une de leurs diagonales verticale, elles produisent les arcs tangents extraordinaires au halo de 22°, le parhélie de 46°, l'anthélie, les arcs obliques de l'anthélie et les arcs semblables passant par l'astre.

La fréquence relative de ces trois derniers groupes, seuls ou mélangés, peut être représentée par le nombre des cas observés :

Groupe 2 seul..	très fréquent, 200 ou 300 au moins.	
» 3 »	18 cas.	
» 4 »	8 »	
» 2 et 3 coexistants...	45 »	
» 2 et 4 » ...	3 »	
» 3 et 4 » ...	1 »	
» 2, 3 et 4 » ...	6 »	

775. *Irisation des nuages.* — Sur les nuages manifestement composés de cristaux de glace, tels que les cirrus et les cirro-cumulus, on aperçoit souvent, au voisinage du Soleil, des colorations très vives, sous la forme de couronnes, mais de plus grand diamètre. M. Mc Connel (¹), qui a longuement étudié ce phéno-

---

(¹) J.-C. Mc Connel, *Phil. Mag.* [5], t. XXIV, p. 422; 1887. — T. XXVIII, p. 272; 1889, et t. XXIX, p. 167; 1890.

mène dans l'Engadine, signale d'abord un cercle de 2° environ de rayon, où le nuage paraît blanc légèrement teinté de bleu, puis un anneau jaune passant à l'orangé et au rouge, ensuite une région de couleurs très vives comprise entre 3° et 7°, où les nuances les plus éclatantes se succèdent dans l'ordre : pourpre, bleu, vert, jaune, orangé et rose; plus loin, les seules couleurs visibles sont le vert et le rose, qui s'affaiblissent rapidement à mesure que la distance augmente.

Les teintes vert et rose sont quelquefois disposées en bandes parallèles au bord du nuage; on peut en distinguer trois séries alternatives, jusqu'à 37° du Soleil et même jusqu'à 45°, d'après les observations de M. Stone ([1]) au Colorado.

Ces anneaux sont généralement interrompus et n'apparaissent que sur les parties les plus claires des nuages. L'éblouissement causé par l'éclat du Soleil nuit aux observations; on arrive à distinguer beaucoup mieux les couleurs au moyen d'un verre gris foncé. Enfin les irisations peuvent paraître en toute saison, mais elles sont plus fréquentes et plus pures pendant l'hiver.

M. Johnston Stoney ([2]) y voit un phénomène d'anneaux colorés sur des lamelles cristallines, mais la véritable cause paraît être, comme l'a montré M. Mc Connel, la diffraction produite par des aiguilles de glace.

En effet, pour une incidence i, correspondant à l'angle de réfraction r, la distance apparente au Soleil du rayon que reçoit l'observateur est $\pi - 2i$; la différence de marche des rayons réfléchis sur les deux faces d'une lame d'épaisseur e est (268)

$$\Delta = 2ne\cos r + \frac{\lambda}{2} = (p+1)\frac{\lambda}{2},$$

et l'intensité est minimum ou maximum suivant que l'ordre p des interférences est pair ou impair.

La longueur d'onde du bleu étant à peu près les $\frac{2}{3}$ de celle du rouge, si l'épaisseur des lamelles est telle que le maximum d'un certain ordre ait lieu pour le bleu à 5° du Soleil, l'angle r' de ré-

---

([1]) G.-H. STONE, *Nature*, t. XXV, p. 581; 1887.
([2]) G. JOHNSTONE STONEY, *Phil. Mag.* [5], t. XXIV, p. 871; 1887.

fraction relatif au maximum rouge de même ordre sera

$$\frac{n' \cos r'}{n \cos r} = \frac{\lambda'}{\lambda} = \frac{3}{2},$$

Or, en faisant $\pi - 2i = 5°$ et $n = 1,31$, il en résulte

$$\cos r = \sqrt{1 - \left(\frac{\cos 2°,5}{1,31}\right)^2} = 0,6469,$$

et, si l'on néglige les variations de l'indice avec la couleur,

$$\cos r' = 0,9703, \qquad r' = 14°, \qquad i' = 18°,5, \qquad \pi - 2i' = 143°.$$

Dans ces conditions, l'anneau de premier ordre couvrirait presque toute l'étendue du ciel.

En outre, l'éclat du phénomène diminuerait très lentement. La quantité de lumière que reçoit une lamelle est proportionnelle à $\cos i$; si f et g sont les pouvoirs réflecteurs sur l'une des surfaces, pour les rayons polarisés dans les azimuts principaux, l'intensité des maxima est proportionnelle à

$$4 \cos i \left[\frac{f}{(1-f)^2} + \frac{g}{(1-g)^2}\right].$$

Il est manifeste que cette expression ne varie pas beaucoup pour de grands écarts, puisque l'incidence reste très petite.

Les aiguilles de glace peuvent être isolées ou faire partie d'un édifice complexe d'étoiles cristallines. Elles forment écran partiel sur le trajet des ondes incidentes et peuvent être remplacées, au point de vue des effets de diffraction, par des fentes ou des ouvertures rectangulaires de mêmes dimensions; elles doivent donc paraître vivement colorées dans certaines directions, comme les fils d'araignée éclairés par le Soleil.

Il est encore permis d'assimiler ces aiguilles à des cylindres à base circulaire, car, si leur base est un hexagone régulier, la largeur apparente, de quelque manière qu'elles soient tournées, ne varie que dans le rapport de l'unité à $\cos 30° = 0,866$.

Supposons qu'une aiguille, de hauteur $2b$ et de largeur $2a$, soit placée sur le trajet des rayons solaires dans le plan des ondes incidentes émanées d'un point. L'amplitude de la lumière diffractée est proportionnelle, toutes choses égales, à la surface σ de l'ouverture équivalente (218); pour les mêmes raisons que dans le cas des couronnes (740), cette amplitude est aussi en raison inverse de la longueur focale R de la lunette d'observation et enfin de la longueur d'onde.

En appelant x et y les coordonnées d'un point du champ sur lequel se forme l'image, et posant

$$(13) \qquad u = \pi \frac{2a}{\lambda} \frac{x}{R}, \qquad v = \pi \frac{2b}{\lambda} \frac{y}{R},$$

l'intensité I peut s'écrire

$$(14) \qquad I = k \frac{\sigma^2}{R^2 \lambda^2} \left(\frac{\sin u}{u} \right)^2 \left(\frac{\sin v}{v} \right)^2.$$

La tache centrale est limitée par un rectangle (*fig.* 100) dont les côtés, $x = R \frac{\lambda}{2a}$ et $y = R \frac{\lambda}{2b}$, sont proportionnels à la longueur d'onde et en raison inverse des dimensions correspondantes de l'ouverture; le champ est ensuite coupé par une série de lignes noires, à des distances moitié moindres que les côtés de cette tache, définies par les conditions $u = p\pi$, $v = q\pi$.

La quantité de lumière d^2M répandue sur le rectangle $dx\,dy$ ou $\frac{R^2 \lambda^2}{\pi^2 \sigma}\,du\,dv$ est

$$(15) \qquad d^2M = I\,dx\,dy = k \frac{\sigma}{\pi^2} \frac{\sin^2 u}{u^2} \frac{\sin^2 v}{v^2}\,du\,dv.$$

Cette expression étant indépendante de la longueur d'onde, la fraction de lumière définie par deux limites de u et de v, par exemple, sur la tache centrale ou sur l'un quelconque des rectangles compris entre les lignes noires, est la même pour toutes les couleurs. La fraction totale de lumière diffractée est aussi indépendante de la couleur.

Lorsque l'ouverture est très allongée, le rapport $\frac{a}{b}$ étant très petit, la diffraction n'est sensible que sur une bande horizontale de même hauteur que l'image de l'ouverture. La quantité dM de lumière comprise entre les valeurs x et $x + dx$ est

$$(16) \qquad dM = dx \int I\,dy = \frac{k}{\pi} \frac{\sigma^2}{2Rb\lambda} \frac{\sin^2 u}{u^2}\,dx \int \frac{\sin^2 v}{v^2}\,dv.$$

L'intégration devant être étendue à toutes les valeurs de v pour lesquelles le facteur $\dfrac{\sin^2 v}{v^2}$ est appréciable, on peut prendre comme limites $\pm\infty$; dans ce cas l'intégrale est égale à π, et il reste

$$(17) \qquad \frac{dM}{dx} = k\,\frac{\sigma^2}{2R\,b\lambda}\,\frac{\sin^2 u}{u^2} = \frac{k}{\pi^2}\,\frac{2b\,R\lambda}{x}\,\sin^2\pi\,\frac{2a}{\lambda}\,\frac{x}{R}.$$

Pour un écart déterminé dans le plan principal de diffraction, la lumière dM couvre sensiblement l'espace $2b\,dx$; l'illumination propre à chaque couleur varie donc comme $\lambda\,\sin^2\pi\,\dfrac{2a}{\lambda}\,\dfrac{x}{R}$.

Les grandes longueurs d'onde prennent alors une importance prédominante; on peut écrire, en effet,

$$dM = \frac{k}{\pi^2}\,\frac{b}{a}\,R\lambda^2\,\sin^2 u\,du.$$

Sous cette forme, on voit que la quantité totale de lumière relative à chacune des franges latérales est proportionnelle à λ^2; la largeur de ces franges variant comme λ, l'intensité aux points correspondants est proportionnelle à la longueur d'onde.

Supposons maintenant que l'ouverture (ou l'aiguille opaque équivalente) prenne toutes les positions possibles dans le plan de l'onde incidente. Si N est le nombre des ouvertures orientées dans l'unité d'angle, de manière que $2\pi N$ soit le nombre total, la quantité de lumière relative à l'écart dx est $2\pi N\,dM$.

Si la valeur de x est notable, la hauteur $2b$ de chaque bande étant très petite, cette lumière est répandue sensiblement sur une couronne dont la surface est $2\pi x\,dx$. L'illumination $J = \dfrac{N\,dM}{x\,dx}$ en chaque point peut donc être représentée par

$$(18) \qquad J = kN\,\frac{\sigma^2}{2R\lambda b}\,\frac{1}{x}\,\frac{\sin^2 u}{u^2} = \frac{kN}{\pi^2}\,\frac{2b\,R\lambda}{x^3}\,\sin^2\pi\,\frac{2a}{\lambda}\,\frac{x}{R},$$

ou, en appelant ρ la déviation $\dfrac{x}{R}$,

$$(19) \qquad J = \frac{kN}{\pi^2}\,\frac{2b\lambda}{R^3}\,\frac{1}{\rho^3}\,\sin^2\pi\,\frac{2a}{\lambda}\,\rho = \frac{kN}{\pi}\,\frac{\sigma}{R^2\rho^2}\,\frac{\sin^2\pi\,\dfrac{2a}{\lambda}\,\rho}{\pi\,\dfrac{2a}{\lambda}\,\rho}.$$

Pour les points rapprochés du centre, il n'est plus permis de considérer la lumière $2\pi N\,d$M comme distribuée sur la couronne de largeur dx. Suivant la direction même de la lumière incidente, l'intensité relative à chacune des ouvertures est

$$I_0 = k\,\frac{\sigma^2}{R^2\lambda^2}$$

et l'illumination totale

$$(20) \qquad J_0 = 2\pi N k\,\frac{\sigma^2}{R^2\lambda^2}.$$

On voit reparaître ici le bleu des couronnes (744), défini par l'inverse des carrés des longueurs d'onde.

Dans le voisinage du centre, l'illumination sera intermédiaire à celle que donneraient les équations (19) et (20).

M. Mc Connel a calculé, pour une série de déviations, les valeurs de l'expression $\lambda \sin^2 \pi \dfrac{2a}{\lambda}\rho$, qui est proportionnelle à l'illumination de chaque couleur, d'après l'équation (19), et traduit les résultats par une courbe sur le triangle de Maxwell (149). En comparant avec les interférences à centre noir, où l'intensité est proportionnelle à $\sin^2 \pi \dfrac{\Delta}{\lambda}$, il est clair que les deux courbes doivent présenter une marche analogue, la première se déplaçant du violet vers le rouge, à cause du facteur λ qui fait dominer les couleurs moins réfrangibles.

Toutefois, M. Mc Connel conserve la même forme pour la lumière voisine du centre, sans rendre compte de l'intensité infinie qui semblerait en résulter, et conclut de l'équation (18) que le facteur d'illumination est en raison inverse de la longueur d'onde, ce qui donnerait un bleu très impur. En réalité, la courbe figurative des teintes a le même point de départ que celle des interférences à centre noir.

Si l'on tient compte de cette circonstance, on voit aisément que la lumière est bleuâtre pour des déviations très faibles, que l'orangé et le rouge dominent sur le bord de la tache centrale. Le rouge extrême de cette tache se mélange au violet de la première frange en formant du pourpre ; le même mélange se reproduit sur le bord extérieur, avec un excès de rouge, et donne une teinte rose, les couleurs du spectre étant plus pures dans l'intervalle et se succédant suivant l'ordre habituel. Enfin les franges suivantes ne montrent plus que des teintes vertes et roses qui s'affaiblissent beaucoup et disparaissent ensuite dans une nappe plus ou moins étendue de lumière blanche.

La diminution d'intensité est d'ailleurs très rapide. En effet, le maximum d'ordre p correspond sensiblement à $u = (2p + 1)\frac{\pi}{2}$, de sorte que le rapport $\frac{\sin^2 u}{u^2}$ varie de l'unité à $\left[\frac{2}{(2p + 1)\pi}\right]^2$; ce rapport est déjà réduit à $\frac{1}{200}$ pour la quatrième frange.

Le diamètre apparent du Soleil élargit les franges dans le sens de la déviation et les allonge, chacun des points de la source agissant d'une manière indépendante, de manière que la bande lumineuse relative à chaque ouverture occupe un angle dièdre d'environ $\frac{1}{2}$ degré. Les anneaux éprouvent des modifications de teinte correspondantes.

Telles sont également les apparences que l'on apercevrait sur le ciel si le nuage était un rideau d'aiguilles d'épaisseur uniforme.

Les résultats ainsi obtenus reproduisent précisément toutes les circonstances signalées par l'observation; l'explication du phénomène est donc complète, au moins si l'on admet que les seules aiguilles efficaces sont celles qui se trouvent dans la position la plus favorable, c'est-à-dire dans le plan de l'onde incidente.

Lorsqu'elles sont inclinées de l'angle α sur ce plan, la dimension transversale restant invariable, la direction des maxima et des minima n'est pas modifiée dans le plan transversal (206, III) et l'intensité ne dépend que de la projection $2b\cos\alpha$ de la hauteur sur le plan de l'onde. Pour un même azimut, le nombre des aiguilles situées dans l'angle $d\alpha$ étant $N\,d\alpha$, il suffira de remplacer b dans l'équation (19) par $2b\int\cos\alpha\,d\alpha$, le facteur 2 étant introduit pour tenir compte des aiguilles inclinées en avant ou en arrière. Il n'est pas permis en toute rigueur d'étendre cette intégrale entre les limites de $0°$ et de $90°$, parce que la projection $b\cos\alpha$ ne tarderait pas à devenir de même ordre que a, auquel cas la diffraction n'est plus limitée à une bande, mais les termes correspondants sont très petits et l'on aura une idée très approchée du phénomène en prenant

$$\int_0^{\frac{\pi}{2}} \cos\alpha\, d\alpha = 1.$$

L'illumination devient alors

$$(21) \qquad J = 2N\,\frac{k}{\pi}\,\frac{\sigma}{R^2\rho^2}\,\frac{\sin^2\pi\frac{2a}{\lambda}\rho}{\pi\frac{2a}{\lambda}\rho}.$$

Comme le nombre des aiguilles situées dans un angle droit est $N\frac{\pi}{2}$ et que la formule (21) ne renferme que le facteur N, l'intensité est la même que si la fraction $\frac{2}{\pi}$ de l'ensemble des aiguilles se trouvait dans le plan des ondes incidentes.

Cette remarque fait comprendre que les couronnes des aiguilles de glace, quoique produites par des nuages plus légers, puissent avoir autant d'éclat que celles des gouttelettes liquides. Une goutte de rayon a' et une aiguille de même volume, cette dernière étant assimilée à un cylindre circulaire, donnent

$$\frac{4}{3}\pi a'^3 = 2\pi a^2 b, \qquad a'^3 = \frac{3}{2}a^2 b = \frac{3}{2}(ab)^{\frac{3}{2}}\left(\frac{a}{b}\right)^{\frac{1}{2}}.$$

Si l'on considère seulement les phénomènes dans le voisinage de la source, l'illumination produite par N aiguilles orientées au hasard est

$$\frac{\pi}{2}J_0 = 4Nk\frac{\sigma^2}{R^2\lambda^2}.$$

L'illumination des couronnes, pour un nombre N' de gouttes, étant $N'k\frac{\sigma'^2}{R^2\lambda^2}$, le rapport de ces deux expressions est

$$\frac{N'\sigma'^2}{4N\sigma^2} = \frac{N'}{4N}\left(\frac{\pi a'^3}{4ab}\right)^2 = \frac{N'}{N}\left(\frac{\pi}{8}\right)^2\left(\frac{3}{2}\right)^{\frac{4}{3}}\left(\frac{a}{b}\right)^{\frac{2}{3}}.$$

L'éclat serait le même de part et d'autre pour la condition

$$\frac{N'}{N} = \left(\frac{8}{\pi}\right)^2\left(\frac{2}{3}\right)^{\frac{4}{3}}\left(\frac{b}{a}\right)^{\frac{2}{3}} = 3{,}776\left(\frac{b}{a}\right)^{\frac{2}{3}}.$$

A volume égal, le rapport du nombre des gouttes à celui des aiguilles est proportionnel à la puissance $\frac{2}{3}$ du rapport de la longueur des aiguilles à leur diamètre. Si l'on fait seulement $\frac{b}{a} = 27$, il en résulte $\frac{N'}{N} = 34$.

Les aiguilles de glace sont, en général, beaucoup plus disséminées que les gouttes d'eau dans les nuages, mais l'accroissement de surface est si avantageux dans les cylindres allongés que les cirrus renfermant un volume de glace beaucoup moindre (et un poids relatif encore plus faible) que celui des gouttes équivalentes dans un nuage sont capables de produire des phénomènes de diffraction aussi brillants.

Enfin les deux espèces de couronnes peuvent se produire en même temps lorsque le nuage est partiellement composé de gouttes liquides et de cristaux de glace.

Le rayon apparent des anneaux permet aussi de calculer le diamètre des filaments de glace; ce diamètre varie, d'après les observations de M. Mc Connel, de 10^μ à 45^μ. Afin de rendre ces calculs plus rapides, on peut utiliser la Table suivante : pour obtenir le diamètre, évalué en microns, il suffit de diviser le nombre correspondant à la couleur observée par la distance angulaire au Soleil mesurée en degrés.

Diamètre des filaments et des gouttes dans les couronnes.

	Filaments.	Gouttes.
Premier jaune	22	28
» rouge	28	35
» pourpre	31	38
Deuxième bleu	35	42
» vert	45	52
» jaune	51	58
» rouge	57	65
» pourpre	62	69
Troisième vert	76	83
» rouge	87	95
Quatrième vert	106	113
» rouge	124	131

REPRODUCTION ARTIFICIELLE DES PHÉNOMÈNES.

776. *Halos.* — En observant le Soleil ou la flamme d'une bougie au travers d'une lame de verre couverte par une cristallisation d'alun, Brewster ([1]) vit l'image de la source entourée de cercles irisés qui représentent l'effet des *halos*.

Quand on verse sur une lame de verre une solution chaude déjà trouble par un commencement de cristallisation, il s'y dépose rapidement des cristaux ; on reproduit le phénomène en interposant cette lame sur le trajet du faisceau de lumière qui projette sur un écran l'image d'une petite ouverture circulaire, et il est préférable de faire entrer la lumière par la face libre.

On obtient encore facilement ces cristaux en précipitant une solution saturée et froide d'alun par 10 à 15 pour 100 d'alcool ordinaire ([2]).

L'alun cristallisant en cubes, on y rencontre, en particulier, les angles droits produits par les faces p du cube, les angles dièdres pa_1 des faces du cube avec celles de l'octaèdre régulier, les dièdres $a_1 a_1$ des faces de l'octaèdre entre elles et les dièdres $a_1 b_1$ de l'octaèdre avec les faces du dodécaèdre rhomboïdal.

L'indice de réfraction de l'alun de potasse pour la raie D est 1,4565. L'angle maximum A du dièdre qui est traversé par la lumière est défini par la condition $n \sin \dfrac{A}{2} = 1$, qui donne, dans le cas actuel,

$$ n \sin \frac{A}{2} = 1, \qquad \sin \frac{A}{2} = \frac{1}{1,4565} = 0,6866 = \sin 43°22'. $$

La réfraction n'est donc pas possible dans les angles droits. Les valeurs des angles utilisables et la déviation minimum correspondante sont

Angles dièdres.	Déviation minimum.
$a_1 b_1 = 35°\ 15'\ 52''$	$17°\ 5'\ 38''$
$pa_1 = 34\ 44\ \ 8$	$29\ 19\ 42$
$a_1 a_1 = 70\ 31\ 44$	$43\ 56\ 28$

([1]) J. Herschel, *Traité de la lumière* trad. fr., t. II, p. 430; 1833.
([2]) A. Cornu, *Comptes rendus des séances de l'Académie des Sciences*, t. CVIII, p. 429; 1889.

En répétant cette expérience, M. Cornu a constaté, en effet, la formation de trois halos différents : les rayons des deux premiers étaient environ $18°,5$ et $29°,5$; le rayon du troisième, beaucoup moins net, parut de $40°$ à $45°$.

Lorsque l'alun reste en suspension dans un liquide, l'indice de réfraction relatif est diminué; les halos se resserrent et leur rayon dépend de la réfraction du liquide. Si l'on suppose que l'indice de la solution mère qui entoure les cristaux soit $1,35$, l'indice relatif devient

$$n' = \frac{n}{1,35} = \frac{1,4565}{1,35} = 1,079.$$

La réfraction est alors possible dans les angles droits et dans les dièdres de deux faces opposées d'un même pointement, lequel est supplémentaire du dièdre $a_1 a_1$. On a ainsi trois halos facilement observables :

Angles dièdres.	Déviation minimum.
$pp = \quad 90°\ 0'$	$9'\ 30''$
$a_1 a_1 = \quad 70\ 32$	$6\ 32$
$180° - a_1 a_1 = 109\ 28$	$14\ 8$

On peut répéter la même expérience avec l'azotate de soude cristallisé en rhomboèdres, dont les indices de réfraction ordinaire et extraordinaire sont $n' = 1,585$ et $n'' = 1,335$. En laissant baigner les cristaux dans leur dissolution, on obtient encore trois halos dont le diamètre dépend de la réfraction du liquide.

777. *Cercle parhélique et parhélies.* — Pour reproduire artificiellement ces phénomènes, Bravais se servit de trois lames de verre réunies sous l'angle de $60°$, de manière à constituer un prisme creux à base de triangle équilatéral qu'il remplissait d'eau, et faisait tourner ce prisme autour de son axe. En observant sur cet appareil la lumière d'une bougie située dans le plan de symétrie, ou en projetant sur un écran celle d'un faisceau primitif perpendiculaire aux arêtes, on obtient, si les lames sont bien parallèles à l'axe et également inclinées l'une sur l'autre :

$1°$ Un *cercle parhélique* dû à la réflexion de la lumière sur les faces extérieures ou à la réflexion interne;

$2°$ Un *parhélie* coloré à $24°$ dont la queue s'étend jusqu'à $45°$.

En prenant $\frac{4}{3}$ pour indice de réfraction de l'eau, on a, en effet,

$$\sin\left(30^\circ + \frac{D}{2}\right) = \frac{n}{2} = \sin 41^\circ 49', \qquad D = 23^\circ 38';$$

3° Une *zone* brillante qui débute à 90° par une bordure colorée de bleu violet et qui correspond à la réflexion totale. Le calcul conduit à une déviation de 90° 38';

4° Un *paranthélie* à 96°. Le calcul donnerait une déviation de $\pi + 83^\circ 38'$, c'est-à-dire une image située à 83° 38' de l'anthélie ou à 96° 22' de la source.

Avec un prisme de verre à base de triangle équilatéral, dont l'indice est 1.52, on trouve le *parhélie* à 37° 30', la limite de sa queue à 58°, le *paranthélie* à 82° 30' et la fin de la réflexion totale à 115° 50'. En employant la lumière solaire, on obtient même le *paranthélie* de 144° (142° pour la glace) produit par le rayon qui a subi quatre réflexions intérieures.

Le *cercle parhélique* s'obtient encore très facilement en faisant réfléchir ou transmettre la lumière par une lame de verre que l'on a frottée avec un corps gras dans une direction déterminée, ou encore par une série de tubes de verre parallèles.

Pour reproduire l'*arc tangent circumzénithal*, il suffit de fermer la base supérieure du prisme de Bravais par une lame de verre, en excluant toute bulle d'air, et de faire pénétrer la lumière par cette surface sous un angle de 15° à 20°.

Le *paranthélie blanc* de 120° s'obtiendra enfin, en supprimant le liquide, par la lumière réfléchie intérieurement sur deux faces voisines, qui forment le même angle (60°) que les faces de l'angle rentrant dans le prisme à base de dodécagone régulier.

On a vu précédemment (762) que M. Soret reproduit aussi ce paranthélie par une double réflexion intérieure dans le prisme à base hexagonale.

778. *Anthélie.* — Il suffit de remplacer le prisme tournant par une lame de verre verticale à section rectangulaire. Pour éviter la multiplication des images, il est bon de couvrir d'une substance opaque les trois faces que ne doit pas traverser la lumière, et même en dépolissant celle qui n'intervient pas dans le phénomène. On

fait tomber les rayons un peu obliquement sur la base et l'on reçoit la lumière de retour sur un miroir qui permet de l'observer facilement. On peut encore se servir d'un faisceau horizontal sur le trajet duquel on dispose une lame à faces parallèles qui laisse passer la lumière incidente et sur laquelle on observera par réflexion l'image de retour.

L'indice de réfraction du verre est trop grand pour obtenir l'image qui correspond au *paranthélie coloré* situé à 45°44' de l'anthélie; mais, avec une cuve à eau de section rectangulaire, la déviation du rayon entré par une des faces, réfléchi intérieurement sur deux autres et sorti par la quatrième, est

$$D = 2(70°32') + \frac{\pi}{2} = \pi + 51°4'.$$

Le paranthélie coloré se trouverait à 51°4' de l'anthélie.

779. *Arcs obliques.* — En frottant une lame de verre avec un corps gras suivant deux directions, l'image directe paraît traversée par deux traînées lumineuses (645) dont la direction est perpendiculaire aux stries correspondantes : c'est la reproduction des *croix de Saint-André* solaires.

La lumière réfléchie donne les mêmes apparences, c'est-à-dire les *arcs obliques de l'anthélie.*

Si les stries sont verticales, la lumière diffusée se distribue sur un cercle qui représente le *cercle parhélique.*

Enfin, si la lame est inclinée sur l'axe de rotation et qu'elle soit nue ou couverte de stries parallèles à la ligne de plus grande pente, la lumière réfléchie ou diffusée reproduit les *cercles parhéliques obliques* passant par la source. Ces courbes sont irisées de rouge lorsque le phénomène est dû à la diffusion ou diffraction.

CHAPITRE XXI.

RÉFRACTION ET DISPERSION.

PRINCIPES D'ANALYSE SPECTRALE.

780. *Spectres à raies obscures.* — Wollaston (80) reconnut pour la première fois quelques *raies sombres* dans le spectre solaire, en observant à l'œil nu, placé derrière un prisme, l'image d'une fente parallèle aux arêtes du prisme; il considéra les plus importantes comme les limites naturelles des couleurs simples, sans attribuer le même caractère aux raies intermédiaires moins faciles à reconnaître.

Cette découverte capitale n'attira pas l'attention des physiciens; Fraunhofer ne semble pas en avoir la connaissance quand il chercha de son côté dans la lumière solaire des repères définis pour la mesure des indices de réfraction et des longueurs d'onde. L'emploi d'une lunette visant l'image virtuelle de la fente au travers du prisme (66) lui permit d'obtenir un spectre beaucoup plus pur et d'y reconnaître plus de 600 raies obscures, d'inégale noirceur ou intensité, répandues sur toute l'étendue de l'image spectrale; le dessin célèbre qu'il a publié renferme environ 320 raies. La complexité du phénomène ne permettait plus d'y voir aucune relation avec la nature des couleurs.

Avec des prismes très dispersifs et particulièrement des prismes à liquides, Brewster (¹) parvint à distinguer et à dessiner plus de 2000 raies; en étendant les observations aux deux limites extrémités du spectre, la longueur totale de sa Carte est supérieure de $\frac{1}{10}$ à celle de Fraunhofer.

En réalité, si l'intensité moyenne des radiations émises par le

---

(¹) D. BREWSTER, *Trans. of the R. S. Edinb.*, t. XII, p. 519; 1833.

Soleil varie d'une manière continue, il s'y produit des minima brusques, en nombre pour ainsi dire illimité, qui se révèlent successivement à mesure qu'on augmente la puissance des instruments d'observation. La Carte du spectre solaire présente ainsi les mêmes difficultés que la Carte des étoiles dans le ciel.

Ces minima doivent se retrouver avec le même caractère dans l'ensemble des radiations de longueurs d'onde plus grandes ou plus faibles, qui constituent le spectre infra-rouge et le spectre ultra-violet; on n'est limité dans leur étude que par la sensibilité des méthodes d'observation.

Dans le spectre infra-rouge, les radiations peuvent être rendues visibles en partie au moyen des substances phosphorescentes [1], mais une étude générale exige que l'on ait recours aux observations assez grossières de thermométrie. W. Herschel [2] a constaté que l'intensité calorifique croît d'une manière continue du violet au rouge dans le spectre solaire et présente, au delà du rouge, des minima très marqués, ou des bandes relativement *froides*.

J. Herschel [3] parvint même à en obtenir l'image. Une feuille de papier très fin était recouverte sur l'une des faces d'encre de Chine ou de noir de fumée, l'autre face imbibée d'alcool rectifié qui lui donne une teinte plus foncée. Quand on projette un spectre solaire sur la face blanche, ou plutôt sur la face noircie, la dessiccation se fait d'une manière inégale, suivant l'intensité calorifique de chaque région; la blancheur primitive du papier reparaît plus ou moins rapidement et les parties qui correspondent aux minima de chaleur restent sombres.

Cette image est fugitive, mais on peut la fixer par un lavage avec une dissolution alcoolique de matières colorantes qui donne des teintes différentes aux portions humides ou desséchées.

L'emploi d'un prisme de flint complique le phénomène par l'absorption qu'exerce le milieu réfringent. Les prismes de sel gemme, dont la transparence est plus parfaite pour les radiations calorifiques, permettent d'éviter cette cause d'erreur.

Avec des thermomètres de très petites dimensions, MM. Fizeau

[1] *Voir* H. Becquerel, *Ann. de Ch. et de Phys.* [5], t. XXX, p. 5; 1883.
[2] W. Herschel, *Phil. Trans. L. R. S.*, p. 284; 1800.
[3] J.-F.-W. Herschel, *Phil. Trans. L. R. S.*, p. 1; 1840 et p. 181; 1842.

et Foucault ont pu mettre en évidence les minima calorifiques dans les franges d'interférence (144) ou dans les spectres cannelés des lames cristallines. M. Fizeau (¹) a ainsi retrouvé les minima de W. Herschel; en adoptant une loi vraisemblable sur la marche de la double réfraction, il a donné une évaluation très approchée des longueurs d'onde correspondantes et étendu ces observations jusqu'aux longueurs d'onde de $1^{\mu},940$, quatre fois supérieures à celles de la lumière verte.

Par l'emploi du *bolomètre* (690), M. Langley a étudié avec plus de détails la distribution de ces minima de chaleur; il signale même dans le rayonnement lunaire (707) des radiations dont la longueur d'onde serait supérieure à 18^{μ}.

Toutefois les bandes observées par ces différentes méthodes sont généralement assez larges; elles paraissaient dues à une absorption plus générale de l'atmosphère et ne sont pas véritablement comparables aux raies du spectre lumineux.

J. Herschel reconnut aussi que les rayons plus réfrangibles que le violet sont encore visibles, avec des précautions particulières, et prennent une teinte *lavande*. Cette propriété s'étend aussi loin que la Photographie (81), mais l'éclat est si faible que les détails des images échappent à l'observation. On peut rendre ces radiations plus apparentes en les recevant sur des substances fluorescentes, telles que le sulfate de quinine en dissolution dans une liqueur acide. Ce mode d'observation a été utilisé par différents physiciens; M. Baille (²) et M. Soret (³) ont même proposé de constituer ainsi un oculaire direct renfermant une lame fluorescente qui s'illumine sous l'influence des radiations situées dans l'ultra-violet, mais la méthode n'a pas la sensibilité et la précision des épreuves photographiques.

Scheele (⁴) avait déjà constaté que l'altération du chlorure d'argent par la lumière est beaucoup plus grande dans le violet que dans les autres couleurs.

(¹) H. Fizeau, *Bulletin de la Société Philomathique*, 11 décembre 1847. — *Ann. de Ch. et de Phys.* [5], t. XV, p. 394; 1878.

(²) J.-B. Baille, *Ann. du Conserv. des Arts et Métiers*, t. VII, p. 216; 1866.

(³) J.-L. Soret, *Archives de Genève*, t. XLIX, p. 338; 1874. — *Journal de Physique* [1], t. III, p. 253; 1874, et t. VI, p. 161; 1877.

(⁴) Scheele, *Traité chimique de l'air et du feu*, § 66; 1781.

Wollaston trouva que cette action se prolonge plus loin dans le spectre, à une distance presque égale à celle de l'image lumineuse; J. Herschel reconnut aussi que le maximum d'effet photographique dépend de la nature des substances sensibles, et il chercha, sans succès, à constater l'existence de bandes inactives.

La projection d'un spectre pur sur une substance sensible permit à M. Ed. Becquerel ([1]) de retrouver dans l'ultra-violet une série de raies inactives analogues aux lignes noires du spectre lumineux. Sir G. Stokes fit l'importante découverte que le spectre de l'arc électrique est beaucoup plus étendu que celui du rayonnement solaire et que les rayons très réfrangibles sont rapidement absorbés par la plupart des milieux transparents à la lumière, tandis qu'ils traversent facilement le quartz et le spath d'Islande; il en est à peu près de même pour le spath-fluor.

L'emploi de ces cristaux est donc nécessaire pour constituer les appareils, prismes ou lentilles, destinés à l'étude des radiations extrêmes situées au delà du violet, comme celui du sel gemme dans le cas des radiations calorifiques.

Avec un spectroscope ainsi constitué, prisme de spath d'Islande et lentilles de quartz, il suffit de remplacer l'oculaire de la lunette par une plaque sensible située derrière le réticule dans le plan de formation des images ([2]). La mise au point de cet *oculaire photographique* exige des précautions spéciales, parce que les objectifs ne sont plus achromatisés et que les changements de foyer sont assez rapides, mais on y arrive facilement par une suite d'opérations méthodiques; la projection du réticule sur l'épreuve permet en même temps de faire la mesure des déviations. En examinant ensuite ces épreuves au microscope, on peut faire la Carte du spectre et déterminer la position des raies avec la même exactitude que dans la vision directe des radiations lumineuses.

J'ai ainsi dessiné un spectre ultra-violet qui renferme environ sept cents raies. M. Cornu ([3]) a prolongé ces recherches en profitant des épreuves obtenues pour les moindres distances zéni-

---

([1]) Ed. Becquerel, *Comptes rendus des séances de l'Académie des Sciences*, t. XIV, p. 901; 1842.

([2]) E. Mascart, *Annales de l'École Normale supérieure*, t. I, p. 219; 1864.

([3]) A. Cornu, *Annales de l'École Normale supérieure*, [2], t. III, p. 241; 1874. et t. IX, p. 21; 1880.

thales du Soleil ou sur les stations élevées (**729**) et publié une Carte normale un peu plus détaillée du spectre ultra-violet.

La Photographie a été mise encore à profit, même pour l'étude de la plus grande partie du spectre lumineux, par l'avantage qu'elle présente de conserver l'épreuve de la région observée. Nous devons renvoyer aux Mémoires spéciaux pour l'examen de tous ces détails; les figures de la *Pl. I* (t. I) suffiront sans doute pour reconnaître dans chaque cas la position des lignes de repère.

781. *Raies brillantes.* — Après avoir découvert les raies du spectre solaire, Wollaston reconnut que, pour la lumière *bleue* de la flamme d'une bougie, le spectre paraît divisé en cinq images différentes, séparées par des intervalles obscurs; « lorsque l'objet examiné, dit-il, est une ligne bleue de lumière électrique, j'ai vu aussi le spectre séparé en plusieurs images, mais le phénomène est un peu différent du précédent ». Fraunhofer a constaté également que si le spectre des flammes ordinaires est à peu près continu, on y voit cependant une raie beaucoup plus brillante que le fond général, exactement à la place occupée par la double raie sombre D du spectre solaire. « La lumière électrique est, par rapport aux lignes et aux raies du spectre, très différente de la lumière du Soleil ou d'une lampe; on y rencontre plusieurs lignes en partie très claires, etc. ».

Il en est ainsi, en réalité, dans tous les cas où la lumière est produite par un corps incandescent à l'état gazeux; le spectre est formé par un système plus ou moins complexe de lignes brillantes qui se détachent sur un fond obscur; la période des radiations émises par les sources de cette nature varie d'une manière discontinue, comme l'ensemble des notes d'un orchestre ou les harmoniques d'un corps solide en vibration.

Quant au spectre continu des flammes éclairantes, il est dû à la lumière émise par les parcelles de charbon solide (**690**) en suspension et la raie jaune à une origine entièrement différente.

Si l'on diminue l'éclat de la flamme, soit par la combustion d'un corps moins carburé, comme l'alcool, soit par l'introduction d'un grand excès d'air, comme dans le bec Bunsen, les particules solides disparaissent et le spectre est entièrement discontinu.

C'est ainsi que Brewster ([1]) a constitué une lampe *monochromatique* par la combustion de l'alcool *salé;* le spectre de la flamme est formé presque uniquement par la double raie D, que l'on doit attribuer au sel marin dissous dans le liquide.

A la même époque, J. Herschel ([2]) étudie les flammes de l'alcool qui renferme en dissolution un certain nombre de sels, particulièrement des chlorures. Il obtient ainsi des colorations très variées et des spectres présentant différents systèmes de raies brillantes; il ajoute cette remarque importante que « les couleurs ainsi communiquées à la flamme par différentes bases fournissent dans bien des cas un moyen rapide et élégant pour en découvrir de très petites quantités ».

Fox Talbot ([3]) montre que la raie jaune observée dans presque toutes les flammes est due à la soude, établit une distinction complète entre les spectres des feux rouges obtenus par les sels de strontiane et de lithine, et il insiste dans les termes suivants sur la portée de cette méthode d'analyse : « On peut s'attendre à ce que les recherches optiques, conduites avec soin, viennent jeter quelque jour nouveau sur la Chimie. »

En reprenant l'étude des étincelles électriques obtenues avec des appareils plus puissants, Wheatstone ([4]) démontre que la composition de la lumière ne dépend pas de la source d'électricité, ni de la nature du gaz dans lequel on les produit, mais uniquement de la nature des conducteurs métalliques au point d'interruption, que le système de raies brillantes est particulier à chaque métal, que le spectre renferme les systèmes distincts des différents métaux constituant les électrodes, et que l'on peut ainsi établir une distinction caractéristique entre les conducteurs employés comme électrodes; c'est la première fois que le principe de l'analyse spectrale est énoncé aussi clairement.

Cette conclusion est confirmée par les expériences plus com-

([1]) D. Brewster, *Edinb. Phil. Trans.,* t. IX, p. 433; 1822.

([2]) J. Herschel, *Edinb. Phil. Trans.,* t. IX, p. 455; 1822. — *Encyclop. metropolitana,* p. 438; 1827.

([3]) Fox Talbot, *Edinb. Journal of Science,* t. V, p. 77; 1826. — *Phil. Mag.* [3], t. IV, p. 114; 1834.

([4]) Wheatstone, *Brit. Ass. Rep.,* p. 11; 1835.

plètes de Masson (¹), qui retrouve, par exemple, les raies du zinc et du cuivre dans le spectre obtenu avec des électrodes de laiton ; il ajoute que les spectres renferment presque toujours des raies communes qui sont dues au gaz ambiant.

Lorsque l'étincelle est plus longue et surtout quand on diminue la pression du gaz, l'influence des électrodes n'est plus prédominante et le spectre finit par être composé exclusivement par des raies caractéristiques du gaz (²). Ce mode d'observation s'est généralisé par l'emploi de tubes à gaz raréfiés renfermant une partie capillaire dans laquelle la lumière prend beaucoup plus d'éclat. Plücker a reconnu ainsi que les raies brillantes de l'hydrogène correspondent à des raies obscures du spectre solaire, les deux plus importantes occupant exactement la position des lignes C et F de Fraunhofer.

Dans le même ordre d'idées, nous citerons également le travail de Swan (³) sur la flamme bleue du bec Bunsen. Une flamme éclairante, comme celle des bougies, présente un cône intérieur obscur qui renferme en excès les gaz combustibles, puis une enveloppe brillante bordée de bleu sur son bord interne, dans laquelle la combustion est incomplète, et un cône extérieur peu lumineux où l'air se trouve en excès.

Dans le bec Bunsen, où le gaz combustible est mélangé à l'air, l'enveloppe intermédiaire disparaît et la flamme n'est plus éclairante ; le cône intérieur se termine par une pointe bleue dont le spectre possède un système très complexe de raies brillantes. Ces raies présentent le même caractère avec le gaz d'éclairage et tous les hydrocarbures ; elles paraissent dues au carbone en vapeur.

Plusieurs gaz donnent ainsi des *bandes* lumineuses composées d'un certain nombre de raies dont l'ordre de succession et le mode de groupement présentent un intérêt particulier.

Les sources artificielles sont particulièrement riches en rayons

---

(¹) A. Masson, *Ann. de Chim. et de Phys.* [3], t. XXXI, p. 296 ; 1851, et t. XLV, p. 385 ; 1855.

(²) A.-J. Angström, *Pogg. Ann.*, t. XCIV, p. 141 ; 1855. — Van der Willigen, *ibid.*, t. CVI, p. 610, et t. CVII, p. 473 ; 1859. — Plücker, *ibid.*, t. CVII, p. 497 et 638 ; 1859. — *Ann. de Chim. et de Phys.*, [3], t. LVII, p. 367 et 497 ; 1859.

(³) W. Swan, *Edinb. Phil. Trans.*, t. XXI, p. 411 ; 1859. — *Ann. de Chim. et de Phys.*, [3], t. LVII, p. 363 ; 1859.

ultra-violets; la Photographie permet ainsi d'en faire une étude qui s'applique à un ensemble de radiations plus étendu que celui de la lumière solaire.

782. *Raies d'absorption.* — La transparence des milieux solides ou liquides est généralement très inégale pour les différentes radiations, dans le cas même où ils ne paraissent exercer aucune absorption sur la lumière. Les verres ou les liquides colorés ne transmettent quelquefois qu'une bande étroite de lumière assez homogène, mais il y a presque toujours plusieurs maxima de lumière transmise séparés par des bandes plus sombres (**725**) et l'on n'y trouve pas de lignes noires analogues aux raies obscures du spectre solaire.

Le phénomène change de caractère pour les gaz.

Brewster a constaté que les vapeurs d'*acide hypoazotique* produisent dans le spectre, à la température ordinaire, plusieurs centaines de lignes noires très étroites. Le nombre, l'intensité et la largeur de ces raies augmentent à mesure que l'on fait croître l'épaisseur de la couche gazeuse, conformément à la loi générale d'absorption (**222**), ou qu'on élève la température.

H. Miller (¹) retrouve les mêmes apparences dans le spectre d'absorption des vapeurs d'*iode* et de *brome*. Les deux systèmes de raies présentent beaucoup d'analogies, quoique leur constitution soit entièrement différente.

En soumettant un grand nombre de gaz à ce genre d'observations, A. Miller (²) a reconnu que les gaz incolores ne donnent pas de raies d'absorption dans le spectre lumineux, qu'il en est de même pour un certain nombre de vapeurs colorées telles que le *chlore* ou l'*acide hypochloreux*, les vapeurs d'*indigo*, d'*alizarine*, d'*acide permanganique*, etc., tandis que les raies apparaissent dans les acides *chloreux* et *hypochlorique* et dans le *perchlorure de manganèse*.

Cette observation est incomplète. En réalité, tous les gaz, même incolores, exercent une absorption élective caractérisée par des lignes plus ou moins étroites, quand on les étudie sous

---

(¹) W.-H. MILLER, *Phil. Mag.* [3], t. II, p. 381; 1833.
(²) W.-A. MILLER, *Phil. Mag.*, [3], t. XXVII, p. 81; 1845.

une épaisseur suffisante. M. Janssen ([1]) a constaté, par exemple, que la lumière du gaz, après avoir traversé un tube de 37^m de longueur renfermant de la vapeur d'eau à 7^{atm}, présentait dans le jaune et le rouge du spectre plusieurs groupes de raies d'absorption; les mêmes raies apparurent dans la lumière d'un bûcher observé de Genève à la distance de 21^{km}, tandis qu'elles étaient insensibles au voisinage de la flamme.

Nous rappellerons enfin une expérience de Foucault ([2]) qui n'a pas suffisamment attiré l'attention des physiciens.

L'arc électrique produit entre deux charbons fournit à l'analyse prismatique une multitude de raies lumineuses irrégulièrement groupées et en particulier une double raie jaune. Pour constater si elle coïncide avec les raies D du spectre solaire, Foucault fit tomber sur l'arc lui-même une image du Soleil.

L'arc est d'une transparence extrême et la correspondance des deux groupes considérés est absolue, mais il se produit ce résultat inattendu que les raies D de la lumière solaire paraissent alors beaucoup plus foncées. « Ainsi l'arc offre un milieu qui émet pour son propre compte les rayons D et qui, en même temps, les absorbe lorsque ces rayons viennent d'ailleurs. »

Le Mémoire d'Angström, publié en 1853, renferme l'explication très nette des raies noires par ce principe d'Euler « qu'un corps absorbe la série d'oscillations qu'il peut lui-même produire ».

On peut être étonné aujourd'hui que l'analyse spectrale ait tardé si longtemps à s'introduire dans la science, après tant d'observations qui en avaient démontré tous les faits principaux. Il était réservé à Kirchhoff et Bunsen d'attacher leur nom à une méthode d'observation si féconde, d'en établir les principes, de la confirmer par la découverte de nouveaux corps simples, d'en déduire des conséquences importantes pour la Philosophie générale des Sciences, pour la constitution chimique et physique des astres, et d'ouvrir ainsi la voie à une foule de travaux ultérieurs.

783. *Renversement des raies.* — Dans son premier Mémoire

([1]) J. Janssen, *Ann. de Chim. et de Phys.* [4], t. XXIII, p. 274, et t. XXIV, p. 215; 1871.

([2]) L. Foucault, *Bulletin de la Société Philomathique,* 7 févr.; 1849. — *Ann. de Chim. et de Phys.,* [3], t. LVIII, p. 476; 1860.

sur ce sujet, Kirchhoff (^{1}) décrit précisément une expérience analogue à celle de Foucault.

Le spectre de la chaux incandescente (lumière Drummond) présente dans les premiers instants la double raie brillante caractéristique du sodium, mais cette raie ne tarde pas à disparaître. Si alors on interpose sur le trajet des rayons une flamme d'alcool salé, on voit apparaître dans le spectre deux raies obscures qui prennent exactement la place des raies brillantes principales; il y a *renversement* des raies de la flamme. La présence d'un sel de lithine dans l'alcool fait apparaître, de même, une raie obscure dans le rouge au point où se trouve la raie brillante du lithium.

Kirchhoff généralise ensuite ce résultat en démontrant que pour toute vibration le pouvoir émissif d'un corps est proportionnel à son pouvoir absorbant. Cette propriété avait déjà été établie par expérience pour la chaleur rayonnante et elle résulte de la théorie de Fourier relative à l'équilibre de température, mais on avait toujours envisagé des faisceaux de composition hétérogène et l'émission due seulement aux couches superficielles. Une simple modification de la théorie de Fourier permet de préciser davantage les phénomènes.

Considérons, par exemple, deux miroirs plans M et m, parallèles et indéfinis, dont le pouvoir réflecteur est égal à l'unité, et supposons qu'ils soient couverts respectivement de plaques P et p de deux corps différents, le premier capable d'émettre et d'absorber toutes les radiations, tandis que l'émission et l'absorption du second sont limitées à une seule longueur d'onde λ.

Soient E et e les pouvoirs émissifs des deux corps pour cette radiation particulière, c'est-à-dire l'intensité du faisceau émis dans une direction déterminée par l'unité de surface et pendant l'unité de temps, tant par les couches superficielles que par les réflexions intérieures; A et a les pouvoirs absorbants correspondants. Ces coefficients sont d'ailleurs des fonctions de l'inclinaison et la température.

Toute radiation, autre que celles de longueur d'onde λ, émise par le corps P, y revient en totalité après un certain nombre de

---

(^{1}) Kirchhoff, *Monatsb. der Ak. der Wissensch. zu Berlin,* p. 662; 1859. — *Ann. de Chim. et de Phys.*, [3], t. LVIII, p. 254; 1860.

réflexions ; il y a donc toujours équilibre de température en ce qui les concerne.

Pour les rayons considérés, la plaque P émet un faisceau d'intensité E. Une fraction $E\,a$ est absorbée par le plaque p, le reste $E(1-a)$ est réfléchi ; une partie $E(1-a)A$ du faisceau de retour est absorbée par P et le reste $E(1-a)(1-A)$ réfléchi. En posant $(1-a)(1-A)=k$, on voit que la plaque p absorbe successivement des fractions a, ak, ak^2, ... du faisceau primitif, de sorte que la quantité totale absorbée est

$$E\,a(1+k+k^2+\ldots)=\frac{E\,a}{1-k}.$$

Par la même raison, le faisceau e qui provient de la plaque p est absorbé par la plaque P pour la fraction $\dfrac{A}{1-k}$ et la différence $e\left(1-\dfrac{A}{1-k}\right)$ revient finalement sur la source. L'équilibre de température limité à ces radiations exige la condition

$$e=E\frac{a}{1-k}+e\left(1-\frac{A}{1-k}\right),$$

c'est-à-dire

$$E\,a=e\,A, \qquad \text{ou} \qquad \frac{E}{A}=\frac{e}{a}.$$

Il y a donc, pour toutes les radiations, proportionnalité entre les pouvoirs émissif et absorbant.

Cette démonstration est un peu sommaire et pourrait donner lieu à plusieurs objections. On n'a pas tenu compte en particulier des altérations de longueur d'onde, c'est-à-dire des phénomènes de phosphorescence ou de fluorescence, ni des changements d'incidence ou des effets de polarisation ; mais, sans discuter la théorie de plus près, il est intéressant d'en examiner les conséquences.

Le rapport des pouvoirs émissif et absorbant serait ainsi, pour tous les corps, une même fonction de la température et de la longueur d'onde.

Pour les solides opaques, qui absorbent toutes les radiations, l'expérience montre (**690**) que le pouvoir émissif relatif à une longueur d'onde déterminée est d'abord nul ou très faible, jusqu'à une certaine température, et qu'il croît ensuite rapidement pour atteindre peut-être un maximum; le pouvoir absorbant varie dans le même sens. On s'explique ainsi que les corps transparents, comme les verres fondus, soient très peu lumineux aux températures les plus élevées.

Pour les gaz et les vapeurs, le pouvoir émissif varie d'une manière discontinue avec la longueur d'onde; il doit en être de même pour le pouvoir absorbant, et les vibrations émises par le corps seront plus énergiquement absorbées.

On peut alors préciser les conditions dans lesquelles s'observera le renversement des raies.

Sur le trajet des rayons émis par une source S à vibrations continues, on interpose une flamme capable d'émettre uniquement la longueur d'onde λ. L'intensité des radiations voisines n'est pas modifiée puisque la flamme est transparente. Pour cette radiation particulière, la flamme absorbe une fraction a de l'intensité primitive E et laisse passer la différence $E(1 - a)$; dans la même direction, la flamme émet la quantité e. Si l'on néglige les rayons de retour sur la source, ce qui revient à supposer son pouvoir absorbant égal à l'unité, l'intensité du faisceau émergent est augmentée ou diminuée suivant que l'on a

$$E(1 - a) + e \gtrless E \qquad \text{ou} \qquad \frac{e}{a} \gtrless E.$$

Il n'est pas exact d'en conclure, comme on le fait quelquefois, que la raie correspondante doit paraître brillante ou renversée dans le spectre suivant que la température de la flamme est supérieure ou inférieure à celle de la source, car on peut à volonté, par une limitation des ouvertures ou l'emploi de surfaces diffusantes, affaiblir l'intensité E du faisceau primitif sans modifier ses caractères. D'autre part, les coefficients e et a n'ont plus la même signification que précédemment, car si l'on augmente beaucoup l'épaisseur du gaz et, par suite, l'absorption, la quantité de lumière qu'il est capable d'émettre dans une direction déterminée ne varie pas dans le même rapport. C'est ainsi qu'avec une flamme d'alcool salé interposée sur le trajet de la lumière solaire, on peut, à volonté, faire disparaître les raies D, les rendre brillantes ou plus sombres, en modifiant l'intensité du faisceau primitif.

Une autre manière d'interpréter le phénomène est de considérer.

avec M. Stokes ([1]), conformément au principe d'Euler, la vapeur de sodium comme un corps dont la structure mécanique est compatible avec des vibrations de périodes déterminées. Placée sur le trajet d'un faisceau de lumière complexe, elle absorbe les vibrations correspondantes et les disperse dans toutes les directions; le faisceau primitif peut en être affaibli ou augmenté suivant les cas. C'est ainsi qu'en produisant un son musical devant une table de piano, la seule corde qui vibre est celle qui correspond à la même période.

Les dispositions expérimentales qui permettent de constater ce renversement sont très nombreuses.

On voit apparaître les raies en interposant devant la flamme d'une bougie un tube de verre qui renferme de l'amalgame de sodium en ébullition (Kirchhoff).

Si l'on a fait brûler du sodium dans une enceinte et que l'on y place deux flammes d'alcools, la plus faible vue par projection sur la plus intense paraît bordée de noir (Crookes).

Le sodium en ébullition, dans un tube rempli d'hydrogène, semble produire des fumées noires quand on l'éclaire avec une flamme d'alcool salé (Roscoe). M. Coulier répète cette expérience plus simplement en plaçant du sodium dans un tube purgé de tout gaz. Une très faible élévation de température suffit pour produire des vapeurs abondantes invisibles à la lumière ordinaire et absolument noires dans l'éclairage des flammes jaunes.

On arrive au même résultat en brûlant un morceau de sodium dans l'air (M. Fizeau). La lumière présente d'abord la double raie brillante; à mesure que la combustion devient plus active, ces raies s'élargissent, en même temps que la lumière envahit toute l'étendue du spectre, et il ne manque plus que les rayons de la double raie D, qui se détache en noir intense d'aspect velouté. J'ai constaté également qu'il suffit d'introduire dans la flamme du chalumeau à gaz tonnants un sel de soude peu volatil, tel que le phosphate.

Un fragment de sodium, placé dans l'arc électrique, produit aussi le renversement; si la vapeur est en quantité suffisante, les bandes noires s'élargissent à leur tour, et j'ai pu observer de nouveau l'apparition de lignes jaunes brillantes très fines sur le fond noir des raies renversées.

([1]) Sir W. Thomson, *Ann. de Chim. et de Phys.*, t. LXII, p. 190; 1861.

L'inversion du phénomène a lieu avec la plupart des métaux que l'on volatilise dans l'arc électrique ([1]), et même dans l'illumination des gaz raréfiés, mais il ne se produit pas avec la même facilité pour toutes les raies d'un système et débute toujours par les plus brillantes. Le renversement des raies peut donc être partiel et il suffit d'une couche très mince de vapeurs plus froides pour le provoquer; il en résulte des conséquences importantes au point de vue de la constitution des astres.

L'extension progressive des raies paraît devoir s'expliquer (134) par cette circonstance que le milieu émet des radiations, pour ainsi dire latérales, voisines de celles qui correspondent aux déformations infiniment petites, comme pour les vibrations sonores d'un solide. Le renversement est un effet très complexe, qui dépend des variations de température et de la quantité de vapeur dans la source et l'atmosphère qui l'entoure. La lumière émise par le noyau central éprouve dans les autres couches une sorte de diffusion qui affaiblit les rayons directs; le renversement peut avoir lieu aussi bien pour les radiations latérales et l'apparition nouvelle des raies brillantes sur le champ obscur de la lumière principale renversée tiendrait aux rayons émis par l'enveloppe extérieure.

784. *Applications à la Chimie.* — Les Mémoires célèbres de Kirchhoff et Bunsen ([2]) ont amené une véritable révolution dans l'analyse chimique qualitative par l'extrême sensibilité de la nouvelle méthode. Dès le début, les auteurs eurent la bonne fortune d'en démontrer la fécondité par la découverte de deux métaux alcalins, le *rubidium* et le *cæsium;* l'année suivante (1862), Crookes reconnaissait la présence d'un autre métal, le *thallium,* dans les résidus de fabrication de l'acide sulfurique par les pyrites, puis Reich et Richter trouvèrent l'*indium* dans la blende de Freyberg, etc. Depuis cette époque, le spectroscope est devenu un instrument indispensable, particulièrement dans toutes les recherches relatives aux métaux rares; il est même entré dans l'industrie pour l'étude de la flamme des foyers.

---

[1] A. Cornu, *Comptes rendus des séances de l'Académie des Sciences,* t. LXXIII, p. 332; 1871.

[2] G. Kirchhoff et R. Bunsen, *Pogg. Ann.,* t. CX, p. 161; 1860. — *Ann. de Chim. et de Phys.* [3], t. LXII, p. 452; 1861, etc.

On avait cru d'abord que les raies nouvelles produites dans le spectre d'une flamme par les substances salines volatilisées ne dépendent que de la nature des métaux que renferment les sels, ou au moins de la nature des éléments constituants, métaux et métalloïdes. Le phénomène est en réalité moins simple. Les raies proprement métalliques interviennent en général pour la plus grande part, mais celles qui caractérisent les métalloïdes peuvent apparaître en même temps et il se produit, en outre, des systèmes variables suivant la nature des combinaisons (¹). Il semble que le corps volatilisé subit une dissociation partielle, chacune des substances qui existent dans la vapeur, métal, métalloïde et composés divers, produisant un spectre particulier, dont l'ensemble donne lieu à des apparences quelquefois très complexes.

Il arrive même que le spectre des dissolutions présente des bandes d'absorption correspondant aux raies brillantes du métal; tel est le cas des sels d'*erbine* (Bahr et Bunsen). Dans les dissolutions de *didyme*, au contraire, on trouve des bandes d'absorption tout à fait comparables, mais elles ne présentent plus aucune analogie avec les raies brillantes des sels volatilisés (Gladstone).

785. *Origine des raies du spectre solaire.* — La coïncidence des lignes noires D du spectre solaire avec les raies jaunes du sodium, des lignes C et F avec les raies brillantes de l'hydrogène ne sont pas des faits isolés. Le plus grand nombre des lignes obscures du spectre solaire occupent exactement la même position que les raies brillantes de certaines vapeurs métalliques ou de gaz incandescents. Kirchhoff a eu le mérite d'en dégager une loi générale, en appliquant le principe du renversement, et de fonder cette belle théorie qui permet de déterminer la constitution chimique des astres par l'analyse de la lumière qu'ils émettent.

La présence dans le spectre solaire des raies renversées d'un métal ou d'un gaz permet d'affirmer l'existence de cet élément dans la constitution du Soleil (le *fer*, en particulier, y joue un rôle prépondérant, surtout dans la région ultra-violette), mais la conclusion inverse n'est pas rigoureuse. L'absence d'une ligne noire au point qui correspond à la raie rouge du *lithium* ne

---

(¹) A. MITCHERLICH, *Pogg. Ann.*, t. CXXI, p. 459; 1864.

prouve pas l'absence de ce métal dans le Soleil, mais seulement qu'il n'existe pas en quantité importante. De même, certaines lignes obscures, en petit nombre d'ailleurs, qui appartiennent manifestement à la lumière solaire, n'ont encore pu être identifiées avec les raies brillantes de substances connues; il paraît difficile d'affirmer si ces lignes indiquent des corps étrangers à la Chimie terrestre ou si elles tiennent seulement aux conditions de température et de pression à la surface du Soleil.

Toutefois, ce n'est là qu'une partie du phénomène.

Brewster reconnut, dès 1833, que plusieurs groupes de raies sombres, en particulier dans la région qui va du jaune à l'extrême rouge, sont à peine visibles quand le Soleil est très élevé et deviennent de plus en plus importantes à mesure qu'il se rapproche de l'horizon; elles ne peuvent être attribuées qu'à une absorption dans l'atmosphère terrestre. Cette remarque a été confirmée par les observations de M. Piazzi Smyth [1] sur le Pic de Ténériffe et par les travaux ultérieurs de Brewster et Gladstone [2].

Brewster appelle *atmosphériques* et M. Janssen *telluriques* ces raies qui n'appartiennent pas à la lumière solaire. M. Janssen a vérifié directement qu'on les retrouve dans le spectre d'absorption de la vapeur d'eau, mais la concordance est incomplète.

Angström [3] a constaté, en effet, que si les groupes de raies telluriques voisines de C et D, ainsi que le groupe a, sont visibles en raison de la quantité d'eau que renferme l'atmosphère, les bandes A, B et une troisième bande α de longueurs d'onde un peu moindres persistent pendant les plus grands froids, alors que l'humidité est négligeable, tout en subissant les mêmes variations d'intensité à mesure que le Soleil se rapproche de l'horizon. L'air sec possède donc un système spécial de bandes d'absorption; les observations ne semblent pas permettre encore de savoir si elles doivent être attribuées à l'ensemble des éléments qui les constituent, oxygène, azote, acide carbonique, ozone, ou plus spécialement à l'une de ces substances.

La comparaison des bandes A et B a montré qu'elles ont la

[1] C. Piazzi Smyth, *Phil. Trans. L. R. S.*, p. 465; 1858.
[2] D. Brewster et J.-H. Gladstone, *Phil. Trans. L. R. S.*, p. 149; 1860.
[3] A.-J. Angström, *Recherches sur le spectre solaire.* Upsal, 1868.

même constitution ([1]) et ce caractère se retrouve également dans la bande α ([2]); nous y reviendrons plus loin.

On a reconnu depuis longtemps sur le bord du Soleil, au moment des éclipses totales, des *protubérances rouges* qui peuvent se prolonger jusqu'à une distance égale au tiers du rayon.

Pendant l'éclipse du 18 août 1868, plusieurs observateurs situés en différentes stations, MM. Janssen, Rayet, Tennant, Herschel ([3]) reconnurent que le spectre des protubérances renferme une série de raies brillantes, au nombre de neuf, d'après M. Rayet, ou de trois raies principales seulement, qui correspondent aux raies C et F de l'hydrogène, la troisième voisine de D; la nature gazeuse de ces excroissances rouges était ainsi démontrée.

M. Janssen conçut en même temps l'idée de rechercher si les protubérances ne peuvent pas être aussi observées en dehors des éclipses et fut assez heureux pour les retrouver dès le lendemain. En faisant tomber l'image du Soleil sur une fente de spectroscope perpendiculaire au bord de l'astre, on élimine à volonté la lumière directe du disque et les raies apparaissent brillantes sur le spectre plus pâle dû à la lumière diffusée par les régions voisines du ciel; il est donc facile d'observer à toute époque la formation des protubérances et leurs modifications rapides en suivant au spectroscope le contour de l'image.

Le principe de cette méthode avait été indiqué déjà par M. Lockyer ([4]) en 1866 et appliqué à la recherche des raies brillantes sur le bord du Soleil, mais ses tentatives furent d'abord infructueuses, sans doute par l'ignorance des régions du spectre où l'on devait les trouver. Dès l'annonce des résultats obtenus pendant l'éclipse de 1868, M. Lockyer retrouva ces raies à Londres; il ajouta que les protubérances ne sont que des accumulations locales d'une couche qui apparaît sur tout le contour du Soleil.

Le succès des observations directes tient à cette circonstance

---

([1]) S.-P. Langley, *Proceed. of the Amer. Acad.*, t. XIV, p. 92; 1878.

([2]) A. Cornu, *Ann. de Chim. et de Phys.*, [6], t. VII, p. 5; 1886.

([3]) Janssen, *Comptes rendus des séances de l'Académie des Sciences*, p. 494, 838 et 920; 1868. — G. Rayet, *ibid.*, p. 757. — Tennant, *Monthly Notices*, t. XXVII, p. 79 et 174; 1868. — J. Herschel, *ibid.*, t. XXIX, p. 5; 1889.

([4]) N. Lockyer, *Proc. of the R. S.*, t. XV, p. 256; 1866. — *Comptes rendus des séances de l'Académie des Sciences*, t. LXVII, p. 836 et 949; 1868.

que l'affaiblissement général du spectre par dispersion n'affecte pas au même degré les radiations homogènes; le phénomène est alors comparable à celui que présente l'emploi des lunettes dans l'observation des étoiles (96). Abstraction faite de la lumière absorbée par les prismes, le spectre de la région du ciel dont la fente reçoit l'image est d'autant moins lumineux que la dispersion est plus grande; s'il existe en même temps des protubérances dont le rayonnement ne comprend qu'un petit nombre de lumières homogènes, il se produira une série d'images distinctes, dont l'éclat est indépendant de la dispersion, et ces raies ne tarderont pas à paraître brillantes sur le spectre très affaibli de la lumière diffusée par le ciel.

La hauteur et l'intensité relative de ces raies en leurs différents points indiquent la distribution de lumière dans la protubérance sur une droite perpendiculaire aux bords de l'astre, de sorte que le déplacement de la fente permet de déterminer la forme générale des protubérances.

Si la dispersion est assez grande pour que le spectre du ciel soit très affaibli, on peut même élargir la fente de manière que l'image entière de la protubérance apparaisse dans chacune des régions occupées par les différentes radiations homogènes.

Enfin, le déplacement de ces raies dans le spectre semble indiquer que ces masses gazeuses ont des vitesses de translation considérables, dont l'observation ne traduit que la composante parallèle à la propagation de la lumière.

Sur la surface même du Soleil, on distingue un grand nombre d'accidents, tels que *taches* avec leur *pénombre, facules, grains de riz, etc.*, et l'image paraît entourée par une couronne lumineuse ou *chromosphère*. Les spectres de ces différentes régions présentent une série de particularités qui dénotent des modifications profondes dans leur état physique, abstraction faite de la lumière réfléchie par les vapeurs, les gaz et tous les corps qui constituent l'enveloppe extérieure.

On trouve, en particulier, dans le spectre de la chromosphère une raie brillante D_3 ($0^\mu,587,6$) un peu plus réfrangible que celles de la soude, qui ne correspond à aucun corps connu et que l'on attribue à une substance spéciale désignée sous le nom d'*hélium*.

Au voisinage des taches, les raies éprouvent quelquefois des déplacements qui révèlent un mouvement de transport dont la composante parallèle aux rayons lumineux peut dépasser 100^{km} par seconde [1].

M. Draper croit aussi [2] que la présence de l'*oxygène* à l'état incandescent dans la photosphère est démontrée par la coïncidence des raies de ce gaz avec des parties brillantes du spectre solaire; toutefois, ces régions lumineuses ne semblent pas se distinguer par un éclat particulier ni présenter une largeur comparable à celles des raies du gaz; il reste donc quelques doutes sur l'existence de l'oxygène libre à la surface du Soleil.

786. *Constitution du Soleil.* — La brillante découverte de Kirchhoff ne laisse aucun doute sur la nature chimique de la plupart au moins des substances qui existent dans le Soleil; il est moins facile d'en concevoir l'état physique et d'expliquer les apparences si variées de la surface.

Herschel supposait que le Soleil est formé par un noyau obscur plus froid, entouré d'une première atmosphère de nuages opaques et réfléchissants, puis d'une couche brillante, ou photosphère, qui en détermine le contour visible et enfin d'une atmosphère extérieure transparente. Les taches noires seraient produites par des fissures correspondantes dans les deux couches intermédiaires et la pénombre par des cavités plus grandes de la photosphère. Dans cette hypothèse, la pénombre devrait toujours diminuer plus rapidement sur le pourtour de la tache le plus rapproché du centre du Soleil à mesure que la tache apparaît plus près des bords, par suite du mouvement de rotation, ce qui ne paraît pas conforme aux observations. L'absence de polarisation sur les bords du Soleil (649) montre en tous cas que la partie lumineuse ne peut être solide ou liquide.

Kirchhoff fait remarquer d'abord que l'hypothèse d'une température plus basse dans le noyau central est incompatible avec l'équilibre thermique. Il conçoit le Soleil comme formé d'un corps solide ou liquide, maintenu à cet état par l'énorme pression, puis

---

[1] THOLLON, *Comptes rendus des séances de l'Académie des Sciences*, t. XC, p. 87; 1880.

[2] H. DRAPER, *Comptes rendus des séances de l'Académie des Sciences*, t. LXXXVIII, p. 1332; 1879. — *Amer. Journ.*, t. XVIII, p. 262; 1879.

d'une atmosphère moins chaude qui absorberait une partie des radiations de manière à produire les lignes noires du spectre; les taches seraient formées par des nuages de condensation, la partie plus noire correspondant à deux couches de nuages superposés.

Dans cette manière de voir, le contour intérieur des taches doit encore diminuer, à mesure qu'elles se rapprochent des bords, et le nuage inférieur plus sombre pourrait même déborder quelquefois le nuage supérieur, de manière à faire apparaître le noyau de la tache en dehors de la pénombre. L'absence de polarisation peut s'expliquer en partie par l'agitation de la surface liquide; mais, quelle que soit l'énormité des vagues ainsi produites, la surface moyenne n'en est pas sensiblement modifiée.

Pour M. Faye, le noyau central du Soleil est relativement obscur et composé par des gaz en dissociation; les combinaisons s'effectuent dans la photosphère à une température plus basse et les taches sont d'énormes cavités, par lesquelles on aperçoit le noyau intérieur et qui rejettent des torrents de gaz comme d'immenses volcans; il semble en effet que les taches se traduisent par des échancrures sur le contour du Soleil et qu'elles sont en relation avec les protubérances.

Il est assez difficile de concevoir des masses de gaz dont l'éclat diminue à mesure que leur température augmente, puisque toutes les expériences indiquent le contraire, à moins qu'elles n'aient dépassé le maximum d'intensité (690) relatif à toutes les couleurs; ce maximum devrait même être situé plus loin que les rayons ultra-violets, puisque les taches se reproduisent avec le même caractère dans les épreuves photographiques.

Si le noyau central a un pouvoir émissif très faible, son pouvoir absorbant varie dans le même sens et l'on devrait apercevoir au travers des taches la photosphère située du côté opposé. D'autre part, les expériences de M. Violle paraissent montrer que la température moyenne de la photosphère n'est pas supérieure à celles que l'on peut réaliser dans les laboratoires et, dans ces conditions, les effets de dissociation ne sont jamais complets.

Le renversement de certains systèmes de raies s'explique simplement par l'existence d'une couche plus froide, même de très faible épaisseur, autour de la photosphère, et les protubérances sont évidemment des projections de gaz dans lesquelles l'hydrogène conserve le plus d'éclat. Ces deux points ne paraissent pas discutables, mais l'explication des taches, facules, grains, etc. laisse encore beaucoup d'incertitudes.

787. *Relations entre les systèmes de raies.* — Il est naturel de considérer les molécules qui constituent un gaz lumineux comme des édifices mécaniques en vibration, de sorte que l'ensemble des radiations compatibles avec leur structure serait comparable aux harmoniques d'un corps solide. Aucune raison ne permet de supposer que la loi de succession des harmoniques soit simple. Cette loi serait facile à déterminer par expérience si les harmoniques formaient une seule série et si tous les termes étaient également accessibles à l'expérience, mais il existe sans doute plusieurs séries différentes et l'observation est limitée à l'étendue de deux octaves comprenant l'ensemble des vibrations lumineuses et celles du spectre ultra-violet. On doit présumer aussi que ces vibrations représentent déjà des harmoniques d'ordre élevé, dont les relations sont moins apparentes, et qu'une vue théorique soit nécessaire pour indiquer la forme d'une loi préconçue dont l'expérience fournirait le contrôle.

L'existence même des harmoniques semble indiquée par toutes les observations. A mesure que la température d'un gaz s'élève, les vibrations émises, d'abord peu nombreuses, se multiplient de plus en plus, en même temps que leur intensité augmente d'une manière très inégale; on les voit apparaître indifféremment dans toutes les régions et l'ensemble finit par prendre l'apparence d'un spectre continu.

On n'aurait aucun doute sur la réalité des vibrations harmoniques si chacune d'elles ou chacun des groupes avait un caractère particulier, pour ainsi dire une marque d'origine, qui permît de les distinguer; c'est ce qui a lieu, en particulier, pour le doublet D du *sodium* et le triplet *b* de raies vertes qui appartiennent au *magnésium*. J'ai reconnu (¹), en effet, que les vapeurs de chlorure de sodium donnent, outre la double raie jaune, six autres doublets dans lesquels la distance des composantes est de même ordre, et

---

(¹) E. MASCART, *Journal l'Institut,* 27 mai 1863. — *Comptes rendus des séances de l'Académie des Sciences,* t. LXIX, p. 337; 1869.

qui paraissent ainsi la reproduction d'un phénomène identique à différents degrés de l'échelle. Le triplet du magnésium se reproduit également trois fois, avec le même caractère, dans le spectre ultra-violet. La flamme bleue des hydrocarbures présente aussi, dans la région lumineuse, cinq bandes ou groupes de raies comparables entre elles, etc. On pourrait citer maintenant beaucoup d'exemples analogues.

Les relations des harmoniques qui constituent un même système doivent être cherchées dans les caractères des vibrations correspondantes.

La longueur d'onde λ dans le vide est proportionnelle à la période des vibrations. L'inverse u de cette quantité représente le nombre des longueurs d'onde comprises dans l'unité de longueur, ou la *fréquence* des vibrations pendant le temps que met la lumière à parcourir le même chemin.

Pour les doublets du sodium et les triplets du magnésium, par exemple, les longueurs d'onde moyennes et leurs fréquences sont, au moins d'une manière approximative :

Sodium.

λ.... 0,616 0,589 0,568 0,515 0,498 0,467 0,422
u.... 1,625 1,698 1,760 1,911 2,008 2,143 2,369

Magnésium.

λ......... 0,518 0,383 0,333 0,309
u......... 1,932 2,609 3,000 3,233

Dans la plupart des cas, les *groupes* de raies brillantes sont formés d'une série de radiations dont les intensités et les distances successives diminuent avec la longueur d'onde, et la plus importante du groupe est souvent désignée sous le nom d'*arête;* tels sont, par exemple, les cinq groupes de la flamme des hydrocarbures. Il est plus rare que la diminution graduelle d'intensité se produise en sens contraire.

Un grand nombre de tentatives ont été faites pour chercher la loi de distribution des raies homologues ou les rapports de différents systèmes comparables; nous citerons seulement les résultats les plus nets.

M. Lecoq de Boisbaudran ([1]) a remarqué, par exemple, que si l'on groupe les métaux alcalins suivant leurs affinités chimiques, leurs systèmes de raies spectrales présentent de grandes analogies et les longueurs d'onde des radiations homologues croissent avec les équivalents. Les comparaisons de cette nature présentent de grandes difficultés et une part d'arbitraire, car la correspondance des spectres n'est que partielle et il y a un choix à faire entre les raies qui doivent être considérées comme homologues.

La similitude des systèmes a été précisée pour deux familles de corps simples dont les propriétés sont respectivement très voisines : d'une part, l'*aluminium*, le *gallium* et l'*indium*; d'autre part, le *silicium*, le *germanium* et l'*étain*. Si l'on prend les différences premières $\Delta\lambda$ des longueurs d'onde des radiations homologues dans les trois spectres d'une même famille et leur différence seconde $\Delta^2\lambda$, ainsi que les variations correspondantes ΔE et $\Delta^2 E$ de leurs équivalents chimiques, le rapport $\dfrac{\Delta^2\lambda}{\Delta\lambda}$ est proportionnel à $\dfrac{\Delta^2 E}{\Delta E}$. Le coefficient de proportionnalité étant déterminé par l'une de ces familles, on peut en déduire l'équivalent chimique de l'un des corps de la seconde par la seule connaissance des longueurs d'onde des raies homologues.

Toutefois cette relation ne s'applique pas à toutes les raies des différents systèmes et elle se trouve en défaut dans certains cas, tels que la famille du *magnésium*, du *zinc* et du *cadmium*, où l'analogie de distribution des raies ne paraît pas douteuse.

M. Cornu ([2]) attache plus d'importance aux raies spontanément renversables que l'on obtient aisément par les étincelles électriques dans un gaz ou entre des électrodes métalliques.

L'étude de l'*hydrogène*, par exemple, complétée par la photographie, montre une série de 12 raies renversables entre les longueurs d'onde $0^\mu,434$ (G') et $0^\mu,370$, identiques à celles que l'on trouve dans les étoiles blanches. Les spectres de l'*aluminium* et du *thallium* présentent dans l'ultra-violet, jusqu'aux longueurs

---

([1]) Lecoq de Boisbaudran, *Comptes rendus des séances de l'Académie des Sciences*, t. LXIX, p. 445, 606 et 657; 1869.

([2]) A. Cornu, *Comptes rendus des séances de l'Académie des Sciences*, t. C, p. 1181; 1885.

d'onde respectives o,2117 et o,2048, une série de doublets qui ont exactement la même physionomie.

Dans les systèmes formés par les premières ou les secondes raies de chaque doublet, la variation de longueur d'onde $\lambda - \lambda'$ entre deux raies quelconques est proportionnelle à la variation correspondante $h - h'$ des raies homologues de l'hydrogène; on a donc

$$\lambda - \lambda' = \beta(h - h').$$

La différence $\lambda - \beta h$ est une quantité constante α et chacun des systèmes est défini par deux paramètres α et β; cette relation se vérifie avec toute l'exactitude que comportent les observations.

La répartition des raies de l'hydrogène présente ainsi un intérêt spécial, par les rapports qu'elle permet d'établir avec les spectres analogues des métaux, et paraît devoir appeler particulièrement l'attention.

M. Balmer ([1]) est parvenu à représenter par une formule très simple la succession des 12 raies précédentes de l'*hydrogène* avec les raies principales C et F. En désignant par m l'ordre d'une radiation, comptée vers le violet à partir de la raie C qui sera considérée comme la première, la longueur d'onde correspondante est

$$\lambda = \lambda_0 \frac{(2+m)^2}{(2+m)^2 - 4} = 0^\mu,3645 \frac{(2+m)^2}{(2+m)^2 - 4}.$$

Quand on donne à la variable m toutes les valeurs entières de 1 à 14, on retrouve les nombres de l'expérience avec une erreur qui paraît généralement inférieure, sauf pour les dernières, à une unité de quatrième chiffre significatif, c'est-à-dire d'environ $\frac{1}{1000}$.

Si l'on exprime cette loi par la *fréquence* des vibrations, elle peut s'écrire

$$u = u_0 \left[1 - \left(\frac{2}{2+m} \right)^2 \right] = 2,7435 \left[1 - \left(\frac{2}{2+m} \right)^2 \right].$$

Dans le spectre ultra-violet des protubérances du Soleil, M. Deslandres ([2]) a trouvé 5 nouvelles raies brillantes plus éloignées, qui

([1]) J.-J. Balmer, *Wied. Ann.*, t. XXV, p. 80; 1885. — *Journal de Physique* [2], t. V, p. 515; 1886.

([2]) Deslandres, *Comptes rendus des séances de l'Académie des Sciences*, t. CXV, p. 222; 1892.

paraissent également dues à l'hydrogène. La série entière de ces 19 raies se représente d'une manière très exacte par la formule de Balmer avec la constante $u_0 = 2,74183$.

Une loi plus simple conviendrait aux raies de la bande verte de l'*oxyde de carbone* étudiées par M. Piazzi Smyth [1]; la discussion de ce groupe montre, d'après M. A.-S. Herschel, que les fréquences des raies successives varient en progression arithmétique.

M. Cornu a repris l'étude des groupes A, B et z du spectre solaire, qui correspondent à l'absorption produite par l'air sec, en éliminant les raies d'origine solaire (670), ainsi que les raies voisines dues à la vapeur d'eau, qui se distinguent par leurs variations d'intensité avec les conditions atmosphériques. Les trois systèmes restent alors entièrement comparables; ils se composent surtout d'une série de doublets dont l'écartement dans un spectre normal croît avec la longueur d'onde, en même temps que leur intensité diminue; l'existence d'une raie isolée dans la région moyenne de chaque groupe rend la corrélation plus facile à établir.

Dans les trois bandes, la variation relative de longueur d'onde, à partir de la raie isolée, est sensiblement la même pour tous les doublets homologues. On obtient encore une loi assez approchée en disant que les variations de fréquence sont égales entre les groupes A et B, B et z, quand on compare des raies ou des doublets homologues. Cette relation semblerait indiquer que l'absorption par l'air sec doit produire d'autres groupes analogues de longueurs d'onde plus faibles, mais l'abondance des raies d'origine solaire dans ces régions et la faiblesse graduelle des groupes atmosphériques en rendent la recherche encore plus difficile.

Les spectres du *magnésium*, du *zinc* et du *cadmium* présentent des groupes de raies (doublets ou triplets) de formes analogues. M. Hartley [2] a constaté que la variation de fréquence des raies élémentaires, considérées dans chacun de ces groupes, est constante pour un même métal.

Toutefois les spectres ne peuvent pas être comparés dans toute leur étendue et certains groupes ne paraissent pas homologues. Dans les spectres du *zinc* et du *cadmium*, par exemple, on trouve

[1] C. Piazzi Smyth, *Trans. of the R. S. Edinb.*, t. XXXII, p. 438; 1884.
[2] Hartley, *Journ. of Chem. Soc.*, t. XLI, p. 84; 1882 et t. XLIII, p. 390; 1883.

une série de triplets [1] α, β, γ, δ, ε, ζ, η, θ dont nous indiquerons
seulement les valeurs extrêmes :

	Zinc.		Cadmium.	
	α.	θ.	α.	θ.
λ	0,48122	0,24645	0,50876	0,26030
	0,47237	0,24412	0,48015	0,25261
	0,46817	0,24298	0,46797	0,24920
u	2,0780	4,0376	1,9656	3,8417
	2,1170	4,0963	2,0827	3,9587
	2,1360	4,1156	2,1369	4,0125

Les groupes β, δ, ζ, η et θ paraissent bien formés des systèmes homologues; les *variations de fréquence* Δu entre les raies les plus
réfrangibles de chaque triplet sont, en effet :

	$\Delta u . 10^5$			
Groupes.	β,δ.	δ,ζ.	ζ,η.	η,θ.
Zinc	581,0	263,1	141,4	84,5
Cadmium	586,7	263,7	140,8	84,3

Si l'on considère chacun des triplets séparément, les variations
de fréquence relatives aux raies élémentaires considérées deux à
deux, à l'exception des groupes β et δ qui renferment en même
temps des doublets, sont encore constantes pour chaque série :

	Raies.	α.	γ.	ε.	ζ.	η.	θ.	Moy.
Zinc	1,2	39,0	38,8	39,0	38,9	39,2	38,7	38,93
	2,3	19,0	19,0	18,8	18,8	18,9	19,3	18,97
Cadmium	1,2	117,1	117,1	117,0	116,5	116,6	117,0	116,90
	2,3	54,2	54,1	54,3	54,0	54,1	53,8	54,08

M. Rydberg [2] indique encore d'autres relations très curieuses.
Le spectre du *thallium* renferme 10 doublets dont les extrêmes
sont $\lambda_1 = 0,53495$, $\lambda_2 = 0,37756$ et $\lambda'_1 = 0,25170$, $\lambda'_2 = 0,21048$;
la variation de fréquence d'une raie à l'autre dans chaque doublet
a des valeurs comprises entre 0,7797 et 0,7776 et les écarts sont

[1] J.-S. AMES, *Phil. Mag.* [5], t. XXX, p. 33; 1890.
[2] J.-R. RYDBERG, *Comptes rendus des séances de l'Académie des Sciences*,
t. CX, p. 394; 1890.

à peu près de même ordre que la précision des mesures. Le *mercure* présente, de même, 6 triplets dont les valeurs extrêmes des plus grandes longueurs d'onde sont $0,54605$ et $0,27985$. Les variations de fréquence relatives à chaque groupe sont comprises entre $0,4645$ et $0,4603$ pour les deux premières raies, entre $0,1776$ et $0,1750$ pour la seconde et la troisième.

La série constituée par les raies homologues des différents groupes s'exprime approximativement par une formule analogue à celle de Balmer

$$u = u_0 - \frac{N_0}{(m + m_0)^2},$$

dans laquelle m est l'ordre du groupe, $N_0 = 10,97216$ une constante commune à toutes les séries et à tous les systèmes homologues, u_0 et m_0 des constantes spécifiques de chaque série.

788. *Spectroscopie stellaire.* — Après avoir décrit ses observations sur le spectre solaire, Fraunhofer [1] indique les modifications que l'on doit apporter à la méthode pour étudier les étoiles. Si l'on fait passer la lumière solaire par un orifice circulaire très étroit, de 15" par exemple de diamètre apparent, l'image du spectre dans la lunette est linéaire et ne peut présenter de raies transversales, mais il est facile d'augmenter sa largeur en plaçant devant l'objectif une lentille cylindrique de long foyer qui transforme chacun des points de l'image en une ligne focale; on y reconnaît alors les mêmes raies que si l'ouverture était une fente étroite.

La même disposition convient pour les planètes ou les étoiles et lui permit de distinguer des raies obscures dans les spectres de *Vénus* et de *Sirius*. Il remplaça ensuite [2] sa lunette primitive de 13 lignes par un appareil de 4 pouces avec un prisme et une lentille cylindrique de dimensions analogues, afin d'utiliser beaucoup plus de lumière.

Un chercheur oblique monté sur la lunette permettait de viser l'astre directement, pendant qu'un second observateur étudiait l'image de réfraction. Fraunhofer retrouva ainsi dans les spectres

[1] FRAUNHOFER, *Schumacher Astr. Abhandl.*, 2ᵉ Partie, p. 42; 1823.
[2] FRAUNHOFER, *Gilbert's Ann. der Phys.*, t. LXXIV, p. 374; 1823.

de *Vénus* et de *Mars* une partie des raies du spectre solaire, au moins les plus importantes, et exactement dans les mêmes positions; cette conséquence était à prévoir puisque les planètes n'ont pas de lumière propre.

Il n'en est plus de même pour les étoiles fixes. Les spectres de *Sirius, Castor, Pollux, la Chèvre, Betelgeuse* et *Procyon* ont encore présenté des lignes obscures, mais de caractères différents pour chacune d'elles.

Lamont ([1]), qui eut à sa disposition l'appareil même de Fraunhofer, intercalait un prisme de petites dimensions entre l'objectif et le plan focal; l'image est encore étalée en spectre et l'appareil s'applique aux grandes lunettes qui donnent beaucoup plus de lumière. Il a pu ainsi observer les étoiles jusqu'à la 4ᵉ grandeur.

Donati ([2]) améliora encore la méthode en plaçant une petite lentille cylindrique en avant du foyer, de manière à transformer l'image de l'étoile en une ligne brillante, que l'on examine ensuite avec un système de lentilles et de prismes constituant un véritable spectroscope. Pour rendre les observations plus précises, l'image est reçue sur un écran percé d'une fente étroite et elle tombe sur cette ouverture quand le chercheur latéral à la lunette est pointé dans la direction de l'étoile.

Les observations de Donati ont porté sur un grand nombre d'étoiles différemment colorées; toutefois elles ne s'accordent pas avec les résultats de Fraunhofer, elles n'ont montré pour chaque étoile qu'un très petit nombre de raies dont aucune ne paraît appartenir au spectre solaire, sauf pour une raie importante voisine de F. Donati incline même à penser que cette raie est réellement commune à la lumière de tous les astres, les différences de position indiquant une inégale réfrangibilité qui tient à la différence des origines.

M. Huggins ([3]) prend une lentille cylindrique à long foyer, qui a l'avantage de donner ensuite un faisceau moins divergent, et utilise la ligne focale perpendiculaire à ses génératrices, laquelle se trouve au foyer même de l'objectif; cette image est reçue sur

---

([1]) Lamont, *Jahresb. d. Sternw. bei München*, p. 90; 1868.
([2]) Donati, *Il nuovo Cimento,*, t. XV, p. 292; 1862.
([3]) W. Huggins et W.-A. Miller, *Phil. Trans. L. R. S.,* p. 413; 1864.

la fente d'un spectroscope à deux prismes et la position des raies
est rapportée à celles d'un tube à gaz dont la lumière se réfléchit
sur un petit prisme qui recouvre la moitié de la fente.

Nous signalerons encore quelques autres dispositions.

Si l'on fait tomber directement l'image de l'étoile sur la fente
d'un spectroscope à déviation latérale ou à vision directe, en remplaçant la lentille habituelle du collimateur par une lentille cylindrique, l'image virtuelle devient linéaire. Il suffit aussi que l'un
des verres de l'objectif soit légèrement cylindrique et que les
prismes réfringents soient placés en avant du foyer pour obtenir
un spectre élargi dans le sens perpendiculaire à la dispersion.

On peut encore remplacer l'oculaire de la lunette par un verre
cylindrique. Enfin, si les réfractions ne sont pas aplanétiques, ce
qui est le cas le plus fréquent dans les systèmes de prismes à vision
directe, les raies apparaissent naturellement dans l'image qui correspond à l'une des lignes focales.

Les mêmes méthodes s'appliquent à la production des spectres
photographiques.

789. *Résultats généraux*. — Les études spectroscopiques sont
entrées maintenant dans la série des travaux réguliers pour un
certain nombre d'observatoires ([1]). Nous avons indiqué déjà (670)
l'intérêt que présente ce genre de recherches pour déterminer la
composante du mouvement des astres parallèle à la propagation
de la lumière ; le caractère des raies elles-mêmes fournit les indications les plus inattendues sur leur constitution.

La lumière de la *Lune* est exactement le reflet de celle du
Soleil, que le point observé soit sur le centre ou sur les bords de
l'astre ; on ne constate aucune absorption appréciable qui permette de supposer l'existence d'une atmosphère. L'épreuve est
encore plus délicate quand on observe le spectre d'une étoile qui
entre en occultation ; la moindre couche gazeuse devrait provoquer
une extinction plus rapide dans le violet et le bleu, par l'effet des
réfractions, tandis que l'intensité diminue uniformément sur toute
l'étendue du spectre.

Les *Planètes* réfléchissent aussi la lumière solaire d'une manière

---

([1]) *Voir* J. Scheiner, *Spectralanalyse der Gestirne*. Leipzig, 1890.

presque intégrale. On a constaté cependant, dans les spectres de *Vénus, Mars, Jupiter* et *Saturne*, des lignes noires correspondant aux raies telluriques et d'autres bandes qui paraissent de nature différente. Ces planètes sont donc entourées d'une atmosphère analogue à celle de la Terre et contenant en particulier de la vapeur d'eau, mais leurs atmosphères renferment, en outre, des éléments étrangers. Celles de Jupiter et de Saturne paraissent avoir les plus grandes analogies.

Les *Étoiles* présentent, au contraire, une telle variété qu'il est difficile de les comprendre dans une classification méthodique. Le P. Secchi ([1]) les avait partagées en trois types principaux, avec différentes subdivisions. D'après M. Scheiner, les connaissances actuelles peuvent se résumer en classant les spectres des étoiles fixes de la manière suivante :

PREMIÈRE CLASSE. — *Étoiles blanches ou bleues.* — Les raies métalliques sont très déliées ou difficiles à distinguer; la partie la plus réfrangible, le bleu et le violet, paraît très éclatante.

A. Les lignes métalliques restent faibles, et le système entier des raies de l'hydrogène prend une importance particulière, surtout dans l'ultra-violet ([2]). Ce caractère se retrouve dans la lumière de la plupart des étoiles blanches, *Sirius, Wega,* etc.

B. Les raies métalliques sont très peu marquées ou invisibles et celles de l'hydrogène font défaut (β, δ, δ, ϵ d'*Orion*).

C. Les raies de l'hydrogène sont brillantes, ainsi que la raie D_2 (on ne connaît encore que β de la *Lyre* et γ de *Cassiopée*).

DEUXIÈME CLASSE. — *Étoiles jaunes.* — Les raies métalliques sont très apparentes; la partie la plus réfrangible du spectre est relativement pâle et l'autre extrémité renferme parfois de faibles bandes d'absorption.

A. Les raies métalliques sont très nombreuses, surtout dans le jaune et le vert; celles de l'hydrogène apparaissent le plus souvent, mais restent moins importantes que dans la classe précédente;

([1]) SECCHI, *Comptes rendus des séances de l'Académie des Sciences,* t. LXIII, p. 364 et 621; 1886.

([2]) W. HUGGINS, *Comptes rendus des séances de l'Académie des Sciences,* t. XC, p. 79; 1880.

de faibles bandes de lignes très serrées se montrent dans le jaune et le rouge (*la Chèvre, Arcturus, Aldebaran*).

B. Outre les raies noires et de faibles bandes, on aperçoit plusieurs lignes brillantes [étoile temporaire de la *Couronne*; à cette catégorie appartiennent sans doute les trois étoiles observées par MM. Wolf et Rayet ([1]) dans la constellation du *Cygne* et l'étoile variable des *Gémeaux*, quoique le faible éclat de ces astres n'ait pas permis de constater les lignes noires, mais seulement quelques bandes dans le rouge].

Troisième classe. — *Étoiles rouges*. — En même temps que les lignes noires, le spectre présente de nombreuses bandes obscures dans toute son étendue; la partie la plus réfrangible est très pâle.

A. Les bandes les plus remarquables sont dans le violet et nettement limitées; celles du rouge paraissent plus sombres et à contours estompés (α d'*Hercule*, α d'*Orion*, β de *Pégase*).

B. Disposition inverse des bandes, qui sont plus nettes dans le rouge et moins marquées vers le violet (on n'a observé cette circonstance que sur un petit nombre d'étoiles très faibles).

Parmi les étoiles *variables*, les unes ont un spectre de constitution constante, comme si l'affaiblissement de lumière était dû à l'interposition d'un corps opaque; tel est *Algol*, qui appartient à la première classe. Pour d'autres, au contraire, le spectre se modifie d'une manière continue; elles sont probablement le siège de troubles considérables.

Ces modifications sont encore plus apparentes dans les étoiles *temporaires*. L'étoile brillante qui apparut en 1866 dans la *Couronne boréale* montra les raies brillantes de l'hydrogène avec un éclat particulier; puis l'étoile s'affaiblit graduellement, en perdant ces caractères, pour retourner à la 9ᵉ grandeur qu'elle avait primitivement.

La plupart des *Nébuleuses* ont un spectre continu de faible éclat sur lequel se détache une série plus ou moins nombreuse de raies brillantes, dont les principales paraissent appartenir à l'hydrogène.

([1]) Wolf et Rayet, *Comptes rendus des séances de l'Académie des Sciences*, t. LXV, p. 292; 1867.

L'observation des *Comètes* est moins facile parce que ces astres ont un diamètre apparent sensible qui exige l'emploi de fentes et entraîne une grande perte de lumière. Le spectre du noyau paraît continu, mais celui des autres parties renferme une série de bandes lumineuses qui présentent une analogie plus ou moins complète avec les bandes des carbures d'hydrogène. La lumière des comètes serait due principalement à l'illumination d'une atmosphère de gaz carburés.

Les comètes, les nébuleuses et les étoiles présentent évidemment, dans leur infinie variété, des exemples de tous les états par lesquels doit passer la formation d'un astre dans la période de température croissante, qui correspond à la condensation progressive, et dans la période de température décroissante qui est ensuite une conséquence nécessaire du rayonnement général. Les vues émises à ce sujet sont encore trop personnelles pour qu'il soit possible de les accepter à titre définitif ([1]).

La lumière des *Aurores polaires* est due, d'après toutes les probabilités, à l'illumination des régions supérieures de l'atmosphère par des étincelles électriques et l'on devrait observer dans le spectre les raies brillantes de l'air. Cependant l'analyse de cette lumière, faite pour la première fois par Angström ([2]) en 1867, a montré une raie jaune-vert extrêmement éclatante, au voisinage de $0^\mu,557$, et une série de raies brillantes plus faibles. Angström a retrouvé l'ensemble des dernières dans l'auréole violette qui entoure l'électrode négative des étincelles d'induction ou dans la lueur générale des tubes renfermant de l'air extrêmement raréfié. Quant à la raie principale, il l'attribue à une phosphorescence de l'oxygène, mais cette explication aurait besoin d'être démontrée par des expériences directes.

Quant à la *Lumière zodiacale*, on n'y a distingué jusqu'à présent qu'une illumination générale du spectre, avec un maximum d'intensité dans le vert bleu, qui semble présenter quelque analogie avec la couleur du ciel.

([1]) N. Lockyer, *Nature*, t. XLVII, p. 261; 1893.
([2]) A.-J. Angström, *Journal de Phys.* [1], t. III, p. 210; 1874.

ANALYSE DES RAIES SPECTRALES.

790. *Observations directes.* — L'étude des raies du spectre et de la composition des différents groupes est un problème analogue et présente les mêmes difficultés que l'observation des étoiles doubles ou complexes. Pour distinguer un doublet, par exemple, il faut que l'écart angulaire de deux lignes élémentaires soit supérieur à l'angle de pénétration (214) du système optique.

Ces raies sont toujours l'image d'une fente dont on peut réduire à volonté la largeur, de manière qu'elle soit négligeable. La distinction de deux lignes lumineuses est plus précise que celle de deux sources circulaires et l'on peut admettre que l'angle limite de visibilité est le rapport de la longueur d'onde au diamètre Δ des objectifs ; c'est la déviation qui correspondrait au premier minimum pour un objectif cylindrique couvert par une ouverture rectangulaire (218). Un diamètre de 10^{cm} permettrait de distinguer deux raies écartées d'environ $1''$, dont les dimensions propres seraient beaucoup plus faibles.

Quand un prisme est au minimum de déviation, on a

$$\sin \frac{A + D}{2} = n \sin \frac{A}{2},$$

$$dD = 2 \frac{\sin \dfrac{A}{2}}{\cos \dfrac{A + D}{2}} dn = 2 \tang \frac{A + D}{2} \frac{\lambda}{n} \frac{dn}{d\lambda} \frac{d\lambda}{\lambda}.$$

Le changement de déviation qui correspond à une variation relative déterminée de longueur d'onde croît naturellement avec la réfrangibilité.

Pour le sulfure de carbone, par exemple, qui est un des milieux les plus dispersifs, le coefficient $\dfrac{\lambda}{n} \dfrac{dn}{d\lambda}$ (129) est égal à $-0,0603$ pour le jaune. Si l'on opère avec un prisme de $60°$, l'angle $A + D$ est voisin de $109°$ et l'on a

$$-dD = 2.1,4.0,0603 \frac{d\lambda}{\lambda} = 0,17 \frac{d\lambda}{\lambda}.$$

La dispersion pourrait être plus grande en dehors du minimum

de déviation, mais cet avantage serait compensé par une diminution de la largeur du faisceau de lumière et une inclinaison trop
grande sur l'une des faces d'entrée ou de sortie. Dans les meilleurs
prismes et pour la partie moyenne du spectre, la dispersion est
sans doute inférieure à celle qui donnerait la relation

$$- d\mathrm{D} = 0,2\,\frac{d\lambda}{\lambda}.$$

La variation relative de longueur d'onde pour les raies jaunes
de la soude étant environ $\frac{1}{1000}$ (305), leur distance angulaire apparente serait 2.10^{-4} ou $40''$.

Si la largeur du faisceau utilisé dans le prisme et les lunettes est
de 10^{cm}, la pénétration est alors de $1''$ et l'on pourrait séparer un
doublet de raies quarante fois plus voisines.

Avec plusieurs prismes successifs, la dispersion est proportionnelle à leur nombre, mais ici encore l'imperfection des surfaces et
le défaut d'homogénéité des milieux, même avec des liquides,
croissent dans le même rapport, de sorte que le bénéfice des nouvelles réfractions ne tarde pas à disparaître. En admettant qu'il soit
possible pratiquement de multiplier par $2,5$ la dispersion, on distinguerait des lignes à $\frac{1}{100}$ de la distance des raies de la soude,
correspondant à une variation de longueur d'onde de $\frac{1}{100000}$.

Dans les réseaux, le changement de direction di' est (241)

$$\frac{\cos i'\,di'}{\sin i + \sin i'} = \frac{d\lambda}{\lambda}.$$

Si le rayon diffracté est normal au réseau, le premier membre se
réduit à $\frac{di'}{\sin i}$; l'écart di' deviendrait maximum et égal à $\frac{d\lambda}{\lambda}$ pour
l'incidence rasante, mais il est évidemment impossible de diminuer
à ce point la largeur du faisceau primitif.

La sensibilité relative est ici à peu près indépendante de la couleur. Pour la lumière jaune, cette valeur est quintuple de celle
qu'on obtiendrait avec un prisme de sulfure de carbone, de sorte
qu'un réseau de 10^{cm} de largeur permettrait de distinguer, par une
seule diffraction, des raies différant de $\frac{1}{200000}$; on ne peut guère
espérer cette précision et l'emploi de réseaux successifs apporterait
de nouvelles causes de trouble, en dehors des pertes de lumière.

Quel que soit le mode d'observation directe, il existe ainsi une limite pratique à l'analyse des raies spectrales; il paraîtra sans doute très difficile de séparer directement deux radiations dont les longueurs d'onde ne diffèrent pas de plus de $\frac{1}{100000}$.

M. Michelson ([1]) a eu l'idée ingénieuse de recourir à d'autres méthodes; il y a été conduit par un problème de nature différente qui mérite d'abord une étude spéciale.

791. *Influence du diamètre apparent des sources sur les interférences*. — L'observation de M. Fizeau (**127**) sur les franges de deux fentes éclairées par la lumière d'une étoile peut recevoir une généralisation importante.

Supposons qu'un objectif soit couvert par deux fentes parallèles, de largeur négligeable, éloignées de la distance Δ. L'observation d'un point lumineux donne une série de franges dont la largeur, c'est-à-dire la distance des minima successifs, sous-tend un angle égal à $\frac{\lambda}{\Delta}$.

La pénétration de l'objectif tout entier (**214**) est $1,22\frac{\lambda}{\Delta}$; comme le phénomène des franges est beaucoup plus net que la tache centrale des étoiles, il est à prévoir déjà que le pointé de ces images sur le milieu de la frange centrale se fera avec plus d'exactitude. Ce mode d'observation offrirait donc des avantages dans la mesure des distances angulaires, ascensions droites ou déclinaisons.

Si la source est une surface rectangulaire dont l'un des bords est parallèle aux fentes, les interférences disparaissent lorsque son diamètre apparent est égal à la largeur des franges, puisque les maxima relatifs aux bords sont superposés et que les maxima correspondant aux autres régions occupent toutes les positions intermédiaires. Mais les franges reparaissent et s'évanouissent, par périodes régulières, si l'on élargit la source d'une manière continue ou si l'on rapproche les fentes; la loi de visibilité du phénomène permettra d'apprécier un diamètre apparent qui ne serait pas directement observable.

D'une manière générale, soit $\varphi(x)\,dx$ la quantité de lumière

---

([1]) ALB.-A. MICHELSON, *Phil. Mag.* [5], t. XXX, p. 1; 1890, t. XXXI, p. 256 et 338; 1891, et t. XXXIV, p. 280; 1892. — *Nature*, t. XLV, p. 160; 1892.

fournie par une bande élémentaire de largeur angulaire dx parallèle aux fentes, située à la distance x d'une ligne parallèle menée par un point O de la source.

Sur la direction qui fait l'angle θ avec celle du point O, la différence de marche des vibrations diffractées par les deux fentes est $\Delta(x + \theta)$, et la différence de phase correspondante

$$\delta = 2\pi \frac{\Delta(x + \theta)}{\lambda} = 2p\pi(x + \theta);$$

le facteur p désigne le nombre des longueurs d'onde comprises dans l'intervalle Δ des fentes.

Pour cette direction θ, l'intensité correspondante du champ est représentée, à un facteur près, par

$$\varphi(x)(1 + \cos\delta)\,dx = \varphi(x)\,dx + \varphi(x)\cos 2p\pi(x + \theta)\,dx.$$

Comme les différents points de la source ont des vibrations indépendantes, l'intensité totale I est la somme de ces expressions étendues à toute la surface lumineuse.

On peut donc écrire, en posant

$$(1) \qquad \begin{cases} \mathrm{T} = \int \varphi(x)\,dx, \\ \mathrm{F} = \int \varphi(x)\sin 2p\pi x\,dx, \\ \mathrm{G} = \int \varphi(x)\cos 2p\pi x\,dx, \end{cases}$$

$$(2) \qquad \mathrm{I} = \mathrm{T} + \mathrm{G}\cos 2p\pi\theta - \mathrm{F}\sin 2p\pi\theta.$$

Le premier terme T représente la quantité totale de lumière émise par la source.

Les déviations θ relatives aux maxima et minima d'intensité sont définies par la condition

$$(3) \qquad \mathrm{G}\sin 2p\pi\theta + \mathrm{F}\cos 2p\pi\theta = 0, \qquad \tang 2p\pi\theta = -\frac{\mathrm{F}}{\mathrm{G}},$$

ce qui donne

$$(4) \qquad \mathrm{I} = \mathrm{T} \pm \sqrt{\mathrm{F}^2 + \mathrm{G}^2}.$$

On peut définir la visibilité V du phénomène par le rapport de la différence des intensités extrêmes I_1 et I_2 à leur somme; la visibilité est alors égale à l'unité quand les minima sont absolument noirs. On a donc

$$(5) \qquad V = \frac{I_1 - I_2}{I_1 + I_2} = \frac{\sqrt{F^2 + G^2}}{T}.$$

Cette expression a une signification physique. Le numérateur $A = \sqrt{F^2 + G^2}$ est l'amplitude résultante (154) d'une série de vibrations élémentaires dont les amplitudes sont $\varphi(x)\,dx$ et les différences de phase $2p\pi x$. La valeur de A représente donc, à un facteur près, l'amplitude de la vibration diffractée dans le plan de l'axe des x, à une distance angulaire $\dfrac{p\lambda}{a}$ ou $\dfrac{\Delta}{a}$, par une ouverture dont les abscisses seraient ax et les ordonnées (ou plus exactement les cordes perpendiculaires) proportionnelles à $\varphi(x)$. La visibilité des franges d'une source vue par deux fentes se ramène ainsi à la diffraction par une ouverture semblable qui recevrait un éclairement normal.

Lorsque la source, ou l'ouverture correspondante, est symétrique par rapport à l'ordonnée qui passe par l'origine O, l'intégrale F est nulle et il reste

$$(6) \qquad I = T \pm G, \qquad V = \frac{G}{T}.$$

Comme le dénominateur T est toujours positif, la visibilité peut être positive ou négative suivant le signe de G; les valeurs négatives correspondent à un renversement des franges.

792. *Cas particuliers.* — Nous appliquerons d'abord cette règle à un certain nombre d'exemples :

1° $\varphi(x) = \text{const.}$ — La source est une bande lumineuse d'intensité uniforme et l'ouverture correspondante une fente rectangulaire (**218**). On a alors, en appelant ε le diamètre apparent transversal de la source,

$$(7) \qquad V = \frac{1}{\varepsilon} \int_{-\frac{\varepsilon}{2}}^{+\frac{\varepsilon}{2}} \cos 2p\pi x\,dx = \frac{\sin p\varepsilon\pi}{p\varepsilon\pi}.$$

Les franges disparaissent quand $p\varepsilon$ est un nombre entier, à l'exception de zéro. La visibilité est égale à 1 pour $\varepsilon = 0$; les maxima suivants décroissent, en valeur absolue, et se produisent pour la condition

$$\tan g\, p\varepsilon\pi = p\varepsilon\pi,$$

c'est-à-dire quand on donne à l'angle $p\varepsilon\pi$ des valeurs sensiblement intermédiaires aux précédentes, ou que $p\varepsilon$ est un nombre impair de fois $\frac{1}{2}$.

L'expression des maxima successifs de visibilité, en dehors du premier, est donc

$$V = (-1)^m \frac{2}{(2m+1)\pi}.$$

A mesure qu'on augmente l'écartement des fentes, les franges présentent ainsi une série de périodes de netteté et d'extinction. Si Δ_1 est la variation de distance des fentes qui correspond à une période, on a

$$\varepsilon = \frac{1}{p_1} = \frac{\lambda}{\Delta_1}.$$

2° $\varphi^2(x) + x^2 = \dfrac{\varepsilon^2}{4}$. — La source est limitée par une circonférence ou une ellipse symétrique par rapport à l'axe des x. La visibilité est représentée par la série S d'Airy (**213**), dans laquelle on prendra comme variable

$$m = \frac{p\varepsilon}{2}\pi.$$

Les franges disparaissent pour les valeurs

$$\frac{p\varepsilon}{2} = 0,610, \qquad 1,116, \qquad 1,619, \qquad 2,122, \qquad \ldots$$

Les valeurs relatives aux maxima et les visibilités correspondantes, alternativement positives et négatives, sont

$$\frac{p\varepsilon}{2} = 0, \qquad 0,819, \qquad 1,346, \qquad 1,858, \qquad \ldots,$$

$$V = 1, \qquad -0,132, \qquad +0,065, \qquad -0,040, \qquad \ldots$$

3° $\varphi(x) = \cos m\pi \dfrac{x}{\varepsilon}$. — On déduit aisément de cette expression, en posant

$$u = m\frac{\pi}{2}, \qquad v = p\varepsilon\pi,$$

$$(8) \quad V = \frac{\dfrac{\sin(u-v)}{u-v} + \dfrac{\sin(u+v)}{u+v}}{2\dfrac{\sin u}{u}} = \frac{u}{u^2 - v^2}(u\cos v - v\cot u \sin v).$$

Pour $m = 1$, la visibilité se réduit à

$$V = \frac{\cos p\varepsilon\pi}{1 - (2p\varepsilon)^2}.$$

4° $\varphi(x) = 1 \pm \cos m\pi\dfrac{x}{2\varepsilon}$. — Ces deux lois correspondent à $\varphi(x) = 2\cos^2 m\pi\dfrac{x}{\varepsilon}$ ou $2\sin^2 m\pi\dfrac{x}{\varepsilon}$; elles donnent

$$(9) \quad V = \frac{\dfrac{\sin p\varepsilon\pi}{p\varepsilon\pi} \pm \dfrac{1}{2}\left[\dfrac{\sin(m+p\varepsilon)\pi}{(m+p\varepsilon)\pi} + \dfrac{\sin(m-p\varepsilon)\pi}{(m-p\varepsilon)\pi}\right]}{1 \pm \dfrac{\sin m\pi}{m\pi}}.$$

On a alors, comme cas particuliers,

$$m = 0 \text{ ou } \infty \dots\dots\dots\dots \quad V_0 = \frac{\sin p\varepsilon\pi}{p\varepsilon\pi},$$

$$m = 1, 3, 5, \text{ etc.}\dots\dots \quad V = V_0\left[1 \pm \frac{(p\varepsilon)^2}{m^2 - (p\varepsilon)^2}\right],$$

$$m = 2, 4, 6, \text{ etc.}\dots\dots \quad V = V_0\left[1 \mp \frac{(p\varepsilon)^2}{m^2 - (p\varepsilon)^2}\right].$$

5° $\varphi(x) = \cos^m \pi\dfrac{x}{\varepsilon}$. — Cette forme est particulièrement intéressante parce qu'elle permettra de représenter plusieurs phénomènes, au moins d'une manière approximative. Les intégrales pouvant être prises entre 0 et $\dfrac{\varepsilon}{2}$, la visibilité est

$$V = \frac{\displaystyle\int \cos^m \pi\frac{x}{\varepsilon}\cos 2p\pi x\, dx}{\displaystyle\int \cos^m \pi\frac{x}{\varepsilon}\, dx}.$$

Si l'on pose $\pi \dfrac{x}{\varepsilon} = v$ et $2 p \varepsilon = n$, les limites des intégrales par rapport à la nouvelle variable v sont 0 et $\dfrac{\pi}{2}$, ce qui donne

$$(10) \qquad V = \frac{\displaystyle\int \cos^{m} v \cos nv \, dv}{\displaystyle\int \cos^{m} v \, dv} = \frac{\Gamma^{2}\left(\dfrac{m}{2} + 1\right)}{\Gamma\left(\dfrac{m+n}{2} + 1\right)\Gamma\left(\dfrac{m-n}{2} + 1\right)}.$$

Les franges disparaissent pour

$$\Gamma\left(\frac{m \pm n}{2} + 1\right) = \infty, \qquad \frac{m \pm n}{2} + 1 = 0, \quad -1, \quad -2, \quad \ldots,$$

$$\frac{n}{2} = p\varepsilon = \frac{m}{2} + 1 + a,$$

le terme a étant un nombre entier positif.

La visibilité possède alors la propriété remarquable de s'annuler à des intervalles égaux, entre lesquels la variation p_1 est égale à $\dfrac{1}{\varepsilon}$, à l'exception du premier intervalle pour lequel la valeur p_0 est $\left(\dfrac{m}{2} + 1\right) p_1$; on a ainsi

$$m = 0 \text{ (source rectangulaire)} \ldots \ldots \quad p_0 = p_1,$$

$$m = \frac{1}{2} \text{ (cercle approché)} \ldots \ldots \ldots \quad p_0 = 1,25 \, p_1,$$

$$m = 1, \qquad \varphi(x) = \cos \pi \frac{x}{\varepsilon} \ldots \ldots \ldots \quad p_0 = 1,5 \, p_1,$$

$$m = 2, \qquad \varphi(x) = \cos^{2} \pi \frac{x}{\varepsilon} \ldots \ldots \quad p_0 = 2 \, p_1.$$

Le premier intervalle p_0 détermine la distribution de lumière sur la source et les suivants p_1 sa largeur.

6° $\varphi(x) = e^{-k^{2}x^{2}}$. — Cette expression signifie que les intensités varient, en fonction de la distance angulaire x, suivant la loi donnée par Lord Rayleigh d'après le Calcul des probabilités (672, 5°). Lorsque le coefficient k est très grand, l'exponentielle diminue rapidement et les seuls termes importants correspondent au voisinage de l'origine; la variable x étant prise entre $\pm \infty$, on a alors

$$(11) \qquad V = e^{-\frac{p^{2}\pi^{2}}{k^{2}}}.$$

La courbe de visibilité ne présente plus de caractère périodique ; les franges se troublent d'une manière continue à mesure que la distance des fentes est croissante.

Si l'on considère que la source est pratiquement limitée à partir de la distance angulaire pour laquelle l'intensité est réduite à la moitié du maximum, la largeur ε de cette source est

$$(12) \qquad e^{-\left(\frac{k\varepsilon}{2}\right)^2} = \frac{1}{2}, \qquad k\varepsilon = 2\sqrt{l.2}.$$

793. *Sources multiples.* — Considérons une série de sources symétriques très rapprochées. Les intégrales (1) sont composées de parties différentes relatives à chacune d'elles et la valeur de T représente encore la quantité totale de lumière, quel qu'en soit le mode de distribution.

Si le centre de l'une des sources est à la distance angulaire α de l'origine, on devra remplacer x par $\alpha + x$ dans les sinus et les cosinus des deux autres intégrales. Désignant encore par F et G les valeurs rapportées au centre de symétrie de cette source, les termes correspondants dans l'expression générale se réduisent, en raison de la symétrie, à

$$\int \varphi(x) \sin 2 p \pi (\alpha + x)\, dx = G \sin 2 p \pi \alpha,$$
$$\int \varphi(x) \cos 2 p \pi (\alpha + x)\, dx = G \cos 2 p \pi \alpha.$$

La visibilité U relative à l'ensemble des sources est donc

$$(13) \qquad U^2 = \frac{(\Sigma G \sin 2 p \pi \alpha)^2 + (\Sigma G \cos 2 p \pi \alpha)^2}{(\Sigma T)^2}.$$

Le numérateur représente encore le carré de l'amplitude d'une série de vibrations dont chacune a pour amplitude G et pour différence de phase $2 p \pi \alpha$.

La visibilité V relative aux différentes sources considérées isolément étant égale à $\dfrac{G}{T}$, on peut écrire

$$U^2 = \frac{(\Sigma T V \sin 2 p \pi \alpha)^2 + (\Sigma T V \cos 2 p \pi \alpha)^2}{(\Sigma T)^2},$$
$$(14) \qquad U^2 = \frac{\Sigma T^2 V^2 + 2 \Sigma T T' V V' \cos 2 p \pi (\alpha - \alpha')}{(\Sigma T)^2}.$$

Lorsque les sources sont assez rapprochées pour que les angles $p\pi\alpha$ restent très petits, il reste simplement

$$(15) \qquad U = \frac{\Sigma TV}{\Sigma T}.$$

Si la loi de distribution de lumière est la même sur toutes les sources, les intensités étant proportionnelles à des facteurs constants h, h', h'', ..., les visibilités relatives à chacune d'elles sont égales et les valeurs correspondantes de T sont proportionnelles aux intensités; on a alors

$$(16) \qquad U^2 = \frac{\Sigma h^2 + 2 \Sigma hh' \cos 2 p(\alpha - \alpha')}{(\Sigma h)^2} V^2.$$

Dans le cas de deux sources, séparées par la distance angulaire δ, ces expressions deviennent

$$(14)' \qquad U^2 = \frac{T^2 V^2 + T'^2 V'^2 + 2 TT' VV' \cos 2 p \delta \pi}{(T + T')^2},$$

$$(16)' \qquad U^2 = \frac{1 + h^2 + 2 h \cos 2 p \delta \pi}{(1 + h)^2} V^2;$$

et, si les deux sources sont égales,

$$(17) \qquad U = V \cos p \delta \pi.$$

Pour N sources identiques, on a également

$$(18) \qquad U^2 = \left[1 + \frac{2}{N^2} \Sigma \cos 2 p \pi (\alpha - \alpha') \right] V^2.$$

Le problème revient à déterminer l'amplitude de la vibration diffractée par une série d'ouvertures identiques dont les différences de phase rapportées à l'origine sont $2 p \alpha \pi$.

Si toutes ces sources sont aux mêmes distances successives δ, et que l'on prenne pour origine le centre du système (233), le numérateur de la valeur de U dans l'équation (13) est égal à $G \dfrac{\sin N p \delta \pi}{\sin p \delta \pi}$ et la visibilité résultante

$$(19) \qquad U = \frac{V}{N} \frac{\sin N p \delta \pi}{\sin p \delta \pi}.$$

794. *Vérifications expérimentales.* — M. Michelson a vérifié d'abord par expérience que la disparition des interférences est bien conforme à la théorie. Il prenait comme sources des ouvertures différentes éclairées uniformément par des lumières homogènes ; on pouvait alors modifier l'angle apparent des ouvertures par leur distance à la lunette et faire varier à volonté l'écartement des fentes placées devant l'objectif.

Pour des sources en forme de fente rectangulaire, on a observé jusqu'à la huitième période de disparition des franges, jusqu'à la quatrième pour des disques circulaires, et les erreurs moyennes n'atteignent pas $0,05$.

Lorsque la source est un disque circulaire non uniforme dont l'éclat, en chaque point, est une fonction $f(r)$ de la distance r au centre, on doit remplacer $\varphi(x)$ par l'intégrale

$$\varphi(x) = \int f\left(\sqrt{y^2 + x^2}\right) dy,$$

prise entre les limites 0 et $\frac{1}{2}\sqrt{s^2 - 4x^2}$.

La loi empirique de distribution des intensités à la surface du Soleil permet ainsi de calculer la visibilité des franges obtenues par deux fentes ; la vérification expérimentale relative à la première période a été encore très satisfaisante.

Si les sources sont deux disques circulaires égaux entre eux et d'éclat uniforme, l'équation (17) montre que les franges disparaissent, abstraction faite du facteur V, quand on a

$$(20) \qquad p\delta = \frac{2m+1}{2}, \qquad \delta = \frac{2m+1}{2}\frac{\lambda}{\Delta}.$$

On a constaté également que cette expression est entièrement conforme aux observations.

Pour reconnaître si l'estimation pratique de la visibilité des interférences correspond à la formule adoptée, M. Michelson produit des franges de polarisation chromatique avec deux lentilles de quartz parallèles à l'axe, dont les axes sont croisés, et dont les surfaces voisines ont la même courbure, l'une concave et l'autre convexe. On obtient alors des franges circulaires localisées, dues aux variations d'épaisseur.

Si le polariseur et l'analyseur sont parallèles, les intensités extrêmes (381) étant $I_1 = 1$ et $I_2 = \cos^2 2i$, il en résulte

$$V = \frac{1 - \cos^2 2i}{1 + \cos^2 2i}.$$

On modifie à volonté la valeur de cette expression en changeant l'inclinaison i de l'axe sur le plan de polarisation primitif. L'observation a montré que la courbe expérimentale suit à peu près la même marche; la visibilité est estimée à une valeur trop grande quand les interférences sont très nettes et trop faible quand elles paraissent moins distinctes. Les différences varient d'un observateur à l'autre et suivant plusieurs circonstances; elles augmentent avec la réfrangibilité de la lumière et le nombre des franges que renferme le champ; elles sont plus grandes quand la visibilité diminue que si elle est croissante, et paraissent à peu près indépendantes de l'intensité absolue. On peut ainsi déterminer une correction empirique des observations; les erreurs relatives atteignent alors rarement $\frac{1}{10}$ et sont en général beaucoup moindres.

795. *Applications astronomiques.* — Dans l'image des étoiles, la tache centrale n'est pas inférieure à $0'',47$ pour un objectif de 60^{cm} (214) et le diamètre apparent d'un astre très petit ne peut être évalué que par l'élargissement de cette tache, abstraction faite de tous les défauts étrangers à la diffraction. Si l'astre est un disque circulaire d'éclat uniforme et qu'on l'observe en couvrant l'objectif par deux fentes d'écartement variable, la loi de visibilité des franges permettra d'en évaluer le diamètre avec des instruments d'ouverture beaucoup plus faible.

M. Michelson a appliqué cette méthode aux satellites de Jupiter avec un équatorial de 12 pouces ($30^{cm},5$). Il n'a pas été possible d'obtenir le retour périodique des franges, mais la distance des fentes capable de produire la première disparition ($p z = 1,22$) a donné des nombres très concordants dans une série d'épreuves, tandis que les mesures directes, faites par plusieurs observateurs, diffèrent quelquefois du simple au double. D'après la visibilité des franges, les diamètres des quatre satellites, ramenés à la distance moyenne de Jupiter, sont

Satellites.	I.	II.	III.	IV.
Diamètre ɛ........	$1'',02$	$0'',94$	$1'',37$	$1'',31$

L'emploi de la méthode sur des lunettes plus puissantes, avec des verres colorés pour mieux définir la longueur d'onde de la lumière, fournirait sans doute des résultats d'une grande exactitude.

Si l'on considère deux étoiles voisines de même grandeur, assimilables à des disques circulaires, et disposées dans une direction perpendiculaire aux fentes, les franges disparaissent seulement, d'après l'équation (20), lorsque la distance des étoiles est réduite à $\frac{1}{2}\frac{\lambda}{\Delta}$, au lieu de l'angle $1,22\frac{\lambda}{D}$ qui représente la pénétration de la lunette pour la même ouverture.

Une étoile double, que l'instrument n'est pas capable de séparer, donnera lieu à un système de franges quand les fentes sont parallèles à la direction des deux composantes, tandis que ces franges peuvent devenir invisibles lorsque les fentes sont orientées dans une direction perpendiculaire.

Lorsque la distance à évaluer est inférieure à la pénétration des lunettes, il est nécessaire d'éloigner les fentes jusqu'aux bords de l'objectif pour obtenir la première disposition; les faisceaux interférents étant alors inclinés l'un sur l'autre de plusieurs degrés, la largeur des franges se trouve réduite à quelques microns et l'on doit employer un fort grossissement.

M. Michelson évite cette difficulté, en même temps qu'il augmente la précision de la méthode, en ramenant dans la lunette deux faisceaux primitivement très écartés.

Avec la disposition de la *fig.* 386, les rayons réfléchis sur les miroirs M et N reviennent dans la lunette L, après avoir été respectivement transmis et réfléchis par la glace P.

Pour la *fig.* 387, les faisceaux sont réfléchis à angle droit sur les miroirs M et N et le premier éprouve une nouvelle réflexion sur un miroir parallèle M′; ils se superposent encore dans la lunette L par l'action de la glace P.

Dans les deux cas, la glace G, dite *de compensation*, est utilisée pour modifier lentement la différence de marche par des variations d'obliquité.

Un miroir auxiliaire *m* permet de régler l'appareil de façon que les images des réticules pour chacun des faisceaux se forment sur le réticule lui-même; ce miroir étant ensuite supprimé, les deux images d'une même source se superposent alors sur le plan focal et les vibrations correspondantes n'ont aucune différence de phase si les chemins optiques respectifs sont égaux.

L'intensité du champ serait uniforme, pour un réglage rigoureux, comme dans le réfractomètre de Jamin et les appareils analogues (286 à 290); les franges n'apparaissent que par une légère inclinaison de l'un des systèmes de miroirs et leur largeur peut être modifiée à volonté sans que l'intensité générale diminue; en outre, elles sont localisées dans le plan focal, tandis que l'emploi des fentes permettait de les voir à toute distance.

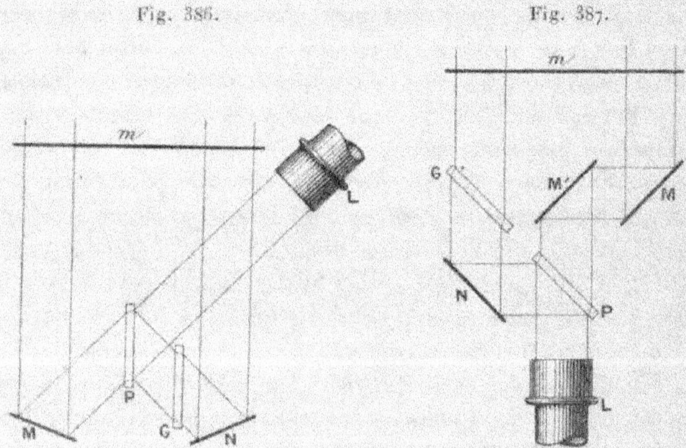

Fig. 386.

Fig. 387.

Enfin les conditions de visibilité, à mesure qu'on écarte les miroirs M et N dans une direction perpendiculaire à celle des rayons incidents, sans altérer l'égalité des chemins optiques, restent les mêmes que pour deux fentes situées à la même distance.

Cet appareil exige des miroirs d'une rare perfection, une vis micrométrique à deux pas égaux et de sens contraires, des chariots à mouvement de translation rectiligne, et le réglage est d'une délicatesse extrême. Si les franges disparaissent dans une expérience, par exemple avec la lumière d'une planète, on peut toujours s'assurer par l'observation d'une étoile que cet effet n'est pas dû à un accident ou un défaut de réglage.

796. *Interférences dues aux raies spectrales.* — Ces considérations permettent maintenant d'aborder l'étude des interférences produites par des sources de lumière quasi homogènes et de compléter la découverte de M. Fizeau sur les périodes observées avec la flamme d'alcool salé (127).

Supposons qu'une ligne spectrale, isolée par dispersion, comprenne une série de vibrations différentes. Soit $f(\lambda)\,d\lambda$ la quantité de lumière qui correspond aux longueurs d'onde comprises entre λ et $\lambda + d\lambda$. Quand on la partage en deux faisceaux de même intensité qui se superposent ensuite avec une différence de marche Δ, l'intensité des franges correspondantes est (155)

$$f(\lambda)\left(1 + \cos 2\pi\frac{\Delta}{\lambda}\right) d\lambda = f(\lambda)\,d\lambda + f(\lambda)\cos 2\pi\frac{\Delta}{\lambda}\,d\lambda.$$

Comme toutes les vibrations sont indépendantes, l'intensité résultante I est l'intégrale de cette expression entre les limites λ_1 et λ_2 des longueurs d'onde que renferme la source.

Si l'on désigne par λ_0 une longueur d'onde intermédiaire entre les valeurs extrêmes et que l'on pose

$$\frac{1}{\lambda} = \frac{1}{\lambda_0}(1 + x), \qquad \Delta = p\lambda_0,$$

on peut considérer l'intensité comme une fonction de la *fréquence* des vibrations, ou de la variable x entre les limites $-x_1$ et $+x_2$. Cette manière d'envisager les phénomènes revient à supposer que la source est étalée sur un spectre dont la dispersion est proportionnelle à la fréquence, ce qui ne change pas la loi des intensités pour une région très restreinte. Remplaçant $f(\lambda)\,d\lambda$ par $\varphi(x)\,dx$, on aura ainsi

$$I = \int \varphi(x)\,dx + \int \varphi(x)\cos 2p\pi(1 + x)\,dx.$$

Si l'on définit encore les intégrales T, F et G par les équations (1), il en résulte

$$(2)' \qquad I = T + G \cos 2p\pi - F \sin 2p\pi.$$

Tant que l'intervalle des limites $\varepsilon = x_1 + x_2$ reste très petit, les variations des intégrales F et G avec l'ordre p d'interférence moyenne sont négligeables; les maxima et minima d'intensité en fonction de p ont lieu sensiblement pour la condition

$$(3)' \qquad\qquad G \sin 2p\pi + F \cos 2p\pi = 0,$$

et la visibilité des franges est représentée par l'équation (5).

Le problème est encore ramené à la visibilité des franges obtenues avec deux fentes pour une source d'éclat uniforme limitée par la courbe dont les abscisses et les ordonnées sont respectivement proportionnelles à x et $\varphi(x)$, ou à l'amplitude de la lumière diffractée par l'ouverture correspondante. Tous les calculs précédents sont alors applicables.

Le réfractomètre interférentiel utilisé par M. Michelson est analogue à l'appareil dont il a fait usage pour d'autres recherches (668, *fig.* 330). La source est produite par une série d'étincelles dans un tube qui renferme un gaz raréfié ou des traces de vapeurs métalliques.

La lumière de cette source, que l'on diaphragme au besoin par une fente, est réfractée dans un prisme à sulfure de carbone, de manière à produire sur un écran un spectre dans lequel les différentes raies sont bien séparées; une fente sur l'écran permet de n'utiliser que des radiations d'une espèce déterminée.

Le faisceau S (*fig.* 388), rendu parallèle par une lentille, tombe

Fig. 388.

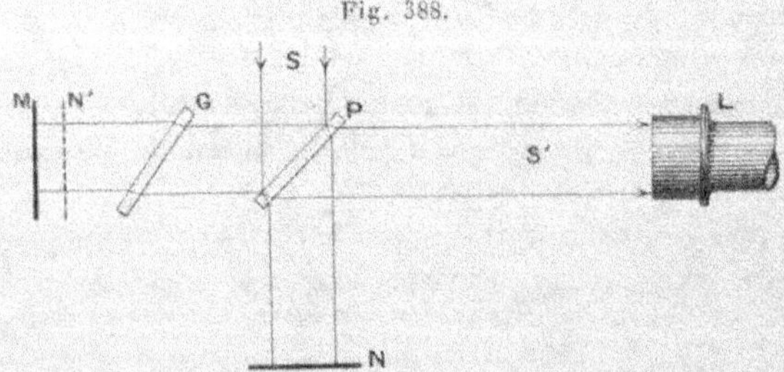

à $45°$ sur une première glace P, dont la face antérieure est légèrement argentée, de manière à se partager à peu près également en un faisceau transmis T et un faisceau réfléchi R. La lumière T se réfléchit normalement sur un miroir plan N, revient à la glace P, s'y réfléchit et se propage finalement dans la direction S'. La lumière R traverse d'abord une glace G de *compensation,* se réfléchit normalement sur un miroir plan M, traverse ensuite la glace P et se superpose en S' à la précédente.

Le premier faisceau T se comporte, à la sortie, comme s'il avait suivi le même chemin que le second, en se réfléchissant sur un miroir plan N', qui est l'image du miroir N par rapport à la surface d'entrée. Pour simplifier le discours, on appellera cette image N' le *plan de référence*. La différence de marche des deux faisceaux superposés est le double de la distance MN' qui sépare le miroir M du plan de référence.

L'appareil est réglé d'abord de manière que le plan de référence coïncide avec le miroir M; une légère inclinaison de l'un de ces miroirs fait apparaître à la lumière blanche, sur cette surface, un système d'interférences rectilignes dont la frange centrale est noire, puisque les deux faisceaux se sont réfléchis de part et d'autre à la surface d'entrée. On redresse le miroir incliné et les deux plans sont en coïncidence. Il suffit alors d'éloigner le miroir M par une vis micrométrique pour faire varier la différence de marche d'une manière continue. Observant cette fois avec une lunette L réglée sur l'infini, on voit une série d'anneaux concentriques (**280**); pour une distance a des surfaces, la différence de marche relative à l'incidence i est $2a\cos i$. L'angle i étant très petit, la variation du retard Δ, à partir du centre du phénomène, est $2a(1-\cos i) = ai^2$. La régularité des franges et leur égale netteté dans toute l'étendue du champ serviront de contrôle au parfait réglage des surfaces.

Si la distance a est de 18^{cm}, ou environ 360 000 longueurs d'onde, auquel cas l'ordre d'interférence p serait de 720 000, l'écart angulaire i de la première frange à partir du centre est

$$\frac{1}{\sqrt{360\,000}} = \frac{1}{600} = 5',73\,;$$

il n'est donc pas nécessaire d'employer une lunette de grandes dimensions pour bien distinguer les franges.

On commence les observations à partir de la coïncidence des plans et l'on augmente successivement leur distance d'une quantité constante, par exemple 1^{mm}, ce qui donne un retard de 2^{mm}; les franges se resserrent de plus en plus. On estime chaque fois leur visibilité et l'on apporte à la valeur ainsi obtenue les corrections indiquées par les expériences préliminaires sur le quartz.

Les courbes de visibilité ont été traduites graphiquement en prenant pour abscisse X le retard, évalué en millimètres, c'est-à-dire le double de la distance $a = \mathrm{MN}'$ des deux plans. Ces courbes montrent le plus souvent des minima à une ou plusieurs périodes, pendant que l'ordonnée moyenne diminue d'une manière continue. On les a représentées en général par des exponentielles de la forme $2^{-\left(\frac{\mathrm{X}}{\mathrm{C}}\right)^2}$ et par des termes tels que $\mathrm{A}\cos 2\pi \dfrac{\mathrm{X}}{\mathrm{D}}$.

D'après les équations (11) et (14), les exponentielles en facteur indiquent que la distribution de lumière sur les sources suit la loi des probabilités et les cosinus renfermés sous un radical révèlent l'existence de sources distinctes.

Pour la longueur d'onde moyenne λ, l'ordre p des interférences est égal à $\dfrac{\mathrm{X}}{\lambda}$. Lorsque le retard X est égal à D, le cosinus correspondant est égal à l'unité et la distance relative δ des deux sources qui donnent lieu à ce terme est

$$p_1 \delta = 1, \qquad \delta = \frac{1}{p_1} = \frac{\lambda}{\mathrm{D}}.$$

D'autre part, si l'on identifie l'exponentielle avec l'expression (11), il en résulte

$$\frac{p^2 \pi^2}{k^2} = \left(\frac{\mathrm{X}}{\mathrm{C}}\right)^2 l.2 = \left(\frac{p\lambda}{\mathrm{C}}\right)^2 l.2,$$

$$k = \frac{\pi}{\sqrt{l.2}} \frac{\mathrm{C}}{\lambda}.$$

La largeur relative ε de chaque raie, limitée aux points où l'intensité est réduite à la moitié du maximum, est alors, d'après l'équation (12),

$$\varepsilon = \frac{2\sqrt{l.2}}{k} = \frac{2 l.2}{\pi} \frac{\lambda}{\mathrm{C}} = \frac{1}{2,266} \frac{\lambda}{\mathrm{C}}.$$

Dans un spectre normal, la distance d de deux raies est $\lambda\delta$ et la largeur e d'une des sources $\lambda\varepsilon$, ce qui donne

$$d = \lambda \frac{\lambda}{\mathrm{D}}, \qquad e = \frac{\lambda}{2,266} \frac{\lambda}{\mathrm{C}}.$$

Ajoutons encore que, si la méthode fait connaître les intensités des radiations élémentaires et leurs distances respectives, elle ne peut indiquer leur ordre de succession; l'examen des raies dans un spectre permettra de connaître cette distribution.

Si les longueurs d'onde sont évaluées en microns, on doit multiplier les valeurs numériques des constantes C et D par 10^3, ce qui donne

$$(20) \qquad \delta = \frac{\lambda}{D} 10^{-3}, \qquad \varepsilon = \frac{1}{2,266} \frac{\lambda}{C} 10^{-3},$$

Les quantités d et e étant très petites, il convient de les exprimer en fonction d'une longueur beaucoup plus faible, telle que $\mu' = 1^\mu . 10^{-5}$, c'est-à-dire des unités du cinquième chiffre significatif dans la valeur des longueurs d'onde. On aura ainsi

$$(21) \qquad d = 10^5 \lambda \delta = 10^2 \frac{\lambda^2}{D}, \qquad e = 10^5 \lambda \varepsilon = \frac{10^2}{2,266} \frac{\lambda^2}{C}.$$

Comme terme de comparaison, on peut remarquer que les deux raies principales D_1 et D_2 du spectre solaire (ou de la soude) donnent

$$\delta = \frac{1}{983}, \qquad d = 10^5 \frac{0,589}{983} = 60 \mu'.$$

797. *Étude de quelques sources.* — L'application de cette méthode permet d'abord de distinguer, parmi les raies brillantes, celles dont la constitution est la plus simple et celles qui comprennent des groupes plus ou moins complexes. On peut ainsi choisir les sources auxquelles il convient de s'adresser pour obtenir des interférences à grande différence de marche.

La loi de visibilité détermine la forme de chacune des sources élémentaires et leurs distances quand on les suppose symétriques. Lorsque cette condition n'est pas remplie, la fonction $\varphi(x)$ est bien déterminée, mais la visibilité ne fait connaître que la somme $F^2 + G^2$, de sorte qu'une infinité de lois de distribution d'intensité [1] sur la source seraient compatibles avec une même courbe de visibilité.

Au point de vue pratique, il paraîtra sans doute légitime d'admettre qu'une source dans laquelle l'intensité varie suivant une loi quelconque peut être remplacée, avec toute l'approximation

---

[1] Lord RAYLEIGH, *Phil. Mag.*, [5], t. XXXIV, p. 407: 1892.

nécessaire, par une série de sources symétriques, auquel cas les fonctions F sont nulles, et que le problème est toujours défini.

Les raies rouge ($o^\mu,6562$) et bleue ($o^\mu,4861$) de l'*hydrogène*, qui correspondent aux lignes obscures C et F du spectre solaire, ont été obtenues avec un tube dans lequel la pression du gaz était d'environ 1^{mm} et la température de $5o^o$. Les courbes de visibilité sont représentées assez exactement par les formules

$$\text{Rouge}\ldots\ldots\ldots \quad U = 2^{-\left(\frac{X}{19}\right)^2} \cos^{0,7}/_{30}$$

$$\text{Bleu}\ldots\ldots\ldots \quad U = 2^{-\left(\frac{X}{24}\right)^2} \cos^{0,7}/_{28}$$

Les expressions telles que $\cos{}^h/_D$ sont des symboles destinés à simplifier l'écriture et définis par la relation

$$\cos^2{}^h/_D = \frac{1 + h^2 + 2h\cos\frac{X}{D}}{(1+h)^2}.$$

La valeur de h étant égale à $0,7$ dans les deux cas, il en résulte d'abord que chacune des raies est composée de deux sources semblables, dont les intensités sont dans le rapport de 10 à 7.

Les équations (20) donnent, pour la distance et l'épaisseur relatives des raies élémentaires :

	δ	ε
Rouge................	$\dfrac{1}{45\,700}$	$\dfrac{1}{65\,600}$
Bleu................	$\dfrac{1}{57\,600}$	$\dfrac{1}{112\,000}$

Au degré d'exactitude des observations, il semble bien que les deux groupes ont la même composition; l'écart des raies élémentaires n'est que $\frac{1}{30}$ de la distance des raies D.

Dans le premier groupe R (*fig.* 389), la largeur des raies est de même ordre que leur distance; cette largeur est moitié moindre dans le second groupe B. Il serait donc presque impossible de les distinguer l'une de l'autre par l'observation directe.

Les courbes pointillées représentent l'intensité de chaque radiation et les courbes pleines l'intensité résultante. C'est précisément un exemple de la substitution de deux exponentielles symétriques à une loi de distribution assez compliquée.

Les distances des raies et leur épaisseur dans un spectre normal sont, en fonction de la nouvelle unité μ',

	$d.$	$e.$
Rouge	1,4	1,0
Bleu	0,8	0,4

La raie rouge orangé de l'*oxygène* ($0^{\mu},616$), dont l'éclat est assez faible, a été obtenue par des étincelles plus puissantes dans

Fig. 389.

Hydrogène.

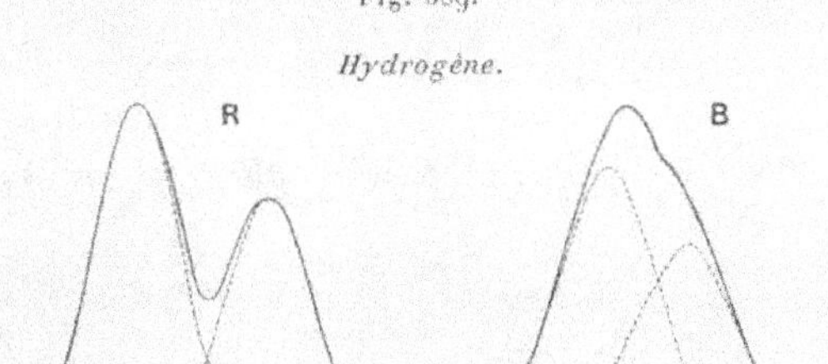

un tube qui contenait de l'oxygène dégagé de l'oxyde de mercure. La courbe de visibilité est plus complexe et se représente très bien par la formule

$$U = 2^{-\left(\frac{X}{35}\right)^2}\left[0,36 + 0,32 \cos 2\pi \frac{X}{2,69}\right.$$

$$\left. + 0,16 \cos 2\pi \frac{X}{4,85} + 0,16 \cos 2\pi \frac{X}{1,73}\right]^{\frac{1}{2}}.$$

La somme des coefficients dans la parenthèse est égale à 1, ce qui doit avoir lieu, puisque la visibilité est toujours égale à l'unité quand la différence de marche X est nulle.

Cette expression signifie que la source est formée de trois raies élémentaires semblables, dont les intensités sont entre elles comme les nombres 1, 1 et $\frac{1}{2}$, la dernière étant en dehors des précédentes. La même formule montre que la largeur de ces raies est 0,5 et leurs distances respectives 15,1 et 8,4 (*fig.* 390).

La température à laquelle les raies du *zinc* peuvent s'observer est voisine de la fusion du verre. On a pu reconnaître cependant que la raie rouge R (o$^\mu$,636) est simple (*fig.* 391) et que sa largeur est seulement de 0,26.

Fig. 390.

Oxygène.

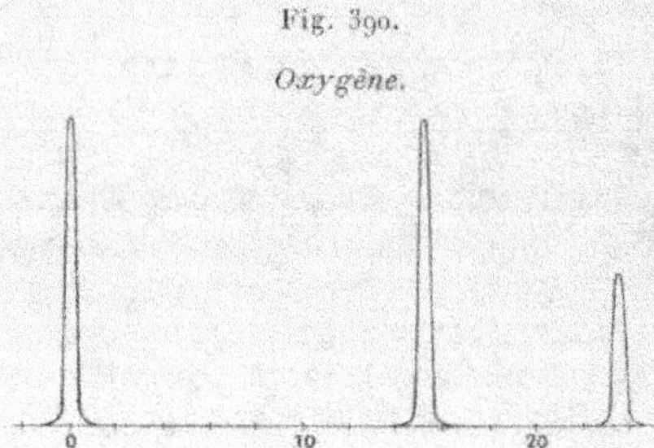

La raie bleue B (o$^\mu$,4811) du même métal est formée de deux radiations voisines.

Fig. 391.

Zinc.

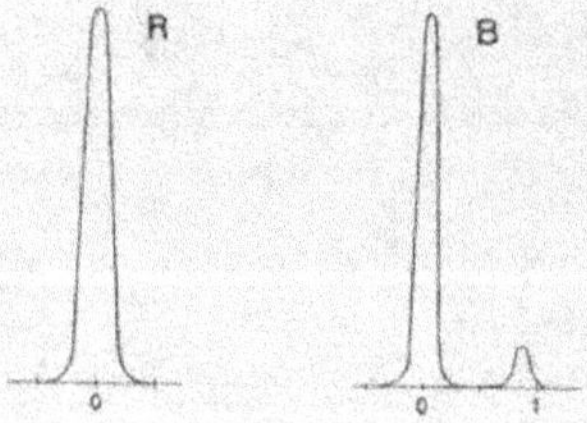

Les raies du *cadmium* s'obtiennent facilement vers 280°; elles varient très peu avec la température ou la pression (*fig.* 392).

Pour la raie rouge R (o$^\mu$,6439), la différence de marche a été portée jusqu'à 25^{cm} et la courbe de visibilité s'accorde d'une manière remarquable avec la formule

$$V = 2^{-\left(\frac{x}{138}\right)^2}.$$

C'est donc une source simple, particulièrement homogène, dont la largeur ne dépasse pas 0,013.

Pour la raie verte V (o$^\mu$,5086) de ce métal, la visibilité est représentée approximativement par

$$U = 2^{-\left(\frac{x}{120}\right)^2} \cos^{0,2}/_{115}.$$

C'est un doublet formé de raies semblables, dont les intensités sont dans le rapport de 5 à 1; leur distance est 0,22 et la largeur de chacune d'elles 0,096.

La raie bleue B ($0^\mu,4800$) présente le même caractère :

$$U = 2^{-\left(\frac{X}{64}\right)^2} \cos^{0,1}/_{32}.$$

C'est encore un doublet, dont les raies élémentaires, dans le rapport de 10 à 1, sont plus écartées et plus larges.

Fig. 392.

Cadmium.

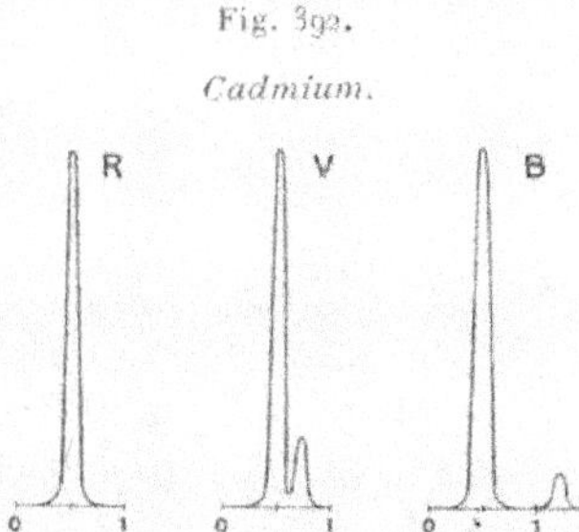

Le *thallium* n'est pas assez volatil aux températures que peut supporter le verre, mais le chlorure donne une très belle raie verte ($0^\mu,535$). La courbe de visibilité a deux sortes de périodes et correspond bien à la formule

$$U = \frac{1}{3} \cos^{0,2}/_{160} \left[4\,V_1^2 + V_2^2 + 4\,V_1\,V_2 \cos 2\pi\,\frac{X}{25,3} \right]^{\frac{1}{2}},$$

dans laquelle

$$V_1 = 2^{-\left(\frac{X}{246}\right)^2}, \qquad V_2 = 2^{-\left(\frac{X}{188}\right)^4}.$$

La lumière est formée de deux sources distinctes dont chacune est elle-même un doublet (*fig.* 393).

Dans un tube vide de gaz, qui renferme du *mercure*, on obtient deux raies jaunes ($0^\mu,5790$ et $0^\mu,5770$), une raie verte très brillante ($0^\mu,5461$) et une raie violette ($0^\mu,4358$).

Les deux raies jaunes sont tellement voisines qu'il est assez difficile de les isoler; on a pu cependant les examiner séparément.

En négligeant l'effet d'une ligne de faible intensité à la distance
2,4 de la raie principale, on a, pour la première J (*fig.* 394),

$$U = \frac{1}{4}\left[3V_1^2 + V_2^2 + 6V_1V_2\cos 2\pi\frac{X}{28} \right]^{\frac{1}{2}},$$

$$V_1 = 2^{-\left(\frac{X}{200}\right)^2}, \qquad V_2 = 2^{-\left(\frac{X}{250}\right)^2}\cos^{9,5}\!/_{250}.$$

Fig. 393.

Thallium.

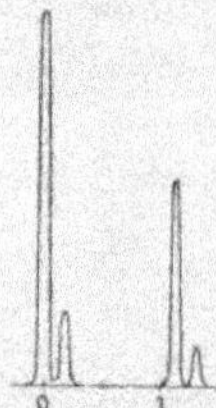

La différence de marche observée a atteint 32^{cm}.

En négligeant, de même, des particularités qui semblent indi-

Fig. 394.

Mercure.

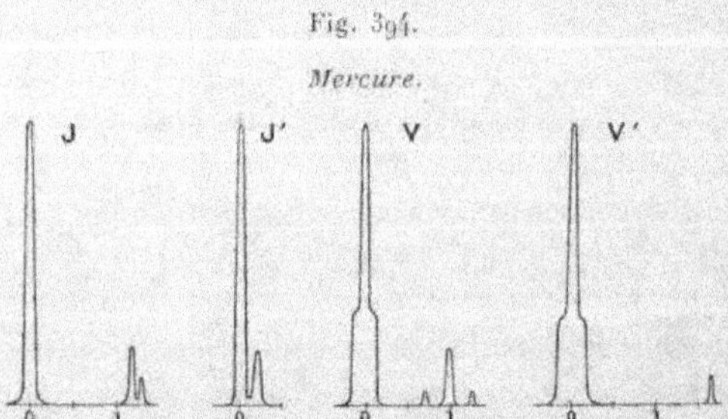

quer l'existence d'une et peut-être de plusieurs raies très faibles,
la visibilité de la seconde J' est

$$U = \frac{1}{4}\left[3V_1^2 + V_2^2 + 6V_1V_2\cos 2\pi\frac{X}{70} \right]^{\frac{1}{2}},$$

$$V_1 = 2^{-\left(\frac{X}{185}\right)^2}, \qquad V_2 = 2^{-\left(\frac{X}{126}\right)^2}.$$

La raie verte du mercure est la plus complexe de celles qui ont

été observées, quoique la différence de marche ait atteint 40^{cm} ou
732 000 longueurs d'onde. La courbe de visibilité se représente
assez exactement par

$$U = 2^{-\left(\frac{X}{230}\right)^2}\left[0,69\,V_1^2 + 0,03\,V_2^2 + 0,28\,V_1\,V_2\cos 3\pi\,\frac{X}{31,4}\right]^{\frac{1}{2}},$$

$$V_1 = 0,62 + 0,38\cos 2\pi\,\frac{X}{360},$$

$$V_2 = 0,77 + 0,23\cos 2\pi\,\frac{X}{110}\cdot$$

Cette formule correspondrait à la courbe V. Les composantes
ont été supposées symétriques, mais les observations ne permettent guère de déterminer si chacune d'elles n'est pas un doublet ou un triplet. Le mode d'observation ne permet pas non plus,
comme dans les cas précédents, de savoir si la composante la plus
faible est à droite ou à gauche de la ligne principale; toutefois, la
diffraction dans un réseau paraît montrer que cette composante
est située du côté du rouge.

Les caractères de la raie violette V' sont encore plus difficiles
à reconnaître. La visibilité peut être représentée par

$$U = \left[0,88\,V_1^2 + 0,12\,V_1\,V_2\cos 2\pi\,\frac{X}{23}\right]^{\frac{1}{2}},$$

$$V_1 = 2^{-\left(\frac{X}{54}\right)^2}\left[0,62 + 0,38\cos 3\pi\,\frac{X}{200}\right]^{\frac{1}{2}},$$

$$V_2 = 2^{-\left(\frac{X}{120}\right)^2}.$$

Les résultats obtenus avec le *sodium* dans un tube vide sont si
variés et le caractère des lignes est tellement modifié par les variations de température et de pression, qu'il ne paraît pas possible
actuellement d'en faire une étude complète; la difficulté provient
surtout de ce que la dispersion ne permet guère de séparer les deux
radiations principales de chaque groupe [1]. A une pression très

---

[1] On peut réaliser cette séparation en produisant dans le spectre, à l'aide des
phénomènes de double réfraction (421) ou de polarisation rotatoire (504), des
bandes d'interférence assez serrées pour que l'une des raies D soit éteinte et que
l'autre reste brillante. La lumière qui émerge de l'analyseur est alors beaucoup
plus homogène [E. MASCART, *Ann. Sc. de l'École Normale sup.*, [2], t. III,
p. 393; 1874].

faible et une température voisine de 250°, la visibilité relative à
l'une de ces raies serait

$$U = 2^{-\left(\frac{X}{136}\right)^2} \cos^{0,7}/_{50} \cos^{0,1}/_{140},$$

et celle de l'ensemble, en supposant que les deux groupes partiels
soient de même forme,

$$U = 2^{-\left(\frac{X}{156}\right)^3} \cos^{0,8}/_{0.38} \cos^{0,7}/_{50} \cos^{0,1}/_{140}.$$

Chacune des raies serait elle-même un doublet D_1 (*fig.* 395),
dont les éléments sont accompagnés par une sorte de satellite.

Fig. 395.

Sodium.

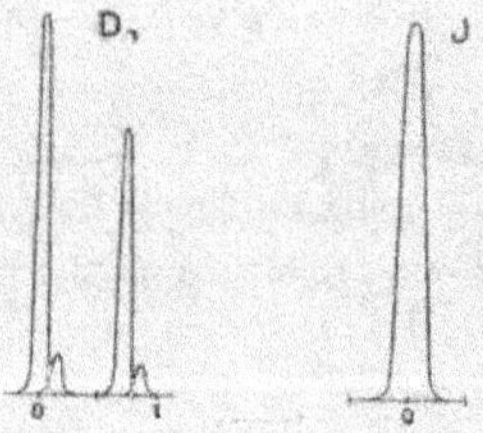

Les autres groupes de raies doubles paraissent composés d'éléments simples J et varient beaucoup moins avec les conditions de
température et de pression.

On voit finalement, par ces expériences, que la méthode permet
de distinguer deux raies dont la différence relative des longueurs
d'onde est $\frac{1}{1000}$ de celle qui correspond aux raies D.

D'une manière générale, les conditions de visibilité sont d'autant meilleures que la température est plus basse (134) et cette
circonstance paraît conforme avec la théorie cinétique des gaz;
l'élargissement des raies serait dû aux collisions fréquentes des
molécules et à leurs mouvements propres.

La première cause est d'autant moins importante que la pression du gaz est plus faible; il ne reste alors à considérer que la
translation des molécules. Dans ce cas, si l'on désigne par a leur
vitesse moyenne et par A celle de la lumière, la visibilité a la

même expression que pour deux sources voisines

$$V = \frac{\sin 2\pi p \frac{a}{A}}{2\pi p \frac{a}{A}}.$$

En admettant que les vitesses varient autour de la valeur moyenne suivant la loi des probabilités (**672**, 5°), la visibilité serait

$$V = e^{-\pi\left(\frac{a\delta_0}{vA}\right)^2} = e^{-\pi\left(\frac{p\pi}{2}\frac{a}{A}\right)^2}.$$

L'ordre p d'interférence étant choisi de manière que la visibilité soit réduite à $\frac{1}{2}$, on en déduit

$$p = \frac{2}{\pi}\sqrt{\frac{l.2}{\pi}\frac{A}{a}} = 0,3\frac{A}{a}.$$

En adoptant 4000^{m} pour la vitesse des molécules d'hydrogène, dans les conditions des expériences, il en résulte

$$p = 22500.$$

Les températures réelles des vapeurs qu'on illumine par des décharges électriques sont très incertaines, mais on peut admettre qu'elles restent de même ordre dans tous les cas. Les vitesses des molécules sont alors proportionnelles à l'inverse des racines carrées de leurs poids atomiques m et l'ordre d'interférence capable de réduire la visibilité à $\frac{1}{2}$ est $22500\sqrt{m}$. Les résultats ainsi calculés s'accordent d'une manière suffisante avec l'observation.

Il y aurait enfin à tenir compte (Lord RAYLEIGH) des altérations d'homogénéité dues à la perte graduelle d'énergie qu'entraîne la communication du mouvement des molécules vibrantes à l'éther qui les entoure, ainsi que de la rotation des molécules.

La visibilité des interférences est souvent à peu près indépendante de la température et de la pression dans les tubes à étincelles, mais cette règle est sujette à beaucoup d'exceptions, parmi lesquelles on peut citer la raie verte du mercure et les raies jaunes du sodium. En réalité, les sources sont d'autant plus pures qu'elles ont moins d'éclat, c'est-à-dire que la densité des vapeurs est plus faible et la température moins élevée.

Lorsque le nombre des radiations élémentaires est supérieur à 3, les courbes de visibilité ont une forme si complexe qu'il est difficile de les analyser et d'en déduire la composition de la source. On peut alors résoudre le problème, au moins en théorie, par une sorte de synthèse, qui consisterait à reproduire la même loi, soit par la visibilité des franges d'une source de forme convenable observée par deux fentes, soit par l'amplitude de la vibration diffractée par une ouverture correspondante.

INDICES DE RÉFRACTION.

798. *Solides et liquides.* — Nous avons signalé dans le cours de cet Ouvrage les différentes méthodes utilisées pour la mesure des indices de réfraction; il suffira d'y revenir brièvement pour insister sur le degré d'exactitude qu'elles comportent.

Dans la méthode du prisme (117), on doit déterminer l'angle dièdre réfringent et la déviation; chacune de ces opérations exige au moins deux lectures, mais elles portent sur un angle double de celui qui entre dans les formules. Abstraction faite des difficultés particulières que présente la mesure de l'angle A du prisme (118), si l'on observe le minimum de déviation D, l'erreur commise sur chacun des angles est au moins égale à l'erreur de pointé de la lunette. On déduit alors de l'équation

$$ n \sin \frac{A}{2} = \sin \frac{A+D}{2}, $$

$$ \frac{\delta n}{n} = \cot \frac{A+D}{2} \frac{\delta A + \delta D}{2} - \cot \frac{A}{2} \frac{\delta A}{2} $$

$$ = \cot \frac{A+D}{2} \frac{\delta D}{2} - \left(\cot \frac{A}{2} - \cot \frac{A+D}{2} \right) \frac{\delta A}{2}. $$

En appelant ε l'erreur de lecture, que l'on supposera la même pour chaque observation, on aura, dans le cas le plus défavorable,

$$ \frac{\delta n}{n} = \frac{\varepsilon}{2} \cot \frac{A}{2}. $$

Il y a donc tout avantage à augmenter l'angle réfringent, mais il faut éviter, autant que possible, les grandes incidences, afin de ne pas trop réduire la largeur du faisceau, ni accroître les aberra-

tions dues aux défauts des surfaces. L'angle A est généralement
voisin de 60°, ce qui donne

$$\frac{\delta n}{n} = \frac{\varepsilon}{2\sqrt{3}} = 0,2887\varepsilon.$$

Si la largeur utile du faisceau est de 3^{cm}, ce qui exige des prismes
d'une rare pureté, l'angle de pénétration de la lunette n'est pas
inférieur à 4″, et les erreurs de pointé sont au moins de 0″,4 ou
2.10^{-6}; il en résulte

$$\frac{\delta n}{n} = 0,58.10^{-6}.$$

Il faudrait ainsi réaliser des conditions tout à fait exceptionnelles pour déterminer le 6e chiffre décimal des indices de réfraction; c'est même dans un très petit nombre d'expériences
qu'on a pu évaluer exactement le 5e, qui est généralement affecté
par les moindres variations de température. Les mêmes remarques
s'appliquent aux milieux anisotropes (353).

L'emploi de la réflexion totale (433) conduirait à une discussion
analogue, mais le phénomène ne présente pas la même netteté
quand on observe la lumière réfléchie, parce qu'il se traduit seulement par une variation rapide de l'intensité; il paraît résulter des
observations de M. Dufet ([1]) que l'on peut, avec de bonnes surfaces, obtenir la quatrième décimale des indices.

L'incidence de réflexion totale se déterminerait plus exactement
par la disparition des raies dans le spectre réfracté, si les défauts
des surfaces ne prenaient alors trop d'importance.

Quand il s'agit des liquides, on doit s'assurer que les glaces
qui servent à les enfermer ne sont pas elles-mêmes prismatiques;
on le reconnaît en vérifiant si le prisme vide donne une déviation
appréciable. Il est alors nécessaire d'en tenir compte en retranchant de la déviation observée celle qui provient des lames et
corrigeant l'angle déterminé par réflexion sur les faces extérieures;
l'erreur est généralement négligeable quand les indices des lames
et du liquide sont peu différents.

Lorsque les milieux ne peuvent être observés que sous la forme

---

([1]) H. DUFET. *Journal de Phys.* [3], t. I, p. 163; 1892.

de lames parallèles, on a utilisé quelquefois le déplacement latéral L des rayons (41), en observant avec une sorte de microscope l'image d'une source voisine ; on a ainsi, pour une lame d'épaisseur e,

$$\frac{\cos^2 i}{n^2 - \sin^2 i} = \left(1 - \frac{L}{e \sin i}\right)^2.$$

Cette disposition ne comporte qu'une exactitude assez médiocre, même avec des sources homogènes, à moins que les lames ne soient très épaisses. Si l'on suppose, en effet, que l'épaisseur et l'incidence soient déterminées exactement, on en déduit

$$n\, dn = 2\, \frac{dL}{e}\, \frac{(n^2 - \sin^2 i)^{\frac{3}{2}}}{\sin 2 i}.$$

Pour l'incidence de $45°$ et un indice voisin de $\frac{3}{2}$, il en résulte

$$dn = 3,09\, \frac{dL}{e}.$$

On n'obtiendra le chiffre des millièmes que si l'erreur commise sur le déplacement L est inférieure à $\frac{1}{3000}$ de l'épaisseur.

Il en est de même pour la méthode indiquée autrefois par le duc de Chaulnes ([1]), qui consiste à observer au microscope le déplacement ε qui correspond à la vision d'un objet quand on interpose une lame à faces parallèles (75), ou, ce qui revient au même, à mesurer l'épaisseur apparente par l'observation des deux surfaces (419). On a alors

$$n = \frac{e}{e'} = \frac{e}{e - \varepsilon}, \qquad dn = n^2 \frac{d\varepsilon}{e},$$

ce qui conduit à une approximation de même ordre.

M. Bleekrode ([2]) a déterminé ainsi, avec une exactitude qu'il estime à $\pm 0,003$, la réfraction des gaz liquéfiés qu'il renfermait dans une sorte de cuve à faces parallèles. Il suffit alors de faire l'observation avant et après l'introduction du liquide ; la différence des pointés est le déplacement ε produit par le liquide.

([1]) A. Bertin, *Ann. de Ch. et de Phys.* [3], t. XXVI, p. 288 ; 1849.
([2]) L. Bleekrode, *Journal de Phys.* [2], t. IV, p. 109 ; 1885.

Toutes ces méthodes, basées sur la loi de Descartes, donnent en réalité le rapport de l'indice du milieu à celui de l'air ambiant.

L'emploi des interférences, préconisé par Arago, est susceptible des applications les plus variées.

Si l'on observe, par exemple, les anneaux de réflexion ou de transmission (280) des ondes planes à la lumière homogène, en comptant le nombre m de franges qui passent sur le réticule de la lunette pour une inclinaison i de la lame, à partir de l'incidence normale, on aura

$$(1) \qquad n(1 - \cos r) = \frac{m\lambda}{2e} = a,$$

$$(2) \qquad n = \frac{a}{2} + \frac{\sin^2 i}{2a}.$$

L'exactitude du résultat dépend surtout de l'approximation avec laquelle on évalue par expérience la quantité numérique a. On a, en effet, d'après l'équation (1),

$$\frac{dn}{n} = \frac{da}{a} - \frac{\sin 2 i}{2 n a \cos r} di.$$

Si l'angle i est de 45° et l'indice n égal à $\frac{3}{2}$, il en résulte

$$a = 0,1772,$$
$$\frac{dn}{n} = \frac{da}{a} - 2,13 di.$$

Pour connaître n avec quatre chiffres décimaux exacts, il serait nécessaire de mesurer l'incidence à moins de 10″ et le rapport a à $\frac{1}{10000}$ près; l'épaisseur étant de 3^{mm}, par exemple, une inclinaison de 45° ferait passer dans le champ environ 2000 franges et l'on devrait les pointer à $\frac{1}{3}$ de frange.

Pour toutes les expériences faites dans l'air, la longueur d'onde λ doit être évaluée dans ce même milieu et l'on obtient l'indice de la lame par rapport à l'air. D'une manière générale, si λ désigne la longueur d'onde dans le vide, n l'indice absolu de la lame et n_0 celui du milieu dans lequel elle est placée, on devra dans les formules précédentes remplacer λ par $\frac{\lambda}{n_0}$ et n par $\frac{n}{n_0}$.

L'emploi des lames mixtes (277 et 283) comporte une plus

grande précision, parce que les interférences tiennent surtout à la différence des indices. Si le système est formé de deux lames d'égale épaisseur inclinées en même temps, on a

$$(3) \qquad n(1 - \cos r) = n'(1 - \cos r') + \frac{m\lambda}{e}.$$

L'une des lames étant connue, le second membre est une quantité a déterminée par expérience et l'indice n est donné par la même équation (2).

Lorsqu'il s'agit d'une lampe anisotrope, les deux ondes transmises se superposent naturellement; l'observation de la marche des franges avec un polariseur et un analyseur détermine les variations de la quantité (43)

$$\Delta = e \sin i (\cot i' - \cot i'').$$

Les lames doivent alors être inclinées autour d'un axe convenablement placé par rapport aux plans de symétrie du milieu.

Les sources dont on peut faire usage dans les applications de cette méthode sont très restreintes et elles présentent rarement assez d'homogénéité pour que la netteté des franges ne varie pas avec la grandeur du retard.

Il est préférable de faire l'analyse spectrale des phénomènes (303) en pointant le réticule de la lunette sur une raie de longueur d'onde bien définie λ_1 et comptant le nombre m_1 de franges qui passent sur le réticule quand on modifie l'inclinaison; dans ce cas, il est plus facile de connaître exactement la phase qui correspond à l'incidence normale.

On peut déterminer en même temps la dispersion, car il suffit de compter le nombre de franges p_0 qui existe entre deux raies déterminées λ_1 et λ_2, pour la première observation, et le nombre $p_0 + p$ relatif à la seconde; il a donc passé $m_2 = m_1 + p$ franges sur la raie λ_2.

La disposition des expériences ne présente aucune difficulté quand on observe au spectroscope la lumière réfléchie ou transmise par une lame unique. Pour les lames mixtes isotropes, on peut encore employer l'appareil à plaques de Jamin, mais il est plus simple d'avoir recours aux bandes de Talbot.

Avec les lames anisotropes, les bandes d'interférences correspondent à la différence des indices de réfraction. Nous avons indiqué précédemment (421) comment on peut utiliser ces franges pour déterminer la dispersion de biréfringence et même, en y joignant l'observation des bandes de Talbot, les indices de chaque espèce de rayons ainsi que les constantes de la surface d'onde.

Si l'épaisseur du milieu varie d'une expérience à l'autre, sous la même incidence, le déplacement des franges de réflexion ou de transmission donne la variation correspondante de la quantité

$$\Delta = 2ne\cos r = 2e\sqrt{n^2 - \sin^2 i}.$$

Dans les interférences des lames mixtes isotropes on obtient, de même, les variations du retard

$$\Delta = e(n'\cos r' - n\cos r).$$

Telles sont, en particulier, les expériences de M. Fizeau (307) sur l'étude des dilatations à l'aide des anneaux de Newton localisés dans la couche d'air d'épaisseur variable comprise entre deux surfaces. On observerait les mêmes effets au foyer principal d'une lunette si les surfaces étaient parallèles.

M. Fizeau avait utilisé d'abord le phénomène pour déterminer les variations de l'indice avec la température.

Les interférences produites entre les deux faces imparfaitement planes d'une lame isotrope, ou d'une lame cristalline dans laquelle on ne fait intervenir que l'un des rayons, étant observées sous l'incidence normale, le déplacement m des franges qui correspond à une variation δt de la température est

$$m\lambda = 2(n'e' - ne).$$

Si α est le coefficient moyen de dilatation du milieu dans l'intervalle δt des températures observées et β le coefficient analogue relatif à la variation de l'indice, on a

$$e' = e(1 + \alpha\,\delta t), \qquad n' = n(1 + \beta\,\delta t),$$

$$\frac{m\lambda}{2ne\,\delta t} = \alpha + \beta(1 + \alpha\,\delta t).$$

On en déduit la valeur de β quand on connaît le coefficient de dilatation α. Diverses expériences ont ainsi montré que l'indice de réfraction croît généralement avec la température, quoique la densité diminue ; il paraît à peu près constant pour certains verres et varie en sens contraire dans le spath fluor. Pour le spath d'Islande, l'indice extraordinaire augmente beaucoup plus rapidement que l'indice ordinaire ; la double réfraction diminue, en même temps que la dilatation suivant l'axe et la contraction dans une direction perpendiculaire tendent à rapprocher le cristal de la forme cubique (465).

Le changement d'épaisseur peut être produit artificiellement quand on opère sur un liquide, comme l'a fait M. Hurion dans des expériences qui seront discutées plus loin. Avec les franges de Talbot sous l'incidence normale, on aurait

$$m\lambda = (e' - e)(n - 1), \qquad n - 1 = \frac{m\lambda}{e' - e}.$$

799. *Gaz et vapeurs.* — La réfraction étant toujours très faible (69), on peut alors, dans la méthode du prisme, employer une formule plus simple dont l'erreur est moindre que le cube de la déviation :

$$(4) \qquad\qquad D = 2(n - 1)\tang \frac{A}{2}.$$

Dans ce cas, il est nécessaire d'augmenter l'angle réfringent pour rendre la déviation plus manifeste. Lorsque l'angle A est de 140°, par exemple, on a

$$D = 5,495(n - 1).$$

Si la différence $n - 1$, que nous appellerons *excès de réfraction* ou simplement *réfraction*, pour abréger le discours, est égale à 3.10^{-4}, ce qui est à peu près la valeur relative à l'air atmosphérique, la déviation est

$$D = 1,6485.10^{-3} = 5',567 = 340''.$$

Les déviations devraient donc être mesurées à moins de $1''$ pour connaître le troisième chiffre significatif de la partie décimale.

L'imperfection des images qui ont traversé des lames de verre sous une inclinaison aussi grande ne permet certainement pas d'observer $1''$. A plus forte raison que dans le cas des liquides, il est nécessaire de corriger l'effet produit par les lames, si elles ne sont pas à faces parallèles.

Il n'y a pas à se préoccuper de placer rigoureusement le prisme au minimum, car les déviations ne changent pas d'une manière appréciable dans le voisinage; l'opération du retournement est alors très utile, non seulement pour mesurer le double de la quantité à évaluer, mais surtout pour éviter les changements de mise au point de la lunette, à cause des déformations de l'image produites par les glaces.

Le retournement a encore un avantage quand on le fait exactement de 180°. En appelant $2a$ le dièdre A du prisme, l'angle du rayon incident avec la normale au plan bissecteur est alors $a + x$ pour l'une des positions et $a - x$ pour l'autre. La déviation est une fonction $f(x)$ de l'erreur de réglage et la somme Δ des déviations que l'on observe

$$\Delta = f(x) + f(-x) = 2f(0) + x^2 f''(0) + \dots.$$

L'angle Δ passe donc par un maximum ou un minimum quand on fait $x = 0$, de sorte que le résultat final est à peu près indépendant du réglage.

Les formules ordinaires (67) donnent facilement

$$f''(x) = \frac{(n^2 - 1)\cos^2 i}{n^2 \cos^3 r \cos i'}\left(\frac{\mathrm{tang}\, i \cos r'}{\cos i} + \frac{\mathrm{tang}\, i' \cos r}{\cos i'}\right).$$

Lorsque l'indice n est plus grand que l'unité et que l'on fait $x = 0$ ou $i = a$, il en résulte $r < a$ et $r' > a$; l'angle i' est lui même positif, en supposant que le rayon se réfracte, et $f''(0) > 0$. L'angle Δ passe par un minimum.

Lorsque l'indice n est plus petit que l'unité, l'angle r relatif à $x = 0$ ne pourrait être égal ou supérieur à A que si l'on avait

$$n \sin A \lessgtr \sin\frac{A}{2}, \qquad n \lessgtr \frac{1}{2\cos a}.$$

Cette condition n'est réalisable que pour des prismes creux d'angle très faible dans un milieu dont l'indice serait supérieur à 2. L'angle Δ passe cette fois par un maximum.

Pour $x = 0$, la déviation se réduit à $i' - a$ et l'on a

$$\sin i = \sin a = n \sin r,$$
$$\sin i' = \sin(a + D) = n \sin(A - r).$$

L'élimination de l'angle r entre ces deux équations donne, toutes réductions faites,

$$(5) \qquad n^2 - 1 = 2 \sin \frac{D}{2} \sin \left(A + \frac{D}{2} \right) \frac{\cos A + \cos D}{\sin^2 A}.$$

La réfraction des gaz est toujours inférieure à 10^{-3} et l'on peut écrire, sans erreur appréciable,

$$(6) \qquad n^2 - 1 = (n + 1)(n - 1) = 2(n - 1).$$

La déviation D étant de même ordre, son carré est négligeable et l'équation (5) devient

$$2(n - 1) = D \frac{1 + \cos A}{\sin A} = D \cot \frac{A}{2};$$

c'est l'expression (4) relative à la déviation minimum. Les deux modes d'observation conduisent donc au même résultat.

Il est d'ailleurs préférable de laisser l'appareil immobile et d'observer le changement de direction du rayon transmis, quand on modifie la pression du gaz ou qu'on le remplace par un autre; on élimine ainsi toutes les erreurs dues à l'action propre des glaces qui ferment le prisme.

Quand il s'agit des gaz, on doit mesurer la pression à chaque observation et ramener les résultats aux conditions normales.

D'après la théorie de l'émission (4), le *pouvoir réfringent* $n^2 - 1$ serait proportionnel au poids spécifique du milieu. D'autre part, l'hypothèse de Fresnel (575) revient à admettre que le pouvoir réfringent est proportionnel à l'excès relatif de la densité de l'éther, par rapport au vide, dans le milieu considéré. Si l'accroissement de densité tient aux atmosphères d'éther qui entourent les molécules pondérables, il est naturel, au moins pour les gaz, que cet excès soit proportionnel au poids spécifique et l'on est encore conduit à la même expression; le rapport du pouvoir réfringent au poids spécifique, ou la *puissance réfractive,* serait ainsi une constante caractéristique de chaque gaz.

Toutefois, ces considérations théoriques sont très douteuses et l'expérience est à peu près impuissante à les contrôler. Comme la différence $n^2 - 1$ est sensiblement égale à $2(n - 1)$, il suffira, au point de vue pratique, d'admettre que la réfraction $n - 1$ est proportionnelle au poids spécifique du gaz, c'est-à-dire au quotient de la pression par le binôme de dilatation; c'est ce que nous appellerons, pour abréger, *loi des réfractions*. On calculera ainsi, par chaque expérience, la valeur $n_0 - 1$ qui convient aux conditions normales.

Cette relation peut d'ailleurs être considérée comme le premier terme d'un développement en série, quelle que soit la loi réelle; l'indice n est une fonction du poids spécifique, qui est d'abord égale à l'unité et croît ensuite proportionnellement à la variable, au moins pour les premières valeurs.

Biot et Arago ([1]) ont utilisé un appareil imaginé et construit par Borda pour ce genre de recherches. Le prisme était constitué par un tube taillé en biseau, fermé par deux glaces et communiquant avec la chambre d'un baromètre. On visait avec un cercle répétiteur au travers du prisme, installé au palais du Luxembourg, la tige d'un paratonnerre de l'Observatoire qui servait de mire.

L'angle du prisme était de $143°7'28''$; les lames produisaient une déviation de $16'',6$ et l'on mesurait par retournement le double du déplacement de l'image quand on avait fait le vide dans le prisme. Ce déplacement, corrigé de l'effet des lames, donnait environ $5'50''$ pour la déviation due à l'air extérieur.

D'une manière plus générale, soient t la température, H le changement de pression, D la déviation et δn la variation d'indice correspondante; on a

$$\frac{n_0 - 1}{760} = \frac{1 + \alpha t}{H} \delta n = \frac{1 + \alpha t}{H} \frac{D}{2} \cot \frac{A}{2}.$$

Le Mémoire ne renferme que les moyennes de 10, 20 ou 30 expériences et ces valeurs diffèrent quelquefois de $\frac{1}{100}$, ce qui suppose de grands écarts pour les observations isolées; dans ces conditions, il est inutile de corriger les résultats de l'effet qui pourrait être attribué à l'humidité atmosphérique.

Les expériences relatives à l'*air* conduisent à la valeur

$$1000(n_0 - 1) = 0,2945,$$

qui diffère très peu du nombre $0,2947$ déduit par Delambre des réfractions atmosphériques.

([1]) Biot et Arago, *Mémoires de la première classe de l'Institut*, t. VIII, p. 301; 1806.

En remplissant le prisme par un autre gaz à la pression ambiante, la déviation D' tient à l'indice de réfraction relatif du gaz et de l'air, ce qui donne

$$\frac{D'}{2}\cot\frac{A}{2} = \frac{n'}{n} - 1 = \frac{n'-n}{n}.$$

Le dénominateur de la dernière expression étant très voisin de l'unité, on a ainsi directement la différence $n'-n$ des indices du gaz et de l'air ou la différence $n'-1-(n-1)$; on en déduit la réfraction $n'_0 - 1$ qui convient aux conditions normales.

Les expériences importantes de Biot et Arago ont ouvert la voie dans cet ordre de recherches, mais elles comportaient de graves causes d'erreur dans l'évaluation des températures ou des pressions et la précision des lectures n'était pas suffisante. On pourrait améliorer cette méthode avec un prisme plus large, en utilisant une série de réflexions sur des miroirs plans qui multiplieraient les déviations; toutefois les glaces qui ferment le prisme ont presque toujours pour effet de donner aux images une petite irisation qui nuit beaucoup à l'exactitude des pointés. On éviterait cette difficulté par l'emploi d'une lumière homogène, mais les glaces de quelque étendue ont encore l'inconvénient de fléchir sous l'influence des changements de pression.

La préparation des gaz purs était aussi très difficile à cette époque. Dulong [1] fit une série d'expériences comparatives sur différents gaz en employant un prisme fixe, communiquant avec un manomètre, et une lunette fixe visant un repère invariable. Le prisme étant rempli d'air sec à la pression H, on pointe exactement la position du repère.

On remplace alors l'air sec par un autre gaz et l'on fait varier la pression H' jusqu'à ce que la déviation reprenne la même valeur. La température étant la même dans les deux cas, les réfractions spécifiques des deux gaz sont simplement proportionnelles aux pressions équivalentes :

$$\frac{n'-1}{n-1} = \frac{n'_0-1}{n_0-1} = \frac{H'}{H}.$$

---

[1] Dulong, *Ann. de Chim. et de Phys.* [2], t. XXXI, p. 154; 1826.

Dulong a vérifié ainsi que la réfraction d'un mélange de gaz est la somme des effets dus à chacun d'eux considéré isolément. Si l'on appelle h, h', ... les pressions des différents gaz dans le mélange, n, n', ... leurs indices spécifiques, N celui du mélange et $H = \Sigma h$ la pression totale, cette relation peut s'écrire

$$(7) \qquad (N - 1)H = \Sigma(n - 1)h.$$

La loi ne se vérifie pas pour les combinaisons.

Dulong croyait possible de réduire les erreurs à $\frac{1}{3000}$, parce que la pression s'évalue facilement à $0^{mm},5$ de mercure, mais le pointé des images est loin de comporter cette précision.

M. Le Roux ([1]) a employé également la méthode du prisme, avec retournement de $180°$, dans une série d'expériences très difficiles sur la réfraction des vapeurs de *soufre*, de *phosphore*, d'*arsenic* et de *mercure*.

La méthode des interférences est particulièrement avantageuse pour l'étude des gaz. Arago (302) avait fait construire un grand réfracteur en utilisant les franges d'Young obtenues à la lumière blanche; on évaluait par la rotation d'un compensateur gradué le déplacement de la frange centrale produit par une modification du gaz renfermé dans l'un des tubes.

M. Fizeau a employé cet appareil en 1858 pour déterminer la différence des réfractions de l'air sec et de l'air humide. L'un des tubes, étant d'abord rempli d'air sec, on le fit traverser par un courant d'air saturé de vapeur d'eau en passant sur des éponges mouillées. Avec des tubes d'une longueur l de 10^m, le nombre m des franges déplacées a été $5,72$ à $6°$ et $11,71$ à $17°$, indiquant une réfraction moindre pour l'air humide. On avait ainsi

$$\frac{m\lambda}{l} = n - n' = n - 1 - (n' - 1).$$

Si F est la tension maximum de la vapeur à la température t, l'expérience revient à remplacer une couche d'air sec par une couche de vapeur à la même pression F, ce qui donne

$$\frac{m\lambda}{l} = \frac{F}{760}\frac{n_0 - 1 - (n'_0 - 1)}{1 + \alpha t} = \frac{F}{760}\frac{n_0 - n'_0}{1 + \alpha t}.$$

([1]) F.-P. Le Roux, *Ann. de Chim. et de Phys.* [3], t. LXI, p. 385; 1861.

On en déduit, avec le nombre de Biot et Arago pour l'air,

$$1000(n'_0 - 1) = 0,2574, \qquad \frac{n'-1}{n-1} = \frac{0,2574}{0,2945} = 0,8742.$$

La même disposition permettrait de déterminer directement la réfraction des gaz, car il suffit d'observer le déplacement m des franges produit par une variation de pression δH; la variation correspondante de l'indice est δn et l'on a

$$\frac{m\lambda}{l} = \delta n = \frac{\delta H}{760} \frac{n_0 - 1}{1 + \alpha t}.$$

L'emploi de la lumière blanche et des compensateurs comporte une cause d'erreur assez grave (**129**) due à la dispersion des milieux; on doit, en outre, adopter une longueur d'onde moyenne, ce qui diminue encore l'exactitude des résultats.

Jamin [1] évitait en partie cette erreur par l'usage d'un verre rouge. Pour l'étude de quelques gaz, il a employé des tubes de 1^m de longueur en utilisant les franges de Fresnel; cette disposition paraît devoir donner plus d'éclat au phénomène puisque l'on n'est pas obligé de réduire les faisceaux par de nouvelles fentes, mais les rayons sont divergents, tandis que l'emploi d'une lunette et d'un collimateur dans l'appareil d'Arago a l'avantage de concentrer la lumière sur l'espace occupé par les interférences. Toutefois il ne semble pas que l'appareil eût une stabilité suffisante, car l'exactitude du pointé était à peine de $\frac{1}{2}$ frange.

Jamin a comparé aussi les réfractions de l'air sec et de l'air humide avec des tubes de 4^m et l'appareil à interférences des plaques épaisses; le nombre obtenu $0,261$ est très voisin de celui qu'avait donné M. Fizeau.

800. *Influence de la pression.* — Dans un travail étendu sur la réfraction des gaz [2], j'ai eu recours au phénomène des bandes de Talbot (**294** et **303**), qui permettent d'obtenir des franges

---

[1] Jamin, *Annales de Chim. et de Phys.* [3], t. XLIX, p. 282; 1850 et t. LII, p. 163 et 171; 1858.

[2] E. Mascart, *Ann. Sc. de l'École Norm. sup.* [2], t. VI, p. 9; 1877. — *Comptes rendus des séances de l'Académie des Sciences*, t. LXXVIII, p. 617, 679 et 801; 1874 et t. LXXXVI, p. 321 et 1182; 1878.

stationnaires sur des radiations bien définies du spectre, et dont
on peut estimer le déplacement à moins de $\frac{1}{10}$ de frange.

L'appareil était composé de deux tubes de cuivre à section
carrée, de 2^{m} de longueur, fermés par des glaces de verre et reliés
aux deux branches d'un manomètre différentiel ; l'un de ces tubes
communiquait, en outre, avec un manomètre à air libre. On pouvait ainsi déterminer au cathétomètre la différence des pressions,
et la pression absolue, qu'il n'est pas nécessaire de connaître aussi
exactement, était évaluée par une échelle tracée sur bois.

Les tubes sont placés dans une longue cuve pleine d'eau où des
agitateurs à palettes permettent d'uniformiser la température que
l'on évalue par une série de thermomètres.

Si les tubes sont respectivement aux pressions H_1 et H_2, ramenées à zéro, dont la différence est h, les indices correspondants
étant n_1 et n_2, on oriente les bilames, qui servent de compensateurs, de manière à produire des franges à minima noirs, d'une
largeur qui se prête facilement aux mesures, et l'on pointe le réticule sur la position d'une raie.

Un robinet à vis permet de faire écouler lentement le mercure
du grand manomètre ; une partie du gaz de l'un des tubes passe
alors dans le réservoir de ce manomètre, en même temps que la
pression varie dans l'autre tube, par suite du déplacement des ni-
veaux dans le manomètre différentiel. On compte le nombre m de
franges qui passent sur le réticule pendant cette opération, jusqu'à ce que, l'écoulement du mercure étant arrêté, les gaz aient
repris la température du bain.

Lorsque le mouvement est assez lent pour qu'il passe une ou
deux franges par seconde, on peut en compter 200 ou 300 et
pointer le phénomène à $\frac{1}{10}$ de frange ; la différence de pression est
alors d'environ 25^{cm} et peut être facilement appréciée à $\frac{1}{2000}$ près.

Les pressions finales étant H'_1 et H'_2 et leur différence h', on a

$$m\lambda = l(\delta n_1 - \delta n_2).$$

Si l'on admet d'abord la proportionnalité des réfractions aux
pressions, il en résulte

$$\frac{\delta n_1}{H'_1 - H_1} = \frac{\delta n_2}{H'_2 - H_2} = \frac{\delta n_1 - \delta n_2}{h' - h} = \frac{m\lambda}{l(h' - h)}.$$

Toutes les expériences sont d'ailleurs ramenées à une même température t_1, en multipliant le rapport observé $\dfrac{m}{h'-h}$ par le binôme de dilatation $1 + \alpha(t - t_1)$ relatif au gaz et divisant par le binôme $1 + \beta(t - t_1)$ qui correspond à la dilatation des tubes, ce qui revient à multiplier par

$$1 + (\alpha - \beta)(t - t_1).$$

Cette correction faite, le second membre de l'équation (7) devrait être une constante et le rapport $\varphi = \dfrac{m}{h'-h}$ du nombre des franges au changement de la différence des pressions serait indépendant de la pression moyenne.

On constate, au contraire, que ce rapport varie d'une manière continue et très régulière. Pour l'air atmosphérique, par exemple, à la température de $22°$, il croît de $1,2077$ à $1,2168$ quand la pression moyenne passe de $0^m,31$ à $6^m,05$. La réfraction des gaz n'est donc pas simplement proportionnelle à la pression.

Si l'on désigne par H la pression moyenne, les expériences se représentent très exactement, au degré de précision des lectures et sans erreur systématique, par une expression de la forme

$$\varphi = A(1 + 2BH).$$

Ce résultat s'interprète aisément. Si l'on considère, en effet, une variation infiniment petite dH de la pression dans l'un des tubes, la valeur de φ est la dérivée du nombre de franges par rapport à la pression. Comme on a aussi $l\,dn = \lambda\,dm$, il en résulte

$$\frac{dn}{dH} = \frac{\lambda}{l}\frac{dm}{dH} = \frac{\lambda}{l}A(1 + 2BH),$$

$$n - 1 = \frac{\lambda}{l}AH(1 + BH).$$

On connaît ainsi la réfraction $n - 1$ relative à la température moyenne t_1 des observations.

D'autre part, les expériences de Regnault sur la compressibilité des gaz peuvent se traduire, à moins de $\frac{1}{10\,000}$ près, en écrivant que le poids spécifique p d'un gaz, à température constante, varie avec la pression d'après la relation

$$p = p_0\, \mathrm{H}(1 + \mathrm{B'H}).$$

Les pressions H étant évaluées en mètres, la comparaison des deux phénomènes donne

Gaz.	Réfraction.		Compressibilité.	
	Temp.	1000 B.	Temp.	1000 B'.
Air.....................	22°	+ 0,72	4°	1,20
Azote	21	0,85	5	0,72
Oxygène.............	13,5	1,11	9,3	1,65
Hydrogène...........	22	— 0,86	4 et 10	— 0,48
Oxyde de carbone....	12	+ 0,89	9,3	+ 3,8
Acide carbonique.....	17	7,20	3	8,7
Protoxyde d'azote.....	13,5	8,80	9,3	8,0
Bioxyde d'azote.......	12	0,70	9,3	2,0
Acide sulfureux.......	»	25	1,7	33,3
Cyanogène	25	27,7	7,7	31,6

Les coefficients relatifs à un même gaz, sans être identiques, sont toujours de même ordre; dans la plupart des cas, les différences s'expliquent soit par les conditions inégales de température, soit par la difficulté de déterminer des quantités aussi petites. Il est à remarquer, en particulier, que l'*hydrogène* présente la même exception de part et d'autre. Pour deux gaz seulement, l'*oxyde de carbone* et le *bioxyde d'azote*, le désaccord est manifeste.

Mes expériences sur le bioxyde ont été trop peu nombreuses, mais la valeur obtenue par Regnault pour le coefficient de compressibilité de l'oxyde de carbone paraît trop grande, si on la compare aux autres propriétés physiques de ce gaz.

Il en résulte qu'au degré d'exactitude des expériences, la réfraction d'un gaz à température constante est proportionnelle à son poids spécifique. Il semble même que la loi des pouvoirs réfringents soit moins satisfaisante, car on a

$$\frac{n^2 - 1}{p} = \frac{n - 1}{p}(n + 1).$$

Si le rapport $\dfrac{n - 1}{p}$ est constant, le rapport $\dfrac{n^2 - 1}{p}$ doit croître avec la pression. Pour l'air, par exemple, le facteur $n + 1$ devient égal à 1,002 à la pression de 7^{atm}; le coefficient B devrait être supérieur à B′ dans tous les cas, tandis que les expériences indiquent plutôt une valeur moindre.

MM. Chappuis et Rivière ([1]), en utilisant les lames de Jamin et la lumière jaune, ont étudié l'*air* et l'*acide carbonique* jusqu'à 20^{atm} et le *cyanogène* jusqu'à 4^{atm}. Dans tous les cas, la réfraction est proportionnelle au poids spécifique, et cette relation se vérifie entre des limites si éloignées que l'inexactitude de la loi des pouvoirs réfringents n'est pas douteuse.

801. *Influence de la température.* — Afin de connaître plus facilement la température du gaz quand elle s'éloigne notablement de celle du laboratoire, on a employé un appareil de dimensions plus restreintes dans lequel la longueur des tubes était d'environ $0^m,25$. On détermine alors, à différentes températures et pour la même pression moyenne, le rapport $\dfrac{m}{h}$ du déplacement des franges à la différence de pression; on doit le diviser par le binôme de dilatation des tubes pour obtenir le rapport φ qui convient à la température des gaz.

Si la réfraction était proportionnelle au poids spécifique, ce rapport φ serait en raison inverse du binôme de dilatation, de sorte que le produit $\varphi(1 + \alpha t)$ serait une constante φ_0 correspondant à la température de zéro. L'expérience semble indiquer que la valeur ainsi calculée pour φ_0 varie en sens inverse de la température. Pour l'air atmosphérique, il varie de 16627 à 16555, c'est-à-dire de la fraction 0,0043, lorsque la température passe de 6° à 37°, ce qui correspondrait à une erreur de plus de 1° dans la différence des températures extrêmes.

L'idée la plus simple est d'admettre que le coefficient α, qui intervient dans le binôme de dilatation du gaz à pression constante, doit être augmenté pour le calcul de la réfraction; en d'autres termes, la réfraction diminuerait plus rapidement que la densité. Ce coefficient devrait être augmenté de 0,00015 pour l'air et l'azote, de 0,00012 pour l'hydrogène, de 0,00035 pour l'acide carbonique, etc., tandis que le coefficient ordinaire rend

---

[1] J. Chappuis et Ch. Rivière, *Annales de Chimie et de Physique* [6], t. XIV, p. 5; 1888.

compte exactement des observations relatives à l'oxyde de carbone. Une autre interprétation consisterait à reporter ces écarts sur la variation du coefficient B relatif à la loi de compressibilité. Pour l'air, par exemple, le terme $2BH$ à la pression moyenne de $1^m,20$ devient $1,73.10^{-3}$ ou $\frac{1}{578}$; il ne suffirait donc pas, pour rendre compte des observations, d'admettre que ce coefficient s'annule à la température la plus élevée des expériences.

M. R. Benoît [1] a trouvé, au contraire, que l'influence de la température sur la réfraction de l'air se traduit exactement par le coefficient de dilatation; cette question présente un intérêt particulier quand on veut déterminer la dilatation du trépied dans les expériences de M. Fizeau (307). En plaçant l'appareil dans le vide, à une température déterminée, l'ordre m_0 des franges que l'on observe correspond au retard $2e$ produit par la distance e de la plate-forme du trépied à la surface inférieure de la lentille; si on laisse rentrer l'air, le retard devient $2ne$ et l'ordre m de la frange produite au même point est

$$(m - m_0)\lambda = 2e(n - 1).$$

Les expériences dans le vide, à différentes températures, donnent la dilatation du trépied par les variations δm_0 des franges observées. La rentrée de l'air, dans chaque cas, fait connaître la réfraction correspondante $n - 1$ par le déplacement $m - m_0$. La pression finale étant supposée constante, le produit $(n - 1)(1 + \alpha t)$ s'est montré invariable, à moins de $\frac{1}{1000}$ près, entre les températures de $0°$ et de $80°$. MM. Chappuis et Rivière avaient obtenu le même résultat pour le cyanogène.

802. *Réfractions spécifiques.* — Avec l'appareil interférentiel indiqué plus haut, la réfraction *spécifique*, relative aux conditions normales, se déduira des expériences par l'équation

$$n_0 - 1 = 0,76A\frac{\lambda}{l}(1 + 0,76B)(1 + \alpha t).$$

L'incertitude qui pourrait exister sur la valeur qu'il convient

---

[1] R. Benoît, *Journ. de Phys.*, [2], t. VIII, p. 451; 1889.

d'adopter pour le coefficient α s'éliminera en utilisant les expériences faites au voisinage de zéro.

Quant au terme de correction $0,76\mathrm{B}$, il est généralement inférieur à $\frac{1}{1000}$ et atteint seulement $\frac{2}{100}$ pour l'acide sulfureux et le cyanogène, qui sont les gaz les plus compressibles.

J'ai trouvé ainsi, pour l'*air*, $1000(n_0 - 1) = 0,2927$; M. Benoît a obtenu la valeur très voisine $0,2923$, et MM. Chappuis et Rivière $0,2919$.

Pour les autres gaz, il est nécessaire de tenir compte de leur degré de pureté par une analyse faite à la sortie des appareils; la loi des mélanges permet alors de calculer, à l'aide de l'équation (7), la part qui revient aux éléments étrangers et la réfraction du gaz pur.

Quand il s'agit de gaz difficiles à préparer en grandes quantités ou de vapeurs, on peut simplifier l'expérience en observant successivement, dans le même appareil et à la même température, le déplacement des franges produit par l'air et par un autre milieu gazeux pour des variations de pression déterminées. Les valeurs correspondantes φ et φ' ainsi obtenues, pour le rapport du déplacement des franges à la variation de pression, sont respectivement proportionnelles, à part l'inégalité des corrections, aux réfractions spécifiques, ce qui donne

$$\frac{n'_0 - 1}{n_0 - 1} = \frac{\varphi'}{\varphi}.$$

Il suffit alors d'employer un simple tube de verre fermé par deux glaces collées aux extrémités et assez larges pour être traversées par les deux faisceaux de lumière dont l'un chemine dans le tube et l'autre en dehors. L'ensemble est entouré par un manchon dans lequel circule un courant d'eau pour maintenir la température sensiblement invariable.

Le tube de verre communique avec un manomètre et une pompe à mercure. Après avoir fait le vide, on y laisse rentrer lentement une certaine quantité du milieu gazeux à observer.

Les valeurs de $n - 1$ étant de l'ordre des dix-millièmes, il est plus avantageux de donner dans les Tableaux ces rapports de réfractions, ou réfractions *relatives* à celle de l'air, comme on le fait pour exprimer les densités des gaz et des vapeurs.

803. *Dispersion des gaz.* — Arago ([1]) a fait différentes tentatives pour évaluer la dispersion de l'air et même de certains gaz ou des vapeurs en achromatisant, par des prismes de verre d'angle variable, les images observées dans le prisme de Borda ; il a trouvé ainsi que le rapport du pouvoir dispersif de l'air à celui du crown est d'environ $\frac{16}{15}$.

Ketteler ([2]) s'est proposé de résoudre ce problème par l'emploi de sources homogènes, des flammes colorées par la lithine (rouge), la soude (jaune) et le thallium (verte), avec l'appareil de Jamin à plaques épaisses et des tubes de 4^m de longueur.

Ces tubes étant d'abord à la même pression, on éclaire par deux sources différentes et l'on obtient deux systèmes d'interférences présentant la même frange centrale.

Quand on fait varier la pression dans l'un des tubes, les systèmes se déplacent dans un certain sens et l'on compte le nombre de franges nécessaire pour rétablir une nouvelle coïncidence. Ketteler a trouvé que, dans les expériences sur l'air, 7 franges de la lumière rouge équivalent exactement à 8 franges du jaune, et 19 franges de cette couleur à 21 franges du vert.

L'ordre de concordance paraît très difficile à évaluer, car l'accord a lieu en même temps pour une série de franges voisines et les sources ne sont pas assez homogènes pour donner au phénomène une netteté suffisante.

Sous le bénéfice de ces réserves, si λ_1 et λ_2 sont les longueurs d'onde de deux sources, m_1 et m_2 les déplacements de franges correspondant aux variations d'indice δn_1 et δn_2, pour la même différence de pression, on a

$$l = \frac{m_1 \lambda_1}{\delta n_1} = \frac{m_2 \lambda_2}{\delta n_2}, \qquad \frac{\delta n_1}{\delta n_2} = \frac{m_1 \lambda_1}{m_2 \lambda_2}.$$

Comme les valeurs de δn sont respectivement proportionnelles aux réfractions $n - 1$, il en résulte

$$\frac{n_1 - 1}{n_2 - 1} = \frac{m_1 \lambda_1}{m_2 \lambda_2}.$$

([1]) ARAGO, *Mémoires scientifiques*, t. II, p. 739.
([2]) KETTELER, *Pogg. Ann.*, t. CXXIV, p. 390 ; 1865

Si le rapport des longueurs d'onde est connu, l'expérience
donne, par les coïncidences, le rapport des déplacements m_1 et m_2
et, par suite, le rapport des réfractions. En adoptant la valeur de
Delambre pour la lumière de la soude, on en déduit

$$
\begin{aligned}
&\text{Lithium (rouge)} \ldots \ldots &&1000(n-1) = 0{,}29367 \\
&\text{Soude (jaune)} \ldots \ldots &&\quad\quad\quad\;\; 0{,}29470 \\
&\text{Thallium (vert)} \ldots \ldots &&\quad\quad\quad\;\; 0{,}29572
\end{aligned}
$$

L'appareil que j'ai employé permet de déterminer aisément la
dispersion des gaz. L'un des tubes étant à une certaine pression, on compte le nombre des franges qui existent entre deux
raies λ_1 et λ_2. Laissant l'autre tube invariable, on augmente la
pression dans le premier d'une quantité très notable h et, quand
le phénomène est stationnaire, on détermine l'accroissement p des
franges situées dans le même intervalle. Si l'on désigne par m le
nombre inconnu des franges qui ont passé sur la première raie
pendant le changement de pression, on a

$$
l\,\delta n_1 = m\lambda_1, \qquad l\,\delta n_2 = (m+p)\lambda_2,
$$

$$
\frac{\delta n_2}{\delta n_1} = \frac{\lambda_2}{\lambda_1}\left(1 + \frac{p}{m}\right) = \frac{\lambda_2}{\lambda_1}\left(1 + \frac{h}{m}\frac{p}{h}\right).
$$

Le rapport $\dfrac{m}{h}$ n'est autre chose que la valeur de φ relative à la
pression moyenne pour la longueur d'onde λ_1. L'expérience indique d'ailleurs que la valeur C du second membre est indépendante de la pression; on peut alors supposer que la pression primitive est nulle, ce qui donne

$$
\frac{n_2 - 1}{n_1 - 1} = C.
$$

Si l'on représente la dispersion par la formule

$$
n - 1 = a\left(1 + \frac{b}{\lambda^2}\right),
$$

il en résulte

$$
b\left(\frac{1}{\lambda_2^2} - \frac{C}{\lambda_1^2}\right) = C - 1.
$$

Les valeurs ainsi obtenues pour le coefficient b s'accordent environ à $\frac{1}{25}$; on ne peut guère espérer plus d'exactitude en raison du nombre des déterminations indépendantes que l'on doit faire intervenir dans l'évaluation d'une quantité très petite.

On peut alors calculer la constante a par la réfraction $n - 1$ relative à une raie déterminée et, par suite, la réfraction d'une couleur quelconque.

Pour comparer les résultats avec ceux qui conviennent aux milieux liquides ou solides, on en déduira le pouvoir dispersif $\frac{n'' - n'}{n - 1}$ (79) entre les deux raies B et H, n' et n'' correspondant aux couleurs extrêmes et n à la couleur moyenne, que nous supposerons la lumière jaune la raie D. On trouve ainsi :

Gaz.	$\frac{n'' - n'}{n - 1}$.	Substances diverses.	$\frac{n'' - n'}{n - 1}$.
Air	0,0241	Quartz (rayons ordin.).	0,0316
Azote	0,0279	Crown léger	0,0396
Oxygène	0,0267	Eau	0,0393
Hydrogène	0,0178	Spath (rayons ordin.)	0,0461
Oxyde de carbone	0,0311	Flint léger	0,0626
Acide carbonique	0,0217	Flint lourd	0,0968
Protoxyde d'azote	0,0510	Sulfure de carbone	0,1350
Cyanogène	0,0411		

Le résultat relatif à l'*air* devrait être intermédiaire entre ceux de l'*oxygène* et de l'*azote*, mais les différences sont de l'ordre des erreurs d'expérience et l'on doit considérer ces trois nombres comme sensiblement *égaux*.

On remarquera la faible dispersion de l'*hydrogène* et les valeurs beaucoup plus grandes relatives au *protoxyde d'azote* et au *cyanogène*. Pour ces derniers gaz, la dispersion est supérieure à celle du *quartz* et de même ordre que celles de l'*eau* ou du *spath*.

Le rapport des pouvoirs dispersifs de l'air et du crown serait $\frac{27}{40} = \frac{10}{15}$, assez voisin de la valeur donnée par Arago. L'expérience de Ketteler donnerait $\frac{10}{16}$ pour le même rapport.

804. *Compression de l'eau.* — Jamin a déterminé les variations d'indice de l'eau avec la pression en employant son appareil à franges. Les deux tubes étant remplis d'eau, l'un reste en communication avec l'air et l'autre avec un manomètre. Il est nécessaire, dans le cas actuel, d'ajouter aux extrémités un compartiment libre qui contient de l'eau, afin d'éliminer les changements de marche qui seraient dus à la dilatation du tube comprimé ou à la déformation des verres. Avec des tubes de 1^m de longueur, le rapport φ du déplacement des franges, estimé par un compensateur, à la pression évaluée en mètres de mercure, était $34,8$ pour l'eau ordinaire et $35,6$ pour l'eau purgée d'air.

J'ai répété la même expérience avec des tubes de $2^m,003$ et visant la raie D, pour mieux définir les longueurs d'onde; un changement de pression de 1^m de mercure produisait un déplacement d'environ 70 franges, ce qui permet d'obtenir une grande précision. Les valeurs ramenées à 1^m de longueur ont été $33,80$ pour la pression moyenne de 1^m et $34,21$ pour la pression de $3^m,30$ à la température de 15°; la variation relative de l'indice paraît donc croître avec la pression primitive. A la température de $5^o,5$ le rapport est $35,87$.

Désignant par n_1 et n_2 les indices de réfraction du liquide relatifs aux pressions $H = \dfrac{h}{2}$, on a

$$(n_2 - n_1)l = m\lambda, \qquad \frac{n_2 - n_1}{h} = \varphi\frac{\lambda}{l}.$$

Si l'on prend la moyenne des nombres obtenus à 15°, les variations d'indice δn produites par un accroissement de pression d'une atmosphère sont donc

$$t = 15^o, \qquad \delta n = 15,22 . 10^{-6}.$$
$$t = 5,5, \qquad \delta n = 16,06 . 10^{-6}.$$

D'autre part, si d_1 et d_2 sont les densités correspondant aux deux expériences, le coefficient de compressibilité est

$$\mu = \frac{d_2 - d_1}{d_1}.$$

En admettant que la réfraction soit proportionnelle à la densité, il en résulte

$$\frac{n_1 - 1}{d_1} = \frac{n_2 - 1}{d_2} = \frac{n_2 - n_1}{d_2 - d_1} = \frac{\delta n}{d_2 - d_1},$$
$$\mu = \frac{\delta n}{n_1 - 1}.$$

La loi des pouvoirs réfringents donnerait, au contraire,

$$\frac{n_1^2 - 1}{d_1} = \frac{n_2^2 - 1}{d_2} = \frac{n_2^2 - n_1^2}{d_2 - d_1} = \frac{(n_2 + n_1)\,\delta n}{d_2 - d_1},$$

et la valeur μ' du coefficient de compressibilité, calculé dans cette hypothèse, serait sensiblement

$$\mu' = \frac{2\,n_1}{n_1^2 - 1}\,\delta n.$$

En prenant $n_1 = 1,334$, on obtient ainsi

$$t = 15^\circ, \qquad \mu = 45,6.10^{-6}, \qquad \mu' = 52,13.10^{-6}.$$
$$t = 5,5, \qquad \mu = 48,1.10^{-6}, \qquad \mu' = 55,00.10^{-6}.$$

D'après les dernières expériences de M. Amagat [1], le coefficient de compressibilité de l'eau de 1^{atm} à 25^{atm} est $49,5.10^{-6}$ à 15° et $51,2.10^{-6}$ à 5°.

La loi des pouvoirs réfringents est donc manifestement inexacte; on se rapprocherait de la vérité en disant que l'excès de l'indice de réfraction sur l'unité est proportionnel à la densité, mais cette relation ne paraît pas encore rigoureuse, car le phénomène réel suit une loi intermédiaire.

Ces expériences ont été étendues par M. Quincke [2] à une série de liquides, en opérant avec des rayons de couleurs différentes. Pour l'eau, par exemple, au voisinage de 20°, le coefficient μ a varié de $44,66.10^{-6}$ à $45,52.10^{-6}$, sans marche régulière, en utilisant les couleurs qui correspondent aux raies C, D, E, F et G du spectre. La moyenne $45,18$ conduit M. Quincke à conclure que la réfraction est proportionnelle au poids spécifique, mais la valeur qu'il a obtenue ($45,63$ à $22^\circ,9$) pour la compressibilité de l'eau et celle qu'il emprunte au travail de Grassi ($46,15$ à 18°) paraissent sensiblement trop faibles. L'accord trouvé pour d'autres liquides donnerait lieu aux mêmes remarques.

La méthode d'observation que j'ai employée permet encore de constater l'échauffement du liquide produit par la compression.

---

[1] E.-H. AMAGAT, *Comptes rendus des séances de l'Académie des Sciences*, t. CXVI, p. 41; 1893.

[2] G. QUINCKE, *Sitz. der K. Pr. Ak. der Wiss.*, t. XXVI, p. 409; 1883. — *Journ. de Phys.* [2], t. II, p. 279; 1883.

L'un des tubes étant à une pression assez grande, on le décomprime brusquement par l'ouverture d'un robinet qui le fait communiquer avec l'atmosphère. Il a passé, pendant cette opération, un grand nombre de franges, mais le phénomène s'arrête subitement; on constate alors que les franges continuent à se déplacer très lentement dans le même sens, à mesure que le liquide, refroidi par la détente, reprend peu à peu la température du bain extérieur. A la température de 16°, ce déplacement était de 1,9 franges pour une chute de pression de $4^m,38$ de mercure; il en résulte que l'indice de réfraction a diminué de $0,56.10^{-8}$.

Comme la variation d'indice pour 1° est ([1]) d'environ $0,78.10^{-6}$, il en résulte que le déplacement observé correspond à un échauffement de $0°,0072$, ce qui donnerait $0°,0012$ pour 1^{atm}.

D'après Lord Kelvin (Sir W. Thomson), l'échauffement produit pendant la compression est une conséquence du principe de Carnot et peut se calculer par la formule

$$\theta = \frac{(273 + t)\,\delta}{Jc}\,\frac{\rho}{p},$$

dans laquelle δ désigne le coefficient de dilatation du liquide, c sa chaleur spécifique, ρ sa densité, J l'équivalent mécanique de la chaleur et p la pression par mètre carré. En prenant $\delta = 159.10^{-6}$ et $J = 425$, on trouve

$$\theta = 0°,0011.$$

C'est une confirmation optique de la théorie, qui avait été contrôlée déjà par les expériences de Joule.

805. *Réfractions et densités.* — Plusieurs tentatives ont été faites pour établir une relation entre l'indice de réfraction d'un milieu et sa densité, afin de déterminer des constantes qui conviendraient à tous les états d'un même corps et de calculer les propriétés optiques d'un mélange ou d'une combinaison quand on connaît celle des éléments.

Les comparaisons de cette nature peuvent conduire à des résultats intéressants au point de vue des analogies que présentent

[1] H. DUFET, *Journ de Phys.* [2], t. IV, p. 389; 1885.

certaines familles de corps simples ou de composés chimiques, mais il ne semble pas que la vérification des formules soit assez exacte pour contribuer au progrès de nos connaissances sur la propagation de la lumière.

L'idée la plus simple est d'admettre que la densité d'un corps est proportionnelle à sa réfraction $n - 1$ ou au pouvoir réfringent $n^2 - 1$.

Faraday explique les propriétés des diélectriques en supposant, comme l'avait déjà fait Poisson pour les phénomènes magnétiques, que ces corps sont formés de petites sphères conductrices disséminées dans un milieu isolant. Si l'on désigne par k le pouvoir inducteur spécifique, ou la constante diélectrique du corps, la fraction u du volume total occupé par les particules conductrices est alors $u = \dfrac{k - 1}{k + 1}$.

D'autre part, d'après la théorie électromagnétique de la lumière, fondée par Maxwell, la constante diélectrique d'un corps est égale au carré de son indice de réfraction.

Si l'on admet maintenant que ces petites sphères représentent les particules réelles du corps et que la densité soit proportionnelle à leur nombre, ou au volume relatif qu'elles occupent, on obtient la relation proposée par M. Lorentz [1]

$$d = Cu = C\,\frac{n^2 - 1}{n^2 + 2}.$$

A température constante, on a vu déjà que la réfraction des liquides comprimés n'est conforme à aucune des deux premières lois; elle l'est encore moins à l'expression de M. Lorentz, car on en déduirait, pour le coefficient de compressibilité de l'eau à la température de $15°$,

$$\mu'' = \frac{6 n_1}{(n_1^2 + 2)(n_1^2 - 1)}\,\partial n = 41,4.10^{-6}.$$

En mettant à part l'influence de la longueur d'onde, s'il existe une loi de cette nature, quelle qu'en soit la forme, l'indice doit

---

[1] H. A. Lorentz, *Wied. Ann.*, t. IX, p 641; 1880. — L. Lorenz, *Wied. Ann.*, t. XI, p. 70; 1880.

varier dans le même sens que la densité. Les effets produits par les variations de température ne sont pas non plus favorables à cette manière de voir.

Pour la plupart des *verres* et les deux rayons du *spath d'Islande*, l'indice croît avec la température ; l'inverse a lieu pour le *spath fluor*, le *quartz* et le *béryl*. De même, la double réfraction du béryl augmente avec la température, tandis qu'elle varie en sens contraire pour le quartz et le spath d'Islande.

Nous verrons également que la variation de l'indice des liquides avec la température conduit à la même conclusion.

D'ailleurs, s'il existe un maximum de densité, on doit retrouver le même caractère dans la réfraction. Or, Jamin ([1]) a reconnu que l'indice de l'eau augmente constamment à mesure qu'on abaisse la température, sans que rien indique le passage par un maximum de densité à $4°$; la valeur maximum de l'indice paraît se produire pour l'eau en surfusion ([2]), au voisinage de $-1°,5$.

Il en est de même, à plus forte raison, pour les mélanges et les combinaisons. Quand on mélange des volumes v, v', ... de liquides différents, dont les indices sont n, n', ..., ces volumes sont respectivement les quotients des poids p, p', ... par les densités correspondantes. Si l'on désigne par V et N le volume et l'indice du mélange, la loi des réfractions, celle des pouvoirs réfringents et la loi de M. Lorentz donneraient les relations

$$(8) \qquad V(N-1) = \Sigma v(n-1),$$

$$(9) \qquad V(N^2-1) = \Sigma v(n^2-1),$$

$$(10) \qquad V \frac{N^2-1}{N^2+2} = \Sigma v \frac{n^2-1}{n^2+2}.$$

D'une manière générale, on devrait avoir

$$V f(N) = \Sigma v f(n).$$

Si l'on considère deux liquides seulement et que la somme des volumes $v + v'$ soit constante, le volume final V et l'indice N sont alors des fonctions de v et l'on aura, pour une variation très petite

---

([1]) Jamin, *Comptes rendus des séances de l'Academie des Sciences*, t. XLIII, p. 1191 ; 1856.

([2]) C. Pulfrich, *Wied. Ann.*, t. XXXIV, p. 326 ; 1888. — *Journ. de Physique* [2], t. VIII, p. 440 ; 1889.

des proportions,

$$f(\mathrm{N})\,d\mathrm{V} + \mathrm{V}f'(\mathrm{N})\,d\mathrm{N} = [\,f(n) - f(n')\,]\,dc.$$

La dérivée $\dfrac{d\mathrm{N}}{dc}$ doit passer par un maximum ou un minimum pour $d\mathrm{V} = 0$, c'est-à-dire pour le maximum de contraction, et la valeur maximum de l'indice, $d\mathrm{N} = 0$ correspondrait à une contraction particulière. Les faits observés par Deville [1] sur les mélanges d'*alcool*, d'*esprit de bois* et d'*acide acétique* avec l'*eau* paraissent contraires à cette prévision.

L'indice de l'alcool hydraté passe par un maximum pour 1 équivalent d'eau; la contraction maximum a lieu pour 3 équivalents, et c'est alors que les variations d'indice sont les plus faibles.

Avec l'esprit de bois, le maximum d'indice correspond au maximum de contraction, qui a lieu pour 3 équivalents d'eau.

Pour l'acide acétique, au contraire, le maximum d'indice correspond au maximum de densité du mélange.

Si les poids p représentent les équivalents chimiques des corps, M. Berthelot [2] appelle *volumes spécifiques* les valeurs correspondantes de v et *pouvoirs réfringents spécifiques* les expressions $v\,(n^2 - 1)$.

L'équation (9) appliquée aux combinaisons signifierait que le pouvoir réfringent spécifique du composé est la somme des valeurs correspondantes relatives aux éléments. Si l'on considère l'éther et l'eau qui entrent dans la constitution de l'alcool, on peut en déduire l'indice de l'un des corps, par exemple celui de l'éther. La valeur ainsi calculée ne diffère que de 0,002 du nombre obtenu directement, mais cette variation, en apparence très faible, correspond à une erreur de $\frac{1}{100}$ sur le pouvoir réfringent spécifique. A ce degré d'approximation, la loi plus simple (8) s'applique également et les écarts sont même beaucoup moindres.

Un grand nombre d'autres combinaisons donnent lieu à des vérifications de même ordre. Toutefois, si l'accord est assez satisfaisant quand il s'agit d'un mélange de liquides qui se fait sans réac-

---

[1] H. Sainte-Claire Deville, *Annales de Chimie et de Physique* [3], t. V, p. 129; 1842.

[2] M. Berthelot, *Ann. de Chim. et de Phys.* [3], t. XLVIII, p. 342; 1856.

tion notable, ou de composés à faibles affinités chimiques, il n'en
est plus de même lorsque les combinaisons sont accompagnées de
phénomènes calorifiques importants.

Dans une série de recherches sur les propriétés optiques d'un
grand nombre de composés chimiques, MM. Dale et Gladstone ([1])
appellent *équivalent de réfraction* la quantité $v(n-1)$ relative
à un équivalent chimique. Si un composé dont l'équivalent est E
et le volume spécifique V renferme des nombres $m, m', \ldots$ d'é-
quivalents des corps constituants, l'équation

$$V(N-1) = \Sigma mv(n-1)$$

permettrait de calculer les équivalents de réfraction des corps
simples ou inversement ceux des composés. Nous renverrons à
un Mémoire de M. Dufet ([2]) pour l'indication des principaux
travaux relatifs à la réfraction ou à la dispersion des composés
chimiques.

Les liquides se prêtent particulièrement à l'étude de la température, puisque l'indice (à part l'eau) varie dans le même sens
que la densité. Pour un même poids, si le produit $v(n-1)$ est
constant, il devrait en résulter

$$\frac{1}{v}\frac{dv}{dt} + \frac{1}{n-1}\frac{dn}{dt} = 0.$$

Le premier terme est le coefficient de dilatation cubique α relatif à la température t; le second est le coefficient de variation β
de la réfraction $(n-1)$, que l'on appelle quelquefois la *sensibilité* du liquide. Cette relation ne peut être exacte en général,
puisque le coefficient β varie avec la longueur d'onde; l'expérience montre d'ailleurs que l'on a toujours $\alpha + \beta < 0$.

La formule de M. Lorentz ne convient pas mieux, car on devrait
alors remplacer β par

$$\beta' = \frac{6n}{(n^2+2)(n^2-1)}\frac{dn}{dt} = \frac{6n}{(n+1)(n^2+2)}\beta,$$

et la somme $\alpha + \beta'$ est encore très différente de zéro.

([1]) Dale et Gladstone, *Phil. Trans. L. R. S.*, p. 887; 1858 et p. 317; 1863, etc.
([2]) H. Dufet, *Journal de Physique* [2], t. IV, p. 477; 1885.

Au point de vue de l'influence de la température, certaines séries de corps homologues présentent des analogies dignes de remarque. Ainsi, pour les alcools *méthylique, éthylique, amylique* et *caprylique,* le rapport de la sensibilité à la densité varie de 45 à 52; ce rapport varie de 33 à 36 pour les iodures de *méthyl, éthyl, propyl* et *amyl;* de 48 à 55 pour les éthers *formique, acétique, propionique, butyrique* et *valérianique,* etc.

Comme la valeur de l'indice dépend du choix de la longueur d'onde, M. Wüllner a cherché à le remplacer par une expression qui en serait indépendante en déterminant dans chaque cas, par une formule de dispersion, à l'aide de trois observations, l'indice qui conviendrait à une longueur d'onde infinie.

Toutefois, on ne satisfait pas davantage aux effets produits par les variations de température. Si la loi des réfractions permet alors de calculer plus exactement l'indice des mélanges, cet accord paraît surtout tenir à ce que les nombres sont eux-mêmes notablement plus faibles.

La notion des équivalents de réfraction est donc très imparfaite. Si l'on compare, par exemple, les chlorures ou les hydrates de *potassium* et de *sodium,* la différence des équivalents de réfraction des deux métaux varie de 3,3 à 3,6 et cet écart correspondrait à des erreurs considérables sur les indices de réfraction. Les résultats sont plus concordants quand les corps font partie d'une famille évidente, comme le *nickel* et le *cobalt* ou le *fer* et le *manganèse.*

Il semble que la loi des réfractions devrait s'appliquer plutôt aux combinaisons gazeuses, mais là encore elle est en défaut. Dans la plupart des cas, la réfraction du composé est plus faible que celle qui serait donnée par le calcul; l'inverse a lieu pour quatre gaz seulement, le *protoxyde* et le *bioxyde d'azote,* l'*acide hypoazotique* et l'*ammoniaque,* tandis que l'acide *cyanhydrique,* qui renferme aussi de l'azote, suit la règle générale.

D'ailleurs, s'il existait une loi physique permettant de calculer l'indice d'un composé par ceux des éléments, on devrait trouver la même réfraction pour les corps qui ont la même constitution élémentaire et le même volume. Cette relation se vérifie assez exactement pour l'*alcool éthylique* et l'*éther méthylique,* dont les réfractions relatives à l'air sont 3,01 et 3,03; il en est de même pour les vapeurs de *benzine* $(6,20 = 3 \times 2,067)$, que l'on peut considérer comme étant de l'*acétylène* (2,075) condensé au tiers de son volume.

Les différences sont souvent plus grandes : ainsi la réfraction relative de l'*éthylène* $C^4 H^4$ est 2,46, tandis que les $\frac{2}{3}$ de celle du *propylène* $C^6 H^6$ et les $\frac{2}{5}$ de celle de l'*amylène* $C^{10} H^{10}$ donneraient respectivement 2,54 et 2,30.

D'après M. Bleeckrode, l'indice des gaz liquéfiés peut être déduit assez exactement de celui du gaz primitif par la loi des réfractions, quoique les variations du rapport $\dfrac{n-1}{d}$ atteignent $\frac{1}{8}$ pour le chlore; avec la loi de M. Lorentz, la constance du rapport $\dfrac{n^2-1}{(n^2+2)d}$ est plus complète, mais les différences sont encore trop grandes pour qu'on puisse les attribuer aux erreurs d'observation. La première loi appliquée à l'eau donnerait 0,318 par la vapeur et 0,334 par le liquide, la seconde loi 0,213 et 0,206; les écarts sont de sens contraire, $\frac{1}{21}$ dans le premier cas et $\frac{1}{20}$ dans le second.

M. Guye [1] interprète autrement la loi de M. Lorentz. Si q est le poids moléculaire d'un corps, d sa densité et u la fraction du volume occupée par les particules supposées sphériques qui le constituent, le rapport $\dfrac{d}{u}$ est le *poids spécifique vrai* δ des molécules et le *volume moléculaire vrai* est

$$\frac{q}{\delta} = q\,\frac{u}{d} = q\,\frac{n^2-1}{(n^2+2)d} = q\mathrm{R}.$$

Le facteur R est le *pouvoir réfringent spécifique* et le produit $q\mathrm{R}$ représente le *pouvoir réfringent moléculaire*.

D'autre part, si l'on considère des masses de gaz qui occupent le même volume dans les conditions normales, la relation qui existe entre le volume v, la pression p et la température t correspondantes est, d'après M. Van der Waals,

$$(11) \qquad \left(p + \frac{a}{v^2}\right)(v - b) = \mathrm{A}\,(1 + \alpha t).$$

M. Guye admet que le *cocolume* b est proportionnel au *volume moléculaire vrai*, ou au produit $q\mathrm{R}$, par un facteur constant.

---

[1] P.-A. Guye, *Journ. de Phys.* [2], t. IX, p. 312; 1890.

Si ϖ, φ et θ désignent la pression, le volume et la température relatifs à l'état critique, défini par les conditions $\dfrac{\partial p}{\partial v} = 0$ et $\dfrac{\partial^2 p}{\partial v^2} = 0$, on en déduit

$$\varphi = 3\,b, \qquad \varpi = \frac{1}{3}\,\frac{a}{\varphi^2},$$

et l'équation (11) devient

$$\varpi\varphi = \frac{3}{8}\,\mathrm{A}\,(1 + \alpha\theta).$$

Comme la valeur de φ, ou $3\,b$, est proportionnelle à $q\,\mathrm{R}$, il en résulte, en désignant par F une constante, la même pour tous les corps,

$$\varkappa = \frac{273 + \theta}{\varpi} = \mathrm{F}\,q\,\mathrm{R}.$$

Le rapport $\varkappa$ de la température absolue à la pression, pour l'état critique, ou *coefficient critique,* est donc proportionnel au pouvoir réfringent moléculaire.

M. Guye a calculé le rapport

$$f = \frac{1}{\mathrm{F}} = \frac{q\,\mathrm{R}}{\varkappa}$$

soit par les réfractions des gaz, soit par l'indice limite des liquides relatif à une longueur d'onde infinie. Les valeurs ainsi obtenues varient de $1,6$ à $2,0$ (sauf deux exceptions qui donnent $1,5$ et $2,2$) et les trois quarts des nombres sont compris entre $1,7$ et $1,9$, ce qui augmente la probabilité de la moyenne générale $1,8$.

Enfin M. Joubin ([1]) a indiqué récemment une relation qui paraît intéressante. Si δ est la densité par rapport à l'hydrogène d'une molécule composée de corps simples, m, m', ... le nombre des atomes de chacun d'eux dans la molécule et α le nombre de fois que la molécule réelle contient la molécule chimique, ou la condensation du composé, on a

$$n - 1 = 0{,}97 \cdot 10^{-4}\sqrt{\frac{\alpha\,\delta}{\Sigma\,m}}.$$

L'application de cette formule aux corps simples détermine le nombre d'atomes m correspondant et permet ensuite de calculer

---

([1]) P. Joubin, *Comptes rendus des séances de l'Académie des Sciences,* t. CXV, p. 1061 ; 1892.

la réfraction d'un corps composé. Les valeurs ainsi obtenues pour
les gaz et les vapeurs sont généralement très voisines de l'observation; dans les cas les plus défavorables, l'erreur est $\frac{1}{60}$ pour la
vapeur d'eau, $\frac{1}{30}$ pour l'oxyde de carbone, $\frac{1}{20}$ pour l'acide carbonique, $\frac{1}{15}$ pour le sulfure de carbone, etc.

Il est même curieux de constater que l'indice calculé pour l'eau
liquide ($1,33$) est presque identique au nombre observé.

806. *Dispersion anormale.* — Le spectre produit par la lumière blanche dans un prisme rempli de vapeur d'*iode* se compose de deux bandes distinctes, l'une bleue et l'autre rouge, les
couleurs intermédiaires étant absorbées. M. Leroux ([1]) a découvert ce fait imprévu que les couleurs rouge et bleue se disposent
en sens contraire de la dispersion habituelle.

L'expérience est particulièrement délicate, parce que la réfraction est très faible ($11'$); les moindres erreurs de centrage des objectifs ou de l'œil de l'observateur pourraient produire des effets
de même ordre, par suite du défaut d'achromatisme de ces divers
organes; mais, en répétant cette expérience avec des soins particuliers et employant des lumières homogènes, il n'a paru rester
aucun doute sur la réalité du phénomène.

La dispersion anormale semble vérifiée déjà pour les métaux et
les corps à couleurs superficielles (**619**, **622** et **623**), qui sont très
absorbants pour certaines radiations.

M. Christiansen ([2]) s'est attaché à démontrer cette propriété
directement. Les dissolutions de *fuchsine* dans l'alcool paraissent
très opaques dès qu'elles sont assez riches pour que la réfraction
du corps dissous devienne dominante, et l'on doit faire usage de
prismes à angle très aigu en observant la lumière qui les traverse
au voisinage de l'arête. Une goutte de liquide, étalée par capillarité entre des lames de verre inclinées l'une sur l'autre d'un angle
de $1°$ à $5°$, permet ainsi de constituer des prismes presque linéaires
au travers desquels l'observation est possible pour la plupart des
couleurs du spectre.

([1]) F.-P. Leroux, *Comptes rendus des séances de l'Académie des Sciences*,
t. LV, p. 126; 1862.

([2]) Christiansen, *Pogg. Ann.*, t. CXLI, p. 479 et t. CXLIII, p. 250; 1871.

Les observations de M. Christiansen ont été résumées dans le Tableau suivant, qui donne les valeurs des indices de réfraction relatives à différentes dissolutions de rouge d'aniline (*fuchsine*) dans l'alcool et les variations δn dues à la matière dissoute.

	Alcool	Dissolutions de fuchsine.						
		25 pour 100		8 pour 100		17 pour 100		18 pour 100	
	$n.$	$n.$	$\delta n.$	$n.$	$\delta n.$	$n.$	$\delta n.$	$n.$	$\delta n.$
B...	1,363	1,384	+0,021	»	»	1,426	+0,063	1,450	+0,087
C...	1,364	»	»	1,476	+0,092	1,493	— 129	1,502	— 138
D...	1,365	1,419	+ 54	1,502	137	1,548	— 183	1,561	— 196
F...	1,370	1,373	— 3	1,372	— 2	1,344	— 26	1,312	— 58
G...	1,373	1,367	— 6	1,354	— 19	1,322	— 51	1,285	— 88
H...	1,376	1,373	— 3	1,372	— 4	1,344	— 32	1,312	— 64

Pour toutes les dissolutions observées, la dispersion reste normale dans le rouge et le jaune, mais l'indice diminue brusquement dès qu'on a dépassé la bande d'absorption qui existe dans le vert, avec un minimum au voisinage de la raie G. Quand on marche dans le sens des déviations, le spectre doit présenter d'abord l'indigo, puis le bleu et le violet, enfin les teintes rouge et jaune dans l'ordre habituel. Toutefois, il ne semble pas que les valeurs de δn suivent une loi conforme à la richesse croissante du liquide, et il ne serait pas facile de dégager la part qui revient à la fuchsine dans le phénomène; on peut même trouver singulier que les raies F et H aient dans tous les cas la même réfraction.

M. Christiansen indique aussi une autre méthode qui consisterait à renfermer la couche liquide entre deux prismes en contact en observant la limite de réflexion totale pour les différentes couleurs. La lumière transmise étant analysée par un nouveau prisme, la disparition successive des raies du spectre permettrait de déterminer, par l'angle d'incidence correspondant, l'indice relatif à chacune d'elles.

M. Kundt ([1]) a consacré plusieurs Mémoires à cette étude délicate. Une première tentative par l'observation des anneaux de Newton dans une couche liquide n'a pas donné de résultats : les

([1]) A. KUNDT, *Pogg. Ann.*, t. CXLII, p. 163, et t. CXLIII, p. 149 et 259; 1871. *Ibid.*, t. CXLIV, p. 128, et t. CXLV, p. 67 et 164; 1872.

couleurs des anneaux ont paru disposées suivant l'ordre habituel. Pour une même épaisseur, la différence de marche $m\lambda$ est proportionnelle à l'indice de réfraction n; si l'observation indique que l'ordre m croît en sens inverse de la longueur d'onde, il en résulte simplement que le rapport $\frac{n}{\lambda}$ augmente du rouge au violet et cette propriété n'est pas contraire à l'existence d'une dispersion anormale.

La fraction de lumière réfléchie sous l'incidence normale, qui est $\left(\frac{n-1}{n+1}\right)^2$, d'après les formules de Fresnel, doit paraître maximum pour la plus grande ou la plus petite valeur de n, suivant que l'indice est supérieur ou inférieur à l'unité. Au voisinage des bandes d'absorption, qui correspondent au maximum du pouvoir réflecteur, l'indice de réfraction doit donc être très grand ou plus petit que l'unité. Les formules de Cauchy (594) relatives à la réflexion métallique conduisent à la même conséquence, car on a

$$h_0^2 = \operatorname{tang}(\psi - 45^\circ), \qquad n_0^2 = \sin \mathrm{I} \operatorname{tang} \mathrm{I} \cos 2\mathrm{C},$$
$$\cot\psi = \cos 2\mathrm{C} \sin\left(2 \operatorname{arc\,tang} \frac{\cos 2\mathrm{C}}{n_0}\right).$$

Il doit donc se présenter une dispersion anormale de part et d'autre des bandes d'absorption, mais ce sont là des considérations hypothétiques dont la valeur est subordonnée à l'exactitude des théories.

Pour l'observation directe, M. Kundt place une goutte de liquide coloré sur une lame de verre contre laquelle il appuie le biseau d'une seconde lame, de manière à constituer un prisme d'environ 25°. La transparence est alors limitée à une bande presque rectiligne au voisinage de l'arête du prisme, mais le faisceau de lumière qui traverse paraît suffire pour constater la disposition relative des couleurs, malgré les bandes de diffraction dues à cette espèce de fente étroite.

La dispersion paraît anormale pour toutes les couleurs d'*aniline* (bleu, violet, vert et rouge), pour l'*indigo* dissous dans l'acide sulfurique fumant, la *carthamine*, la *murexide* en solution dans la potasse, la *cyanine*, le *permanganate de potasse*, le *carmin*, l'*orseille*, l'*hématine*, la *chlorophylle*, etc. Les couleurs se pré-

sentent habituellement dans l'ordre : vert, bleu, rouge, avec une
lacune plus ou moins marquée entre les deux dernières.

L'apparence des phénomènes dus à ces bandes étroites de lumière peut être singulièrement troublée par les moindres défauts
de centrage des objectifs ou de l'œil qui observe, et ces difficultés
d'expérience ont été quelquefois invoquées pour mettre en doute
l'existence des dispersions anormales ([1]).

Afin de répondre à ces objections et d'obtenir des mesures plus
exactes, M. Kundt utilise l'expérience des prismes croisés de
Newton. Devant la fente du spectroscope, disposée horizontalement, on tend un fil vertical. Le prisme à liquide étant parallèle
à la fente, l'observation avec une lunette donne un spectre vertical, de constitution irrégulière, partagé en deux parties par une
ligne noire, et les raies sont horizontales. Si l'on place alors un
prisme vertical à la suite du premier, le spectre oblique, ainsi que
la ligne noire qui le traverse dans sa longueur, doivent présenter
une courbe continue lorsque les dispersions sont de même nature.
L'expérience montre, au contraire, que cette ligne paraît brisée
en fragments distincts entre les bandes d'absorption, s'il en existe
plusieurs, indiquant une variation brusque de l'indice dans le
liquide de part et d'autre de chaque bande.

La mesure des déviations a donné :

| | Alcool | Cyanine | | | | Fuchsine peu concentrée. | |
| | | 1, 22 pour 100. | | concentrée. | | | |
	$n.$	$n.$	$\delta n.$	$n.$	$\delta n.$	$n.$	$\delta n.$
A...	»	1,3666	»	1,3732	»	1,3818	»
a...	1,3636	1,3678	+0,0042	1,3756	+0,0120	1,3845	+0,0219
B...	1,3642	1,3691	+ 49	1,3781	+ 139	1,3873	+ 231
C...	1,3649	1,3714	+ 65	1,3831	+ 182	1,3918	+ 269
D...	1,3667	»	»	»	»	1,3982	+ 315
E...	1,3692	1,3666	— 26	1,3658	— 34	»	»
b...	1,3696	1,3675	— 21	»	»	»	»
F...	1,3712	1,3713	+ 1	1,3705	— 7	1,3613	— 99
G...	1,3750	1,3757	+ 7	1,3779	+ 29	1,3668	— 82
H...	»	1,3793	»	1,3821	»	1,3759	»

---

[1] V. von Lang, *Pogg. Ann.*, t. CXLIII, p. 269; 1871.

Les résultats ne paraissent pas encore varier en raison de la richesse du liquide, et les nombres relatifs à la fuchsine sont très éloignés de ceux qu'avait obtenus M. Christiansen. Les écarts ne peuvent guère s'expliquer par une différence dans le mode de préparation de cette matière colorante.

Dans tous les cas, l'indice de réfraction croît jusqu'à la bande d'absorption, où il diminue brusquement, pour reprendre ensuite une variation dans le même sens. Le même effet paraît également sensible, quoique beaucoup plus faible, pour les solutions de permanganate de potasse.

M. Soret ([1]) a proposé une autre méthode qui aurait pour objet de compenser la réfraction due au dissolvant lui-même, par exemple l'alcool. Le prisme à liquide coloré est placé dans une cuve à faces rectangulaires renfermant de l'alcool, ou bien est suivi par un prisme à alcool de même angle disposé en sens inverse. Cet artifice paraît montrer la dispersion anormale, même avec des dissolutions étendues, mais l'expérience n'est pas concluante, car elle manifeste seulement la différence des dispersions. Supposons, en effet, que l'on opère avec deux prismes successifs dont l'angle A est très petit; soient n et m les indices de deux couleurs dans le premier, n' et m' leurs valeurs respectives dans le second. La différence des réfractions définitives est

$$\Delta = (m - n)A - (m' - n')A = [m - n - (m' - n')]A.$$

Le phénomène paraît normal ou anormal, suivant que la dispersion $m - n$ relative au premier liquide est plus grande ou plus faible que la dispersion $m' - n'$ du second.

La réfraction dans les prismes formés de liquides très absorbants peut être singulièrement modifiée par les variations de phase en fonction de l'épaisseur (622) et par l'influence de la capillarité sur la concentration du liquide aux différents points, tandis que les interférences paraissent d'abord à l'abri de ces causes d'erreur. MM. Mach et Osnobischin ([2]) ont observé ainsi les interférences d'un appareil quelconque (double fente, demi-lentille ou plaques épaisses) en interposant une mince couche de

---

([1]) C.-L. Soret, *Archives de Genève*, t. XL, p. 282; 1871.

([2]) E. Mach et G. v. Osnobischin, *Anzieger der K. Ak. der Wiss. Wien*, t. XII, p. 51 et 82; 1875. — *Journal de Physique*, t. V, p. 34; 1876.

fuchsine sur le trajet de l'un des faisceaux. On leur donnait la même intensité soit en réduisant la fente libre, soit en employant de la lumière primitivement polarisée et plaçant sur les deux trajets des lames de quartz d'égale épaisseur et de rotations contraires; l'observation avec un analyseur permet alors d'utiliser une fraction arbitraire de chacun des faisceaux.

Quand on disperse le phénomène avec une fente perpendiculaire aux franges, le spectre devrait présenter une série de bandes s'épanouissant en éventail du violet au rouge (125); mais, avec la couche de fuchsine, ces bandes paraissent courbées en S, indiquant ainsi une variation anormale de la différence de marche. Toutefois, on peut craindre encore que la réfraction, même sous l'incidence normale, soit accompagnée d'un changement de phase variable avec la longueur d'onde, ce qui enlèverait à l'expérience sa valeur démonstrative.

M. Wernicke ([1]) utilise les variations qu'éprouve le pouvoir absorbant dans une lame à faces parallèles d'épaisseur e, quand on change l'incidence.

Soit m le coefficient de transmission; la fraction f_0 de lumière transmise sous l'incidence normale est

$$f_0 = m^e, \qquad e \log m = \log f_0.$$

En inclinant la lame de l'angle i, la réfraction a lieu sous l'angle r, l'épaisseur traversée est $\dfrac{e}{\cos r}$; si f est la fraction transmise, on a, abstraction faite des changements du pouvoir réflecteur,

$$f = m^{\frac{e}{\cos r}}, \qquad \frac{e}{\cos r} \log m = \log f;$$

$$\cos r = \frac{\log f_0}{\log f}.$$

Les fractions f et f_0 étant déterminées par l'étude de la lumière au moyen d'un spectrophotomètre, on en déduit l'angle r et l'indice n est calculé par la loi de Descartes.

On a obtenu ainsi, pour la *fuchsine*, des indices décroissants du jaune au violet, mais les valeurs relatives à deux expériences

---

([1]) W. WERNICKE, *Pogg. Ann.*, t. CLV, p. 17; 1875.

différentes sous les inclinaisons de 30° et de 60° ne présentent pas un accord suffisant.

M. Hurion [1] a repris cette étude par différentes méthodes. Il a répété d'abord l'expérience de M. Leroux pour en préciser le caractère et déterminer la valeur numérique des indices relatifs aux différentes couleurs. Quand un prisme renferme un mélange d'air et de vapeur d'iode, la réfraction paraît manifestement plus grande pour le rouge. En prenant comme source des étincelles entre deux fils de cadmium, la lumière renferme des rayons rouges et des rayons bleu violet; pour être assuré que la différence des visées ne tient pas à une erreur de centrage ou au défaut d'achromatisme de l'œil, on observe avec un verre coloré bleu ou rouge, ce qui permet de pointer plus exactement le réticule sur l'image qui subsiste. La tension de la vapeur d'iode à 100° a été déterminée directement par un manomètre dont le mercure était recouvert de paraffine; elle est d'environ 50^{mm}. La mesure des déviations avec un oculaire à micromètre permet alors, en faisant la part de l'air, de calculer les indices propres de la vapeur d'iode ramenée aux conditions normales de température et de pression; on a ainsi obtenu :

Vapeur d'iode.

$$
\begin{aligned}
\text{Rouge} &\dots\dots\dots\dots\dots\dots & n &= 1,00205 \\
\text{Violet} &\dots\dots\dots\dots\dots\dots & n' &= 1,00192
\end{aligned}
$$

Le pouvoir dispersif serait alors

$$\frac{n' - n}{n - 1} = -0,06,$$

c'est-à-dire de même ordre que celui du flint, et de sens contraire.

Pour l'iode en dissolution, on a employé un prisme divisé en deux compartiments dont l'un renferme du sulfure de carbone et l'autre une dissolution d'iode dans le même liquide. Le spectre observé est alors formé de deux parties correspondant aux faisceaux qui ont traversé les liquides différents; avec la lumière solaire, il est facile de pointer les raies dans l'un et l'autre, en couvrant alternativement les deux portions du prisme, et la variation s'obtient très exactement par le micromètre.

---

[1] A. Hurion, *Ann. de l'École Normale supérieure*, [2], t. VI, p. 367; 1877.

Sur une solution d'iode au $\frac{1}{500}$, très transparente pour les rayons rouges et violets, on a ainsi obtenu, en appelant n l'indice du sulfure de carbone déduit de la déviation et $n + \delta n$ l'indice correspondant de la solution :

Raies.	n.	δn.
C............	1,621904	0,000237
G............	1,677190	0,000169

L'accroissement de réfraction est donc plus grand pour le rouge que pour le violet.

On peut en déduire l'indice relatif à l'iode solide par la loi des réfractions, en admettant que la dissolution de l'iode se fait sans changement de volume. Ce calcul, appliqué au liquide et à la vapeur, donne

Réfraction de l'iode solide.

	Par la dissolution.			Par la vapeur.	
	n.	Différence.		n.	Différence.
C.....	2,074	0,092	Rouge...	1,894	0,056
G.....	1,982		Violet...	1,838	

Il n'y a pas lieu de s'étonner que les valeurs ainsi obtenues ne soient pas identiques, à cause de l'hypothèse qui a servi à les calculer, mais les résultats sont de même ordre.

La méthode des réflexions totales a été utilisée en plaçant une couche du liquide coloré entre les faces hypoténuses de deux prismes à base de triangle rectangle, choisis de manière que le rayon incident fût à peu près normal à la face d'entrée. En appelant i l'incidence de réflexion totale, n et n' les indices du prisme et de la couche, la relation $n' = n \sin i$ permet de calculer facilement la valeur de n'. On a ainsi obtenu, avec des étincelles entre électrodes de cadmium ou de thallium :

Raies.	λ.	Bleu d'aniline.	Chlorhydrate de fuchsine		Permanganate de potasse
			concentré.	demi concentré.	concentré.
Cd.....	0,644	1,733	1,377	1,372	1,340
Th.....	0,534	»	1,382	1,376	1,345
Cd.....	0,515	1,369	»	»	1,342
Cd.....	0,441	1,374	1,366	1,370	1,346

Pour déterminer les indices par les interférences, M. Hurion emploie deux lames de verre A et B situées sur le prolongement l'une de l'autre et portées par la même monture. Une vis micrométrique permet de rapprocher ce système d'une troisième lame fixe C, de manière à connaître exactement les variations des distances AC et BC. Une goutte de dissolution est placée entre les deux premières et une goutte de dissolvant entre les deux autres. La lumière émise par la fente d'un collimateur est partagée en deux parties par des rhombes identiques (301, *fig.* 134), de manière que les rayons intermédiaires traversent séparément les deux couches liquides; les faisceaux se trouvent ensuite rapprochés au contact et une rotation convenable de l'un des rhombes permet d'obtenir dans le spectre les franges de Talbot (294). Si n et n' sont les indices des deux liquides et m le nombre des franges qui passent en un point du spectre quand on fait varier les épaisseurs d'une quantité commune e, déterminée par la vis micrométrique, on a

$$(n' - n)e = m\lambda.$$

On a ainsi obtenu, pour une dissolution aqueuse de *permanganate de potasse* :

Raies.	Indices.		
	Eau.	Liquide.	
	$n.$	$n'.$	$n'-n.$
C................	1,331	1,340	0,009
D................	1,333	1,344	0,011
E................	1,335	1,345	0,010
F................	1,337	1,341	0,004

La véritable justification de cette méthode consisterait à vérifier que le rapport $\dfrac{m}{e}$ conserve toujours la même valeur; malheureusement le nombre des franges n'a varié que de 1 à 3 et il est resté à peu près constant pour chaque couleur. Il ne paraît donc pas évident que le phénomène ne soit pas troublé par certaines pertes de phase variables avec l'épaisseur du milieu.

807. *Achromatisme des lunettes.* — La considération des plans principaux (87) et des points nodaux (88) est très intéressante pour montrer les propriétés principales des systèmes optiques centrés sur un axe, mais le calcul des aberrations doit se faire né-

cessairement de proche en proche, en déterminant l'action successive des surfaces par une méthode analogue à celle de Biot [1]. Si les surfaces sont sphériques, comme elles se produisent naturellement dans le travail des verres, il reste des aberrations dites sphériques dues à ce que les rayons réfractés ont une caustique de révolution. La position et la forme de cette caustique varient avec la longueur d'onde, ce qui donne lieu à des aberrations de réfrangibilité. Les sommets des caustiques correspondent aux rayons très peu inclinés sur l'axe; nous examinerons seulement les déplacements qu'ils subissent pour les différentes couleurs.

Supposons que l'objectif d'une lunette astronomique soit formé par deux verres, une lentille convergente en crown d'indice n et d'épaisseur e, dont les surfaces ont pour rayons de courbure R_1 et R_2, et une lentille divergente en flint (n', e', R'_1 et R'_2), les deux verres étant écartés de la distance ε.

Si l'on néglige l'épaisseur inévitable des verres, pour simplifier le calcul, en appelant p la distance de l'objet et f celle de son image à la première lentille, F la distance de l'image finale à la seconde lentille, on a

$$\frac{1}{p} + \frac{1}{f} = (n-1)\left(\frac{1}{R_1} - \frac{1}{R_2}\right) = (n-1)\varphi,$$

$$-\frac{1}{f-\varepsilon} + \frac{1}{F} = (n'-1)\left(\frac{1}{R'_1} - \frac{1}{R'_2}\right) = -(n'-1)\varphi'.$$

Quand il s'agit des instruments astronomiques, la distance p est infinie. Si l'on se donne la longueur focale F, l'élimination de f fournit une relation entre les quatre rayons de courbure, et la distance ε est habituellement très petite. La correction des observations de sphéricité donne lieu à deux nouvelles conditions entre les rayons de courbure; l'un d'eux reste encore indéterminé : on en profite pour corriger les erreurs de réfrangibilité.

Pour une variation $d\lambda$ de la longueur d'onde, il en résulte

$$\frac{dF}{F^2} = \varphi' \, dn' - \left(\frac{f}{f-\varepsilon}\right)^2 \varphi \, dn.$$

L'achromatisme a lieu pour une couleur déterminée, c'est-à-dire

---

[1] J.-B. Biot, *Traité d'Astron. phys.*, t. I et II; Paris, 1851 et 1844.

que les images relatives aux couleurs voisines se superposent, lorsque $dF = 0$, ce qui donne

$$\frac{\varphi}{\varphi'} = \left(\frac{f-\varepsilon}{f}\right)^2 \frac{dn'}{dn}.$$

Cette nouvelle équation achève de déterminer les éléments du système optique.

Lorsque la dérivée seconde de F n'est pas nulle, ce qui exigerait des dispersions toutes particulières, la longueur focale passe par un maximum ou un minimum. A ce point de vue, le spectre est pour ainsi dire replié sur lui-même; en distribuant les foyers des diverses couleurs sur une courbe dont les ordonnées sont proportionnelles aux variations d'indice ou de longueur d'onde par rapport à une couleur déterminée, cette courbe figurative serait tangente au plan focal des rayons achromatisés. Si l'achromatisme est établi sur la lumière jaune, l'image d'une étoile prend une teinte bleue carminée quand on déplace l'oculaire de manière à voir le foyer des autres couleurs.

La lentille de flint étant choisie à cause de la grande dispersion de cette matière, le rapport $\dfrac{dn'}{dn}$ croît en sens inverse de la longueur d'onde. Si l'on écarte les deux verres, le rapport $\left(\dfrac{f-\varepsilon}{f}\right)^2$ diminue; le rapport $\dfrac{dn'}{dn}$ doit alors augmenter, de sorte que l'achromatisme a lieu sur une couleur plus réfrangible. On peut ainsi, par un simple déplacement des verres, transporter l'achromatisme sur le maximum d'intensité des actions chimiques et rendre l'instrument propre à la Photographie ([1]). Cette déformation augmente, il est vrai, les aberrations sphériques, dont la correction dépend aussi de la distance des verres, mais le bénéfice de l'achromatisme est alors plus important à considérer.

L'addition d'une troisième lentille laisserait une nouvelle indéterminée et modifie la distribution des foyers. La courbe figurative de leurs positions peut avoir une forme en S, telle que trois couleurs donnent des images superposées; la condition d'achromatisme est alors réalisée, à des distances inégales, pour deux

---

([1]) A. CORNU, *Journal de Physique* [1], t. III, p. 108; 1874.

régions du spectre. Si l'on égale à zéro la dérivée seconde de F, la courbe figurative présente un point d'inflexion dans le plan focal et l'achromatisme est très approché pour une grande étendue du spectre.

808. *Différentes méthodes.* — Tous les phénomènes d'interférence et de diffraction permettent de déterminer les longueurs d'onde avec plus ou moins de précision; nous examinerons à ce point de vue les méthodes principales.

Dans les expériences d'interférence par les deux fentes d'Young ou les miroirs de Fresnel (**124** et **130**), la distance x du milieu de la frange centrale au point où se produit l'interférence d'ordre m est, en appelant z l'angle apparent de la distance des sources,

$$(1) \qquad m\lambda = z\,x.$$

Si l'on observe les franges d'Young au foyer d'une lunette (**128**), ce qui correspond aux interférences de seconde classe de deux ouvertures voisines (**132**) dont les points homologues sont à la distance e, la déviation D des minima d'ordre m donne

$$(2) \qquad m\lambda = e\sin D.$$

D'autre part, quand on déplace l'un des miroirs de Fresnel d'une quantité e (**131**), l'ordre m de la frange qui se produit au centre primitif du phénomène est, pour l'incidence i,

$$(3) \qquad m\lambda = 2e\cos i.$$

Dans les interférences de réflexion ou de transmission produites par une lame isotrope d'épaisseur e, la différence de marche est $2en\cos r$ et il faut y ajouter une demi-longueur d'onde quand il s'agit des phénomènes de réflexion. Abstraction faite de cette correction, l'ordre m d'interférence relatif à l'incidence i et l'ordre m_0 qui correspond aux rayons normaux sont

$$(4) \qquad \begin{cases} m\lambda = 2en\cos r = 2e\sqrt{n^2 - \sin^2 i}, \\ m_0\lambda = 2en. \end{cases}$$

Quand on passe d'une observation à l'autre, le déplacement

$p = m_0 - m$ des franges donne

$$(4)' \qquad p\lambda = 2\,en(1 - \cos r) = 2\,e\left(n - \sqrt{n^2 - \sin^2 i}\right).$$

La dernière parenthèse doit être proportionnelle au déplacement p, ce qui fournit un contrôle continu des expériences.

Pour les lames mixtes isotropes (**277**) observées par transmission, on a

$$(5) \qquad \begin{cases} m\lambda = e(n'\cos r' - n\cos r), \\ m_0\lambda = e(n' - n). \end{cases}$$

Le déplacement des franges $p = m - m_0$ à partir de l'incidence normale donne encore

$$(5)' \qquad p\lambda = e\left[n'(1 - \cos r') - n(1 - \cos r)\right].$$

Avec les lames cristallines, le retard optique est dû à la double réfraction et les deux espèces d'ondes sont naturellement superposées; l'observation exige alors l'emploi d'un polariseur et d'un analyseur. S'il s'agit d'une lame uniaxe parallèle à l'axe, la même formule convient pour les rayons situés dans un plan perpendiculaire à l'axe, les valeurs de n et n' représentant les indices principaux du cristal.

Enfin la diffraction dans les réseaux (**241**) donne la longueur d'onde par la distance e des traits et par la déviation D relative au maximum principal d'ordre n, à l'aide de la relation générale

$$(6) \qquad n\lambda = e(\sin i + \sin i').$$

Au point de vue expérimental, les difficultés sont de natures très différentes, suivant que l'on veut connaître seulement les rapports des longueurs d'onde ou leurs valeurs absolues en unités métriques, mais la discussion des méthodes a la même portée dans les deux cas.

Nous ne reviendrons pas sur l'emploi des réseaux qui a été examiné précédemment (**790**). Ce mode d'observation présente des avantages évidents, surtout pour les mesures relatives, puisque les différentes couleurs sont naturellement séparées par diffraction, quelle que soit la nature de la source, et que le problème est ramené à des déterminations angulaires.

Pour les autres méthodes, la disposition des expériences est différente suivant que la source est homogène ou complexe; nous examinerons d'abord le premier cas.

Il n'y a pas lieu d'insister sur les franges d'interférence proprement dites, au moins celles qui correspondent aux équations (1) et (2), parce que les quantités à mesurer sont trop petites.

Les déplacements de franges dus à l'inclinaison des lames permettent bien de déterminer les indices quand on connaît les longueurs d'onde (798), mais elles paraissent moins propres à résoudre le problème inverse avec une exactitude suffisante. On déduit, en effet, de l'équation (4)'

$$\frac{d\lambda}{\lambda} + \frac{dp}{p} = \frac{dn}{n} + \frac{\sin i \cos i}{n^2 \cos r (1 - \cos r)} di.$$

À part les erreurs commises sur l'incidence et sur l'indice de réfraction, la longueur d'onde ne peut être connue à $\frac{1}{10000}$ près que si l'erreur relative sur le déplacement des franges est de même ordre, ce qui exigerait une approximation de $\frac{1}{10}$ de frange pour un passage de 1000 franges. Il en est de même, à plus forte raison, pour les lames mixtes, où le phénomène tient à la différence des deux indices.

Il est préférable d'observer sous l'incidence normale, en déterminant l'ordre m_0 d'interférence relatif à l'épaisseur e, ou la variation δm_0 qui correspond au changement d'épaisseur δe, ce qui est possible avec une couche d'air ou de liquide.

Si l'on observe ainsi les franges localisées dans une couche d'air, en éclairant l'appareil en même temps avec deux sources homogènes de longueurs d'onde λ et λ', et que l'on modifie l'épaisseur d'une manière continue (305), on comptera le nombre de franges δm_0 de l'une d'elles λ qui passent en un point, entre deux périodes successives de concordance absolue des deux systèmes; le nombre de franges qui correspond à la plus petite longueur d'onde λ' est $\delta m_0 + 1$. M. Fizeau a ainsi constaté que, pour la lumière rouge du *lithium* et la lumière jaune de la *soude*, les nombres de franges relatives au même retard optique sont nettement dans le rapport 65 : 74; leurs longueurs d'onde seraient dans le rapport inverse 74 : 65, si la lumière de la soude pouvait être considérée comme suffisamment homogène.

Il en serait de même pour les interférences produites par la couche d'air comprise entre deux surfaces parallèles (274), quand on les observe dans le plan focal d'une lunette.

Lorsque la source n'est pas homogène, on doit faire l'analyse spectrale du phénomène et la disposition des bandes fournit des ressources particulières pour connaître l'ordre des interférences.

Supposons que l'on prenne dans le spectre deux repères λ et λ', par des lignes noires ou par des raies brillantes. L'ordre d'interférence étant toujours croissant du rouge au violet, on détermine les distances x et x', évaluées en fraction de frange, de chacune des raies au milieu de la bande noire qui la précède, et l'ordre p de la seconde par rapport à l'ordre inconnu m de la première. Pour une lame d'épaisseur e, on a des équations de la forme

$$(7) \qquad \begin{cases} (m+x)\lambda = ea, \\ (m+p+x')\lambda' = ea'. \end{cases}$$

Le facteur a représente le double de l'indice dans les interférences de réflexion ou de transmission, et la différence des indices dans les lames mixtes ou les lames cristallines; on en déduit

$$(8) \qquad \frac{a'}{a}\frac{\lambda}{\lambda'} = \frac{m+p+x'}{m+x} = 1 + \frac{p+x'-x}{m+x}.$$

Si le rapport des longueurs d'onde est connu déjà, au moins d'une manière approximative, cette équation détermine l'ordre m.

D'après une remarque ingénieuse de M. Mouton (421), le calcul comporte une grande précision parce que l'ordre m doit être un nombre entier ou un nombre impair de fois $\frac{1}{2}$, suivant que l'interférence d'ordre zéro est un minimum (phénomène de réflexion, lames cristallines avec polariseur et analyseur croisés) ou un maximum (transmission, lames mixtes isotropes, cristaux avec polariseur et analyseur parallèles). Il n'y a donc aucun doute sur la valeur du nombre m tant que les interférences ne sont pas d'un ordre très élevé; on le vérifie d'ailleurs par une série d'observations sur d'autres repères du spectre et l'équation (8) donne alors plus exactement le rapport des longueurs d'onde.

809. *Mesures absolues.* — Il s'agit cette fois de rapporter au *mètre* la longueur physique qui entre dans toutes les expériences.

La marche la plus directe paraît être de mesurer la distance E des traits extrêmes d'un réseau dont on a compté le nombre de divisions, ce qui donne l'écartement e des traits consécutifs. L'opération est difficile, car la distance E s'évaluera, par exemple, à l'aide d'une vis micrométrique, en fonction d'une première longueur c, qui est un centimètre provisoire; il faut ensuite reporter 10 fois la longueur c sur une autre d, qui est aussi un décimètre provisoire, et finalement 10 fois cette dernière sur le mètre. Toutes les erreurs s'accumulent dans cette suite de comparaisons.

D'après les mesures de Fraunhofer, la longueur d'onde de la raie D_2 (la plus réfrangible du groupe) dans l'air, à la température ordinaire, serait $o^\mu,5888$. Angström avait trouvé $o,58891$, mais il semble qu'une erreur ait été commise dans la comparaison du mètre de Suède avec l'étalon des Archives et que ce résultat doit être augmenté de $\frac{1}{9000}$, ce qui porterait la valeur à $o,58898$.

Par des expériences analogues, MM. Pierce [1], Müller et Kempf [2], Kurlbaum [3] ont obtenu respectivement des nombres qui diffèrent de 2 ou 3 unités du cinquième chiffre.

M. Bell [4] a repris cette détermination avec un réseau métallique de Rowland d'une rare perfection, qui portait 12100 traits distants de $\frac{1}{100}$ de millimètre. La déviation paraît avoir été mesurée, après correction de l'influence de la température, à $\pm o'',11$ sur un angle de $45°$, c'est-à-dire avec une erreur relative inférieure à $\pm 10^{-6}$; la largeur totale du réseau a été évaluée, avec les précautions convenables, au moyen d'un mètre étalon qui avait été comparé au prototype du Bureau international des Poids et Mesures. M. Bell en déduit $o,589608$ pour la raie D_1 (la moins réfrangible), à la température de $20°$ et sous la pression normale.

A la suite d'expériences nouvelles de M. Bell, M. Rowland [5] adopte les valeurs suivantes

$$(D_1)_{20} = o,589\ 6156,$$
$$(D_2)_{20} = o,589\ 0188,$$

dont la différence relative est $\frac{1}{987,3}$, au lieu du rapport $\frac{1}{583}$ donné par

---

[1] PIERCE, *Nature*, t. XXIV, p. 262; 1881.
[2] MÜLLER et KEMPF, *Observ. astro-phys. de Postdam*, t. V. p. 11; 1886.
[3] F. KURLBAUM, *Wied. Ann.*, t. XXXIII, p. 159 et 381; 1888.
[4] L. BELL, *Phil. Mag.* [5], t. XXIII, p. 265; 1887.
[5] H.-A. ROWLAND, *Phil. Mag.* [5], t. XXVII, p. 479; 1889.

M. Fizeau (305). Il en résulte, pour les conditions normales,

$$(D_1)_0 = 0,589\,6638,$$
$$(D_2)_0 = 0,589\,0070,$$

ce qui donne, dans le vide,

$$D_1 = 0,589\,7762,$$
$$D_2 = 0,589\,1792.$$

M. Macé de Lépinay ([1]) s'est adressé au phénomène des bandes de Talbot, produites par une lame de quartz, en n'utilisant que les rayons ordinaires. Le cristal était taillé en parallélépipède rectangle, à peu près cubique, de 1^{cm} de côté; avec des lames auxiliaires de 2^{mm}, 4^{mm} et 6^{mm}, on pouvait connaître exactement l'ordre m de la frange noire la plus voisine de la raie observée et déduire des observations le rapport des trois épaisseurs. Enfin, l'épaisseur moyenne du cube a été obtenue par une pesée directe avec des étalons de quartz et par la densité du quartz.

L'inconvénient de cette méthode est d'exiger un grand nombre de mesures indépendantes. Dans l'équation

$$(m + x)\lambda = (n - 1)e,$$

l'ordre m est supérieur à 9000, de sorte qu'il existe environ 7000 franges dans toute l'étendue du spectre et une dizaine dans l'intervalle $D_1 D_2$. Si la dispersion est suffisante pour que l'exactitude du pointé corresponde à $\frac{1}{3}$ de frange, l'approximation du premier facteur sera $\frac{1}{70000}$.

D'autre part, le cinquième chiffre décimal de l'indice ne paraît pas certain et la densité est considérée comme exacte à $\frac{1}{30000}$ près. Si faibles que soient ensuite les erreurs commises sur les pesées, ainsi que sur les corrections de température relatives à l'excès $n - 1$ et l'épaisseur e, l'incertitude finale ne peut être inférieure à $\frac{1}{25000}$, c'est-à-dire à plusieurs unités sur le cinquième chiffre. Sous ces réserves, la valeur $0,58900$ donnée par M. Macé pour la raie D_2, dans les conditions normales, s'accorderait avec celle de M. Bell.

Toutefois le kilogramme des Archives paraît en excès d'environ 120^{mgr}, ou 12.10^{-5}, sur sa définition métrique. L'épaisseur e dé-

---

([1]) J. Macé de Lépinay, *Journ. de Phys.* [2], t. V, p. 405 et 411; 1886. — *Ann. de Chim. et de Phys.* [6], t. X, p. 68 et 170; 1887.

duite du poids doit donc être augmentée de 4.10^{-5} et la longueur d'onde deviendrait $0,58902$.

On estimera, sans doute, après cette discussion, que l'on ne connaît pas encore à $\frac{1}{50000}$ près la valeur absolue des longueurs d'onde. Le problème a une importance scientifique sur laquelle il n'est pas nécessaire d'insister, soit au point de vue abstrait, si l'on veut considérer la longueur d'onde d'une source homogène comme un étalon physique de longueur, soit même pour l'utilisation des longueurs d'onde comme unités pratiques dans la mesure des petites longueurs ou des dilatations.

M. Michelson ([1]) est revenu à la méthode de M. Fizeau; il s'est proposé de comparer au mètre l'épaisseur de la couche d'air qui établit une différence de marche connue entre deux faisceaux interférents, par une série d'intermédiaires tellement combinés que l'erreur absolue de l'observation finale ne soit pas supérieure à celle de chacune des opérations isolées.

Supposons d'abord qu'après avoir amené en contact deux surfaces parallèles, on compte le nombre de franges produites par réflexion de la lumière sur ces surfaces quand on les écarte progressivement à la distance e_1, qui soit une fraction 2^{-11} du mètre, ou environ $0^{mm},4883$. Le retard optique est le double de l'épaisseur e_1 et correspond environ à 1660 franges du jaune. On connaît ainsi exactement l'ordre entier m_1 des interférences et la valeur approchée de la fraction complémentaire x_1.

Pour une épaisseur e_2 double de la première, l'ordre d'interférence est $m_2 + x_2$, mais il n'est plus nécessaire de compter les franges, car le nombre m_2 est égal à $2m_1$ et le complément x_2, que l'on sait inférieur à 2, est à peu près le double du précédent; la seconde observation sert donc à rectifier la première.

En continuant ainsi de proche en proche jusqu'à l'épaisseur $a = e_{n+1} = e_1.2^n$, l'ordre d'interférence final est $m_1.2^n + x_{n+1}$, le complément x_{n+1} étant inférieur à 2^n.

Si l'on n'a commis aucune erreur sur le nombre entier $m_1.2^n$, la dernière observation fait connaître l'épaisseur a, voisine de la fraction 2^{-11+n} du mètre, avec la même approximation que dans

---

([1]) ALB.-A. MICHELSON et E. MORLEY, *Amer. Journ.*, t. XXXVIII, p. 181; 1889. — ALB.-A. MICHELSON, *Ibid.*, t. XXXIX, p. 115; 1890.

M. — III.   41

chacune des lectures, par exemple à $\frac{1}{50}$ de frange dans les pointés ou $\frac{1}{100}$ de longueur d'onde pour la distance.

On ne peut pas prolonger l'expérience directe au delà des retards optiques que tolère la constitution même des sources de lumière. Avec neuf opérations successives, ou $n = 8$, la dernière épaisseur ainsi observée serait

$$a = e_1 . 2^8 \qquad \text{ou environ} \qquad \frac{1^m}{2^3} = 12^{cm},5.$$

Dans ce cas, le retard optique est 25^{cm} et l'ordre d'interférence est compris entre 350000 et 500000 longueurs d'onde, suivant la nature de la lumière.

Il reste maintenant à ajouter huit fois la longueur a pour que la distance totale $A = 8a$ qui sépare le plan primitif du plan final soit directement comparable au mètre. En admettant encore que ces opérations soient faites à $\frac{1}{50}$ de frange et que toutes les erreurs s'ajoutent, l'erreur finale serait $\frac{8}{100}$ ou $\frac{1}{10}$ de longueur d'onde, c'est-à-dire $\frac{1}{20}$ de micron. Si l'on admet une erreur de même ordre dans la comparaison de la distance A au mètre prototype, la longueur d'onde serait connue avec une approximation de $\frac{1}{10\,000\,000}$.

L'avantage particulier de cette méthode admirable tient à ce que l'ordre principal $m_1 . 2^n$ des interférences reste connu dans chacune des opérations intermédiaires, qui ont pour objet de constituer une série d'épaisseurs en progression géométrique, et que l'incertitude existe seulement sur la partie fractionnaire du complément x_{n+1}, rectifié à chaque observation.

Il est vrai que les épaisseurs successives e_1, e_2, ... ne sont pas rigoureusement dans le rapport de 1 à 2, mais la différence $e_{n+1} - 2e_n$ est connue par le mode même de comparaison et n'entraîne aucune erreur systématique.

En outre, l'emploi de plusieurs sources différentes, dont on a déterminé les rapports des longueurs d'onde d'une manière très approchée par les expériences antérieures, permet d'obtenir dans le cours des opérations une série de contrôles qui suppriment toute incertitude sur les valeurs entières du nombre des franges. Dans une même opération répétée avec deux sources, par exemple, on doit avoir la relation

$$(m + x)\lambda = (m' + x')\lambda', \qquad \frac{m' + x'}{m + x} = \frac{\lambda}{\lambda'}.$$

Quand on donne au nombre entier relatif à la lumière λ' les valeurs m' et $m' \pm 1$, on déduit de la dernière équation trois valeurs différentes de la fraction x' dont une seule se rapproche assez des observations pour être acceptable.

Le principe de la méthode étant ainsi établi, nous indiquerons les dispositions expérimentales.

Les étalons intermédiaires e_1, e_2, ... sont formés par des barres de bronze coudées qui portent deux miroirs en verre argenté pressés par des ressorts contre des vis qui permettent d'en régler exactement le parallélisme.

L'appareil d'observation est le réfractomètre employé précédemment (*fig.* 388) pour l'étude des sources.

Le premier étalon e_1 étant placé sur le chariot de la vis micrométrique, on fait coïncider le plan de référence N' avec l'un des miroirs M_1, puis on déplace l'étalon d'une manière continue, en comptant toutes les franges de lumière homogène qui passent sur la tache centrale des anneaux, jusqu'à ce que le plan de référence coïncide avec le second miroir M'_1. Pour évaluer la fraction complémentaire, on fait usage du compensateur G; cette glace est portée par un cadre métallique très solide fixé à l'un des bords; un ressort extrêmement faible, attaché au bord opposé, peut être tendu par une vis à micromètre, de manière à donner au cadre une légère flexion qui suffit pour produire un déplacement des franges. Le ressort étant gradué par des observations préliminaires, on tourne la vis de manière à produire une tache centrale nettement noire; on connaît ainsi, à moins de $\frac{1}{50}$ de frange, la distance x ou la distance $1 - x$ des interférences réelles à l'ordre entier m qui les précède ou à l'ordre $m + 1$ qui les suit.

Pour constater les coïncidences du plan de référence, on doit employer la lumière blanche et viser sur les surfaces elles-mêmes. Comme les miroirs M_1 et M'_1 ne sont pas à la même hauteur, on intercale sur le trajet de la lumière incidente une glace épaisse à faces parallèles que l'on incline, par un mouvement de bascule, dans un sens convenable, de manière à déplacer le faisceau latéralement, au-dessus ou au-dessous de sa direction primitive.

On répète la même opération sur les autres étalons, avec cette différence qu'il suffit de déterminer chaque fois la fraction complémentaire de l'ordre entier d'interférence.

Il reste à comparer les étalons entre eux. On les place l'un à côté de l'autre, le plus petit e_n sur le chariot, le plus grand e_{n+1} sur un support fixe, de manière que les miroirs antérieurs M_n et M_{n+1} soient en coïncidence. On amène alors le plan de référence sur le second miroir M'_n du premier étalon et, laissant invariable la position de ce plan, on fait mouvoir la vis jusqu'à ce que le miroir M_n se substitue à M'_n.

On amène ensuite le plan de référence sur le miroir M'_n dans sa nouvelle position; le plan de référence s'est déplacé d'une longueur qui est exactement le double de l'épaisseur e_n et il doit alors coïncider avec le miroir M'_{n+1} du second étalon, si leurs longueurs sont dans le rapport de 1 à 2. Dans le cas contraire, on mesure la différence en nombre de franges par une lumière homogène.

Si l'on prend enfin le dernier étalon a, on rapporte son premier miroir M à l'une des divisions extrêmes du mètre prototype et l'on place le plan de référence sur le second miroir M'. Faisant mouvoir le chariot, on amène le premier miroir M sur le plan de référence; on reporte ce plan sur le miroir M' dans sa nouvelle position et une opération semblable du chariot donne la longueur $2a$; on obtiendra ensuite $3a, \ldots, 8a$, et la dernière position de M' est finalement comparable à la division opposée du prototype.

Pendant toutes ces opérations, les appareils sont renfermés dans une enceinte métallique dont on détermine exactement la température, pour les corrections nécessaires.

On a vu précédemment (797) combien il importe de faire un choix parmi les sources quasi homogènes propres à ces observations. Les raies du *sodium* ne conviennent guère, d'abord à cause de leur voisinage et ensuite par leur inégalité; elles ont à peu près le même éclat pour les lumières intenses, mais la raie D_2 paraît environ deux fois plus brillante que D_1 quand la lumière est faible.

La raie rouge du *lithium* est avantageuse à cause de sa grande longueur d'onde ($0,6708$), quoique les anneaux d'interférence ne soient pas très purs.

Les sources les plus remarquables sont la raie rouge du *cadmium* ($0,6439$) et la brillante raie verte du *mercure* ($0,5461$).

Dans une première série d'expériences, MM. Michelson et Morley ont obtenu les nombres suivants, dont les rapports concordent à $\frac{1}{250000}$ près avec la Table de Rowland, mais dont les valeurs absolues en diffèrent de $\frac{1}{80000}$:

	Lithium rouge.	Sodium D_1.	Mercure		
			jaune.	vert.	violet.
A 20°.........	0,6707993	0,5896083	0,5790683	0,5460850	0,4358417
A 0°.........	6707860	5895965	5790567	5460750	4358329
Dans le vide...	6709811	5897689	5792261	5462342	4359622
$(n_0 - 1)10^3$...	0,2913	0,2925	0,2927	0,2934	0,2967

Les indices relatifs aux différentes raies ont été calculés en prenant pour le coefficient b du terme de dispersion (803) la moyenne 0,0063 des valeurs obtenues dans les expériences sur l'air, l'azote et l'oxygène.

On ne doit cependant accepter ces résultats qu'à titre provisoire. M. Michelson a repris ses expériences au Bureau international des Poids et Mesures; il espère déterminer à moins de $\frac{1}{2}$ frange le nombre de celles qui seraient observées entre deux surfaces écartées de 1^m et obtenir ainsi sur la longueur une erreur relative de $\frac{1}{4} 10^{-6}$, de sorte que le septième chiffre des longueurs d'onde lumineuses serait approché à une unité près. La réduction au vide exigerait alors que le quatrième chiffre de la réfraction $n_0 - 1$ de l'air fût connu exactement.

FORMULES DE DISPERSION.

810. *Caractère général.* — Dans la plupart des milieux, sauf les cas exceptionnels de dispersion anormale, l'indice de réfraction croît d'une manière continue avec l'inverse de la longueur d'onde dans le vide, ou la fréquence des vibrations.

On ne peut connaître avec une grande exactitude que la partie moyenne du phénomène, entre les longueurs d'onde $0^\mu,185$ et $0^\mu,772$ qui comprennent le spectre ultra-violet et le spectre lumineux, c'est-à-dire dans l'intervalle de deux octaves. M. Mouton [1] a pu déterminer cependant les éléments des radiations calorifiques jusqu'aux longueurs d'onde de $2^\mu,14$; les expériences plus ré-

---

[1] MOUTON, *Comptes rendus des séances de l'Académie des Sciences,* t. LXXXVIII, p. 1189; 1879.

centes de M. Langley ([1]) ont étendu les mesures jusqu'à 6^{μ}, soit dans un intervalle de cinq octaves.

Si l'on traduit graphiquement la dispersion, en prenant pour abscisses et pour ordonnées les longueurs d'onde λ et les indices n, la partie observable de la courbe présente l'allure d'une branche d'hyperbole, qui aurait pour asymptotes l'axe des coordonnées et une parallèle à l'axe des abscisses, qui correspond à une valeur minimum de l'indice pour les très grandes longueurs d'onde.

Le coefficient angulaire est négatif et décroît en valeur absolue; la courbe ne présente pas de point d'inflexion, de sorte que la dérivée seconde de l'ordonnée est toujours positive.

On peut considérer encore comme un fait d'expérience que le produit $-\lambda^2 \dfrac{dn}{d\lambda}$ croît très lentement avec la fréquence $u = \dfrac{1}{\lambda}$. Si l'on prend comme abscisses la fréquence u ou son carré u^2, il en résulte

$$\frac{dn}{du} = -\lambda^2 \frac{dn}{d\lambda}, \qquad \frac{dn}{d.u^2} = -\frac{\lambda^3}{2} \frac{dn}{d\lambda}.$$

Le dernier mode de représentation semble donc préférable, car la courbe obtenue diffère très peu d'une droite et la marche de la dispersion se distinguera plus nettement. Enfin, si l'on exprime le carré n^2 en fonction de u^2, on a

$$\frac{d.n^2}{d.u^2} = 2n \frac{dn}{d.u^2} = -n\lambda^3 \frac{dn}{d\lambda}.$$

Le coefficient angulaire de la courbe croît un peu plus rapidement avec la fréquence, mais le choix des variables est encore très avantageux pour la discussion.

Ce sont là des considérations de continuité, auxquelles il ne sera pas inutile de soumettre les différentes formules proposées pour représenter le phénomène de dispersion.

811. *Formules théoriques.* — La comparaison des expériences avec les formules de dispersion présente le plus grand intérêt pour le contrôle des théories. Les limites de cet Ouvrage ne nous

---

([1]) S.-P. Langley, *Amer. Journ. of Sc.* [3], t. XXXII, p. 83; 1886.

permettent pas de développer les calculs; il suffira d'en rappeler brièvement les principes.

Cauchy ([1]) suppose que les milieux dans lesquels se propage la lumière sont discontinus et formés de molécules entre lesquelles s'exercent des forces dirigées suivant la droite qui les joint deux à deux. Soient x, y, z les coordonnées d'une molécule de masse m à l'état d'équilibre, $x + \mathrm{D}x$, $y + \mathrm{D}y$, $z + \mathrm{D}z$ celles d'une molécule voisine m', r leur distance et $mm'f(r)$ leur action réciproque. L'équilibre exige que la résultante des forces appliquées à chaque molécule soit nulle.

Lorsque ces molécules occupent des positions différentes $x + \xi$, $y + \eta$, $z + \zeta$ et $x + \mathrm{D}x + \xi + \mathrm{D}\xi$, etc., chacune d'elles est soumise à une force qui tend à la ramener vers sa position d'équilibre. On admet, en outre, que le rayon d'activité moléculaire est très petit par rapport à la longueur d'onde dans le milieu; il en est de même pour la distance des molécules.

Les déplacements ξ, η, ζ et leurs dérivées par rapport au temps sont des fonctions continues des coordonnées x, y, z de la molécule considérée; les équations du mouvement renfermeront les dérivées partielles de ξ, η, ζ par rapport à x, y, z. Dans les milieux homoédriques, chaque molécule est un centre de symétrie et toutes les dérivées d'ordre impair doivent disparaître.

Si l'on considère un système d'ondes planes parallèle au plan de yz, les déplacements ξ, η, ζ ne dépendent que de z et de t; les seules dérivées partielles de ces quantités qui entrent dans les équations du mouvement sont les dérivées partielles d'ordre pair par rapport à z. Si l'on suppose, en outre, que les vibrations sont transversales, ce qui correspond aux milieux isotropes, ou aux rayons ordinaires des milieux uniaxes ou encore, dans les milieux anisotropes, à l'un des systèmes d'ondes perpendiculaires aux plans de symétrie, les déplacements ζ sont nuls; il ne reste que les dérivées partielles de ξ et de η par rapport à z. Enfin le mouvement parallèle à l'axe des x est indépendant du signe de η, de sorte que l'on peut écrire

$$(1) \qquad \frac{d^2\xi}{dt^2} = \mathrm{P}_2 \frac{\partial^2\xi}{\partial z^2} + \mathrm{P}_4 \frac{\partial^4\xi}{\partial z^4} + \mathrm{P}_6 \frac{\partial^6\xi}{\partial z^6} + \dots.$$

([1]) CAUCHY, *Nouveaux Exercices de mathématiques*; Prague, 1835.

En appelant V la vitesse de propagation, T la période et l la longueur d'onde dans le milieu considéré, la composante ξ de la vibration, pour les ondes qui marchent dans la direction de l'axe des z, est de la forme

$$\xi = a\cos(\omega t - \alpha - kz),$$

avec les conditions

$$\omega = \frac{2\pi}{T} = 2\pi\frac{V}{l},$$

$$k = \frac{2\pi}{l}, \qquad V = \frac{\omega}{k}.$$

L'équation (1) devient alors

$$\omega^2 = P_2 k^2 - P_4 k^4 + P_6 k^6 - \ldots,$$

$$(2) \qquad V^2 = P_2 - P_4\left(\frac{2\pi}{l}\right)^2 + P_6\left(\frac{2\pi}{l}\right)^4 - \ldots$$

Comme les coefficients P ne dépendent que des distances des molécules, on voit par l'équation (2) que le terme P_2 est du second ordre en fonction des projections Dx, Dy, Dz et, d'une manière générale, le facteur P_{2p} de l'ordre $2p$.

Si la longueur d'onde l est très grande par rapport aux distances moléculaires, le second membre se réduit sensiblement au premier terme et la vitesse V est indépendante de la période; c'est ce qui correspondrait à la propagation de la lumière dans le vide.

Cauchy attribue la dispersion dans les milieux réfringents aux termes suivants. En fonction de l'indice n et la longueur d'onde λ dans le vide, l'équation (2) peut s'écrire

$$(I) \qquad \frac{1}{n^2} = A_0 - A_1\left(\frac{n}{\lambda}\right)^2 + A_2\left(\frac{n}{\lambda}\right)^4 - \ldots$$

Si les termes de la série décroissent rapidement, ce que l'on doit admettre, on peut développer la valeur de n^2 en fonction des puissances croissantes de $\frac{1}{\lambda^2}$; on trouve ainsi

$$(I)' \qquad n^2 = a + \frac{b}{\lambda^2} + \frac{c}{\lambda^4} + \ldots,$$

$$a = \frac{1}{A_0}, \qquad b = \frac{A_1}{A_0^3}, \qquad c = \frac{2A_1^2 - A_0 A_2}{A_0^5}, \qquad \ldots$$

ou encore, en extrayant la racine carrée de $(I)'$,

$$(I)'' \qquad n = A + \frac{B}{\lambda^2} + \frac{C}{\lambda^4} + \dots,$$

$$A = \sqrt{a}, \qquad B = \frac{b}{2\sqrt{a}}, \qquad C = \frac{1}{2\sqrt{a}}\left(c - \frac{b^2}{4a}\right), \qquad \dots$$

C'est habituellement sous la dernière forme $(I)''$ que l'on utilise la formule de Cauchy, mais il n'est pas évident qu'avec un nombre déterminé de constantes les expressions (I) et $(II)''$ comportent la même exactitude. Réduites aux termes du quatrième degré en λ, les équations $(I)'$ et $(I)''$ sont représentées par des courbes sans point d'inflexion, mais ce caractère ne se voit pas aussi nettement sur l'équation primitive (I).

Christoffel ([1]) fait remarquer que, pour des longueurs d'onde assez grandes, et c'est à l'expérience d'en déterminer la limite inférieure, le troisième terme est négligeable dans la formule (I) de Cauchy; on peut alors la traiter comme une équation bicarrée et, en appelant n_0 et λ_0 deux nouvelles constantes, l'écrire sous la forme

$$\left(\frac{n_0}{n}\right)^2 = 2 - \left(\frac{\lambda_0}{\lambda}\right)^2 \left(\frac{n}{n_0}\right)^2,$$

$$\left(\frac{n_0}{n}\right)^2 = 1 \pm \sqrt{1 - \left(\frac{\lambda_0}{\lambda}\right)^2}.$$

Comme l'indice n croît avec la fréquence, on doit prendre le signe $+$ devant le radical; on a alors

$$\frac{n_0}{n} = \sqrt{1 + \sqrt{1 - \left(\frac{\lambda_0}{\lambda}\right)^2}} = \frac{1}{\sqrt{2}}\left(\sqrt{1 + \frac{\lambda_0}{\lambda}} + \sqrt{1 - \frac{\lambda_0}{\lambda}}\right),$$

$$(II) \qquad n = \frac{n_0\sqrt{2}}{\sqrt{1 + \frac{\lambda_0}{\lambda}} + \sqrt{1 - \frac{\lambda_0}{\lambda}}}.$$

La valeur de n_0 est l'indice qui correspond à la moindre valeur λ_0 des longueurs d'onde compatibles avec la formule.

Le minimum de l'indice, qui aurait lieu pour une longueur d'onde infinie, serait égal à $\frac{n_0}{\sqrt{2}}$.

([1]) Christoffel, *Ann. de Chim. et de Phys.* [3], t. LXIV, p. 370; 1862.

Par une méthode analogue à celle de Cauchy, Baden Powell [1] arrive à l'équation

$$(3) \qquad V^2 = \Sigma H^2 \left(\frac{l}{\pi\,Dx} \right)^2 \sin^2 \frac{\pi\,Dx}{l},$$

dont le développement en série reproduit l'expression (2), à part les termes qui renfermeraient les produits des projections Dx, Dy et Dz des distances moléculaires.

L'explication du phénomène de dispersion dans les idées de Cauchy paraît présenter une difficulté insoluble [2], car si les termes P_4, P_6, ... de l'équation (2) ont une valeur sensible dans le milieu éthéré que renferment les corps transparents, ils ne peuvent être nuls dans le vide et la vitesse de propagation y serait aussi variable avec la période, ce qui est incompatible avec les observations astronomiques (660).

Lord Kelvin présente une autre objection [3]. Si l'on désigne par N le nombre des molécules contenues dans une longueur d'onde, le développement de l'équation (2) de Cauchy par la série de Fourier ou l'équation (3) de Baden Powell montrent que la vitesse varie comme une expression de la forme $A \dfrac{N}{\pi} \sin \dfrac{\pi}{N}$.

Pour deux couleurs différentes, on aurait

$$\frac{n}{n'} = \frac{V'}{V} = \frac{N'}{N} \frac{\sin \dfrac{\pi}{N'}}{\sin \dfrac{\pi}{N}} = \frac{l}{l'} \frac{\sin \dfrac{\pi}{N'}}{\sin \dfrac{\pi}{N}}.$$

Si les longueurs d'onde l et l' dans le milieu considéré sont dans le rapport de 2 à 1, il en résulte

$$\frac{n}{n'} = \frac{\sin \dfrac{\pi}{N'}}{2 \sin \dfrac{\pi}{2N'}} = \cos \frac{\pi}{2N'}.$$

Cette condition est à peu près réalisée pour les raies A et H dans

---

[1] Baden Powell, *Undulatory Theory*; London, 1841.
[2] Ch. Briot, *Essais sur la théorie mathématique de la lumière*; Paris, 1864.
[3] Sir W. Thomson, *Popular Lectures and Addresses*, t. I, p. 184; 1889. — Traduction de M. Lugol, p. 119.

le sulfure de carbone, qui donnent sensiblement

$$\frac{n}{n'} = 0,9445, \qquad \frac{l}{l'} = 2,03, \qquad N' = 4,7.$$

Le nombre des distances moléculaires du milieu vibrant comprises dans la longueur d'onde du violet extrême serait inférieur à 5, ce qui est tout à fait inadmissible.

Cauchy considère les milieux pondérables comme formés par un système de cellules, dont les dimensions sont très grandes par rapport à celles des molécules d'éther. La distribution de l'éther varie dans l'étendue d'une cellule et la densité est la même aux points homologues des diverses cellules; l'éther qui pénètre un corps transparent doit donc être considéré comme un milieu qui présente des variations de densité périodiques.

Pour rendre compte de la dispersion, Briot a fait d'abord intervenir les actions qui s'exercent entre les molécules pondérables et celles de l'éther. Une partie de la vibration doit se transmettre, en général, aux molécules pondérables, mais cette fraction est négligeable dans les milieux transparents et l'on peut admettre que les molécules pondérables restent à peu près immobiles. Cette hypothèse introduit dans l'expression du carré de la vitesse de propagation un terme proportionnel au carré de la longueur d'onde et donnerait, comme loi de dispersion,

$$\text{(IV)} \qquad \frac{1}{n^2} = B_0 + B_1 \left(\frac{\lambda}{n} \right)^2, \qquad n^2 = a - h\lambda^2.$$

Le rôle des molécules pondérables, ainsi interprété, est insuffisant, car la dérivée seconde de l'indice par rapport à λ serait négative et la formule ne pourrait convenir qu'aux longueurs d'onde inférieures à une certaine limite.

En présence de cette difficulté nouvelle, Briot examine quelle est l'influence des inégalités périodiques de la densité sur la vitesse de propagation; il retrouve alors une expression analogue à celle de Cauchy (I), de sorte que, si les deux causes agissent simultanément, on obtient la formule finale

$$\text{(V)} \qquad \frac{1}{n^2} = A_0 + B_1 \left(\frac{\lambda}{n} \right)^2 - A_1 \left(\frac{n}{\lambda} \right)^2 + A_2 \left(\frac{n}{\lambda} \right)^4 - \ldots.$$

Si les termes variables du second membre sont très petits, on peut encore écrire, d'une manière approchée,

$$(\mathrm{V})' \quad \left\{ \begin{aligned} n^2 &= a - h\lambda^2 + \frac{b}{\lambda^2} + \frac{c}{\lambda^4}, \\ n &= \mathrm{A} - \mathrm{H}\lambda^2 + \frac{\mathrm{B}}{\lambda^2} + \frac{\mathrm{C}}{\lambda^4}. \end{aligned} \right.$$

Dans ces conditions, la courbe figurative des indices doit présenter un point d'inflexion pour une valeur suffisamment grande de la longueur d'onde; il est donc nécessaire que le terme relatif à l'action directe des molécules pondérables soit assez petit, si l'on veut que cette circonstance se produise en dehors des limites des observations.

Redtenbacher (¹) était déjà parvenu à la même expression (V) par des considérations différentes. Il suppose que les molécules pondérables sont entourées par des atmosphères d'éther dont elles forment les noyaux; il admet, en outre, que ces molécules restent immobiles. Si l'on réduit les atmosphères à leur centre de masse, chacune d'elles est soumise à l'attraction du noyau auquel elle appartient, à l'attraction de tous les autres noyaux et à la répulsion de toutes les atmosphères correspondantes, ces forces étant des fonctions différentes des distances.

Dans les deux cas, les coefficients A_0, A_1, A_2, ... de l'équation (V) varient encore avec les dimensions des cellules, ou des distances moléculaires, et il semble que l'objection de Lord Kelvin conserve toute sa portée.

M. von Helmholtz (²) s'est préoccupé d'interpréter les phénomènes de dispersion anormale. Développant une idée émise par Sellmeier (³), il considère en même temps l'action des molécules pondérables sur les molécules d'éther, les vibrations propres des premières et une sorte de frottement des molécules mobiles proportionnel à la vitesse, pour tenir compte de la conversion d'énergie lumineuse en chaleur qui se propage par conductibilité.

M. Helmholtz y ajoute quelques hypothèses contestables : par

(¹) F. Redtenbacher, *Das Dynamiden-system*, p. 111; Mannheim, 1857.
(²) Helmholtz, *Pogg. Ann.*, t. CLIV, p. 582; 1875.
(³) Sellmeier, *Pogg. Ann.*, t. CXLIII, p. 272; 1872.

exemple, que les molécules pondérables ne sont ébranlées qu'en
partie et que la densité de la portion mobile reste très petite par
rapport à celle de l'éther.

Si l'on prend pour unité de temps la période d'une vibration
déterminée, telle que la raie D, et la longueur d'onde correspondante comme unité de longueur, la vitesse de propagation dans le
vide est égale à l'unité et les valeurs de $\omega = \dfrac{2\pi}{T} = \dfrac{2\pi}{\lambda}$ sont des
quantités finies.

Pour un système d'ondes perpendiculaires à l'axe des z, la
vibration de l'éther est de la forme

$$\xi = a e^{i(\alpha z - \omega t)}.$$

Le facteur α est en général une quantité complexe $\alpha' + ik$, et
la partie réelle des vibrations est

$$\xi = a e^{-kz} e^{i(\alpha' z - \omega t)} = a e^{-kz} \cos(\omega t - \alpha' z).$$

Le facteur k est un coefficient d'absorption qui varie rapidement pour certaines longueurs d'onde.

En désignant par ω_0 la valeur de l'angle ω qui correspond à
la plus grande absorption, les équations générales donnent

$$(4) \qquad \begin{cases} \alpha = n\omega + ik, \\[4pt] h = r(\omega^2 - \omega_0^2 - i\omega R), \\[4pt] \mu\alpha^2 = \rho\omega^2 - K - \dfrac{K^2}{h}. \end{cases}$$

Dans ces expressions, ρ désigne la densité et μ l'élasticité de
l'éther, r la densité de la partie mobile du milieu pondérable,
K un coefficient qui dépend de l'action des molécules matérielles
sur celles de l'éther, R un coefficient de frottement très petit
entre les molécules pondérables.

On en déduit

$$(5) \qquad \begin{cases} \mu(n^2\omega^2 - k^2) = \rho\omega^2 - K - \dfrac{K^2}{r}\,\dfrac{\omega^2 - \omega_0^2}{(\omega^2 - \omega_0^2)^2 + R^2\omega^2}, \\[10pt] 2\mu nk = -\dfrac{K^2}{r}\,\dfrac{R}{(\omega^2 - \omega_0^2)^2 + R^2\omega^2}. \end{cases}$$

Lorsque la bande d'absorption n'est pas comprise dans le

spectre observable, les termes en R et k sont négligeables et l'on a

$$(\text{VI}) \qquad n^2 = \frac{\rho}{\mu} - \frac{K}{\mu\omega^2} - \frac{K^2}{\mu\, r\, \omega^2(\omega^2 - \omega_0^2)} = A - \frac{B}{\omega^2} - \frac{C}{\omega^2 - \omega_0^2}.$$

Les coefficients B et C sont essentiellement positifs, d'après la théorie. L'indice n croît alors d'une manière continue avec ω et la dispersion est régulière.

Si la bande d'absorption est située au delà des radiations photographiques ($\omega_0 > \omega$), on peut développer la dernière fraction en fonction des puissances croissantes de ω^2 ou de $\frac{1}{\lambda^2}$ et les termes de Cauchy sont prédominants. Si la bande est en deçà des rayons calorifiques, le développement se fera en fonction des puissances de λ^2; le terme de Briot acquiert alors plus d'importance.

Les mêmes considérations s'appliquent encore, lorsque la bande d'absorption est située dans le spectre, pour les radiations qui en sont assez éloignées, mais le phénomène change de caractère auprès de cette bande.

En négligeant encore les termes imaginaires, on voit par l'équation (VI) que n^2 passerait de $-\infty$ à $+\infty$ quand ω varie de o à ω_0, puis de $-\infty$ à A quand ω varie de ω_0 à $+\infty$. Les valeurs positives de n^2 correspondent à des vitesses angulaires comprises entre ω et ω_0, puis entre ω' et $+\infty$. Le spectre est alors partagé en deux parties pour chacune desquelles la dispersion est régulière, mais qui empiètent l'une sur l'autre. Les valeurs de n^2 comprises entre o et A correspondent en même temps à des vibrations du premier groupe limitées à ω_1 et ω_2 et à des vibrations du second groupe limitées à ω' et $+\infty$; deux couleurs différentes ont donc le même indice.

Si la bande d'absorption a lieu dans le vert par exemple, les vibrations lumineuses peuvent se présenter dans l'ordre suivant : bleu, violet, noir, rouge, jaune, les premières étant accompagnées de radiations infra-rouges et les suivantes de vibrations photographiques; c'est le phénomène de dispersion anormale. La discussion des équations complètes (5) conduirait au même résultat.

S'il existe plusieurs espèces de molécules matérielles, chacune d'elles donne lieu à une bande d'absorption et l'on observera dans le spectre différents centres de dispersion anormale.

M. Wüllner ([1]) utilise l'équation (VI), pour les milieux transparents et incolores, sous la forme

$$(\text{VII}) \qquad n^2 - 1 = Q\frac{\lambda^4}{\lambda^2 - \lambda_0^2} - P\lambda^2 = \frac{\lambda^2}{\lambda^2 - \lambda_0^2}[P\lambda_0^2 + (Q - P)\lambda^2].$$

En supposant d'abord $Q > P$, l'indice deviendrait infini pour $\lambda = \lambda_0$ et inférieur à l'unité ou imaginaire pour des longueurs d'onde plus faibles; il faut donc que la quantité λ_0 soit moindre que toutes les longueurs d'onde physiquement possibles.

Pour une valeur déterminée de l'indice, telle que $n^2 - 1 = \beta^2$, la longueur d'onde est donnée par l'équation

$$(6) \qquad (Q - P)\lambda^4 + (P\lambda_0^2 - \beta^2)\lambda^2 + \beta^2\lambda_0^2 = 0.$$

Les racines λ^2 sont de même signe. Pour qu'elles soient positives, il faut d'abord $\beta^2 > P\lambda_0^2$ et la condition de réalité est

$$\beta^2 - P\lambda_0^2 > 2\lambda_0\beta\sqrt{Q - P},$$
$$\beta > \lambda_0(\sqrt{Q} + \sqrt{Q - P}).$$

Le minimum de l'indice est alors

$$n^2 = 1 + \lambda_0(\sqrt{Q} + \sqrt{Q - P})^2;$$

pour toute valeur plus grande, deux longueurs différentes correspondent à la même vitesse de propagation et le spectre se replie sur lui-même.

La longueur d'onde qui correspond au minimum d'indice est

$$\lambda^2 = \frac{\beta^2 - P\lambda_0^2}{2(Q - P)} = \lambda_0^2\left(1 + \sqrt{\frac{Q}{Q - P}}\right).$$

Si l'on suppose, au contraire, $Q < P$, la formule (VII) ne convient plus aux très grandes longueurs d'onde et l'on doit avoir

$$Q\frac{\lambda^2}{\lambda^2 - \lambda_0^2} - P > 0, \qquad \lambda^2 < \lambda_0^2\frac{P}{P - Q}.$$

Les racines de l'équation (6) en λ^2 sont toujours réelles et de signes contraires, quand $\beta^2 > 0$; la racine positive convient seule

---

([1]) Wüllner, *Wied. Ann.*, t. XVII, p. 580; 1882, et t. XXIII, p. 306; 1884.

au problème et chaque valeur de l'indice ne correspond qu'à une longueur d'onde.

Dans le même ordre d'idées, M. Lommel [1] obtient une formule à quatre constantes qui serait applicable à tous les cas de dispersion. En désignant par ε un coefficient d'absorption et posant $v = \dfrac{\lambda}{\lambda_0}$, on peut l'écrire

$$(\text{VIII}) \quad \begin{cases} n^2 = \dfrac{1}{2}\left(\sqrt{P^2 + Q^2} + P\right), \\[2ex] P = 1 + A(\varkappa - \varepsilon)^2 \dfrac{1 - v^2}{(1 - v^2)^2 + \varepsilon^2 v^2}, \\[2ex] Q = A\,\dfrac{\varkappa - \varepsilon}{v}\,\dfrac{(1 - v^2)^2 + \varkappa \varepsilon v^2}{(1 - v^2)^2 + \varepsilon^2 v^2}. \end{cases}$$

La valeur de Q est très petite dans les milieux transparents incolores. Si l'absorption est très faible et que l'on néglige Q^2 devant P^2, il reste simplement

$$n^2 - 1 = A\,\dfrac{(\varkappa - \varepsilon)^2}{1 - v^2} = a\,\dfrac{\lambda^2}{\lambda^2 - \lambda_0^2};$$

c'est la formule de M. Wüllner, dans laquelle on ferait $Q = P$.

Une autre théorie donne à M. Ketteler [2] la forme générale

$$(\text{IX}) \quad n^2 - 1 = \dfrac{A}{\lambda^2 - a} + \dfrac{B}{\lambda^2 - b} + \cdots$$

Si l'on se borne aux deux premiers termes, qui renferment déjà quatre constantes, l'une des constantes a ou b situées au dénominateur est négative.

Le développement de cette expression reproduit encore la formule $(V)'$ de Briot. On peut écrire aussi

$$(\text{IX})' \quad n^2 = a + \dfrac{b}{\lambda^2 - \lambda_0^2} + h\lambda^2.$$

Enfin Lord Kelvin [3] considère les molécules pondérables des

---

[1] E. LOMMEL, *Wied. Ann.*, t. III, p. 339; 1878, t. VIII, p. 628; 1879 et t. XIII, p. 353; 1881.

[2] E. KETTELER, *Wied. Ann.*, t. VII, p. 658; 1879; t. XII, p. 363; 1881 et t. XXX, p. 299; 1887.

[3] SIR W. THOMSON, *Molec. dynamics*; Baltimore, J. Hopkins University, 1884.

milieux dispersifs comme des systèmes mécaniques dont le nombre
de déformations indépendantes est limité et correspond ainsi à un
nombre limité de périodes de vibration propres. Ces édifices participent au mouvement général et contribuent à modifier la vitesse
de propagation des ondes. La formule de dispersion serait alors

$$n^2 = A - a\,T^2 \left[1 + q_1 \frac{T^2}{\tau_1^2 - T^2} + q_2 \frac{T^2}{\tau_2^2 - T^2} + \ldots \right],$$

où T est la période des vibrations lumineuses, $\tau_1, \tau_2, \ldots$ les périodes propres des molécules pondérables, disposées suivant l'ordre
de grandeurs décroissantes, $q_1, q_2, \ldots$ des coefficients définis par
les relations élastiques qui relient les éléments des molécules.

Il est facile de voir que cette formule est équivalente à celle de
M. Helmholtz. Elle indiquerait une valeur imaginaire de l'indice pour des longueurs d'onde très grandes, lorsque la somme
$1 - q_1 - q_2 - \ldots$ est positive, un indice croissant depuis zéro
jusqu'à une valeur très grande, quand la période T croît à partir
d'une certaine valeur et se rapproche de la plus longue des périodes propres τ_1. Si la somme $1 - q_1 - q_2 - \ldots$ est négative,
l'indice commence par être très grand pour les longues périodes,
puis décroît et passe par un minimum; il devient imaginaire pour
les périodes plus courtes que τ_1, jusqu'à une certaine valeur, pour
laquelle il est nul et croît ensuite indéfiniment.

Les valeurs imaginaires correspondent à un mouvement vibratoire qui ne se propage pas et dont l'intensité décroît en progression géométrique avec l'épaisseur du milieu; c'est une *bande
d'absorption*, extrêmement étroite si q_1 est très petit, étalée et
large si q_1 est grand, limitée assez nettement du côté du rouge et
diffuse du côté du violet.

Ces considérations semblent donner une explication complète
de la dispersion anormale dans les milieux absorbants, mais elles
n'ont qu'un rapport éloigné avec les phénomènes que l'on observe
dans les corps transparents, à moins d'admettre que tous les milieux ont des bandes d'absorption spécifiques situées ou non dans
les limites des observations.

812. *Vérifications expérimentales.* — Quand on considère
seulement les radiations lumineuses, la formule de Cauchy à trois

termes, sous la forme (I) ou (I)″, rend un compte assez exact des
expériences, mais elle devient manifestement incorrecte quand on
fait intervenir les rayons situés dans l'ultra-violet et surtout les
radiations calorifiques ([1]).

La formule de M. von Helmholtz à trois coefficients et celle de
Ketteler à quatre coefficients sont également insuffisantes, car les
différences du calcul et de l'observation suivent une marche régulière; les erreurs tendent à augmenter sans limite en dehors
des points de repère qui ont servi à déterminer les coefficients, ou
des points sur lesquels l'accord s'établit quand on utilise dans le
calcul l'ensemble des observations.

M. Mouton avait constaté déjà que la formule (V) de Briot représente très exactement la dispersion du *quartz* et du *flint*, depuis l'ultra-violet jusqu'à $\lambda = 2^\mu,14$, c'est-à-dire dans un intervalle de trois octaves et demie. Toutefois, il est assez singulier que
le coefficient A_2 du terme en λ^4 ait été positif pour les deux
rayons du quartz et négatif pour le flint; il ne semble pas que ce
changement de signe soit compatible avec la théorie.

D'après les observations de M. Langley sur le *sel gemme*, si
l'on détermine les coefficients de la formule de M. Wüllner par
les raies A, b_1 et H_1 du spectre lumineux, le minimum de l'indice
a lieu pour une longueur d'onde voisine de $1^\mu,65$; la courbe des
indices en fonction de λ se relève ensuite et s'éloigne de plus en
plus de la courbe expérimentale.

En déterminant, de même, les quatre constantes de la formule
de Briot par les raies A, D_2, b_1 et H_1, l'accord est plus satisfaisant,
mais la courbe des indices calculés présente un point d'inflexion
vers $2^\mu,25$ et s'abaisse ensuite beaucoup trop rapidement.

Il est plus logique de faire intervenir toutes les observations
dans la détermination des constantes, au lieu de les évaluer seulement par les radiations comprises dans une petite étendue du
phénomène. Ketteler a montré ainsi que la formule (IX)′ représente bien les observations de M. Langley, en donnant aux constantes a et h des valeurs négatives.

En employant la méthode des moindres carrés, M. Carvallo ([2])

---

[1] *Voir* BRUHL, *Ann. der Chem.*, t. CCXXXVI, p. 233; 1886.
[2] E. CARVALLO, *Journal de Physique*, [2], t. VIII, p. 179; 1889.

trouve également que la formule (V) de Briot, même quand on la réduit à trois termes seulement,

$$\frac{1}{n^2} = A_0 - A_1 \left(\frac{n}{\lambda}\right)^2 + B_1 \left(\frac{\lambda}{n}\right)^2,$$

satisfait aux nombres de l'expérience, entre les longueurs d'onde $0^\mu,39687$ (H_γ) et $5^\mu,3011$, aussi exactement que la formule de Ketteler à quatre coefficients, les différences étant de l'ordre des erreurs d'observation. Si l'on y ajoute les déterminations faites par M. Joubin [1] dans le spectre ultra-violet jusqu'à $\lambda = 0^\mu,22645$, il se trouve que les indices de M. Joubin sont régulièrement en excès, sur ceux de M. Langley, de trois ou quatre unités du quatrième ordre décimal dans le spectre lumineux, ce qui peut tenir aux choix des échantillons de sel ou à une différence de température. En retranchant de ces nombres une quantité constante $0,0004$, l'erreur maximum du calcul sur l'observation est $0,0027$ pour $\lambda = 0,25713$ et se réduit à $0,0014$ pour la plus petite longueur d'onde. La formule de Ketteler donne, au contraire, des différences qui vont jusqu'à $0,0090$.

Il paraît en résulter que la formule de Briot est celle qui satisfait le mieux aux résultats de l'expérience avec un nombre déterminé de coefficients.

Dans toutes ces vérifications, on ne fait pas en général la réduction au vide; toutefois la dispersion de l'air est assez grande pour entraîner, dans le cas actuel, des corrections supérieures aux erreurs d'observation.

On a essayé souvent de traduire la dispersion par des formules empiriques qui se prêtent facilement au calcul. Rudberg [2], par exemple, admettait que la longueur d'onde l dans un milieu est proportionnelle à une puissance m de la valeur λ qui correspond à la même période dans le vide; on aurait alors, pour deux lumières différentes, la relation très insuffisante

$$\frac{n'}{n} = \frac{l}{l'}\frac{\lambda'}{\lambda} = \left(\frac{\lambda}{\lambda'}\right)^{m-1}.$$

[1] P. Joubin, *Ann. de Chim. et de Phys.*, [6], t. XVI, p. 78; 1889.
[2] F. Rudberg, *Ann. de Chim. et de Phys.* [2], t. XXXVI, p. 439; 1827.

On peut encore faire les calculs, pour une étendue limitée du spectre, par toute autre expression déduite de la forme hyperbolique que présente la courbe des indices en fonction de la longueur d'onde, mais ces considérations n'ont aucune valeur théorique.

M. Wilson ([1]) trouve que la formule

$$\frac{1}{n} = \left(a + b\lambda + \frac{c}{\lambda}\right) e^{\frac{h}{\lambda^2}}$$

rend compte très exactement des expériences de M. Langley ; toutefois l'examen des différences montre que les erreurs s'exagèrent pour les valeurs extrêmes et que l'accord dans l'intervalle tient surtout à l'existence de quatre coefficients arbitraires.

CONSTANTES OPTIQUES.

813. *Longueurs d'onde.* — Nous reproduirons seulement quelques-unes des valeurs numériques les plus importantes. Pour les longueurs d'onde, les principaux résultats obtenus par différents observateurs ont été ramenés aux dernières valeurs adoptées par M. Rowland, toutes réserves faites sur la question des mesures absolues.

LONGUEURS D'ONDE DANS L'AIR A 20°.

Spectre solaire.

Raies.	λ.	Raies.	λ.
A ([2]).........	0,759 406	H.............	0,397 15
B ([3]).........	686 746	L.............	381 98
C.............	656 304	M.............	372 97
D $\{$ D$_1$......	589 616	N.............	358 07
D $\{$ D$_2$......	589 019	O.............	344 07
E.............	526 972	P.............	336 06
	518 380	Q.............	328 67
b.............	517 287	R.............	317 96
	516 758	S.............	310 00
F.............	486 149	T.............	302 06
G.............	430 802	U.............	294 86

([1]) E. WILSON, *Phil. Mag.* [5], t. XXVI, p. 385; 1888.
([2]) Arête du groupe A. ([3]) Arête du groupe B.

Hydrogène.

Raies.	λ.	Raies.	λ.
C	$0,6563^\mu$	γ	$0,3798^\mu$
F	4861	δ	3771
G'	4341	ε	3752
h	4102	ζ	3734
H	3971	η	3722
$\varkappa$	3889	θ	3712
β	3835	ι	3702

Cadmium.

Numéros.	λ.	Numéros.	λ.
1	$0,6438^\mu$	11	$0,3404^\mu$
2	5378	12	3260
3	5337	17	2744
4	5085	18	2574
5	4800	22	2322
6	4677	23	2313
7	4415	24	2265
9	3608	25	2194
10	3465	26	2144

Divers.

	λ.		λ.
Potassium (rouge) K_α	$0,7680^\mu$	Zinc n° 27	$0,2098^\mu$
Lithium (rouge) Li	6708	» n° 28	2061
Mercure { jaune	5791	» n° 29	2024
Mercure { vert	5461	Aluminium n° 30	1988
Mercure { violet	4358	» n° 31	1931
Thallium (vert) Tl	5349	» n° 32	1856

814. *Indices de réfraction.* — Les mesures directes ne déterminent que les réfractions apparentes, c'est-à-dire en réalité le rapport de l'indice du milieu considéré à l'indice de l'air dans les conditions des expériences. Pour connaître l'influence de la température sur la vitesse de propagation, il est nécessaire de corriger l'effet produit par la dilatation de l'air. Si n est l'indice relatif du milieu à la température t et m l'indice rapporté à l'air dans les conditions normales, l'observation donne $n = m(1 + \alpha t)$; on en déduira le coefficient de variation

$$\frac{dm}{dt} = \frac{1}{1 + \alpha t}\frac{\partial n}{\partial t} - \frac{n\alpha}{(1 + \alpha t)^2}.$$

Eau.

Liquide à 20° [1].		Glace à 0° [2].		
Raies.	n.	Raies.	n'.	n''.
A	1,32900	A	1,30496	1,30626
a	1,32986	a	1,30580	1,30710
B	1,33052	B	1,30645	1,30775
C	1,33121	Li	1,30669	1,30802
D	1,33306	C	1,30715	1,30861
E	1,33530	D	1,30911	1,31041
b	1,33572	Tl	1,31098	1,31242
F	1,33719	E	1,31140	1,31276
G	1,34064	F	1,31335	1,31473
H	1,34353			

Influence de la température sur l'eau [3].

De 0° à 50°.

$$\frac{\partial m}{\partial t}(D) = -[1,2546 + 0,41285\,t]10^{-5} + [1,304 + 0,46\,t]\,t^2.10^{-9}.$$

Variation de dispersion [4].

De 0° à 92°.

$$\frac{\partial m}{\partial t}\begin{cases} \text{Li} = -3,9322\,t.10^{-6} + 0,18400\,t^3.10^{-9}, \\ \text{D} = -4,0282 \quad \text{»} \quad + 0,19744 \quad \text{»} \quad, \\ \text{Th} = -4,1818 \quad \text{»} \quad + 0,24184 \quad \text{»} \quad. \end{cases}$$

Sulfure de carbone

à la température de 19° [5].

Raies.	n.	Raies.	n.
A	1,60982	E	1,64156
a	1,61300	b_1	1,64381
B	1,61597	F	1,65361
C	1,61933	G	1,67796
D_1	1,62864	h	1,69090
D_2	1,62874	H	1,70095

[1] Van der Willigen, *Arch. du Musée Teyler*, t. II, p. 202; 1868.
[2] C. Pulfrich, *Wied. Ann.*, t. XXXIV, p. 326; 1888.
[3] H. Dufet, *Bulletin de la Soc. min.*, t. VIII, p. 249; 1885.
[4] Ruhlmann, *Pogg. Ann.*, t. CXXXIII, p. 1 et 177; 1867.
[5] Van der Willigen, *Arch. du Musée Teyler*, t. III, p. 62; 1870.

Influence de la température [1].

Entre 20° et 28°.

$$\frac{\partial m}{\partial t}(D) = -0,824.10^{-3} - 0,87(t-22).10^{-5}.$$

Variation de dispersion.

	A 22° [1].	De —20° à +40° [2].
A............	$\frac{\partial m}{\partial t} = -0,796.10^{-3}$	$-0,7645.10^{-3}$
B............	803	»
C............	808	7792
D............	824	7938
E............	845	»
F............	865	8340
G'............	919	8720
H............	987	9153

EXEMPLE

DE

Différents verres [3].

Raies.	CROWN LÉGER. $d=2,5505,$ $t=22°,5.$	CROWN LOURD, $d=2,5798,$ $t=21°,5.$	FLINT LÉGER, $d=3,2133,$ $t=18°.$	FLINT LOURD, $d=3,5771,$ $t=26°.$
A....	1,516 52	1,519 12	1.567 21	1,608 85
B....	1,518 39	1,521 07	1,570 12	1,612 23
C....	1,519 36	1,522 06	1,571 56	1,613 95
D....	1,521 96	1,524 72	1,575 60	1,618 75
E....	1,525 27	1,528 15	1,580 83	1,625 02
F....	1,528 15	1,531 11	1,585 49	1,630 71
G....	1,533 49	1,536 65	1,594 45	1,641 68
H....	1,538 06	1,541 40	1,602 43	1,651 47
L....	1,540 50	1,543 89	1,606 82	1,656 81
M....	1,542 29	1,545 63	1,609 87	1,660 83
N....	1,545 21	1,548 80	1,615 37	»
O....	1,548 46	1,552 27	1,621 65	»
P....	1,550 48	1,554 44	1,625 68	»
Q....	1,552 52	1,556 70	1,629 94	»

[1] H. DUFET, *Bull. de la Soc. min.*, t. VIII, p. 277; 1885.
[2] KETTELER, *Wied. Ann.*, t. XXXV, p. 694; 1889.
[3] E. MASCART, *Ann. de Chim. et de Phys.* [4], t. XIV, p. 149; 1868.

CORPS BIRÉFRINGENTS.

Spath d'Islande.

SPECTRE SOLAIRE vers 18° [1].			RAIES PRINCIPALES du cadmium [2].		
Raies.	n'.	n''.	Numéros.	n'.	n''.
A.....	1,65013	1,48285	1.....	1,65501	1,48481
B.....	1,65296	1,48409	2.....	1,66234	1,48815
C.....	1,65446	1,48474	3.....	1,66274	1,48843
D.....	1,65846	1,48654	4.....	1,66525	1,48953
E.....	1,66354	1,48885	5.....	1,66858	1,49112
F.....	1,66793	1,49084	6.....	1,67023	1,49185
G.....	1,67620	1,49470	7.....	1,67417	1,49367
H.....	1,68330	1,49777	9.....	1,69325	1,50228
L.....	1,68706	1,49941	10.....	1,69842	1,50452
M.....	1,68966	1,50054	11.....	1,70070	1,50559
N.....	1,69441	1,50256	12.....	1,70764	1,50857
O.....	1,69955	1,50486	17.....	1,74151	1,52276
P.....	1,70276	1,50628	18.....	1,76050	1,53019
Q.....	1,70613	1.50780	23.....	1,80248	1,54559
R.....	1,71155	1,51028	24.....	1,81300	1,54920
S.....	1,71580	»	25.....	1,83090	1,55514
T.....	1,71939	»	26.....	1,84580	1,55993

Influence de la température.

Entre 17° et 66° [3].

$$\frac{\partial m'}{\partial t}(D) = 0,57.10^{-6}, \qquad \frac{\partial m''}{\partial t} = 0,108.10^{-4}.$$

Variation de dispersion [4].

	B.	C.	D.	F.	G.
$\dfrac{\partial n}{\partial t}10^6 =$	0,259	0,243	0,243	0,316	0,358

[1] E. MASCART, *Ann. de l'École Normale sup.*, t. I, p. 238; 1864.

[2] ED. SARASIN, *Comptes rendus des séances de l'Académie des Sciences*, t. XCV, p. 680; 1882.

[3] H. FIZEAU, *Ann. de Chim. et de Phys.* [3], t. LXVI, p. 429; 1862.

[4] G. MULLER, *Astrophys. Obs. zu Potsdam*, t. IV, p. 151; 1885.

Quartz.

SPECTRE SOLAIRE vers 18° [1].			RAIES MÉTALLIQUES (cadmium, zinc, aluminium [2]).		
Raies.	n'.	n''.	Raies.	n'.	n''.
A....	1,539 02	1,548 12	Cd 1....	1,542 27	1,551 24
a....	1,540 18	1,549 19	D	1,544 19	1,553 35
B....	1,540 99	1,550 02	Cd 2....	1,546 55	1,555 73
C...	1,541 88	1,550 95	4....	1,548 25	1,557 49
D....	1,544 23	1,553 38	6....	1,551 04	1,560 38
E....	1,547 18	1,556 36	9....	1,563 48	1,573 19
b_4....	1,547 70	1,556 94	11....	1,567 44	1,577 41
F....	1,549 66	1,558 97	17....	1,587 50	1,598 12
G....	1,554 29	1,563 72	18....	1,596 24	1,607 13
H....	1,558 16	1,567 70	23....	1,614 02	1,625 61
L....	1,560 19	1,569 74	26....	1,630 40	1,642 68
M....	1,561 50	1,571 21	Zn 27....	1,635 69	1,648 13
N....	1,564 00	1,573 81	28....	1,640 41	1,653 08
O....	1,566 68	1,576 59	29....	1,645 66	1,658 52
P....	1,568 42	1,578 22	Al 30....	1,650 7	1,664 1
Q....	»	1,579 98	31....	1,659 9	1,674 1
R....	»	1,582 73	32....	1,675 0	1,689 1

Influence de la température.

Entre 0° et 100° [3].

$$\frac{\partial m'}{\partial t}(D) = -0,6248.10^{-5} - 0,5\,t.10^{-9},$$

$$\frac{\partial m''}{\partial t}(D) = -0,7223.10^{-5} - 3,7\,t.10^{-9}.$$

Aragonite.

Temp. voisine de 18° [4].

Raies.	n_1.	n_2.	n_3.
B.........	1,527 49	1,676 31	1,680 61
C.........	1,528 20	1,677 79	1,682 03
D.........	1,530 13	1,681 57	1,685 89
E.........	1,532 64	1,686 34	1,690 84
F.........	1,534 79	1,690 53	1,695 15
G.........	1,538 82	1,698 36	1,703 18
H.........	1,542 26	1,705 09	1,710 11

[1] E. MASCART, *loc. cit.*

[2] ED. SARASIN, *Comptes rendus des séances de l'Académie des Sciences,* t. LXXXV, p. 1230; 1877.

[3] H. DUFET, *loc. cit.*

[4] RUDBERG, *Pogg. Ann.,* t. XVII, p. 1; 1829.

Angle intérieur (340) des axes optiques [1].

	B.	C.	D.	E.	F.	G.	H.
2C....	$18°5',5$	$18°7'$	$18°11'$	$18°17'$	$18°22'$	$18°31',5$	$18°40'$

Influence de la température [2].

Raies.	$\frac{\partial m_1}{\partial t} 10^6.$	$\frac{\partial m_2}{\partial t} 10^6.$	$\frac{\partial m_3}{\partial t} 10^8.$
Li........	$-27,1 - 0,006\,t$	$-23,8 - 0,01\,t$	$-14,5 + 0,004\,t$
D........	$-26,9 - 0,006\,t$	$-23,7 - 0,01\,t$	$-14,4 + 0,004\,t$
Cd$\mathcal{S}$......	$-26,2 - 0,009\,t$	$-23,5 - 0,01\,t$	$-14,0 + 0,004\,t$

GAZ ET VAPEURS.

Indice de l'air à $0°$ et 760^{mm}.

$$n_0(\mathrm{D}) = 1,000\,292\,5.$$

Dispersion des gaz
(voir n° 803).

Indices relatifs à l'air.

Air....................	1	Eau...............	0,88
Azote..............	1,0172	Chlore...............	2,63
Oxygène.............	0,9245	Brome...............	3,85
Hydrogène...........	0,4740	Acide chlorhydrique....	1,52
Oxyde de carbone....	1,1446	» bromhydrique....	1,95
Acide carbonique.....	1,5527	» iodhydrique......	3,10
Protoxyde d'azote....	1,7626	» cyanhydrique....	1,49
Bioxyde »	1,0164	» sulfhydrique......	2,12
Acide sulfureux......	2,4038	Ammoniaque..........	1,29
Cyanogène..........	2,8670	Sulfure de carbone......	5,05

[1] KIRCHHOFF, *Pogg. Ann.*, t. CVIII, p. 567; 1859.
[2] OFFRET, *Bull. de la Soc. min.*, t. XIII, p. 594; 1890.

COMPLÉMENT.

T. I, n° 118, p. 150. — La mesure de l'angle d'un prisme peut se faire d'une manière très exacte par l'emploi d'un *oculaire nadiral* sur la lunette d'observation. Une lame de verre transparente, placée à 45° en avant de l'oculaire, permet d'éclairer le réticule par une lumière latérale. Si la lunette est bien réglée et que son axe optique soit à peu près perpendiculaire à l'une des faces du prisme, l'image du réticule produite par les rayons réfléchis sur cette surface se fait dans le plan focal et on l'observe au travers de la lame auxiliaire; l'image se superpose au réticule quand la surface est exactement perpendiculaire à l'axe optique. Si l'on répète l'observation sur deux faces, le déplacement de la lunette est complémentaire de l'angle dièdre.

Quand il s'agit de milieux isotropes ou du rayon ordinaire dans les cristaux uniaxes, on peut encore éviter la mesure des angles en déterminant la réfraction sur les trois dièdres d'un prisme à peu près équilatéral. En désignant par a l'angle de 30°, les trois dièdres sont respectivement les doubles de $a + \alpha$, $a + \alpha'$ et $a + \alpha''$, la somme $\alpha + \alpha' + \alpha''$ étant nulle. Soient, de même, $2d$, $2d'$ et $2d''$ les valeurs correspondantes de la déviation minimum. Les quatre équations

$$n \sin(a + \alpha) = \sin(a + d + \alpha),$$
$$n \sin(a + \alpha') = \sin(a + d' + \alpha'),$$
$$n \sin(a + \alpha'') = \sin(a + d'' + \alpha''),$$
$$\alpha + \alpha' + \alpha'' = 0$$

permettraient d'éliminer les angles α, α' et α'' et d'obtenir la valeur de n. Lorsque les angles sont très voisins de 60°, les écarts α sont très petits et les angles d diffèrent très peu de leur moyenne δ. Si l'on remplace d par $\delta + \varepsilon$ et que l'on néglige les quantités du second ordre, on peut écrire

$$n(\sin a + \alpha \cos a) = \sin(a + \delta) + (\varepsilon + \alpha) \cos(a + \delta).$$

En faisant la somme de trois équations semblables, il restera simplement

$$n \sin a = \sin(a + \delta).$$

T. I, n° 125, p. 162. — L'analyse prismatique des franges d'interférence produites à la lumière blanche par une fente perpendiculaire à leur direction fournit à M. Righi ([1]) diverses expériences ingénieuses.

Lorsque les interférences ont lieu dans une région très éloignée du bord des faisceaux, l'éclairement du champ par chacune des sources est à peu près uniforme; l'intensité des maxima est quadruplée pour toutes les couleurs et les minima sont noirs. C'est alors seulement que les bandes dans le spectre sont continues et présentent l'aspect de la *fig.* 56. Tel est le cas des franges d'Young, au moins tant qu'elles restent comprises dans l'espace que couvre la tache centrale de diffusion des fentes (196).

Si les faisceaux sont limités par un bord rectiligne comme dans les miroirs de Fresnel (130), le biprisme (140), les bilames (141), les demi-lentilles (142) et toutes les dispositions analogues, il peut arriver que la frange centrale tombe sur un minimum de diffraction (188), auquel cas son intensité relative sera variable avec la longueur d'onde.

Cet effet est surtout sensible quand on produit les sources voisines par réfraction, parce que la distance des images dépend de la couleur. Si les faisceaux sont symétriques par rapport au plan médian, les interférences conservent leur symétrie par rapport à la frange centrale pour toutes les couleurs, mais cette frange n'est pas toujours un maximum de lumière et peut paraître colorée; il en est de même pour les franges latérales et les minima ne correspondent plus à des interférences complètes. Les bandes brillantes obtenues dans le spectre, tout en conservant leur forme, sont donc partiellement interrompues sur différents points, suivant leur ordre, en même temps que les bandes d'interférence ne sont plus noires dans toute leur étendue.

En plaçant une tige noire à la suite du biprisme, de manière à écarter les bords des faisceaux efficaces, on peut faire varier à volonté l'ordre et l'intensité du phénomène de diffraction qui se produit sur la frange centrale; les résultats ainsi calculés sont conformes aux observations.

L'étude de la polarisation rotatoire par les interférences (500) conduit aux mêmes remarques. Si l'on interpose sur le trajet des deux faisceaux un milieu dont la rotation est R et que s soit l'angle du polariseur avec l'analyseur, l'amplitude du rayon transmis est de la forme $r\cos(s - R)$; à la distance x de la frange centrale, où la différence de marche est αx, l'amplitude de la vibration résultante (503) a pour expression

$$r' = 2r\cos(s - R)\cos\pi\frac{\alpha x}{\lambda}.$$

Cette intensité est nulle, quel que soit le retard optique αx, quand $s - R$ est un nombre impair d'angles droits, c'est-à-dire lorsque la lumière émergente est éteinte par l'analyseur. Toutes les bandes brillantes du spectre sont donc interrompues par des bandes noires transversales sur tous les points où cette condition est réalisée.

([1]) A. RIGHI, *Ricerche sperim. sull' interf. della luce.* Bologna; 1877.

Le phénomène est encore plus complexe lorsque, la lumière primitive étant polarisée, les deux faisceaux traversent séparément des quartz de même épaisseur et de rotations contraires. L'observation directe, avec ou sans le secours d'un analyseur, ne montre pas de franges en général, parce que la nature des interférences varie avec la couleur. Si la rotation R est un multiple de π, ou un nombre pair d'angles droits, les vibrations des deux faisceaux restent parallèles et les interférences ne sont pas troublées; si la rotation est un nombre impair d'angles droits, la frange centrale devient noire et les interférences sont encore complètes; les interférences disparaissent entièrement si la rotation est un nombre entier d'angles droits $\pm 45°$, puisque les vibrations sont devenues rectangulaires; enfin les interférences sont incomplètes pour les rotations intermédiaires et le caractère des franges est le même que celui du système le plus voisin. On verra ainsi dans le spectre une série de bandes transversales d'intensité uniforme, d'autant plus nombreuses que les quartz sont plus épais, séparant des systèmes de bandes alternantes.

T. I, n° 191, p. 268. — M. Lommel ([1]) a calculé les intégrales de Fresnel, par les fonctions de Bessel, en prenant pour variable l'arc $\delta = \dfrac{\pi}{2} v^2$; la vibration résultante se déduit alors des expressions

$$F = \int_0^v \sin \frac{\pi}{2} v^2 \, dv = \frac{1}{2} \int_0^\delta I_{\frac{1}{2}} \, d\delta.$$

$$G = \int_0^v \cos \frac{\pi}{2} v^2 \, dv = \frac{1}{2} \int_0^\delta I_{-\frac{1}{2}} \, d\delta.$$

Ces Tables renferment six chiffres décimaux et s'étendent de $\delta = 0$ jusqu'à $\delta = 16\pi$ ou $v = 5,656$. Les maxima et minima de la fonction F ont lieu pour $\delta = m\pi$, ceux de G pour $\delta = (2m+1)\dfrac{\pi}{2}$; on a ainsi

Maxima et minima.

m.	F.	m.	G.
1	0,713972	0	0,779893
2	343415	1	321056
3	628940	2	640807
4	387969	3	380389
5	600361	4	605721
6	408361	5	404260
7	584942	6	588128
8	420516	7	417922

([1]) E. LOMMEL, *Abh. der K. Bayr. Ak. der Wiss.*, t. XV, Abth. III, p. 529; 1886.

m.	F.	m.	G.
9	574957	8	577121
10	428877	9	427036
11	567822	10	569413
12	435059	11	433666
13	562398	12	563631
14	439868	13	438767
15	558096	14	559088
16	443747	15	442848

On peut en déduire par interpolation toutes les valeurs intermédiaires. L'analyse spectrale du phénomène par une fente perpendiculaire aux franges montre aisément l'influence de la longueur d'onde.

T. I, n° 213, p. 308. — M. Lommel [1] a déterminé aussi, par l'emploi des fonctions de Bessel, la diffraction d'une ouverture circulaire à une distance finie. Quand on applique les formules au cas des ondes planes, ou de l'observation dans le plan focal de l'image de la source, l'amplitude de la vibration diffractée est proportionnelle à

$$S = \frac{1}{m} I_1(2m).$$

La Table calculée par M. Lommel renferme les valeurs de S et de l'intensité S^2 avec six décimales pour des valeurs de $2m$ variant par dixièmes depuis o jusqu'à $2m = 20$, c'est-à-dire jusqu'au delà du sixième minimum. Les valeurs relatives aux premiers maxima et minima sont :

Maxima et Minima.

$2m$.	$\dfrac{2m}{\pi}$.	S.	S^2.
o	o	1	1
3,831706	0,219670	o	o
5,135630	1,634722	$-$ 0,132279	0,017498
7,015587	2,233130	o	o
8,417236	2,679300	$+$ 0,064482	0,004158
10,173467	3,238315	o	o
11,619857	3,698715	$-$ 0,040008	0,001601
13,323690	4,241062	o	o
14,795938	4,709693	$+$ 0,027919	0,000779
16,470631	5,242765	o	o
17,959820	5,716788	$-$ 0,020905	0,000437
19,615861	6,243923	o	o

M. Lommel donne ensuite des Tables qui permettent de calculer les

---

[1] E. LOMMEL, *Abh. der K. Bay. Ak. der Wiss*, t. XV, Abth. II, p. 229; 1884.

phénomènes de diffraction en dehors du foyer jusqu'au bord de l'ombre géométrique et en discute les différentes particularités.

T. I, n° 295, p. 480. — M. Exner [1] traite le problème par une autre méthode. Si l'on considère les deux ouvertures d'Young (123), ou deux écrans de mêmes dimensions, et que l'on appelle i et i' les angles des rayons incidents et diffractés, comptés dans le sens de la propagation, avec la distance $2e$ des ouvertures, la différence de marche est

$$\Delta = 2e(\cos i - \cos i').$$

Pour une direction déterminée de la lumière incidente, l'interférence d'ordre m correspond à une valeur constante de l'angle i'; les franges dans un plan sont donc des portions plus ou moins étendues des intersections de ce plan par des cônes de révolution autour de la droite qui joint les ouvertures.

La frange centrale, définie par la condition $\cos i = \cos i'$, est commune à toutes les couleurs et passe par l'image géométrique de la source.

Dans la partie commune des taches centrales de diffusion relatives à chacune des ouvertures, les intensités des rayons qui interfèrent ont sensiblement la même intensité I et l'intensité J résultante est (155), en appelant δ la différence de phase $2\pi\dfrac{\Delta}{\lambda}$,

$$J = 4I\cos^2\frac{\delta}{2} = 2I(1 + \cos\delta).$$

Si la lumière incidente est perpendiculaire à la ligne des ouvertures, on retrouve les franges rectilignes équidistantes. Au foyer d'une lunette de la longueur focale égale à l'unité, la largeur r des franges est

$$\lambda = 2er.$$

Si les ouvertures sont situées sur la direction des rayons incidents, les franges forment dans le champ une série de couronnes concentriques dont les diamètres suivent la loi des anneaux de Newton [2]; le rayon ρ de la frange d'ordre m est, en effet,

$$m\lambda = 2e(1 - \cos i') = 2e\frac{i'^2}{2} = e\rho^2.$$

Pour expliquer le phénomène des plaques épaisses, M. Exner considère une surface couverte de corpuscules diffusants et située à la distance e en

---

[1] C. Exner, *Sitzb. der K. Ak. der Wiss. Wien.*, Abth. II, p. 827; 1884.

[2] M. Meslin a reproduit dernièrement cette expérience avec les demi-lentilles de Billet, auquel cas les franges présentent des conditions d'achromatisme particulières (*Comptes rendus des séances de l'Académie des Sciences*, t. CXVI, p. 250, 379 et 570; 1893).

face d'un miroir. La différence de marche Δ des rayons interférents est la même que si, la source étant remplacée par son image, l'un des rayons s'était diffusé sur un corpuscule et l'autre sur son image dans le miroir, c'est-à-dire $2e(\cos i - \cos i')$. Si l'on tient compte de l'indice de réfraction de la lame intermédiaire, on obtient, comme précédemment (296),

$$\Delta = 2ne(\cos r - \cos r').$$

Supposons maintenant que devant le miroir se trouve un milieu renfermant des particules diffusantes distribuées d'une manière uniforme. En négligeant les différences d'absorption dues à l'inégalité des chemins parcourus par les rayons dans le milieu troublé, la quantité de lumière que diffracte l'élément de volume situé au point $P(x, y, z)$ peut être représentée par $I\,dx\,dy\,dz$. Si cet élément se trouve à la distance x du miroir, on a encore

$$\Delta = 2nx(\cos r - \cos r').$$

Représentant par $kx = \delta$ la différence de phase, l'intensité résultante de la combinaison des deux systèmes de rayons diffusés est $2I(1 + \cos\delta)\,dx\,dy\,dz$ et l'intensité totale due au volume entier du milieu troublé est

$$J = 2I\int\!\!\int\!\!\int (1 + \cos kx)\,dx\,dy\,dz.$$

Si le milieu est une couche d'épaisseur e et de surface S, il en résulte

$$J = 2IS\int_0^e (1 + \cos kx)\,dx = 2ISe\left(1 + \frac{\sin ke}{ke}\right).$$

En posant $ke = u$, les maxima et minima d'intensité correspondent à ceux du rapport $\dfrac{\sin u}{u}$, c'est-à-dire à la condition $u = \tang u$ (218) ou sensiblement, abstraction faite du premier, aux valeurs successives

$$u = (2p + 1)\frac{\pi}{2}.$$

Le maximum principal de diffraction étant

$$J_0 = 4ISe,$$

lequel s'ajoute à la lumière réfléchie régulièrement, l'intensité des minima et maxima qui suivent est

$$J_m = \frac{J_0}{2}\left[1 \mp \frac{2}{(2p+1)\pi}\right].$$

Comme le dernier terme tend assez rapidement vers zéro, on ne verra qu'un petit nombre de franges au voisinage de la lumière réfléchie.

L'expérience a été réalisée en plaçant de l'eau laiteuse dans une cuve en verre dont les bases étaient formées par le miroir et une plaque parallèle; les résultats se sont trouvés conformes à la théorie.

T. I, n° 299, p. 487. — Un des derniers Mémoires publiés par Brewster [1] renferme une série d'observations curieuses où l'interférence des rayons paragéniques donne lieu à la plupart des phénomènes que l'on rencontre dans l'emploi des lames isotropes, simples ou mixtes, d'épaisseur constante ou variable.

Plaçons d'abord un miroir plan à la distance e, au-dessus d'un réseau plan métallique, en observant les rayons qui ont subi trois réflexions. Les ondes incidentes se partagent en deux groupes, suivant que la diffraction a suivi ou précédé deux réflexions régulières. Les ondes paragéniques de réflexion peuvent se calculer, comme si le réseau était transparent, en remplaçant la source par son image virtuelle, puisque les ondes incidentes et réfléchies sont concordantes.

Dans le cas général où le plan d'incidence ne coïncide pas avec le plan principal (209, 5°), nous désignerons par α, β, γ les cosinus directeurs du rayon incident virtuel, c'est-à-dire du rayon réfléchi, compté dans le sens de la propagation, par rapport à trois axes rectangulaires x, y, z que l'on peut appeler *principaux*, les deux premiers étant dans le plan du réseau et l'axe des y parallèle aux traits; soient, de même, α', β', γ' les cosinus directeurs du rayon diffracté à l'émergence.

On sait déjà que $\beta' = \beta$; le rayon diffracté a la même direction que s'il s'était réfléchi sur l'un des traits. Si ε est l'écartement des traits, m l'ordre de paragénie et D la déviation relative à l'incidence normale, on a

$$(1) \quad \begin{cases} \alpha' - \alpha = \sin D = \dfrac{m\lambda}{\varepsilon}, \\[2mm] \gamma'^2 = 1 - \beta'^2 - \alpha'^2 = \gamma^2 - \sin^2 D - 2\alpha \sin D. \end{cases}$$

La différence de marche Δ des deux systèmes d'ondes tient à l'inégalité de leurs trajets dans la couche sous les angles de réfraction r et r' (296); il en résulte

$$(2) \quad \Delta = 2ne(\cos r - \cos r') = p\lambda,$$

$$\frac{p}{m} = \frac{2ne}{\varepsilon} \frac{\cos r - \cos r'}{\alpha' - \alpha},$$

et, quand les surfaces sont séparées par une couche d'air,

$$\frac{p}{m} = \frac{2e}{\varepsilon} \frac{\gamma - \gamma'}{\alpha' - \alpha}.$$

Si l'on observe dans le plan principal de diffraction, $\alpha = \sin i$, $\alpha' = \sin i'$, et il reste simplement

$$(3) \quad \frac{p}{m} = \frac{2e}{\varepsilon} \frac{\cos i - \cos i'}{\sin i' - \sin i} = \frac{2e}{\varepsilon} \tang \frac{i + i'}{2}.$$

---

[1] Sir D. Brewster, *Phil. Mag.* [4], t. XXXI, p. 22 et 98; 1866.

L'ordre p d'interférence, toutes choses égales, est proportionnel à la distance e des surfaces, ce qui était évident; cet ordre croît ensuite avec l'écart i' et les spectres sont couverts de bandes noires puisque les pouvoirs réflecteurs sous les incidences i et i' sont très peu différents.

Dans un spectre d'ordre déterminé, les bandes sont à peu près équidistantes, car on a

$$\delta p = m\,\frac{2e}{e}\,\frac{1}{2}\,\frac{\delta i'}{\cos^2\dfrac{i+i'}{2}} = \frac{2e}{e}\,\frac{m\,\delta i'}{1+\cos(i+i')},$$

mais le nombre des franges comprises dans une ouverture angulaire déterminée croît comme l'ordre de paragénie. On voit aussi que les franges se resserrent à mesure que la somme des angles $i+i'$ est croissante; elles sont plus serrées dans les spectres paragéniques plus éloignés de la normale que le rayon réfléchi régulièrement, et plus larges du côté opposé. Toutes ces circonstances ont été signalées par Brewster.

Quand on s'écarte du plan principal, en conservant la même incidence, la différence $\alpha' - \alpha$ reste constante pour une couleur déterminée, mais α diminue, γ' augmente et la différence $\gamma - \gamma'$ diminue. L'ordre p devenant plus petit, les franges paraissent s'éloigner de l'image réfléchie.

On arrive au même résultat en plaçant un réseau tracé sur verre au-dessus d'un miroir métallique et cette disposition permet d'observer sous toutes les incidences; l'interférence a lieu entre les ondes diffractées par transmission avant ou après s'être réfléchies sur le miroir.

Si la couche d'air qui sépare les deux surfaces est d'épaisseur variable, les rayons diffractés en un point n'émergent plus exactement dans la même direction, suivant que les réflexions ont précédé ou suivi la diffraction; on voit alors des franges *localisées* dans la lame d'air. Pour les rayons considérés précédemment, l'ordre d'interférence en chaque point est proportionnel à l'épaisseur e et à l'ordre m de paragénie; ces franges dessinent les courbes d'égale épaisseur. Dans le cas de surfaces planes inclinées l'une sur l'autre, par exemple, les franges sont rectilignes, parallèles à l'intersection des deux plans; leur distance est proportionnelle à la tangente de l'angle d'inclinaison et à l'ordre de paragénie.

Le problème est en réalité moins simple, parce qu'il faut faire intervenir toutes les réflexions qui ont lieu entre les deux surfaces.

Si l'on combine la vibration u, diffractée au point P de la première surface par réflexion, avec celles des rayons diffractés au même point par transmission après qu'ils ont subi 1, 3, 5, ... réflexions intérieures, la vibration résultante se déterminera à l'aide des méthodes employées aux n°s 270 et 607, suivant que l'on néglige ou non les pertes de phases dues aux réflexions et à la diffraction. On observera ainsi des franges localisées qui correspondent aux anneaux de réflexion sous l'incidence i. Le retard produit par deux passages de la lumière dans la couche est $2ne\cos r$ et les phénomènes varient avec la polarisation primitive s'il existe des modifications de phase sur les surfaces.

Ces franges, qui se voient dans la direction de la lumière réfléchie régulièrement, s'aperçoivent aussi dans la direction i' de la lumière diffractée ; elles paraissent alors d'autant plus nettes que les couleurs sont séparées dans les spectres de diffraction.

La lumière incidente donne encore au point P une vibration u', diffractée par transmission, et le rayon correspondant subit de la même manière, avant l'émergence, un nombre impair de réflexions intérieures sous l'angle i'. La combinaison de toutes ces vibrations avec la première u donnerait une seconde série de franges caractérisées cette fois par le retard $2\,ne\cos r'$; ce sont les mêmes que l'on observerait sous l'incidence i' dans la direction des rayons réfléchis.

Enfin ces deux systèmes interfèrent entre eux. On peut former le premier avec une partie u_1 de la vibration u, le second avec la partie complémentaire $u-u_1$, et combiner les deux systèmes ainsi constitués ; le retard qui caractérise ce nouveau genre d'interférences est alors $2\,ne(\cos r - \cos r')$, comme on l'a vu plus haut.

Les résultats sont exactement les mêmes si le réseau se trouve sur la seconde surface de la couche.

Considérons encore deux réseaux identiques, situés l'un au-dessus de l'autre à la distance e, les faces striées étant en regard. Si l'on suppose d'abord que les traits sont parallèles, l'interférence a lieu entre des ondes émergentes qui se sont diffractées sur le premier réseau, après réflexion, ou diffractées sur le second réseau, de manière à traverser la couche d'air sous des inclinaisons différentes ; c'est le problème qui a été examiné précédemment (298 et 300).

Abstraction faite des changements de phase différents dus aux deux espèces de diffractions, la différence de marche est alors

$$\Delta_1 = ne(\cos r - \cos r') = p_1\lambda.$$

Toutes choses égales, l'ordre p_1 est moitié moindre que dans l'équation (2) ; la largeur des franges est doublée et elles présenteront exactement les mêmes caractères, soit dans le plan focal des images si l'épaisseur e est uniforme, soit dans la couche d'air si l'épaisseur est variable.

Si les traits sont inégalement écartés dans les deux réseaux, il suffit que la déviation paragénique soit la même. Avec des réseaux dont la distance des traits est dans le rapport de 2 à 1, les spectres d'ordre 1, 2, 3, ... du second ont le même écart que les spectres d'ordre 2, 4, 6, ... pour le premier ; c'est dans ceux-là seulement que paraîtront les interférences. Brewster indique plusieurs combinaisons de réseaux sur lesquelles ce phénomène a été observé.

Enfin il peut se produire d'autres interférences, surtout lorsque l'épaisseur de la couche intermédiaire est variable.

Dans la direction de la lumière diffractée, on aperçoit en effet :

1° Deux systèmes superposés R_1 et R_2 de franges de réflexion relatives à l'incidence i, produites par le premier ou le second réseau, dont le retard caractéristique est $2ne\cos r$;

2° Deux systèmes semblables R'_1 et R'_2 relatives à l'incidence i', caractérisés par le retard $2ne\cos r'$;

3° Les franges résultantes définies par $2ne(\cos r - \cos r')$;

4° Les interférences du premier système R_1 avec le système R'_2 et celles du système R_2 avec R'_1, qui sont définies par le retard $ne(\cos r - \cos r')$.

Sans tenir compte de phénomènes plus complexes, on obtient ainsi des systèmes de franges très variés, soit à cause des inclinaisons différentes sous lesquelles les rayons ont traversé la couche, soit à cause des variations locales de l'épaisseur.

Lorsque les traits des réseaux ne sont pas parallèles, les deux espèces d'ondes paragéniques n'émergent plus dans la même direction et ne peuvent interférer au foyer des lunettes; toutefois, si l'épaisseur est variable, il est encore possible d'observer des franges localisées à la condition que les directions des rayons émergents soient assez rapprochées pour concourir à la formation des images des différents points.

Supposons, par exemple, les réseaux et leurs traits étant d'abord parallèles, que l'on fasse tourner l'un d'eux dans son plan d'un certain angle, et qu'on l'incline ensuite autour d'une droite perpendiculaire à la bissectrice des traits. Si les écarts restent petits, l'interférence peut se produire par la combinaison des systèmes R_1 et R_2 qui ont à peu près la même intensité et dont la différence de marche croît rapidement avec l'épaisseur. Le champ paraîtra alors traversé par des franges très fines perpendiculaires à la direction des traits, et ces interférences peuvent se combiner avec d'autres de manière à figurer un damier dont les compartiments sont en losanges ou en carrés.

On peut ainsi rendre compte des observations très variées de Brewster. Ajoutons encore que les franges présentent souvent des dentelures assez régulières que l'on doit sans doute attribuer à des variations périodiques dans l'écartement des traits.

M. Izarn (^{1}) a retrouvé les mêmes phénomènes par une méthode différente, en essayant de reproduire des copies d'un réseau, comme l'avait déjà fait Lord Rayleigh (^{2}). On couvre une lame de verre par une couche très mince de gélatine sensibilisée par une certaine quantité de bichromate d'ammoniaque. Appliquant cette lame contre un réseau tracé sur verre, on expose l'ensemble à la lumière solaire; la gélatine devient inégalement soluble sur les points qui correspondent aux traits ou aux intervalles et l'on obtient, après lavage, une copie du réseau sur laquelle les phénomènes de diffraction sont aussi brillants et aussi purs que sur le réseau primitif;

(^{1}) Izarn, *Comptes rendus des séances de l'Académie des Sciences*, t. CXVI, p. 506, 572 et 794; 1893.

(^{2}) Lord Rayleigh, *Phil. Mag.* [4], t. XLIV, p. 392; 1872, t. XLVII, p. 81 et 193; 1874 et [5], t. XI, p. 196; 1881.

les mêmes qualités se retrouvent dans les copies de copies. On augmente même beaucoup l'éclat des couleurs en plaçant la gélatine sur une lame de verre argentée.

Ces réseaux de gélatine présentent presque toujours des franges localisées plus ou moins larges et de formes quelconques, qui se multiplient à mesure qu'on les observe sur les spectres d'ordre plus élevé et paraissent dues aux variations d'épaisseur de la gélatine, la surface sous-jacente du verre faisant fonction de miroir; le nombre des franges varie, en effet, quand on humecte la gélatine ou qu'elle se dessèche lentement.

On peut appliquer une seconde couche de gélatine sur la première épreuve et, en renouvelant l'expérience, obtenir un second réseau superposé au premier; il se produit alors de nouveaux systèmes de franges, tout à fait analogues à ceux qu'on obtient en superposant deux réseaux distincts. L'explication qui précède paraît encore convenir à la plupart des cas; il est possible toutefois que de nouvelles causes de complication interviennent, soit parce que les traits ne sont pas limités sur une surface, soit même qu'il se forme dans l'épaisseur de la gélatine une série de couches correspondant aux ondes stationnaires, surtout quand on reproduit par réflexion des réseaux métalliques.

La facilité avec laquelle on peut ainsi se procurer des copies de réseaux et la variété des phénomènes d'interférence donnent à ces expériences un grand intérêt.

T. I. n° 365, p. 614. *Prismes polariseurs.* — Quand on emploie comme analyseur un prisme de Nicol dont la face d'entrée est oblique ou perpendiculaire aux rayons incidents, la rotation du prisme ne se fait pas autour d'une parallèle à la direction du rayon extraordinaire dans le cristal, de sorte que la polarisation ne suit pas exactement le mouvement angulaire de la section principale ([1]). Les deux azimuts d'extinction ne se trouvent pas à 180°; la différence peut atteindre 15' ou 20' et varie comme si la graduation du cercle était excentrique. On élimine cette erreur d'une manière complète en prenant pour azimut d'extinction la moyenne des angles observés α et $\pi + \alpha'$.

M. Glazebroock ([2]) propose de tailler dans le spath un parallélépipède rectangle ayant deux faces perpendiculaires à l'axe. La face d'entrée étant parallèle à l'axe, les rayons normaux n'éprouvent aucune réfraction, et si l'ordinaire est réfléchi totalement par une couche de baume, l'extraordinaire traverse l'analyseur sans écart latéral; la déviation est d'ailleurs plus faible que dans toute autre disposition lorsque la lumière incidente n'est pas normale à la face d'entrée.

En outre, la lumière émergente reste sensiblement polarisée dans un même plan quand les directions des rayons incidents sont comprises dans un cône dont le demi-angle au sommet est de 60°.

([1]) A. CORNU, *Ann. de Ch. et de Phys.* [4], t. XI, p. 362; 1867.
([2]) R.-T. GLAZEBROOK, *Phil. Mag.* [5], t. XV, p. 352; 1883.

T. II, n° 419, p. 80. — Pour mesurer la biréfringence d'une lame cristalline, M. G. Friedel [1] dispose d'abord cette lame dans l'azimut de 45° entre un polariseur et un analyseur croisés ; entre le polariseur et la lame est un quart d'onde dont la section principale est parallèle au plan primitif. L'appareil étant ainsi réglé, on fait tourner le polariseur jusqu'à ce que l'image soit éteinte. C'est le problème de la superposition des deux lames (392), mais il est plus simple de le considérer directement dans le cas actuel. La vibration primitive étant $r \sin \omega t$, les composantes principales à la sortie du quart d'onde sont

$$x = r \cos i \sin \omega t, \qquad y = - r \sin i \cos \omega t.$$

Les composantes principales relatives à la lame cristalline sont

$$\xi = \frac{x - y}{\sqrt{2}} = \frac{r}{\sqrt{2}} \sin(\omega t + i),$$

$$\eta = \frac{x + y}{\sqrt{2}} = \frac{r}{\sqrt{2}} \sin(\omega t + i).$$

En tenant compte de la perte de phase δ éprouvée par la seconde, la vibration que laisse passer l'analyseur est

$$u = \frac{1}{\sqrt{2}}(\xi - \eta) = r \sin\left(i + \frac{\delta}{2}\right) \cos\left(\omega t - \frac{\delta}{2}\right).$$

La rotation i du polariseur qui produit l'extinction complète donne

$$\delta = 2 m \pi - 2 i.$$

A un nombre entier de circonférences près, que l'on peut déterminer facilement par tout autre procédé, tel qu'une lame de quartz en biseau, on connaît le signe et la valeur de la différence de phase δ entre les deux systèmes d'ondes réfractées.

L'extinction est complète quand on emploie une source homogène, et la lumière blanche donnerait lieu à une teinte sensible. La méthode convient même pour les cristaux polychroïques, mais la rotation du polariseur ne donnera plus qu'un minimum d'intensité.

Il est clair que l'appareil est réversible et que l'on obtiendra les mêmes résultats en faisant marcher la lumière en sens contraire ; cette disposition revient à placer le quart d'onde entre la lame cristalline et l'analyseur et à faire tourner ce dernier.

T. II, n° 428, p. 110. — On définit habituellement les *lignes isochromatiques* par la condition que la différence de phase δ des deux espèces

---

[1] G. FRIEDEL, *Comptes rendus des séances de l'Académie des Sciences*, t. CXVI, p. 272 ; 1892.

d'ondes soit constante. On pourrait donner le même nom aux courbes *d'égale intensité* [1].

La fraction de lumière transmise dans l'image ordinaire de l'analyseur est

$$o = \cos^2 s + \sin 2i \sin 2i' \sin^2 \frac{\delta}{2}.$$

Dans le cas général, les lignes neutres ($\sin 2i \sin 2i' = o$) et les lignes isochromatiques correspondant à la même intensité ($\delta = 2m\pi$) partagent le champ en une série de quadrilatères curvilignes.

L'intervalle de deux lignes neutres voisines d'espèces différentes est un secteur à bords rectilignes ou curvilignes, dans lequel le produit $\sin 2i \sin 2i'$ ne change pas de signe; nous donnerons aux secteurs le signe de ce produit. Pour les secteurs positifs, l'intensité est plus grande dans l'intérieur du quadrilatère que sur les bords; l'inverse a lieu pour les secteurs négatifs qui alternent avec les premiers. Si l'on pose $\delta = (2m+1)\pi \mp 2\varepsilon$, les courbes d'égale intensité I sont définies par la condition

$$I = \cos^2 s + \sin 2i \sin 2i' \cos^2 \varepsilon.$$

Ces courbes sont des quadrilatères à angles arrondis ou des espèces d'ovales renfermées dans les quadrilatères des secteurs positifs ou négatifs, suivant que l'intensité I est plus grande ou plus faible que l'intensité $\cos^2 s$ des lignes neutres.

Pour une lame uniaxe perpendiculaire à l'axe optique (432), les deux croix neutres partagent le champ en secteurs égaux de deux en deux. Sur chaque diamètre le produit $\sin 2i \sin 2i'$ est constant et la valeur de ε relative aux courbes d'intensité I est indépendante de l'ordre m ou $m+1$ des franges qui forment le quadrilatère. Les rayons vecteurs ρ_1 et ρ_2 des deux points d'une même courbe situés sur ce diamètre correspondent à des valeurs de ε égales et de signes contraires.

Enfin, dans tous les quadrilatères d'un même secteur, ces courbes sont tangentes aux deux diamètres déterminés par la condition $\varepsilon = o$ ou

$$\sin 2i \sin 2i' = I - \cos^2 s.$$

D'autre part, la valeur de la différence de phase δ en chaque point est proportionnelle au carré du rayon vecteur; la différence $\rho_2^2 - \rho_1^2$ peut donc être représentée par $A.2\varepsilon$. L'aire dS de la courbe comprise dans le secteur qui correspond à l'angle $d\theta$ est

$$dS = \int_{\rho_1}^{\rho_2} \rho\, d\theta\, d\rho = d\theta \int_{\rho_1}^{\rho_2} \rho\, d\rho = \frac{d\theta}{2}(\rho_2^2 - \rho_1^2) = A\,\varepsilon\, d\theta\,;$$

elle est indépendante de l'ordre du quadrilatère correspondant. L'aire totale de la courbe entière est donc constante pour tous les quadrilatères successifs situés dans le même secteur de lignes neutres.

---

[1] R.-T. GLAZEBROOK, *Proc. Cambr. Phil. Soc.*, t. IV, Pt. VI, p. 299; 1883.

T. II, n° 457, p. 166. — Pour déterminer la section principale d'une lame cristalline, M. Calderon ([1]) constitue une sorte d'appareil à pénombre (366) en mettant à la suite du polariseur une lame biréfringente formée de deux parties d'égale épaisseur et d'orientations différentes. Les nicols polariseur et analyseur étant croisés, les deux parties du champ ont la même teinte quand le plan de symétrie des lames est parallèle à la section principale de l'un des nicols; les teintes restent uniformes si la lame interposée n'altère pas la symétrie. L'expérience montre que l'azimut de la section principale peut être ainsi fixé avec une approximation de 4' à 10'.

T. II, p. 211, *ligne 5 en remontant*. — M. H. Becquerel admet que dans un cristal l'absorption d'un système d'ondes se fait comme si la vibration u était remplacée par ses composantes $u\cos\alpha$, $u\cos\beta$ et $u\cos\gamma$ normales aux plans de symétrie, chacune d'elles éprouvant une absorption particulière. Si la vibration émergente est parallèle à sa direction primitive, on doit combiner les composantes à la sortie; l'intensité relative du faisceau transmis serait alors le carré d'une expression de la forme

$$a\cos^2\alpha + b\cos^2\beta + c\cos^2\gamma,$$

les quantités a^2, b^2 et c^2 représentant la fraction respective de lumière transmise dans la même épaisseur pour les vibrations principales.

Il en résulterait que l'absorption de lumière par une lame d'épaisseur $e + e'$ serait plus faible que l'absorption exercée par deux lames superposées d'épaisseur e et e', puisque la décomposition de la vibration devrait se faire à l'entrée de la seconde lame; cette conséquence est contraire aux observations ([2]).

T. II, p. 218, *ligne 2*. — Les anomalies observées par M. Ramsey s'expliquent, d'après M. Becquerel ([3]), par la superposition de spectres ayant des directions principales différentes.

T. II, n° 500, p. 261. — M. Lommel ([4]) décrit une expérience ingénieuse qu'il considère comme la vérification des interférences des vibrations circulaires; elle n'est en réalité qu'une manière d'étudier l'influence de l'épaisseur par un système de franges localisées.

Un faisceau polarisé de lumière homogène se réfracte dans un prisme de quartz où l'axe est perpendiculaire au plan bissecteur du dièdre réfringent. Pour le minimum de déviation, les deux rayons suivent sensiblement la direction de l'axe dans le cristal et l'on utilise comme analyseur la ré-

---

([1]) L. Calderon, *Zeitsch. fur Krystall.* t. II, p. 69; 1877.

([2]) A. Potier, *Comptes rendus des séances de l'Académie des Sciences*, t. CXIV, p. 874; 1892.

([3]) H. Becquerel, *Comptes rendus des séances de l'Académie des Sciences*, t. CVIII, p. 282 et 891; 1889.

([4]) E. Lommel, *Wied. Ann.*, t. XXXVI, p. 733; 1889. — *Journal de Phys.* [2], t. VIII, p. 287; 1889.

flexion sur la face de sortie. Si θ est l'azimut primitif de polarisation, l'azimut θ' des rayons à l'entrée du cristal est (578)

$$\operatorname{tang}\theta' = \frac{\operatorname{tang}\theta}{\cos(i - i')}.$$

Dans la région d'épaisseur e, la rotation est ρe, l'azimut de polarisation sur la face de sortie devient $\theta' \pm \rho e$ et l'intensité du rayon réfléchi est minimum lorsque cette polarisation se trouve perpendiculaire au plan d'incidence; les franges successives correspondent à des variations d'épaisseur telle qu'on ait $\rho \, \delta e = \pi$.

Comme la distance de deux rayons réfléchis est égale à celle des rayons incidents, si $2a$ est l'angle du prisme, la distance δx de deux franges dans l'intérieur du prisme est

$$2\,\delta x \operatorname{tang}a = \delta e, \qquad \delta x = \frac{\pi}{2\rho \operatorname{tang}a}.$$

Si la troisième face du prisme est également polie, on peut viser ces franges par réfraction ou les projeter au moyen d'une lentille; si cette face est dépolie, les franges s'y peignent directement. En supposant que la troisième face soit parallèle à l'axe (prisme isoscèle), la distance d des franges sur cette face est

$$d = \frac{\delta x}{\sin 2a} = \frac{\pi}{4\rho \sin^2 a}.$$

Le faisceau transmis est naturellement complémentaire du faisceau réfléchi et reproduit les mêmes alternances d'intensité, mais la réfraction ne joue plus que le rôle d'un analyseur très imparfait et les franges y seront plus pâles.

Pour que les interférences paraissent complètes dans la lumière réfléchie sur la seconde face, il faut que l'incidence à la sortie corresponde à l'angle de polarisation; on aurait alors

$$\operatorname{tang}a = \frac{1}{n} = \frac{1}{1,544} = 0,648, \qquad a = 33°.$$

Un prisme équilatéral, où l'angle a est de 30°, réalise donc ces conditions d'une manière très approchée. Des couleurs sensiblement homogènes empruntées au spectre permettront de vérifier les variations du phénomène avec la longueur d'onde.

T. II, n° 566, p. 384. — D'après les expériences de M. Joubin ([1]), la dispersion rotatoire se représente très exactement par la formule suivante, que j'avais eu l'occasion de proposer comme conséquence de certaines considérations théoriques :

$$\rho = \frac{A}{\lambda}\left(n - \gamma\lambda \, \frac{dn}{d\lambda} \right).$$

([1]) P. JOUBIN, *Ann. de Chim. et de Phys.* [6], t. XVI, p. 78; 1879.

L'expérience montre que le coefficient γ est positif ou négatif suivant le signe de la rotation. La formule convient à toutes les mesures faites dans le spectre lumineux, soit pour les corps négatifs, comme le *bichlorure de titane* et les dissolutions de *perchlorure de fer*, soit pour les corps positifs, tels que les différents *verres*, le *sulfure de carbone* et la *créosote*. Avec le *sel gemme*, les mesures ont été étendues aux longueurs d'onde comprises entre $0^\mu,6437$ et $0^\mu,2143$; les différences du calcul et de l'observation sont restées, dans tous les cas, de l'ordre des erreurs de mesure.

T. II, p. 432. — L'équation (34) doit être remplacée par

$$\frac{\varepsilon_{1,2}}{n_1} + \frac{\varepsilon_{2,1}}{n_2} = 0.$$

T. II, n° 599, p. 469. — Lord Rayleigh [1] a soumis à une vérification très délicate les formules d'Young et de Fresnel relatives à l'intensité de la lumière réfléchie suivant la normale.

Lorsque l'angle d'incidence est très petit, on peut développer les coefficients principaux de réflexion h^2 et k^2 en fonction des puissances croissantes de l'incidence; on trouve ainsi

$$h^2 = \left(\frac{n-1}{n+1}\right)^2 \left[1 + \frac{2i^2}{n} + \frac{i^4}{6n^3}(3 + 12n - n^2) + \dots\right],$$
$$k^2 = \left(\frac{n-1}{n+1}\right)^2 \left[1 - \frac{2i^2}{n} - \frac{i^4}{6n^3}(9 - 12n + 5n^2) - \dots\right].$$

Chacun de ces coefficients varie comme le carré de l'incidence, mais leur demi-somme, qui représente le coefficient f de réflexion pour la lumière naturelle, ne renferme plus que des termes de quatrième ordre :

$$f = \frac{h^2 + k^2}{2} = \left(\frac{n-1}{n+1}\right)^2 \left[1 - \frac{i^4}{2n^3}(1 - 4n + n^2)\right].$$

Si l'on fait $n = \frac{4}{3}$, la correction est $+ \frac{69}{128} i^4$, ce qui donne respectivement $0,0005$ et $0,008$ pour des incidences de $10°$ et de $20°$.

L'expérience a été réalisée de la manière suivante. La lumière directe d'une lampe à incandescence et la lumière réfléchie à la surface de l'eau dans le voisinage de la normale tombent sur deux miroirs voisins. Un premier système de lentilles en produit des images réelles; on règle l'inclinaison des miroirs de manière qu'elles soient superposées aussi exactement que le permet la différence de leurs distances et se forment sur l'ouverture d'un diaphragme; un appareil photographique installé à la suite donne les images des deux miroirs. Avec des plaques sensibles « isochromatiques » et un verre jaune, on peut limiter l'impression aux longueurs d'onde comprises entre $0^\mu,5892$ et $0^\mu,5349$.

---

[1] Lord Rayleigh, *Phil. Mag.* [5], t. XXXIV, p. 309; 1892.

La lumière directe est affaiblie par un disque tournant à secteurs variables (683) de manière à égaler l'intensité des deux épreuves. Il suffit alors de corriger ce résultat de l'effet dû à l'inégale distance des miroirs réflecteurs à la source et à son image dans l'eau, pour en déduire la valeur du coefficient de réflexion.

Pour la température de 18° et la longueur d'onde $0^{\mu},5620$, l'indice de l'eau est $n = 1,33395$. Le coefficient de réflexion déterminé par expérience a été 0,02076 et sa valeur calculée 0,02047. La différence est 1,5 pour 100, tandis que l'erreur d'estimation doit être inférieure à 0,5 pour 100; il semble donc que la formule n'est pas vérifiée exactement, mais l'écart est trop faible pour constituer une véritable objection.

La même méthode appliquée au *mercure* a donné, pour l'incidence normale, $f = 0,753$.

T. II, p. 543, *ligne 5 en remontant*. — D'après Beer ([1]), la théorie générale de Cauchy satisferait à toutes les espèces de réflexions.

T. II, p. 561, *ligne 15*. — M. Kundt a vérifié que, dans ses expériences, les pertes de phase par réflexion ne variaient plus, c'est-à-dire que les épaisseurs étaient au moins doubles de celle des couches de passage.

T. II, p. 574, *ligne 7*. — L'idée des ondes stationnaires avait été émise déjà par Lord Rayleigh ([2]).

T. II, n° 642, p. 628. *Réflexion elliptique*. — En étudiant le sel gemme et le spath d'Islande, M. Drude ([3]) était arrivé à cette conclusion qu'il n'existe aucune polarisation elliptique sur les faces naturelles de clivage, tandis que le poli ou le contact de surfaces liquides contribuent à former des couches superficielles qui sont la cause des changements de phase. Pour le quartz, l'ellipticité est très faible sur les faces fraîchement clivées et augmente ensuite rapidement.

Un Mémoire récent de Lord Rayleigh ([4]) met bien en évidence le rôle de ces couches superficielles.

Le défaut de concordance des observations faites sur les liquides tient à la difficulté d'obtenir des surfaces absolument propres. Une couche de graisse de $\dfrac{2^{\mu}}{1000}$, ou $\dfrac{1}{300}$ de longueur d'onde du jaune, suffit pour arrêter les mouvements du camphre sur l'eau et la surface est déjà visqueuse avec une quantité moitié moindre de corps gras.

Pour obtenir une surface liquide parfaitement propre, on y place un anneau de laiton aplati qu'on laisse ensuite se dilater. En observant avec

---

([1]) A. Beer, *Pogg. Ann.*, t. XCII, p. 402 et 522; 1854.
([2]) Lord Rayleigh, *Phil. Mag.*, t. XXIV, p. 158, note; 1887.
([3]) P. Drude, *Wied. Ann.*, t. XXXVI, p. 532; 1889.
([4]) Lord Rayleigh, *Phil. Mag.* [5], t. XXXIII. p. 1; 1892.

un nicol très pur l'image du Soleil réfléchie sur l'eau au voisinage de l'incidence principale I, on obtient une *bande noire* dont la largeur est environ $\frac{1}{4}$ ou $\frac{1}{3}$ du diamètre du Soleil, et qui est bordée de vives couleurs. S'il existe sur le liquide la moindre impureté, même alors que les fragments du camphre y tournent encore rapidement, la tache perd sa noirceur et les couleurs s'affaiblissent.

Si la lumière incidente est polarisée dans l'azimut de 45°, ce qui équivaut à un faisceau naturel, le rapport des amplitudes des vibrations réfléchies polarisées dans les azimuts principaux est, d'après les formules de Fresnel,

$$\tan\gamma = \frac{k}{h} = -\frac{\cos(i + i')}{\cos(i - i')}.$$

Au voisinage de l'incidence principale, où $i = I + \delta i$ et $i' = I' + \delta i'$, le rapport des variations δi et $\delta i'$ étant déterminé par la loi de réfraction, avec la condition $I + I' = 90°$, on a

$$\tan\gamma = \frac{\delta i + \delta i'}{\sin 2I} = \frac{\delta i}{\sin^2 I \sin 2I} = \frac{n}{2}\left(1 + \frac{1}{n^2}\right)^2 \delta i.$$

Le rapport des intensités est égal à $\tan^2\gamma$, c'est-à-dire proportionnel au carré de l'écart δi.

Pour l'*eau*, avec $n = \frac{4}{3}$, il en résulte

$$\tan^2\gamma = (1,627 \delta i)^2 = 2,649(\delta i)^2.$$

Si le centre du Soleil est vu sous l'incidence principale, la valeur de δi est de 16′ pour le bord et de 3′,2 au cinquième du rayon, où se trouve sensiblement la limite de la bande noire; les valeurs correspondantes de $\tan^2\gamma$ sont $5,74.10^{-5}$ et $2,3.10^{-6}$.

En admettant pour coefficient d'ellipticité ε de l'eau le nombre $-0,00577$ donné par Jamin (604), le rapport des intensités au centre du Soleil serait $2,31.10^{-5}$, c'est-à-dire la moitié de celui que donne la formule de Fresnel pour le bord, de sorte que l'analyseur dans le second azimut affaiblirait l'image entière presque uniformément; cette valeur de ε est donc beaucoup trop grande.

D'autre part, si n est l'indice relatif à l'incidence I déterminée par la loi de Brewster, $I' + \delta i'$ l'angle de réfraction qui correspond à la même incidence pour l'indice $n + \delta n$, on a

$$-\frac{\delta i'}{\delta n} = \frac{1}{n}\tan I' = \frac{1}{n\tan I} = \frac{1}{n^2},$$

et la valeur de $\tan\gamma$ relative à cette couleur est

$$\tan\gamma = \frac{\delta i'}{\sin 2I} = -\frac{\delta n}{n^2 \sin 2I} = -\frac{1}{2n}\left(1 + \frac{1}{n^2}\right)\delta n.$$

Entre les raies B et G la variation δn de l'indice est d'environ $0,01$. Si le centre de la tache correspond à l'extinction complète pour la raie B, la valeur de tang$^2\gamma$ au voisinage de la raie G est $3,46.10^{-5}$, plus de la moitié de celle qui conviendrait au bord du Soleil. Comme l'incidence principale I croît avec l'indice, la bande d'extinction doit être bordée de bleu vers le bas et de rouge vers le haut.

Les variations de l'angle I avec l'indice sont

$$\delta n = \frac{\delta I}{\cos^2 I} = (1 + n^2)\delta I,$$

ce qui donne pour l'eau, entre les raies B et G, $\delta I = 0,0036 = 13'$; le changement d'incidence principale est donc notablement plus grand que l'ouverture de la bande noire.

Les colorations sont beaucoup plus vives avec des milieux plus dispersifs, tels que la *benzine* ou le *sulfure de carbone;* dans ce dernier cas, il est même impossible de distinguer nettement la bande d'extinction.

On peut achromatiser cette bande en l'observant au travers d'un prisme de même substance dont l'angle A est assez faible. Si l'on exprime la déviation D par la formule simple $(n-1)A$, la condition d'achromatisme est $\delta D = \delta I$, ou $A = \dfrac{1}{1+n^2}$. Les valeurs de l'angle A ainsi calculées sont de $21°$ pour l'eau, $18°$ pour le verre et $15°$ pour le sulfure de carbone; avec le dernier liquide on a obtenu un achromatisme très satisfaisant.

Cette disposition permettrait de diminuer beaucoup la largeur de la bande noire; toutefois les expériences faites sur l'eau n'ont pas permis de la réduire à moins de $\frac{1}{3}$ du diamètre.

L'expérience a été répétée avec d'autres liquides, tels que l'*alcool,* l'*acide sulfurique,* une solution saturée de *camphre,* dont la tension superficielle est plus faible $(0,72)$ que celle de l'eau pure et qui a donné une bande sensiblement parfaite; on obtient même une extinction assez bonne avec une dissolution d'*oléate de soude* à $\frac{1}{40}$, malgré la difficulté de dégager l'écume.

En résumé, les formules de Fresnel paraissent rendre compte de toutes les observations, sauf peut-être pour l'oléate de soude, et il semble que l'on doit attribuer la plupart des résultats contraires, sinon la totalité, à une altération de la surface du liquide.

L. Rayleigh a étudié également la réflexion elliptique par l'emploi d'un polariseur et d'un analyseur muni d'un quart d'onde (410). La lumière solaire traversant d'abord un collimateur à fente horizontale était réfléchie par un miroir dans la direction de l'incidence principale et l'on observait à l'œil nu ou par l'intermédiaire d'une lunette; l'expérience exige un réglage d'une grande perfection.

La moindre valeur obtenue pour le rapport tang C des facteurs de réflexion sur l'eau sous l'incidence principale a été $+0,00009$; une surface contaminée a donné $-0,0026$ et une surface plus propre $+0,00018$.

Le coefficient d'ellipticité des liquides est donc beaucoup plus faible que ne l'indiqueraient les expériences de Jamin, car l'intensité de la lumière réfléchie dans le second azimut sur l'eau propre n'est guère supérieure à $\frac{1}{1000}$ de celle qu'il avait observée. En outre, le coefficient est positif et l'on serait même conduit à penser qu'il doit être nul pour une surface chimiquement pure.

Les surfaces liquides sont d'ailleurs le siège de forces considérables, encore mal connues, qui établissent une transition dans le changement de milieu. Il ne paraît donc exister aucune expérience décisive dont on puisse conclure que les formules de Fresnel ne s'appliquent pas rigoureusement au cas d'une transition brusque entre deux milieux transparents homogènes.

T. III, n° 644, p. 7. — En répétant les expériences de Sir G. Stokes sur les réseaux, M. Exner [1] arrive aux mêmes résultats. Il a modifié ensuite l'appareil en appliquant avec une goutte d'huile un demi-cylindre en verre sur la face striée; l'autre face est couverte d'un vernis noir dans lequel on ménage une fente. L'indice de l'huile étant sensiblement le même que celui des verres, la lumière diffractée n'éprouve pas de réfraction et elle émerge normalement à la face extérieure du cylindre. Dans ce cas, si la déviation est D, les azimuts θ et θ' de polarisation des rayons incidents et émergents, par rapport au plan de diffraction, doivent être liés par la relation

$$\tang \theta' = \tang \theta \cos D.$$

En faisant $\theta = 45°$ et traçant la courbe théorique des différences $\theta - \theta'$, les observations se distribuent très régulièrement de part et d'autre de cette courbe, et avec une grande exactitude, pour toutes les déviations comprises entre $0°$ et $90°$. L'expérience serait donc entièrement conforme à l'hypothèse de Fresnel.

T. III, p. 234, *ligne 6 en remontant*. — La formule empirique de M. Macé de Lépinay doit s'écrire

$$\frac{R}{I} - 1 = 0,208\left(1 - \frac{V}{R}\right).$$

R est la teinte rouge d'une solution de perchlorure de fer à 38° Baumé; V la couleur verte d'une solution de chlorure de nickel à 18° et I l'intensité totale de la lumière sans absorbant. La vérification a été faite depuis une lampe Swann presque rouge jusqu'à la lumière du Soleil diffusée par du sulfate de baryte.

T. III, n° 706, p. 260. — Les variations d'éclat de la surface du Soleil depuis le centre jusqu'aux bords a été l'objet de plusieurs déterminations.

M. Vogel compare directement entre elles par le spectrophotomètre, pour une série de couleurs déterminées, les intensités de parties différentes du disque solaire. M. Pickering projette sur un écran l'image du Soleil et

---

[1] K. Exner, *Sitzb. der K. Akad. der Wiss. Wien*, t. XCIX, Pt. II, p. 761; 1890.

compare l'éclairement total en chaque point avec celui d'une bougie, par un photomètre à tache d'huile; M. Langley a déterminé de même l'intensité relative du rayonnement calorifique (¹).

Les principaux résultats sont résumés dans le Tableau suivant, où D représente la distance au centre évaluée en fractions du rayon :

Distribution de la lumière sur le Soleil.

	PICKERING.	VOGEL.					
	Lumière	Rouge	Jaune	Vert	Bleu	Violet	Violet
D.	générale.	$0^\mu,662$.	$0^\mu,579$.	$0^\mu,513$.	$0^\mu,470$.	$0^\mu,409$.	rouge.
0	100	100	100	100	100	100	1
0,4	94,0	98,0	96,7	94,3	94,7	93,4	0,95
0,6	87,0	94,8	90,9	86,2	87,0	82,4	0,87
0,75	78,8	88,1	80,1	75,9	76,7	69,4	0,79
0,85	69,2	79,0	67,7	64,7	65,5	56,7	0,72
0,95	55,4	58,0	46,0	44,0	45,6	34,7	0,60
1,0	37,4	30,0	25,0	18,0	16,0	13,0	0,43

Distribution de la chaleur (Langley).

D............	0	0,25	0,50	0,75	0,95	0,98
Intensité.....	100	99	95	86	62	50

On peut ainsi évaluer la loi d'absorption par l'atmosphère solaire. Les nombres de MM. Pickering et Langley montrent que, d'une manière générale, la chaleur se transmet beaucoup mieux que la lumière. Les observations de M. Vogel indiquent également que les différences se manifestent d'une manière continue dans le spectre lumineux. Sur le bord du Soleil le rapport des intensités relatives du violet et du rouge serait réduit à $\frac{10}{23}$.

(¹) H.-C. VOGEL, *Monatsb. der K. Preuss. Ak. der Wiss.*, p. 164 ; 1877. YOUNG, *Le Soleil*, traduction française, p. 200 ; Paris, 1883.

FIN DU TOME TROISIÈME ET DERNIER.

TABLE

DES MATIÈRES

DU TOME III.

CHAPITRE XIV.

POLARISATION PAR DIFFRACTION.

CHAPITRE XV.

PROPAGATION DE LA LUMIÈRE.

MESURE DE LA VITESSE.

CHAPITRE XVI.

PHOTOMÉTRIE.

CHAPITRE XVII.

RÉFRACTIONS ATMOSPHÉRIQUES.

PHÉNOMÈNES RÉGULIERS.

RÉFRACTIONS EXCEPTIONNELLES.

CHAPITRE XVIII.

PROPRIÉTÉS OPTIQUES DE L'AIR.

ABSORPTION ATMOSPHÉRIQUE.

CHAPITRE XIX.

BROUILLARDS, NUAGES ET PLUIE.

CHAPITRE XX.

ROLE DES CRISTAUX DE GLACE.

PROPRIÉTÉS DE LA GLACE.

CRISTAUX ORIENTÉS AU HASARD

PRÉDOMINANCE DES FACES VERTICALES.

CHAPITRE XXI.

RÉFRACTION ET DISPERSION.

PRINCIPES D'ANALYSE SPECTRALE.

ANALYSE DES RAIES SPECTRALES.

FIN DE LA TABLE DES MATIÈRES DU TOME TROISIÈME.

17855 Paris. — Imprimerie GAUTHIER-VILLARS ET FILS, quai des Grands-Augustins, 55.